国家科学技术学术著作出版基金资助出版

常见细菌与古菌系统分类鉴定手册

东秀珠　周宇光　朱红惠 等　编著

科 学 出 版 社
北　京

内 容 简 介

本书是在《常见细菌系统鉴定手册》基础上编写而成的。全书分为两篇：第一篇主要介绍了伯杰氏细菌分类系统、常见细菌和古菌的系统发育地位、属的描述、种的鉴别特征等；第二篇主要介绍了细菌和古菌的鉴定技术方法，包括常用的基本鉴定方法、细胞组成的化学分析技术、核酸分子技术和系统发育分析方法，以及自动化鉴定系统和菌种保藏方法。

本书可供从事微生物学研究的科技人员、综合性大学生物系和农林医学院校师生，以及医药、食品、化工、环保、微生物分析检测行业的技术和管理人员阅读、使用。

图书在版编目（CIP）数据

常见细菌与古菌系统分类鉴定手册/东秀珠等编著. —北京：科学出版社，2023.10

ISBN 978-7-03-074014-4

Ⅰ.①常… Ⅱ.①东… Ⅲ.①细菌分类-鉴定-手册 Ⅳ.① Q939.109-62

中国版本图书馆 CIP 数据核字（2022）第 225610 号

责任编辑：陈 新 郝晨扬/责任校对：严 娜
责任印制：赵 博/封面设计：无极书装

科学出版社 出版
北京东黄城根北街 16 号
邮政编码：100717
http://www.sciencep.com
三河市春园印刷有限公司印刷
科学出版社发行 各地新华书店经销
*
2023 年 10 月第 一 版 开本：787×1092 1/16
2024 年 11 月第二次印刷 印张：37 3/4
字数：880 000

定价：398.00 元
（如有印装质量问题，我社负责调换）

《常见细菌与古菌系统分类鉴定手册》编著者名单

主要编著者 东秀珠 周宇光 朱红惠

其他编著者（以姓名汉语拼音为序）

蔡 曼 崔恒林 戴 欣 高喜燕

姜成英 李爱华 梁宗林 刘洪灿

刘 庆 刘 阳 刘志培 宋 磊

辛玉华

前　　言

细菌和古菌是功能多样性丰富的重要生物类群，在地球生物圈的进化、发展和维持中发挥重要作用，是人类生存环境中必不可少的成员，在生物技术创新中发挥着不可替代的作用。然而，它们也曾导致人类历史上数次大规模流行病的暴发。细菌分类学是我们认识细菌和利用其功能的基础，通过研究细菌的物种多样性、物种间的亲缘关系，为细菌资源的开发利用、改造控制和保护提供预测依据。传统的细菌分类方法，主要是根据细菌的表型特征。随着分子生物学的发展，我们可以在分子水平研究和比较细菌的遗传物质乃至基因组特征，探讨细菌的进化、系统发育，以及物种鉴定。

《一般细菌常用鉴定方法》《常见细菌系统鉴定手册》由科学出版社分别于1978年、2001年出版，由于其实用性，已成为细菌研究工作者重要的参考书。而《常见细菌与古菌系统分类鉴定手册》是这两本著作的更新和延续。由于近年来细菌系统学和鉴定方法领域发展迅速，大量新的分类单元被发现、描述、命名，研究人员基于16S rRNA基因序列提出了新的细菌分类系统。《常见细菌系统鉴定手册》中所列内容已不敷使用，这是促使我们编撰《常见细菌与古菌系统分类鉴定手册》的直接缘由。编写本书的宗旨在于将细菌和古菌分类的最新进展介绍给细菌和古菌研究领域的科研人员，除了常见细菌和古菌属的描述和传统的鉴定方法，还包括近年来新发现的细菌和古菌种群以及新的鉴定手段，以期为细菌和古菌的教学、科研及应用开发提供实用性指导。需要说明的是：①书中所涉及的是常见细菌种群，也包括部分古菌类群，并非所有已描述的细菌，不包括传统上的放线菌；②为了兼顾实用性，本书各章节按所涉及细菌种群或古菌种群的表观特征，如形态、生理和营养类型等顺序编排，但这种编排顺序并不代表它们的系统发育关系；③鉴定方法部分介绍普遍用于常见细菌种群或古菌种群的方法，不包括用于某些种群的特殊方法。

本书分为两篇：常见细菌和古菌属的特征描述、常用的细菌和古菌鉴定方法，旨在使读者根据其检测鉴定结果，与属的描述及种间鉴别特征进行核对，从而达到鉴定的目的。第一篇共11章，分别是光合细菌，化能无机营养细菌，产芽孢细菌，黏细菌，好氧、微好氧革兰氏阴性细菌，兼性厌氧革兰氏阴性细菌，厌氧革兰氏阴性细菌，好氧革兰氏阳性细菌，兼性厌氧革兰氏阳性细菌，厌氧革兰氏阳性细菌，古菌。第二篇共7章，分别是基本方法，形态特征观察，生理特征和生化特征测定，化学分类方法，核酸特征测定，系统发育分析方法，菌种保藏方法。

编著者

2022年8月

使 用 说 明

1. 对表格中符号的说明

符号	说明
+	≥90% 菌株为阳性
−	≥90% 菌株为阴性
d	菌株反应结果不一致（11%～89% 菌株为阳性）
（+）或 w	弱阳性
D	不同分类单元（一个属中的不同种或一个科中的不同属）呈现不同的反应
v	菌株反应结果不一致（不同于“d”）
ND 或 nd	不确定或没有数据
NT	未测定
NR 或 nr	未报道
NG 或 ng	在实验用培养基上不生长

其他符号见正文相关表格，另作具体说明。

2. 关于鉴定方法

表型特征以《常见细菌系统鉴定手册》（东秀珠等，2001）为基础，补充了目前广泛应用的分子生物学方法、细胞化学分析方法等。

3. 关于索引

本书设置了拉丁名索引和中译名索引。拉丁名索引收录了各章所列细菌和古菌常见属的拉丁名、属下模式种的拉丁名。中译名索引收录了各章所列细菌和古菌常见属的中译名、属下模式种的中译名。

目　　录

绪　论

细菌属于单细胞生物，无性繁殖，具有无分化的简单形态，很难根据表型鉴别和鉴定。同时细菌又是功能多样性丰富的生物类群，一些物种及其功能在医药、工业和环境生物技术等领域被广泛应用并已形成多种产业，在工业发酵、环境整治、再生能源生产和医药及人类健康保障等方面发挥着不可替代的作用。然而，有些物种则是人和动物的病原菌，或导致食物腐败。细菌分类学的目的是认识它们的生物学特征、物种间的亲缘关系，从而为细菌资源的开发、利用、控制和改造提供理论依据。

由于细菌的上述特征，自达尔文进化论提出至20世纪70年代，科学家一直为细菌进化这个“黑洞”所困惑，缺少这个生物多样性极为丰富的群体使得生命进化研究不能成为一门完整的学科。直到1977年卡尔·乌斯（Carl Woese）建立的rRNA生命树使得细菌进化研究看到了曙光。

一、原核生物系统发育研究进展

1. 基于16S rRNA基因序列同源性的原核生物系统发育关系

多年来，人们一直认为地球生命由原核生物和真核生物两大类组成，直到20世纪70年代后期这个观念才受到Carl Woese理论的挑战。1977年，Carl Woese及其同事在分析了60多种细菌的16S rRNA基因序列后，发现了一群序列奇特的细菌——产甲烷细菌，它们的16S rRNA基因不仅长度比其他细菌的短，而且与细菌的16S rRNA基因序列同源性低于65%。由于产甲烷细菌严格厌氧生长，只存在于与地球的古环境相似的无氧环境中，因此Carl Woese将它们命名为“古细菌”（archaebacteria），1990年改名为“古菌”（archaea）。Carl Woese选择16S rRNA基因作为研究生物进化的大分子，是基于它们的如下特点：作为蛋白质合成机器——核糖体的组成成分，16S rRNA存在于所有生物中并执行相同的功能；分子序列变化缓慢，能跨越整个生命进化过程；具有分子计时器的特点，含有进化速率不同的片段，可用于进化程度不同的生物之间的系统发育研究。Carl Woese发现三大类生物（细菌、古菌、真核生物）的核糖体小亚基rRNA基因序列相似性均低于60%，而同类生物的序列相似性高于70%，因而提出生命由细菌域（Bacteria）、古菌域（Archaea）和真核生物域（Eukarya）所构成，并构建了生命进化树。之后，人们也将其他序列保守的生物大分子用于生命进化研究，如RNA聚合酶的亚基、延伸因子EF-Tu、ATP酶（ATPase）等，所获得的研究结果也支持Carl Woese的生命三域学说。1996年完成的甲烷古菌的全基因组序列证实古菌的遗传背景显著区别于细菌，代表了不同的生命形式。

古菌是具有独特基因结构和系统发育生物大分子序列的单细胞生物，它们通常生活在地球极端或具有与生命出现初期相似的地球物理化学特征的环境中，如（超）高温、高酸碱度、高盐及无氧状态；营自养和异养生活，具有特殊的生理功能。古菌具有独特的细胞结构，细胞壁骨架主要由蛋白质或假肽聚糖构成，单层的细胞膜脂由甘油磷酸与古菌脂（植烯醇）以醚键连接，中央代谢途径有别于细菌和真核生物。古菌的遗传信息传递策略，如 DNA 复制和转录更类似于真核生物。因此，古菌被认为是细菌的形式，真核生物的内涵。

最初 Carl Woese 的 rRNA 生命树确定了古菌域的 3 个门：泉古菌门（Crenarchaeota）、广古菌门（Euryarchaeota）和初古菌门（Korarchaeota）。其中，泉古菌门和广古菌门基于获得的纯培养菌株的特性而定义，而初古菌门是 1996 年诺尔曼·佩斯（Norman Pace）等根据美国黄石国家公园热泉中 16S rRNA 基因序列定义的古菌门。随着调查环境的扩大和 DNA 测序技术的发展，越来越多的未培养古菌类群被报道，如通过宏基因组序列分析在地下深部生物圈中发现的一大类未培养古菌门——深古菌门（Bathyarchaeota）、分布于缺氧并排放大量甲烷环境中的未培养佛斯特拉古菌门（Verstraetearchaeota）。这两个新的古菌类群的基因组均携带编码产甲烷途径的基因。迄今，只有泉古菌门、广古菌门、奇古菌门（Thaumarchaeota）和纳古菌门（Nanoarchaeota）具有纯培养的菌株。泉古菌门包括极端嗜热和超嗜热代谢元素硫（S^0）的古菌或嗜酸嗜热菌；广古菌门包括极端嗜热菌、产甲烷古菌和极端嗜盐菌；奇古菌门，曾被命名为中温泉古菌（non-thermophilic Crenarchaeota），广泛分布于土壤、沉积物以及湖泊和海洋中，是具有氨氧化功能的古菌；纳古菌门属于极端嗜热古菌，目前只有一个种获得纯培养，即寄生纳古菌（*Nanoarchaeum equitans*），它寄生于极端嗜热泉古菌门粒状火球古菌（*Ignicoccus* sp.），是报道的首个寄生古菌。纳古菌几乎没有合成氨基酸、核苷酸、辅因子、脂质等的能力，但具有编码 DNA 复制、修复、转录、翻译等遗传过程所需的蛋白质。

2. 细菌的系统发育研究

根据 16S rRNA 基因序列同源性的细菌系统发育研究，研究人员提出了不同于传统的细菌分类学体系：革兰氏阴性细菌包括了 20 多个亚群；革兰氏阳性细菌由系统发育关系密切的两群细菌组成；细胞壁结构不是唯一的亲缘关系划分标志，如无细胞壁的支原体，实际上是革兰氏阳性芽孢梭菌的一个分支；营养方式不再作为种系的特征指标，如光合细菌并非是独立于非光合种群的进化分支，而是每个光合种群分别代表了一个高阶元的分类单位，其后代分支中包括非光合细菌。

根据 16S rRNA 基因序列同源性，Carl Woese 在 1987 年将可培养细菌分为 12 个类群。2015 年《国际系统与进化微生物学杂志》（*International Journal of Systematic and Evolutionary Microbiology*，IJSEM）提出细菌由 30 个门组成（图 0-1），包括产液菌门（Aquificae），热袍菌门（Thermotogae），绿弯菌门（Chloroflexi），蓝细菌（Cyanobacteria），厚壁菌门（Firmicutes），梭杆菌门（Fusobacteria），放线菌门（Actinobacteria），拟杆菌/绿菌群（Bacteroidetes/Chlorobi group）的拟杆菌门（Bacteroidetes）、绿菌门（Chlorobi）和懒散菌门（Ignavibacteriae），丝状杆菌门（Fibrobacteres），出芽单胞菌门（Gemmatimonadetes），螺旋体门（Spirochaetes），浮霉状菌/疣微菌/衣原体群（PVC group）的浮霉状菌门（Planctomycetes）、疣微菌门（Verrucomicrobia）、衣原体门（Chlamydiae），黏结球菌门（Lentisphaerae），变形菌门（Proteobacteria，分为α、β、γ、δ、ε、ζ等亚群），酸杆菌门（Acidobacteria），装甲菌门（Armatimonadetes），嗜热丝菌门（Caldiserica），金矿菌门（Chrysiogenetes），脱铁杆菌门（Deferribacteres），异常球菌-栖热菌门（*Deinococcus-Thermus*），网状球菌门（Dictyoglomi），迷踪菌门（Elusimicrobia），硝化螺菌门（Nitrospirae），互养菌门（Synergistetes），软壁菌门（Tenericutes），热脱硫杆菌门（Thermodesulfobacteria）。

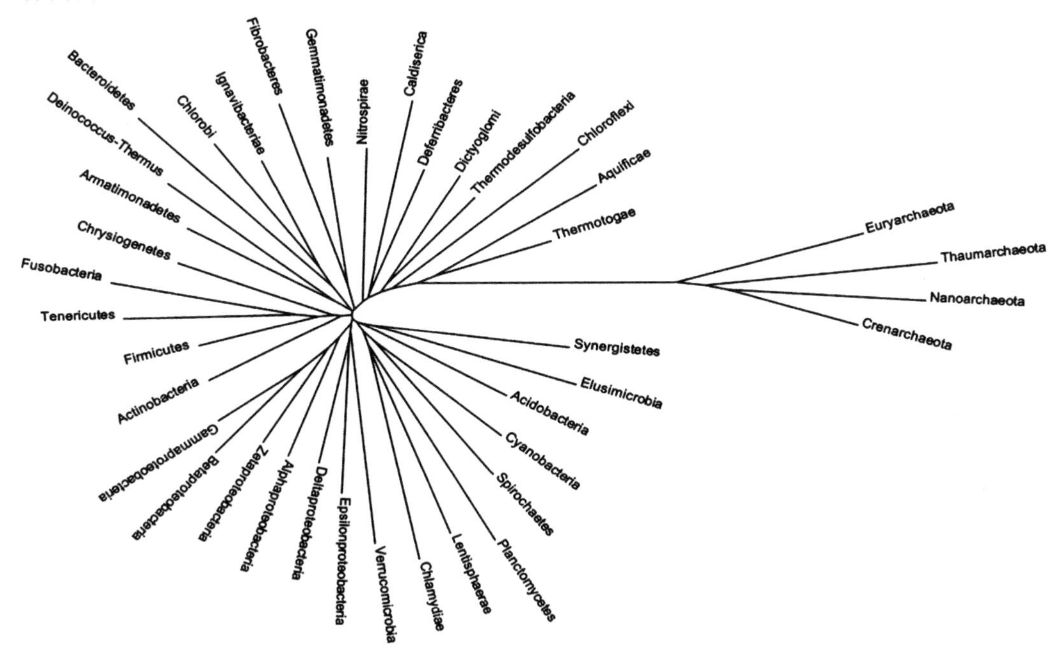

图 0-1　16S rRNA 基因序列同源性分析的微生物系统发育树

图中各分支只表示各群细菌的聚类关系，分支长度不代表各群间真正的进化距离

3. 基于持家基因及基因组序列信息的系统发育研究

核糖体小亚基 rRNA 具有保守性、稳定性等，被认为是研究生物系统发育最理想的材料，并且随着 16S rRNA 基因数据库的日益扩大，该基因的序列同源性分析成为鉴定细菌的必要指标。然而，其保守性也使得它难以区分近缘菌株之间的关系，可靠性仅限于细菌属以上的分类阶元。为弥补 16S rRNA 基因的不足，人们尝试使用一些持家基因（house-keeping gene）作为分子标记，用于细菌的系统发育研究。这些基因与 16S rRNA 基因类似，不易出现基因水平转移。但与 16S rRNA 基因相比，这些蛋白编码基因的优势在于：①由于持家基因密码子第 3 个碱基具有简并性，其核苷酸序列具有较快的进化速率，可有效区分近缘种。②持家基因一般在基因组中为单拷贝，不存在种内序列异质性引起的偏差，特别适用于定量分析。而一个细菌往往含有多拷贝的 16S rRNA 基因，甚至在一些细菌中的拷贝数多达 10 个，它们之间的异质性是细菌多样性和系统发育分析重要的误差源。③持家基因与基因组之间的相关度高。Zeigler（2003）的数学模型分析显示，32 个持家基因与基因组的相关系数均高于 16S rRNA 基因，其中 8 个持家基因与基因组的相关系数大于 0.9，而 16S rRNA 基因与基因组的相关系数只有 0.536。现代分

类学规定细菌“种”内菌株的 DNA 同源性≥70%，即同一个种的两株细菌的 DNA-DNA 杂交 T_m 差值应≤5℃。2002 年，细菌命名特别委员会在关于重新评价细菌种定义的报告（Report of the Ad Hoc Committee for the re-evaluation of the species definition in bacteriology）中鼓励研究人员在原核生物系统分类研究中使用各种分子生物学方法，但要求必须与 DNA 杂交方法的结果一致。因此，持家基因与基因组之间的高度相关可能较真实地反映了细菌基因组之间的进化关系。④既可通过持家基因核苷酸序列也可采用氨基酸序列分析物种亲缘关系。

目前，常用于细菌系统发育和分类鉴定的持家基因主要有 DNA 促旋酶基因（*gyrA*、*gyrB*），RNA 聚合酶亚基基因（*rpoA*、*rpoB*、*rpoD*），DNA 修复蛋白基因（*recA*、*recN*），热激蛋白基因（*hsp65*、*dnaK*），ATP 合成酶基因（*atpA*、*atpD*），色氨酸合成酶基因（*trpB*），超氧化物歧化酶基因（*sod*），以及延伸因子 EF-Tu 基因（*tuf*）等。事实上，无论是核糖体小亚基 RNA 基因还是各种蛋白编码的持家基因，采用单一基因均不能准确确定所有细菌种的分类地位，在实际应用中常联合分析多种分子标记。不同的持家基因在不同细菌类群中的进化速率不同，在分类鉴定和系统发育分析时需要综合考虑各种基因的适用范围。Zeigler 模型也认为多种持家基因序列串联分析获得的数据与全基因组之间具有更好的相关性。因此，2002 年细菌命名特别委员会将多位点序列分型（multilocus sequence typing，MLST）列为细菌鉴定的依据之一，要求一个可靠的系统发育分析应当至少有 5 个持家基因的数据支持。

随着 DNA 分析技术的发展，微生物基因组学进入了大数据时代，基因组序列正逐步成为微生物新属种描述的必需数据，使得基于全基因组的微生物系统发育关系研究成为可能，因此系统发育基因组学［也称为基因组系统学（phylogenomics）］应运而生。微生物基因组提供的丰富的、综合的物种遗传信息，更能全面地体现微生物的自然进化史。

全基因组序列数据不仅能提供精确的基因组 DNA 的 G+C 含量摩尔分数，还无需进行烦琐的、误差大的 DNA-DNA 杂交实验，直接获得物种间数字化 DNA-DNA 杂交（digitally DNA-DNA hybridization，dDDH）值，以及基因组间所有直系同源蛋白编码基因序列的平均核苷酸相似性（average nucleotide identity，ANI），从而提供物种间遗传物质相似性的定量分析。dDDH 分析可替代基因组 DNA-DNA 杂交，相似性≥70% 可判定为同种，＜70% 为不同种；ANI 值≥96% 可鉴定为同种，≤95% 为不同种，利用在线分析平台（http://ggdc.dsmz.de，http://jspecies.ribohost.com/jspeciesws/#Home 等）可以完成相关计算。由于不同物种的基因组大小差别极大，所含的基因数量和种类也不相同，通过序列比对无法获得物种的系统发育关系，因此人们开发了各种分析方法，如利用基因的排列顺序、核心基因分析（包括基因的有无、缺失或序列差异）。研究利用核心基因的单核苷酸多态性、基因含量（如直系同源基因簇、基因、基因家族或编码蛋白结构域等的有无）、序列短串分布特征（如我国学者郝柏林院士建立的组分矢量法构建树 CVTree）、代谢途径特征等信息，以及全基因组可提供的多基因（指同时提供数十个乃至上百个基因）联合序列信息等，作为直接比对的分子指标，构建基因组系统树，并通过与基因树的比对分析，推测细菌的系统发育进程。

二、现有的细菌分类系统

国际上公认和普遍采用的细菌分类系统是“伯杰氏细菌分类系统”和《原核生物》（*The Prokaryotes*）分类系统，目前两者均根据16S rRNA基因序列同源性构建细菌和古菌的系统发育体系。另外，还有一些以应用为目的的分类系统，如Prévot分类系统以生理特征为依据，应用于厌氧细菌分类鉴定；《医学细菌生化试验鉴定手册》用于医学细菌的分类鉴定。

1. 伯杰氏细菌分类系统

《伯杰氏细菌鉴定手册》（*Bergey's Manual of Determinative Bacteriology*）是细菌分类系统最权威的参考书，由美国细菌学家协会（现美国微生物学会）发起编写，最初由大卫·H. 伯杰（David H. Bergey，1860—1937）作为编委会主席，1923年出版了手册的第一版。随着细菌分类学研究的深入和发展，相继在1925年、1930年、1934年、1939年、1948年、1957年、1974年和1994年出版了第二版至第九版。经过几十年的修订和补充，该手册被国际上的细菌学家普遍接受和采用。

1984～1989年陆续出版的《伯杰氏系统细菌学手册》（*Bergey's Manual of Systematic Bacteriology*）共4卷，在描述表观特征的同时，对化学分类、数值分类特别是DNA相关性分析及16S rRNA寡核苷酸序列分析在生物种群间的亲缘关系研究中的应用作了详细的阐述，体现了细菌分类研究从表观向系统发育体系的发展，同时附有每个菌群的生态学、分离和保藏及鉴定方法。手册主要依据表型将细菌划分为35群，所包括的菌群除了1980年发表的《核准的细菌名称目录》（*Approved Lists of Bacterial Names*）的属，还包括当时未获得生效的种群，甚至一些没有正式分类命名的如与昆虫共生的不可培养细菌，其目的是促使细菌学家注意并研究这些被忽视的种群。

1994年出版的《伯杰氏细菌鉴定手册》（第九版）是《伯杰氏系统细菌学手册》的缩写版，描述了细菌各属鉴定的关键表观特征，并以表格形式展示属内种的鉴定特征，便于细菌鉴定。该手册包括35群细菌，群的划分主要根据形态、生理和营养类型等表观特征。

2001～2012年陆续出版的《伯杰氏系统细菌学手册》（第二版）共5卷，依据16S rRNA基因的系统发育关系编排内容，共收录古菌域2个门（泉古菌门和广古菌门）和细菌域26个门的原核微生物，每个域均按照门（Phylum）、纲（Class）、目（Order）、科（Family）、属（Genus）和种（Species）进行描述。5卷主要内容分述如下。第1卷（2001年），古菌、古老进化分支的细菌群及光合细菌（The Archaea and the Deeply Branching and Phototrophic Bacteria）。第2卷（2005年），革兰氏阴性变形菌门（The Proteobacteria）细菌，包括三部分：Part A，不产氧紫色光合细菌、含细菌叶绿素并好氧生长的α-变形菌、硝化细菌、自养氨氧化细菌、自养亚硝酸盐氧化细菌及氯酸盐高氯酸盐代谢细菌；Part B，γ-变形菌纲（Gammaproteobacteria）；Part C，α-变形菌纲、β-变形菌纲、δ-变形菌纲和ε-变形菌纲（The Alpha-, Beta-, Delta-, and Epsilonproteobacteria）。第3卷（2009年），低GC含量的革兰氏阳性厚壁菌门（The Firmicutes）细菌。第4卷（2010

年），拟杆菌门、螺旋体门、软壁菌门、酸杆菌门、丝状杆菌门、梭杆菌门、网状球菌门、出芽单胞菌门、黏结球菌门、疣微菌门、衣原体门和浮霉状菌门［The Bacteroidetes, Spirochaetes, Tenericutes (Mollicutes), Acidobacteria, Fibrobacteres, Fusobacteria, Dictyoglomi, Gemmatinonadetes, Lentisphaerae, Verrucomicrobia, Chlamydiae, and Planctomycetes］。第5卷（2012年），高GC含量的革兰氏阳性放线菌门（The Actinobacteria）细菌。《伯杰氏系统细菌学手册》（第二版）除了提供所有生效发表的原核生物的种，还描述了它们的生态学信息。

从2015年开始，伯杰氏手册基金会（Bergey's Manual Trust）和约翰威立国际出版公司（John Wiley & Sons, Inc.）联合在线出版《伯杰氏古菌和细菌系统学手册》（*Bergey's Manual of Systematic of Archaea and Bacteria*），该手册描述了所有细菌和古菌分类单元的分类学、系统学、生态学、生理学以及其他生物学特征。

2.《原核生物》分类系统

"prokaryotes"的概念是Stanier和Van Niel在1962年提出的，他们认为细菌是一群与其他生物有明显界限而又有关联的单细胞生物。1981年由Stanier等主编的《原核生物》向人们展示了原核生物界的全貌。

1992年Balows等主编的《原核生物》（第二版）完全遵照原核生物系统发育树编排各章节，系统介绍了系统树每个分支细菌的属或更高的分类单元。Dworkin等主编了《原核生物》（第三版），历时5年在线补充完善后于2006年出版，该版本对第二版的内容进行了大量补充，全书共7卷，其中85%是新增内容。

2013～2014年，Rosenberg等主编并出版了《原核生物》（第四版），该书包括11个部分：原核生物生物学与共生关系（Prokaryotic Biology and Symbiotic Associations）、原核生物群落及生态生理学（Prokaryotic Communities and Ecophysiology）、原核生物生理学与生物化学（Prokaryotic Physiology and Biochemistry）、应用细菌学与生物技术（Applied Bacteriology and Biotechnology）、人体微生物学（Human Microbiology）、放线菌门（Actinobacteria）、厚壁菌门和软壁菌门（Firmicutes and Tenericutes）、α-变形菌纲和β-变形菌纲（Alphaproteobacteria and Betaproteobacteria）、γ-变形菌纲（Gammaproteobacteria）、δ-变形菌纲和ε-变形菌纲（Deltaproteobacteria and Epsilonproteobacteria）、细菌其他主要类群和古菌（Other Major Lineages of Bacteria and the Archaea）。

从第二版到第四版的内容来看，基本都是按照原核生物系统发育树的类群编排，尤其第四版涵盖了目前所有已知的物种，并以"科"为单位，描述分类地位、生物学特性及生物技术应用潜力，包括生物加工、产品、生物防治以及在遗传工具方面的用途，尤其将人体微生物学作为独立部分，对每种已知引起人体疾病的微生物进行描述，强调微生物在人类健康中的重要性。

三、细菌命名法规

对细菌的命名须遵照《国际细菌命名法规》（*International Code of Nomenclature of Bacteria*）。

1. 国际细菌命名法规

细菌的分类、命名和鉴定是认识细菌的基础三要素。分类是将所有的生物物种按其亲缘关系归群，并依据各群间亲缘关系的密切程度排列成一个等级系统。每个物种在该系统中均有正确位置，并给予其一个公认的名称，即命名；这个系统应为新分离种的确定及新物种的发现提供指导。鉴定是确定一个新分离物的特征，并将其归属于已存在的分类单位中的过程。

细菌的命名遵照植物的命名规则。种是生物分类的基本等级，因此生物命名就是给一个生物种唯一的名称。1623 年，瑞士植物学家加斯帕德·鲍欣（Gaspard Bauhin）使用双名法命名当时他所知道的 6000 种植物。1753 年，瑞典植物学家林奈（Carl von Linné）在其所著《植物种志》（*Species Plantarum*）中正式提出双名法，即一个物种的名称由两个词组成。例如，*Oryza sativa*（水稻）的第一个词 *Oryza* 为属名，第二个词 *sativa* 为种加词。当今所有生物物种均采用双名法命名。

细菌的个体很小，不能为肉眼所见，对细菌的认识和交流难以达成共识，因而容易出现同物异名现象，即同一物种的细菌在不同人群中使用不同的名称。此外，细菌采用无性繁殖方式，使其种的划分标准、分类和命名比高等生物更为困难，这也是早期细菌名称不统一的原因之一。因此，1930 年第一届国际微生物学大会就提出组建细菌命名和分类学委员会，该委员会将草拟细菌命名法规的报告。经过长达 40 年的反复研讨，该委员会制定了《国际细菌命名法规》，该法规于 1973 年耶路撒冷的国际微生物学大会上获得通过，1975 年在华盛顿出版了该法规，《国际细菌命名法规》中译本于 1989 年由科学出版社出版（陶天申、陈文新和骆传好译）。1990 年在大阪召开的第十五届国际微生物学大会上批准了修订版《国际细菌命名法规》(1990 版)，并于 1992 年在华盛顿出版发行。根据细菌分类学发展的需要，国际系统细菌学委员会对《国际细菌命名法规》的部分内容进行了数次修订，但是这些修订内容并未出现在《国际细菌命名法规》（1990 版）的在线版本中。命名法规是具有法定性质的文件，新版本均声明“追溯既往”的原则，自新版本发表和正式生效之日起，旧版本及其译本一律作废，即法规内容均以新版本为准。

命名法规使生物命名有了可循准则，制定的目的在于保证每一种生物都有一个且唯一的名称，从而避免因名称的错用而导致科学研究及应用上的混乱。命名法规的重要内容之一是模式（type），是指某一特定的、可观察的生物或化石标本实体。细菌种的模式是指保藏在永久性的、向公众开放的菌种保藏机构中活的培养物，称为模式菌株（type strain）。一个细菌属的模式是该属第一个被指定的种，即模式种。

命名法规规定了生物命名的规则和程序，只有遵照《国际细菌命名法规》命名的生物名称才能被国际学术界公认；《国际细菌命名法规》同时明确了正确命名者的优先权，而优先权的判别依据是命名的首次合格发表者。

2. 国际细菌命名法规的内容简介

1990 年修订的《国际细菌命名法规》（1990 版）正文内容分为 4 章：第 1 章为总则，指明《国际细菌命名法规》（1990 版）修订、解释的程序和权限；第 2 章为原则，提出了命名的核心内容，规定一个分类单元（taxon）的正确名称（name）须符合生效发表

（valid publication）、合法性（legitimacy）和发表优先权（priority of publication）三原则；第 3 章为规则和辅则，包括已有名称有序化的规则、新名称命名的规范等；第 4 章是建议说明，包括对作者和出版者有关细菌命名问题的建议；作者和名称的引用和模式菌株的保藏。法规还列出了 10 个附录及两个子文件，子文件分别是国际系统细菌学委员会章程和国际微生物学联合会下设的细菌学和应用微生物学部章程。这两个国际组织负责讨论和表决法规的制定、修订和发布，以及对有争论的命名问题进行裁定。

归纳起来，对细菌命名有以下要点：一个名称要稳定，没有充足的理由不能变更；细菌命名与动植物无关，即在动物、植物中采用的名称仍可用于细菌的命名中；所有细菌的科学名称都要拉丁化；一个分类单位的正确命名须具备合法性、生效发表和优先发表 3 个条件。

3. 细菌名称的优先权和发表

《国际细菌命名法规》（1990 版）规定：种以上至目包括目的各分类单元都具有一定的界限（circumscription）、位置（position）和等级（rank）。每个分类单元只能有一个正确名称，即符合《国际细菌命名法规》（1990 版）诸规则最早的那个名称；种名采用属名和种加词的双名法命名，在同一个类群的同一个分类地位，一个种只能有一个种加词，即符合《国际细菌命名法规》（1990 版）诸规则且最早定名的种加词。

《国际细菌命名法规》（1990 版）规定：1980 年 1 月 1 日以前发表细菌名称的优先权，即以国际系统细菌学委员会下属的裁决特别委员会（Ad Hoc Committee）整理的、1980 年发表在《国际系统细菌学杂志》（*International Journal of Systematic Bacteriology*，IJSB；2000 年更名为 *International Journal of Systematic and Evolutionary Microbiology*，IJSEM）的“细菌名称的确认名录”为准。

1980 年 1 月 1 日以后发表的名称的优先权，以在 IJSB/IJSEM 上发表合格名称的日期为准。如果两个名称发表在同期的 IJSB/IJSEM 上，发表名称的低页码具有优先权。发表在 IJSB/IJSEM 以外的、具有合格发表的期刊上的两个名称，以在 IJSB/IJSEM 同一个生效名录的序号决定优先权。

生效发表须满足以下条件：①新名称或现存分类单元的新组合须发表在 IJSB/IJSEM，并指定新分类单元的模式或引证新组合的模式；②在 IJSB/IJSEM 以外的期刊上发表的新名称是有效发表（effective publication）。作者需将描述新分类单元的文献经国际原核生物系统学委员会裁决委员会（International Committee of Systematics of Prokaryotes-Judgement Commission，ICSP-JC）审阅后在 IJSB/IJSEM 上公告名称有效发表的出处、新名称的作者，以及模式和菌种保藏地点与保藏号，新名称或新组合才被生效发表。值得注意的是，指定的新种或新亚种的模式菌株须保存在位于不同国家的至少两个保藏中心，并在发表的论文中写明保藏中心分配给该模式菌种的保藏编号和该中心提供的存菌证明。附加了限制条件的菌株（如用于专利程序的菌株）则不能被指定为模式菌株。

作者在发表新名称时，需要在名称后加缩写词，表明一个正在提出的新分类单元的名称所属类别（category），如新目“ord. nov.”、新属“gen. nov.”、新种“sp. nov.”、新组合“comb. nov.”、新名称“nom. nov.”。虽然拉丁文通常用斜体印刷，但上述拉丁文缩写词通常用罗马字或黑体字印刷，使它们与名称相区别并引起读者对缩写词的注意。

4. 细菌名称中译名及其有关信息的查询

我国细菌中译名工具书早期有《拉汉微生物名称》（科学出版社，1958）、《细菌名称》（科学出版社，1980）、《细菌名称》（第二版）（科学出版社，1996）。《细菌名称》（第二版）共收集细菌名称 18 000 条，并把生效发表的细菌名称标上星号，对同物异名也有标记。《细菌名称》（第二版）的出版为我国细菌学工作者查找细菌名称提供了便利。

1996 年山东大学出版社出版了赵乃昕和岳启安主编的《医学细菌名称及分类鉴定》，该书提供了细菌的学名、汉译名，以及属的描述、分类单元的转移文献出处等信息，为从事医学的读者提供了有益参考；2006 年和 2013 年，山东大学出版社分别出版了《医学细菌名称及分类鉴定》（第二版）和《医学细菌名称及分类鉴定》（第三版），增加了许多新的内容。2000 年，我国学者杨瑞馥、陶天申等与日本学者江崎孝行合作编撰了《细菌名称英解汉译词典》，该书收录了截至 1999 年底全部生效发表的细菌名称及其拉丁名的词根和英文解释；同时，除约定俗成的少数译名保留外，更正了翻译欠妥的译名。2011 年，杨瑞馥和陶天申等编撰了《细菌名称双解及分类词典》，该词典收录了截至 2010 年 3 月合格发表的原核生物拉丁学名，详细注释了细菌属和种（包括模式种）的命名信息，包括分类单元的拉丁学名、音标、命名人、命名年代，发表在 IJSB/IJSEM 上的卷、页码及分类单元拉丁学名的英文释义（即词根的意义）等，信息非常全面。本书中细菌的中译名主要参考《细菌名称双解及分类词典》。

第一篇

常见细菌和古菌属的特征描述

第一章 光合细菌

光合细菌是地球上最早出现的、具有原始光能合成体系的原核生物。需要指出的是，光合细菌不是分类学的概念，而是指具有光合作用、生理特征不同、分类上属于不同系统发育分支的细菌。它们广泛分布于湖泊、海洋、土壤中，在自然界的碳、氮、硫循环中发挥重要作用。

迄今已发现的光合细菌共约 90 个属（图 1-1），而且仍有新种不断被报道。根据光合过程中是否有氧气产生，将光合细菌分为产氧光合细菌（oxygenic photosynthetic bacteria）和不产氧光合细菌（anoxygenic photosynthetic bacteria）两大类群。产氧光合细菌是好氧菌，典型代表为蓝细菌，本书不予介绍。不产氧光合细菌是形态、生理和系统发育多元化的类群，分布在着色杆菌科（Chromatiaceae）、外硫红螺菌科（Ectothiorhodospiraceae）、紫色非硫细菌（purple nonsulfur bacteria）、绿色硫细菌（green sulfur bacteria）、多细胞丝状绿细菌、阳光杆菌科（Heliobacteriaceae）、含细菌叶绿素的专性好氧菌等类群中。在不产氧光合细菌类群中，紫色硫细菌（purple sulfur bacteria）、紫色非硫细菌、绿色硫细菌、绿色非硫细菌（green nonsulfur bacteria）多数是厌氧菌，它们分布在有光的缺氧区域。然而，1979 年研究发现了好氧不产氧光合细菌（aerobic anoxygenic photosynthetic bacteria），表明不产氧光合作用在有氧环境中也能够发生，而且这一独特的生理特征使它们广泛分布于自然界中。好氧不产氧光合细菌在有氧条件下可以 NH_3、硫化物或有机物等作为 H_2 供体，利用细菌叶绿素捕获光电子进行光合作用。这一过程中无氧气释放，而是利用细菌叶绿素的光合电子传递减少对溶解有机碳的消耗。

光合细菌具有多样的生理类型，而且在不同的自然环境中表现出不同的生理生化特征，如固氮、固碳、脱氢、硫化物氧化等，在自然界的物质循环中起着重要的作用。这些细菌能够以许多有机物为营养，并能降解和利用化肥及农药从而产生有用的分泌物质，因此它们被广泛应用于环境治理、水产养殖业、畜牧业、新能源开发利用、医药、生物色素提取等领域。

1. 着色菌属（*Chromatium* Perty 1852）

细胞杆状或卵圆形，直或稍弯曲，末端圆，二分分裂，单根或多根极生鞭毛。细胞单个、成对或者粘连在一起形成块状物。革兰氏染色反应为阴性。光合色素为细菌叶绿素 a 和类胡萝卜素，主要类胡萝卜素类为奥氏酮，位于囊泡状光合内膜上。不产气泡。在厌氧条件下以 H_2S 或 S^0 作为电子供体进行化能自养生长；在 H_2S 氧化过程中，S^0 作为氧化中间产物以高折光性硫粒的形式储存在细胞内，硫酸盐是最终氧化产物。H_2 也可能用作电子供体。可同化简单的有机化合物进行混养生长，最常用的是乙酸盐或丙酮酸盐。

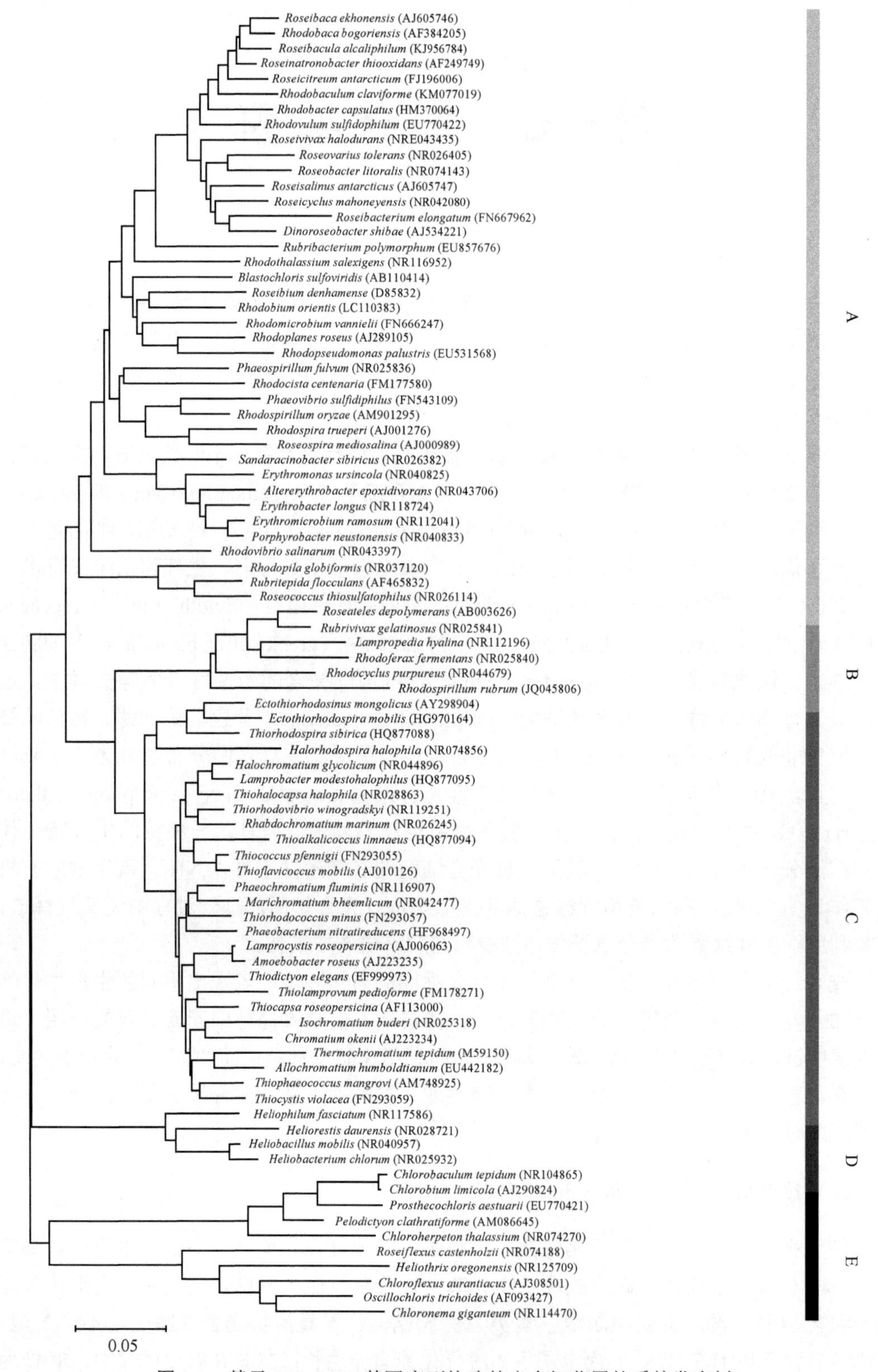

图 1-1 基于 16S rRNA 基因序列构建的光合细菌属的系统发育树

选取属模式种的 16S rRNA 基因序列，采用邻接法构建。A 代表 α-Proteobacteria，B 代表 β-Proteobacteria，C 代表 γ-Proteobacteria，D 代表 Clostridia，E 代表 Chlorobia；括号内编号是序列在 NCBI 的登录号，比例尺代表 5% 的序列差异

中温生长，最适生长温度为 20～28℃。生长因子为维生素 B_{12}（VB_{12}），可在 0～1.5% NaCl 中生长，细胞内常储存多糖、聚 β-羟基丁酸盐和聚磷酸盐。

DNA 的 G+C 含量（mol%）：48.0～50.0（Bd①）。

模式种：奥氏着色菌（*Chromatium okenii*）；模式菌株的 16S rRNA 基因序列登录号：AJ223234；基因组序列登录号：NZ_NRRQ00000000；模式菌株保藏编号：DSM 169。

该属目前仅有 2 个种：奥氏着色菌（*C. okenii*）和韦氏着色菌（*C. weisii*）。

2. 囊硫菌属（*Thiocystis* Winogradsky 1888）

细胞圆形或卵圆形，分裂前呈双球菌，二分分裂，单鞭毛运动。细胞单个、成对或不规则聚集在黏液层中。革兰氏染色反应为阴性。囊泡状光合内膜含有细菌叶绿素 a 和类胡萝卜素。不产气泡。在厌氧条件下能以 H_2S 或 S^0 作为电子供体进行光能/化能自养生长；在 H_2S 氧化过程中，S^0 作为氧化中间产物短暂地储存在细胞内，硫酸盐是最终氧化产物。在微好氧至好氧条件下可兼性化能自养。最适生长 pH 为 7.0～7.3。细胞内储存物有多糖、聚β-羟基丁酸盐和聚磷酸盐。生境：淡水、咸水或海洋环境中的水体及其泥样。

DNA 的 G+C 含量（mol%）：61.3～69.5（Bd）。

模式种：紫色囊硫菌（*Thiocystis violacea*）；模式菌株的 16S rRNA 基因序列登录号：Y11315；基因组序列登录号：NZ_NRRG00000000；模式菌株保藏编号：DSM 207。

该属常见种的鉴别特征见表 1-1。

表 1-1 囊硫菌属（*Thiocystis*）常见种的鉴别特征

特征	紫色囊硫菌（*T. violacea*）	化学囊硫菌（*T. chemoclinalis*）	卡迪亚诺湖囊硫菌（*T. cadagnonensis*）	变紫囊硫菌（*T. violascens*）	稍小囊硫菌（*T. minor*）	明胶囊硫菌（*T. gelatinosa*）
细胞形态	球形	卵形/球形	卵形/杆状	杆状	球形/杆状	球形
细胞大小/μm	2.5～3.5	2.3～3.6	2.3～4.7	2.0×2.5～6.0	NR	3.0
培养物颜色	紫色至红色	紫色至红色	紫色至红色	紫色至红色	紫色至红色	紫色至红色
类胡萝卜素类	玫红品	奥氏酮	奥氏酮	玫红品	奥氏酮	奥氏酮
mol% G+C	63.1	68.1	69.5	61.8～64.3	62.2	61.3
最适生长温度/℃	25～35	20	20	25～35	30	30
NaCl 需求/(%, *w/v*)	无	无	无	无	无	0～1
碳源利用/电子供体						
硫代硫酸盐	+	+	+	+	+	−
甲酸盐	−	−	−	+	−	NR
丙酸盐	+	−	−	+	−	−
丁酸盐	+	−	−	−	−	NR
乳酸盐	−	−	+	−	NR	−
富马酸	+	−	−	−	−	−
苹果酸	NR	−	−	−	−	NR

① Bd 表示通过浮力密度法测得的 G+C 含量，后文同。

续表

特征	紫色囊硫菌（*T. violacea*）	化学囊硫菌（*T. chemoclinalis*）	卡迪亚诺湖囊硫菌（*T. cadagnonensis*）	变紫囊硫菌（*T. violascens*）	稍小囊硫菌（*T. minor*）	明胶囊硫菌（*T. gelatinosa*）
果糖	+	+	−	−	−	−
葡萄糖	v	+	+	−	+	−
乙醇	−	+	+	−	−	−
丙醇	+	−	−	−	−	−
甘油	v	−	−	−	−	−

3. 荚硫菌属（*Thiocapsa* Winogradsky 1888）

细胞圆形或类卵圆形，直径 1.2～3.0μm，二分分裂，不运动。可在两个垂直平面上同时分裂而形成四聚体。在不良条件及自然生境中，形成不规则的菌块，并包裹在黏液中。革兰氏染色反应为阴性。囊泡状光合内膜含有细菌叶绿素 a 或 b 及类胡萝卜素。不产气泡。在厌氧条件下进行光能营养生长；在黑暗微好氧及好氧条件下可进行化能自养或混养生长。能以 H_2S 或 S^0 作为电子供体进行光能/化能自养生长；在 H_2S 氧化过程中，S^0 作为氧化中间产物短暂地储存在细胞内，硫酸盐是最终氧化产物。

DNA 的 G+C 含量（mol%）：62.7～66.3（Bd）。

模式种：桃红荚硫菌（*Thiocapsa roseopersicina*）；模式菌株的 16S rRNA 基因序列登录号：AF113000；基因组序列登录号：NZ_FNNZ00000000；模式菌株保藏编号：DSM 217。

该属常见种的鉴别特征见表 1-2。

表 1-2　荚硫菌属（*Thiocapsa*）常见种的鉴别特征

特征	海洋荚硫菌（*T. marina*）	桃红荚硫菌（*T. roseopersicina*）	悬挂荚硫菌（*T. pendens*）	玫瑰荚硫菌（*T. rose*）	岸边荚硫菌（*T. litoralis*）	英氏荚硫菌（*T. imhoffii*）
细胞直径/μm	1.5～3.0	1.2～3.0	1.5～2.0	2.0～3.0	1.5～2.5	1.7～2.0
气泡	−	−	+	+	−	−
培养物颜色	紫色至红色	玫瑰色至红色	玫瑰色至红色	玫瑰色至红色	玫瑰色至红色	粉红色至玫瑰色
类胡萝卜素类	奥氏酮	螺菌黄素	螺菌黄素	螺菌黄素	螺菌黄素	螺菌黄素
mol% G+C	62.7～63.2	63.3～66.3	65.3	64.3	64.0	ND
生长因子	−	−	VB_{12}	VB_{12}	VB_{12}	−
同化型硫酸盐还原	−	+	−	−	−	+
最适生长 pH	7.5	7.3	6.7～7.5	6.7～7.5	6.5	8.5
最适生长 NaCl 浓度/%	1～2	0	0	0	1	0
碳源利用/电子供体						
H_2	+	+	−	−	ND	ND
丁酸盐	−	−	−	−	+	ND
富马酸	+	+	−	−	+	−

续表

特征	海洋荚硫菌（*T. marina*）	桃红荚硫菌（*T. roseopersicina*）	悬挂荚硫菌（*T. pendens*）	玫瑰荚硫菌（*T. rose*）	岸边荚硫菌（*T. litoralis*）	英氏荚硫菌（*T. imhoffii*）
琥珀酸	+	+	−	−	+	+
甘油	+	+	−	−	−	+
果糖	+	+	−	−	+	−
葡萄糖	−	−	−	−	+	−

4. 俊杆菌属（*Lamprobacter* Gorlenko et al. 1979）

细菌杆状或卵圆形，二分分裂。革兰氏染色反应为阴性。不形成典型的聚合物，气泡分布在周质或整个细胞质中，在含 H_2S 或硫代硫酸钠的培养基上生长时，在细胞内积累硫粒。在特定发育阶段以鞭毛运动。运动细胞通常不产气泡。囊泡状光合内膜含有细菌叶绿素 a 和类胡萝卜素。在厌氧条件下能以还原性含硫化合物作为电子供体进行光能/化能自养生长；兼性微好氧化能自养生长。

DNA 的 G+C 含量（mol%）：64。

模式种（唯一种）：嗜中盐俊杆菌（*Lamprobacter modestohalophilus*）；模式菌株的 16S rRNA 基因序列登录号：HQ877095；基因组序列登录号：NRRY00000000；模式菌株保藏编号：DSM 25653=VKM B-2538。

5. 俊囊菌属（*Lamprocystis* Schroeter 1886）

细胞圆形至卵圆形，直径 1.9～3.5μm，细胞分裂前呈双球形，二分分裂，单鞭毛运动。革兰氏染色反应为阴性。在高浓度 H_2S（4～6mmol/L）及高光照强度下，细胞形成长而具分支的聚合物，且包裹在黏液中。在适宜的生长条件下，细胞聚合体分成较小的团块，这些细胞团块呈现不同程度的球形，进行鞭毛运动；最后，单个运动细胞被释放出来。囊泡状光合内膜含有细菌叶绿素 a 及类胡萝卜素。气泡位于细胞中央。专性光能生长，严格厌氧。能以 H_2S 或 S^0 作为电子供体进行光能/化能自养生长；在 H_2S 氧化过程中，S^0 作为氧化中间产物短暂积累于细胞无气泡的周质部分，硫酸盐是最终氧化产物。最适生长 pH 为 7.0～7.3。生境：含 H_2S 的池塘和湖泊的泥样及静止水体中；淡水湖含 H_2S 的均温层中最常见的浮游菌。

DNA 的 G+C 含量（mol%）：63.5～63.8。

模式种：桃红色俊囊菌（*Lamprocystis roseopersicina*）；模式菌株的 16S rRNA 基因序列登录号：AJ006063；模式菌株保藏编号：DSM 229。

该属目前仅有 2 个种，种间鉴别特征见表 1-3。

表 1-3 俊囊菌属（*Lamprocystis*）种间鉴别特征

特征	桃红色俊囊菌（*L. roseopersicina*）	绛红俊囊菌（*L. purpurea*）
运动性	+	−
细胞直径/μm	2.0～3.5	1.9～2.3
气泡	+	+

续表

特征	桃红色俊囊菌（*L. roseopersicina*）	绛红俊囊菌（*L. purpurea*）
生长形成聚合体	不规则聚合物	细胞团块
培养物颜色	粉红色至紫红色	紫色至红色
类胡萝卜素类	玫红品	奥氏酮
同化型硫酸盐还原	ND	−
化能无机营养生长	−	+
最适生长温度/℃	20～30	23～25

6. 网硫菌属（*Thiodictyon* Winogradsky 1888）

细胞杆状，末端圆，有时呈锭子状，二分分裂，不运动。细胞端部相接可形成不规则的网式结构，但其形状并不恒定，也可形成密实的块状物或分成单个细胞。革兰氏染色反应为阴性。囊泡状光合内膜含有细菌叶绿素 a 和类胡萝卜素。气泡大而不规则，位于细胞中央。专性光能生长，严格厌氧。能以 H_2S 或 S^0 作为电子供体进行光能/化能自养生长；在 H_2S 氧化过程中，S^0 作为氧化中间产物短暂地储存在细胞内不含气泡的周质部分，硫酸盐是最终氧化产物。生境：含 H_2S 的池塘和湖泊的泥样及静止水体中；淡水湖含 H_2S 的均温层中较常见的浮游菌。

DNA 的 G+C 含量（mol%）：65.3～66.3（Bd）。

模式种：美网硫菌（*Thiodictyon elegans*）；模式菌株的 16S rRNA 基因序列登录号：EF999973；模式菌株保藏编号：DSM 232。

该属目前仅有 2 个种，即美网硫菌和杆状网硫菌（*T. bacillosum*）。

7. 板硫菌属（*Thiopedia* Winogradsky 1888）

细胞圆形至卵圆形，直径 2.0～3.0μm，二分分裂。由于细胞在两个垂直平面上的连续分裂，形成了长方形板块结构，可由 4 个、8 个、16 个、32 个或更多个细胞规则排列而成（可多达 128 个或 256 个细胞）。不运动。革兰氏染色反应为阴性。细胞中央有形状不规则的气泡。囊泡状或片层状光合内膜含有细菌叶绿素 a 及类胡萝卜素。厌氧光能营养生长。能以 H_2S 或 S^0 作为电子供体进行光能/化能自养生长；在 H_2S 氧化过程中，S^0 作为氧化中间产物短暂储存在细胞内不含气泡的周质部分，硫酸盐是最终氧化产物。生境：含 H_2S 的池塘和湖泊的泥样及静止水体中；淡水湖含 H_2S 的均温层中常见的浮游菌。

DNA 的 G+C 含量（mol%）：62.5～63.6。

模式种（唯一种）：玫瑰色板硫菌（*Thiopedia rosea*）。

8. 硫红球菌属（*Thiorhodococcus* Guyoneaud et al. 1997）

单个细胞球形，二分分裂，极生鞭毛运动。革兰氏染色反应为阴性。囊泡状光合内膜含有细菌叶绿素 a 及类胡萝卜素。厌氧光能营养生长。在微好氧条件下兼性化能营养生长。能以 H_2S、S^0、硫代硫酸钠作为电子供体进行光能/化能自养生长；在 H_2S 氧化过程中，S^0 作为氧化中间产物短暂地储存在细胞内，硫酸盐是最终氧化产物。生境：海洋

及湖泊含 H_2S 的黑色沉积物表层。

DNA 的 G+C 含量（mol%）：57.5～66.9。

模式种：微小硫红球菌（*Thiorhodococcus minus*）；模式菌株的 16S rRNA 基因序列登录号：Y11316；基因组序列登录号：NZ_JAAIJQ000000000；模式菌株保藏编号：DSM 11518。

该属常见种的鉴别特征见表 1-4。

表 1-4 硫红球菌属（*Thiorhodococcus*）常见种的鉴别特征

特征	微小硫红球菌（*T. minus*）	德鲁斯硫红球菌（*T. drewsii*）	嗜甘露醇硫红球菌（*T. manitoliphagus*）	帕纳姆海滩硫红球菌（*T. bheemlicus*）	卡基纳达硫红球菌（*T. kakinadensis*）
细胞直径/μm	1.0～2.0	2.0～3.5	1.5～2.0	3.0～5.0	4.0～6.0
培养物颜色	棕橙色	棕红色	紫红色	紫红色	紫红色
mol% G+C	60.0～64.0	64.5	61.8	57.5	65.5
生长因子	−	−	VB_{12}	n，b，p	−
同化型硫酸盐还原	−	+	−	−	−
化能无机营养生长	+	ND	−	−	−
最适生长 pH（生长范围）	7.0～7.2（6.0～8.0）	6.5～6.7（5.2～8.5）	7.0～7.5（7.0～8.5）	7.2（6.5～7.2）	7.0～7.5（6.5～8.0）
最适生长温度/℃	30～35	30～35	25～30	25～30	25～30
生长 NaCl 浓度/%	0.5～9.0	0.0～8.0	0.1～3.0	0.5～5.0	0.5～6.0
最适生长 NaCl 浓度/%	2.0	2.4～2.6	0.5～2.0	1.0～2.0	1.0～3.0
碳源利用/电子供体					
H_2	+	+	ND	ND	ND
硫代硫酸盐	+	+	+	−	+
S^0	+	+	+	−	−
硫化物	−	+	+	−	−
亚硫酸盐	−	+	−	−	−
甲酸盐	+	+	+	(+)	+
乙酸盐	+	ND	+	+	−
丙酸盐	−	+	−	−	−
丁酸盐	+	+	+	(+)	+
乳酸盐	+	+	+	+	−
琥珀酸	(+)	+	(+)	+	−
苹果酸	+	+	+	−	−
果糖	−	+	+	−	+
葡萄糖	+	+	i	−	−
乙醇	+	+	i	−	−
丙醇	−	+	−	−	+
甘油	+	+	i	−	+

续表

特征	微小硫红球菌（*T. minus*）	德鲁斯硫红球菌（*T. drewsii*）	嗜甘露醇硫红球菌（*T. manitoliphagus*）	帕纳姆海滩硫红球菌（*T. bheemlicus*）	卡基纳达硫红球菌（*T. kakinadensis*）
乙醇酸	−	+	−	−	−
丁烯酸酯	−	+	i	−	(+)
酪蛋白氨基酸	−	+	+	−	+

注：n 表示烟酸；b 表示生物素；p 表示泛酸。与对照比较，+ 表示细胞量增加 150%～200%；(+) 表示细胞量增加不超过 150%；i 表示细胞量增加超过 50%

9. 硫红弧菌属（*Thiorhodovibrio* Overrmann, Fischer and Pfennig 1992）

单个细胞弧形至螺旋形，二分分裂，单极生鞭毛运动。革兰氏染色反应为阴性。囊泡状光合内膜含有细菌叶绿素 a 及类胡萝卜素。厌氧光能生长，兼性化能营养生长。能以 H_2S 或 S^0 作为电子供体进行光能/化能自养生长；在 H_2S 氧化过程中，S^0 作为氧化中间产物短暂地储存在细胞内，硫酸盐是最终氧化产物。生境：海洋及湖泊沉积物表层，含 H_2S 的微生物群落。

DNA 的 G+C 含量（mol%）：61～63（HPLC[①]）。

模式种（唯一种）：维氏硫红弧菌（*Thiorhodovibrio winogradskyi*）；模式菌株的 16S rRNA 基因序列登录号：AJ006214；模式菌株保藏编号：DSM 6702。

10. 杆状色菌属（*Rhabdochromatium* Dilling and Pfenmig 1995）

大多数细胞为长而直的杆状，分裂前后 1.5～1.7μm 宽、16～32μm 长，也可见到稍有弯曲的细胞，末端呈一定程度的圆锥形。二分分裂。具双极生鞭毛丛，每丛 10～20 根。革兰氏染色反应为阴性。细胞悬浮液米色或橘黄色。囊泡状光合内膜含有细菌叶绿素 a 及番茄红素（lycopene）。专性光能生长。严格厌氧。能以 H_2S、S^0、硫代硫酸钠作为电子供体进行光能/化能自养生长；在 H_2S 氧化过程中，S^0 作为氧化中间产物短暂地储存在细胞内，硫酸盐是最终氧化产物。不需要生长因子。需要 NaCl（1.5%～5.0%），NaCl 浓度低于 1% 或高于 6.5% 不能生长。生境：含 H_2S 的池塘和湖泊的泥样及静止水体中；淡水湖含 H_2S 的均温层中较常见的浮游菌。

DNA 的 G+C 含量（mol%）：60.4。

模式种（唯一种）：海洋杆状色菌（*Rhabdochromatium marinum*）；模式菌株的 16S rRNA 基因序列登录号：X84316；基因组序列登录号：NRRS00000000；模式菌株保藏编号：CIP 104884=DSM 5261。

11. 外硫红螺菌属（*Ectothiorhodospira* Pelsh 1936）

细胞卵圆形或杆状至螺旋形，长 0.7～1.5μm，极生丛鞭毛运动，二分分裂。革兰氏染色反应为阴性。片层状光合内膜与细胞质膜相连。光合色素是细菌叶绿素 a 或 b 及螺菌黄素类类胡萝卜素。可能含气泡。在厌氧条件下可以还原性含硫化合物或 H_2 作为电子受体进行光能自养生长，或者利用有限的几种简单有机化合物进行光能异养生长。硫化

① HPLC 表示通过高效液相色谱法测得的 G+C 含量，后文同。

物被氧化成 S^0，储存在细胞外，也可进一步氧化成硫酸盐。有些种能在黑暗条件下微好氧及好氧生长。生长需要在盐碱条件下进行。不需要生长因子，但维生素 B_{12} 可刺激某些菌株的生长。细胞内储存物有多糖、聚 β-羟基丁酸盐和聚磷酸盐。外硫红螺菌属菌株生长在中性至极端碱性且含有 H_2S 的海洋至极端高盐环境下，如海湾、盐滩、盐湖、苏打湖等，偶尔也能在土壤中发现。

DNA 的 G+C 含量（mol%）：61.4～68.4。

模式种：运动外硫红螺菌（*Ectothiorhodospira mobilis*）；模式菌株的 16S rRNA 基因序列登录号：X93481；基因组序列登录号：NRSK00000000；模式菌株保藏编号：ATCC 49921=DSM 237=NBRC 103802。

该属常见种的鉴别特征见表 1-5。

表 1-5 外硫红螺菌属（*Ectothiorhodospira*）常见种的鉴别特征

特征	可变外硫红螺菌（*E. variabilis*）	运动外硫红螺菌（*E. mobilis*）	死海外硫红螺菌（*E. marismortui*）	海洋外硫红螺菌（*E. marina*）	喜盐碱外硫红螺菌（*E. haloalkaliphila*）	沙氏外硫红螺菌（*E. shaposhnikovii*）	小空泡外硫红螺菌（*E. vacuolata*）
细胞长度/μm	0.8～1.2	0.7～1.0	0.9～1.3	0.8～1.2	0.7～1.2	0.8～0.9	1.5
气泡	+/−	−	−	−	−	−	+
最适生长 NaCl 浓度/%	5～8	2～3	3～8	2～6	5	3	1～6
生长 NaCl 浓度/%	2～20	1～5	1～20	0.5～10	2.5～15	0～7	0.5～10
最适生长 pH	9.0～9.5	7.6～8.0	7.0～8.0	7.5～8.5	8.5～10.0	8.0～8.5	7.5～9.5
同化型硫酸盐还原	−	+	−	（+）	+	+	−
mol% G+C	62.7	67.3～68.4	65.0	62.8	62.2～63.5	62.0～64.0	61.4～63.6
底物利用							
H_2	ND	+	+	+	+	+	+
硫代硫酸盐	+	+	−	+	+	+	+
乳酸盐	+	+	+	+	ND	+	−
丙酸盐	+	+	+	+	ND	+	+
果糖	−	+	−	−	ND	+	（+）

12. 嗜盐红螺菌属（*Halorhodospira* Imhoff and Süling 1996）

细胞螺旋形，某些条件下也呈杆状，直径 0.5～1.2μm，二分分裂，双极生鞭毛运动。革兰氏染色反应为阴性。片层状光合内膜与细胞质膜相连。光合色素是细菌叶绿素 a 或 b 及类胡萝卜素。在厌氧条件下可以还原性含硫化合物或 H_2 作为电子受体进行光能自养生长，或者利用有限的几种简单有机化合物进行光能异养生长，硫化物被氧化成 S^0，储存在细胞外，也可进一步被氧化成硫酸盐。生长需要在盐碱条件下进行。所有种都需要 10% 以上的 NaCl 浓度，有些种在饱和的盐浓度下生长。不需要生长因子。细胞内储存物有多糖、聚 β-羟基丁酸盐和聚磷酸盐。生境：嗜盐红螺菌属生长在中性至极端碱性且含有 H_2S 的高盐至极端盐度环境中，如盐滩、盐湖和苏打湖等。

DNA 的 G+C 含量（mol%）：50.5～69.7（T_m[①]）。

模式种：嗜盐嗜盐红螺菌（*Halorhodospira halophila*）；模式菌株的基因组序列登录号：CP000544；模式菌株保藏编号：DSM 244。

该属常见种的鉴别特征见表 1-6。

表 1-6　嗜盐红螺菌属（*Halorhodospira*）常见种的鉴别特征

特征	嗜盐嗜盐红螺菌（*H. halophila*）	盐绿嗜盐红螺菌（*H. halochcoris*）	阿氏嗜盐红螺菌（*H. abdelmalekii*）
细胞直径/μm	0.6～0.9	0.5～0.6	0.9～1.2
mol% G+C	67.5～69.7	50.5～52.9	63.3～63.8
最适生长 NaCl 浓度/%	11～32	14～27	12～18
碳源利用			
硫代硫酸钠	+	−	−
乳酸盐	+	−	−

13. 芽生绿菌属（*Blastochloris* Hiraishe 1997）

细胞杆状至卵圆形，生长具极性，不对称的出芽分裂。有时可看到玫瑰结形细胞聚合体。依靠亚极生鞭毛运动。革兰氏染色反应为阴性。光能异养厌氧生长，也可能进行黑暗微好氧生长。光能营养生长细胞内含有片层状光合内膜，且平行于细胞内膜。光合色素为细菌叶绿素 b 和类胡萝卜素。光照培养物的颜色是绿色至橄榄绿。含有醌类 Q-8、Q-10、MK-7、MK-9。

DNA 的 G+C 含量（mol%）：63.8～71.4。

模式种：绿色芽生绿菌（*Blastochloris viridis*）；模式菌株的 16S rRNA 基因序列登录号：D25314；基因组序列登录号：AP014854；模式菌株保藏编号：ATCC 19567=DSM 133=NBRC 102659。

该属常见种的鉴别特征见表 1-7。

表 1-7　芽生绿菌属（*Blastochloris*）常见种的鉴别特征

特征	古尔马格芽生绿菌（*B. gulmargensis*）	绿色芽生绿菌（*B. viridis*）	绿硫芽生绿菌（*B. sulfoviridis*）
细胞大小/μm	1.0～1.5×3.0～5.0	0.6～0.9×1.2～2.0	0.5～1.0×1.0～1.8
培养物颜色	黄绿色	绿色至橄榄绿	橄榄绿
出芽类型	无柄	分裂管	无柄
最适生长温度（范围）/℃	25（15～40）	30（25～35）	30（25～40）
生长因子	p-ABA，b	p-ABA，b，pyr-P	p-ABA，b
同化型硫酸盐还原	+	+	−
黑暗微好氧生长	+	(+)	(+)
自养	−	−	硫代硫酸盐，硫化物
主要醌类	Q-8，MK-8	Q-9，MK-9	Q-10，MK-8

① T_m 表示通过热变性温度测定法测得的 G+C 含量，后文同。

续表

特征	古尔马格芽生绿菌（*B. gulmargensis*）	绿色芽生绿菌（*B. viridis*）	绿硫芽生绿菌（*B. sulfoviridis*）
碳源利用			
丁酸盐	ND	−	+
丙酮酸	+	+	−
辛酸盐	ND	+	−
果糖	−	−	+
甘油	−	−	+
壬酸	ND	+	−
乙酸盐	−	(+)	+
葡萄糖	−	(+)	+
硫化物	−	−	+
硫代硫酸钠	−	−	+
富马酸盐	+	+	(+)
α-酮戊二酸	+	+	−
苹果酸	+	(+)	+
乙醇	−	(+)	(+)
谷氨酸	−	(+)	(+)
mol% G+C	63.8	66.3～71.4	67.8～68.4
脂肪酸组成/%			
$C_{16:0}$	13.8	9.4	10.0
$C_{16:1}\omega7c$	1.0	1.0	1.0
$C_{16:1}\omega7c/C_{16:1}\omega6c$	8.0	10.5	6.8
$C_{16:0}$3OH	1.0	0.5	−
$C_{17:1}\omega8c$	−	1.9	0.6

注：p-ABA 表示对氨基苯甲酸；b 表示生物素；pyr-P 表示吡哆醛磷酸。下同

14. 褐螺菌属（*Phaeospirillum* Kluyver and van Niel 1936）

细胞弧形至螺旋形，宽 0.5～1.2μm，二分分裂，极生鞭毛运动。革兰氏染色反应为阴性。光合内膜片层状。光合色素为细菌叶绿素 a 和螺菌黄素类类胡萝卜素。醌类以 Q-9 和 MK-9 为主。淡水菌，生长不需要 NaCl。细胞喜在光照厌氧条件下进行光能异养生长，但可在黑暗条件下进行微好氧生长。需要生长因子。

DNA 的 G+C 含量（mol%）：60.5～64.8。

模式种：黄褐螺菌（*Phaeospirillum fulvum*）；模式菌株的 16S rRNA 基因序列登录号：M59065；模式菌株保藏编号：DSM 113。

该属常见种的鉴别特征见表 1-8。

表 1-8　褐螺菌属（*Phaeospirillum*）常见种的鉴别特征

特征	蒂拉克褐螺菌（*P. tilakii*）	水稻褐螺菌（*P. oryzae*）	康氏褐螺菌（*P. chandramohanii*）	黄褐螺菌（*P. fulvum*）	莫氏褐螺菌（*P. molischianum*）
细胞大小/μm	0.5～0.8×2.0～6.0	0.8～1.2×2.0～6.0	0.8～1.0×4.0～8.0	0.5～0.7×3.5	0.7～1.0×4.0～6.0
运动性	+	+	+	+	+
螺旋的宽度/μm	形成 10～30μm 长链	ND	6～8，形成 30μm 长链	1.0～1.6	1.5～2.5
原生质球形成	−	+	−	−	+
培养物颜色	褐色	褐色	橙棕色	深褐色	橙棕色至红褐色或深褐色
主要醌类比例（Q-9∶MK-9）	7∶3	8∶2	9∶1	8∶2	8∶2
mol% G+C	62.7±1.1	63.3±0.8	60.5	64.8	62.6
生长因子	−	−	−	p-ABA	−
碳源利用/电子供体					
乙酸盐	−	+	(+)	+	+
天冬氨酸	−	−	−	+	+
苯甲酸	−	−	−	+	−
丁酸盐	+	−	(+)	+	+
己酸盐	+	−	(+)	+	+
辛酸盐	+	−	+	+	+
巴豆酸酯	+	−	+	−	+
乙醇	−	−	−	+	+
甲酸盐	−	−	−	−	+
葡萄糖	−	−	−	+	−
谷氨酸	−	−	−	(+)	+
乳酸	+	−	−	−	+
苹果酸	(+)/−	−	+	+	+
甘露醇	−	−	(+)	−	−
甲醇	−	−	−	+	−
壬酸盐	−	−	−	+	+
丙酸盐	+	−	−	+	+
琥珀酸	−	+	−	+	+
戊酸	+	−	(+)	+	+

15. 红细菌属（*Rhodobacter* Imhof, Trüper and Pfenning 1984）

细胞卵圆形或杆状，宽 0.5～2.5μm，运动或不运动，运动细胞具极性鞭毛。细胞行二分分裂，细胞可能产生荚膜或黏液，细胞有时形成链状。革兰氏染色反应为阴性。光合内膜囊泡状。光合色素为细菌叶绿素 a 和球形烯类胡萝卜素。可利用 H_2S 作为电子受体进行光能自养生长。有些种可利用硫代硫酸钠和 H_2 进行光能自养生长。可利用多种有机化合物作为碳源和电子供体在厌氧条件下进行光能异养生长，大多数种可在黑暗好氧条件下进行化能异养生长。

DNA 的 G+C 含量（mol%）：62.9～73.6。

模式种：荚膜红细菌（*Rhodobacter capsulatus*）；模式菌株的 16S rRNA 基因序列登录号：D13474；模式菌株保藏编号：DSM 1710=JCM 21090。

该属常见种的鉴别特征见表 1-9。

表 1-9 红细菌属（*Rhodobacter*）常见种的鉴别特征

特征	杰里红细菌（*R. johrii*）	嗜宽温红细菌（*R. megalophilus*）	类球红细菌（*R. sphaeroides*）	海红细菌（*R. maris*）	维氏红细菌（*R. veldkampii*）	云氏红细菌（*R. vinaykumarii*）
细胞宽度/μm	0.8～0.9	1.2～1.5	2.0～2.5	0.6～1.0	0.6～0.8	0.8～1.2
细胞长度/μm	1.5～1.9	1.5～2.0	2.5～3.5	1.0～1.5	1.0～1.3	1.5～3.0
细胞形状	O-R	O	S-O	O-R，C	O-R	R
运动性	+	−	+	+	−	−
芽孢	+	−	−	−	ND	−
培养物颜色	黄棕色	黄棕色	棕绿色	黄棕色	黄棕色	黄棕色
类胡萝卜素组成/mol%						
链孢红素	2	−	−	2	ND	−
二球形烯	−	−	−	−	ND	−
球形烯	82	73	46	89	ND	20
球形烯醇	11	18	47	2	ND	77
羟基球形烯	2	2	−	4	ND	3
羟基球形烯醇	−	−	2	4	ND	−
甲基链孢红素	−	−	−	−	ND	−
光合内膜	囊泡状	囊泡状	囊泡状	囊泡状	囊泡状	囊泡状
最适生长 pH	7.0	7.0	7.0	6.5～7.0	7.5	6.0～7.5
生长 pH	6.0～8.0	6.0～8.0	6.0～8.5	5.0～8.0	ND	6.0～8.0
最适生长温度/℃	30	5～40	30～34	25～30	30～35	20～30
同化型硫酸盐还原	+	+	+	+	−	+
脱氮	−	−	+/−	−	−	−
生长因子	b	t	b，n，t	t	b，p-ABA，t	b
mol% G+C	64.0～65.7	66.7	70.8～73.6	62.9	64.4～67.5	68.8
脂肪酸组成/%						
$C_{10:0}$ 3OH	3.3	3.0	3.8	2.1	−	2.5
$C_{16:0}$	3.4	4.2	5.1	8.7	4.3	4.6
$C_{16:1}$ *ω7c*	2.1	1.6	1.9	1.3	17.5	1.4
$C_{17:0}$	0.6	0.4	0.6	1.2	0.6	0.8

续表

特征	卵形红细菌（*R. ovatus*）	芽生红细菌（*R. blasticus*）	固氮红细菌（*R. azotoformans*）	潮汐红细菌（*R. aestuarii*）	荚膜红细菌（*R. capsulatus*）	钱拉红细菌（*R. changlensis*）
细胞宽度/μm	0.9～1.2	0.6～0.8	0.6～1.0	0.7～1.0	0.5～1.2	0.8～1.0
细胞长度/μm	1.0～2.0	1.0～2.5	0.9～1.5	1.5～2.0	2.0～2.5	2.0～4.0
细胞形状	O	O-R	O-R	O-R，C	O-R，C	O-R，C
运动性	−	−	+	+	+	−
芽孢	−	ND	−	−	ND	−
培养物颜色	黄棕色	橙褐色	黄棕色	黄棕色	黄棕色	黄棕色
类胡萝卜素组成/mol%						
链孢红素	−	1	−	3	−	−
二球形烯	−	−	−	2	−	−
球形烯	83	47	85	93	83	67
球形烯醇	12	47	−	微量	11	21
羟基球形烯	5	5	3	2	4	12
羟基球形烯醇	−	−	1	−	2	−
甲基链孢红素	−	−	10	−	−	−
光合内膜	囊泡状	片层状	囊泡状	囊泡状	囊泡状	囊泡状
最适生长 pH	6.5～7.0	6.5～7.5	7.0～7.5	7.0	7.0	6.5～7.5
生长 pH	6.0～8.0	ND	6.0～8.0	6.0～8.5	6.5～7.5	6.5～8.0
最适生长温度/℃	25～30	30～35	30～35	25～30	30～35	20～30
同化型硫酸盐还原	+	+	+	+	+	+
脱氮	−	−	+	−	−	−
生长因子	b，t	b，n，t，VB_{12}	b，n，t	t	b，n，t	b，n，t
mol% G+C	70.1	65.3	69.5～70.2	65.1	68.1～69.6	69.4
脂肪酸组成/%						
$C_{10:0}$ 3OH	−	ND	−	2.3	−	3.5
$C_{16:0}$	4.2	ND	3.6	4.5	4.2	8.0
$C_{16:1}$ *ω*7*c*	6.4	ND	4.2	1.0	5.8	7.3
$C_{17:0}$	1.0	ND	1.2	−	1.3	0.1

注：O 表示卵形；R 表示杆状；C 表示链状；S 表示球形；b 表示生物素；t 表示硫胺素；p-ABA 表示对氨基苯甲酸；n 表示烟酸。下同

16. 红菌属（*Rhodobium* Hiraishe, Urata and Satoh 1995）

细胞卵圆形至杆状，大小为 0.5～1.2μm×1.0～3.0μm。鞭毛极生或随机分布。细胞不对称的出芽分裂。革兰氏染色反应为阴性。很少有玫瑰结形细胞聚合体。营光能营养生长，细胞含有片层状光合内膜，且平行于细胞内膜。光合色素为细菌叶绿素 a 和螺菌黄素类类胡萝卜素。光能异养厌氧生长。也可能进行黑暗微好氧生长。光照培养物的

颜色是粉色至红色。最适生长温度为25～35℃，最适生长pH为6.9～7.5。在1%～5% NaCl中均能生长。主要醌类是Q-10。

DNA的G+C含量（mol%）：61.5～65.7。

模式种：东方红菌（*Rhodobium orientis*）；模式菌株的16S rRNA基因序列登录号：D30792；基因组序列登录号：NHSL00000000；模式菌株保藏编号：ATCC 51972=DSM 11290=JCM 9337。

该属目前仅有2个种，种间鉴别特征见表1-10。

表1-10　红菌属（*Rhodobium*）种间鉴别特征

特征	东方红菌（*R. orientis*）	海红菌（*R. marinum*）
玫瑰结形成	−/+	−
800nm处低吸收峰	−	+
脱氮	+	−
果糖发酵生长	−	+
生长因子	b，p-ABA	复杂
碳源利用		
柠檬酸钠	−	−/+
甲酸钠	+	+
硫代硫酸钠	+	−
mol% G+C	65.2～65.7	61.5～64.1

17. 红篓菌属（*Rhodocista* Kawasaki et al. 1992）

细胞弧形至螺旋形，大小为0.6～2.0μm×0.8～3.0μm，具长的单极生鞭毛。革兰氏染色反应为阴性。光合内膜片层状，且平行于细胞内膜。光照条件下微好氧生长或黑暗条件下好氧生长；能形成抗逆性孢囊。光合色素为细菌叶绿素a及螺菌黄素类类胡萝卜素，在798nm处的吸收峰很低。醌类以Q-9为主。

DNA的G+C含量（mol%）：68.8～69.9。

模式种：世纪红篓菌（*Rhodocista centenaria*）；模式菌株的16S rRNA基因序列登录号：D12701；基因组序列登录号：JACIGH000000000；模式菌株保藏编号：ATCC 43720=DSM 8284=JCM 21060。

该属目前仅有2个种，种间鉴别特征见表1-11。

表1-11　红篓菌属（*Rhodocista*）种间鉴别特征

特征	北京红篓菌（*R. pekingensis*）	世纪红篓菌（*R. centenaria*）
最适生长温度/℃	31～42	39～45
细胞大小/μm	0.6～0.8×0.8～1.5	1.0～2.0×3.0
mol% G+C	68.8	69.9
生长因子	t	b
琥珀酸利用	+	−

18. 红环菌属（*Rhodocyclus* Pfennig 1978）

细胞直或弯曲的细杆状，直径 0.3～0.7μm，极生鞭毛运动或不运动，行二分分裂。革兰氏染色反应为阴性。光合内膜为细胞质膜内突形成的小的单个指管状结构。光合色素为细菌叶绿素 a 和类胡萝卜素。如提供生长因子，可利用 H_2 进行光能自养生长。容易利用不同的有机底物作为碳源和电子供体进行光能厌氧生长。也可在黑暗微好氧到好氧条件下生长。不能利用还原性含硫化合物作为电子供体。

DNA 的 G+C 含量（mol%）：64.8～65.3。

模式种：绛红红环菌（*Rhodocyclus purpureus*）；模式菌株的 16S rRNA 基因序列登录号：M34132；基因组序列登录号：NHRX00000000；模式菌株保藏编号：DSM 168=LMG 7759。

该属目前仅有 2 个种，种间鉴别特征见表 1-12。

表 1-12　红环菌属（*Rhodocyclus*）种间鉴别特征

特征	绛红红环菌（*R. purpureus*）	纤细红环菌（*R. tenuis*）
细胞直径/μm	0.6～0.7	0.3～0.5
细胞形状	半圆形至圆形	弯曲的杆状
运动性	−	+
产生黏液	−	+
生长因子	VB_{12}，p-ABA，b	−
固氮	−	+
苯甲酸利用	+	−
mol% G+C	65.3	64.8

19. 红育菌属（*Rhodoferax* Hiraishi, Hoshino and Satoh 1991）

细胞弯曲的杆状，宽 0.2～1.0μm，极生鞭毛，二分分裂。革兰氏染色反应为阴性。可依靠光合作用、好氧呼吸或发酵生长。不能利用 H_2S 或硫代硫酸钠作为电子受体。铵盐和谷氨酸盐可用作氮源。微弱水解明胶。光照培养物桃棕色。光合色素为细菌叶绿素 a 和球形烯类胡萝卜素。光合内膜不明显。主要脂肪酸为 $C_{16:1}$ 和 $C_{16:0}$。主要醌类为 Q-8 和 RQ-8。

DNA 的 G+C 含量（mol%）：59.5～61.5（HPLC）。

模式种：发酵红育菌（*Rhodoferax fermentans*）；模式菌株的 16S rRNA 基因序列登录号：D16211；基因组序列登录号：NRRK00000000；模式菌株保藏编号：ATCC 49787=DSM 10138=JCM 7819。

该属常见种的鉴别特征见表 1-13。

表 1-13　红育菌属（*Rhodoferax*）常见种的鉴别特征

特征	赛登红育菌（*R. saidenbachensis*）	发酵红育菌（*R. fermentans*）	铁还原红育菌（*R. ferrireducens*）	南极红育菌（*R. antarcticus*）
细胞形状	短杆状	弯曲的杆状	杆状	弯曲的杆状
鞭毛	1	+	1	1
细胞大小/μm	0.2～0.4×1.0～8.0	0.6～0.9	1.0×3.0～5.0	0.6～0.9×1.5～3.0
O_2 需要	好氧；无光合作用	好氧发酵；光合作用	兼性厌氧；无光合作用	光能营养；化能异养
生长温度/℃	4～30	25～30	4～30	0～25
4℃生长	+	ND	+	+
生长 pH	6.0～9.0	5.0～9.0	6.7～7.1	ND
培养物颜色	棕色	桃棕色	棕色	桃棕色
mol% G+C	60.3～61.0	59.8～60.3	59.5	61.5
过氧化氢酶	−	ND	−	ND
碳源利用				
甘油	+	(+)	−	−
L-精氨酸	−	(+)	+	ND
尿素	−	ND	+	ND
七叶苷	−	ND	ND	ND
明胶	−	(+)	−	ND
D-甘露糖	+	+	+	−
甘露醇	+	+	+	−
麦芽糖	−	(+)	−	ND
葡萄糖酸钙	−	+	+	ND

20. 红微菌属（*Rhodomicrobium* Duchow and Douglas 1949）

细胞卵圆形至长卵圆形，菌体极性生长。有特征性营养生长周期，包括形成具周生鞭毛的蠕动细胞和不运动的“母细胞”，“母细胞”又可形成丝状体，其长度是“母细胞”长度的一倍至数倍。丝状体的末端形成球形的芽体，进而发育成子细胞，子细胞可以不同的方式分化。革兰氏染色反应为阴性。光合内膜片层状，含有细菌叶绿素 a 和类胡萝卜素。容易利用不同的有机底物作为碳源和电子供体进行光能厌氧生长。H_2 和低浓度的 H_2S 可作为电子供体进行光能自养生长。也可在黑暗微好氧到好氧条件下生长。

DNA 的 G+C 含量（mol%）：69.5～79.0（Bd）。

模式种：万尼红微菌（*Rhodomicrobium vannielii*）；模式菌株的 16S rRNA 基因序列登录号：FN666247；基因组序列登录号：JAEMUJ000000000；模式菌株保藏编号：ATCC 17100=DSM 162。

该属常见种的鉴别特征见表 1-14。

表 1-14 红微菌属（*Rhodomicrobium*）常见种的鉴别特征

特征	乌代浦红微菌（*R. udaipurense*）	万尼红微菌（*R. vannielii*）
细胞大小/μm	1.2～1.4×2.8～3.5	1.2～1.5×2.6～2.8
培养物颜色	红棕色	红色
最适生长 pH（范围）	6.5～7.5（5.5～8.0）	5.5～6.5（5.0～7.5）
最适生长温度（范围）/℃	30（10～40）	30（25～35）
光能自养生长	H_2，S^0，硫代硫酸钠	H_2，S^0
主要极性脂	磷脂酰乙醇胺，心磷脂，磷脂酰胆碱，磷脂酰甘油	磷脂酰乙醇胺，心磷脂，磷脂酰胆碱，磷脂酰甘油
碳源利用		
天冬氨酸	(+)	–
己酸盐	–	+
乙醇	–	+
谷氨酸	+	–
甘油	–	+
苹果酸	+	(+)
丙醇	(+)	+
丁醇	(+)	+
丙酸盐	+	+
琥珀酸盐	+	(+)
酒石酸盐	+	–
戊酸盐	(+)	–
脂肪酸组成/%		
$C_{14:0}$	2.4	2.5
$C_{15:0}$ 2OH	2.5	–
$C_{16:0}$	3.2	7.0
$C_{16:0}$ 3OH	–	2.7
$C_{16:1}\omega 7c/C_{16:1}\omega 6c$	1.3	4.6
$C_{17:1}\omega 9c$	3.0	2.6
$C_{17:0}$ 10-methyl	5.1	–
$C_{18:0}$	–	4.3
$C_{18:0}$ 3OH	–	1.7
$C_{18:1}\omega 7c$	79.0	69.5

21. 红游动菌属（*Rhodoplanes* Hiraishi and Ueda 1994）

细胞杆状，不对称出芽分裂，极生或亚极生鞭毛随机分布。革兰氏染色反应为阴性。兼性厌氧光能营养生长，光照厌氧和黑暗好氧条件下均能很好生长。可行黑暗厌氧亚硝酸盐呼吸。可脱氮。光照培养物为粉色，而好氧化能营养培养物为无色。光照生长形成片层状光合内膜。光合色素为细菌叶绿素 a 和类胡萝卜素。中温，非嗜盐。1% 的 NaCl

对生长有抑制作用。最适生长方式是利用各种有机化合物进行光能异养生长。采用硫代硫酸钠作为电子受体进行光能自养生长。不利用 H_2S。不能水解明胶和吐温 80。主要泛醌类是 Q-10，深红醌主要是 RQ-10。生境：淡水和废水环境。

DNA 的 G+C 含量（mol%）：66.8～71.3。

模式种：玫瑰红游动菌（*Rhodoplanes roseus*）；模式菌株的 16S rRNA 基因序列登录号：D14429；基因组序列登录号：NPEX00000000；模式菌株保藏编号：ATCC 49724=DSM 5909。

该属常见种的鉴别特征见表 1-15。

表 1-15 红游动菌属（*Rhodoplanes*）常见种的鉴别特征

特征	鱼塘红游动菌（*R. piscinae*）	水稻红游动菌（*R. oryzae*）	鲜粉红游动菌（*R. serenus*）	美红游动菌（*R. elegans*）	玫瑰红游动菌（*R. roseus*）	珀田红游动菌（*R. pokkaliisoli*）	隐牛乳红游动菌（*R. cryptolactis*）
分离源	鱼塘	水稻土	水池	活性污泥	湖底泥	水稻土	热泉
细胞大小/μm	0.7～1.0×2.0～3.0	1.0～2.0×2.0～3.0	0.8～1.0×2.0～13.0	0.8～1.0×2.0～3.0	1.0×2.0～2.5	1.0～1.2×3.0～5.0	1.0×2.5～4.0
出芽类型	分裂管	无柄	分裂管	分裂管	无柄	无柄	分裂管
玫瑰结形成	+	+	+	+	−	−	+
远红外区最大吸收峰/nm	802，821	803，860	800，850	799，822，878	801，854	800，866	802，822，857
最适生长 pH	6.5～7.0	7.0～7.5	5.5～9.0	7.0	7.0～7.5	7.0	6.8～7.2
最适生长温度/℃	30	30	35	30～35	30	30	40
生长温度上限/℃	35～40	40	43	40	38	35	45～46
生长因子	n	n	−	t，p-ABA	n	n，p-ABA，p	n，p-ABA，VB_{12}
碳源利用/电子供体							
己酸盐	+	−	+	+/−	−	−	−
乙醇	+	−	+	−	−	−	−
谷氨酸盐	+	+	+	−	−	−	−
甘油	+	−	+	−	−	−	−
果糖	(+)	+	−	−	−	−	−
酵母提取物	(+)	+	ND	+	+	−	+
柠檬酸盐	+	ND	+	+	+	+	−
戊酸盐	+	+	+	+	+	−	−
丙酮酸	−	−	+	+	+	+	+
酒石酸盐	(+)	+	+	+	+	−	−
硫代硫酸钠	+	+	+	+	+	−	−
脂肪酸组成/%							
$C_{12:0}$	−	−	−	1.2	−	2.0	−
$C_{16:0}$	10.6	16.5	14.4	15.8	17.8	9.0	15.1
$C_{16:0}$ 3OH	1.1	1.2	−	1.5	1.3	−	1.8

续表

特征	鱼塘红游动菌（*R. piscinae*）	水稻红游动菌（*R. oryzae*）	鲜粉红游动菌（*R. serenus*）	美红游动菌（*R. elegans*）	玫瑰红游动菌（*R. roseus*）	珀田红游动菌（*R. pokkaliisoli*）	隐牛乳红游动菌（*R. cryptolactis*）
$C_{16:1}\ \omega 7c$	3.0	5.2	2.5	1.6	4.0	1.9	–
$C_{18:0}$	2.9	1.0	5.0	3.8	微量	3.8	3.5
$C_{18:0}$ 2OH	2.1	–	2.2	–	–	6.2	–
$C_{18:1}\ \omega 5c$	1.2	–	–	–	–	–	–
$C_{18:1}\ \omega 7c$	68.1	65.7	70.7	72.1	70.2	61.0	7.3
11-methyl $C_{18:1}\ \omega 7c$	4.1	ND	微量	微量	2.8	7.2	3.1
$C_{19:0}$ cyclo $\omega 8c$	–	–	2.3	–	微量	5.5	2.1
mol% G+C	71.3	68.7	69.5	69.7	66.8	67.2	68.8

注：n 表示烟酸；p-ABA 表示对氨基苯甲酸；p 表示泛酸。下同

22. 红球形菌属（*Rhodopila* Imhoff, Trüper and Pfennig 1984）

细胞圆形至卵圆形，最适生长条件下直径 1.6～1.8μm，极生鞭毛运动，二分分裂。革兰氏染色反应为阴性。光合内膜囊泡状。光合色素为细菌叶绿素 a 和类胡萝卜素。细胞喜在光照厌氧条件下进行光能异养生长。细胞对氧气敏感，但可在黑暗条件下微好氧生长。喜酸性生长环境。

DNA 的 G+C 含量（mol%）：66.3。

模式种（唯一种）：球形红球形菌（*Rhodopila globiformis*）；模式菌株的 16S rRNA 基因序列登录号：D86513；基因组序列登录号：NHRY00000000；模式菌株保藏编号：DSM 161=LMG 4312。

23. 红假单胞菌属［*Rhodopseudomonas* (Kluyver and van Niel) Czurda and Maresch 1937］

细胞大多杆状，少数是弧形或卵形，大小为 0.4～1.2μm×0.4～6.0μm，极生鞭毛运动或不运动；生长有极性，不对称出芽分裂。革兰氏染色反应为阴性。囊管状或片层状的光合内膜位于细胞膜下，且与之平行。光合色素为细菌叶绿素 a 和螺菌黄素类类胡萝卜素。细胞悬浮液在 497nm、590nm、605nm、863nm 处显示出吸收峰。Q-10 是主要醌类，主要极性脂为心磷脂、磷脂酰甘油、磷脂酰乙醇胺。最适生长方式是利用各种有机化合物作为碳源和电子供体进行光照厌氧生长。无氧时以 H_2、硫代硫酸钠、H_2S 等作为电子供体也可进行光能自养生长。有些种可在微好氧至好氧环境中进行化能异养生长。自从 1937 年首次描述红假单胞菌属以来，该属的组成就一直在不断变化，包括很多种都被重新分类。

DNA 的 G+C 含量（mol%）：61.5～71.4（Bd）。

模式种：沼泽红假单胞菌（*Rhodopseudomonas palustris*）；模式菌株的 16S rRNA 基因序列登录号：D12700；模式菌株保藏编号：ATCC 17001。

该属常见种的鉴别特征见表 1-16。

表 1-16　红假单胞菌属（*Rhodopseudomonas*）常见种的鉴别特征

特征	沼泽红假单胞菌（*R. palustris*）	粪红假单胞菌（*R. faecalis*）	哈伍德红假单胞菌（*R. harwoodiae*）	副沼泽红假单胞菌（*R. parapalustris*）	莱茵巴赫红假单胞菌（*R. rhenobacensis*）	假沼泽红假单胞菌（*R. pseudopalustris*）	泛酸红假单胞菌（*R. pentothenatexigens*）	耐热红假单胞菌（*R. thermotolerans*）
细胞形状	杆状	弧形	杆状	杆状	杆状	杆状	杆状	杆状
细胞宽度/μm	0.4～1.0	0.6～0.8	0.8～1.0	0.8～1.2	0.4～0.6	0.5～1.0	0.5～1.0	0.8～1.0
细胞长度/μm	1.5～3.0	1.0～2.0	2.0～3.5	2.0～4.0	1.5～2.0	2.0～6.0	2.0～6.0	2.0～5.0
出芽类型	分裂管	无柄	分裂管	无柄	无柄	无柄	无柄	无柄
培养物颜色	红棕色	红色	红色	红棕色	红色	红棕色	橙色	粉色
最适生长 pH（范围）	6.5～8.5（6.0～9.0）	7.0（6.5～7.0）	6.0～7.5（5.0～9.0）	6.5～7.0（6.0～9.0）	5.5（5.0～7.0）	7.0（6.0～8.0）	7.0～8.0（6.0～8.0）	6.5～7.5（6.0～8.0）
最适生长温度（范围）/℃	30（25～40）	30（25～35）	30（25～40）	30（15～35）	30（25～35）	30（20～35）	30（25～50）	30～35（25～60）
有氧无光生长	+	ND	+	+	+	+	+	+
生长因子	p-ABA	t	p-ABA	t，p-ABA	p-ABA	p-ABA	t，p-ABA，p	p-ABA
mol% G+C	64.9	64.0	62.4	63.8	65.4	65.8	64.8	66.2

24. 玫瑰螺旋菌属（*Rhodospira* Norbert et al. 1997）

细胞弧形至螺旋形，二分分裂，有鞭毛。革兰氏染色反应为阴性。光合内膜囊泡状。光合色素为细菌叶绿素 b 和类胡萝卜素。光照厌氧异养条件下生长最好，但黑暗微好氧条件下也能生长。需要生长因子。

DNA 的 G+C 含量（mol%）：65.7。

模式种（唯一种）：楚氏玫瑰螺旋菌（*Rhodospira trueperi*）；模式菌株的 16S rRNA 基因序列登录号：X99671；基因组序列登录号：FNAP00000000；模式菌株保藏编号：ATCC 700224。

25. 红螺菌属（*Rhodospirillum* Molisch 1907）

细胞弧形或螺旋形，直径 0.8～1.5μm，极生鞭毛运动，细胞行二分分裂。革兰氏染色反应为阴性。光合内膜囊泡状或片层状。光合色素为细菌叶绿素 a 和螺菌黄素类类胡萝卜素。醌类以 Q-10 或 RQ 为主。生长不需要 NaCl。细胞喜在光照厌氧条件下进行光能异养生长，但可在黑暗条件下进行微好氧或好氧生长。需要生长因子。

DNA 的 G+C 含量（mol%）：63.8～65.8。

模式种：深红红螺菌（*Rhodospirillum rubrum*）；模式菌株的 16S rRNA 基因序列登录号：D30778；基因组序列登录号：CP000230；模式菌株保藏编号：ATCC 11170=DSM 467。

该属常见种的鉴别特征见表 1-17。

表 1-17 红螺菌属（*Rhodospirillum*）常见种的鉴别特征

特征	度光红螺菌（*R. photometricum*）	深红红螺菌（*R. rubrum*）
细胞直径/μm	1.1～1.5	0.8～1.0
液体培养物颜色	棕色	红色
光合内膜	片层状	囊泡状
好氧生长	−	+
生长因子	n	b
mol% G+C	64.8～65.8	63.8～65.8

26. 海玫瑰菌属（*Rhodothalassium* Imhoff, Petri and Süling 1998）

细胞弧形至螺旋形，直径 0.5～1.0μm，极生鞭毛运动，细胞行二分分裂。革兰氏染色反应为阴性。光合内膜片层状。光合色素为细菌叶绿素 a 和螺菌黄素类类胡萝卜素。醌类以 Q-10 和 MK-10 为主。嗜盐菌，生长需要 NaCl 或海水，最适生长盐度高于海水盐度，能耐受 20% 甚至更高的盐度。细胞喜在光照厌氧条件下进行光能异养生长，但也可在黑暗条件下进行微好氧或好氧生长。需要生长因子。

DNA 的 G+C 含量（mol%）：64。

模式种（唯一种）：需盐海玫瑰菌（*Rhodothalassium salexigens*）；模式菌株的 16S rRNA 基因序列登录号：D14431；基因组序列登录号：NRRX00000000；模式菌株保藏编号：ATCC 35888=DSM 2132。

27. 玫瑰弧菌属（*Rhodovibrio* Molish 1907）

细胞弧形至螺旋形，直径 0.6～0.9μm，极生鞭毛运动，细胞行二分分裂。革兰氏染色反应为阴性。光合内膜囊泡状。光合色素为细菌叶绿素 a 和螺菌黄素类类胡萝卜素。醌类以 Q-10 和 MK-10 为主。嗜盐菌，生长需要 NaCl 或海水，最适生长盐度高于海水盐度，能耐受 20% 甚至更高的盐度。细胞喜在光照厌氧条件下进行光能异养生长，但也可在黑暗条件下进行微好氧或好氧生长。需要复合营养因子。

DNA 的 G+C 含量（mol%）：66.2～67.4。

模式种：盐场玫瑰弧菌（*Rhodovibrio salinarum*）；模式菌株的 16S rRNA 基因序列登录号：D14432；基因组序列登录号：AZXM00000000；模式菌株保藏编号：ATCC 35394=DSM 9154。

该属目前仅有 2 个种，种间鉴别特征见表 1-18。

表 1-18 玫瑰弧菌属（*Rhodovibrio*）种间鉴别特征

特征	盐场玫瑰弧菌（*R. salinarum*）	塞多姆玫瑰弧菌（*R. sodomense*）
细胞直径/μm	0.8～0.9	0.6～0.7
液体培养物颜色	红色	粉色
最适生长 NaCl 浓度/%	4	12
mol% G+C	67.4	66.2～66.6

28. 小红卵菌属（*Rhodovulum* Hiraishi and Ueda 1994）

细胞卵圆形至杆状，大小为0.5～0.9μm×0.9～2.0μm，单极生鞭毛运动或不运动，细胞行二分分裂。革兰氏染色反应为阴性。兼性厌氧光能营养生长，即光照厌氧和黑暗好氧条件下均能很好生长。光照生长形成囊泡状光合内膜和细菌叶绿素a及球形烯。厌氧培养物为黄绿色至黄棕色，而好氧培养物为粉色至红色。中温，嗜盐。最适生长NaCl浓度为0.5%～7.5%。最适生长方式是利用各种有机化合物进行光能异养生长。最适碳源为丙酮酸、乳酸钠、低分子脂肪酸、三羧酸循环中间产物及一些糖类，也能利用甲酸钠生长。当H_2S和硫代硫酸钠存在时，可进行光能自养或光能异养生长。当高浓度H_2S（2mmol/L或更高）存在时仍可生长。H_2S氧化的最终产物是硫酸盐。主要醌类是Q-10，主要脂肪酸是$C_{18:1}$。膜脂含有硫脂，但没有卵磷脂。

DNA的G+C含量（mol%）：58～69.0。

模式种：嗜硫小红卵菌（*Rhodovulum sulfidophilum*）；模式菌株的16S rRNA基因序列登录号：D16423；基因组序列登录号：CP015418；模式菌株保藏编号：DSM 1374=LMG 5201。

该属常见种的鉴别特征见表1-19。

29. 玫瑰螺菌属（*Roseospira* Imhoff, Petri and Süling 1998）

细胞弧形至螺旋形，直径0.4～1.0μm，极生鞭毛运动，细胞行二分分裂。革兰氏染色反应为阴性。光合内膜囊泡状。光合色素为细菌叶绿素a和各种类胡萝卜素。生长需要NaCl或海水。最适生长盐度高于海水盐度，能忍受15%的盐度。细胞喜在光照厌氧条件下进行光能异养生长，但也可在黑暗条件下进行微好氧生长。需要生长因子。

DNA的G+C含量（mol%）：66.6～72.3。

模式种：中盐玫瑰螺菌（*Roseospira mediosalina*）；模式菌株的16S rRNA基因序列登录号：AJ000989。

该属常见种的鉴别特征见表1-20。

30. 红长命菌属（*Rubrivivax* Williams, Gilis and De Ley 1991）

细胞直杆状或稍有弯曲，大小为0.4～1.0μm×1.0～6.0μm。在老龄培养物中，不规则的弯曲细胞长度可达15μm。不形成鞘。极生鞭毛运动。革兰氏染色反应为阴性。在光照厌氧条件下，利用各种有机化合物作为电子供体进行光能异养生长，或在H_2、CO_2及生长因子存在时进行光能自养生长。当以CO作为唯一的碳源和能源时，可在黑暗条件下进行化能自养生长，也可利用各种有机化合物进行好氧化能异养生长。光合内膜是细胞质膜的指管状内突。光合色素为细菌叶绿素a和类胡萝卜素。在光能自养条件下可固氮。光能异养菌落为粉色至深红色。异养生长的菌落为淡粉色。

DNA的G+C含量（mol%）：70.5～74.9。

模式种：胶状红长命菌（*Rubrivivax gelatinosus*）；模式菌株的16S rRNA基因序列登录号：D16213；基因组序列登录号：SLXD00000000；模式菌株保藏编号：ATCC 17011=DSM 1709=JCM 21318。

该属常见种的鉴别特征见表1-21。

表 1-19　小红卵菌属（*Rhodovulum*）常见种的鉴别特征

特征	卡拉小红卵菌（*R. kholense*）	海小红卵菌（*R. marinum*）	维萨克小红卵菌（*R. visakhapatnamense*）	嗜硫小红卵菌（*R. sulfidophilum*）	英氏小红卵菌（*R. imhoffii*）	广盐小红卵菌（*R. euryhalinum*）	苛求小红卵菌（*R. strictum*）	紫色小红卵菌（*R. iodosum*）	铁锈小红卵菌（*R. robiginosum*）	亚德里小红卵菌（*R. adriaticum*）	包纳加尔小红卵菌（*R. bhavnagarense*）
细胞直径/μm	0.5～1.0	0.6～0.8	0.9～1.2	0.6～1.0	0.5～0.6	0.7～1.0	0.6～1.0	0.5～0.8	0.5～0.8	0.5～0.8	0.5～0.9
细胞形态	O-R	O-R，C	O-R	O-R	R	O-R	O-R	O-R	O-R	O-R	R，C
运动性	+	−	−	+	−	+	+	−	−	−	−
生长 NaCl 浓度/%	0.05～6.00	0.05～8.00	0～10	0～10	0.05～7.00	0.5～10.0	0.25～3.00	2.5～5.0	2.5～5.0	1～10	1～7
最适生长 pH（范围）	6.0～7.0（6.0～8.0）	6.0～6.8（5.5～7.5）	6.0～8.0（4.0～9.0）	ND（5.0～9.0）	7.0～8.0（6.0～9.0）	ND（6.0～8.5）	ND（7.5～9.0）	6.5（ND）	6.5（ND）	ND（6.0～8.5）	7.0～8.0（7.0～9.5）
最适生长温度（范围）/℃	30（20～35）	30（25～35）	30（20～35）	25（ND）	28（20～30）	ND（ND）	ND（30～35）	ND（20～25）	ND（25～28）	ND（25～30）	28（25～35）
培养物颜色	黄棕色	黄棕色	黄棕色	棕色	黄棕色	黄棕色	黄棕色	黄棕色	黄棕色	棕色	红棕色
生长因子	b，n，t	t	b，n，t，p-ABA	b，n，t，p-ABA	b	b，n，t，p-ABA	b，t，p-ABA	b，n	b，n，VB_{12}	b，t	t，p
mol% G+C	63.0	62.0	61.2	66.3～66.6	58.0	62.1～68.6	67.3～67.7	66.0	69.0	64.9～66.7	63.4
碳源利用/电子供体											
天冬氨酸	−	−	−	−	+	+	−	−	−	ND	+
丁酸盐	+	−	+	+	−	+	+	+	−	−	−
己酸盐	+	−	+	+	+	ND	+	−	−	+	−
柠檬酸盐	−	−	−	−	−	−	+	−	−	−	−
半胱氨酸	−	−	−	ND	−	ND	ND	+	−	ND	+
乙醇	−	+	−	−	−	+	−	−	−	+	−

续表

特征	卡拉小红卵菌（*R. kholense*）	海小红卵菌（*R. marinum*）	维萨克小红卵菌（*R. visakhapatnamense*）	嗜硫小红卵菌（*R. sulfidophilum*）	英氏小红卵菌（*R. imhoffii*）	广盐小红卵菌（*R. euryhalinum*）	苛求小红卵菌（*R. strictum*）	紫色小红卵菌（*R. iodosum*）	铁锈小红卵菌（*R. robiginosum*）	亚德里小红卵菌（*R. adriaticum*）	包纳加尔小红卵菌（*R. bhavnagarense*）
Fe^{3+}	−	−	−	+	−	−	ND	+	+	−	ND
甲酸盐	−	−	−	+	−	+	+	−	−	+	ND
果糖	+	+	+	−	−	+	+	−	−	−	ND
富马酸盐	+	+	+	+	+	+	+	+	−	+	ND
葡萄糖	+	+	+	+	−	+	+	−	−	+	ND
谷氨酸	+	−	+	+	+	+	−	+	+	ND	+
甘油	−	+	+	+	+	+	−	−	+	+	−
H_2	−	−	−	+	−	ND	ND	+	+	−	ND
乳酸	+	+	+	+	−	+	+	+	+	+	ND
苹果酸	+	−	+	+	+	+	+	+	+	+	+
甘露醇	−	+	−	−	−	+	−	+	+	−	−
丙酸盐	−	−	+	+	−	+	+	+	+	+	−
硫化物	+	−	−	+	+	+	+	+	+	+	+
S^0	−	−	−	+	−	ND	ND	+	+	ND	ND
硫代硫酸钠	+	−	+	+	+	+	+	+	+	+	+
戊酸	+	−	+	+	−	+	+	+	−	−	−

注：O 表示卵形；R 表示杆状；C 表示链状；b 表示生物素；t 表示硫胺素；p-ABA 表示对氨基苯甲酸；n 表示烟酸；p 表示泛酸。下同

表 1-20 玫瑰螺菌属（*Roseospira*）常见种的鉴别特征

特征	海洋玫瑰螺菌（*R. marina*）	纳瓦拉玫瑰螺菌（*R. navarrensis*）	喜硫代硫酸盐玫瑰螺菌（*R. thiosulfatophila*）	中盐玫瑰螺菌（*R. mediosalina*）	维萨哈玫瑰螺菌（*R. visakhapatnamensis*）	果阿玫瑰螺菌（*R. goensis*）
细胞宽度/μm	0.4～0.8	0.6～0.9	0.5～0.8	0.8～1.0	0.5～0.9	0.8～1.0
细胞长度/μm	1.5～6.0	3.5～6.5	2.5～6.5	2.2～6.0	2.0～6.0	3.0～8.0
运动性	+	+	+	+	−	+
培养物颜色	红色	棕色至红色	红色	棕色至红色	红色至棕色	红色至棕色
类胡萝卜素	紫菌红醇，玫红品	玫红品，番茄红素	紫菌红醇，螺菌黄素	玫红品，番茄红素	紫菌红醇	紫菌红醇
909nm 吸收峰	−	−	+	−	+	−
mol% G+C	68.8～69.4	66.8	71.9～72.3	66.6	67.0	71.0
生长因子	n，t，p-ABA	酵母提取物	酵母提取物	n，t，p-ABA	n，t，p-ABA	n，t，p-ABA
生长 NaCl 浓度/(%，*w/v*)	0.5～10.0	1.0～10.0	0.2～5.0	0.5～15.0	1.0～5.0	1.0～5.0
同化型硫酸盐还原	+	−	−	+	−	−
黑暗好氧生长	+	微氧	微氧	微氧	+	+
光能自养（电子供体）	−	+（H_2S）	+（H_2S，S_2O_3）	+（H_2S）	−	−
碳源利用						
乙酸盐	+	+	+	+	−	(+)
天冬氨酸	+	+	+	+	+	−
苯甲酸	−	+	−	−	−	−
丁酸盐	+	+	+	+	−	+
柠檬酸盐	−	+	−	−	−	−
甲酸盐	(+)	−	−	−	−	(+)
果糖	+	−	−	−	−	−
葡萄糖	−	−	+	−	−	(+)
谷氨酸盐	+	+	+	+	−	−
甘油	+	+	+	+	−	+
乳酸盐	+	+	+	+	−	+
苹果酸盐	+	+	−	+	−	(+)
甘露醇	+	+	−	−	+	−

表 1-21 红长命菌属（*Rubrivivax*）常见种的鉴别特征

特征	解苯海红长命菌（*R. benzoatilyticus*）	胶状红长命菌（*R. gelatinosus*）
细胞大小/μm	0.7～1.0×2.0～6.0	0.4～0.5×1.0～3.0
生长因子	−	b，t
培养物颜色	橙棕色	淡桃色/脏黄棕色
mol% G+C	74.9	70.5～72.4

续表

特征	解苯海红长命菌（*R. benzoatilyticus*）	胶状红长命菌（*R. gelatinosus*）
碳源利用		
戊酸盐	−	+
己酸盐	+	ND
乳酸盐	−	+
柠檬酸盐	−	+
甘油	+	−
甲醇	−	+
苯甲酸	+	−

31. 绿菌属（*Chlorobium* Nadson 1906）

细胞圆形、卵形、直或弯曲的杆状，大小为0.3～1.1μm×0.4～3.0μm。细胞连在一起形成链球状或丝状；弯曲的菌株形成较长的螺旋状。二分分裂繁殖，运动或不运动。革兰氏染色反应为阴性。现有的种呈现出两种明显不同的颜色：绿色（草绿色）或棕色（巧克力色）。这些颜色在亮视野显微镜下很容易分辨。含有很少量的细菌叶绿素a，以细菌叶绿素c、d或e作为主要的细菌叶绿素成分，含有类胡萝卜素，其主要成分是绿菌烯，这些色素都位于细胞质膜和载色体上，载色体位于细胞质膜的下面并与其连接。没有气泡。严格厌氧、专性自养。当H_2S存在时，能进行光合作用，硫粒作为氧化中间产物沉积在细胞外面的培养基中，硫粒可进一步被氧化成硫酸盐。在含有H_2S的还原性培养基中，硫代硫酸钠也可用作电子供体。当还原性含硫化合物及碳酸氢盐存在时，可光合同化一些有机化合物。NH_3可作为氮源；许多菌株可固氮。生长温度为20～35℃。细胞内储存物是聚磷酸和多糖。生境：含H_2S的淡水水体及泥样中，黑水及港湾环境。

DNA的G+C含量（mol%）：49.0～58.1（Bd）。

模式种：泥生绿菌（*Chlorobium limicola*）；模式菌株的16S rRNA基因序列登录号：AJ290824；基因组序列登录号：CP001097；模式菌株保藏编号：DSM 245=NBRC 103803。

该属常见种的鉴别特征见表1-22。

表1-22 绿菌属（*Chlorobium*）常见种的鉴别特征

特征	泥生绿菌（*C. limicola*）	泥生绿菌嗜硫代硫酸盐小种（*C. limicola* f. sp. *thiosulfatophilum*）	弧形绿菌（*C. vibrioforme*）	弧形绿菌嗜硫代硫酸盐小种（*C. vibrioforme* f. sp. *thiosulfatophilum*）	绿弧状绿菌（*C. chlorovibrioides*）	褐杆状绿菌（*C. phaeobacteroides*）	褐弧状绿菌（*C. phaeovibrioides*）	微温绿菌（*C. tepidum*）
培养物颜色	绿色	绿色	绿色	绿色	绿色	棕色	棕色	绿色
细胞形状	杆状至圆形	杆状至圆形	弯曲的杆状、弧形至圆环状	弯曲的杆状、弧形至圆环状	弯曲的杆状、弧形至圆环状	杆状至圆形	杆状至圆形	杆状至圆形
细胞直径/μm	0.7～1.1	0.7～1.1	0.5～0.8	0.5～0.8	0.3～0.4	0.5～0.8	0.3～0.4	0.5～0.8

续表

特征	泥生绿菌（*C. limicola*）	泥生绿菌嗜硫代硫酸盐小种（*C. limicola* f. sp. *thiosulfatophilum*）	弧形绿菌（*C. vibrioforme*）	弧形绿菌嗜硫代硫酸盐小种（*C. vibrioforme* f. sp. *thiosulfatophilum*）	绿弧状绿菌（*C. chlorovibrioides*）	褐杆状绿菌（*C. phaeobacteroides*）	褐弧状绿菌（*C. phaeovibrioides*）	微温绿菌（*C. tepidum*）
碳源利用								
硫代硫酸钠	−	+	−	+	−	−	−	+
生长 NaCl 浓度/%	0	0	2	2	2～3	0	2	0
mol% G+C	51.0～52.0	52.5～58.0	52.0～57.0	53.5	54.0	49.0～50.0	52.0～53.0	56.5

32. 突柄绿菌属（*Prosthecochloris* Gorlenko 1970）

细胞圆形至卵圆形，形成不分支的突柄，在各个方向上进行二分分裂。分离不完全时，细胞群形成带粉质的链状，其形状取决于分裂的方向。不运动。革兰氏染色反应为阴性。细胞悬浮液绿色或棕色。以细菌叶绿素 c、d 或 e 作为主要的细菌叶绿素成分，含有类胡萝卜素。光合器官包括天线结构的载色体，即长卵形泡囊。长卵形泡囊在细胞质膜的下方并连在质膜上。不产气泡。厌氧生长。当 H_2S 存在时，进行光合作用，产生并积累 S^0 作为氧化中间产物，以硫粒的形式积累在细胞外的培养基中。

DNA 的 G+C 含量（mol%）：50.0～56.1（T_m，Bd）。

模式种：江口突柄绿菌（*Prosthecochloris aestuarii*）；模式菌株的 16S rRNA 基因序列登录号：Y07837；基因组序列登录号：CP001108；模式菌株保藏编号：DSM 271。

该属常见种的鉴别特征见表 1-23。

表 1-23 突柄绿菌属（*Prosthecochloris*）常见种的鉴别特征

特征	印度突柄绿菌（*P. indica*）	江口突柄绿菌（*P. aestuarii*）	弧形突柄绿菌（*P. vibiroformis*）
细胞形状	圆形	圆形	弯曲的杆状
细胞大小/μm	0.8～1.0×1.0～1.2	0.5～0.7×1.0～1.2	0.5～0.7×1.0～2.0
突柄数/个	1 或 2	10～20	0
细菌叶绿素	细菌叶绿素 c，少量 a	细菌叶绿素 c，少量 a	细菌叶绿素 c 和 d，少量 a
类胡萝卜素	绿菌烯	绿菌烯，玫红品/番茄红素或其羟基衍生物	可变
最适生长 NaCl 浓度（范围）/%	2.0～5.0（0.5～7.0）	2.0～5.0（1.0～8.0）	＞1.0（＞1.0）
生长 pH	6.3～7.7	6.7～7.0	6.5～7.3
VB_{12} 需求	−	+	+
酵母提取物需求	+	−	−
mol% G+C	53.0	52.0～56.1	53.5
氮源利用	NH_4Cl，谷氨酸	铵盐	铵盐
碳源利用			
丙酮酸	+	+	−

续表

特征	印度突柄绿菌（*P. indica*）	江口突柄绿菌（*P. aestuarii*）	弧形突柄绿菌（*P. vibiroformis*）
谷氨酸盐	+	−	−
丙酸盐	−	−	+

33. 暗网菌属（*Pelodictyon* Lanterborn 1913）

细胞杆状至卵形，单个或网状或球状聚集物。二分分裂繁殖，也可三分分裂成分支状。不运动。革兰氏染色反应为阴性。有气泡。细胞悬浮液绿色或棕色。这些颜色在亮视野显微镜下很容易分辨。含有很少量的细菌叶绿素 a，以细菌叶绿素 c、d 或 e 作为主要的细菌叶绿素成分，主要的类胡萝卜素成分是绿菌烯或异胡萝卜素，这些色素都位于细胞质膜和载色体上，载色体位于细胞质膜的下面并与其连接。专性厌氧光能营养生长。当 H_2S 存在时，能进行光合作用，并产生 S^0 作为氧化中间产物，以硫粒的形式沉积在细胞外面的培养基中，硫粒可进一步被氧化成硫酸盐。当还原性含硫化合物及碳酸氢盐存在时，可光合同化一些有机化合物。生长温度为 15～30℃。生境：含 H_2S 的淡水水体及泥样中，变黑的水及港湾环境。

DNA 的 G+C 含量（mol%）：48.5～58.1（Bd）。

模式种：格形暗网菌（*Pelodictyon clathratiforme*）；模式菌株的 16S rRNA 基因序列登录号：Y08108；模式菌株保藏编号：DSM 5477。

该属包括 3 个种，种间鉴别特征见表 1-24。

表 1-24　暗网菌属（*Pelodictyon*）种间鉴别特征

特征	格形暗网菌（*P. clathratiforme*）	褐格形暗网菌（*P. phaeoclathatiforme*）	棕色暗网菌（*P. phaeum*）
细胞悬浮液颜色	绿色	棕色	棕色
杆状，排列成网状结构	+	+	−
杆状或卵圆形，单个或圆形聚集	−	−	+
直或弯曲的杆状，单个或链状聚集	−	−	+

34. 臂绿菌属（*Ancalochloris* Gorlenko and Lebedebva 1971）

细胞形状不规则，形成突柄，突柄长度不规则，基部宽，端部尖。突柄的长度可超过细胞的直径，不均等分裂，形成不规则的细胞链和典型的穿空状菌落。不运动，革兰氏染色反应为阴性。含有细菌叶绿素和类胡萝卜素。光合器官包括天线结构的载色体及卵形泡囊。卵形泡囊在细胞质膜的下方并连在质膜上。有气泡。厌氧生长。当 H_2S 存在时，进行光合作用，S^0 积累在细胞外。细胞及培养物绿色或黄绿色。

模式种（唯一种）：普氏臂绿菌（*Ancalochloris perfilievii*）。

35. 绿滑菌属（*Chloroherpeton* Gibson, Pfennig and Waterbury 1984）

细胞长杆状，大小为 0.6～1.0μm×8.0～20.0μm，细胞分裂后很快分离，看不到连在一起的细胞。细胞倾向于成团生长，产生细胞外黏液。革兰氏染色反应为阴性。20℃培养时，滑行运动速度约为 10μm/min。细胞可折曲至 180°。培养物及细胞为绿色。含有细菌叶绿素 c 和 γ-胡萝卜素，这些色素都位于细胞质膜和载色体上，载色体位于细胞质膜的下面并与其连接。严格厌氧专性光能营养生长。生长需要 H_2S 和碳酸氢盐、乙酸盐、丙酸盐、苹果酸盐、琥珀酸盐或谷氨酸盐，有轻微的刺激生长作用，但葡萄糖、果糖或酪蛋白水解物无刺激作用。在 H_2S 氧化过程中，产生 S^0，沉积在细胞外，硫只能缓慢地进一步被氧化成硫酸盐。最适生长温度为 25℃，最高生长温度为 30℃。最适生长 pH 为 6.8～7.2。

DNA 的 G+C 含量（mol%）：45.0～48.2。

模式种（唯一种）：海洋绿滑菌（*Chloroherpeton thalassium*）；模式菌株的 16S rRNA 基因序列登录号：AF170103；基因组序列登录号：CP001100；模式菌株保藏编号：ATCC 35110。

36. 绿屈挠菌属（*Chloroflexus* Pierson and Castenholz 1974）

细胞丝状体，不分化。裂殖分裂，无分支。有时有薄的鞘。滑行运动；无鞭毛。革兰氏染色反应为阴性。除间体外，无细胞膜的内增殖。厌氧生长时有载色体。厌氧及兼性好氧（部分菌株）生长。主要是光能异养，其次是光能自养（可能不是所有的菌株）和化能异养（不是所有的菌株）生长。可利用的碳源：乙酸盐、甘油、葡萄糖、丙酮酸和谷氨酸。在厌氧条件下有细菌叶绿素 a 或 c；类胡萝卜素包括 β-胡萝卜素和 γ-胡萝卜素及其羟基和糖基衍生物和两者的糖酐。

DNA 的 G+C 含量（mol%）：56.7～59.6。

模式种：橙色绿屈挠菌（*Chloroflexus aurantiacus*）；模式菌株的 16S rRNA 基因序列登录号：D38365；基因组序列登录号：CP000909；模式菌株保藏编号：ATCC 29366=DSM 635。

该属常见种的鉴别特征见表 1-25。

表 1-25 绿屈挠菌属（*Chloroflexus*）常见种的鉴别特征

特征	橙色绿屈挠菌（*C. aurantiacus*）	聚团绿屈挠菌（*C. aggregans*）	冰岛绿屈挠菌（*C. islandicus*）
细胞直径/μm	0.7～1.2	1.0～1.5	约 0.6
细胞聚合体	−	+	−
菌毛	−	−	+
鞘	+/−	−	−
最适生长温度（范围）/℃	55	55	55（46～59）
最适生长 pH	8.0～8.5	7.5	7.5～7.7
光能自养	+/−	−	−
吸收峰/nm	462，740，802，865	464，740，803，868	461，741，805，868
β-胡萝卜素/%	28.4	微量	28.6
β-胡萝卜素衍生物/%	4.1	ND	26.3

续表

特征	橙色绿屈挠菌（*C. aurantiacus*）	聚团绿屈挠菌（*C. aggregans*）	冰岛绿屈挠菌（*C. islandicus*）
γ-胡萝卜素/%	22.6	主要	45.1
γ-胡萝卜素衍生物/%	43.9	ND	0
主要脂肪酸	$C_{16:0}$，$C_{17:0}$，$C_{18:0}$，$C_{18:1}$，$C_{18:0}$-OH	ND	$C_{16:0}$，$C_{18:0}$，$C_{18:1}\omega9$，$C_{18:0}$-OH
主要醌类	MK-10	MK-10，MK-4	MK-10
mol% G+C	56.9～57.1	56.7～57.0	59.6

注：+/−表示有些菌株可以利用，而有些菌株不能利用。下同

37. 阳丝菌属（*Heliothrix* Pierson et al. 1985）

细胞丝状体，宽约1.5μm，无分支，不分化。薄鞘有或无。滑行运动；无鞭毛。只在一个平面上裂殖分裂。革兰氏染色反应为阴性。细胞内形成聚β-羟基丁酸盐，未见气泡。含有细菌叶绿素a，但没有其他的细菌叶绿素或载色体，类胡萝卜素丰富。内膜结构未知。耐氧。厌氧生长不清楚；可能主要是光能异养代谢，能利用乙酸盐，对乙酸盐的吸收依赖于光照。生长温度为35～56℃，最适生长温度为40～55℃。

模式种（唯一种）：俄勒冈阳丝菌（*Heliothrix oregonensis*）；模式菌株的16S rRNA基因序列登录号：L04675。

38. 震颤绿菌属（*Oscillochloris* Gorlenko and Pivovarova 1977）

细胞排列成可折曲的多细胞丝状体，滑行运动。细胞宽度均一，而长度变化不等。不分支，无鞘。形态上类似于颤藻属（*Oscillatoria*）；偶尔能看到分化的末端细胞，该末端细胞产生附着性物质。以藻殖段的方式繁殖。有气泡。革兰氏染色反应为阳性或阴性。细胞列呈现绿色或黄绿色。光合色素是细菌叶绿素c和a及类胡萝卜素。光合结构是载色体。可进行厌氧光能营养生长。在黑暗好氧条件下能进行化能异养生长。

模式种：金色震颤绿菌（*Oscillochloris chysea*）。

39. 绿丝菌属（*Chloronema* Dubinina and Gorlenko 1975）

细胞圆柱状，连在一起形成细胞列，包裹在一鞘中。细胞列直或螺旋形，呈黄绿色。细胞以藻殖段繁殖。滑行运动。主要光合色素是细菌叶绿素d，也含有细菌叶绿素c。光合结构是载色体。细胞行厌氧光合作用。

模式种（唯一种）：巨大绿丝菌（*Chloronema giganteum*）。

40. 阳光小杆菌属（*Heliobacillus* Beer-Romero and Gest 1987）

细胞杆状，大小为1.0μm×7.0～10.0μm，或更长。周生鞭毛运动。培养物绿色。含有细菌叶绿素g和类胡萝卜素。专性厌氧光能营养生长。可利用乙酸盐、丙酮酸盐、乳酸盐和丁酸盐进行光能异养生长。生长需要维生素。最适生长温度为40～42℃。细胞可在pH 1.0～7.2条件下生长。生境：存在于水田。

模式种（唯一种）：运动阳光小杆菌（*Heliobacillus mobilis*）；模式菌株的16S rRNA

基因序列登录号：AB100835；基因组序列登录号：WNKU00000000；模式菌株保藏编号：ATCC 43427=DSM 6151。

41. 阳光杆菌属（*Heliobacterium* Gest and Favinger 1983）

细胞杆状，常弯曲，大小为0.6～1.2μm×2.5～20.0μm，或更长。滑行运动。培养物绿色。含有细菌叶绿素g和类胡萝卜素。专性厌氧光能营养生长。生长喜有机酸和复合有机碳源。生长需要维生素。最适生长温度为35～42℃。细胞可在pH 1.0～7.2条件下生长。分离自表层土壤。

DNA的G+C含量（mol%）：51.3～57.7。

模式种：绿阳光杆菌（*Heliobacterium chlorum*）；模式菌株的16S rRNA基因序列登录号：M11212；基因组序列登录号：JACVHF000000000；模式菌株保藏编号：ATCC 35205=DSM 3682。

该属常见种的鉴别特征见表1-26。

表1-26 阳光杆菌属（*Heliobacterium*）常见种的鉴别特征

特征	硫泉阳光杆菌（*H. undosome*）	嗜硫化物阳光杆菌（*H. sulfidophilum*）	绿阳光杆菌（*H. chlorum*）	盖氏阳光杆菌（*H. gestii*）	温热阳光杆菌（*H. modesticaldum*）
细胞形状	杆状，轻微扭曲的螺旋状	杆状	杆状	螺旋状	杆状，弯曲的杆状
细胞大小/μm	0.8～1.2×7.0～20.0	0.6～1.0×4.0～7.0	1.0×7.0～9.0	1.0～1.2×5.0～10.0	0.8～1.0×2.5～9.0
芽孢	−	+	−	+	+
鞭毛	周生菌毛	周生菌毛	无，滑行运动	极生/亚极生	极生/亚极生/不运动
光合色素	细菌叶绿素g，链孢红素	细菌叶绿素g，链孢红素	细菌叶绿素g，4,4′-二脱辅基链孢红素	细菌叶绿素g，4,4′-二脱辅基链孢红素	细菌叶绿素g，4,4′-二脱辅基链孢红素
吸收峰/nm	790，720，671，576，412，370	788，670，575，412，375	788，718，670，575，375	788，718，670，375，575，480，415	788，718，670，575，430
碳源利用	丙酮酸，酵母提取物，乙酸盐，乳酸盐，酪蛋白水解物，丙酸盐	丙酮酸，酵母提取物，乙酸盐，乳酸盐，酪蛋白水解物，丁酸盐+CO_2，苹果酸盐	丙酮酸，乳酸盐，酵母提取物	丙酮酸，酵母提取物，乙酸盐，丁酸盐+CO_2，甲醇+CO_2，果糖，葡萄糖，核糖	丙酮酸，酵母提取物，乙酸盐，乳酸盐
耐受硫化物/(mmol/L)	2	2	−	1	−
硫化物利用	+	+	−	−	−
最适生长温度/℃	31～36	32	38～42	38～42	52
最适生长pH	7.0～8.0	7.0～8.0	6.2～7.0	7.0	6.0～7.0
mol% G+C	57.2～57.7	51.3	52.0	54.5～55.6	54.5～55.0

42. 赤细菌属（*Erythrobacter* Shiba and Simidu 1982）

细胞卵形至杆状，二分分裂繁殖，亚极生鞭毛运动或不运动。革兰氏染色反应为阴性。培养物及菌落橘黄色、粉色、棕色或黄色。细胞含有细菌叶绿素 a 和类胡萝卜素。好氧化能异养生长。在光照厌氧条件下不生长。可利用的碳源有乙酸盐、丙酮酸盐、丁酸盐、谷氨酸盐及葡萄糖。生长需要维生素。最适生长温度为 25～37℃。生长 pH 为 7.0～8.0。最适生长 NaCl 浓度为 1.7%～3.5%。生境：存在于有氧的海洋环境，主要在海藻上。

DNA 的 G+C 含量（mol%）：59.5～67.0。

模式种：长赤细菌（*Erythrobacter longus*）；模式菌株的 16S rRNA 基因序列登录号：D12699；基因组序列登录号：JMIW00000000；模式菌株保藏编号：DSM 6997=JCM 6170。

该属常见种的鉴别特征见表 1-27。

43. 玫瑰杆菌属（*Roseobacter* Shiba 1991）

细胞卵圆形或杆状，大小为 0.6～0.9μm×1.0～2.0μm，亚极生鞭毛运动。革兰氏染色反应为阴性。细胞行二分分裂，在好氧条件下为混养型营养，具有好氧的光合作用，具有细菌叶绿素 a。在厌氧条件下不合成细菌叶绿素。细胞悬浮液在波长 805～807nm 处有大的吸收峰，在 868～873nm 近红外区有较小的吸收峰。主要的类胡萝卜素是球形烯。主要的醌类是 Q-10，不含甲基萘醌。主要的细胞脂肪酸是 $C_{18:1}$。生长要求 Na^+、生物素、硫胺素和烟酸。最适生长 pH 为 7.0～8.0。最适生长温度为 20～30℃。可利用一些有机酸作为唯一有机碳源，不利用甲醇。对氯霉素、青霉素、四环素、链霉素和多黏菌素敏感。水解明胶和吐温 80。过氧化氢酶和氧化酶均为阳性。

DNA 的 G+C 含量（mol%）：56.0～60.0。

模式种：海滨玫瑰杆菌（*Roseobacter litoralis*）；模式菌株的 16S rRNA 基因序列登录号：X78312；基因组序列登录号：CP002623；模式菌株保藏编号：ATCC 49566=DSM 6996=JCM 21268。

该属常见种的鉴别特征见表 1-28。

44. 赤微菌属（*Erythromicrobium* Yurkov, Stackebrandt and Holmes 1994）

细胞卵形，极生鞭毛运动，二分分裂繁殖。革兰氏染色反应为阴性。可能有分支。细胞橘棕色，含有细菌叶绿素 a 和类胡萝卜素。好氧化能异养生长，兼性光能异养生长。在光照下厌氧不生长。无核酮糖-1,5-双磷酸羧化酶/加氧酶活性。无脱氮及发酵作用。生境：淡水。

DNA 的 G+C 含量（mol%）：64.2。

模式种（唯一种）：多枝赤微菌（*Erythromicrobium ramosum*）；模式菌株的 16S rRNA 基因序列登录号：AB013355；基因组序列登录号：WTYB00000000；模式菌株保藏编号：ATCC 700003=DSM 8510=JCM 10282。

2020 年，多枝赤微菌被重新划分至赤细菌属（*Erythrobacter*），赤微菌属被取消。

表 1-27　赤细菌属（*Erythrobacter*）常见种的鉴别特征

特征	海水赤细菌（*E. aquimaris*）	长赤细菌（*E. longus*）	海滨赤细菌（*E. litoralis*）	柠檬赤细菌（*E. citreus*）	黄色赤细菌（*E. flavus*）	潮汐赤细菌（*E. gaetbuli*）	首尔赤细菌（*E. seohaensis*）	阔海赤细菌（*E. pelagi*）	普通赤细菌（*E. vulgaris*）	南海底泥赤细菌（*E. nanhaisediminis*）	萨邦赤细菌（*E. odishensis*）	康津赤细菌（*E. gangjinensis*）	海洋赤细菌（*E. marinus*）
菌落颜色	橙色	橙色	红色或橙色	黄色	黄色	橙黄色	橙黄色	橙色	黄色	黄色	黄棕色	橙黄色	橙黄色
运动性	−	+	+	−	+	−	−	−	−	+	−	−	−
细菌叶绿素 a	−	+	+	−	−	−	−	−	−	−	−	−	−
硝酸盐还原	−	v	−	+	−	−	−	+	−	−	−	−	−
水解明胶	−	+	−	ND	−	−	−	−	−	−	−	−	−
水解淀粉	v	−	−	(−)	+	−	−	−	−	−	+	+	−
碳源利用													
葡萄糖	+	+	NR	v	−	+	+	+	−	+	+	+	+
果糖	−	ND	NR	(−)	−	−	−	+	−	−	−	ND	+
柠檬酸盐	−	−	NR	v	−	−	−	−	−	−	+	ND	ND
丙酮酸	+	+	NR	−	+	+	+	+	−	+	−	ND	+
谷氨酸盐	−	+	NR	ND	−	−	−	+	−	+	−	+	ND
琥珀酸盐	+	−	NR	ND	−	+	+	+	+	+	−	+	−
乳酸盐	−	−	NR	−	v	−	−	−	−	−	+	ND	ND
苹果酸盐	+	−	NR	−	−	+	−	+	−	+	+	ND	ND
抗生素敏感性													
青霉素	−	−	−	v	−		−	+	−	−	−	+	+
链霉菌素	−	−	−	v	−		−	−	−	−	−	−	+
最适生长温度/℃	30～37	25～30	25～30	ND	30～37	30～37	30～35	20～36	28～30	30	25～30	30	25
mol% G+C	62.2～62.9	60.0～64.0	67.0	62.0～62.4	64.0～64.1	64.5	62.2	60.4	61.0～62.0	59.5	59.5	61.4	66.7

表 1-28 玫瑰杆菌属（*Roseobacter*）常见种的鉴别特征

特征	海滨玫瑰杆菌（*R. litoralis*）	反硝化玫瑰杆菌（*R. denitrificans*）	居藻玫瑰杆菌（*R. algicola*）
4℃生长	+	+	−
37℃生长	−	−	+
细菌叶绿素 a	+	+	−
生长因子	n	n	−
水解			
淀粉	−	−	+
吐温 80	+	+	−
明胶	+	+	+
碳源利用			
麦芽糖	−	−	+
蔗糖	−	−	+
海藻糖	−	−	+
柠檬酸盐	+	+	+
丁酸盐	−	−	−
硝酸盐还原成亚硝酸盐	−	+	−
mol% G+C	56.0～58.8	59.6	60.0

45. 玫瑰球菌属（*Roseococcus* Yurkov, Stackebrandt and Holmes 1994）

细胞球形，橘黄色，二分分裂繁殖，极生鞭毛运动。革兰氏染色反应为阴性。细胞含有细菌叶绿素和类胡萝卜素。专性好氧，化能异养（呼吸代谢）生长，兼性光能异养生长。某些成员可利用硫代硫酸钠作为附加的能源。在光照厌氧条件下不生长。不利用甲醇。生长不需要 NaCl。

DNA 的 G+C 含量（mol%）：69.1～70.4。

模式种：喜硫代硫酸盐玫瑰球菌（*Roseococcus thiosulfatophilus*）；模式菌株的 16S rRNA 基因序列登录号：X72908；模式菌株保藏编号：ATCC 700004=DSM 8511。

46. 产卟啉杆菌属（*Porphyrobacter* Fuerst and Hawkins 1993）

细胞形态多变的运动性杆菌或球菌。革兰氏染色反应为阴性。极性生长或出芽繁殖，能在细胞表面产生纤维束柄状簇生结构及陨石口状结构。好氧，化能异养生长。在好氧及微好氧条件下于寡营养培养基上合成细菌叶绿素 a。过氧化氢酶阳性。

DNA 的 G+C 含量（mol%）：63.8～66.8（T_m）。

模式种：浮游产卟啉杆菌（*Porphyrobacter neustonensis*）；模式菌株的 16S rRNA 基因序列登录号：M96745；基因组序列登录号：CP016033；模式菌株保藏编号：CIP 104070=DSM 9434。

该属常见种的鉴别特征见表 1-29。

表 1-29　产卟啉杆菌属（*Porphyrobacter*）常见种的鉴别特征

特征	独岛产卟啉杆菌（*P. dokdonensis*）	浮游产卟啉杆菌（*P. neustonensis*）	热浴产卟啉杆菌（*P. tepidarius*）	血色产卟啉杆菌（*P. sanguineus*）	隐藏产卟啉杆菌（*P. cryptus*）	东海产卟啉杆菌（*P. donghaensis*）
细胞形态	多形态	多形态	卵形或短杆状	多形态	短杆状	多形态
氧化酶	+	−	−	+	+	+
运动性	−	+	−	+	+	−
无 NaCl 生长	(+)	+	+	−	+	+
水解/利用						
七叶苷	+	v	+	+	+	+
酪蛋白	−	v	−	−	−	−
明胶	−	−	−	−	+	−
淀粉	+	−	+	−	+	+
吐温 80	+	+	+	−	+	+
果糖	−	v	−	−	−	−
半乳糖	−	+	−	−	−	−
纤维二糖	+	v	+	+	+	+
甘露糖	−	+	−	−	−	−
海藻糖	−	v	−	+	−	−
木糖	−	+	−	−	+	v
阿拉伯糖	−	−	−	−	−	−
蔗糖	−	+	−	+	+	v
乙酸盐	−	−	+	+	−	v
琥珀酸盐	+	v	−	−	−	+
苹果酸盐	+	−	−	−	−	+
丙酮酸	+	v	−	+	+	+
谷氨酸盐	−	−	+	+	+	−
生长温度上限/℃	43	37	52	37	＜60	＜50
最适生长温度/℃	35～37	30	40～48	30	50	30～37
超声破碎细胞提取物最大吸收峰/nm	457，481，583，800，835，862	799～806，868～871	460，494，596，800，870	463，799，814，861	800，870	467，590，808，867
mol% G+C	65.8	65.7～66.4	65.0	63.8～64.0	66.2	65.9～66.8

47. 橘色杆菌属（*Sandaracinobacter* Yurkov, Stackebrandt and Buss 1997）

细胞呈细长的杆状，成链，以亚极生鞭毛运动，行二分分裂。革兰氏染色反应为阴性。培养物及菌落橘黄色。细胞含有细菌叶绿素 a 和类胡萝卜素。好氧化能异养生长，兼性光能异养代谢。在光照厌氧条件下不生长。检测不到核酮糖-1,5-双磷酸羧化酶/加氧酶活性，也未检测到发酵及脱氮活性。生境：淡水。

DNA 的 G+C 含量（mol%）：68.5（T_m）。

模式种（唯一种）：西伯利亚橘色杆菌（*Sandaracinobacter sibiricus*）；模式菌株的16S rRNA 基因序列登录号：Y10678。

48. 玫瑰色鲜艳菌属（*Roseivivax* Suzuki et al. 1999）

细胞多数杆状，大小为 0.3～1.0μm×1.0～5.0μm，以亚极生鞭毛运动。革兰氏染色反应为阴性。菌落粉色，氧化酶和过氧化氢酶阳性，化能异养生长，产细菌叶绿素 a，Q-10是主要醌类，主要极性脂为磷脂酰甘油、磷脂酰乙醇胺、磷脂酰胆碱、心磷脂、磷脂酰二甲基乙醇胺等，可在不同 NaCl 浓度条件下生长。

DNA 的 G+C 含量（mol%）：59.7～68.8。

模式种：耐盐玫瑰色鲜艳菌（*Roseivivax halodurans*）；模式菌株的 16S rRNA 基因序列登录号：D85829；基因组序列登录号：JALZ00000000；模式菌株保藏编号：ATCC 700843=DSM 15395=JCM 10272。

该属常见种的鉴别特征见表 1-30。

49. 红暖菌属（*Rubritepida* Alarico et al. 2002）

细胞短杆状，革兰氏染色反应为阴性，嗜热，专性好氧菌。在黑暗有氧情况下产生细菌叶绿素 a，含有类胡萝卜素。氧化酶和过氧化氢酶阳性，脂肪酸多为直链脂肪酸，主要极性脂为磷脂酰胆碱、磷脂酰乙醇胺、心磷脂和磷脂酰甘油。主要醌类为 Q-9。可将还原性含硫化合物氧化成硫酸盐，糖、有机酸和氨基酸用作单一碳源。

DNA 的 G+C 含量（mol%）：70.2。

模式种（唯一种）：紫凝状红暖菌（*Rubritepida flocculans*）；模式菌株的 16S rRNA 基因序列登录号：AF465832；基因组序列登录号：AUDH00000000；模式菌株保藏编号：ATCC BAA-385=DSM 14296。

50. 玫瑰变色菌属（*Roseovarius* Labrenz et al. 1999）

细胞卵形到杆状，以鞭毛运动或无鞭毛不运动，细胞单极增殖（如出芽生长）。革兰氏染色反应为阴性。菌落颜色可变，可产生细菌叶绿素 a，细胞可储存聚 β-羟基丁酸盐，不形成内生孢子。氧化酶和过氧化氢酶阳性。生长温度范围 3～45℃。生长 NaCl 浓度范围 1.0%～20.0%。生长 pH 范围 5.3～9.0。专性好氧。主要极性脂为心磷脂、磷脂酰甘油、磷脂酰胆碱、磷脂酰乙醇胺。主要醌类为 Q-10。

DNA 的 G+C 含量（mol%）：58.6～66.0。

模式种：抗逆玫瑰变色菌（*Roseovarius tolerans*）；模式菌株的 16S rRNA 基因序列登录号：Y11551；基因组序列登录号：FOBO00000000；模式菌株保藏编号：DSM 11457=JCM 21346=NBRC 16695。

该属常见种的鉴别特征见表 1-31。

表 1-30 玫瑰色鲜艳菌属（*Roseivivax*）常见种的鉴别特征

特征	耐盐玫瑰色鲜艳菌（*R. halodurans*）	抗盐玫瑰色鲜艳菌（*R. halotoleran*）	中大西洋玫瑰色鲜艳菌（*R. atlanticus*）	篱枝珊瑚玫瑰色鲜艳菌（*R. isoporae*）	济州岛玫瑰色鲜艳菌（*R. jejudonensis*）	迟缓玫瑰色鲜艳菌（*R. lentus*）	海洋玫瑰色鲜艳菌（*R. marinus*）	大西洋玫瑰色鲜艳菌（*R. pacificus*）	玫瑰玫瑰色鲜艳菌（*R. roseus*）	底泥玫瑰色鲜艳菌（*R. sediminis*）
细胞形态	杆状	杆状	杆状	杆状	卵形	杆状	杆状	杆状	杆状	杆状
细胞宽度/μm	0.5～1.0	0.5～1.0	0.4～0.6	0.7～1.0	ND	0.5～1.0	0.3～0.4	0.8～1.0	0.6～1.0	ND
细胞长度/μm	1.0～5.0	1.0～5.0	1.0～1.3	1.0～2.0	ND	1.0～3.0	1.2～1.3	2.0～5.0	1.1～2.1	ND
菌落颜色	灰粉色	粉红色	灰白色	灰粉色	ND	灰黄色	奶油色	ND	粉色	奶油黄色
鞭毛	+	+	+	+	−	−	−	−	+	−
最适生长 pH（范围）	ND（7.5～8.0）	ND（7.5～8.0）	6.0（3.0～10.0）	7.5～8.0（7.0～11.0）	7.0～8.0（ND）	ND（7.5～8.0）	8.0（6.0～10.0）	7.0（5.5～8.5）	7.0～7.5（5.5～9.0）	7.5～8.0（6.5～8.5）
最适生长温度（范围）/℃	27～30（ND）	27～30（ND）	28（ND）	30（15～35）	30（30）	30（10～40）	32（4～37）	30～35（25～60）	30（10～37）	28（15～42）
生长 NaCl 浓度/(%，*w/v*)	0.0～20.0	0.5～20.0	0.5～18.0	0.0～15.0	2.0～3.0	2.0～13.0	0.0～12.0	0.5～15.0	3.0～15.0	1.0～15.0
mol% G+C	64.4	59.7	67.5	68.8	66.2	68.2	67.0	64.6	61.8	67.7

表 1-31 玫瑰变色菌属（*Roseovarius*）常见种的鉴别特征

特征	印度玫瑰变色菌（*R. indicus*）	耐盐玫瑰变色菌（*R. halotolerans*）	大西洋玫瑰变色菌（*R. pacificus*）	潮汐玫瑰变色菌（*R. aestuarii*）	居成团玫瑰变色菌（*R. nubinhibens*）	抗逆玫瑰变色菌（*R. tolerans*）	南海玫瑰变色菌（*R. nanhaiticus*）	黏着玫瑰变色菌（*R. mucosus*）	牡蛎玫瑰变色菌（*R. crassostreae*）
运动性	−	−	+	+	+	+	+	−	+
鞭毛	−	−	亚极生	极生	ND	−	−	−	亚极生−侧生
生长 NaCl 浓度/(%，*w/v*)	1.0～15.0	0.5～20.0	1.0～15.0	≤7.0	0.8～4.7	1.0～15.0	0.5～10.0	0.3～10.0	ND
最适盐度/%	3.0～5.0	3.0～4.0	2.0～12.0	ND	1.1～2.3	1.0～8.0	2.0～4.0	1.0～7.0	1.0～1.5
生长温度/℃	10.0～39.0	10.0～45.0	ND	10.0～37.0	10.0～40.0	3.0～43.5	ND	20.0～40.0	19.0～40.0
最适生长温度/℃	25.0	35.0	25.0	30.0	30.0	8.5～33.5	30.0	31.0	34.0
光合基因 *pufLM*	+	−	−	−	−	+	−	+	−
硝酸盐还原	+	+	−	+	−	−	−	−	+
精氨酸双水解酶	+	+	(+)	−	−	−	+	(+)	−
脲酶	+	+	+	−	−	(+)	+	+	−
解脂酶	+	+	+	+	(+)	+	+	+	+
脂肪酶	(+)	(+)	(+)	(+)	(+)	+	(+)	+	(+)
缬氨酸氨肽酶	+	+	+	(+)	(+)	+	+	+	(+)
萘酚 AS-BI-磷酸水解酶	+	+	−	+	+	+	(+)	+	+
胱氨酸氨肽酶	−	−	−	−	−	−	−	(+)	−
抗生素敏感性									
氨苄青霉素/氯霉素	+	−	+	+	+	+	+	+	+
卡那霉素	+	+	−	+	+	+	+	+	+
链霉素	−	+	+	+	+	+	+	+	+
mol% G+C	63.6	59.0	62.3	58.6	66.0	63.3～63.4	60.9	60.9～62.9	59.0

51. 绿杆状菌属（*Chlorobaculum* Imhoff et al. 2003）

细胞弧状或杆状，宽 0.3～1.1μm。一些种可能含有气泡。光合色素为细菌叶绿素 c、d、e，绿菌烯系列的类胡萝卜素（存在于绿色的绿杆状菌中），异海绵烯系列的类胡萝卜素（存在于棕色的绿杆状菌中）。生长需要 NaCl，大多数种需要以维生素 B_{12} 作为生长因子，主要脂肪酸由 21%～25% 的 $C_{14:0}$ 和约 43% 的 $C_{16:1}$ 组成。在光照厌氧条件下，以硫化物、S^0 或硫代硫酸钠作为电子供体进行化能自养生长，S^0 作为氧化中间产物以高折光性硫粒的形式储存在细胞内。在硫化物和碳酸氢盐存在的情况下，可以同化一些简单的有机化合物进行混养生长。专性自养，严格厌氧。

DNA 的 G+C 含量（mol%）：54.0～58.3。

模式种：微温绿杆状菌（*Chlorobaculum tepidum*）；模式菌株的 16S rRNA 基因序列登录号：M58468；基因组序列登录号：AE006470；模式菌株保藏编号：ATCC 49652=DSM 12025=NBRC 103806。

该属常见种的鉴别特征见表 1-32。

表 1-32 绿杆状菌属（*Chlorobaculum*）常见种的鉴别特征

特征	微温绿杆状菌（*C. tepidum*）	栖湖绿杆状菌（*C. limnaeum*）	嗜硫代硫酸钠绿杆状菌（*C. thiosulfatiphilum*）	细小绿杆状菌（*C. parvum*）	绿类弧状绿杆状菌（*C. chlorovibrioides*）	马采斯塔绿杆状菌（*C. macestae*）
细胞宽度/μm	0.6～0.8	0.6～0.8	0.7～1.1	0.7～1.1	0.3～0.4	0.6～0.9
利用硫代硫酸盐	+	−	+	+	−	+
NaCl 需求	无	无	无	＞1%	2%～3%	无
生长因子	VB_{12}	VB_{12}	VB_{12}	ND	ND	VB_{12}
主要细菌叶绿素	c	e	c	d	d	c
类胡萝卜素	绿菌烯	异海绵烯	绿菌烯	绿菌烯	绿菌烯	绿菌烯
mol% G+C	56.5	ND	58.1	56.1～56.6	54.0	58.3

52. 玫瑰色菌属（*Roseibium* Suzuki et al. 2007）

细胞杆状，大小为 0.5～0.8μm×1.0～4.0μm，以鞭毛运动，革兰氏染色反应为阴性。严格好氧，化能异养生长，在好氧情况下产生细菌叶绿素 a，在光照厌氧条件下不生长。硝酸盐还原酶阳性，部分种过氧化氢酶、氧化酶阳性。主要醌类为 Q-10，主要脂肪酸为 $C_{16:0}$、$C_{18:0}$、$C_{18:1}\ \omega 7c$。

DNA 的 G+C 含量（mol%）：57.6～63.4。

模式种：德纳姆玫瑰色菌（*Roseibium denhamense*）；模式菌株的 16S rRNA 基因序列登录号：D85832；基因组序列登录号：SMLZ00000000；模式菌株保藏编号：ATCC BAA-251=DSM 15949=JCM 10543。

该属常见种的鉴别特征见表 1-33。

表 1-33 玫瑰色菌属（*Roseibium*）常见种的鉴别特征

特征	水生玫瑰色菌（*R. aquae*）	德纳姆玫瑰色菌（*R. denhamense*）	哈姆林玫瑰色菌（*R. hamelinense*）
细胞大小/μm	0.5～0.8×1.2～3.8	0.5～0.8×1.0～4.0	0.5～0.8×1.0～4.0
鞭毛	单生	周生	周生
CoxL 基因	+	+	−
O_2 需求	好氧	好氧	好氧
硝酸盐还原	−	+	+
β-半乳糖苷酶	−	+	+
氧化酶	−	+	+
水解七叶苷	+	+	+
水解明胶	−	−	+
水解吐温 80	−	−	−
生长 NaCl 浓度/(%，*w/v*)	0.0～8.0	0.5～7.6	0.0～10.0
酶活性			
胰蛋白酶	+	−	+
α-胰凝乳蛋白酶	−	−	+
酸性磷酸酶	−	+	+
α-半乳糖苷酶	−	−	−
α-葡萄糖苷酶	−	+	−
碳源利用			
蔗糖	−	+	+
麦芽糖	+	+	+
果糖	−	+	+
D-木糖	−	+	−
纤维二糖	+	+	+
海藻糖	−	+	+
D-半乳糖	（+）	+	−
乳糖	−	−	−
柠檬酸盐	+	+	−
甘露醇	−	−	−
L-半胱氨酸	+	−	+
抗生素敏感性			
四环素（30μg）	+	+	+
链霉素（10μg）	+	−	−
mol% G+C	61.4	57.6～60.4	59.2～63.4

53. 别样着色菌属（*Allochromatium* Imhoff et al. 1998）

细胞直杆状或稍弯曲的杆状，少数卵形，行二分分裂，以极生鞭毛运动，细胞单个或成对。革兰氏染色反应为阴性。囊泡状光合内膜含有细菌叶绿素 a 及类胡萝卜素。在厌氧条件下，以硫化物或 S^0 作为电子供体进行化能自养生长，S^0 作为氧化中间产物以高折光性硫粒的形式储存在细胞内，硫酸盐是最终氧化产物。H_2 也可用作电子供体，在硫化物和碳酸氢盐存在的情况下，可以同化一些简单的有机化合物进行混养生长。中温生长，最适生长温度为 25～35℃，最适生长 pH 为 6.5～7.6。除分离于海水环境的部分菌株外，一般不需 NaCl，可耐受或需要低浓度的 NaCl。生境：有光并含 H_2S 的沟渠、池塘、湖泊、河口、盐沼。

DNA 的 G+C 含量（mol%）：55.1～66.3（Bd）。

模式种：酒色别样着色菌（*Allochromatium vinosum*）；模式菌株的 16S rRNA 基因序列登录号：FJ812038；基因组序列登录号：CP001896；模式菌株保藏编号：ATCC 17899=DSM 180=NBRC 103801。

该属常见种的鉴别特征见表 1-34。

表 1-34 别样着色菌属（*Allochromatium*）常见种的鉴别特征

特征	洪堡别样着色菌（*A. humboldtianum*）	酒色别样着色菌（*A. vinosum*）	最小别样着色菌（*A. minutissimum*）	雷努卡别样着色菌（*A. renukae*）	褐杆状别样着色菌（*A. phaeobacterium*）	瓦氏别样着色菌（*A. warmingii*）
细胞形状	卵形到杆状	杆状	杆状	卵形到杆状	杆状	杆状
细胞大小/μm	2.0×3.0	2.0×2.5～6.0	1.0～1.2×2.0	2.0～2.5×3.0～5.0	1.0～1.5×2.0～4.0	3.5～4.0×5.0～11.0
鞭毛	单极生	单极生	单极生	ND	ND	ND
培养物颜色	红棕色	红棕色	红棕色	紫色至紫红色	棕色	紫色至紫红色
类胡萝卜素	螺菌黄素	螺菌黄素	螺菌黄素	番茄红素	玫红品	玫红品
最适生长 NaCl 浓度/%	3	0～1	0～1	无	无	ND
VB_{12} 需求	−	−	−	−	−	+
最适生长温度/℃	25～35	25～35	25～35	28～32	30	25～30
最适生长 pH（范围）	6.9～8.0（6.5～8.5）	7.0～7.3（6.5～7.6）	7.0～7.3（6.5～7.6）	7.2～8.0（6.8～8.5）	7.5（7.0～8.0）	7.0（6.5～7.3）
氮源利用	铵盐，N_2，尿素，谷氨酸	铵盐	铵盐	铵盐，N_2	铵盐	铵盐
有机底物利用						
甲酸盐	+	+	+	−	ND	−
乙酸盐	+	+	+	+	−	+
富马酸盐	+	+	+	+	+	−
苹果酸盐	+	+	+	+	+	−
丙酮酸	+	+	+	+	ND	ND

续表

特征	洪堡别样着色菌（*A. humboldtianum*）	酒色别样着色菌（*A. vinosum*）	最小别样着色菌（*A. minutissimum*）	雷努卡别样着色菌（*A. renukae*）	褐杆状别样着色菌（*A. phaeobacterium*）	瓦氏别样着色菌（*A. warmingii*）
乙醇酸	+	+	+	−	−	−
果糖	−	−	−	ND	+	ND
葡萄糖	+	−	−	+	−	−
mol% G+C	63.9（T_m）	64.3（T_m）	63.7（T_m）	63.3（HPLC）	59.8（HPLC）	55.1～60.2（T_m）

54. 盐着色菌属（*Halochromatium* Imhoff et al. 1998）

细胞直杆状或稍弯曲的杆状，大小为0.8～3.0μm×2.0～7.5μm，行二分分裂，以极生鞭毛运动，细胞单个或成对存在。革兰氏染色反应为阴性。囊泡状光合内膜含有细菌叶绿素a及类胡萝卜素。在厌氧条件下，以硫化物或S^0作为电子供体进行化能自养生长，S^0作为氧化中间产物以高折光性硫粒的形式储存在细胞内，硫酸盐是最终氧化产物。H_2也可用作电子供体，在硫化物和碳酸氢盐存在的情况下，可以同化一些简单的有机化合物进行混养生长。在黑暗微好氧条件下，可进行化能自养或化能异养生长。不能进行同化型硫酸盐还原。中温生长，最适生长温度为20～35℃，最适生长pH为7.2～7.6，生长需要NaCl。

DNA的G+C含量（mol%）：64.0～66.5（Bd，HPLC）。

模式种：需盐盐着色菌（*Halochromatium salexigens*）；模式菌株的16S rRNA基因序列登录号：X98597；基因组序列登录号：NHSF00000000；模式菌株保藏编号：ATCC 49190=DSM 4395。

该属常见种的鉴别特征见表1-35。

表1-35 盐着色菌属（*Halochromatium*）常见种的鉴别特征

特征	玫瑰色盐着色菌（*H. roseum*）	需盐盐着色菌（*H. salexigens*）	乙醇酸盐着色菌（*H. glycolicum*）
运动性	−	+	+
细胞大小/μm	2.0～3.0×3.0～5.0	2.0～2.5×4.0～7.5	0.8～1.0×2.0～4.0
气泡	+	−	−
培养物颜色	紫色至粉色	粉色，玫瑰红	粉色，粉红色
类胡萝卜素	奥氏酮	螺菌黄素	螺菌黄素
mol% G+C	64.0	64.6	66.1～66.5
VB_{12}需求	+	+	−
光能异养生长	−	+	+
最适生长pH（范围）	7.5（7.0～8.0）	7.4～7.6（7.0～8.0）	7.2～7.4（6.2～9.0）
最适生长温度/℃	27	20～30	25～35
最适生长NaCl浓度（范围）/%	1.5～2.5（1.0～3.0）	8.0～11.0（4.0～20.0）	4.0～6.0（2.0～20.0）

续表

特征	玫瑰色盐着色菌（*H. roseum*）	需盐盐着色菌（*H. salexigens*）	乙醇酸盐着色菌（*H. glycolicum*）
碳源利用			
甲酸盐	−	−	(+)
乙酸盐	−	+	(+)
丙酮酸	+	+	(+)
乳酸盐	−	−	−
富马酸盐	+	−	+
琥珀酸盐	+	−	+
苹果酸盐	+	−	−
乙醇	−	−	−
丙醇	−	−	ND
甘油	−	−	+
乙醇酸	−	−	+
酪蛋白氨基酸	+	−	(+)
电子供体			
H_2	ND	+	+
S^0	−	+	+

55. 类着色菌属（*Isochromatium* Imhoff et al. 1998）

细胞直杆状或稍弯曲的杆状，行二分分裂，以极生丛鞭毛运动。革兰氏染色反应为阴性。囊泡状光合内膜含有细菌叶绿素 a 及类胡萝卜素。专性自养，严格厌氧。在厌氧条件下，以硫化物或 S^0 作为电子供体进行化能自养生长，S^0 作为氧化中间产物以高折光性硫粒的形式储存在细胞内，硫酸盐是最终氧化产物。H_2 也可用作电子供体，在硫化物和碳酸氢盐存在的情况下，可以同化一些简单的有机化合物进行混养生长。中温生长，最适生长温度为25～35℃，最适生长pH为6.5～7.6，生长需要约等于海水盐度的盐浓度。

DNA 的 G+C 含量（mol%）：62.2～62.8（Bd）。

模式种（唯一种）：布德氏类着色菌（*Isochromatium buderi*）；模式菌株的 16S rRNA 基因序列登录号：AJ224430；模式菌株保藏编号：DSM 176。

56. 海着色菌属（*Marichromatium* Imhoff et al. 1998）

细胞直杆状或稍弯曲的杆状，大小为 0.4～1.7μm×2.0～7.0μm，二分分裂，极生鞭毛运动。革兰氏染色反应为阴性。细胞单个或成对，也可能黏在一起形成团块；囊泡状光合内膜含有细菌叶绿素 a 及类胡萝卜素。在光照厌氧条件下，以硫化物或 S^0 作为电子供体进行化能自养生长，S^0 作为氧化中间产物以高折光性硫粒的形式储存在细胞内，硫酸盐是最终氧化产物。H_2 也可用作电子供体，在硫化物和碳酸氢盐存在的情况下，可以同化一些简单的有机化合物进行混养生长。在黑暗微好氧条件下，可进行化能自养或化能异养生长。中温生长，最适生长温度为25～35℃，最适生长pH为6.5～7.6，生长需要约等于海水盐度的盐浓度。

DNA的G+C含量（mol%）：66.7～71.4（Bd）。

模式种：纤细海着色菌（*Marichromatium gracile*）；模式菌株的16S rRNA基因序列登录号：X93473；基因组序列登录号：NRRH00000000；模式菌株保藏编号：DSM 203。

该属常见种的鉴别特征见表1-36。

表1-36 海着色菌属（*Marichromatium*）常见种的鉴别特征

特征	纤细海着色菌（*M. gracile*）	印度海着色菌（*M. indicum*）	比姆里海着色菌（*M. bheemlicum*）	绛红海着色菌（*M. purpuratum*）
细胞大小/μm	1.0～1.3×2.0～6.0	0.8～1.0×2.0～7.0	0.8～1.0×2.0～4.0	1.2～1.7×3.0～4.0
玫瑰结形成	−	+	−	−
每个细胞含硫粒数/个	≥2	1	≥2	≥2
最适生长pH	6.5～7.6	6.0～7.5	6.5～8.5	7.2～7.6
最适生长温度/℃	25～30	30～35	30～35	30～35
生长NaCl浓度（最适浓度）/%	0.5～8.0（2.0～3.0）	0.05～13.00（1.00～4.00）	1.5～11.0（1.5～8.5）	2～7（5）
硫化物耐受性/(mmol/L)	4	4	8	4
生长因子	−	−	多聚磷酸盐	−
类胡萝卜素组成/mol%	Rp（75），Sp（9），Rv（7），Ahrv（4），Ly（5）	Rp（50），Sp（35），Rv（1），Ahrv（13），Ly（1）	Rp（58），Sp（30），Ahrv（10），Ly（1）	Ok（100）
主要醌类（>70mol%）	Q-8，MK-7	Q-8，MK-7	Q-8，MK-7	Q-8，MK-7
极性脂	DPG，PG，PE，OL	DPG，PG，PE，OL	DPG，PG，PE，OL	DPG，PG，PE，OL
碳源利用				
丙酸盐	+	+	−	+
丁酸盐	+	+	−	+
戊酸盐	−	−	+	+
琥珀酸盐	+	−	+	+
富马酸盐	+	+	−	+
果糖	−	+	−	−
乳糖	+	+	−	+
氮源利用				
尿素	−	+	+	−
谷氨酸盐	+	−	+	+
谷氨酰胺	−	−	+	−
mol% G+C	71.2	66.7	67.0	68.2

注：Rp表示玫红品；Sp表示螺菌黄素；Rv表示紫菌红醇；Ahrv表示脱水紫菌红醇；Ly表示番茄红素；Ok表示奥氏酮；DPG表示心磷脂；PG表示磷脂酰甘油；PE表示磷脂酰乙醇胺；OL表示鸟氨酸酯。下同

57. 嗜阳光菌属（*Heliophilum* Ormerod et al. 1996）

细胞直杆状，大小为0.8～1.0μm×5.0～8.0μm，极生或亚极生鞭毛运动，可形成几个至几百个细胞组成的细胞束，细胞束可运动。细胞缺少光合内膜或载色体。专性厌氧，部分菌株中可产生耐热的芽孢，含细菌叶绿素g；能利用丙酮酸、乳酸、乙酸+CO_2、丁酸盐+CO_2进行光能异养生长，也可利用丙酮酸发酵进行化能异养生长。能利用的主要氮源有铵盐、谷氨酰胺。可以固氮。细胞最大吸收峰发生在792nm、480nm、415nm处。最适生长温度为37～40℃；最适生长pH为7。可进行同化型硫酸盐还原。浓度高于0.1mmol/L的硫化物可抑制细胞生长，主要生长因子为生物素，生长不需要NaCl，浓度高于1%的NaCl抑制生长。

DNA的G+C含量（mol%）：51.8。

模式种（唯一种）：条纹嗜阳光菌（*Heliophilum fasciatum*）；模式菌株的16S rRNA基因序列登录号：L36197；基因组序列登录号：SLXT00000000；模式菌株保藏编号：ATCC 51790=DSM 11170。

58. 阳光索菌属（*Heliorestis* Bryantseva et al. 2000）

细胞直杆状，或盘绕形成线圈状、弯曲的细丝状，长度可达20.0μm，有鞭毛，可运动。革兰氏染色反应为阴性。不产氧光合细菌，包含细菌叶绿素g和脉孢菌素系列的类胡萝卜素，但缺少光合内膜或载色体，中温，嗜碱，专性厌氧，可行光能异养生长，系统发育属于低G+C含量的阳光杆菌分支。生境：碱性土壤或盐湖。

DNA的G+C含量（mol%）：44.9。

模式种：达斡里亚阳光索菌（*Heliorestis daurensis*）；模式菌株的16S rRNA基因序列登录号：AF079102；模式菌株保藏编号：ATCC 700798。

该属常见种的鉴别特征见表1-37。

表1-37 阳光索菌属（*Heliorestis*）常见种的鉴别特征

特征	食氨基酸阳光索菌（*H. acidaminivorans*）	杆状阳光索菌（*H. baculata*）	盘绕阳光索菌（*H. convoluta*）	达斡里亚阳光索菌（*H. daurensis*）
细胞形状	直杆状	直或弯曲的杆状	盘绕状	盘绕状/弯曲的丝状
细胞大小/μm	0.6～0.9×3.0～12.0	0.6～1.0×6.0～10.0	宽0.6μm，长度可变	宽0.8～1.2μm，长度可达20.0μm
运动性	鞭毛	周生鞭毛	运动，机制未知	周生鞭毛
最适生长pH	8.0～9.0	8.5～9.0	8.5	9.0
最适生长NaCl浓度/%	0.5～4.0	0.5～1.0	0.0～1.0	0.0
最适生长温度/℃	30～37	30	30～35	25～30
生长因子	−	b	−	b
固氮	+	ND	+	ND
碳源利用				
乳酸盐	−	+	−	−
丙酸盐	+	−	+	+

59. 交替赤杆菌属（*Altererythrobacter* Kwon et al. 2007）

细胞杆状、卵形或圆形，运动或不运动。革兰氏染色反应为阴性。氧化酶大多阳性，过氧化氢酶因种而异，液体培养物或菌落呈现黄色，缺少细菌叶绿素 a，细胞色素可溶于甲醇，最大吸收峰在 447nm、473nm 处。有些种的生长需要 NaCl，在海洋培养基或添加了硝酸盐的海洋培养基上不能厌氧生长，多数不还原硝酸盐，不产 H_2S。主要醌类为 Q-10，主要脂肪酸为 $C_{18:1}\ \omega 7c$，主要极性脂为磷脂酰乙醇胺、磷脂酰甘油、心磷脂、神经鞘糖脂类。

DNA 的 G+C 含量（mol%）：54.5～67.2。

模式种：食环氧化物交替赤杆菌（*Altererythrobacter epoxidivorans*）；模式菌株的 16S rRNA 基因序列登录号：DQ304436；基因组序列登录号：CP012669；模式菌株保藏编号：JCM 13815=KCCM 42314。

该属常见种的鉴别特征见表 1-38。

60. 硫棕色球菌属（*Thiophaeococcus* Anil Kumar et al. 2008）

细胞球形，二分分裂，极性鞭毛运动。革兰氏染色反应为阴性。光合内膜囊泡状。光合色素为细菌叶绿素 a 和类胡萝卜素。严格厌氧专性自养细菌，以还原性硫作为电子供体生长，S^0 作为氧化中间产物以硫粒的形式储存在细胞内。在硫化物和碳酸氢盐存在的情况下，可以同化一些简单的有机化合物进行混养生长。需要生长因子和 NaCl。

DNA 的 G+C 含量（mol%）：64.5～68.2。

模式种：红树林硫棕色球菌（*Thiophaeococcus mangrovi*）；模式菌株的 16S rRNA 基因序列登录号：AM748925；模式菌株保藏编号：DSM 19863=JCM 14889。

该属目前仅有 2 个种，种间鉴别特征见表 1-39。

61. 玫瑰色杆菌属（*Roseibacterium* Suzuki et al. 2006）

细胞杆状，大小为 0.5～0.9μm×1.0～10.0μm，细胞单极增殖（如出芽生长），不运动，菌落呈现不透明的粉红色。革兰氏染色反应为阴性。好氧异养细菌，好氧条件下产生细菌叶绿素 a，最大吸收峰在 800nm、879nm 处。过氧化氢酶和氧化酶阳性，主要脂肪酸为 $C_{18:1}$。最适生长 pH 为 7.5～8.0，最适生长温度为 27～30℃。

DNA 的 G+C 含量（mol%）：68.1～76.3。

模式种：延长玫瑰色杆菌（*Roseibacterium elongatum*）；模式菌株的 16S rRNA 基因序列登录号：AB061273；基因组序列登录号：CP004372；模式菌株保藏编号：DSM 19469=JCM 11220。

该属常见种的鉴别特征见表 1-40。

表 1-38 交替赤杆菌属（*Altererythrobacter*）常见种的鉴别特征

特征	特罗伊察湾交替赤杆菌（*A. troitsensis*）	潮交替赤杆菌（*A. aestuarii*）	东滩交替赤杆菌（*A. dongtanensis*）	食环氧化物交替赤杆菌（*A. epoxidivorans*）	印度交替赤杆菌（*A. indicus*）	石垣岛交替赤杆菌（*A. ishigakiensis*）	黄交替赤杆菌（*A. luteolus*）	小岛交替赤杆菌（*A. marensis*）	海洋交替赤杆菌（*A. marinus*）	居南海交替赤杆菌（*A. namhicola*）	新疆交替赤杆菌（*A. xinjiangensis*）
细胞形态	卵形至杆状	杆状	杆状	卵形至杆状	杆状	杆状	杆状	杆状	杆状	杆状	杆状
氧化酶	+	+	–	+	–	+	–	+	+	+	–
运动性	+	–	–	–	–	–	–	+	–	–	–
硝酸盐还原	+	–	–	–	–	+	–	–	–	–	–
生长 pH	5.8～10.0	5.0～11.0	6.0～10.0	6.0～8.5	ND	ND	≥5.5	6.1～11.1	5.5～8.0	5.0～11.0	7.0～9.0
最适生长 pH	7.2～7.6	6.0～8.0	7.0～9.0	6.5	7.0	7.5	7.0～8.0	7.1	7.0～8.0	6.0～7.0	8.0
生长温度/℃	4～39	10～40	10～37	20～40	4～42	25～40	10～42	4～42	4～36	15～35	20～37
最适生长温度/℃	25	30	30	35	25～30	35	25～37	30	30	30	30
生长 NaCl 浓度/%	0.0～4.0	0.0～6.0	0.0～1.0	0.5～9.0	0.0～12.0	ND	0.0～9.0	0.0～9.0	0.5～5.0	1.0～2.0	0.0～3.0
最适生长 NaCl 浓度 /%	0.0	1.0～2.0	0.0	2.0	2.0	1.5～2.0	2.0	0.0～4.0	3.0	ND	1.0
水解											
酪蛋白	–	–	ND	–	–	ND	+	–	–	–	+
DNA	–	–	ND	–	+	ND	–	–	–	–	ND
淀粉	+	–	–	–	–	ND	（+）	–	–	+	–
吐温 80	+	+	–	+	+	ND	+	+	+	+	ND
mol% G+C	65.0	67.2	66.4	54.5	66.8	59.1	66.5	63.1	60.3	63.8	64.6

表 1-39　硫棕色球菌属（*Thiophaeococcus*）种间鉴别特征

特征	褐硫棕色球菌（*T. fuscus*）	红树林硫棕色球菌（*T. mangrovi*）
细胞大小/μm	2.5～3.0	2.0～2.5
培养物颜色	棕色	巧克力色
最适生长 pH（范围）	7.0（6.5～7.5）	7.2（6.5～7.5）
最适生长温度（范围）/℃	30（25～35）	30（20～35）
最适生长NaCl浓度（范围）/（%，*w/v*）	2.0（1.0～4.0）	1.0（0.5～4.0）
光能自养生长	−	+
生长因子	t，p-ABA	酵母提取物
碳源利用/电子供体		
乙酸盐	(+)	−
丙酮酸	+	−
柠檬酸盐	(+)	−
丁烯酸酯	+	−
酪蛋白氨基酸	−	+
富马酸	+	−
葡萄糖	−	+
谷氨酸盐	−	+
甘油	−	+
甘露醇	(+)	+
丙酸盐	+	−
蔗糖	(+)	−
山梨糖醇	(+)	+
琥珀酸盐	(+)	+
戊酸盐	+	−
脂肪酸组成/%		
$C_{12:0}$	6.4	4.2
$C_{14:0}$	2.3	2.8
$C_{16:0}$	25.1	24.2
$C_{16:1}\omega 7c/C_{16:1}\omega 6c$	21.1	25.0
$C_{18:0}$	1.7	3.3
$C_{18:1}\omega 5c$	0.9	0.8
$C_{18:1}\omega 7c/C_{18:1}\omega 6c$	36.2	28.2
$C_{18:1}\omega 9c$	0.7	1.0
mol% G+C	64.5	68.2

表 1-40 玫瑰色杆菌属（*Roseibacterium*）常见种的鉴别特征

特征	北湾玫瑰色杆菌（*R. beibuensis*）	延长玫瑰色杆菌（*R. elongatum*）
细胞大小/μm	0.7～0.9×1.0～2.2	0.5～0.8×1.6～10.0
菌落颜色	酒红色	粉红色
生长 NaCl 浓度/%	0.0～10.0	0.5～7.5
mol% G+C	76.3	68.1
硝酸盐还原	+	–
V-P 试验	+	–
聚羟基脂肪酸酯	–	(+)
细菌叶绿素吸收峰/nm	800，877	802，878
水解明胶	+	–
碳源利用		
葡萄糖	+	(+)
麦芽糖	+	(+)
乙酸盐	+	–
丙酮酸	(+)	–
酶活		
碱性磷酸酶	(+)	+
酯酶	+	(+)
脂肪酶	(+)	+
胱氨酸氨肽酶	(+)	–
β-葡萄糖苷酶	(+)	–
利用葡萄糖产酸	+	–
抗生素敏感性		
青霉素 G	+	(+)
链霉素	+	(+)
新霉素	(+)	–
氯霉素	–	(+)
新生霉素	–	(+)
羧苄青霉素	–	(+)
万古霉素	–	(+)

注：V-P 试验（Voges-Proskauer test）表示乙酰甲基甲醇试验

62. 副红螺菌属（*Pararhodospirillum* Lakshmi et al. 2014）

细胞螺旋形，运动，中温生长，淡水光合细菌，行二分分裂，革兰氏染色反应为阴性。光合内膜片层状，堆叠并与细胞膜形成尖锐的角度。光合色素为细菌叶绿素 a 及番茄红素系列、玫红品系列的类胡萝卜素。严格厌氧专性自养细菌，喜中性 pH，需要生长因子，主要脂肪酸为 $C_{18:0}$、$C_{18:1}\,\omega 7c$/$C_{18:1}\,\omega 6c$。

DNA 的 G+C 含量（mol%）：60.0～65.8。

模式种：米副红螺菌（*Pararhodospirillum oryzae*）；模式菌株的 16S rRNA 基因序列登录号：AM901295；模式菌株保藏编号：KCTC 5960=NBRC 107573。

该属由红螺菌属再分类而来，目前包括 3 个种。

63. 粉红碱杆菌属（*Roseinatronobacter* Sorokin et al. 2000）

细胞杆状，大小为 0.5～0.8μm×0.8～2.2μm，单个或成链，行二分分裂。革兰氏染色反应为阴性。细胞质膜无光合内膜，细胞内储存聚 β-羟基丁酸盐，当存在大量有机氮时，细胞合成橙色的类胡萝卜素和细菌叶绿素 a。严格好氧专性异养细菌，专性嗜碱，可生长的 pH 为 8.0～10.4，最适生长 pH 接近 10。中温菌，中度嗜盐，利用简单的有机酸、糖醇、葡萄糖、果糖作为碳源，利用亚硝酸盐、硝酸盐、NH_3、天冬氨酸、谷氨酸作为氮源。可还原硝酸盐，酵母提取物可作为生长因子，在异养生长过程中，硫代硫酸盐被氧化为硫酸盐；硫化物、S^0、亚硫酸盐在碱性（pH 9.0～10.0）环境中被氧化成硫酸盐。能利用硫代硫酸盐作为额外电子供体进行光能异养生长。

DNA 的 G+C 含量（mol%）：59.0～61.5。

模式种：氧化硫粉红碱杆菌（*Roseinatronobacter thiooxidans*）；模式菌株的 16S rRNA 基因序列登录号：AF249749；基因组序列登录号：QKZQ00000000；模式菌株保藏编号：DSM 13087。

该属目前仅有 2 个种，种间鉴别特征见表 1-41。

表 1-41　粉红碱杆菌属（*Roseinatronobacter*）种间鉴别特征

特征	摩洛湖粉红碱杆菌（*R. monicus*）	氧化硫粉红碱杆菌（*R. thiooxidans*）
细胞形状	短杆状	柠檬状
细胞大小/μm	0.5～0.7×1.2～1.7	0.5～0.8×0.8～2.2
类胡萝卜素吸收峰/nm	480，525，550	410，483，511
细菌叶绿素 a 主要吸收峰/nm	805，870	803，870
最适生长 pH（范围）	9.0～9.5（8.0～10.0）	10.0（8.5～10.4）
最适生长 NaCl 浓度（范围）/(g/L)	40（0～80）	30（10～100）
mol% G+C	59.0～59.4	61.0～61.5

64. 热着色菌属（*Thermochromatium* Imhoff et al. 1998）

细胞直或微弯曲的杆状，二分分裂，极生鞭毛运动。革兰氏染色反应为阴性。囊泡状光合内膜含有细菌叶绿素 a 和类胡萝卜素。专性自养细菌，在厌氧条件下可以 H_2S 或 S^0 作为电子供体进行光能/化能自养生长，S^0 作为氧化中间产物储存在细胞内，硫酸盐是最终氧化产物。在硫化物和碳酸氢盐存在的情况下，可以同化一些简单的有机化合物进行混养生长。嗜热菌，最适生长温度为 48～50℃，最适生长 pH 为 7.0，淡水细菌，生长不需要 NaCl。

DNA 的 G+C 含量（mol%）：60～63。

模式种（唯一种）：微温热着色菌（*Thermochromatium tepidum*）；模式菌株的 16S rRNA 基因序列登录号：M59150；基因组序列登录号：CP039268；模式菌株保藏编号：

ATCC 43061=DSM 3771。

65. 硫盐荚菌属（*Thiohalocapsa* Imhoff et al. 1998）

细胞球形，不运动，二分分裂，单个细胞被坚硬的黏液荚膜包围，可形成细胞聚合体。革兰氏染色反应为阴性。囊泡状光合内膜含有细菌叶绿素 a 及奥氏酮类类胡萝卜素，细胞悬浮液紫红色。不产气泡。在厌氧条件下可以硫化物、S^0 或者其他物质作为电子供体进行自养生长，在氧化硫化物的过程中，S^0 以硫粒的形式储存在细胞内，硫酸盐是最终氧化产物，不能进行同化型硫酸盐还原。在黑暗微好氧到好氧条件下，可化能自养或混养生长。中温生长，最适生长温度为 20～30℃，最适生长 pH 为 7.0～7.5，生长需要 NaCl。

DNA 的 G+C 含量（mol%）：64.8～66.6。

模式种：嗜盐硫盐荚菌（*Thiohalocapsa halophila*）；模式菌株的 16S rRNA 基因序列登录号：AJ002796；基因组序列登录号：NRRV00000000；模式菌株保藏编号：ATCC 49740=DSM 6210。

该属目前仅有 2 个种，种间鉴别特征见表 1-42。

表 1-42　硫盐荚菌属（*Thiohalocapsa*）种间鉴别特征

特征	海洋硫盐荚菌（*T. marina*）	嗜盐硫盐荚菌（*T. halophila*）
细胞直径/μm	1.5～2.0	1.5～2.5
mol% G+C	64.8	65.9～66.6
自养生长	−	+
最适生长 pH（范围）	7.5（6.5～8.5）	7.0（6.0～8.0）
最适生长温度/℃	25～30	20～30
最适生长 NaCl 浓度（范围）/(%, *w*/*v*)	2（1～6）	4～8（3～20）
光同化利用		
H_2	−	+
S^0	−	+
硫化物	−	+
甲酸盐	−	−
乙酸盐	+	+
丙酮酸	+	+
乳酸盐	+	+
富马酸盐	+	−
琥珀酸盐	+	−
苹果酸盐	−	−
果糖	−	+
葡萄糖	+	(+)
甘油	−	(+)
乙醇酸	−	−

续表

特征	海洋硫盐荚菌（*T. marina*）	嗜盐硫盐荚菌（*T. halophila*）
戊酸盐	−	−
酪蛋白氨基酸	+	−

66. 浅粉不完全光合菌属（*Roseateles* Suyama et al. 1999）

细胞直杆状，极生鞭毛运动，二分分裂。革兰氏染色反应为阴性。细胞内储存物是聚β-羟基丁酸盐。在好氧条件下进行异养生长，产生细菌叶绿素a和类胡萝卜素，当生长条件适合光合色素产生时菌落颜色为粉红色。不能进行厌氧生长，主要醌类是UQ-8。

DNA的G+C含量（mol%）：66.2～66.3。

模式种：解多聚物浅粉不完全光合菌（*Roseateles depolymerans*）；模式菌株的16S rRNA基因序列登录号：AB003623；基因组序列登录号：QUMT00000000；模式菌株保藏编号：CCUG 52219=DSM 11813。

该属目前有3个种，种间鉴别特征见表1-43。

表1-43 浅粉不完全光合菌属（*Roseateles*）种间鉴别特征

特征	解多聚物浅粉不完全光合菌（*R. depolymerans*）	土壤浅粉不完全光合菌（*R. terrae*）	水生浅粉不完全光合菌（*R. aquatilis*）
鞭毛	丛生或单极生	单极生	单极生
10℃生长	+	(+)	−
37℃生长	+	+	−
以H_2作为电子供体自养生长	−	−	−
利用聚六亚甲基碳酸酯	+	(+)	−
*cbbL*基因	−	−	−
*hox*基因	−	ND	ND
*nifH*基因	+	+	−
*puf*基因	+	+	−
过氧化氢酶	+	+	−
硝酸盐还原	−	−	−
脲酶	+	−	−
β-葡萄糖苷酶	+	+	−
β-半乳糖苷酶	+	+	−
碳源利用			
葡萄糖	+	+	+
阿拉伯糖	+	+	−
甘露糖	+	+	−
甘露醇	+	+	−
N-乙酰-D-葡萄糖胺	−	−	−
麦芽糖	+	+	+

续表

特征	解多聚物浅粉不完全光合菌（*R. depolymerans*）	土壤浅粉不完全光合菌（*R. terrae*）	水生浅粉不完全光合菌（*R. aquatilis*）
葡萄糖酸钙	+	+	(+)
癸酸	(+)	+	–
己二酸	(+)	–	–
苹果酸	(+)	(+)	+
柠檬酸	(+)	–	–

67. 红弯曲菌属（*Roseiflexus* Hanada et al. 2002）

多细胞丝状，无支链，滑行运动。革兰氏染色反应为阴性。含细菌叶绿素 a、c 和 γ-类胡萝卜素的衍生物，有载色体。培养物红色至红棕色，嗜热，在 45～55℃、pH 7～9 的条件下进行兼性自养生长，在大气氧分压充足的黑暗条件下进行好氧生长，不进行光能自养，也不进行发酵呼吸。主要醌类是 MK-11，细胞脂肪酸为完全饱和脂肪酸，如 $C_{14:0}$、$C_{15:0}$、$C_{16:0}$。

DNA 的 G+C 含量（mol%）：62.0。

模式种（唯一种）：卡氏红弯曲菌（*Roseiflexus castenholzii*）；模式菌株的 16S rRNA 基因序列登录号：AB041226；基因组序列登录号：CP000804；模式菌株保藏编号：DSM 13941=JCM 11240=NBRC 100045。

68. 沟鞭藻玫瑰杆菌属（*Dinoroseobacter* Biebl et al. 2005）

细胞球形、卵形或杆状，通过单极生或单亚极生鞭毛运动。革兰氏染色反应为阴性。在黑暗或间歇光照的条件下，液体培养物为粉色至亮红色；在持续光照的条件下，液体培养物为浅米色；在黑暗条件下，固体培养菌落为酒红色。严格好氧，非发酵型异养生长需要至少 1% 的盐浓度。光合色素为细菌叶绿素 a 和球形烯醇，主要醌类为 Q-10。

DNA 的 G+C 含量（mol%）：64.8。

模式种（唯一种）：恒雄芝氏沟鞭藻玫瑰杆菌（*Dinoroseobacter shibae*）；模式菌株的 16S rRNA 基因序列登录号：AJ534211；模式菌株保藏编号：DSM 16497。

69. 红球样菌属（*Rhodobaca* Milford et al. 2001）

细胞球形或短杆状，细胞直径为 0.8～1.5μm，运动。革兰氏染色反应为阴性。不产氧紫色非硫细菌，含有细菌叶绿素 a 和球形烯醇系列的类胡萝卜素。嗜碱，最适生长 pH 为 9。有过氧化氢酶活性，*nifH* 基因阴性。耐受硫化物。在光照条件下利用 H_2S 进行光能异养生长，也可以进行化能营养生长。

DNA 的 G+C 含量（mol%）：58.8～59.8。

模式种：博戈里亚湖红球样菌（*Rhodobaca bogoriensis*）；模式菌株的 16S rRNA 基因序列登录号：AF248638；基因组序列登录号：SORN00000000；模式菌株保藏编号：ATCC 700920=DSM 18756。

该属目前仅有 2 个种，种间鉴别特征见表 1-44。

表 1-44　红球样菌属（*Rhodobaca*）种间鉴别特征

特征	博戈里亚湖红球样菌（*R. bogoriensis*）	巴尔古津谷红球样菌（*R. barguzinensis*）
细胞形状	球形、短杆状	短杆状
细胞大小/μm	0.8～1.0×1.0～1.5	1.0×1.5
细胞分裂类型	缢缩	不均匀的缢缩、出芽
细胞内类胡萝卜素吸收峰/nm	450，485，525	475，507，590
NaCl 需求	−	+
最适生长 NaCl 浓度（范围）/%	1.0～1.5（0.0～6.0）	2.0～3.0（1.0～8.0）
最适生长 pH（范围）	9.0（7.0～10.0）	8.2（7.5～9.0）
最适生长温度/℃	39	25～35
mol% G+C	58.8	59.8

70. 玫瑰球样菌属（*Roseibaca* Labrenz et al. 2009）

细胞杆状，一端或两端窄，不运动。革兰氏染色反应为阴性。细胞单极出芽增殖，常形成茎状结构，有玫瑰结形成，细胞表面有大量菌毛。含有聚 β-羟基丁酸盐，不形成内生孢子。耐碱，Na^+是细胞生长所必需的。好氧异养生长，不能利用 H_2/CO_2（体积比 80∶20）进行光能自养生长，也不能利用乙酸盐或谷氨酸盐进行光能异养生长。肽聚糖中含有内消旋二氨基庚二酸，主要极性脂为心磷脂、磷脂酰甘油、磷脂酰乙醇胺和磷脂酰胆碱；主要脂肪酸为 $C_{18:1}\,\omega 7c$，少量 $C_{14:1}$ 3OH、$C_{16:1}\,\omega 9c$、$C_{16:0}$、$C_{18:1}\,\omega 9c$。主要醌类为 Q-10。

DNA 的 G+C 含量（mol%）：61。

模式种（唯一种）：两口湖玫瑰球样菌（*Roseibaca ekhonensis*）；模式菌株的 16S rRNA 基因序列登录号：AJ605746；基因组序列登录号：UIHC00000000；模式菌株保藏编号：CECT 7235=DSM 11469。

71. 硫黄色球菌属（*Thioflavicoccus* Imhoff and Pfennig 2001）

细胞球形，分裂阶段呈现双球形，有鞭毛运动，二分分裂。革兰氏染色反应为阴性。光合内膜管状。光合色素为细菌叶绿素 b 和类胡萝卜素。严格厌氧专性自养细菌，在光照厌氧条件下，能以 H_2S 和 S^0 作为电子供体进行光能自养生长，S^0 作为氧化中间产物以高折光性硫粒的形式储存在细胞内，硫酸盐是最终氧化产物。在硫化物和碳酸氢盐存在的条件下，能同化一些简单的有机物进行混养生长。中温生长，最适生长温度为 20～30℃，最适生长 pH 为 6.5～7.5，生长需要 NaCl。

DNA 的 G+C 含量（mol%）：66.5。

模式种（唯一种）：运动硫黄色球菌（*Thioflavicoccus mobilis*）；模式菌株的 16S rRNA 基因序列登录号：AJ010126；模式菌株保藏编号：ATCC 700959。

72. 硫红螺旋形菌属（*Thiorhodospira* Bryantseva et al. 1999）

细胞弧形或螺旋形，单极生鞭毛运动，二分分裂。革兰氏染色反应为阴性。光合内膜片层状。光合色素为细菌叶绿素 a 和类胡萝卜素。在厌氧条件下进行自养生长，属于严格厌氧专性自养细菌。当以 H_2S 作为电子供体进行光能自养生长时，S^0 以硫粒的形式短时间储存在细胞内，显微镜下可在细胞内或与细胞连接处找到这些硫粒，硫酸盐是最终氧化产物。在硫化物存在的条件下，也可同化一些有机物。最适生长需要低盐和碱性环境。生境：有机物丰富的沉积物表面和含 H_2S 的盐湖。

DNA 的 G+C 含量（mol%）：56.0～57.4。

模式种（唯一种）：西伯利亚硫红螺旋形菌（*Thiorhodospira sibirica*）；模式菌株的 16S rRNA 基因序列登录号：AJ006530；基因组序列登录号：AGFD00000000；模式菌株保藏编号：ATCC 700588。

73. 硫碱球菌属（*Thioalkalicoccus* Bryantseva et al. 2000）

细胞球形或卵形，在细胞分裂阶段呈典型的双球形，二分分裂。革兰氏染色反应为阴性。光合内膜管状。光合色素为细菌叶绿素 b 和类胡萝卜素。严格厌氧专性自养细菌，当以 H_2S 作为电子供体进行光能自养生长时，S^0 以硫粒的形式储存在细胞内，硫酸盐是最终氧化产物。在硫化物和碳酸氢盐存在的条件下，也可同化一些有机物。中温生长，专性嗜碱，最适生长温度为 20～25℃，最适生长需要低盐和碱性环境。生境：有机物丰富的沉积物表面和含 H_2S 的盐湖。

DNA 的 G+C 含量（mol%）：63.6～64.8。

模式种（唯一种）：湖沼硫碱球菌（*Thioalkalicoccus limnaeus*）；模式菌株的 16S rRNA 基因序列登录号：AJ277023；模式菌株保藏编号：ATCC BAA-32。

74. 外硫红弯菌属（*Ectothiorhodosinus* Gorlenko et al. 2007）

细胞弧形或半圆形，不运动。革兰氏染色反应为阴性。含有细菌叶绿素和类胡萝卜素，同心片层状光合内膜内衬在细胞壁内。厌氧，光能自养、兼性光能异养或光能异养。当以 H_2S 作为电子供体进行光能自养生长时，S^0 以硫粒的形式储存在细胞外，硫酸盐是最终氧化产物。在硫化物和碳酸氢盐存在的条件下，也可同化一些有机物。中温生长，生长需要盐、碱。

DNA 的 G+C 含量（mol%）：57.5（T_m）。

模式种（唯一种）：蒙古外硫红弯菌（*Ectothiorhodosinus mongolicum*）；模式菌株的 16S rRNA 基因序列登录号：AY298904；基因组序列登录号：FTPK00000000；模式菌株保藏编号：DSM 15479。

75. 浅粉色环菌属（*Roseicyclus* Rathgeber et al. 2005）

细胞卵形到长杆状，弧形，大多环状，不运动。革兰氏染色反应为阴性。通过对称或不对称缢缩分裂。含有细菌叶绿素 a 和类胡萝卜素，培养物呈现紫粉色至紫色，最大吸收峰在 870～871nm、805～806nm 处。在光照厌氧条件下不生长。专性好氧，不进行发酵作用或异化脱氮。生境：主要含 Na_2SO_4 的盐湖。

DNA 的 G+C 含量（mol%）：66.2。

模式种：马霍尼湖浅粉色环菌（*Roseicyclus mahoneyensis*）；模式菌株的 16S rRNA 基因序列登录号：AJ315682；基因组序列登录号：QGGW00000000；模式菌株保藏编号：

DSM 16097=VKM B-2346。

76. 硫球菌属（*Thiococcus* Imhoff et al. 1998）

细胞球形，在细胞分裂阶段呈典型的双球形，二分分裂。革兰氏染色反应为阴性。光合内膜与细胞质膜相连，由几束连续的带状分支管束组成。单个细胞无颜色，液体培养物黄色或橙黄色，光合色素为细菌叶绿素 b 和类胡萝卜素。严格厌氧专性自养细菌。当以 H_2S 或 S^0 作为电子供体进行光能自养生长时，S^0 以硫粒的形式储存在细胞内，硫酸盐是最终氧化产物。在硫化物和碳酸氢盐存在的条件下，也可同化一些有机物。最适生长温度为 20～35℃，最适生长 pH 为 6.5～7.5。生长需要 NaCl。生境：苦咸水、海水、有光照、含 H_2S 的沉积物。

DNA 的 G+C 含量（mol%）：69.4～69.9。

模式种（唯一种）：繁氏硫球菌（*Thiococcus pfennigii*）；模式菌株的 16S rRNA 基因序列登录号：Y12373；模式菌株保藏编号：DSM 1375。

77. 硫明卵菌属（*Thiolamprovum* Guyoneaud et al. 1998）

细胞近球形到卵形，细胞直径 2～3μm，不运动，二分分裂。革兰氏染色反应为阴性。囊泡状光合内膜含有细菌叶绿素 a 和类胡萝卜素。在厌氧条件下进行自养生长；在黑暗微好氧到好氧条件下进行化能自养生长或混养生长。在以 H_2S、硫代硫酸盐或 S^0 作为电子供体进行光能自养生长时，S^0 以硫粒的形式储存在细胞内，硫酸盐是最终氧化产物。不能进行同化型硫酸盐还原。

DNA 的 G+C 含量（mol%）：64.5～66.5。

模式种（唯一种）：扁平硫明卵菌（*Thiolamprovum pedioforme*）；模式菌株的 16S rRNA 基因序列登录号：Y12297；模式菌株保藏编号：DSM 3802。

第二章　化能无机营养细菌

利用微生物的营养摄取方式进行分类时，作为电子供体的营养物质在细胞内进行化学反应而获得能量的一类微生物，称为化能营养生物。如果所利用的电子供体为无机物，就称为化能无机营养微生物。它是光能营养微生物的对应词。根据所用碳源的不同，化能无机营养微生物又分为以下三类：严格化能无机自养微生物、混养微生物及化能无机异养微生物。根据生命三域学说分类，这些微生物又分为古菌、细菌及真菌。本章主要介绍化能无机营养细菌。

化能无机营养细菌是指利用无机化合物的氧化作用获得能量从而进行生物合成（包括 CO_2 的同化作用）的一类细菌。这类细菌包括：将 NH_3 氧化为亚硝酸盐，或将亚硝酸盐氧化成硝酸盐的硝化细菌；氧化还原性含硫化合物（如 H_2S、S^0 等）的硫氧化细菌；氧化亚铁化合物的铁氧化细菌等。这些微生物广泛存在于自然环境，具有多样的电子供体、碳代谢途径、形态及生境，是初级生产者中的重要成员，其活动最终供给异养微生物所需的能量和碳素，在地球化学物质循环中起着极其重要的作用。

第一节　硝化细菌

本文所述“硝化细菌”不是分类学的概念，而是指一类专性化能自养细菌。这一类细菌氧化 NH_3 或亚硝酸盐获得生长所需的能量，以固定 CO_2 获得碳源并合成细胞碳。此类细菌包括亚硝化细菌和硝化细菌两大类，通常亚硝化细菌氧化 NH_3 产生亚硝酸盐，而硝化细菌氧化亚硝酸盐为硝酸盐。但是，硝化螺菌属（*Nitrospira*）细菌能够完成完整的硝化作用，即将 NH_3 氧化为硝酸盐。硝化细菌广泛分布于自然环境中，在自然界氮素的生物地球化学循环、含氮废水治理、污染环境修复、水产养殖水质改良和环境监测等领域具有广泛的应用价值。

目前，硝化细菌共包括 8 个属（图 2-1）。其中，亚硝化细菌包括亚硝化螺菌属（*Nitrosospira*）、亚硝化单胞菌属（*Nitrosomonas*）、亚硝化弧菌属（*Nitrosovibrio*）、亚硝化球菌属（*Nitrosococcus*）；硝化细菌包括硝化杆菌属（*Nitrobacter*）、硝化刺菌属（*Nitrospina*）、硝化球菌属（*Nitrococcus*）、硝化螺菌属（*Nitrospira*）。两类菌均为专性好氧菌，专性化能自养型，不能在有机培养基上生长，只有少数为兼性自养型，可在某些有机培养基上生长，如维氏硝化杆菌（*Nitrobacter winogradskyi*）。

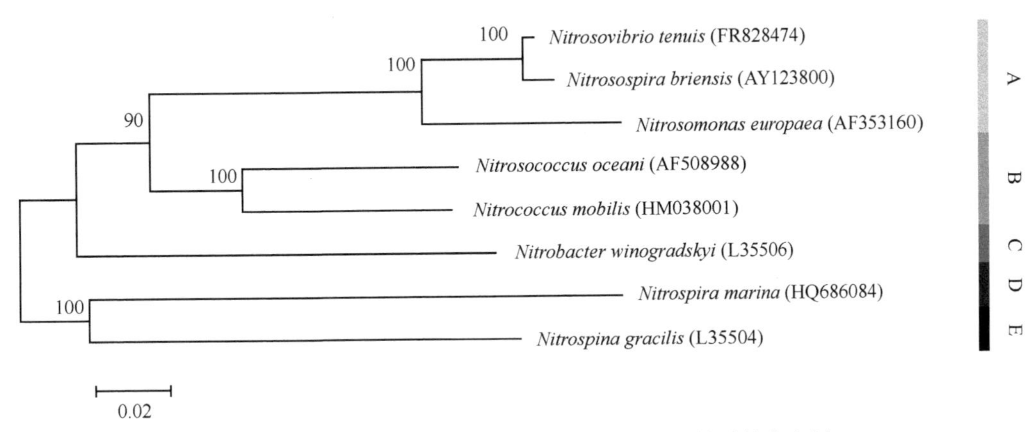

图 2-1　基于 16S rRNA 基因构建的硝化细菌属的系统发育树

选取属模式种的 16S rRNA 基因序列，采用邻接法构建。A 代表β-Proteobacteria，B 代表γ-Proteobacteria，C 代表α-Proteobacteria，D 代表 Nitrospina，E 代表 Nitrospira；括号内编号是序列在 NCBI 的登录号，比例尺代表 2% 的序列差异

1. 亚硝化单胞菌属（*Nitrosomonas* Winogradsky 1892）

细胞椭圆形或短杆状，大小为 0.7～1.5μm×1.0～2.5μm，单生、对生或呈短链，运动或不运动。革兰氏染色反应为阴性。在细胞质的外围具有扁平泡状的细胞质膜。在液体培养基中游离悬浮生长，或包埋于黏液形成的集合体中。专性化能自养细菌，氧化 NH_3 为亚硝酸盐、固定 CO_2 以满足细胞生长所需能量并合成细胞碳。在富含 NH_3 和无机盐的淡水中生长，不需要有机生长因子。严格好氧，O_2 作为最终电子受体。生长温度为 5～30℃，生长 pH 为 5.8～8.5。生境：土壤、淡水和海水。

DNA 的 G+C 含量（mol%）：45.6～53.8。

模式种：欧洲亚硝化单胞菌（*Nitrosomonas europaea*）；模式菌株的 16S rRNA 基因序列登录号：AB070982；模式菌株保藏编号：ATCC 25978=DSM 28437。

该属常见种的鉴别特征见表 2-1。

表 2-1　亚硝化单胞菌属（*Nitrosomonas*）常见种的鉴别特征

特征	欧洲亚硝化单胞菌（*N. europaea*）	普通亚硝化单胞菌（*N. communis*）	脲亚硝化单胞菌（*N. urea*）	河口亚硝化单胞菌（*N. aestuarii*）	海洋亚硝化单胞菌（*N. marina*）	硝化亚硝化单胞菌（*N. nitrosa*）	富养亚硝化单胞菌（*N. eutropha*）	寡养亚硝化单胞菌（*N. oligotropha*）	嗜盐亚硝化单胞菌（*N. halophila*）
细胞形状	杆状	杆状	杆状	杆状	杆状	杆状	杆状	杆状	杆状
细胞宽度/μm	0.8～1.1	1.0～1.4	0.9～1.1	1.0～1.3	0.7～0.9	1.3～1.5	1.0～1.3	0.8～1.2	1.1～1.5
细胞长度/μm	1.0～1.7	1.7～2.2	1.5～2.5	1.4～2.0	1.4～2.3	1.4～2.2	1.6～2.3	1.1～2.4	1.5～2.2
鞭毛	−	−	−	−	−	−	+	−	+
NaCl 需求	−	−	−	+	+	−	−	−	+
mol% G+C	50.6～51.4	45.6～46	45.6～46	45.7～46.3	47.4～48.0	47.9	47.9～48.5	49.4～50	53.8

2. 亚硝化螺菌属（*Nitrosospira* Winogradsky and Winogradsky 1933）

细胞螺旋形，无细胞质膜，不运动或周生鞭毛运动。革兰氏染色反应为阴性，在液体培养基中游离生长。含有细胞色素，细胞悬浮液呈现淡黄色至淡红色。无其他色素。专性化能自养细菌，氧化 NH_3 为亚硝酸盐、固定 CO_2 以满足细胞生长所需能量并合成细胞碳。在富含 NH_3 和无机盐的淡水中生长；不需要有机生长因子。严格好氧，O_2 作为最终电子受体。生长 pH 为 6.5～8.5。

DNA 的 G+C 含量（mol%）：53.5～54.1。

模式种：白里亚硝化螺菌（*Nitrosospira briensis*）。

该属常见种的鉴别特征见表 2-2。

表 2-2 亚硝化螺菌属（*Nitrosospira*）常见种的鉴别特征

特征	多形亚硝化螺菌（*N. multiformis*）	白里亚硝化螺菌（*N. briensis*）	湖泊亚硝化螺菌（*N. lacus*）
16S rRNA 基因拷贝数	3	3	0
mol% G+C	53.5	54.0	53.5
细胞形状	多形，叶状	紧密缠绕，螺旋形	紧密缠绕，螺旋形
最适生长温度/℃	25～30	25～30	20～25
生长温度/℃	15～30	15～30	4～30
最适生长 pH	7.5	7.5	7.0～8.0
耐受 NH_4Cl 浓度/（mmol/L，pH 8.0）	50	200	100
利用尿素	v	v	+

3. 亚硝化弧菌属（*Nitrosovibrio* Harms et al. 1976）

细胞细长弯曲杆状，大小为 0.3～0.4μm×1.1～3.0μm，老龄培养物中可见球形细胞，直径 1.0～1.2μm，二分分裂，亚极生或侧生鞭毛运动。革兰氏染色反应为阴性。无细胞质膜，在液体培养基中游离生长。细胞含有细胞色素，细胞悬浮液淡黄色至淡棕色，无其他色素。专性化能自养细菌，氧化 NH_3 为亚硝酸盐、固定 CO_2 以满足细胞生长所需能量并合成细胞碳。在富含 NH_3 和无机盐的淡水中生长；不需要有机生长因子。严格好氧，O_2 作为最终电子受体。最适生长温度为 25～30℃，最适生长 pH 为 7.7～7.8，可耐受 pH 8.0 的 NH_4Cl 浓度为 100mmol/L。

DNA 的 G+C 含量（mol%）：53.9。

模式种（唯一种）：纤细亚硝化弧菌（*Nitrosovibrio tenuis*）。

4. 亚硝化球菌属（*Nitrosococcus* Winogradsky 1892）

细胞球形，运动或不运动。革兰氏染色反应为阴性。细胞单生、对生或四联生，在液体培养基中游离悬浮生长，或包埋于黏液形成的集合体中，集合体附着于器壁或悬浮于液体培养基中。专性化能自养细菌，氧化 NH_3 为亚硝酸盐、固定 CO_2 以满足细胞生长所需能量并合成细胞碳。在富含 NH_3 和无机盐的淡水中生长；不需要有机生长因子。严格好氧，O_2 作为最终电子受体。生长温度为 2～30℃，生长 pH 为 6.0～8.0，最适生长 pH 为 7.6～8.0。

DNA 的 G+C 含量（mol%）：50.1～51.6。

模式种：亚硝基亚硝化球菌属（*Nitrosococcus nitrosus*）。

该属常见种的鉴别特征见表 2-3。

表 2-3　亚硝化球菌属（*Nitrosococcus*）常见种的鉴别特征

特征	沃德亚硝化球菌（*N. wardiae*）	嗜盐亚硝化球菌（*N. halophilus*）	沃森亚硝化球菌（*N. watsonii*）	海洋亚硝化球菌（*N. oceani*）
质粒数目/个	0	1	2	1
基因组大小/bp	4 022 640	4 079 427	3 328 579	3 481 691
mol% G+C	50.7	51.6	50.1	50.4
最适生长温度/℃	37	28～32	28～32	28～32
最适生长盐度/(mmol/L)	700	800	600	500
耐受铵盐浓度/(mmol/L)	＜300	＜600	＜1 600	＜1 200
最适铵盐浓度/(mmol/L)	50	100	100～200	100
利用尿素	−	−	+	+

5. 硝化杆菌属（*Nitrobacter* Winogradsky 1892）

细胞短杆状，常呈楔形或鸭梨状。出芽繁殖。细胞具有一顶细胞膜极冠。一般不运动。革兰氏染色反应为阴性。细胞含有细胞色素，细胞悬浮液淡黄色，无其他色素。有些种为专性化能自养菌，氧化亚硝酸盐为硝酸盐、固定 CO_2 以满足细胞生长所需能量并合成细胞碳。在富含亚硝酸盐和其他无机盐的土壤、淡水或海水中生长，不需要有机生长因子。有些种能进行异养生长。严格好氧，O_2 作为最终电子受体。生长 pH 为 6.5～8.5。生长温度为 5～40℃。生境：土壤、淡水和海水。

DNA 的 G+C 含量（mol%）：60.7～61.7。

模式种：维氏硝化杆菌（*Nitrobacter winogradskyi*）；模式菌株的 16S rRNA 基因序列登录号：CP000115；基因组序列登录号：CP000115；模式菌株保藏编号：ATCC 25391=CIP 104748=DSM 10237。

该属常见种的鉴别特征见表 2-4。

表 2-4　硝化杆菌属（*Nitrobacter*）常见种的鉴别特征

特征	碱硝化杆菌（*N. alkalicus*）	维氏硝化杆菌（*N. winogradskyi*）	汉堡硝化杆菌（*N. hamburgensis*）	普通硝化杆菌（*N. vulgaris*）
细胞形态				
是否出芽	+	+	+	+
细胞膜极冠	+	+	+	+
多聚磷酸盐	+	+	+	+
羧酶体	−	+	+	+
额外亚层	+	−	−	−

续表

特征	碱硝化杆菌（*N. alkalicus*）	维氏硝化杆菌（*N. winogradskyi*）	汉堡硝化杆菌（*N. hamburgensis*）	普通硝化杆菌（*N. vulgaris*）
异养生长	−	+，自养＞异养	+，异养＞自养	+，异养＞自养
生长 pH 上限	10.1～10.2	8.5	8.5	8.5
保持活性的 pH 上限	10.5	9.2	ND	ND

注：“自养＞异养”表示自养生长速率大于异养生长，“异养＞自养”表示异养生长速率大于自养生长

6. 硝化刺菌属（*Nitrospina* Watson and Waterbury 1971）

细胞细的直杆状，老龄培养物中可见球形细胞。不运动。革兰氏染色反应为阴性，没有伸长的细胞质膜系统。细胞含有细胞色素，不含其他色素。专性化能自养细菌，氧化亚硝酸盐为硝酸盐、固定 CO_2 以满足细胞生长所需能量并合成细胞碳。在富含亚硝酸盐和其他无机盐的土壤、淡水或海水中生长，无需有机生长因子。严格好氧，O_2 作为最终电子受体。生长温度为 20～30℃。生长 pH 为 7.0～8.0，在 70%～100% 的海水中最适宜生长；在蒸馏水无机盐的培养基中，即使含有 NaCl 也不生长。

DNA 的 G+C 含量（mol%）：55.6～61.2。

模式种：纤细硝化刺菌（*Nitrospina gracilis*）。

该属仅包括 2 个种，种间鉴别特征见表 2-5。

表 2-5　硝化刺菌属（*Nitrospina*）种间鉴别特征

特征	纤细硝化刺菌（*N. gracilis*）	沃森硝化刺菌（*N. watsonii*）
细胞形状和排列	细长杆状，单生或对生	直杆状，单生
细胞大小/μm	0.3～0.4×2.7～6.5	0.3～0.4×1.0～6.5
耐受 NO_2^-浓度上限/（mmol/L）	＜20	30
吸收峰/nm	425，532，553	430，524，558
自养生长代时/h	24	28
mol% G+C	61.2	55.6

7. 硝化球菌属（*Nitrococcus* Watson and Waterbury 1971）

细胞球形，直径≥1.5μm，1 或 2 根亚极生鞭毛，运动。革兰氏染色反应为阴性。细胞含有细胞色素，使细胞悬浮液呈现浅黄到浅红色，不含其他色素。专性化能自养细菌，氧化亚硝酸盐为硝酸盐、固定 CO_2 以满足细胞生长所需能量并合成细胞碳。在富含亚硝酸盐和其他无机盐的海水自养培养基中生长，不需要有机生长因子。严格好氧，O_2 作为最终电子受体。生长温度为 15～30℃。生长 pH 为 6.8～8.0。

DNA 的 G+C 含量（mol%）：61.2。

模式种（唯一种）：运动硝化球菌（*Nitrococcus mobilis*）；模式菌株的 16S rRNA 基因序列登录号：HM038001；模式菌株保藏编号：ATCC 25380=CIP 104751。

8. 硝化螺菌属（*Nitrospira* Watson et al. 1986）

细胞螺旋形或逗号状。革兰氏染色反应为阴性。细胞周质空间非常广，无细胞质膜。不运动，不形成内生孢子。在液体培养基中游离悬浮生长。细胞含有细胞色素，使细胞悬浮液呈现浅黄到浅棕色，不含其他色素。专性化能自养细菌，氧化亚硝酸盐为硝酸盐、固定 CO_2 以满足细胞生长所需能量并合成细胞碳。在富含亚硝酸盐和其他无机盐的海水自养培养基中生长，不需要有机生长因子，但在含有机物的混养培养基中生长最好。严格好氧，O_2 作为最终电子受体。生长温度为 15～30℃。生长 pH 为 6.5～8.0。

DNA 的 G+C 含量（mol%）：50.00～59.03。

模式种：海洋硝化螺菌（*Nitrospira marina*）；模式菌株保藏编号：ATCC 43039。

该属常见种的鉴别特征见表 2-6。

表 2-6　硝化螺菌属（*Nitrospira*）常见种的鉴别特征

特征	海洋硝化螺菌（*N. marina*）	莫斯科硝化螺菌（*N. moscoviensis*）	热硝化螺菌（*N. calida*）	日本硝化螺菌（*N. japonica*）	污水硝化螺菌（*N. defluvii*）	黏菌落硝化螺菌（*N. lenta*）
细胞形状	句号状或螺旋状；螺旋长 0.8～1.0μm	螺旋形到弧状；螺旋长 0.8～1.0μm	松散的螺旋状、直杆状或稍弯曲杆状	短杆状或弯曲杆状	短杆状、弯曲杆状或螺旋杆状	螺旋杆状，有 1～3 个螺旋
细胞大小/μm	0.30～0.40×1.50～1.75	0.9～2.2×0.2～0.4	0.3～0.5×1.0～2.2	0.3～0.5×0.5～0.7	0.2～0.4×0.7～1.7	0.2～0.3×1.0～2.3
最适生长温度/℃	20～30	39	48	31	28～32	28
最适生长 pH	7.6～8.0	7.6～8.0	7.8	7.5～7.8	ND	ND
最适 NO_2^-浓度/（mmol/L）	ND	0.35	0.3	1.4	1.5～3	0.3～1.2
最高 NO_2^-浓度/（mmol/L）	ND	75	6	ND	30	25
mol% G+C	50.00±0.40	56.90±0.40	ND	ND	59.03	57.88

第二节　无色硫细菌

无色硫细菌（colorless sulfur bacteria）能以 H_2S、单质硫（S^0）、亚硫酸盐、硫代硫酸盐和连四硫酸盐等还原性无机含硫化合物和硫化矿物作为能源进行化能无机营养生长，产生硫酸或积累中间代谢产物，如 S^0 或 SO_3^{2-}；适应碱性、中性和酸性（Ghosh and Dam，2009）条件及较大的温度范围，分布广泛。其中，嗜中温的菌株研究较多，它们通常嗜中性，主要分布在含 H_2S 的缺氧区与含氧水体和沉积物的交界处，该交界处 O_2 和 H_2S 的浓度都较低（Jørgensen and Postgate，1982）；嗜酸的菌株可在较高的 O_2 浓度下生长；嗜热的菌株主要发现自热泉和海底热液口等自然环境（Caldwell et al.，1976）；某些菌株在低温条件下也能生长。

无色硫细菌不是分类学上的概念，其中很多菌株在系统发育上相距甚远。过去主要以形态特征鉴定细菌，并且认为以还原性含硫化合物作为能源生长是重要的分类依据。例如，将细胞杆状且能利用还原性无机含硫化合物的革兰氏阴性细菌都归为硫杆菌属，细胞螺旋状的则归为硫微螺菌属，导致某些严格或兼性自养、嗜酸或嗜中性及嗜热或嗜冷的菌株被归为相同的属。根据细菌的生理特性和系统发育关系将这些菌株重新命名或分类，图 2-2 为基于 16S rRNA 基因序列同源性构建的无色硫细菌系统发育树。最近，研究已将硫杆菌属从嗜氢菌目转移至亚硝化单胞菌目并形成硫杆菌科。为了避免误导，本章采用重新定义的种属名，详见表 2-7。大多数无色硫细菌归属于变形菌门且主要归属于 γ-变形菌纲；δ-变形菌纲中没有无色硫细菌；某些菌位于厚壁菌门和产水菌门中。

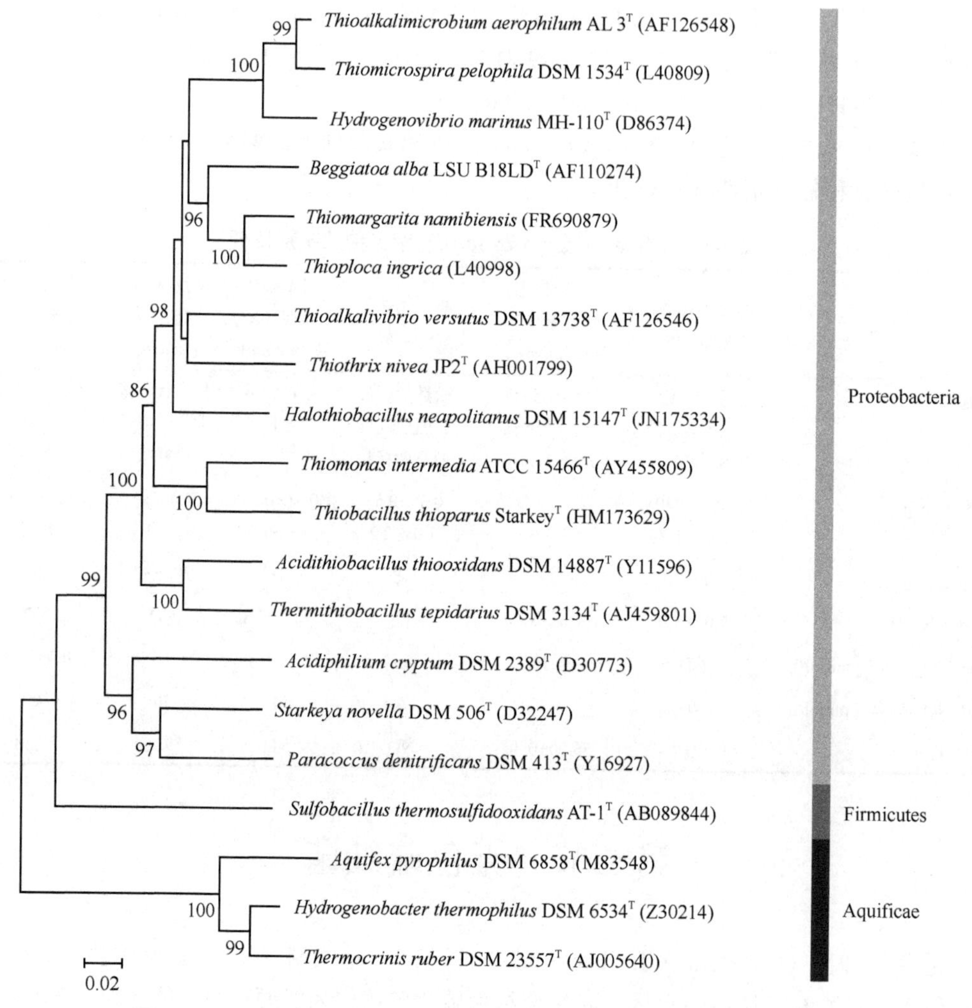

图 2-2 基于 16S rRNA 基因序列同源性构建的无色硫细菌系统发育树

选取本章常见属模式种的 16S rRNA 基因序列，采用邻接法构建。
括号内编号是序列在 NCBI 的登录号，比例尺代表 2% 的序列差异

表 2-7 无色硫细菌中部分菌株命名和分类变化

细菌名称	同种异名
产硫硫杆菌（*Thiobacillus thioparus*）	*Thiobacillus thiocyanoxidans*
水生安伍德菌（*Annwoodia aquaesulis*）	*Thiobacillus aquaesulis*
喜铅硫氧化棒杆菌（*Sulfuriferula plumbiphila*）	*Thiobacillus plumbophilus*
中间硫单胞菌（*Thiomonas intermedia*）	*Thiobacillus intermedius*

续表

细菌名称	同种异名
代谢不全硫单胞菌（*Thiomonas perometabolis*）	*Thiobacillus perometabolis*
萃铜硫单胞菌（*Thiomonas cuprina*）	*Thiobacillus cuprinus*
嗜热硫盐硫单胞菌（*Thiomonas thermosulfata*）	*Thiobacillus thermosulfatus*
娇弱硫单胞菌（*Thiomonas delicata*）	*Thiobacillus delicatus*
那不勒斯盐硫小杆菌（*Halothiobacillus neapolitanus*）	*Thiobacillus neapolitanus*
嗜盐盐硫小杆菌（*Halothiobacillus halophilus*）	*Thiobacillus halophilus*
热液口盐硫小杆菌（*Halothiobacillus hydrothermalis*）	*Thiobacillus hydrothermalis*
温浴热硫杆菌（*Thermithiobacillus tepidarius*）	*Thiobacillus tepidarius*
硫氧化酸硫杆菌（*Acidithiobacillus thiooxidans*）	*Thiobacillus thiooxidans*
亚铁氧化酸硫杆菌（*Acidithiobacillus ferrooxidans*）	*Thiobacillus ferrooxidans*
喜温酸硫杆菌（*Acidithiobacillus caldus*）	*Thiobacillus caldus*
阿尔伯塔酸硫杆菌（*Acidithiobacillus albertensis*）	*Thiobacillus albertensis*
索金酸盐杆菌（*Acidihalobacter prosperus*）	*Thiobacillus prosperus*
新斯塔基氏菌（*Starkeya novella*）	*Thiobacillus novellus*
嗜酸嗜酸菌（*Acidiphilium acidophilum*）	*Thiobacillus acidophilus*
易变副球菌（*Paracoccus versutus*）	*Thiobacillus versutus*
索足蛤硫微螺菌（*Thiomicrospira thyasirae*）	*Thiobacillus thyasiris*
全食副球菌（*Paracoccus pantotrophus*）	*Thiosphaera pantotropha*
脱氮硫单胞菌（*Sulfurimonas denitrificans*）	*Thiomicrospira denitrificans*

无色硫细菌中许多属于严格化能无机自养，通过氧化还原性无机含硫化合物获取生长所需的能量，固定 CO_2 合成生长所需的物质；部分菌株还能利用 H_2 和某些过渡金属元素，如 Fe^{2+}等。无色硫细菌还包括许多异养生长且兼性化能无机自养的菌株，利用还原性无机含硫化合物兼性化能无机自养固定 CO_2 或化能无机异养同化有机碳源。另外，某些化能有机异养的细菌也能氧化还原性无机含硫化合物，但不从中获取能量，如双点大单胞菌（Dubinina and Grabovich，1984）。不同于光合硫氧化细菌能在厌氧条件下利用光能氧化还原性无机含硫化合物，无色硫细菌不具有光合色素，且通常好氧，O_2 作为最终电子受体；某些严格硫氧化无机自养的菌株以硝酸盐等作为电子受体兼性厌氧生长，反硝化生成 N_2，如脱氮硫杆菌；而某些兼性硫氧化自养的菌株在厌氧条件下则不利用还原性无机含硫化合物，但还能利用有机底物，如脱氮副球菌（Friedrich and Mitrenga，1981）。值得一提的是，许多菌株，包括脱氮副球菌，在报道之初并没有检测其是否可利用还原性无机含硫化合物，它们的硫氧化能力是后来测定的。

无色硫细菌具有重要的经济和环境应用价值。在污水处理中，无色硫细菌能氧化有毒且难闻的 H_2S，生成 S^0 或硫酸等对环境影响较小的产物；在微生物冶金工业中，促进硫化矿石的溶解和金属元素浸出（Fowler and Crundwell，1999），相似地可用于煤矿的脱硫（Bos et al.，1988），减少酸性气体的排放；硫元素具有多种价态，硫元素循环在生态系统中并不总是平衡的，如硫酸盐还原细菌在厌氧条件下以硫酸盐作为电子受体，产

生大量的 H_2S（Muyzer and Stams，2008），除部分被光合细菌利用外，无色硫细菌可氧化多余的还原性无机含硫化合物，促进硫氧化过程的进行，对硫元素循环起着不可或缺的作用。

1. 产水菌属（*Aquifex* Huber et al. 1992）

细胞杆状，末端圆形，长 0.5～2.0μm。细胞单个、成对或聚集多达 100 个。生长时细胞内形成楔状的折光区域。不形成内生孢子。胞壁结构复杂，由肽聚糖层（A1γ 型胞壁质）、外膜和表层蛋白（六角形晶格，中点间距离 18nm）组成。胞壁质中含有二氨基庚二酸。脂类主要包括氨基磷脂、糖脂和磷脂。核心脂主要包含甘油烷基醚。存在微量脂肪酸。革兰氏染色反应为阴性。通过多根鞭毛运动。兼性好氧，微需氧。嗜高温，生长温度为 67～95℃，最适生长温度为 85℃。生长 pH 为 5.4～7.5，最适生长 pH 为 6.8。生长 NaCl 浓度为 1%～5%，最适生长 NaCl 浓度为 3%。严格化能无机自养。通过还原型柠檬酸循环途径固定 CO_2。可以 H_2、硫代硫酸盐和 S^0 作为电子供体，O_2 和硝酸盐作为电子受体。氧化 S^0 和硫代硫酸盐，形成硫酸。S^0 和 H_2 同时存在时，产生 H_2S。还原硝酸盐，形成亚硝酸盐和 N_2。

基于 16S rRNA 基因序列分析，产水菌属代表细菌域中一个深远的系统发育分支。

DNA 的 G+C 含量（mol%）：47.3～46.9。

模式种：嗜火产水菌（*Aquifex pyrophilus*）；模式菌株的 16S rRNA 基因序列登录号：M83548；模式菌株保藏编号：DSM 6858=JCM 9492。

2. 氢杆菌属（*Hydrogenobacter* Kawasumi et al. 1984）

细胞直杆状，大小为 0.3～0.9μm×2.0～7.0μm，单个或成对存在。革兰氏染色反应为阴性。不运动；细胞不具有鞭毛。不形成内生孢子。好氧。最适生长温度为 70～78℃，最高生长温度为 80℃；最适生长 pH 为中性。化能无机营养，利用 H_2 和硫代硫酸盐作为电子供体，CO_2 作为碳源。未发现化能有机营养生长。不需要生长因子。直链饱和脂肪酸 $C_{18:0}$ 和直链不饱和脂肪酸 $C_{20:1}$ 是细胞脂肪酸的主要组分。2-甲硫基-3-Ⅵ,Ⅶ-四氢多异戊二烯基-1,4-萘醌（甲硫萘醌，methionaquinone）是主要的呼吸醌。

DNA 的 G+C 含量（mol%）：43.5～43.9。

模式种：嗜热氢杆菌（*Hydrogenobacter thermophilus*）；模式菌株的 16S rRNA 基因序列登录号：Z30214；基因组序列登录号：CP002221；模式菌株保藏编号：DSM 6534=JCM 7687=NBRC 102181。

该属常见种的鉴别特征见表 2-8。

表 2-8 氢杆菌属（*Hydrogenobacter*）常见种的鉴别特征

特征	嗜热氢杆菌（*H. thermophilus*）	地下氢杆菌（*H. subterraneus*）
来源	热泉	深层地热水体
细胞大小/μm	2.0～3.0×0.3～0.5	3.0～7.0×0.6～0.9
运动性	−	+
最适生长温度/℃	70～75	78

续表

特征	嗜热氢杆菌（*H. thermophilus*）	地下氢杆菌（*H. subterraneus*）
严格好氧	+	+
电子供体		
H_2	+	–
硫代硫酸盐	–	+
S^0	–	+
碳源利用		
CO_2	+	–
有机底物	–	+
mol% G+C	38.3	44.7

注：原 *H. acidophilus* 已重新归属并被命名为 *Hydrogenobaculum acidophilum*

3. 热发状菌属（*Thermocrinis* Huber et al. 1999）

细胞杆状，圆末端，大小为 1.0～3.0μm×0.4～0.6μm，单个、成对、聚集或以长丝状形式存在。双层细胞被膜。存在二氨基庚二酸。不形成内生孢子。革兰氏染色反应为阴性。通过多根单极生鞭毛运动。微需氧。嗜高温，最适生长温度为 80℃，最高生长温度为 89℃，最低生长温度为 44℃。可在 0～0.4% NaCl、pH 为 7.0～8.5 的条件下生长。在固体培养基表面可生长。化能无机自养或化能有机异养。

DNA 的 G+C 含量（mol%）：47.2～47.8。

模式种：红色热发状菌（*Thermocrinis ruber*）；模式菌株的 16S rRNA 基因序列登录号：LN681406；基因组序列登录号：CP007028；模式菌株保藏编号：DSM 23557。

该属常见种的鉴别特征见表 2-9。

表 2-9 热发状菌属（*Thermocrinis*）常见种的鉴别特征

特征	红色热发状菌（*T. ruber*）	白色热发状菌（*T. albus*）	弥涅耳瓦热发状菌（*T. minervae*）	杰米森热发状菌（*T. jamiesonii*）
细胞大小/μm	1.0～3.0×0.4	1.0～3.0×0.5～0.6	2.4～3.9×0.5～0.6	1.4～2.4×0.4～0.6
生长温度/℃	44～89	55～89	65～85	70～85
最适生长温度/℃	80	ND	75	80
生长 pH	ND	ND	4.8～7.8	6.50～7.75
最适生长 pH	7.0～8.5	7.0	5.9～6.5	7.25
生长 NaCl 浓度/(%，*w/v*)	≤0.4	≤0.7	≤0.4	≤1.17
最大 O_2 浓度/(%，*v/v*)	6	ND	16	8
有机碳源				
酵母提取物	–	ND	+	–
蛋白胨	–	ND	+	+
酸水解酪蛋白	ND	ND	+	+
葡萄糖	ND	ND	+	–
甲酸	+	–	–	–

续表

特征	红色热发状菌（*T. ruber*）	白色热发状菌（*T. albus*）	弥涅耳瓦热发状菌（*T. minervae*）	杰米森热发状菌（*T. jamiesonii*）
甲酰胺	+	−	−	−
乙酸	−	ND	−	+
化能无机营养电子供体	$S_2O_3^{2-}$、S^0、H_2	$S_2O_3^{2-}$、S^0、H_2	$S_2O_3^{2-}$、S^0、H_2	$S_2O_3^{2-}$
化能有机营养电子供体	甲酸、甲酰胺	无	无	无
mol% G+C				
HPLC	47.2	49.6	40.3	ND
基因组序列	45.19	46.93	ND	41.32

4. 硫化芽孢杆菌属（*Sulfobacillus* Golovacheva and Karavaiko 1991 emend. Johnson et al. 2008）

细胞直杆状，大小为0.6～1.0μm×2.0～4.0μm。末端或近末端有卵圆形或球形内生芽孢。部分菌株细胞内的芽孢囊突起。革兰氏染色反应为阳性。菌株通常不运动；一些菌株可能运动。菌落没有色素。嗜温或略微嗜热，生长温度为20～60℃，最适生长温度为38.5～55℃。嗜酸，生长pH为0.8～5.5，最适生长pH为1.5～2.4。MK-7是主要的呼吸醌。脂肪酸主要包括异式和反异式支链脂肪酸及直链脂肪酸。部分菌株的脂肪酸以*ω*-环己烷或*ω*-环庚烷脂肪酸为主。好氧，严格的呼吸代谢类型；部分菌株在厌氧条件下利用Fe^{3+}作为电子受体生长。属内的种大多为混合营养型，少数为化能无机自养或化能有机营养生长。当酵母提取物或单一有机化合物存在时，利用Fe^{2+}、S^0、$S_2O_3^{2-}$、$S_4O_6^{2-}$和硫化矿物混合营养生长。异养生长时利用酵母提取物和一些糖类或有机酸作为碳源与能源。菌株生长需要酵母提取物。发现于地热、矿藏和堆矿区的酸性土壤与水体中。

DNA的G+C含量（mol%）：47～57（T_m）。

模式种：热硫氧化硫化芽孢杆菌（*Sulfobacillus thermosulfidooxidans*）；模式菌株的16S rRNA基因序列登录号：AB089844；模式菌株保藏编号：DSM 9293。

该属常见种的鉴别特征见表2-10。

表2-10　硫化芽孢杆菌属（*Sulfobacillus*）常见种的鉴别特征

特征	热硫氧化硫化芽孢杆菌（*S. thermosulfidooxidans*）	嗜酸硫化芽孢杆菌（*S. acidophilus*）	西伯利亚硫化芽孢杆菌（*S. sibiricus*）	耐热硫化芽孢杆菌（*S. thermotolerans*）	有益硫化芽孢杆菌（*S. benefaciens*）
细胞大小/μm	0.70±0.14×2.00±1.40	0.65±0.21×4.00±1.40	0.90±0.28×2.00±1.40	1.00±0.28×3.00±2.10	0.60±0.05×2.50±0.50
生长pH（最适）	1.5～5.5（1.7～2.4）	ND（2.0）	1.1～2.6（2.0）	1.2～2.4（2.0）	0.8～2.2（1.5）
生长温度（最适）/℃	20～60（50～55）	ND（45～50）	17～60（55）	20～60（40）	30～47（38.5）
最短培养倍增时间/h	2.5	3.5	1.4	2.0	3.1
mol% G+C	47.2～47.5	56.0±1.0	48.2±0.2	48.2±0.5	50.6±0.2
化能无机营养生长					
Fe^{2+}	+	+	+	+	+

续表

特征	热硫氧化硫化芽孢杆菌（*S. thermosulfidooxidans*）	嗜酸硫化芽孢杆菌（*S. acidophilus*）	西伯利亚硫化芽孢杆菌（*S. sibiricus*）	耐热硫化芽孢杆菌（*S. thermotolerans*）	有益硫化芽孢杆菌（*S. benefaciens*）
S^0	+	+	+	+	+
连四硫酸盐	+	ND	+	+	+
硫化矿物	+	+	+	+	+
厌氧生长以 Fe^{3+} 作为电子受体	+	+	ND	ND	+
碳源利用					
甘露糖	+	−	ND	−	+
谷氨酸	+	−	ND	−	+

5. 斯塔基氏菌属（*Starkeya* Kelly et al. 2000）

细胞短杆状、球状或者椭球状，大小为 0.4～0.8μm×0.8～2.0μm，单个存在，偶尔成对。不运动。生长在硫代硫酸盐琼脂（含生物素）上的菌落小、平滑、圆形、乳白色，产生 S^0 时变为白色。兼性化能无机自养，但最适自养生长需要生物素，最适异养生长需要酵母提取物、生物素或其他添加物，如泛酸，这取决于有机底物。部分菌株可能降解甲基硫醚。严格好氧。不能进行反硝化作用。氧化并且利用硫代硫酸盐和连四硫酸盐生长，但不能利用 S^0 或硫氰酸盐。铵盐、硝酸盐、尿素和谷氨酸作为氮源。生长温度为 10～37℃（5℃和 42℃不生长），最适生长温度为 25～30℃。生长 pH 为 5.7～9.0，最适生长 pH 为 7.0。含泛醌 Q-10。细胞主要的脂肪酸是油酸和 C_{19} 的环丙烷酸；缺乏主要的羟基脂肪酸。脂多糖缺乏庚糖并且糖骨架仅有 2,3-二氨基-2,3-二脱氧葡萄糖。属于 α-变形菌纲。分离自土壤。很可能分布广泛。

DNA 的 G+C 含量（mol%）：67.3～68.4。

模式种：新斯塔基氏菌（*Starkeya novella*）；模式菌株的 16S rRNA 基因序列登录号：D32247；基因组序列登录号：CP002026；模式菌株保藏编号：ATCC 8093=DSM 506=JCM 20403。

化能无机营养硫氧化细菌常见属的鉴别特征见表 2-11。

6. 副球菌属［*Paracoccus* Davis 1969 (Approved Lists 1980) emend. Liu et al. 2008］

细胞球状，直径 0.5～0.9μm，或短杆状，直径 1.1～1.3μm，单个、成对或小集群存在。通常没有荚膜。革兰氏染色反应为阴性。不形成内生孢子且不运动。好氧且严格呼吸代谢。氮的氧化物如硝酸盐、亚硝酸盐和 N_2O 能作为厌氧条件下呼吸作用的最终电子受体。硝酸盐经过亚硝酸盐、NO 及 N_2O 被还原为 N_2（反硝化作用）。氧化酶和过氧化氢酶阳性。化能有机营养生长时利用多种有机物作为碳源。化能无机自养生长时 CO_2 作为碳源，并且 H_2、甲醇、甲胺或硫代硫酸盐提供电子和自由能。存在于水体、土壤、污水和淤泥中。

DNA 的 G+C 含量（mol%）：63.8～70.2。

模式种：脱氮副球菌（*Paracoccus denitrificans*）；模式菌株的 16S rRNA 基因序列登

表 2-11 细胞杆状的化能无机营养硫氧化细菌属间鉴别特征

特征	硫杆菌属（*Thiobacillus*）	嗜酸菌属（*Acidiphilium*）	酸硫杆菌属（*Acidithiobacillus*）	盐硫小杆菌属（*Halothiobacillus*）	副球菌属（*Paracoccus*）	斯塔基氏菌属（*Starkeya*）	热硫杆菌属（*Thermithiobacillus*）	硫单胞菌属（*Thiomonas*）
严格自养生长	+	−	+	+	−	−	+	−
异养生长	−	+	−	−	+	+	−	−
mol% G+C	62～67	63～68	52～64	56～67	63～71	67～68	66～67	61～67
分类								
α-变形菌纲	NR	+	NR	NR	+	+	NR	NR
β-变形菌纲	+	NR	NR	NR	NR	NR	NR	+
γ-变形菌纲	NR	NR	+	+	NR	NR	+	NR
呼吸醌	Q-8	Q-10	Q-8	Q-8	Q-10	Q-10	Q-8	Q-8
兼性反硝化	+	−	−	−	+	−	−	−
最适生长温度/℃	28～43	25～37	30～45	30～40	25～37	25～30	43～45	30～50
最适生长 pH	6.8～8.0	3.0～3.5	2.0～3.5	6.5～8.0	6.5～9.0	7.0	6.8～7.5	5.2～6.0
嗜盐/耐盐	−	−	−	+	−	−	−	−
光合反应中心	−	+	−	−	−	−	−	−

注：严格自养生长以还原性无机含硫化合物作为唯一能源；嗜酸菌属多数种不能化能无机自养生长；副球菌属中脱氮副球菌、易变副球菌和全食副球菌等兼性化能无机自养生长；硫单胞菌属多数菌株在复杂丰富培养基中生长，某些利用硫代硫酸盐及添加有机物混合营养生长最佳；硫杆菌属中只有脱氮硫杆菌反硝化生成 N_2

录号：Y16927；模式菌株保藏编号：ATCC 17741=DSM 413=JCM 21484。

该属常见种的鉴别特征见表 2-12。

表 2-12 副球菌属（*Paracoccus*）常见种的鉴别特征

特征	脱氮副球菌（*P. denitrificans*）	嗜碱副球菌（*P. alcaliphilus*）	不饱和烃副球菌（*P. alkenifer*）	嗜胺副球菌（*P. aminophilus*）	食胺副球菌（*P. aminovorans*）	产类胡萝卜素副球菌（*P. carotinifaciens*）	科氏副球菌（*P. kocurii*）	马氏副球菌（*P. marcusii*）	用甲基副球菌（*P. methylutens*）	全食副球菌（*P. pantotrophus*）	硫氰酸副球菌（*P. thicyanatus*）	易变副球菌（*P. versutus*）	食溶剂副球菌（*P. solventivorans*）
运动性	–	–	–	–	–	+	–	–	–	–	–	+	–
硝酸盐呼吸	+	–	+	–	–	–	+	–	+	+	+	+	–
维生素需求													
生物素	–	+	–	–	–	–	–	–	–	–	–	–	–
硫胺素	–	–	–	+	+	–	+	–	–	–	+	–	–
不需要维生素	+	–	+	–	–	+	–	+	–[a]	+	–	+	+
碳源利用													
甲醇	+	+	+	–	–	ND	–	–	+	–	–	–	–
甲酸	+	ND	ND	–	–	ND	+	+	ND	–	ND	+	ND
乙醇	+	+	+	–	–	ND	–	ND	+	ND	ND	+	–
丁醇	+	ND	ND	–	–	ND	–	ND	ND	ND	+	ND	ND
甲胺	+	+	–	+	+	ND	+	–	+	–	ND	+	–
二甲胺	+	–	–	+	+	ND	+	–	–	ND	ND	ND	–
三甲胺	+	–	–	+	+	ND	+	–	–	ND	ND	ND	–
甘油	+	+	ND	+	+	+	–	+	+	ND	–	+	–
葡萄糖	+	ND	–	+	+	+	–	+	+	+	+	+	ND
果糖	+	+	–	–	+	ND	–	+	+	+	+	+	–
半乳糖	+	+	–	+	+	+	–	+	ND	–	+	+	–
核糖	–	ND	–	+	+	ND	+	ND	+	ND	+	ND	+
麦芽糖	+	–	–	–	–	+	–	+	+	+	–	+	ND
蔗糖	+	–	–	–	–	+	–	+	+	ND	–	+	–
乳糖	ND	–	–	–	–	+	ND	ND	–	–	–	–	ND
甘露醇	+	+	–	–	+	+	–	+	+	+	+	+	–
肌醇	+	+	–	–	–	ND	–	+	+	ND	ND	ND	ND
木糖	+	+	–	+	–	+	–	ND	–	ND	ND	ND	ND
甘露糖	ND	+	–	–	+	+	ND	+	+	+	ND	ND	ND
山梨糖醇	+	+	–	–	+	+	–	+	+	+	ND	ND	ND
阿拉伯糖	+	+	–	+	+	+	–	+	+	–	+	+	ND
海藻糖	+	–	–	–	–	+	–	+	–	ND	ND	ND	ND
苯甲酸	–	ND	ND	ND	–	ND	–	ND	ND	+	+	ND	–

续表

特征	脱氮副球菌（*P. denitrificans*）	嗜碱副球菌（*P. alcaliphilus*）	不饱和烃副球菌（*P. alkenifer*）	嗜胺副球菌（*P. aminophilus*）	食胺副球菌（*P. aminovorans*）	产类胡萝卜素副球菌（*P. carotinifaciens*）	科氏副球菌（*P. kocurii*）	马氏副球菌（*P. marcusii*）	用甲基副球菌（*P. methylutens*）	全食副球菌（*P. pantotrophus*）	硫氰酸副球菌（*P. thiocyanatus*）	易变副球菌（*P. versutus*）	食溶剂副球菌（*P. solventivorans*）
葡萄糖酸	+	ND	−	ND	+	+	−	+	ND	+	+	+	+
乙酸	+	+	ND	+	+	ND	ND	−	+	+	+	+	ND
乳酸	ND	ND	ND	ND	ND	ND	ND	+	ND	+	+	+	ND
柠檬酸	−	+	ND	−	−	ND	−	+	+	+	−	ND	ND
琥珀酸	+	+	ND	+	+	ND	−	+	+	+	+	+	+
苹果酸	+	ND	ND	ND	ND	+	−	+	+	+	−	+	ND
丙酮酸	+	ND	+	ND	+	ND	+	ND	+	+	+	+	+
氧化三甲胺	−	−	ND	+	+	ND	+	ND	ND	ND	ND	ND	ND
甲酰胺	ND	−	−	+	+	ND	ND	ND	ND	ND	ND	ND	ND
N-甲基酰胺	ND	−	−	+	+	ND	ND	ND	ND	ND	ND	ND	ND
N,*N*-二甲基甲酰胺	ND	−	−	+	+	ND	ND	ND	ND	ND	ND	ND	ND
硫代硫酸盐	+[b]	ND	ND	ND	+	ND	−	ND	−	+[b]	+	+[b]	+
mol% G+C	66.5	64.6	ND	63.8	66.8	67.0	70.2	66.0	67.0	66.0	66.5	66.8	68.5

注：a. 用甲基副球菌生长需要维生素 B_{12}；b. 易变副球菌、脱氮副球菌和全食副球菌在好氧下都能利用有机底物异养生长或利用硫代硫酸盐兼性自养生长，在厌氧条件下都能以硝酸盐和亚硝酸盐作为电子受体异养生长

7. 嗜酸菌属（*Acidiphilium* Harrison 1981 emend. Okamura et al. 2015）

细胞直杆状，大小为 0.3～1.2μm×4.2μm，通过二分分裂增殖，并且在不同 pH 和不同碳源的情况下表现为形态多变的倾向。通过极生、近极生和侧生鞭毛运动。不形成内生孢子和荚膜。革兰氏染色反应为阴性。16S rRNA 的结构和特征符合 α-变形菌纲。细胞悬浮液和菌落有白色和淡黄色、黄色、粉色、红色或棕褐色。严格好氧，化能有机营养菌和含有光合色素的化能无机营养菌，归为好氧的含细菌叶绿素的细菌。主要的光合色素是锌细菌叶绿素（Zn-BChl）a 和螺菌黄素类类胡萝卜素。利用简单有机物，如糖作为电子供体和碳源。0.6% 的酵母提取物和低浓度的乙酸（0.25mmol/L）和乳酸（2mmol/L）存在时抑制生长。一个菌种利用 S^0 作为电子供体兼性化能无机营养生长。Fe^{2+} 不用作化能无机营养生长的电子供体，但是具有刺激异养生长的作用。过氧化氢酶阳性和氧化酶阴性或者弱阳性。嗜温和严格嗜酸，菌株在 pH 为 2.0～5.9 时生长（pH 为 6.1 或以上时不能生长）。细胞脂肪酸的主要组分为 $C_{18:1}$。主要醌类为 Q-10。

DNA 的 G+C 含量（mol%）：62.9～68.1。

模式种：隐藏嗜酸菌（*Acidiphilium cryptum*）；模式菌株的 16S rRNA 基因序列登录号：D30773；模式菌株保藏编号：ATCC 33463=DSM 2389=NBRC 14242。

该属常见种的鉴别特征见表 2-13。

表 2-13　嗜酸菌属（*Acidiphilium*）常见种的鉴别特征

特征	隐藏嗜酸菌（*A. cryptum*）	嗜酸嗜酸菌（*A. acidophilum*）	红嗜酸菌（*A. rubrum*）	多嗜嗜酸菌（*A. multivorum*）	嗜有机物嗜酸菌（*A. organovorum*）
细胞长度/μm	0.3～0.6	0.5～0.8	0.7～0.9	0.5～0.9	0.5～0.7
运动性	+	D	D	D	+
菌落颜色	淡黄色/粉色/浅褐色	淡黄色/粉色/浅褐色	红色/蓝紫色	淡黄色/粉色/浅褐色	淡黄色/粉色/浅褐色
Zn-BChl 含量	低	微量	高	低	微量
生长因子	+	−	+	+	+
化能无机营养生长					
S^0	−	+	−	−	−
$S_2O_3^{2-}$	−	+	−	−	−
42℃生长	+	−	−	+	−
3% NaCl 生长	+	−	−	+	+
可抑制生长					
1% 葡萄糖	+	+	+	−	−
5% 葡萄糖	+	+	+	−	−
0.3% 酵母提取物	+	+	+	−	−
1% 胰蛋白酶水解酪蛋白	+	+	+	−	−
亚砷酸盐氧化	−	−	−	+	−
脂肪酸					
主要组分	$C_{18:1}$ *ω7c*	$C_{19:0}$ cyclo *ω8c*	$C_{18:1}$ *ω7c*	$C_{18:1}$ *ω7c*	$C_{18:1}$ *ω7c*
第二组分	$C_{19:0}$ cyclo *ω8c*	$C_{18:1}$ *ω7c*	$C_{19:0}$ cyclo *ω8c*	$C_{19:0}$ cyclo *ω8c*	$C_{19:0}$ cyclo *ω8c*
mol% G+C	67.3～68.3	62.9～63.2	63.2～63.4	66.2～68.1	67.4

注：窄嗜酸菌（*A. angustum*）和红嗜酸菌的 16S rRNA 基因序列与表型特征都极其相似，《伯杰氏系统细菌学手册》将两者归为一种，即红嗜酸菌；Zn-BChl 为锌细菌叶绿素

8. 硫单胞菌属（*Thiomonas* Moreira and Amils 1997 emend. Kelly et al. 2007）

细胞短杆状，大小为 0.3～0.9μm×1.0～4.0μm。细胞通过单根极生鞭毛运动。革兰氏染色反应为阴性。不形成内生孢子。严格好氧细菌。嗜温菌株最适生长温度为 30～36℃，中度嗜热菌株则为 50～53℃。最适生长 pH 为 5.2～6.0。兼性化能无机自养生长；最适生长于添加了还原性含硫化合物和有机物（酵母提取物、蛋白胨、某些糖和氨基酸）的培养基，混合营养。化能有机营养生长利用酵母提取物、酸水解酪蛋白、蛋白胨和肉提取物。多数菌株化能无机自养生长，利用硫代硫酸盐、连四硫酸盐、S^0 和 H_2S，某些菌株能以二硫化碳、二甲基硫醚和二甲基二硫醚作为能源，某些菌株能氧化 Fe^{2+} 和亚砷酸，某些能氧化且利用金属硫化物，包括黄铜矿、含砷黄铁矿、闪锌矿、方铅矿和某些合成的硫化物。对氨苄青霉素敏感。主要醌类为 Q-8。

DNA 的 G+C 含量（mol%）：61～69。

模式种：中间硫单胞菌（*Thiomonas intermedia*）；模式菌株的 16S rRNA 基因序列登

录号：AY455809；模式菌株保藏编号：ATCC 15466=DSM 18155=NBRC 14564。

该属常见种的鉴别特征见表 2-14。

表 2-14　硫单胞菌属（*Thiomonas*）常见种的鉴别特征

特征	中间硫单胞菌（*T. intermedia*）	萃铜硫单胞菌（*T. cuprina*）	娇弱硫单胞菌（*T. delicate*）	代谢不全硫单胞菌（*T. perometabolis*）	嗜热硫单胞菌（*T. thermosulfata*）
细胞长度/μm	1.0～1.4	1.0～4.0	0.7～1.6	1.1～1.7	2.3
运动性	+	+	−	+	+
羧酶体	+	ND	ND	−	ND
最适生长 pH	5.5～6.0	3.0～4.0	5.5～6.0	5.5～6.0	5.2～5.6
生长 pH 范围	5.0～7.5	2.0～6.5	5.0～7.0	5.0～7.0	4.3～7.8
最适生长[a]温度/℃	30～35	30～36	30～35	35～37	50～53
兼性化能无机自养生长	+	+	+	+	+
在复杂培养基中生长	+	+	+	+	+
还原硝酸盐产 N_2	−	−	−[b]	−	−
生长硫源					
S^0	+	+	+	+	+
硫代硫酸盐	+	−	+	+	+
连四硫酸盐	+	−	+	+	+
连三硫酸盐	ND	−	ND	ND	ND
硫化矿石[c]	−	+	ND	−	ND
硫氰酸盐	−	−	−	−	−
mol% G+C	65～67	67～68	66～67	65～66	61

注：a. 最适生长为混合营养，培养基中含有还原性含硫化合物并添加酵母提取物、蛋白胨、某些糖类和氨基酸；b. 硝酸盐被还原为亚硝酸盐；c. 包括黄铜矿、含砷黄铁矿、方铅矿、闪锌矿等金属硫化矿石

9. 硫杆菌属（*Thiobacillus* Beijerinck 1904 emend. Boden et al. 2017）

包括硫氧化自养细菌，能够氧化还原性无机含硫化合物或甲基硫化合物。没有观察到异养或混合营养型。生长温度都低于 30℃；通常嗜温，某些耐冷。在硫代硫酸盐平板上好氧生长时过氧化氢酶和氧化酶阳性。产生连四硫酸盐、连三硫酸盐或连五硫酸盐，可在培养基中检测到。通过 Kelly-Trudinger 途径氧化硫代硫酸盐，通过卡尔文循环固定 CO_2。某些种具有羧酶体，可通过透射电子显微镜观察。多数种利用硫代硫酸盐好氧生长的过程中形成多磷酸颗粒。利用硫代硫酸盐自养生长时，脂肪酸包括 $C_{16:0}$、$C_{16:1}$、$C_{17:1}$。

DNA 的 G+C 含量（mol%）：61.0～68.0。

模式种：产硫硫杆菌（*Thiobacillus thioparus*）；模式菌株的 16S rRNA 基因序列登录号：M79426；基因组序列登录号：ARDU00000000；模式菌株保藏编号：ATCC 8158=DSM 505=JCM 3859。

该属常见种的鉴别特征见表 2-15。

表 2-15　硫杆菌属（*Thiobacillus*）常见种的鉴别特征

特征	产硫硫杆菌（*T. thioparus*）	脱氮硫杆菌（*T. denitrificans*）	嗜硫硫杆菌（*T. thiophilus*）
细胞形态	小杆状	杆状	杆状
细胞长度/μm	1.0～2.0	1.0～3.0	1.8～2.5
O_2 需求	好氧	兼性厌氧	兼性厌氧
芽孢	–	ND	–
生长温度/℃	ND	ND	–2～30
最适生长温度/℃	25～30	28～32	25～30
生长 pH	5.0～9.0	ND	6.3～8.7
最适生长 pH	6.0～8.0	6.8～7.4	7.5～8.3
过氧化氢酶	ND	+	+
利用/氧化			
H_2	ND	ND	–
S^0	–	+	–
NH_4^+	ND	ND	–
H_2S	+	+	–
FeS	ND	+	–
硫氰酸盐	+	+	–
mol% G+C	61.0～66.0	63.0～68.0	61.5

10. 硫卵形菌属（*Thiovulum* Hinze 1913）

细胞圆形到卵形，直径 5～25μm。细胞质经常集中在细胞的一端，剩余空间被大的液泡占据。细胞质通常具有斜晶状的 S^0 内含物并且在细胞的一端聚集，几乎经常充满整个细胞。细胞中 S^0 的含量随着 H_2S 的供应而变化，细胞可能暂时完全没有 S^0 内含物。被认为存储物质的绿色小团（直径最大达 5μm）的数量随着硫球数量的减少而增加。细胞通过周生鞭毛快速运动。泳动速度超过 600μm/s，是细菌中的最高纪录。伴随着长轴的旋转向前移动。与大多数可运动的细菌不同，硫卵形菌属的细胞能向后或翻滚泳动。在细胞后端具有丝状或反向端的细胞器，其功能是分泌黏性茎或线，被细胞用来黏附在固体表面。已知没有休眠期。存在于淡水和海洋环境中，如沼泽，其含 H_2S 水体或泥层与上层含氧水体相连。革兰氏染色反应为阴性。微需氧。化能无机营养生长，氧化 H_2S。过氧化氢酶阴性。通过缢缩及分裂增殖。细胞分裂似乎是沿着纵轴进行的，与细胞内容物的分布没有任何特定关系。据报道，细胞壁包含两倍于正常型的多糖。

模式种（唯一种）：大硫卵形菌（*Thiovulum majus*）。

11. 酸硫杆菌属（*Acidithiobacillus* Kelly and Wood 2000 emend. Hallberg et al. 2010）

细胞杆状，大小为 0.4μm×2.0μm，通过单根或多根鞭毛运动。革兰氏染色反应为阴性。严格嗜酸，好氧。最适生长 pH 低于 4.0，利用还原性含硫化合物自养生长。某些种氧化 Fe^{2+} 或利用天然和合成的金属硫化物产生能量；某些种氧化 H_2；某些种兼性厌氧，

能以 Fe^{3+} 作为电子受体。嗜温菌种最适生长温度为 30～35℃，中度嗜热菌种则为 45℃。含有泛醌 Q-8。该属是 γ-变形菌纲的成员。

DNA 的 G+C 含量（mol%）：52～64。

模式种：硫氧化酸硫杆菌（*Acidithiobacillus thiooxidans*）；模式菌株的 16S rRNA 基因序列登录号：M79398；基因组序列登录号：AFOH01000000；模式菌株保藏编号：ATCC 19377=DSM 14887=JCM 3867。

该属常见种的鉴别特征见表 2-16。

表 2-16　酸硫杆菌属（*Acidithiobacillus*）常见种的鉴别特征

特征	硫氧化酸硫杆菌（*A. thiooxidans*）	阿尔伯塔酸硫杆菌（*A. albertensis*）	喜温酸硫杆菌（*A. caldus*）	亚铁氧化酸硫杆菌（*A. ferrooxidans*）
细胞大小/μm	0.5×1.0～2.0	0.45×1.20～1.30	0.7×1.2～1.8	0.5×1.0
运动性	+	+	+	+
极生鞭毛	单根	成簇	单根	单根
糖被	−	+	−	−
羧酶体	+	ND	ND	+[a]
生长 pH 范围	0.5～5.5	2.0～4.5	1.0～3.5	1.3～4.5
最适生长 pH	2.0～3.0	3.5～4.0	2.0～2.5	2.5
最适生长温度/℃	28～30	28～30	45	30～35
硝酸盐还原	−	−	−	−
严格自养生长	+	+	+	+
无机底物				
S^0	+	+	+	+
硫代硫酸盐	+	+	+	+
金属硫化物	+	−	−	+
Fe^{2+}	−	−	−	+
复杂培养基	−	−	−[b]	−
mol% G+C	52	61～62	63～64	58～59

注：a. 在 CO_2 的限制下；b. 利用连四硫酸盐及添加葡萄糖或酵母提取物混合营养生长；*A. ferrivorans*、*A. ferridurans* 和 *A. ferriphilus* 都可利用还原性无机含硫化合物及 Fe^{2+}

12. 热硫杆菌属（*Thermithiobacillus* Kelly and Wood 2000）

细胞杆状，大小为 0.5μm×1.0～2.0μm。革兰氏染色反应为阴性。不形成内生孢子。严格好氧，中度嗜热，利用还原性无机含硫化合物（硫代硫酸盐、连多硫酸盐、S^0 和 H_2S，除了硫氰酸盐）严格化能无机自养生长；不能氧化 Fe^{2+}。含有泛醌 Q-8。其他一般特征与硫杆菌属相同。该属是 γ-变形菌纲的成员。

DNA 的 G+C 含量（mol%）：66～67。

模式种：温浴热硫杆菌（*Thermithiobacillus tepidarius*）；模式菌株的 16S rRNA 基因序列登录号：M79424；基因组序列登录号：AUIS01000000；模式菌株保藏编号：ATCC 43215=DSM 3134。该属目前仅有 2 个种。

13. 硫碱弧菌属（*Thioalkalivibrio* Sorokin et al. 2001 emend. Banciu et al. 2004）

细胞呈弯曲的杆状或螺旋状，大小为 0.4～0.6μm×0.8～3.0μm。一根极生鞭毛，可运动。革兰氏染色反应为阴性。细胞壁皱褶。具有羧酶体。严格化能无机自养生长。氧化 H_2S、硫代硫酸盐、S^0 和连四硫酸盐。通过卡尔文循环同化碳源。耐盐浓度高达 1.2～1.5mol/L Na^+，生长至少需要 0.3mol/L Na^+。包括严格和兼性嗜碱的菌株，多数菌株适合生长于富含苏打的培养基，某些菌株依赖 Cl^- 且能在饱和 NaCl 条件下生长。

DNA 的 G+C 含量（mol%）：61.0～65.6。

模式种：通用硫碱弧菌（*Thioalkalivibrio versutus*）；模式菌株的 16S rRNA 基因序列登录号：AF126546；模式菌株保藏编号：DSM 13738。

该属常见种的鉴别特征见表 2-17。

表 2-17　硫碱弧菌属（*Thioalkalivibrio*）常见种的鉴别特征

特征	通用硫碱弧菌（*T. versutus*）	反硝化硫碱弧菌（*T. denitrificans*）	双氰酸脱氮硫碱弧菌（*T. thiocyanodenitrificans*）	嗜硫化氢硫碱弧菌（*T. sulfidiphilus*）
厌氧生长利用				
硝酸盐	−	−	+（偏好）	−
亚硝酸盐	−	+	+	−
N_2O	−	+（偏好）	−	−
利用硫氰酸盐作为电子供体	−	−	+	−
偏好 H_2S	−	−	−	+
对完全好氧条件敏感	−	−	+	+
硝酸盐/亚硝酸盐作为氮源	+	+	+	−
尿素作为氮源	−	−	−	+
好氧生长细胞中存在水溶性细胞色素 b_{598}	−	−	+	+
生长 pH	ND	8.0～10.5	7.5～10.6	8.0～10.5
最适生长 pH	ND	9.6～10.0	10.0	10.0
生长 Na^+浓度/(mol/L)	ND	0.2～4.0	ND	0.2～1.5
最适生长 Na^+浓度/(mol/L)	ND	0.6	ND	0.4
mol% G+C	63.7	63.0	63.1～63.7	65.0

14. 盐硫小杆菌属（*Halothiobacillus* Kelly and Wood 2000 emend. Sievert et al. 2000）

细胞杆状，大小为 0.3～0.6μm×1.0～2.5μm，单个或成对存在。严格化能无机自养。革兰氏染色反应为阴性。通过氧化还原性无机含硫化合物（硫代硫酸盐、连四硫酸盐、连三硫酸盐、S^0 和 H_2S，除了硫氰酸盐）获得生长所需的能量；不能氧化 Fe^{2+}。耐受高浓度的溶液（如 4mol/L NaCl 和 0.25mol/L 硫代硫酸钠）。最适生长温度为 30～40℃，最适生长 pH 为 6.5～8.0。利用还原性含硫化合物生长时，pH 从中性变为 2.5～3.0。含有泛醌 Q-8。是 γ-变形菌纲的成员。

DNA 的 G+C 含量（mol%）：56～68。

模式种：那不勒斯盐硫小杆菌（*Halothiobacillus neapolitanus*）；模式菌株的16S rRNA基因序列登录号：JF416645；模式菌株保藏编号：DSM 15147。

该属常见种的鉴别特征见表2-18。

表2-18 盐硫小杆菌属（*Halothiobacillus*）常见种的鉴别特征

特征	那不勒斯盐硫小杆菌（*H. neapolitanus*）	嗜盐盐硫小杆菌（*H. halophilus*）	热液口盐硫小杆菌（*H. hydrothermalis*）	凯氏盐硫小杆菌（*H. kellyi*）
细胞宽度/μm	0.3～0.5	0.5	0.5	0.4～0.6
细胞长度/μm	1.0～1.5	1.0	1.0	1.2～1.5
运动性	+	+	+	+
羧酶体	+	ND	ND	ND
最适生长NaCl浓度/(mol/L)	ND	0.80～1.00	0.43	0.40～0.50
最高生长NaCl浓度/(mol/L)	0.86	4.00	2.00	2.50
最适生长pH	6.5～6.9	7.0～7.3	7.5～8.0	6.5
生长pH范围	4.5～8.5	6.0～8.0	6.0～9.0	3.5～8.5
最适生长温度/℃	28～32	30～32	35～40	37～42
硝酸盐还原为N_2	−	−	−	−
无机底物				
S^0	+	+	+	+
硫代硫酸盐	+	+	+	+
连四硫酸盐	+	+	+	+
连三硫酸盐	+	+	ND	ND
mol% G+C	56	64	67～68	62

15. 水弧菌属（*Hydrogenovibrio* Nishihara et al. 1991）

细胞逗号形杆状，大小为0.2～0.5μm×1.0～2.0μm，单个存在。通过一根极生鞭毛运动。革兰氏染色反应为阴性。已知没有休眠期。好氧。化能无机自养生长，利用H_2或还原性无机含硫化合物，如S^0、硫代硫酸盐和连四硫酸盐作为电子供体，CO_2作为碳源。通过卡尔文循环固定CO_2。未发现化能有机营养生长。最适生长温度约为37℃。最适生长pH约为6.5。生长需要NaCl且最适浓度为0.5mol/L。细胞脂肪酸的主要组分是直链饱和脂肪酸$C_{16:0}$和$C_{18:0}$、直链不饱和脂肪酸$C_{16:1}$。主要泛醌为Q-8。

DNA的G+C含量（mol%）：44.1。

模式种：海洋水弧菌（*Hydrogenovibrio marinus*）；模式菌株的16S rRNA基因序列登录号：D86374；模式菌株保藏编号：DSM 11271=JCM 7688。

16. 硫碱微菌属（*Thioalkalimicrobium* Sorokin et al. 2001 emend. Sorokin et al. 2002）

细胞呈边缘锋利的直杆状或螺旋状，大小为0.3～0.5μm×0.8～1.5μm，以1～3根单极生鞭毛运动。革兰氏染色反应为阴性。某些菌株不运动且呈环状或球状。具有羧酶体。化能无机自养生长；严格好氧。将H_2S和硫代硫酸盐氧化为硫酸盐；不氧化亚硫酸盐。

通过卡尔文循环同化碳源。耐盐，浓度可达 1.2～1.5mol/L Na^+，生长需要至少 0.2mol/L NaCl。

DNA 的 G+C 含量（mol%）：48.0～51.2。

模式种：嗜气硫碱微菌（*Thioalkalimicrobium aerophilum*）；模式菌株的 16S rRNA 基因序列登录号：AF126548；基因组序列登录号：CP007030；模式菌株保藏编号：DSM 13739。

17. 硫微螺菌属（*Thiomicrospira* Kuenen and Veldkamp 1972）

细胞小，螺旋状、逗号状或杆状，大小为 0.2～0.5μm×0.8～3.0μm，单个存在。通过一根极生鞭毛运动或不可运动。革兰氏染色反应为阴性。已知没有休眠期。好氧。化能无机自养生长，利用还原性无机含硫化合物，如 S^0、H_2S、连四硫酸盐和硫代硫酸盐（不利用亚硫酸盐或硫氰酸盐），CO_2 作为碳源。通过卡尔文循环（存在核酮糖-1,5-双磷酸羧化酶/加氧酶）固定 CO_2。最终的氧化产物是硫酸，但可能在培养基中积累 S^0。生长过程中产酸。铵盐作为氮源。生长需要 Na^+。最适生长温度为 28～40℃。最适生长 pH 为 6.0～8.0。代谢特征与硫杆菌属的菌株非常相似。

DNA 的 G+C 含量（mol%）：39.6～49.9。

模式种：嗜泥硫微螺菌（*Thiomicrospira pelophila*）；模式菌株的 16S rRNA 基因序列登录号：L40809；模式菌株保藏编号：ATCC 27801=DSM 1534。

该属常见种的鉴别特征见表 2-19。

18. 贝氏硫菌属（*Beggiatoa* Trevisan 1842）

细胞无色，大小为 1.0～200.0μm×2.0～10.0μm，以长度 5.0～10.0cm 的丝状体形式存在。丝状体通常全长宽度一致。淡水中的菌株大多数组成直径小于 5.0μm 的丝状体，而海洋中的贝氏硫菌属细菌组成的丝状体直径为 1.0～200.0μm，这已经通过显微镜观察到。从任何样品中都没有分离出宽度大于 5μm 的纯菌株。丝状体可能由多达 100 个或更多个细胞构成，在极少数情况下，多达数千个。在较细的菌株（即直径约小于 5μm）中，丝状体中的细胞为圆柱状且长度大于宽度。在较宽的菌株（即直径约大于 7μm）中，细胞通常呈碟状且宽度往往大于长度。丝状体单独存在，在沉积物表面以棉质状或席垫状存在，其中每根丝状体保持着单一性。细胞在丝状体中通过横向二分分裂增殖；通过形成分隔完成分离，其中肽聚糖和细胞质膜像隔膜的虹膜一样闭合。通过细胞死亡（坏死细胞）、丝状体断裂或直接瓦解扩散。在部分菌株中，丝状体发生瓦解直到形成大多数单细胞或双细胞单位（即段殖体）。然后，一个段殖体再生长为一个丝状体。在 H_2S 存在的情况下生长，细胞具有 S^0 内含物，对于某些菌株，则是硫代硫酸盐。特别是在淡水的菌株中，细胞内可能存在聚 β-羟基丁酸盐或多磷酸内含物。海洋或咸水中的菌株形成直径大于 10μm 的丝状体，具有一个内含高浓度硝酸盐的中心大液泡（约占细胞体积的 80%）。休眠期未知。不存在用于附着的夹钳或鞘壳。不形成荚膜，但丝状体通常产生黏液基质。革兰氏染色反应为阴性。丝状体和段殖体都能滑行运动。已知无运动细胞器。好氧或微需氧，具有严格的呼吸代谢类型，利用 O_2，在某些情况下以硝酸盐作为最终电子受体。厌氧生长没有用纯培养证实，但部分在自然条件下研究的菌株可能以硝酸盐作

表 2-19　硫微螺菌属（*Thiomicrospira*）常见种与海洋水弧菌和脱氮硫单胞菌的鉴别特征

特征	嗜泥硫微螺菌（*T. pelophila*）	智利硫微螺菌（*T. chilensis*）	泉生硫微螺菌（*T. crunogena*）	弗里斯亚硫微螺菌（*T. frisia*）	库氏硫微螺菌（*T. kuenenii*）	索足蛤硫微螺菌.（*T. thyasirae*）	海洋水弧菌（*Hydrogenovibrio marinus*）	脱氮硫单胞菌（*Sulfurimonas denitrificans*）
细胞形状	弧状	杆状	弧状	杆状	弧状	弧状	弧状	螺旋状
细胞宽度/μm	0.2～0.3	0.3～0.5	0.4～0.5	0.3～0.5	0.3～0.4	0.3	0.2～0.5	0.3
细胞长度/μm	1.0～2.0	0.8～2.0	1.5～3.0	1.0～2.7	1.0～2.5	0.8～1.2	1.0～2.0	多变
运动性	+	+	+	+	+	−	+	−
mol% G+C	45.7（44.0）[a]	49.9	44.2（42.0）[a]	39.6	42.4	45.6（52.0）[a]	44.1	36.0
主要泛醌	Q-8	Q-8	Q-8	Q-8	Q-8	Q-8	Q-8	ND
最大生长速率（硫代硫酸盐，最适生长条件下）/h^{-1}	0.30	0.40	0.80	0.45	0.35	0.07	0.60	0.06
最适生长 pH	7.0	7.0	7.5～8.0	6.5	6.0	7.5	6.5	7.0
生长 pH	5.6～9.0	5.3～8.5	5.0～8.5	4.2～8.5	4.0～7.5	7.0～8.4	ND	ND
最适生长温度/℃	28.0～30.0	32.0～37.0	28.0～32.0	32.0～35.0	29.0～33.5	35.0～40.0	37.0	22.0
生长温度/℃	3.5～42.0	3.5～42.0	4.0～38.5	3.5～39.0	3.5～42.0	10.0～45.0	ND	ND
Na^+需求	+	+	+	+	+	+	+	−
最适生长 Na^+浓度/(mmol/L)	470	470	ND	470	470	430	500	ND
生长 Na^+浓度范围/(mmol/L)	40～1240	100～1240	≥45	100～1240	100～640	250～3000	ND	ND
维生素 B_{12} 依赖	+	−	−	−	−	−	−	ND
在 pH 7.0 液体培养基中硫代硫酸盐形成 S^0	+	+	+	−	−	+	+	−
以 H_2 作为唯一电子供体	−	−	−	−	−	−	+	ND
严格好氧生长	+	+	+	+	+	+	+	−
反硝化作用	−	−	−	−	−	−	−	+
异养生长	−	−	−	−	−	−	−	ND

注：a. 括号中的值为原始数据，通过热变性测定

为电子受体。淡水中的菌株也可能利用存储在内部的 S^0 作为电子受体，在没有 O_2 的情况下短期存活。迄今所研究的菌株中，硫酸盐都不能作为厌氧生长的最终电子受体。化能有机营养（淡水中的菌株），兼性或持续性化能无机自养（海洋中的菌株）。H_2S 或硫代硫酸盐可能用作化能无机营养代谢的电子供体。直至目前全部被检测的淡水中的菌株都能将乙酸氧化为 CO_2。异养生长时，利用多种 C2、C3 和 C4 有机酸，以及有时它们对应的氨基酸作为唯一碳源和能源。虽然部分菌株可能需要维生素 B_{12}，但大多数菌株不需要生长因子。不水解明胶和淀粉。迄今全部被检测的淡水和海洋中的菌株都能固定 N_2。硝酸盐、亚硝酸盐和 NH_4^+、N_2 或某些氨基酸可能用作唯一氮源。氧化酶呈阳性。过氧化氢酶呈阴性。已知有淡水、江河口和海洋中的菌株。贝氏硫菌属菌株本质上是呈梯度分布的生物，生长在沉积物底层缺氧 H_2S 释放区与上层有氧区交界处的水平层中。能在 0～40℃下生长。虽然能在热泉的高温径流或海底热液口附近的垫层中发现某些贝氏硫菌属菌株，但至今未鉴定到严格嗜热的菌株。

DNA 的 G+C 含量（mol%）：35～39。

模式种：白色贝氏硫菌（*Beggiatoa alba*）；模式菌株的 16S rRNA 基因序列登录号：AF110274；模式菌株保藏编号：ATCC 33555。

该属 3 个亚群的鉴别特征见表 2-20。

表 2-20　贝氏硫菌属（*Beggiatoa*）3 个亚群的鉴别特征

特征	细的、异养的淡水菌株（包括白色贝氏硫菌[a]）	细的、严格或兼性自养的海洋菌株	宽的、自养且具有液泡的海洋菌株
典型丝状体直径/μm	1～5	1～7	10～200
硫化物氧化为 S^0	+	+	+
S^0 氧化为硫酸盐	−	+	+
S^0 还原为硫化物	+	?	?
异养生长	+	−	−
同化乙酸盐	+	+	?
乙酸盐氧化为 CO_2	+	?	?
自养生长	−	+	+
混合营养生长	?	−	−
以 RubisCo 固定 CO_2	w	+	+
中心大液泡	−	−	+
积累硝酸盐	−	−	+
硝酸盐还原	+	+	+
产生 N_2	+	?	+
产生 NH_3	+	?	?
固定 N_2	+	+	?
厌氧生长	−	−	+
微需氧	+	+	+
细胞色素 c	+	+	+
细胞色素 c 结合 CO	+	?	−

续表

特征	细的、异养的淡水菌株（包括白色贝氏硫菌[a]）	细的、严格或兼性自养的海洋菌株	宽的、自养且具有液泡的海洋菌株
生长于明显的垫层	+	+	+
光合反应	+	+	+/?
mol% G+C	35～39	ND	ND

注：RubisCo 表示核酮糖-1,5-双磷酸羧化酶/加氧酶；a. 白色贝氏硫菌 B18LD、B15LD、OH-75-2a 的 G+C 含量摩尔分数（mol%）分别为 37.1、35.5、38.5；? 表示存疑；w 表示弱阳性

19. 硫珍珠菌属（*Thiomargarita* Schulz et al. 1999）

细胞呈非常大的球状，通过共同的胶状黏液连成一串珍珠状。细胞不互相连接，这是与关系密切的丝状的辫硫菌属和贝氏硫菌属的主要区别。许多 S^0 内含物存在于薄薄的细胞质外层。储存硝酸盐的中心大液泡使细胞显得空洞。大多数细胞串呈直线状且通常具有 20～60 个细胞，但部分是分支或卷曲的。单个细胞和多于 100 个细胞的长串都有。不运动。革兰氏染色反应为阴性。耐氧。硫珍珠菌属可以自养或混合营养生长且具有 H_2S 氧化和硝酸盐还原代谢能力。

模式种（唯一种）：纳米比亚硫珍珠菌（*Thiomargarita namibiensis*）；模式菌株的 16S rRNA 基因序列登录号：AF129012。

20. 辫硫菌属（*Thioploca* Lauterborn 1907）

许多细胞构成柔韧、单列、无色的丝状体，裹着共同的胶状鞘壳。革兰氏染色反应为阴性。细胞碟状或圆柱状，在细胞质中通常有 S^0 内含物，并且明显被交叉状的壁分隔。储存硝酸盐的中心大液泡使海洋中大型的辫硫菌属菌种的细胞显得空洞。单个丝状体的直径一致，末端经常具有锥形的细胞。丝状体分为明显不同直径的类型，代表不同的菌种。丝状体在鞘壳内部表现为独立滑行运动，能出现在鞘壳的末端或断裂处，也可能在鞘壳外面。有趋化性，可能趋向硝酸盐但避开高浓度的 O_2 和 H_2S。辫硫菌属的鞘壳主要是垂直导向的，让丝状体在空间分离的电子供体（H_2S）和受体（硝酸盐或 O_2）之间运动。鞘壳包围着数根丝状体是辫硫菌属区别于关系相近的贝氏硫菌属的主要特征。没有纯培养。海洋中大型的辫硫菌属菌种有自养或混合营养型，具有 H_2S 氧化且硝酸盐还原代谢能力。根据 16S rRNA，辫硫菌属是 γ-变形菌纲的成员，是与贝氏硫菌属和硫珍珠菌属关系最近的属。

模式种：施氏辫硫菌（*Thioploca schmidlei*）。

该属常见种的鉴别特征见表 2-21。

表 2-21 辫硫菌属（*Thioploca*）常见种的鉴别特征

特征	施氏辫硫菌（*T. schmidlei*）	阿劳科辫硫菌（*T. araucae*）	智利辫硫菌（*T. chileae*）	英格利辫硫菌（*T. ingrica*）	海洋辫硫菌（*T. marina*）	最小辫硫菌（*T. minima*）
细胞大小/μm	5.0～9.0	30.0～43.0	12.0～20.0	2.0～4.5	2.5～5.0	0.8～1.5
淡水	+	−	−	+	−	+
海洋	−	+	+	−	+	−

21. 硫发菌属［*Thiothrix* Winogradsky 1888 (Approved Lists 1980) emend. Howarth et al. 1999］

细胞杆状，直径 0.7～2.6μm，长度 0.7～5.0μm，以多细胞丝状体形式存在。丝状体的末端产生可滑动的胞质体。革兰氏染色反应为阴性或可变。无鞭毛，但胞质体末端可能具有簇状纤毛。并不是所有的种都会在丝状体外产生聚合多糖外鞘。胞质体末端可能产生玫瑰花结和基座，但不是所有种都产生。好氧或微需氧。最适生长温度为 15～30℃，最高生长温度为 32～37℃，最低生长温度为 4～10℃。生长 pH 为 6.0～8.5。已经分离到兼性自养、混合营养和异养生长的菌株；兼性自养和混合营养的菌株可利用小分子有机物作为底物；某些菌株特别是异养的菌株也可利用多种糖类。细胞利用还原性无机含硫化合物生长时，在细胞质膜的内陷中沉积 S^0 形成硫球。某些种需要还原性无机含硫化合物。该属出现在含 H_2S 的流动水体以及含活性污泥的废水处理系统中。

DNA 的 G+C 含量（mol%）：44.0～52.0。

模式种：雪白硫发菌（*Thiothrix nivea*）；模式菌株的 16S rRNA 基因序列登录号：M79437；模式菌株保藏编号：ATCC 35100=DSM 5205。

该属常见种的鉴别特征见表 2-22。

表 2-22　硫发菌属（*Thiothrix*）常见种的鉴别特征

特征	湖泊硫发菌（*T. lacustris*）	热泉硫发菌（*T. caldifontis*）	食果糖硫发菌（*T. fructosivorans*）	恩氏硫发菌（*T. unzii*）	雪白硫发菌（*T. nivea*）	易弯硫发菌（*T. flexilis*）	碟形硫发菌（*T. disciformis*）	艾氏硫发菌（*T. eikelboomii*）
鞘壳	+	+	+	−	+	−	−	−
硝酸盐还原	+	+	+	+	+	+	−	+
过氧化氢酶	−	−	+/−	−	−	+	+	+
同化 N_2	−	+	−	ND	+	ND	ND	ND
碳源利用								
苹果酸	−	−	+	+	+	ND	ND	+
延胡索酸	+	+	+	+	−	ND	ND	+
2-酮戊二酸	+	−	−	−	ND	ND	ND	+
甲酸	−	−	+	+	−	−	−	−
乳酸	+	+	+	+	−	+	−	+
蔗糖	−	−	+	−	−	+	+	+
麦芽糖	−	−	−	−	−	+	+	+
天冬氨酸	+	+	−	−	−	+	+	ND
谷氨酸	+	−	−	−	−	+	+	+
半胱氨酸	+	−	−	−	ND	ND	ND	−
亮氨酸	−	+	−	−	ND	ND	ND	−
mol% G+C	51.4	52.0	51.5	ND	52.0	44.0～44.4	43.9～44.7	44.1～46.1

第三节 铁氧化细菌

铁氧化细菌（Fe-oxidizing bacteria）可利用 Fe^{2+}作为电子供体进行无机营养生长，在淡水和海洋中都有分布。由于 Fe^{2+}在近中性条件下容易发生非生物氧化，且 Fe^{2+}氧化所提供的能量少，严格的铁氧化细菌通常需要水体中有持续的 Fe^{2+}供应和溶解氧补充，如存在于有 Fe^{2+}渗出或溶出的地表径流、湿地及植物根围、地下水、热泉和海底热液口等环境（Emerson and Weiss，2004；Edwards et al.，2004），富集在沉积物中或形成垫层。

锈色嘉利翁氏菌是较早被发现和研究的铁氧化细菌，生长在淡水中，缺氧且富含 Fe^{2+}的水体与含氧环境的交汇处，微需氧，在近中性条件下氧化 Fe^{2+}，O_2 作为电子受体。适应相似环境的铁氧化细菌还有铁氧化菌属（*Sideroxydans*）和噬铁菌属（*Ferritrophicum*），通常以 Fe^{2+}作为唯一能源，自养生长。此外，铁氧化深海菌（*Mariprofundus ferrooxydans*）分离自海底热液口沉积物，同样微需氧且嗜中性，以 Fe^{2+}作为唯一能源。赭色纤发菌（*Leptothrix ochracea*）和浮游球衣菌（*Sphaerotilus natans*）也被认为是铁氧化细菌（Emerson et al.，2010），胞外形成管鞘，管鞘上可镶嵌或覆盖氧化铁沉淀（van Veen et al.，1978），可利用多种有机物进行异养生长（Spring et al.，1996），并不一定需要 Fe^{2+}提供能量。

硫化芽孢杆菌属不仅利用还原性无机含硫化合物和硫化矿物，还可利用 Fe^{2+}混合营养生长；酸硫杆菌属中多个种还能利用 Fe^{2+}（Nuñez et al.，2017）；索金酸盐杆菌（*Acidihalobacter prosperus*）利用 Fe^{2+}时生长缓慢。这些菌株已经在本章第二节无色硫细菌中作了介绍。另外，除了还原性无机含硫化合物、H_2 或小分子有机物，某些光合细菌可利用 Fe^{2+}作为电子供体（Ehrenreich and Widdel，1994），如属于紫色非硫细菌的沼泽红假单胞菌（Jiao and Newman，2007）。脂环酸芽孢杆菌属种类多样且适应多种环境，其中 2 个种可混合营养生长，利用 Fe^{2+}、S^0 和硫化矿物。另外，酸微菌科中的铁微菌属和铁线菌属虽然可以氧化 Fe^{2+}、还原 Fe^{3+}，但严格异养。泉古菌门中的硫化叶菌属和生金球菌属嗜酸热且严格好氧，兼性化能无机自养时利用 S^0 和硫化矿物等。有研究证明，金属硫化叶菌（*Sulfolobus metallicus*）、东京理工学院硫化叶菌、勤奋生金球菌（*Metallosphaera sedula*）和黄石生金球菌（*Metallosphaera yellowstonensis*）等具有参与铁氧化的基因簇（Bathe and Norris，2007；Auernik and Kelly，2008；Kozubal et al.，2011），自养生长时还能氧化 Fe^{2+}；同为嗜酸热古菌的酸两面菌属兼性厌氧，多个种可氧化 Fe^{2+}，兼性自养生长。在近中性条件下生长的铁氧化细菌通常都嗜温。和平铁古球菌超嗜热，但严格厌氧，在中性条件下可氧化 Fe^{2+}并还原硝酸盐，严格无机营养。这些属将在第十一章第三节进行介绍，图 2-3 为基于 16S rRNA 基因序列同源性构建的铁氧化菌系统发育树。

铁氧化细菌不仅参与铁循环和碳循环，还参与氮循环。有机异养的细菌消耗水体中的溶解氧并代谢有机物；铁还原细菌在缺氧条件下将 Fe^{3+}还原为 Fe^{2+}；当溶氧量增加，铁氧化细菌可利用水体中的 Fe^{2+}自养生长；在缺氧条件下，某些铁氧化细菌可利用硝酸盐作为电子受体氧化 Fe^{2+}（Straub et al.，2004）。亚铁氧化酸硫杆菌、钩端螺菌属和亚铁原体属等铁氧化菌嗜酸且好氧或兼性厌氧，可在酸性条件下氧化 Fe^{2+}并获取生长所需的能量，促进酸性矿山排水的形成（Schrenk et al.，1998；Edwards et al.，2000；Baker and Banfield，2003）；铁氧化细菌还会促进铁质水管和其他设施的腐蚀，造成巨大的经济损失和资源浪费。另外，铁氧化细菌具有重要的工业应用价值，许多铁氧化细菌存在于微生物浸矿反应池中（Bosecker，1997；Olson et al.，2003；Rohwerder et al.，2003），是浸出金属离子的主要细菌类型之一。

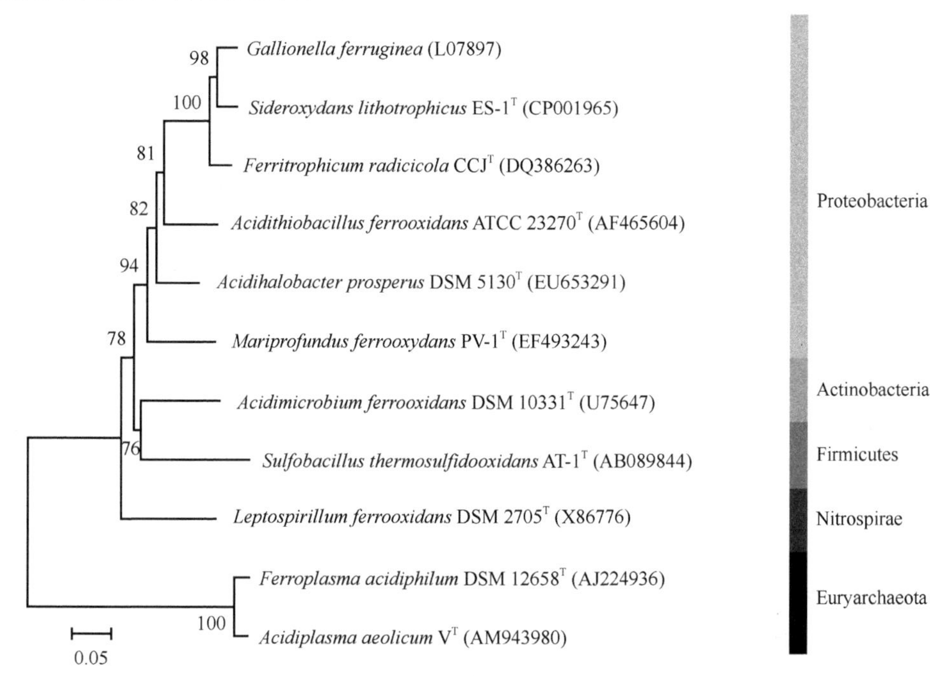

图 2-3 基于 16S rRNA 基因序列同源性构建的铁氧化菌系统发育树

选取本章常见的铁氧化细菌的常见属模式种和两种铁氧化古菌的 16S rRNA 基因序列，采用邻接法构建。括号内编号是序列在 NCBI 的登录号，比例尺代表 5% 的序列差异

1. 酸微菌属（*Acidimicrobium* Clark and Norris 1996）

细胞小、杆状，可能形成不同长度的丝状体。耐热或中度嗜热，嗜酸。最适生长温度为 45～50℃，最适生长 pH 约为 2。在含酵母提取物的培养基中异养生长，此时细胞可运动。Fe^{2+}存在时自养生长。在好氧条件下利用 Fe^{2+}和酵母提取物生长最快。该属被发现于温暖、酸性、富含硫化矿物的环境中。

DNA 的 G+C 含量（mol%）：67～68（T_m 和 HPLC）。

模式种（唯一种）：铁氧化酸微菌（*Acidimicrobium ferrooxidans*）；模式菌株的 16S rRNA 基因序列登录号：U75647；基因组序列登录号：CP001631；模式菌株保藏编号：DSM 10331=NBRC 103882。

该属与同科其他嗜酸铁氧化细菌的特征见表 2-23。

表 2-23 酸微菌属（*Acidimicrobium*）与同科其他嗜酸铁氧化细菌的鉴别特征

特征	铁氧化酸微菌（*Acidimicrobium ferrooxidans*）	嗜酸铁微菌（*Ferrimicrobium acidiphilum*）	耐高温铁线菌（*Ferrithrix thermotolerans*）
mol% G+C	68	55	50

续表

特征	铁氧化酸微菌（*Acidimicrobium ferrooxidans*）	嗜酸铁微菌（*Ferrimicrobium acidiphilum*）	耐高温铁线菌（*Ferrithrix thermotolerans*）
16S rRNA 基因序列相似性/%	100	93	91
运动性	+	+	−
生长温度/℃	48/57	35/37	43/50
自养生长	+	−	−

注：表中“生长温度”包括最适生长温度/最高生长温度

2. 钩端螺菌属［*Leptospirillum* (ex Markosyan 1972) Hippe 2000］

细胞小（0.9～3.5μm）、弧状或螺旋状。革兰氏染色反应为阴性。在多数情况下，通过一根极生鞭毛运动。无休眠期。严格化能无机营养生长，以 Fe^{2+}（或含 Fe^{2+} 的硫化矿物，如黄铁矿）作为唯一能源，通过卡尔文循环固定 CO_2。严格好氧和嗜酸；最适生长 pH 通常为 1.3～2.0。嗜温或中度嗜热。钩端螺菌属在硝化螺菌门内形成一个明显的分支（Ehrich et al.，1995）。广泛分布于自然和工业环境中，促进硫化矿石的氧化，形成酸性的、富含金属元素的生态系统。

DNA 的 G+C 含量（mol%）：51～58。

模式种：氧化铁钩端螺菌（*Leptospirillum ferrooxidans*）；模式菌株的 16S rRNA 基因序列登录号：X86776；模式菌株保藏编号：ATCC 29047=DSM 2705。

该属与嗜酸的铁氧化细菌的种间鉴别特征见表 2-24。

表 2-24　钩端螺菌属（*Leptospirillum*）与嗜酸的铁氧化细菌的种间鉴别特征

特征	氧化铁钩端螺菌（*L. ferrooxidans*）	热铁氧化钩端螺菌（*L. thermoferrooxidans*）	嗜铁钩端螺菌（*L. ferriphilum*）	亚铁氧化酸硫杆菌（*Acidithiobacillus ferrooxidans*）	索金酸盐杆菌（*Acidihalobacter prosperus*）	嗜酸铁微菌（*Ferrimicrobium acidiphilum*）	热硫氧化硫化芽孢杆菌（*Sulfobacillus thermosulfidooxidans*）	铁氧化酸微菌（*Acidimicrobium ferrooxidans*）
细胞形态	弧状/螺旋状	弧状/螺旋状	弧状/螺旋状	杆状	杆状	杆状	杆状	杆状
细胞长度/μm	0.9～1.1	1.5～2.0	0.9～3.5	1.0～2.0	3.0～4.0	1.0～3.0	1.0～6.0	1.0～1.5
芽孢	−	−	+	−	−	−	+	−
运动性	+	+	+	(+)	+	+	(+)	+
S^0 氧化	−	−	−	+	+	−	+	−
利用酵母提取物	−	−	ND	−	−	+	+	+
50℃生长	−	+	−	−	−	−	+	+
mol% G+C（T_m）	51～56	56	55～58	58～59	64	55	47	67～68

3. 嘉利翁氏菌属（*Gallionella* Ehrenberg 1838）

细胞呈弯曲杆状或豆状，通常为 0.5～0.8μm×1.6～2.5μm，在凹面分泌并形成胞外丝茎，宽 0.3～0.5μm 且长达 400μm 或更长。丝茎由大量 2nm 宽的纤维组成，产自微氧条件下生长至对数后期或稳定期的细胞。以一根极生鞭毛运动。革兰氏染色反应为阴性。微需氧；在试管中利用 O_2 和 Fe^{2+} 呈浓度梯度变化的盐培养基能进行化能无机营养生长，以 CO_2 作为唯一碳源。已用葡萄糖、果糖和蔗糖证明混合营养代谢。该属被发现于缺氧且含 Fe^{2+} 的地下水与含氧环境的交汇处，属于 β-变形菌纲嘉利翁氏菌科。

DNA 的 G+C 含量（mol%）：51.0～54.6（Bd）。

模式种（唯一种）：锈色嘉利翁氏菌（*Gallionella ferruginea*）。

锈色嘉利翁氏菌与其他微需氧嗜中性的铁氧化细菌的种间鉴别特征见表 2-25。

表 2-25 锈色嘉利翁氏菌与其他微需氧嗜中性的铁氧化细菌的种间鉴别特征

特征	锈色嘉利翁氏菌（*G. ferruginea*）	栖湿地铁氧化菌（*Sideroxydans paludicola*）	噬岩石铁氧化菌（*Sideroxydans lithotrophicus*）	栖根噬铁菌（*Ferritrophicum radicicola*）	铁氧化深海菌（*Mariprofundus ferrooxydans*）
样品来源	地下水	根围	地下水	根围	热液口
细胞形态	弯曲杆状/豆状	螺杆状	螺杆状	直杆状	曲杆状
细胞直径/μm	0.50～0.80	0.42	0.32	0.89	0.30～0.60
Fe^{2+}	+	+	+	+	+
硫代硫酸盐	−	−	+	−	−
其他无机物	−	−	−	−	−
有机物	+	−	−	−	−
倍增时间/h	10.0	15.8	8.0	10.7	12.0
生长温度/℃	5～25	19～37	10～35	19～37	5～30
最适生长温度/℃	20	ND	30	ND	30
生长 pH	5.0～6.5	4.5～7.0	5.5～7.0	4.5～7.0	5.5～7.2
最适生长 pH	ND	6.0～6.5	6.0～6.5	ND	6.2～6.5
mol% G+C	51.0～54.6	63.4	57.5	59.0	54.0

注：铁氧化菌属（*Sideroxydans*）和噬铁菌属（*Ferritrophicum*）目前均为无效发表

第四节 硫酸盐还原细菌

硫酸盐还原细菌（sulfate-reducing bacteria）以硫酸盐作为电子传递链的最终电子受体，通过氧化小分子有机物和 H_2 获得生长所需的能量，产生 H_2S，即异化型硫酸盐还原，或称为硫酸盐呼吸；通常严格厌氧，某些种耐氧或可还原 O_2（Cypionka，2000）。多数硫酸盐还原细菌还可利用亚硫酸盐和硫代硫酸盐作为电子受体；少数种可利用 S^0 和硝酸盐作为电子受体。

硫酸盐还原细菌包括数十个属，主要属于变形菌门 δ-变形菌纲，少数属于厚壁菌门，如脱硫肠状菌属（*Desulfotomaculum*）、脱硫弯曲孢菌属（*Desulfosporosinus*）等可形成芽孢的革兰氏阳性细菌，以及革兰氏阴性细菌生五热脱硫菌（*Thermodesulfobium narugense*），包括嗜冷和嗜热菌株；硝化螺菌门中的热脱硫弧菌属（*Thermodesulfovibrio*）

和热脱硫杆菌门中的热脱硫杆菌属（*Thermodesulfobacterium*）也属于硫酸盐还原细菌，且都嗜热。广泛分布于缺氧的水体及沉积物中，包括淡水、海洋和盐碱环境；另外，在污染的水体中也存在丰富的硫酸盐还原细菌，基于 16S rRNA 基因序列同源性构建的硫酸盐还原细菌系统发育树见图 2-4。异化型硫酸盐还原途径可还原大量的硫酸盐，产生

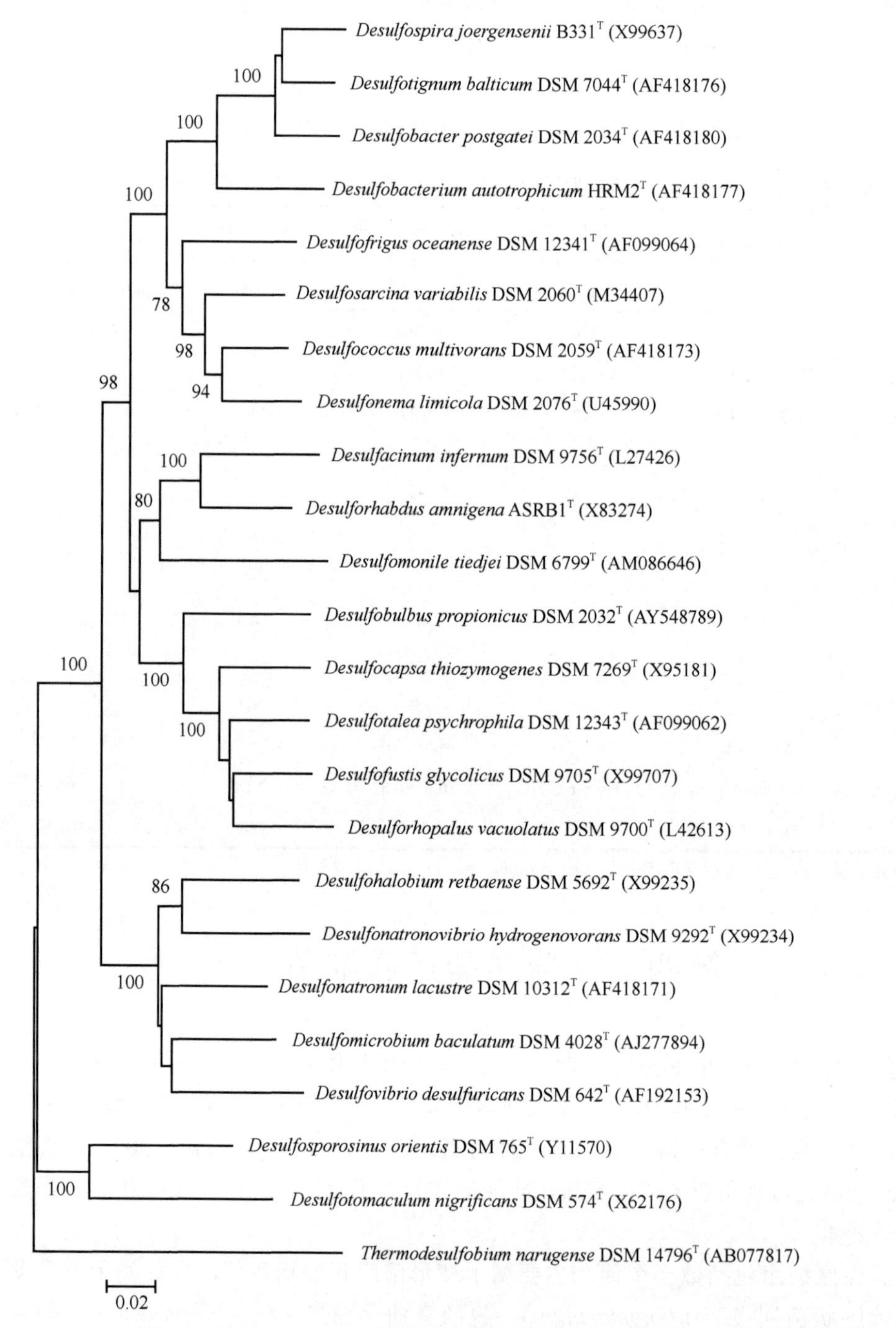

图 2-4 基于 16S rRNA 基因序列同源性构建的硫酸盐还原细菌系统发育树

选取本章常见属模式种的 16S rRNA 基因序列，采用邻接法构建。括号内编号是序列在 NCBI 的登录号，比例尺代表 2% 的序列差异

大量的 H_2S，散发难闻气味；而同化型硫酸盐还原途径通常只还原少量的硫酸盐，用于合成半胱氨酸等含硫有机物。古生球菌属和高温分枝菌属等古菌也具有异化型硫酸盐还原能力，分离自热泉和深海热液口等极端环境，将在第十一章第四节进行介绍。

硫酸盐还原细菌可利用 H_2 和各种小分子有机物，如甲醇、乙醇、乙酸、丙酸、丙酮酸、乳酸、琥珀酸、延胡索酸、苹果酸、甘氨酸、丙氨酸、果糖、葡萄糖、单羧酸、双羧酸等作为电子供体；当不完全氧化有机物时，产生乙酸或同时产生 CO_2，完全氧化则产生 CO_2。在缺氧条件下，硫酸盐还原细菌甚至可利用芳香族化合物和烃类（Rueter et al.，1994；Harms et al.，1999）。硫酸盐还原细菌通常以硫酸盐、亚硫酸盐或硫代硫酸盐作为电子受体；S^0 可抑制部分菌株的生长；只有少数菌株可利用 S^0（Biebl and Pfennig，1977）；利用硝酸盐和亚硝酸盐时，产生 NH_4^+（Moura et al.，1997）。某些硫酸盐还原细菌，如硫发酵脱硫盒菌（*Desulfocapsa thiozymogenes*）具有独特的亚硫酸、硫代硫酸盐或 S^0 歧化代谢途径，且能以此生长，产生硫酸和 H_2S（Janssen et al.，1996）。除了无机底物，许多硫酸盐还原细菌还可利用延胡索酸作为电子受体，生成琥珀酸；某些来源于海洋样品的菌株能利用二甲基亚砜（DMSO）作为电子受体生长，而淡水菌株则不能（Jonkers et al.，1996）。另外，部分硫酸盐还原细菌可还原 Fe^{3+}、U^{4+}、Cr^{4+} 等重金属元素，但产生的能量通常不能满足生长所需（Lovley et al.，1993；Lovley and Phillips，1994）；其后有研究发现还原性脱硫肠状菌（*Desulfotomaculum reducens*）可利用 U^{4+} 作为单一电子受体生长（Tebo and Obraztsova，1998）。

硫酸盐还原细菌促进硫元素和碳元素的生物地球化学循环（Barton and Fauque，2009）。还原硫酸盐产生的 H_2S 可被无色硫细菌和光合细菌利用；在厌氧条件下，硫酸盐还原细菌可参与甲烷氧化和利用大量的有机底物，特别是在海底沉积物中，有机碳的矿化主要归因于硫酸盐还原作用（Jørgensen，1982）。同时，硫酸盐还原细菌在有机污染物和重金属污染环境的生物修复中具有重要的应用价值。基于非特异的金属还原酶，可用硫酸盐还原细菌回收废液中的贵金属。另外，其在生物腐蚀中的作用也不可忽视。

1. 脱硫弯曲孢菌属（*Desulfosporosinus* Stackebrandt et al. 1997 emend. Vatsurina et al. 2008）

细胞杆状，具有多层细胞壁结构。端生芽孢，卵圆形，近末端到末端，导致菌体轻微膨胀。通过端生鞭毛或周生鞭毛运动或不能运动。革兰氏染色反应为阴性。严格厌氧。不含脱硫绿胺霉素、细胞色素 c_3，含有重亚硫酸还原酶 P582。当乳酸存在时，硫酸和硫代硫酸盐被还原为硫化物；当乙酸或果糖存在时则不能。有机化合物被不完全氧化为乙酸。发酵末端产物是乙酸。H_2 和硫酸存在时可进行无机自养生长。肽聚糖的特征二氨基酸是 L-二氨基庚二酸。主要甲基萘醌为 MK-7。主要脂肪酸是偶数的、饱和及不饱和脂肪酸；含有大量 1,1-二甲基乙缩醛。属于革兰氏阳性细菌的芽孢梭菌亚门。

DNA 的 G+C 含量（mol%）：41.6～45.9。

模式种：东方脱硫弯曲孢菌（*Desulfosporosinus orientis*）；模式菌株的 16S rRNA 基因序列登录号：M34417；基因组序列登录号：CP003108；模式菌株保藏编号：ATCC 19365=DSM 765。

该属常见种的鉴别特征见表 2-26。

表 2-26　脱硫弯曲孢菌属（*Desulfosporosinus*）常见种的鉴别特征

特征	东方脱硫弯曲孢菌（*D. orientis*）	金色脱硫弯曲孢菌（*D. auripigmenti*）	南半球脱硫弯曲孢菌（*D. meridiei*）	希氏脱硫弯曲孢菌（*D. hippie*）
细胞形态	弯曲的杆状	弯曲的杆状	弯曲的杆状	弯曲的杆状
细胞大小/μm	0.7～1.0×3.0～5.0	0.4×2.5	0.7～1.1×2.3～4.2	1.0～1.2×4.5～5.5
孢子形态	椭圆形	椭圆形	椭圆形	球形
孢子部位	近末端至末端	近末端至末端	近末端	末端
运动性	+	−	+	+
鞭毛	周生	−	单侧生	NR
最适生长 pH	～7.0	6.4～7.0	～7.0	～7.0
最适生长 NaCl 浓度/%	NR	NR	NR	0～0.1
生长 NaCl 浓度/%	＜5.0	NR	＜4.0	＜2.0
最适生长温度/℃	37	25～30	28	28
生长温度/℃	30～42	NR	10～37	NR

2. 脱硫肠状菌属（*Desulfotomaculum* Campbell and Postgate 1965）

细胞呈直或弯曲的杆状，大小为 0.3～2.5μm×2.5～15.0μm，圆或尖状末端。单个或成对出现。芽孢椭圆形或圆形，处于菌体中部至末端，导致菌体膨大。革兰氏染色反应为阳性，经常只能通过电子显微镜检测到。细胞通过单根极生或周生菌毛运动，但运动性可能在培养期间丢失。严格厌氧的呼吸型代谢。化能有机异养或化能自养生长。简单的有机化合物可作为电子供体和碳源被完全氧化为 CO_2 或被不完全氧化为乙酸。有些种可利用 H_2 自养生长且 CO_2 作为唯一碳源。一个种可仅利用 CO 生长。通常，硫酸、亚硫酸和硫代硫酸盐作为电子受体被还原为 H_2S。S^0 和硝酸盐不能被用作电子受体。有些种可以发酵生长。不含脱硫绿胺霉素。主要的甲基萘醌为 MK-7。可在以硫化物为还原剂的简单明确成分的培养基中生长。有些种需添加维生素或酵母提取物。有些种可固氮。嗜常温种的最适生长温度为 30～37℃，嗜热种的最适生长温度为 50～65℃。最适生长 pH 为 6.5～7.5。一些种中发现一氧化碳脱氢酶活性。该属的种常出现在厌氧淡水、含盐成分或海水沉积物中。

DNA 的 G+C 含量（mol%）：37.1～56.3。

模式种：致黑脱硫肠状菌（*Desulfotomaculum nigrificans*）；模式菌株的 16S rRNA 基因序列登录号：X62176；基因组序列登录号：AEVP02000000；模式菌株保藏编号：ATCC 19998=DSM 574=NBRC 13698。

该属常见种的鉴别特征见表 2-27。

3. 热脱硫菌属（*Thermodesulfobium* Mori et al. 2004）

细胞杆状，大小为 0.5μm×2.0～4.0μm。革兰氏染色反应为阴性。不能运动。不形成内生孢子。严格厌氧。微嗜热，生长温度为 37～65℃，最适生长温度为 50～55℃。生长 pH 为 4.0～6.5。NaCl 浓度超过 1%（*w*/*v*）时不生长。化能自养。可利用 H_2/CO_2 或甲

表 2-27 脱硫肠状菌属（*Desulfotomaculum*）常见种的鉴别特征

特征	食一氧化碳脱硫肠状菌（*D. carboxydivorans*）	致黑脱硫肠状菌（*D. nigrificans*）	气浮游脱硫肠状菌（*D. aeronauticum*）	井脱硫肠状菌（*D. putei*）	瘤胃脱硫肠状菌（*D. ruminis*）	乙酸氧化脱硫肠状菌（*D. acetoxidans*）
生长温度/℃	30～68	30～70	20～42	22～65	NR	20～40
发酵生长						
果糖	+	+	NR	+	−	NR
葡萄糖	+	+	NR	−	−	NR
乳酸盐	+	−	−	−	+	−
丙酮酸盐	+	+	+	+	+	−
电子供体						
乙酸盐	−	−	−	−	−	+
丙氨酸	+	+	w	NR	+	NR
乙醇	+	+	w	+	+	+
果糖	+	+	−	+	−	−
H_2	+	+	+	+	+	−
乳酸盐	+	+	+	+	+	−
甲醇	−	−	NR	w	−	NR
丙酮酸盐	+	+	+	+	+	−
电子受体						
Na_2SO_4	+	+	+	+	+	+
Na_2SO_3	+	+	+	+	+	−
$Na_2S_2O_3$	+	+	+	+	+	−
S^0	−	+	w	−	−	−
mol% G+C	46.9	49.9	43.8	47.1	48.5～49.9	37.5

酸厌氧呼吸生长，以硫酸、硫代硫酸盐、硝酸盐、亚硝酸盐作为电子受体。主要的脂肪酸为 $C_{16:0}$。主要的醌类为 MK-7(H_2) 和 MK-7。

DNA 的 G+C 含量（mol%）：35。

模式种：生五热脱硫菌（*Thermodesulfobium narugense*）；模式菌株的 16S rRNA 基因序列登录号：AB077817；模式菌株保藏编号：DSM 14796=JCM 11510=NBRC 100082。

该属及其他硫还原微生物的鉴别特征见表 2-28。

4. 脱硫杆状菌属（*Desulfobacter* Widdel 1980）

细胞椭圆形至杆状或轻微弯曲至弧状，大小为 0.5～2.5μm×1.5～8.0μm，单个或成对出现。不形成内生孢子。革兰氏染色反应为阴性。通过单根极生鞭毛运动或不可运动，运动性可在培养过程中丢失。严格厌氧的呼吸代谢类型。化能有机异养或化能自养生长。乙酸为其偏爱的电子供体和碳源，被完全氧化为 CO_2。一些种可利用乙醇，少部分种可利用 H_2/CO_2 或丙酮酸，如嗜水脱硫杆状菌（*Desulfobacter hydrogenophilus*）可利

表 2-28 热脱硫菌属与其他硫还原微生物的鉴别特征

特征	热脱硫菌属（*Thermodesulfobium*，Firmicutes）（厚壁菌门）	古生球菌属（*Archaeoglobus*，Euryarchaeota）（广古菌门）	高温分枝菌属（*Caldivirga*，Crenarchaeota）（泉古菌门）	脱硫肠状菌属及相近属（*Desulfotomaculum* and relatives，Firmicutes）（厚壁菌门）	脱硫弧菌属及相近属（*Desulfovibrio* and relatives，Deltaproteobacteria）（δ-变形菌纲）	热脱硫杆菌属（*Thermodesulfobacterium*，Thermodesulfobacteria）（热脱硫杆菌纲）	热脱硫弧菌属（*Thermodesulfovibrio*，Nitrospirae）（硝化螺菌门）
最适生长温度/℃	50～55	82～85	85	20～68	10～38	70～75	65
化能自养生长	+	D	−	D	D	−	−
还原硝酸	+	−	+	−	D	−	D
孢子	−	−	−	+	−	−	−
mol% G+C	35	41～46	28	38～57	34～69	28～40	30，38

用 H_2 并以 CO_2 为唯一碳源进行生长。硫酸盐、亚硫酸盐和硫代硫酸盐可作为最终电子受体被还原为 H_2S。S^0 和硝酸不能被用作最终电子受体。不可进行发酵生长。未发现含有脱硫绿胺霉素，部分种含有脱硫玉红啶（desulforubidin）。主要的甲基萘醌是 MK-7。可在简单培养基中生长，亚硫酸为还原剂。大部分种需要维生素。许多种可固氮（N_2）。培养基中添加＞7g/L NaCl 和＞1g/L $MgCl_2$ 可促进生长或为生长所必需。最适生长温度为 28～34℃。还未发现嗜热种。最适生长 pH 为 6.5～7.4。未发现一氧化碳脱氢酶活性。在嗜水脱硫杆状菌中，一个被修饰的三羧酸循环可以 H_2 作为电子受体氧化乙酰辅酶 A 及固定 CO_2。该属的种常出现在厌氧含盐或海水沉积物中，有些种会出现在厌氧淡水沉积物或活性污泥中。

DNA 的 G+C 含量（mol%）：45～49。

模式种：波氏脱硫杆状菌（*Desulfobacter postgatei*）；模式菌株的 16S rRNA 基因序列登录号：AF418180；模式菌株保藏编号：ATCC 33911=DSM 2034。

该属常见种的鉴别特征见表 2-29。

5. 脱硫杆菌属（*Desulfobacterium* Bak and Widdel 1988）

细胞椭圆形至杆状，或球状，大小为 0.9～2.0μm×1.5～3.0μm，单独或成对存在，或排列为松散的长链。不形成孢子。革兰氏染色反应为阴性。有些种可以运动，但是培养过程中可能会失去运动性。严格厌氧的呼吸和发酵代谢类型。化能有机异养或化能自养生长，能利用甲酸、丁酸、高级脂肪酸、其他有机酸、醇、H_2+CO_2 作为电子供体和碳源，这些化合物被完全氧化为 CO_2。一个种可以利用烟酸作为唯一的电子供体和碳源。利用乙酸和丙酸生长很慢。硫酸和其他氧化性含硫化合物作为最终电子受体并被还原为 H_2S。硫和硝酸不能用作最终电子受体。一些种利用乳酸、丙酮酸、苹果酸和富马酸进行发酵且不存在外部电子受体时生长缓慢。最适生长温度为 20～30℃。需要缺氧培养基（含硫化合物作为还原剂）和维生素。该属的种需要含 NaCl 和 $MgCl_2$ 的咸水或海水。含细胞

表 2-29　脱硫杆状菌属（*Desulfobacter*）常见种的鉴别特征

特征	波氏脱硫杆状菌（*D. postgatei*）	弯曲脱硫杆状菌（*D. curvatus*）	耐盐脱硫杆状菌（*D. halotolerans*）	嗜水脱硫杆状菌（*D. hydrogenophilus*）	广阔脱硫杆状菌（*D. latus*）	弧形脱硫杆状菌（*D. vibrioformis*）
细胞形态	椭圆形	弧状	杆状	杆状	椭圆形	弧状
细胞大小/μm	1.0～1.5×1.7～2.5	0.5～1.0×1.7～3.5	0.8～1.2×3.0～5.0	1.0～1.3×2.0～3.0	1.6～2.4×5.0～7.0	1.9～2.3×4.5～8.0
运动性	v	+	+	–	v	+
mol% G+C	46	46	49	45	44（48）	47
亚硫酸还原酶	DR	nr	nr	nr	nr	DR
主要甲基萘醌	MK-7	MK-7(H_2)	nr	MK-7(H_2)	MK-7	nr
最适生长温度/℃	28～32	28～30	32～34	28～30	28～32	33
氧化底物	C	C	C	C	C	C
用作电子供体及碳源的化合物						
H_2/CO_2	–	（+）	–	+	–	–
甲酸	–	–	nr	–	–	–
乙酸	+	+	+	+	+	+
脂肪酸	–	–	–	–	–	–
异丁酸乙酯	–	–	–	–	–	nr
2-甲基丁酸甲酯	–	–	nr	–	–	nr
3-甲基丁酸甲酯	–	–	nr	–	–	nr
乙醇	–	+	+	–	–	–
乳酸	–	–	–	–	–	–

续表

特征	波氏脱硫杆状菌（*D. postgatei*）	弯曲脱硫杆状菌（*D. curvatus*）	耐盐脱硫杆状菌（*D. halotolerans*）	嗜水脱硫杆状菌（*D. hydrogenophilus*）	广阔脱硫杆状菌（*D. latus*）	弧形脱硫杆状菌（*D. vibrioformis*）
丙酮酸	−	+	(+)	+	−	−
富马酸	−	−	−	−	−	−
琥珀酸	−	nr	−	nr	nr	−
苹果酸	−	−	−	−	−	−
苯甲酸	−	−	−	−	−	−
发酵生长	−	−	−	−	−	−
电子受体						
硫酸	+	+	+	+	+	+
亚硫酸	+	+	+	+	−	+
S^0	−	−	−	−	−	nr
硫代硫酸盐	+	+	+	+	−	+
硝酸盐	−	nr	−	nr	nr	nr
生长因子	bi，pa	bi	bi，pa	bi，pa	bi，th	−
生长 NaCl 浓度/(g/L)	7	10	5	20	20	10

注：C 表示完全；DR 表示脱硫玉红啶（desulforubidin）；bi 表示生物素（biotin）；pa 表示对氨基苯甲酸酯（*p*-aminobenzoate）；th 表示硫胺素（thiamine）。下同

色素 b 和细胞色素 c。通常具有一氧化碳脱氢酶活性，表明在自养生长时，存在完全氧化乙酰辅酶 A 或固定 CO_2 的厌氧 C_1 途径（一氧化碳脱氢酶途径，Wood 途径）。广泛存在于咸水或海洋沉积物中，淡水栖息地较少出现。

DNA 的 G+C 含量（mol%）：45～48。

模式种：自养脱硫杆菌（*Desulfobacterium autotrophicum*）；模式菌株的 16S rRNA 基因序列登录号：AF418177；基因组序列登录号：CP001088；模式菌株保藏编号：ATCC 43914=DSM 3382。

该属常见种的鉴别特征见表 2-30。

表 2-30　脱硫杆菌属（*Desulfobacterium*）常见种的鉴别特征

特征	自养脱硫杆菌（*D. autotrophicum*）	烟酸脱硫杆菌（*D. niacini*）	液泡脱硫杆菌（*D. vacuolatum*）
细胞形态	椭圆形	椭圆形至不规则	椭圆形或杆状
细胞大小/μm	0.9～1.3×1.5～3.0	1.5～3.0	1.5～2.0×2.0～2.5
运动性	+	+	−
mol% G+C	48	46	45
亚硫酸还原	nr	nr	nr
主要甲基萘醌	MK-7(H_2)	MK-7	MK-7(H_2)
最适生长温度/℃	20～26	29	25～30
氧化底物	C	C	C
碳源利用/电子供体			
H_2/CO_2	+	+	+
甲酸	+	+	+
乙酸	(+)	(+)	(+)
脂肪酸碳原子	(C_3)～C_{16}	(C_3)～C_{16}	(C_3)～C_{16}
异丁酸乙酯	+	−	+
2-甲基丁酸乙酯	+	−	(+)
3-甲基丁酸乙酯	−	−	(+)
乙醇	+	(+)	(+)
乳酸	+	−	+
丙酮酸	+	+	+
富马酸	+	+	+
琥珀酸	+	+	+
苹果酸	+	+	+
苯甲酸	−	−	−
丙氨酸	nr	nr	+
谷氨酸	+	+	+
谷氨酰胺	nr	−	+
戊二酸	nr	+	+
甘氨酸	nr	nr	+

续表

特征	自养脱硫杆菌（*D. autotrophicum*）	烟酸脱硫杆菌（*D. niacini*）	液泡脱硫杆菌（*D. vacuolatum*）
异亮氨酸	nr	nr	+
亮氨酸	nr	nr	+
烟酸	nr	+	nr
庚二酸	nr	+	nr
缬氨酸	nr	nr	+
发酵生长利用			
富马酸	+	–	nr
苹果酸	+	–	nr
丙酮酸	+	–	nr
电子受体			
硫酸	+	+	+
亚硫酸	–	+	nr
S^0	–	nr	nr
硫代硫酸盐	+	+	nr
富马酸	+	–	nr
硝酸盐	–	–	nr
生长因子	bi，ni，th	bi，th	–
生长 NaCl 浓度/(g/L)	20	15	20

注：ni 表示烟酸盐（nicotinate）。下同

6. 脱硫球菌属（*Desulfococcus* Widdel 1981）

细胞球形或柠檬形，直径 1.4～2.3μm，单独或成对存在。没有观察到孢子形成。革兰氏染色反应为阴性，常含有聚 β-羟基丁酸酯颗粒。通过单极生鞭毛运动或不能运动。可能具有黏性荚膜。严格厌氧，具有呼吸和发酵两种代谢类型。营养来源多样。许多种利用甲酸，碳原子多达 C_{16} 的高级一元羧酸，乳酸，丙酮酸和醇作为电子供体和碳源。可利用丙酮和苯基取代有机酸。通过厌氧 C_1 途径（一氧化碳脱氢酶途径，Wood 途径），这些化合物被完全氧化为 CO_2。硫酸和其他氧化性含硫化合物作为最终电子受体并被还原为 H_2S。在没有外部电子受体时，可以将乳酸或丙酮酸发酵为乙酸和丙酸缓慢生长。最适生长温度为 28～35℃。最适生长 pH 为 6.7～7.6。简单培养基中需要还原剂（通常为硫化物）和维生素。缺氧琼脂培养基中菌落呈白色至淡黄色（有时呈灰色外观），倾向于黏稠。所有种都含有脱硫绿胺霉素。嗜热种尚未被描述。存在于淡水，咸水，海洋生境的缺氧泥土或污水厌氧消化池污泥中。

DNA 的 G+C 含量（mol%）：56～57。

模式种：杂食脱硫球菌（*Desulfococcus multivorans*）；模式菌株的 16S rRNA 基因序列登录号：M34405；基因组序列登录号：GCA_001854245；模式菌株保藏编号：ATCC 33890=DSM 2059。

该属种间鉴别特征见表 2-31。

表 2-31 脱硫球菌属（*Desulfococcus*）种间鉴别特征

特征	杂食脱硫球菌（*D. multivorans*）	双尖脱硫球菌（*D. biacutus*）
细胞形态	球形	柠檬形
细胞大小/μm	1.5～2.2	1.4～2.3
运动性	−	−
mol% G+C	57.0	56.5
亚硫酸还原酶	DV	DV
主要甲基萘醌	MK-7	nr
最适生长温度/℃	35	28～30
氧化底物	C	C
碳源利用/电子供体		
H_2/CO_2	−	nr
甲酸	+	nr
乙酸	(+)	(+)
脂肪酸碳原子	C_3～C_{16}	nr
异丁酸乙酯	+	nr
2-甲基丁酸乙酯	+	+
3-甲基丁酸乙酯	+	+
乙醇	+	+
乳酸	+	−
丙酮酸	+	+
富马酸	−	−
琥珀酸	−	−
苹果酸	−	−
苯甲酸	+	−
丙酮	+	+
丁酮	nr	+
苯乙酸	+	nr
发酵生长利用		
丙酮酸	+	−
电子受体		
硫酸	+	+
亚硫酸	+	+
S^0	−	nr
硫代硫酸盐	+	nr
硝酸盐	−	nr
其他电子受体	nr	nr
生长因子	bi，pa，th	未知
生长 NaCl 浓度/(g/L)	5	−

注：DV 表示脱硫绿胺霉素（desulfoviridin）。下同

7. 喜冷脱硫菌属（*Desulfofrigus* Knoblauch et al. 1999）

细胞大，直或稍弯曲，大小为0.8～2.1μm×3.2～6.1μm。在老龄培养物中可能存在能运动的细胞。革兰氏染色反应为阴性。不形成孢子，是具有呼吸和发酵型新陈代谢的严格厌氧菌。化能有机异养生长，利用脂肪酸、其他羧酸、氨基酸和醇等作为电子供体及碳源。不能利用果糖和葡萄糖。有机底物被完全氧化为CO_2或被不完全氧化为乙酸。硫酸作为最终电子受体被还原成硫化物。柠檬酸铁也可作为电子受体。标准菌株也可以利用硫代硫酸盐和亚硫酸作为电子受体。S^0，氢氧化铁，硝酸和亚硝酸不被用作电子受体。可能可以利用丙酮酸，苹果酸或其他含碳底物进行发酵生长。硫和硫代硫酸盐不会被歧化。只有标准菌株嗜冷。最适生长温度为10～18℃，−1.8℃下仍可以生长。嗜热种未知。最适生长pH为7.0～7.5。生长需NaCl和$MgCl_2$且最适生长浓度是海盐浓度。培养必需还原剂。存在于恒定低温的海洋沉积物中。

DNA的G+C含量（mol%）：52～53。

模式种：海洋喜冷脱硫菌（*Desulfofrigus oceanense*）；模式菌株的16S rRNA基因序列登录号：AF099064；模式菌株保藏编号：DSM 12341。

该属常见种的鉴别特征见表2-32。

表2-32　喜冷脱硫菌属（*Desulfofrigus*）常见种的鉴别特征

特征	海洋喜冷脱硫菌（*D. oceanense*）	易碎喜冷脱硫菌（*D. fragile*）
细胞形态	杆状	杆状
细胞大小/μm	2.1×4.2～6.1	0.8×3.2～4.2
运动性	v	v
mol% G+C	52.8	52.1
亚硫酸还原酶	nr	nr
主要甲基萘醌	MK-9	MK-9
最适生长温度/℃	10	18
氧化底物	C	I
碳源利用/电子供体		
H_2/CO_2	（+）	−
甲酸	+	+
乙酸	+	−
脂肪酸碳原子	C_{14}～C_{18}	C_{10}～C_{20}
乙醇	+	+
乳酸	+	+
丙酮酸	+	+
富马酸	−	+
琥珀酸	−	−
苹果酸	+	+
苯甲酸	−	−

续表

特征	海洋喜冷脱硫菌（*D. oceanense*）	易碎喜冷脱硫菌（*D. fragile*）
丙氨酸	−	+
甘油	+	+
甘氨酸	+	−
1-丁醇	+	+
1-丙醇	+	+
丝氨酸	+	+
发酵生长利用		
乳酸	+	−
苹果酸	+	+
丙酮酸	+	+
电子受体		
硫酸	+	+
亚硫酸	+	−
S^0	−	−
硫代硫酸盐	+	−
富马酸	nr	nr
硝酸盐	−	−
Fe^{3+}	柠檬酸铁	柠檬酸铁
生长因子	−	−
生长 NaCl 浓度/(g/L)	15	10

注：I 表示不完全。下同

8. 脱硫丝菌属（*Desulfonema* Widdel 1981）

细胞排列成可以滑动的单列多细胞的柔性细丝，细丝大小 2.5～8.0μm×2.0mm，圆柱形菌体长 2.5～13.0μm。可观察到横壁。含有聚 β-羟基烷酸储存颗粒。菌丝附着于基质表面并作滑行运动。超薄切片电子显微镜观察已证明具有革兰氏阴性细菌特征的细胞壁，尽管在某些情况下革兰氏染色反应可能是阳性（不均匀染色）。外膜具有波状结构。严格厌氧，呼吸型新陈代谢。化能异养生长或化能自养生长，利用乙酸、多达 C_{14} 的一元羧酸、富马酸、琥珀酸作为电子供体及碳源。乳酸或苯甲酸也可作为有机底物。如一氧化碳脱氢酶活性所示，有机底物通过厌氧 C_1 途径被完全氧化为 CO_2。一些种可化能自养生长，H_2 作为电子供体，CO_2 作为碳源。硫酸作为最终电子受体，被还原为 H_2S。还不确定能否利用亚硫酸和硫代硫酸盐。S^0 不作为电子受体，但具有生长抑制作用。在没有外部电子受体时，不能通过发酵进行生长。

DNA 的 G+C 含量（mol%）：35～55。

模式种：居泥脱硫丝菌（*Desulfonema limicola*）；模式菌株的 16S rRNA 基因序列登录号：U45990；模式菌株保藏编号：ATCC 33961=DSM 2076。

该属常见种的鉴别特征见表 2-33。

表 2-33　脱硫丝菌属（*Desulfonema*）常见种的鉴别特征

特征	居泥脱硫丝菌（*D. limicola*）	石本氏脱硫丝菌（*D. ishimotonii*）	巨大脱硫丝菌（*D. magnum*）
细胞形态	多细胞丝状，10～400 个细胞	多细胞丝状	多细胞丝状，10～200 个细胞
细胞大小/μm	2.5～3.0×2.5～3.0	2.5～3.0×3.0～6.0	6.0～8.0×9.0～13.0
运动性	滑动	滑动	滑动
mol% G+C	35	55	42
亚硫酸还原酶	DV	DV	P582
主要甲基萘醌	MK-7	nr	MK-9
最适生长温度/℃	30	30	32
氧化底物	C	C	C
碳源利用/电子供体			
H_2/CO_2	+	+	−
甲酸	+	+	+
乙酸	(+)	+	(+)
脂肪酸碳原子	C_3～C_{14}	C_3～C_{14}	C_3～C_{10}
异丁酸乙酯	+	+	+
2-甲基丁酸乙酯	+	+	(+)
3-甲基丁酸乙酯	+	+	+
乙醇	−	+	−
乳酸	+	+	−
丙酮酸	+	+	−
富马酸	+	+	+
琥珀酸	+	+	+
苹果酸	−	−	(+)
苯甲酸	−	−	+
1-丁醇	nr	+	nr
1-丙醇	nr	+	nr
电子受体			
硫酸	+	+	+
亚硫酸	+	nr	−
S^0	−	nr	−
硫代硫酸盐	+	nr	−
富马酸	−	nr	−
硝酸盐	−	nr	−
生长因子	bi	nr	bi，pa，VB_{12}
生长 NaCl 浓度/(g/L)	15	20	20

9. 脱硫八叠球菌属（*Desulfosarcina* Widdel 1981）

细胞不规则状，单个且呈八叠球菌样形状，大小为0.8～1.5μm×1.5～7.0μm，单独或成对存在。没有观察到孢子形成。细胞内常有聚β-羟基烷酸储存颗粒。革兰氏染色反应为阴性。通常不能运动，但可能存在通过单极生鞭毛运动的细胞。严格厌氧，具有呼吸和发酵型新陈代谢。化能有机营养或化能自养生长，利用甲酸、乙酸、丙酸、丁酸、高级脂肪酸、其他有机酸、醇和苯甲酸或类似的芳香族化合物作为电子供体及碳源，这些化合物被完全氧化为CO_2。化能自养中H_2作为电子供体，CO_2作为碳源。硫酸和其他氧化性含硫化合物作为最终电子受体并被还原为H_2S。当不存在外部电子受体时，模式种可以将乳酸或丙酮酸发酵为乙酸和丙酸缓慢生长。可以观察到一氧化碳脱氢酶活性，表明自养生长中存在可以完全氧化乙酰辅酶A来固定CO_2的厌氧C_1途径。培养必需还原剂和不少于10g/L NaCl和2g/L $MgCl_2·6H_2O$。最适生长温度为28～33℃。嗜热种尚未被描述。最适生长pH为7.2～7.6。含有脱硫玉红啶（作为亚硫酸还原酶），细胞色素b和细胞色素c。厌氧琼脂培养基中菌落呈灰黄色至浅黄色，致密，不规则状。存在于咸水和海洋栖息地的缺氧地带。

DNA的G+C含量（mol%）：51～59。

模式种：可变脱硫八叠球菌（*Desulfosarcina variabilis*）；模式菌株的16S rRNA基因序列登录号：M34407；模式菌株保藏编号：ATCC 33932=DSM 2060。

该属常见种的鉴别特征见表2-34。

表2-34 脱硫八叠球菌属（*Desulfosarcina*）常见种的鉴别特征

特征	可变脱硫八叠球菌（*D. variabilis*）	酮脱硫八叠球菌（*D. cetonicum*）	卵形脱硫八叠球菌（*D. ovata*）
细胞形态	椭圆形或八叠球状	椭圆形	杆状
细胞大小/μm	1.0～1.5×1.5～2.5	0.8～1.2×1.8～2.7	0.8～1.0×2.5～4.0
运动性	v	–	nr
mol% G+C	51	59	51
亚硫酸还原酶	DR	nr	nr
主要甲基萘醌	MK-7	nr	nr
最适生长温度/℃	33	30	32
氧化底物	C	C	C
硫酸还原的电子供体			
H_2	+	nr	nr
甲酸	+	+	+
乙酸	(+)	+	+
脂肪酸碳原子	C_3～C_{14}	C_3～C_{16}	C_4～nr
异丁酸乙酯	–	nr	nr
2-甲基丁酸乙酯	(+)	nr	nr
3-甲基丁酸乙酯	(+)	nr	nr
乙醇	+	+	+

续表

特征	可变脱硫八叠球菌（*D. variabilis*）	酮脱硫八叠球菌（*D. cetonicum*）	卵形脱硫八叠球菌（*D. ovata*）
乳酸	+	+	+
丙酮酸	+	+	+
富马酸	+	–	nr
琥珀酸	+	–	+
苹果酸	–	–	+
苯甲酸	+	+	+
丙酮	nr	+	nr
1-丁醇	+	+	nr
间甲基甲酚	nr	+	–
苯乙酸盐	+	nr	nr
1-丙醇	+	+	nr
甲苯	nr	+	+
邻二甲苯	nr	nr	+
发酵生长利用			
富马酸	+	nr	nr
乳酸	+	nr	nr
丙酮酸	+	nr	nr
电子受体			
硫酸	+	+	+
亚硫酸	+	nr	nr
S^0	–	+	nr
硫代硫酸盐	+	+	nr
硝酸盐	–	–	nr
其他电子受体	nr	nr	nr
生长因子	–	–	nr
生长 NaCl 浓度/(g/L)	15	–	nr

注：“C_4～nr” 表示范围不明确

10. 脱硫螺菌属（*Desulfospira* Finster et al. 1997）

细胞弯曲，常为螺旋状，大小为 0.7～0.8μm×1.0～2.0μm。不能运动。革兰氏染色反应为阴性。不形成内生孢子。厌氧，呼吸型新陈代谢。不进行发酵生长。含有过氧化氢酶。化能有机异养生长或化能自养生长，利用广泛的有机化合物作为电子供体及碳源，如脂肪酸、二羧酸、含氧酸、羟基酸或相容性溶质，这些化合物被完全氧化为 CO_2。马来酸和脯氨酸作为电子供体。不利用芳香族化合物和糖。硫酸、亚硫酸、硫代硫酸盐和 S^0 作为最终电子受体，被还原为 H_2S。生长必需 Na^+、Mg^{2+}和生长素。含有细胞色素 c 和具有 7 个类异戊二烯单元的甲基萘醌。不含脱硫绿胺霉素。分离自富含铁、具有氧化性的海洋表面沉积物。

DNA 的 G+C 含量（mol%）：50。

模式种（唯一种）：吉氏脱硫螺菌（*Desulfospira joergensenii*）；模式菌株的 16S rRNA 基因序列登录号：X99637；模式菌株保藏编号：ATCC 700409=DSM 10085。

吉氏脱硫螺菌和甲苯脱硫橄榄样菌的鉴别特征见表 2-35。

表 2-35 吉氏脱硫螺菌和甲苯脱硫橄榄样菌的鉴别特征

特征	吉氏脱硫螺菌（*Desulfospira joergensenii*）	甲苯脱硫橄榄样菌（*Desulfobacula toluolica*）
细胞形态	弧形	椭圆形–球形
细胞宽度/μm	0.7～0.8	1.2～1.4
细胞长度/μm	1.0～2.0	1.2～2.0
运动性	–	+
硫酸还原的电子供体		
H_2	+	–
甲酸	+	–
乳酸	+	–
顺丁烯二酸	+	–
脯氨酸	+	–
长链脂肪酸	+	–
芳香族化合物	–	+
一级醇（短链）	–	+
电子受体		
S^0	+	ND
亚硫酸	+	ND
硫代硫酸盐	+	ND
维生素	+	+
过氧化氢酶	+	–
最适生长 pH	7.0～7.4	7.0～7.1
最适生长温度/℃	26～30	28
mol% G+C	50	42
16S rRNA 基因序列相似性/%	95.4	95.4

11. 脱硫棒状菌属（*Desulfotignum* Kuever et al. 2001）

细胞杆状，有时略弯曲，大小为 0.5～0.7μm×1.5～3.0μm，单独或成对存在。没有观察到孢子形成。革兰氏染色反应为阴性。通过单极生鞭毛运动。严格厌氧，呼吸和发酵型新陈代谢。化能有机异养或化能自养生长，利用甲酸、乙酸、丁酸、高级脂肪酸、其他有机酸、醇和苯甲酸或类似的芳香族化合物作为碳源或作为无氧呼吸的电子供体，这些化合物被完全氧化为 CO_2。化能自养中，H_2 作为电子供体，CO_2 作为碳源。硫酸、亚硫酸和硫代硫酸盐作为最终电子受体被还原为 H_2S。没有外部电子受体时，利用丙酮酸发酵缓慢生长。通常可观察到一氧化碳脱氢酶活性，表明自养生长中存在可以完全氧化乙酰辅酶A来固定CO_2的厌氧C_1途径（一氧化碳脱氢酶途径，Wood途径）。培养必需维生素、还原剂和不少于10g/L的NaCl。生长温度为10～42℃，最适生长温度为28～32℃。嗜热种尚未被描述。生长pH为6.5～8.2，最适生长pH为7.3。不含脱硫绿胺霉素，含有细胞色素c。存在于海洋生境的缺氧地带。

DNA的G+C含量（mol%）：52.0～62.4。

模式种：波罗的海脱硫棒状菌（*Desulfotignum balticum*）；模式菌株的16S rRNA基因序列登录号：AF418176；模式菌株保藏编号：DSM 7044。

12. 脱硫葱状菌属（*Desulfobulbus* Widdel 1981）

细胞卵形至杆状，或具有尖端的柠檬形，大小为0.6～1.3μm×1.5～3.5μm，单独存在、成对或呈链状。没有观察到孢子形成。革兰氏染色反应为阴性。通过单极生鞭毛运动或不能运动。严格厌氧，呼吸和发酵型新陈代谢。化能有机异养生长，利用丙酸、乳酸、丙酮酸、乙醇或1-丙醇作为电子供体及碳源，有机化合物被不完全氧化为乙酸酯。乙酸作为有机碳源（化能无机异养生长）时，H_2可作为电子供体。硫酸和亚硫酸或硫代硫酸盐作为最终电子受体并被还原为H_2S。不还原硫。没有外部电子受体时，可能可以利用乳酸、丙酮酸、乙醇（+CO_2）、苹果酸或富马酸发酵生长。最适生长pH为6.6～7.5。最适生长温度为25～40℃。嗜热种还未知。培养必需还原剂和对氨基苯甲酸酯。厌氧琼脂培养基中菌落呈白色至灰白色，光滑。所有已描述的种都含有脱硫玉红啶作为亚硫酸还原酶。存在于淡水、咸水和海洋生境的缺氧地带，也可分离自瘤胃内容物、动物粪便和污水污泥。

DNA的G+C含量（mol%）：47.3～60.0。

模式种：丙酸脱硫葱状菌（*Desulfobulbus propionicus*）；模式菌株的16S rRNA基因序列登录号：AY548789；基因组序列登录号：CP002364；模式菌株保藏编号：ATCC 33891=DSM 2032。

该属常见种的鉴别特征见表2-36。

表2-36 脱硫葱状菌属（*Desulfobulbus*）常见种的鉴别特征

特征	丙酸脱硫葱状菌（*D. propionicus*）	延伸脱硫葱状菌（*D. elongates*）	海洋脱硫葱状菌（*D. marinus*）	杆状脱硫葱状菌（*D. rhabdoformis*）
细胞形态	椭圆形或柠檬状	杆状	椭圆形	杆状
细胞大小/μm	1.0～1.3×1.5～2.0	0.6～1.0×1.5～2.5	1.0～1.3×1.8～2.0	0.6～1.0×1.7～3.5
运动性	−	+	+	−
mol% G+C	60.0	59.0	47.3	50.6
亚硫酸还原酶	DR	DR	nr	DR
主要甲基萘醌	MK-5(H_2)	MK-5(H_2)	MK-5(H_2)	MK-5(H_2)
最适生长温度/℃	39	31	29	31
氧化底物	I	I	I	I
碳源利用/电子供体				
H_2[a]	+	+	+	+

续表

特征	丙酸脱硫葱状菌（*D. propionicus*）	延伸脱硫葱状菌（*D. elongates*）	海洋脱硫葱状菌（*D. marinus*）	杆状脱硫葱状菌（*D. rhabdoformis*）
甲酸	−	−	+	−
乙酸	−	−	−	−
脂肪酸碳原子	C_3	C_3	C_3	C_3
异丁酸乙酯	−	nr	nr	nr
2-甲基丁酸乙酯	−	nr	nr	nr
3-甲基丁酸乙酯	−	nr	nr	nr
乙醇	+	+	+	+
乳酸	+	+	+	+
丙酮酸	+	+	+	+
富马酸	−	−	−	+
琥珀酸	−	−	−	+
苹果酸	−	−	−	+
苯甲酸	−		−	nr
1-丙醇	+	+	+	+
发酵生长利用				
富马酸	−	−	−	+
苹果酸	−	−	−	+
丙酮酸	+	+	+	+
电子受体				
硫酸	+	+	+	+
亚硫酸	+	+	+	+
S^0	−	−	nr	nr
硫代硫酸盐	+	+	+	+
富马酸	−	−	nr	+
硝酸	+	−	nr	−
其他电子受体	Fe^{3+}	nr	nr	nr
生长因子	pa	pa	pa	−
生长 NaCl 浓度/(g/L)	−	−	20	15

注：a. 仅在乙酸作碳源时用作电子供体

13. 脱硫盒菌属（*Desulfocapsa* Janssen et al. 1997）

细胞呈圆形杆状，或具有尖端的细长杆状，大小为 0.5～0.9μm×2.0～4.0μm。通过单根亚极生鞭毛运动，但运动性仅限于某些种中的少数细胞。不能形成孢子。严格厌氧。简单有机化合物被不完全氧化，硫酸作为电子供体被还原为硫化物。需硫脱硫盒菌不能以硫酸作为电子受体。可以歧化氧化性无机含硫化合物生成硫酸和硫化物，以 CO_2 作为碳源进行化能无机自养生长。不能利用有机化合物进行发酵生长。最适生长 pH 为

7.3～7.5。最适生长温度为 20～30℃。嗜热种未知。属中各种对 NaCl 的浓度要求不同，NaCl 浓度高于 15g/L 时抑制生长。该属包括海洋和淡水菌株。所有已描述的种都含有细胞色素，不含脱硫绿胺霉素。存在于靠近缺氧/含氧界面的淡水或海洋生境的沉积物中。

DNA 的 G+C 含量（mol%）：47.2～50.7。

模式种：硫发酵脱硫盒菌（*Desulfocapsa thiozymogenes*）；模式菌株的 16S rRNA 基因序列登录号：X95181；模式菌株保藏编号：DSM 7269。

该属常见种的鉴别特征见表 2-37。

表 2-37 脱硫盒菌属（*Desulfocapsa*）常见种的鉴别特征

特征	硫发酵脱硫盒菌（*D. thiozymogenes*）	需硫脱硫盒菌（*D. sulfexigens*）
细胞形状	杆状	杆状
细胞大小/μm	0.8～0.9×2.0～3.5	0.5×2.0～4.0
运动性	+	(+)
mol% G+C	50.7	47.2
亚硫酸还原酶	nr	nr
主要甲基萘醌	nr	nr
最适生长温度/℃	30	30
碳源利用/电子供体		
H_2	−	(+)
甲酸	−	(+)
乙酸	−	−
脂肪酸碳原子	nr	nr
异丁酸乙酯	−	nr
2-甲基丁酸乙酯	−	nr
3-甲基丁酸乙酯	−	nr
乙醇	+	−
乳酸	−	−
丙酮酸	−	−
富马酸	−	−
琥珀酸	−	−
苹果酸	−	−
苯甲酸	−	−
发酵生长	−	−
电子受体		
硫酸	+	−
亚硫酸	+	+
S^0	+	+
硫代硫酸盐	+	+
富马酸	−	nr

续表

特征	硫发酵脱硫盒菌（*D. thiozymogenes*）	需硫脱硫盒菌（*D. sulfexigens*）
硝酸	–	–
氢氧化铁	–	–
基于还原性含硫化合物的歧化反应生长	+	+
生长因子	–	–
生长 NaCl 浓度/（g/L）	–	15

14. 脱硫棒菌属（*Desulfofustis* Friedrich et al. 1996）

细胞呈直或略弯曲的杆状，没有观察到孢子形成。革兰氏染色反应为阴性。厌氧，呼吸型代谢类型。有机底物被不完全氧化为乙酸酯（和 CO_2），乙醇酸或乙醛酸被完全氧化为 CO_2。硫酸或亚硫酸作为电子受体被还原为 H_2S。基于 16S rRNA 基因序列数据分析，该属属于 δ-变形菌纲。

DNA 的 G+C 含量（mol%）：56.0～56.4（HPLC）。

模式种（唯一种）：乙醇酸脱硫棒菌（*Desulfofustis glycolicus*）；模式菌株的 16S rRNA 基因序列登录号：X99707；模式菌株保藏编号：DSM 9705。

15. 脱硫棍棒形菌属（*Desulforhopalus* Isaksen and Teske 1999）

细胞椭圆形至杆状，圆形，大小为 0.9～1.8μm×1.7～5.0μm。稳定期细胞可能较长。可能含气泡。单独，成对或连接呈短链状存在。没有观察到孢子形成。革兰氏染色反应为阴性。不能运动。严格厌氧，呼吸和发酵型新陈代谢。化能有机异养生长，利用丙酸、乳酸、丙酮酸、乙醇和 1-丙醇作为电子供体及碳源。有机底物被不完全氧化为乙酸和 CO_2。乙酸盐作为有机碳源时，以 H_2 作为电子供体进行化能无机异养生长。硫酸、亚硫酸和硫代硫酸作为最终电子受体被还原为 H_2S。不能还原硫和 O_2；只有新加坡脱硫棍棒形菌可以将硝酸降解为 NH_3。没有外部电子受体时，利用丙酮酸和乳酸发酵生长。

DNA 的 G+C 含量（mol%）：40.6～48.4。

模式种：液泡脱硫棍棒形菌（*Desulforhopalus vacuolatus*）；模式菌株的 16S rRNA 基因序列登录号：L42613；模式菌株保藏编号：DSM 9700。

该属常见种的鉴别特征见表 2-38。

表 2-38　脱硫棍棒形菌属（*Desulforhopalus*）常见种的鉴别特征

特征	液泡脱硫棍棒形菌（*D. vacuolatus*）	新加坡脱硫棍棒形菌（*D. singaporensis*）
细胞形态	杆状	杆状
细胞大小/μm	1.5～1.8×3.9～5.0	0.9～1.2×1.7～2.3
运动性	–	–
mol% G+C	48.4	40.6
亚硫酸还原酶	nr	nr
主要甲基萘醌	nr	MK-5(H_2)
最适生长温度/℃	18～19	31

续表

特征	液泡脱硫棍棒形菌（*D. vacuolatus*）	新加坡脱硫棍棒形菌（*D. singaporensis*）
氧化底物	I	I
碳源利用/电子供体		
H_2[a]	+	nr
甲酸	−	+
乙酸	−	−
脂肪酸碳原子	C_3	C_3～C_4
异丁酸乙酯	nr	+
乙醇	+	+
乳酸	+	+
丙酮酸	+	+
富马酸	−	+
琥珀酸	nr	+
苹果酸	nr	+
苯甲酸	−	−
丙氨酸	nr	+
丁醇	+	+
丙醇[a]	+	+
酸水解酪素	nr	+
发酵生长利用		
乳酸	+	nr
丙酮酸	+	+
牛磺酸	nr	+
电子受体		
硫酸	+	+
亚硫酸	+	+
S^0	−	nr
硫代硫酸盐	+	+
富马酸	−	n
硝酸盐	−	+
基于还原性含硫化合物的歧化反应生长	−	+
生长因子	py，pa，ni	−
生长 NaCl 浓度/(g/L)	≥5	5

注：py 表示吡哆醇（pyridoxine）；下同。a. 仅在乙酸盐作为碳源时，可以作为电子供体

16. 脱硫枝条菌属（*Desulfotalea* Knoblauch et al. 1999）

细胞长杆状，长度可变，大小为 0.6～0.7μm×1.6～7.4μm。可以运动，但在培养初始观察不到运动。革兰氏染色反应为阴性。不形成孢子。严格厌氧，呼吸和发酵型新陈

代谢。化能有机异养生长，利用甲酸、羧酸类、氨基酸和醇作为电子供体及碳源，这些化合物被不完全氧化为乙酸。硫酸和柠檬酸铁作为最终电子受体，分别被还原为硫化物和柠檬酸亚铁。模式种可利用硫代硫酸和亚硫酸作为电子受体。S^0、氢氧化铁、硝酸和亚硝酸不能作为电子受体。可利用丙酮酸和富马酸发酵生长。严格嗜冷或兼性嗜冷。最适生长温度为10～18℃，在–1.8℃的盐水中仍能生长。嗜热种未知。最适生长pH为7.2～7.9。培养需要NaCl和$MgCl_2$且最适生长浓度为咸水或海水的盐浓度，这取决于菌株。培养必需还原剂。不需要维生素。不存在脱硫绿胺霉素。存在于恒定低温的海洋沉积物中。

DNA的G+C含量（mol%）：41.8～47.0。

模式种：嗜冷脱硫枝条菌（*Desulfotalea psychrophila*）；模式菌株的16S rRNA基因序列登录号：AF099062；模式菌株保藏编号：DSM 12343。

该属常见种的鉴别特征见表2-39。

表2-39　脱硫枝条菌属（*Desulfotalea*）常见种的鉴别特征

特征	嗜冷脱硫枝条菌（*D. psychrophila*）	北极脱硫枝条菌（*D. arctica*）
细胞形态	杆状	杆状
细胞大小/μm	0.6×4.5～7.4	0.7×1.6～2.7
运动性	v	–
mol% G+C	46.8	41.8
亚硫酸还原酶	nr	nr
主要甲基萘醌	MK-6(H_2)	MK-6
最适生长温度/℃	10	18
氧化底物	I	I
碳源利用/电子供体		
H_2[a]	+	+
甲酸	+	+
乙酸	–	–
脂肪酸碳原子	nr	nr
3-甲基丁酸乙酯	–	–
乙醇	+	+
乳酸	+	+
丙酮酸	+	+
富马酸	+	–
琥珀酸	–	–
苹果酸	+	–
苯甲酸	–	–
丙氨酸	+	–
丁醇	+	–
甘油	–	+

续表

特征	嗜冷脱硫枝条菌（*D. psychrophila*）	北极脱硫枝条菌（*D. arctica*）
甘氨酸	+	−
丙醇	+	−
丝氨酸	+	+
发酵生长利用		
富马酸	+	−
丙酮酸	+	+
电子受体		
硫酸	+	+
亚硫酸	+	−
S^0	−	(+)
硫代硫酸盐	+	−
硝酸盐	−	−
其他电子受体	柠檬酸铁	柠檬酸铁
生长因子	−	−
生长 NaCl 浓度/(g/L)	10	19

注：a. 只有在乙酸作为碳源时被用作电子供体

17. 脱硫盐菌属（*Desulfohalobium* Ollivier et al. 1991）

细胞杆状，大小为 0.7～0.9μm×1.0～20.0μm，圆形端部。以 H_2 作为能源时，单独或成对存在。在含乳酸的培养基中细胞长达 20μm。通过一根或极少出现两根极端鞭毛运动。没有观察到孢子。革兰氏染色反应为阴性。厌氧，呼吸型代谢，硫酸或其他氧化性含硫化合物作为最终电子受体被还原为 H_2S。含脱硫玉红啶。不含脱硫绿胺霉素。化能有机异养生长，利用简单有机化合物作为碳源和无氧呼吸的电子供体。这些化合物被不完全氧化为乙酸和 CO_2。中度嗜盐，培养需要 NaCl 和 $MgCl_2$。当利用 H_2 生长时，以酵母提取物或胰蛋白酶和乙酸代替维生素作为碳源。最适生长温度为 37～40℃。分离自一个超高盐湖的沉积物。

DNA 的 G+C 含量（mol%）：57。

模式种（唯一种）：雷特巴湖脱硫盐菌（*Desulfohalobium retbaense*）；模式菌株的 16S rRNA 基因序列登录号：X99235；基因组序列登录号：CP001734；模式菌株保藏编号：DSM 5692=JCM 16813。

该属与系统发育相近的脱硫微菌属、脱硫碱弧菌属的鉴别特征见表 2-40。

18. 脱硫碱弧菌属（*Desulfonatronovibrio* Zhilina et al. 1997 emend. Sorokin et al. 2011）

细胞呈微小弧形，单个或“S”形成对存在，有时呈螺旋状，大小为 0.5μm×1.5～2.0μm。革兰氏染色反应为阴性。通过单极生鞭毛运动。不形成内生孢子。厌氧，呼吸型新陈代谢，硫酸或其他氧化性含硫化合物作为最终电子受体被还原为硫化物。极端嗜碱。pH 为 7 时不生长，最适生长 pH 为 9.0～9.7，生长 pH 最高为 10.2。培养必需钠和

表 2-40　脱硫盐菌属与系统发育相近的脱硫微菌属、脱硫碱弧菌属的鉴别特征

特征	雷特巴湖脱硫盐菌（*Desulfohalobium retbaense*）	埃斯坎比亚河脱硫微菌（*Desulfomicrobium escambiense*）	挪威脱硫微菌（*Desulfomicrobium norvegicum*）	杆状脱硫微菌（*Desulfomicrobium baculatum*）	阿普歇伦半岛脱硫微菌（*Desulfomicrobium apsheronum*）	食氢脱硫碱弧菌（*Desulfonatronovibrio hydrogenovorans*）
细胞形态	杆状	球状	杆状	杆状	杆状	弧形
细胞大小/μm	0.7～0.9×1.0～20.0	0.5×1.7～2.2	0.5～1.0×3.0～5.0	0.6×1.3	0.7～0.9×1.4～2.9	0.5×1.5～2.0
鞭毛排列	1 或 2 根，极生	ND	ND	1 根，极生	1 根，极生	1 根，极生
45℃下生长	+	ND	ND	−	−	−
最高生长 NaCl 浓度/%	24	ND	ND	5～6	8	12
电子供体（含有硫酸）						
乳酸	+	+	+	+	+	−
乙醇	+	+	+	−	+	−
富马酸	−	−	+	−	+	−
苹果酸	−	−	+	+	+	−
丙酮酸发酵（不含硫酸）	+	+	+	−	+	−
mol% G+C	57	60	57	57	52	49

碳酸。最适生长温度为 37～40℃。无机异养生长。利用 H_2 或甲酸还原硫化物。利用乙酸和维生素或酵母提取物进行合成代谢。不含脱硫绿胺霉素。含细胞色素 c。分离自碱湖。该属目前仅包含一个种。

DNA 的 G+C 含量（mol%）：47.9～49.0。

模式种（唯一种）：食氢脱硫碱弧菌（*Desulfonatronovibrio hydrogenovorans*）；模式菌株的 16S rRNA 基因序列登录号：X99234；模式菌株保藏编号：DSM 9292。

19. 脱硫微菌属（*Desulfomicrobium* Rozanova et al. 1994 emend. Dias et al. 2008）

细胞呈短、直的杆状或球杆状，大小为 0.5～1.7μm×0.9～5.0μm，圆形端部，单独或成对存在。革兰氏染色反应为阴性且具有类似细胞壁的结构。通过单极生鞭毛运动。不形成内生孢子。厌氧。需要预还原培养基或含还原剂的培养基。可以利用硫酸盐或磺氧基阴离子（sulfoxyanion）作为最终电子受体进行厌氧呼吸生长，产生 H_2S。利用硫酸呼吸时，简单有机化合物乳酸、丙酮酸、乙醇、甲酸和 H_2 等作为电子供体。利用乳酸作电子供体的硫酸呼吸是不完全的，形成乙酸和 CO_2。含有氢化酶。含细胞色素 b 和细胞色素 c。可利用简单有机底物进行发酵代谢，包括丙酮酸、苹果酸或富马酸。不能利用碳水化合物进行发酵。不需要特定的维生素。不能还原硝酸。生长不需要 NaCl。不含脱硫绿胺霉素。最适生长温度为 25～30℃。存在于淡水或咸水或海洋厌氧沉积物和泥浆中，也存在于厌氧地层或上覆水以及饱和矿物质水或有机沉积物中。

DNA 的 G+C 含量（mol%）：52.5～59.6。

模式种：杆状脱硫微菌（*Desulfomicrobium baculatum*）；模式菌株的 16S rRNA 基因序列登录号：AJ277894；基因组序列登录号：CP001629；模式菌株保藏编号：DSM 4028。

该属常见种的鉴别特征见表 2-41。

表 2-41　脱硫微菌属（*Desulfomicrobium*）常见种的鉴别特征

特征	杆状脱硫微菌（*D. baculatum*）	阿普歇伦半岛脱硫微菌（*D. apsheronum*）	埃斯坎比亚河脱硫微菌（*D. escambiense*）	挪威脱硫微菌（*D. norvegicum*）
细胞大小/μm	0.5～0.7×0.9～1.9	0.7～0.9×1.4～2.9	0.5×1.7～2.2	0.5～1.0×3.0～5.0
单极生鞭毛	+	+	nr	+
细胞色素 b 和细胞色素 c	+	+	nr	+
自养生长	−	+	−	−
最终电子受体				
亚硫酸	+	+	nr	+
S^0	−	−	nr	+
硝酸	−	−	−	nr
O_2	−	−	−	−
电子供体[a]				
富马酸	−	+	−	+
苹果酸	+	+	−	+
以底物发酵生长[a]				
丙酮酸盐	+	w	+	w

续表

特征	杆状脱硫微菌（*D. baculatum*）	阿普歇伦半岛脱硫微菌（*D. apsheronum*）	埃斯坎比亚河脱硫微菌（*D. escambiense*）	挪威脱硫微菌（*D. norvegicum*）
富马酸盐	+	+	w	w
苹果酸盐	w	+	w	+
mol% G+C	56.8	52.5	59.6	56.3

注：a. 需要补充所需浓度的酵母提取物

20. 脱硫碱菌属（*Desulfonatronum* Pikuta et al. 1998）

细胞弧形，大小为0.7～0.9μm×2.0～3.0μm，单独或成对呈“S”状。在非最优条件下可能是螺旋状。不形成内生孢子。革兰氏染色反应为阴性。以单极生鞭毛运动。厌氧，严格的呼吸型代谢，硫酸和其他氧化性含硫化合物作为最终电子受体被还原成H_2S。极端嗜碱。pH低于8时不生长，最适生长pH为9.5，最高生长pH为10。严格依赖钠和碳酸盐。化能异养生长。利用H_2、甲酸、乙醇或乳酸还原硫化物。利用乙酸和维生素或酵母提取物进行合成代谢。不含脱硫绿胺霉素。含有细胞色素c。分离自碱性湖泊的底部沉积物。该属目前仅一个种。

DNA的G+C含量（mol%）：48.8～59.1。

模式种（唯一种）：湖栖脱硫碱菌（*Desulfonatronum lacustre*）；模式菌株的16S rRNA基因序列登录号：Y14594；模式菌株保藏编号：DSM 10312。

该属与其他G+C含量相似的硫还原菌属的鉴别特征见表2-42。

表2-42 脱硫碱菌属与其他G+C含量相似的硫还原菌属的鉴别特征

特征	湖栖脱硫碱菌（*Desulfonatronum lacustre*）	食氢脱硫碱弧菌（*Desulfonatronovibrio hydrogenovorans*）	杆状脱硫微菌（*Desulfomicrobium baculatum*）	雷特巴湖脱硫盐菌（*Desulfohalobium retbaense*）	粗油脱硫栖热菌（*Desulfothermus naphthae*）
细胞形态	弧形	弧形	杆状	弯曲的杆状	弯曲的杆状
运动性（单极）	+	+	+	+	ND
细胞大小/μm	0.7～0.9×2.5～3.0	0.5×1.5～2.0	0.6×1.3	0.7～0.9×1.0～3.0	0.8×2.0
生长pH范围（最适）	8.0～10.1（9.3～9.5）	8.0～10.2（9.5～9.7）	6.8～7.4（7.2）	5.5～8.0（6.5～7.0）	NR（6.8）
最适生长温度/℃	40	37	28～37	37～40	55～65
生长NaCl需求	−	+	−	+	+
生长NaCl浓度范围（最适）/%	<10.0	1.0～12.0（3.0）	NA	1.0～24.0（10.0）	NR（3.5）
HCO_3^-需求	+	+	−	−	−
酵母提取物	+	+	+	+	NR
mol% G+C	57.3	48.6	57	57.1	NR
电子供体（含有SO_4^{2-}）					
H_2/CO_2	−	−	−	−	−
H_2/乙酸盐	+	+	+	+	−

续表

特征	湖栖脱硫碱菌（*Desulfonatronum lacustre*）	食氢脱硫碱弧菌（*Desulfonatronovibrio hydrogenovorans*）	杆状脱硫微菌（*Desulfomicrobium baculatum*）	雷特巴湖脱硫盐菌（*Desulfohalobium retbaense*）	粗油脱硫栖热菌（*Desulfothermus naphthae*）
甲酸盐/乙酸盐	+	+	+	+	−
乙酸盐	−	−	−	−	NR
乙醇	+	−	−	+	−
乳酸盐	−	−	+	+	−
丙酮酸盐	−	−	−	+	NR
苹果酸盐	−	−	−	−	NR
富马酸盐	−	−	−	−	NR
电子受体					
硫酸	+	+	+	+	+
亚硫酸	+	+	+	+	NR
硫代硫酸盐	+	−	+	+	NR
S^0	−	−	−	+	NR

注：NA 表示不适用

21. 脱硫弧菌属［*Desulfovibrio* Kluyver and van Niel 1936 (Approved Lists 1980) emend. Loubinoux et al. 2002］

细胞弯曲，偶尔直杆状，有时“S”形或螺旋状，大小为 0.5～1.5μm×2.5～10.0μm。形态受菌龄和环境影响；描述是基于无氧硫酸培养中的新鲜培养物。不形成孢子。革兰氏染色反应为阴性。通过单极丛生鞭毛运动。纯培养时严格厌氧。主要进行呼吸型代谢，硫酸或其他含硫化合物作为最终电子受体被还原为 H_2S；有时进行发酵型代谢。培养需要还原剂，有报道称少数情况下生长需要维生素。一些种和亚种中度嗜盐。最适生长温度为 25～35℃，最高生长温度为 44℃。嗜热种还未发现。前期描述的嗜热脱硫弧菌属的种已被重新分类到目前的热脱硫弧菌属和热脱硫杆菌属。化能有机异养生长。大多数种不完全氧化乳酸盐等有机化合物生成乙酸盐，不能进一步氧化乙酸盐。极少数种利用碳水化合物。只有一个种非常脱硫弧菌（*D. inopinatus*）可以利用氢醌作为电子供体及碳源生长。含细胞色素 c，常含细胞色素 b。该属的种都含脱硫绿胺霉素。通常有氢化酶。某些种可以化能无机异养生长，利用 H_2 作为电子供体，同化乙酸和 CO_2 或酵母提取物并作为碳源。不溶解凝胶。有时还原硝酸盐为 NH_3。一些种可以还原氧或金属离子，但纯培养存在这些电子受体时不能生长。有时可以固氮。种间常表现出一定程度的抗原交叉反应。分离自新鲜咸水和海洋环境的缺氧泥土，动物肠道，粪便。

DNA 的 G+C 含量（mol%）：46.1～61.2。

模式种：脱硫脱硫弧菌（*Desulfovibrio desulfuricans*）；模式菌株的 16S rRNA 基因序列登录号：AF192153；基因组序列登录号：GCA_000420465；模式菌株保藏编号：ATCC 29577=DSM 642。

22. 脱硫念珠菌属（*Desulfomonile* DeWeerd et al. 1991）

细胞单杆状，大小为0.5～0.7μm×3.0～10.0μm，圆形端部，具有类似于环状的细胞壁内陷，可能在环状区域略微弯曲或弯曲，不形成内生孢子。革兰氏染色反应为阴性。不能运动。严格厌氧。培养必需还原剂。呼吸型代谢，硫含氧阴离子被还原为H_2S或间卤代苯甲酸被还原为去卤化产物（还原性脱卤）。利用丙酮酸发酵生成乙酸和乳酸。最适生长温度为37℃。固体琼脂培养基上培养生长缓慢，延长孵育（>3周）可以产生小的（直径0.5～1.0mm）白色菌落。生长需要含维生素B_1（硫胺素）、烟酰胺和1,4-萘醌的矿质培养基。分离自富含3-氯苯甲酸的污水污泥细菌聚生体。

DNA的G+C含量（mol%）：49。

模式种（唯一种）：蒂德杰脱硫念珠菌（*Desulfomonile tiedjei*）；模式菌株的16S rRNA基因序列登录号：AM086646；基因组序列登录号：CP003360；模式菌株保藏编号：ATCC 49306=DSM 6799。

23. 脱硫葡萄状菌属（*Desulfacinum* Rees et al. 1995 emend. Sievert and Kuever 2000）

细胞椭圆状，大小为0.8～1.5μm×2.5～3.0μm，单独或成对存在，不能运动。不形成内生孢子。革兰氏染色反应为阴性。厌氧，呼吸型代谢，硫酸盐、亚硫酸盐和硫代硫酸盐作为最终电子受体并被还原为硫化物。各种有机酸和醇作为电子供体。可能可以自养生长。生长温度为40～65℃，最适生长温度为60℃。生长必需维生素，可由酵母提取物提供。分离自高温油藏流体产物。

DNA的G+C含量（mol%）：59.5～64.0。

模式种：地下脱硫葡萄状菌（*Desulfacinum infernum*）；模式菌株的16S rRNA基因序列登录号：L27426；模式菌株保藏编号：DSM 9756。

该属与相近种的鉴别特征见表2-43。

表2-43　脱硫葡萄状菌属与相近种的鉴别特征

特征	地下脱硫葡萄状菌（*Desulfacinum infernum*）	热液口脱硫葡萄状菌（*Desulfacinum hydrothermale*）	水生杆状脱硫菌（*Desulforhabdus amnigena*）	沃氏互营杆菌（*Syntrophobacter wolinii*）	挪威热硫还原杆菌（*Thermodesulforhabdus norvegica*）
细胞形态	椭圆形	椭圆形至短杆状	杆状至椭球体	杆状，成对或呈丝状	杆状
细胞宽度/μm	1.5	0.8～1.0	1.4～1.9	0.6～1.0	1.5
细胞长度/μm	2.5～3.0	1.5～2.5	2.5～3.4	<35.0	2.5
运动性	−	+	−	−	+
最适生长温度/℃	60	60	37	35	60
最适生长NaCl浓度/(g/L)	10	32～36	淡水[a]	0.4	16
碳源利用/电子供体					
H_2/CO_2，甲酸	+	+	+	ND	−
乙酸，丁酸	+	+	+	−	−
丙酸	+	+	+	+	−

续表

特征	地下脱硫葡萄状菌（*Desulfacinum infernum*）	热液口脱硫葡萄状菌（*Desulfacinum hydrothermale*）	水生杆状脱硫菌（*Desulforhabdus amnigena*）	沃氏互营杆菌（*Syntrophobacter wolinii*）	挪威热硫还原杆菌（*Thermodesulforhabdus norvegica*）
乙醇	+	+	+	ND	+
丙醇	+	+	+	−	−
乳酸	+	+	+	−	+
富马酸	+	−	−	ND	+
苹果酸	+	−	−	ND	+
电子受体					
硫酸盐	+	+	+	+	+
硫代硫酸盐	+	+	+	−	−
亚硫酸盐	+	+	+	−	+
利用丙酮酸发酵	+	+	+	+	−
来源					
油藏液体产品	+				+
热液口		+			
上流式厌氧污泥沼气池的颗粒污泥			+		
厌氧废水处理器				+	
mol% G+C	64.0	59.5	52.5	ND	51.0

注：a. 含有 1.0g/L 的 NaCl

24. 杆状脱硫菌属（*Desulforhabdus* Oude Elferink et al. 1997）

细胞杆状至椭圆形，大小为 1.4～1.9μm×2.5～3.4μm。单独、成对或长链存在。没有观察到孢子形成。革兰氏染色反应为阴性。不能运动。严格厌氧，呼吸型新陈代谢。化能自养或化能有机异养生长，利用 H_2（$+CO_2$）、甲酸、乙酸、丙酸、丁酸、异丁酸、乳酸、丙酮酸、乙醇、1-丙醇作为电子供体及碳源。有机底物通过具有一氧化碳脱氢酶活性的厌氧 C_1 途径（一氧化碳脱氢酶途径，Wood 途径）被完全氧化为 CO_2，但可能短暂产生乙酸、异丁酸和丙酸。化能自养生长时，H_2 作为电子供体，CO_2 作为碳源。硫酸盐，亚硫酸盐和硫代硫酸盐作为最终电子受体被还原为 H_2S。不能还原 S^0。没有外部电子受体时不能通过发酵进行生长。

DNA 的 G+C 含量（mol%）：52.5。

模式种（唯一种）：水生杆状脱硫菌（*Desulforhabdus amnigena*）；模式菌株的 16S rRNA 基因序列登录号：X83274；模式菌株保藏编号：ATCC 51979=DSM 10338。

第三章　产芽孢细菌

芽孢是某些细菌在生长发育后期，在细胞内形成的一个圆形或椭圆形、厚壁、含水量低、抗逆性强的休眠体构造。芽孢最主要的特点是抗逆性强，对高温、紫外线、干燥、电离辐射和多种化学物质都有很强的抗性。在适宜的条件下，芽孢可以通过萌发转变为正常的营养细胞。绝大多数情况下，一个营养细胞只能产生一个芽孢，所以不具备繁殖功能。

能够产生芽孢的细菌统称为产芽孢细菌，该名称并不是一个分类单元名称。依据现行的以 16S rRNA 基因序列分析为基础的系统发育分析方法，产芽孢细菌包括两个主要类群：以好氧生长为主的芽孢杆菌（Bacilli），以厌氧生长为主的梭菌（Clostridia）。本章对其中的 17 个属进行了描述。

产芽孢细菌广泛分布在不同温度、盐度、氧含量和酸碱度的环境中。革兰氏染色反应多为阳性，少数种革兰氏染色反应可变或阴性。营养类型多为化能异养型。某些种在生物技术中应用广泛，如枯草芽孢杆菌（*Bacillus subtilis*）、丙酮丁醇梭菌（*Clostridium acetobutylicum*）等。多数种为非病原菌，少数种类为病原菌或高致病性病原菌如炭疽芽孢杆菌（*Bacillus anthracis*）、破伤风梭菌（*Clostridium tetani*）等。

由于芽孢具有很强的抗逆性，一方面使得在工农业生产中制备的产芽孢细菌菌剂具有更好的稳定性，保质期也更长；另一方面也降低了杀菌消毒剂对病原性产芽孢细菌的杀灭效果。

基于 16S rRNA 基因序列的常见产芽孢细菌系统发育分析结果见图 3-1。

第一节　芽孢杆菌纲

1. 脂环酸芽孢杆菌属（*Alicyclobacillus* Wisotzkey et al. 1992）

细胞杆状，大小为 0.3～1.1μm×1.5～6.3μm，好氧，多数种革兰氏染色反应为阳性。芽孢卵形，端生或亚端生，某些种孢囊膨大。多数种不运动，中温或嗜热生长，最适生长温度为 35～65℃，嗜酸，最适生长 pH 为 1.5～5.5。多数种为化能有机营养型，2 个种为混合营养型。可利用单糖、二糖、氨基酸和有机酸作为唯一碳源和能源，某些种生长需要酵母提取物或辅因子。主要脂肪酸为 ω-环己烷或 ω-环庚烷（但 3 个种不含上述脂肪酸），主要醌类为 MK-7。常见于地热区的土壤和水中，非地热区的土壤、果汁和矿藏中。

DNA 的 G+C 含量（mol%）：48.7～62.5。

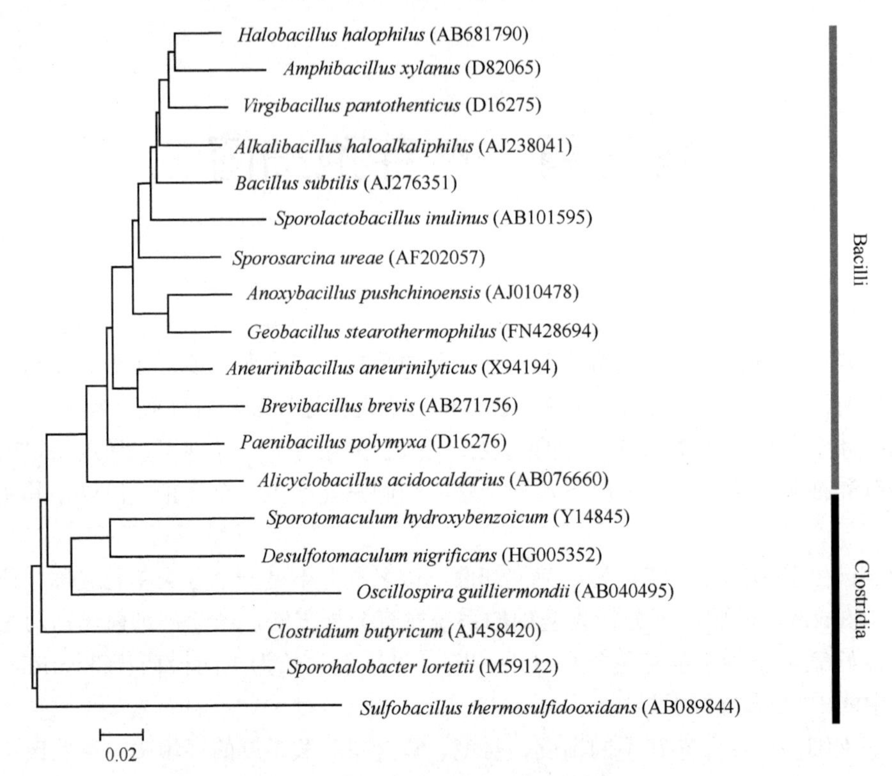

图 3-1　常见产芽孢细菌的系统发育树

选取本章常见属模式种的 16S rRNA 基因序列，采用邻接法构建。
括号内编号是序列在 NCBI 的登录号，比例尺代表 2% 的序列差异

模式种：酸热脂环酸芽孢杆菌（*Alicyclobacillus acidocaldarius*）；模式菌株的 16S rRNA 基因序列登录号：X62177；基因组序列登录号：GCA_000024285.1；模式菌株保藏编号：ATCC 27009=CGMCC 1.15159=DSM 446=KCTC 1825=NBRC 15652。

该属包括 17 个种，种间鉴别特征见表 3-1。

2. 碱芽孢杆菌属（*Alkalibacillus* Jeon et al. 2005）

细胞杆状，大小为 0.8～1.6μm×2.0～7.0μm，严格好氧，革兰氏染色反应为阳性或可变。芽孢球形，端生，孢囊膨大。细胞壁肽聚糖结构为 A1γ 型，含 *meso*-二氨基庚二酸。周生或端生鞭毛。主要醌类为 MK-7，主要脂肪酸为 iso-$C_{15:0}$、anteiso-$C_{15:0}$ 和 anteiso-$C_{17:0}$。

DNA 的 G+C 含量（mol%）：37～41。

模式种：嗜盐碱碱芽孢杆菌（*Alkalibacillus haloalkaliphilus*）；模式菌株的 16S rRNA 基因序列登录号：AJ238041；基因组序列登录号：GCA_007991275.1；模式菌株保藏编号：ATCC 700606=CGMCC 1.3495=DSM 5271=NBRC 103110。

该属包括 4 个种，种间鉴别特征见表 3-2。

表 3-1　脂环酸芽孢杆菌属（*Alicyclobacillus*）种间鉴别特征

特征	酸热脂环酸芽孢杆菌（*A. acidocaldarius*）	嗜酸脂环酸芽孢杆菌（*A. acidiphilus*）	酸土脂环酸芽孢杆菌（*A. acidoterrestris*）	污染脂环酸芽孢杆菌（*A. contaminans*）	环庚基脂环酸芽孢杆菌（*A. cycloheptanicus*）	氧化二硫醚脂环酸芽孢杆菌（*A. disulfidooxidans*）	苛求脂环酸芽孢杆菌（*A. fastidiosus*）	草脂环酸芽孢杆菌（*A. herbarius*）	神话脂环酸芽孢杆菌（*A. hesperidum*）
运动性	ND	+	ND	+	−	−	−	+	−
芽孢形状	椭圆	卵圆	卵圆	椭圆	卵圆	卵圆	椭圆	卵圆	NR
孢囊膨大	−	+	SS/−	+	SS	+	+	+	−
革兰氏染色反应	+	+	+	+/v	+	v	+/v	+	+
厌氧生长	−	−	−	−	+	+	−	−	−
生长温度/℃	45～70	20～55	35～55	35～60	40～53	4～40	20～55	35～65	40～55
生长 pH	2.0～6.0	2.5～5.5	2.2～5.8	3.5～5.5	3.0～5.5	0.5～6.0	2.5～5.0	3.5～6.0	2.5～5.5
硝酸盐还原	−	−	−	−	−	ND	−	+	−
氧化酶	−	−	−	−	+	ND	−	−	−
过氧化氢酶	w	+	w	−	+	ND	+	+	w
利用碳水化合物产酸									
N-乙酰-D-葡萄糖胺	−	−	−	ND	ND	−	ND	−	−
阿东醇	−	−	−	ND	ND	−	ND	−	−
苦杏仁苷	−	−	−	−	−	−	−	+	−
D-阿拉伯糖	−	+	−	−	+	−	+	+	−
L-阿拉伯糖	+	+	+	+	ND	−	+	+	+
D-阿拉伯糖醇	−	−	−	−	+	−	−	−	−
L-阿拉伯糖醇	−	−	−	ND	ND	−	ND	−	−
熊果苷	−	+	−	+	−	−	−	+	−
纤维二糖	+	+	+	+	−	−	−	+	+
卫矛醇	−	−	−	ND	+	−	ND	−	−

续表

特征	酸热脂环酸芽孢杆菌（*A. acidocaldarius*）	嗜酸脂环酸芽孢杆菌（*A. acidiphilus*）	酸土脂环酸芽孢杆菌（*A. acidoterrestris*）	污染脂环酸芽孢杆菌（*A. contaminans*）	环庚基脂环酸芽孢杆菌（*A. cycloheptanicus*）	氧化二硫醚脂环酸芽孢杆菌（*A. disulfidooxidans*）	苛求脂环酸芽孢杆菌（*A. fastidiosus*）	草脂环酸芽孢杆菌（*A. herbarius*）	神话脂环酸芽孢杆菌（*A. hesperidum*）
D-果糖	+	+	+	+	+	−	+	+	+
D-岩藻糖	−	−	−	−	−	−	+	+	−
L-岩藻糖	−	−	−	−	+	−	+	−	−
D-半乳糖	+	+	+	+	−	−	+	+	+
龙胆二糖	−	+	−	v	−	−	−	+	w
葡萄糖酸盐	−	−	−	ND	ND	−	ND	−	−
D-葡萄糖	+	+	+	+	+	−	+	+	+
甘油	+	−	+	+	−	−	−	+	+
糖原	−	−	−	−	−	−	−	−	+
赤藻糖醇	−	−	+	−	−	−	−	−	−
七叶苷	−	+	−	+	+	−	−	+	−
肌醇	−	−	+	−	+	−	+	−	−
菊糖	−	−	−	−	ND	−	−	−	−
2-酮基-D-葡萄糖酸盐	−	−	−	ND	ND	−	ND	−	−
5-酮基-D-葡萄糖酸盐	−	−	−	−	+	−	−	+	−
乳糖	+	+	+	v	−	−	−	+	+
D-来苏糖	−	−	−	−	+	−	+	−	−
麦芽糖	+	+	+	+	−	−	−	+	+
D-甘露糖	+	+	+	+	+	−	+	+	+
甘露醇	+	−	+	+	+	−	+	+	+
蜜二糖	+	−	w	−	−	−	+	+	−

续表

特征	酸热脂环酸芽孢杆菌（*A. acidocaldarius*）	嗜酸脂环酸芽孢杆菌（*A. acidiphilus*）	酸土脂环酸芽孢杆菌（*A. acidoterrestris*）	污染脂环酸芽孢杆菌（*A. contaminans*）	环庚基脂环酸芽孢杆菌（*A. cycloheptanicus*）	氧化二硫醚脂环酸芽孢杆菌（*A. disulfidooxidans*）	苛求脂环酸芽孢杆菌（*A. fastidiosus*）	草脂环酸芽孢杆菌（*A. herbarius*）	神话脂环酸芽孢杆菌（*A. hesperidum*）
松三糖	−	+	−	−	−	−	−	+	−
甲基葡萄糖苷	−	+	−	−	−	−	−	+	−
甲基甘露糖苷	−	−	−	−	−	−	−	+	−
甲基木糖苷	−	−	−	−	ND	−	+	−	−
棉籽糖	+	+	−	−	−	−	+	+	−
鼠李糖	−	−	+	v	+	−	+	+	−
核糖	+	+	+	+	+	−	+	+	+
水杨苷	−	+	−	v	−	−	−	+	−
山梨糖醇	−	+	+	−	+	−	−	−	−
L-山梨糖	−	+	−	v	+	−	−	−	−
淀粉	−	−	−	−	−	−	−	−	w
蔗糖	+	+	+	+	−	−	−	+	+
D-塔格糖	−	−	−	v	+	−	+	−	−
海藻糖	+	+	+	+	−	−	+	+	+
D-松二糖	−	+	−	−	−	−	−	+	+
木糖醇	−	+	+	−	−	−	−	−	−
D-木糖	−	+	−	+	+	−	+	+	−
L-木糖	−	−	−	−	+	−	−	−	−
mol% G+C	60.3	54.1	51.6	60.1～60.6	55.6	53.0	53.9	56.2	53.3

续表

特征	挂川脂环酸芽孢杆菌（*A. kakegawensis*）	大孢束脂环酸芽孢杆菌（*A. macrosporangiidus*）	果实脂环酸芽孢杆菌（*A. pomorum*）	糖脂环酸芽孢杆菌（*A. sacchari*）	仙台脂环酸芽孢杆菌（*A. sendaienensis*）	静冈脂环酸芽孢杆菌（*A. shizuokensis*）	抗逆性脂环酸芽孢杆菌（*A. tolerans*）	火神脂环酸芽孢杆菌（*A. vulcanalis*）
运动性	+	+	+	+	−	+	−	ND
芽孢形状	卵圆	卵圆	卵圆	椭圆	圆	卵圆	卵圆	NR
孢囊膨大	+	+	+	+	+	+	+	NR
革兰氏染色反应	+/v	+/v	+/v	+/v	−	+/v	+	+
厌氧生长	−	−	−	−	−	−	−	−
生长温度/℃	40～60	35～60	30～60	30～55	40～65	35～60	20～55	35～65
生长 pH	3.5～6.0	3.5～6.0	3.0～6.0	2.5～5.5	2.5～6.5	3.5～6.0	1.5～5.0	2.0～6.0
硝酸盐还原	−	−	−	−	+	−	−	ND
氧化酶	−	−	+	−	−	−	w	−
过氧化氢酶	w	w	+	−	−	+	w	−
利用碳水化合物产酸								
N-乙酰-D-葡萄糖胺	ND	ND	ND	ND	−	ND	−	−
阿东醇	ND	ND	ND	ND	−	ND	−	−
苦杏仁苷	+	−	+	−	−	−	+	−
D-阿拉伯糖	+	+	−	−	−	−	w	−
L-阿拉伯糖	+	+	−	+	+	+	w	+
D-阿拉伯糖醇	+	+	ND	−	−	−	−	−
L-阿拉伯糖醇	ND	ND	ND	ND	−	ND	−	−
熊果苷	+	−	−	+	+	+	−	w
纤维二糖	+	−	−	+	+	+	−	+
卫矛醇	ND	ND	ND	ND	−	ND	−	−

续表

特征	挂川脂环酸芽孢杆菌（*A. kakegawensis*）	大孢束脂环酸芽孢杆菌（*A. macrosporangiidus*）	果实脂环酸芽孢杆菌（*A. pomorum*）	糖脂环酸芽孢杆菌（*A. sacchari*）	仙台脂环酸芽孢杆菌（*A. sendaienensis*）	静冈脂环酸芽孢杆菌（*A. shizuokensis*）	抗逆性脂环酸芽孢杆菌（*A. tolerans*）	火神脂环酸芽孢杆菌（*A. vulcanalis*）
D-果糖	+	+	+	+	+	+	+	+
D-岩藻糖	−	−	−	−	−	−	−	−
L-岩藻糖	−	−	ND	−	−	−	−	−
D-半乳糖	+	+	−	+	+	+	+	+
龙胆二糖	+	+	−	+	−	+	−	−
葡萄糖酸盐	ND	ND	ND	ND	−	ND	−	−
D-葡萄糖	+	+	+	+	+	+	+	+
甘油	−	+	+	+	+	−	w	+
糖原	−	−	−	+	+	−	+	+
赤藻糖醇	v	−	−	−	−	−	−	−
七叶苷	+	+	+	−	−	+	+	−
肌醇	v	−	−	−	−	−	−	+
菊糖	−	−	ND	+	−	−	−	−
2-酮基-D-葡萄糖酸盐	ND	ND	ND	ND	−	ND	−	−
5-酮基-D-葡萄糖酸盐	−	−	+	−	−	−	+	w
乳糖	+	+	−	+	+	−	w	−
D-来苏糖	+	+	−	−	−	−	−	−
麦芽糖	+	+	+	+	+	+	w	+
D-甘露糖	+	+	+	+	+	+	+	+
甘露醇	+	−	+	+	+	+	+	+
蜜二糖	−	−	−	+	−	+	−	+

续表

特征	挂川脂环酸芽孢杆菌（*A. kakegawensis*）	大孢束脂环酸芽孢杆菌（*A. macrosporangiidus*）	果实脂环酸芽孢杆菌（*A. pomorum*）	糖脂环酸芽孢杆菌（*A. sacchari*）	仙台脂环酸芽孢杆菌（*A. sendaienensis*）	静冈脂环酸芽孢杆菌（*A. shizuokensis*）	抗逆性脂环酸芽孢杆菌（*A. tolerans*）	火神脂环酸芽孢杆菌（*A. vulcanalis*）
松三糖	v	−	−	+	−	−	+	−
甲基葡萄糖苷	+	−	+	+	+	−	+	w
甲基甘露糖苷	+	+	−	−	−	−	ND	−
甲基木糖苷	−	−	ND	+	−	−	−	−
棉籽糖	−	−	−	+	+	−	w	+
鼠李糖	+	+	−	+	−	−	−	−
核糖	+	+	+	+	+	+	+	+
水杨苷	+	+	+	+	+	+	−	−
山梨糖醇	+	+	−	−	−	−	−	−
L-山梨糖	+	+	+	−	−	−	+	−
淀粉	−	−	−	+	ND	−	+	−
蔗糖	+	+	+	+	+	+	+	+
D-塔格糖	v	−	+	−	−	−	w	−
海藻糖	+	+	+	+	+	+	+	+
D-松二糖	+	−	+	+	+	−	w	+
木糖醇	+	+	−	−	−	−	−	−
D-木糖	+	+	−	+	+	+	+	+
L-木糖	+	+	−	−	−	+	+	−
mol% G+C	61.3～61.7	62.5	53.1	56.6	62.3	60.5	48.7	62.0

注：SS 表示稍微膨大（slightly swollen），下同

表 3-2　碱芽孢杆菌属（*Alkalibacillus*）种间鉴别特征

特征	嗜盐碱碱芽孢杆菌（*A. haloalkaliphilus*）	线状碱芽孢杆菌（*A. filiformis*）	盐湖碱芽孢杆菌（*A. salilacus*）	林地碱芽孢杆菌（*A. silvisoli*）
运动性	+	−	+	+
革兰氏染色反应	−	+	+	+
生长 NaCl 浓度/(%，*w*/*v*)	0～25	0～18	5～20	5～25
最适生长 pH	9.7	9.0	8.0	9.0～9.5
生长温度/℃	＞50	15～45	15～40	20～50
过氧化氢酶	+	w	+	+
氧化酶	+	−	−	−
产酸				
D-果糖	−	−	+	−
D-半乳糖	−	−	−	+
麦芽糖	−	−	−	+
海藻糖	−	−	−	+
D-甘露醇	−	−	−	+
水解				
淀粉	w	−	−	−
酪素	−/w	−	−	+
明胶	+	+	−	+
马尿酸	+	−	−	−
七叶苷	+	−	+	−
硝酸盐还原	−	−	−	+

3. 兼性芽孢杆菌属（*Amphibacillus* Niimura et al. 1990）

细胞杆状，单个或成对排列，偶尔呈短链排列，革兰氏染色反应为阳性。芽孢卵形，端生或中生，有时孢囊形成后迅速溶解释放芽孢。运动或不运动。好氧或严格厌氧条件下均生长良好，好氧或厌氧条件下生长必需葡萄糖。厌氧条件下，分解葡萄糖的主要产物包括乙醇、乙酸和甲酸；好氧条件下，分解葡萄糖的主要产物为乙酸。嗜碱，某些种嗜盐或耐盐。缺少呼吸醌和细胞色素，过氧化氢酶阴性。

DNA 的 G+C 含量（mol%）：35.4～42.3（T_m）。

模式种：木聚糖兼性芽孢杆菌（*Amphibacillus xylanus*）；模式菌株的 16S rRNA 基因序列登录号：D82065；基因组序列登录号：GCA_000307165.1；模式菌株保藏编号：ATCC 51415=DSM 6626=JCM 7361。

该属包括 7 个种，常见种的鉴别特征见表 3-3。

4. 解硫胺素芽孢杆菌属（*Aneurinibacillus* Shida et al. 1996）

细胞杆状，大小为 0.5～1.0μm×2.0～6.0μm，革兰氏染色反应为阳性。芽孢椭圆形，中生或亚端生，孢囊膨大。严格好氧，只有新地站解硫胺素芽孢杆菌（*A. terranovensis*）

表 3-3　兼性芽孢杆菌属（*Amphibacillus*）常见种的鉴别特征

特征	海洋兼性芽孢杆菌（*A. marinus*）	吉林兼性芽孢杆菌（*A. jilinensis*）	沉积物兼性芽孢杆菌（*A. sediminis*）	木聚糖兼性芽孢杆菌（*A. xylanus*）	发酵兼性芽孢杆菌（*A. fermentum*）	热带兼性芽孢杆菌（*A. tropicus*）	库克兼性芽孢杆菌（*A. cookii*）
运动性	+	+	−	−	+	+	+
芽孢	+	+	+	+	−	+	+
过氧化氢酶	+	w	−	−	+	+	−
生长温度/℃	7～55	15～55	17～57	17～55	17～57	17～55	12～48
生长 pH	7.5～10.0	7.5～10.5	7.0～10.5	9.0～10.5	8.0～10.5	8.0～11.0	6.5～10.0
生长 NaCl 浓度/(%，*w/v*)	0～12	0～16	0～12	0～5	1～17	1～12	1～14
底物利用							
D-果糖	+	+	−	+	−	−	+
海藻糖	+	+	+	−	+	+	+
乳糖	+	−	+	−	+	−	+
L-鼠李糖	+	+	−	−	−	−	+
L-山梨糖	−	−	−	+	−	−	−
棉籽糖	−	−	+	+	−	−	+
D-甘露糖	−	−	−	+	−	−	+
麦芽糖	+	+	+	−	+	−	+
蔗糖	−	+	−	+	−	−	−
纤维二糖	+	+	−	−	+	+	+
D-木糖	w	−	+	+	+	w	+

续表

特征	海洋兼性芽孢杆菌（*A. marinus*）	吉林兼性芽孢杆菌（*A. jilinensis*）	沉积物兼性芽孢杆菌（*A. sediminis*）	木聚糖兼性芽孢杆菌（*A. xylanus*）	发酵兼性芽孢杆菌（*A. fermentum*）	热带兼性芽孢杆菌（*A. tropicus*）	库克兼性芽孢杆菌（*A. cookii*）
D-半乳糖	+	+	−	−	−	+	+
D-核糖	−	+	+	+	−	−	+
D-阿拉伯糖	+	+	−	+	+	−	+
木聚糖	−	+	−	−	−	−	−
D-山梨糖醇	+	+	−	+	−	−	+
D-甘露醇	+	+	−	−	−	−	+
甘油	+	+	−	+	−	−	ND
肌醇	+	+	+	+	+	−	+
乳酸盐	−	+	−	+	+	−	ND
L-甘氨酸	−	+	−	+	−	−	−
L-组氨酸	−	+	−	+	+	−	+
L-丙氨酸	−	+	−	+	+	−	−
淀粉	+	+	+	+	−	−	+
柠檬酸盐	−	+	−	+	+	−	−
淀粉水解	−	+	+	−	+	+	ND
酪素水解	−	+	−	−	−	−	ND
mol% G+C	36.7	37.7	42.3	36.0	41.5	39.2	35.4

是微好氧。能分解硫胺素，脲酶阴性，不产生吲哚。过氧化氢酶可变，硝酸盐还原可变。酪素、明胶、淀粉和吐温 80 水解均可变。只能利用少数种类的碳水化合物，氨基酸和某些有机酸可以作为碳源。主要脂肪酸为 iso-$C_{15:0}$。

DNA 的 G+C 含量（mol%）：42～47。

模式种：解硫胺素解硫胺素芽孢杆菌（*Aneurinibacillus aneurinilyticus*）；模式菌株的 16S rRNA 基因序列登录号：D78455；基因组序列登录号：GCA_000466385.1；模式菌株保藏编号：ATCC 12856=CGMCC 1.16118=DSM 5562=JCM 9024。

该属包括 5 个种，种间鉴别特征见表 3-4。

表 3-4　解硫胺素芽孢杆菌属（*Aneurinibacillus*）种间鉴别特征

特征	解硫胺素解硫胺素芽孢杆菌（*A. aneurinilyticus*）	丹麦解硫胺素芽孢杆菌（*A. danicus*）	米氏解硫胺素芽孢杆菌（*A. migulanus*）	新地站解硫胺素芽孢杆菌（*A. terranovensis*）	嗜热嗜气解硫胺素芽孢杆菌（*A. thermoaerophilus*）
生长					
20℃	v	−	+	v	−
30℃	+	−	+	+	−
50℃	v	+	v	+	+
55℃	−	+	−	v	+
2% NaCl	+	w	+	−	+
5% NaCl	+	−	+	−	−
7% NaCl	w	−	w	−	−
水解					
酪素	−	+	−	−	+
明胶	−	+	+	+	+
淀粉	+	−	+	w	−
硝酸盐还原	+	−	+	v	−
产酸					
N-乙酰-D-葡萄糖胺	−	−	−	−	w
阿东醇	−	+	−	−	−
D-阿拉伯糖	−	+	−	ND	−
卫矛醇	−	+	−	−	−
D-果糖	−	+	+	−	w
D-葡萄糖	−	−	−	−	+
肌醇	−	−	+	−	−
D-来苏糖	−	+	−	−	+
D-甘露糖	−	+	−	−	−
山梨糖醇	−	+	−	−	−
L-山梨糖	−	+	−	−	+
D-塔格糖	−	+	−	−	+
木糖醇	−	+	−	−	−
D-木糖	−	+	−	−	+

5. 无氧芽孢杆菌属（*Anoxybacillus* Pikuta et al. 2000）

细胞杆状，大小为 0.4～1.5μm×2.5～9.0μm，常成对或呈短链排列，革兰氏染色反应为阳性或可变。芽孢圆形、卵形或圆柱形，端生。运动或不运动。好氧或兼性厌氧，过氧化氢酶可变。嗜碱、耐碱或中性生长，中度嗜热。

DNA 的 G+C 含量（mol%）：41.6～57.0。

模式种：普希金无氧芽孢杆菌（*Anoxybacillus pushchinoensis*）；模式菌株的 16S rRNA 基因序列登录号：AJ010478；基因组序列登录号：GCA_900111795.1；模式菌株保藏编号：ATCC 700785=DSM 12423。

该属包括 10 个种，种间鉴别特征见表 3-5。

表 3-5 无氧芽孢杆菌属（*Anoxybacillus*）种间鉴别特征

特征	普希金无氧芽孢杆菌（*A. pushchinoensis*）	好热黄无氧芽孢杆菌（*A. flavithermus*）	格嫩泉无氧芽孢杆菌（*A. gonensis*）	污染无氧芽孢杆菌（*A. contaminans*）	沃索夫斯基无氧芽孢杆菌（*A. voinoskiensis*）	里泽无氧芽孢杆菌（*A. ayderensis*）	凯斯坦波尔泉无氧芽孢杆菌（*A. kestanbolensis*）	解淀粉无氧芽孢杆菌（*A. amylolyticus*）	努比卤地无氧芽孢杆菌（*A. rupiensis*）	勘察加无氧芽孢杆菌（*A. kamchatkensis*）
革兰氏染色反应	+	+	+	v	+	+	+	+	+	+
运动性	−	+	+	+	−	+	+	+	+	+
生长温度/℃	37～65	30～72	40～70	40～60	30～64	30～70	40～70	45～65	35～67	38～67
最适生长温度/℃	62	60	55～60	50	54	50	50～55	61	55	60
生长 pH	8.0～10.5	6～9	6～10	4.5～10.0	7～8	6～11	6.0～10.5	ND	5.5～8.5	5.7～9.9
最适生长 pH	9.5～9.7	ND	7.5～8.0	7.0	ND	7.5～8.5	7.5～8.5	5.6	6.0～6.5	6.8～8.5
过氧化氢酶	−	+	+	+	+	+	+	+	+	−
氧化酶	ND	+	+	−	+	+	+	−	ND	−
硝酸盐还原	+	+	−	+	+	+	+	−	−	ND
底物利用										
D-葡萄糖	+	+	+	+	+	+	+	+	+	+
D-果糖	+	ND	+	+	+	+	+	ND	+	+
淀粉	+	+	+	+	−	+	−	+	+	−
蛋白胨	−	+	+	−	+	+	+	ND	ND	+
明胶	−	−	+	+	−	+	+	−	−	−
酪素	−	+	−	−	−	−	−	−	+	−
mol% G+C	42.2	41.6	57.0	44.4	43.9	54.0	50.0	43.5	41.7	42.3

6. 芽孢杆菌属（*Bacillus* Cohn 1872）

细胞杆状，单个或成对排列，有时成链排列，革兰氏染色反应为阳性或幼龄时阳性或阴性。周生鞭毛运动或不运动。好氧或兼性厌氧，个别种严格厌氧。生理功能多样，从嗜冷菌到嗜热菌，从嗜酸菌到嗜碱菌，有些种耐盐，有些种嗜盐。氧化酶阳性或阴性，多数种过氧化氢酶阳性。该属被发现于不同的生境，多数种是非致病菌，只有少数种对脊椎动物和无脊椎动物有致病性。

DNA 的 G+C 含量（mol%）：32～66（T_m）。

模式种：枯草芽孢杆菌（*Bacillus subtilis*）；模式菌株的 16S rRNA 基因序列登录号：MK256302；基因组序列登录号：GCA_006088795.1；模式菌株保藏编号：ATCC 6051=DSM 10=LMG 7135=NBRC 13719。

该属目前包括 95 个种，常见种的鉴别特征见表 3-6。

7. 短芽孢杆菌属（*Brevibacillus* Shida et al. 1996）

细胞杆状，大小为 0.7～1.0μm×3.0～6.0μm，革兰氏染色反应为阳性、可变或阴性。芽孢椭圆形，孢囊膨大。鞭毛周生。大多数种严格好氧。多数种过氧化氢酶阳性，氧化酶可变。V-P 试验阴性，硝酸盐还原以及酪素、明胶和淀粉水解均可变。5% NaCl 抑制生长。最适生长 pH 为 7.0。可同化糖类，但产酸微弱，某些氨基酸和有机酸可作为碳源和能源。主要脂肪酸为 anteiso-$C_{15:0}$ 和 iso-$C_{15:0}$。

DNA 的 G+C 含量（mol%）：40.2～57.4。

模式种：短短芽孢杆菌（*Brevibacillus brevis*）；模式菌株的 16S rRNA 基因序列登录号：X60612；基因组序列登录号：GCA_900637055.1；模式菌株保藏编号：ATCC 8246=CGMCC 1.3098=DSM 30=KCTC 3743。

该属包括 14 个种，种间鉴别特征见表 3-7。

8. 地芽孢杆菌属（*Geobacillus* Nazina et al. 2001）

细胞杆状，单个或呈短链排列，革兰氏染色反应可变。周生鞭毛运动或不运动。芽孢椭圆形或圆柱形，端生或亚端生，孢囊轻微膨大或不膨大。好氧或兼性厌氧，化能有机营养型。专性嗜热，最适生长温度为 55～65℃。氧化酶可变，多数种过氧化氢酶阳性。多数种能利用正烷烃作为碳源和能源。不产生吲哚。主要脂肪酸包括 iso-$C_{15:0}$、iso-$C_{16:0}$ 和 iso-$C_{17:0}$，主要呼吸醌为 MK-7。广泛分布于自然环境中。

DNA 的 G+C 含量（mol%）：48.2～58.0（T_m）。

模式种：嗜热嗜脂肪地芽孢杆菌（*Geobacillus stearothermophilus*）；模式菌株的 16S rRNA 基因序列登录号：X60612；基因组序列登录号：GCA_001277805.1；模式菌株保藏编号：ATCC 12980=CGMCC 1.1923=DSM 22=NBRC 12550。

该属包括 17 个种，种间鉴别特征见表 3-8。

表 3-6　芽孢杆菌属（*Bacillus*）常见种的鉴别特征

特征	枯草芽孢杆菌（*B. subtilis*）	伊奥利亚岛芽孢杆菌（*B. aeolius*）	黏琼脂芽孢杆菌（*B. agaradhaerens*）	嗜碱芽孢杆菌（*B. alcalophilus*）	藻居芽孢杆菌（*B. algicola*）	解淀粉芽孢杆菌（*B. amyloliquefaciens*）	炭疽芽孢杆菌（*B. anthracis*）	海水芽孢杆菌（*B. aquimaris*）	黄硒芽孢杆菌（*B. arseniciselenatis*）	风井氏芽孢杆菌（*B. asahii*）	深褐芽孢杆菌（*B. atrophaeus*）	产氮芽孢杆菌（*B. azotoformans*）	栗褐芽孢杆菌（*B. badius*）	罕见芽孢杆菌（*B. barbaricus*）	巴达维亚芽孢杆菌（*B. bataviensis*）	食苯芽孢杆菌（*B. benzoevorans*）	嗜碳芽孢杆菌（*B. carboniphilus*）	蜡状芽孢杆菌（*B. cereus*）	环状芽孢杆菌（*B. circulans*）
运动性	+	+	NR	NR	+	+	−	+	−	+	+	+	+	−	+	+	+	+	+
细胞直径＞1cm	−	−	−	−	−	−	+	−	−	−	−	−	v	−	d	+	−	+	−
孢囊膨大	−	NR	+	−	−	−	−	+	NR	−	−	+	−	+	+	−	−	−	+
过氧化氢酶	+	−	NR	+	w	NR	+	+	+	+	+	−	+	+	NR	d	+	+	+
厌氧生长	−	−	NR	−	−	−	+	−	+	NR	−	−	−	+	+	+	−	+	+
V-P 试验	+	+	NR	−	NR	+	+	NR	NR	−	+	−	−	NR	−	−	−	+	−
水解																			
酪素	+	+	+	+	−	+	+	+	NR	+	+	NR	+	NR	−	NR	+	+	w
明胶	+	+	+	+	+	+	+	NR	NR	−	+	−	+	NR	+	−	+	+	v
淀粉	+	+	+	+	+	+	+	+	NR	w	+	−	−	NR	NR	−	+	+	w
产酸																			
L-阿拉伯糖	+	+	NR	+	NR	d	−	−	NR	NR	+	NR	−	NR	−	−	−	−	+
D-葡萄糖	+	+	NR	+	NR	+	+	+	NR	−	+	−	−	+	+	−	−	+	+
糖原	+	−	NR	NR	NR	+	+	+	NR	NR	NR	NR	−	+	−	−	NR	+	+
D-甘露醇	+	+	NR	+	NR	+	−	−	NR	−	+	NR	NR	NR	+	NR	NR	NR	+
D-甘露糖	+	+	NR	NR	NR	d	−	−	NR	−	d	−	−	NR	+	−	−	−	+
水杨苷	+	+	NR	NR	NR	+	−	−	NR	NR	+	NR	−	−	d	−	−	d	+
D-木糖	+	+	NR	+	NR	d	−	−	NR	−	+	−	−	−	−	−	−	−	+
柠檬酸利用	+	+	NR	−	−	+	d	NR	+	NR	+	+	+	−	−	NR	−	+	−
硝酸盐还原	+	−	+	−	w	+	+	NR	+	w	+	+	−	−	+	+	−	d	d

续表

特征	克氏芽孢杆菌（*B. clarkii*）	克劳氏芽孢杆菌（*B. clausii*）	凝结芽孢杆菌（*B. coagulans*）	科氏芽孢杆菌（*B. cohnii*）	脱色芽孢杆菌（*B. decolorationis*）	德伦特芽孢杆菌（*B. drentensis*）	植物内生芽孢杆菌（*B. endophyticus*）	混料芽孢杆菌（*B. farraginis*）	苛求芽孢杆菌（*B. fastidiosus*）	坚强芽孢杆菌（*B. firmus*）	弯曲芽孢杆菌（*B. flexus*）	福氏芽孢杆菌（*B. fordii*）	强壮芽孢杆菌（*B. fortis*）	气孔芽孢杆菌（*B. fumarioli*）	绳索状芽孢杆菌（*B. funiculus*）	纺锤形芽孢杆菌（*B. fusiformis*）	解半乳糖苷芽孢杆菌（*B. galactosidilyticus*）	明胶芽孢杆菌（*B. gelatini*）	吉氏芽孢杆菌（*B. gibsonii*）
运动性	NR	NR	+	+	+	+	−	+	+	+	NR	+	+	+	+	+	+	+	NR
细胞直径＞1cm	−	−	−	−	−	d	v	−	+	−	−	−	−	−	+	−	−	−	−
孢囊膨大	d	v	+	+	+	+	−	v	−	v	−	v	+	−	−	+	+	−	−
过氧化氢酶	NR	NR	+	+	+	NR	+	+	+	+	NR	+	+	+	+	NR	+	+	NR
厌氧生长	NR	NR	+	NR	−	+	−	−	−	+	−	−	−	−	−	−	+	−	NR
V-P 试验	NR	NR	d	NR	−	−/w	−	−	NR	−	−	−	−	+	+	−	−	−	NR
水解																			
酪素	+	+	−	v	+	−	−	−	−	w	+	−	−	−	−	+	w	+	+
明胶	+	+	v	+	+	−	−	−	−	+	+	−	−	+	−	+	−	+	+
淀粉	−	+	+	+	NR	NR	−	−	−	+	+	−	−	NR	+	−	NR	NR	−
产酸																			
L-阿拉伯糖	NR	NR	v	NR	−	−	+	−	NR	−	−	−	−	−	NR	−	d/w	−	NR
D-葡萄糖	NR	NR	+	NR	w	w	+	−	NR	+	+	−	−	+	+	−	+	+	NR
糖原	NR	NR	−	NR	−	−	−	−	NR	v	NR	−	−	−	NR	−	−	−	NR
D-甘露醇	NR	NR	−	NR	d/w	−	+	−	NR	+	+	−	−	+	NR	−	d/w	+	NR
D-甘露糖	NR	NR	+	NR	w	d/w	+	−	NR	−	−	−	−	+	NR	−	d/w	+	NR
水杨苷	NR	NR	d	NR	w	w	NR	−	NR	−	d	−	−	−	NR	−	d/w	−	NR
D-木糖	NR	NR	d	NR	−	d/w	d	−	NR	d	−	−	−	−	NR	−	d/w	+	NR
柠檬酸利用	NR	NR	−	NR	−	−	+	−	−	−	+	−	−	−	−	+	−	−	NR
硝酸盐还原	+	+	−	+	+	d	−	−	−	+	−	−	−	−	+	−	+	−	d

续表

特征	盐敏芽孢杆菌（*B. halmapalus*）	耐盐芽孢杆菌（*B. halodurans*）	嗜盐芽孢杆菌（*B. halophilus*）	堀越氏芽孢杆菌（*B. horikoshii*）	花园芽孢杆菌（*B. horti*）	花津滩芽孢杆菌（*B. hwajinpoensis*）	印度芽孢杆菌（*B. indicus*）	深层芽孢杆菌（*B. infernus*）	异常芽孢杆菌（*B. insolitus*）	咸海鲜芽孢杆菌（*B. jeotgali*）	克鲁氏芽孢杆菌（*B. krulwichiae*）	迟缓芽孢杆菌（*B. lentus*）	地衣芽孢杆菌（*B. licheniformis*）	坎德玛斯岛芽孢杆菌（*B. luciferensis*）	马氏芽孢杆菌（*B. macyae*）	黄海芽孢杆菌（*B. marisflavi*）	巨大芽孢杆菌（*B. megaterium*）	甲醇芽孢杆菌（*B. methanolicus*）	莫哈韦芽孢杆菌（*B. mojavensis*）
运动性	NR	NR	+	NR	+	−	−	−	+	+	+	+	+	+	+	+	+	−	+
细胞直径＞1cm	−	−	−	−	−	+	+	−	v	v	−	−	−	−	−	−	+	d	−
孢囊膨大	−	+	−	v	+	+	+	NR	−	+	−	v	−	v	−	+	−	+	−
过氧化氢酶	NR	NR	+	NR	+	+	+	−	+	+	+	+	+	w	+	+	+	+	+
厌氧生长	NR	NR	−	NR	−	−	NR	+	−	+	+	−	+	+	+	−	−	−	−
V-P 试验	NR	NR	−	NR	NR	NR	−	NR	−	NR	NR	−	+	+	NR	NR	−	NR	+
水解																			
酪素	+	+	−	+	+	+	NR	−	NR	−	d	−	+	w	NR	+	+	−	+
明胶	+	+	−	+	+	+	+	−	−	+	d	−	+	+	NR	NR	+	NR	+
淀粉	+	+	−	+	+	+	+	−	−	+	+	+	+	NR	NR	−	+	d	+
产酸																			
L-阿拉伯糖	NR	NR	NR	NR	NR	−	NR	−	−	−	NR	+/w	+	−	NR	−	+	NR	+
D-葡萄糖	NR	NR	NR	+	NR	+	+	NR	+	−	+	+	+/w	+	NR	+	+	+	+
糖原	NR	NR	NR	NR	NR	NR	NR	NR	NR	+	NR	−	+	−	NR	+	+	−	NR
D-甘露醇	NR	NR	−	NR	NR	+	NR	NR	−	−	+	+/w	+	−	NR	+	+	+	+
D-甘露糖	NR	NR	+	NR	NR	+	NR	−	NR	−	−	+/w	+	−	NR	+	−	NR	+
水杨苷	NR	NR	+	NR	NR	NR	NR	NR	NR	−	NR	+/w	+	+	NR	+	+	−	+
D-木糖	NR	NR	+	NR	+	−	NR	−	−	−	+	+/w	+	−	NR	+	+	NR	+
柠檬酸利用	NR	NR	−	NR	NR	NR	−	−	−	NR	NR	d	+	−	−	NR	+	NR	+
硝酸盐还原	−	d	−	−	+	+	−	+	−	−	+	+	+	−	+	NR	d	−	+

续表

特征	蕈状芽孢杆菌（*B. mycoides*）	长野芽孢杆菌（*B. naganoensis*）	尼氏芽孢杆菌（*B. nealsonii*）	内氏芽孢杆菌（*B. neidei*）	烟酸芽孢杆菌（*B. niacini*）	休闲地芽孢杆菌（*B. novalis*）	奥德赛芽孢杆菌（*B. odysseyi*）	奥飞驒温泉芽孢杆菌（*B. okuhidensis*）	蔬菜芽孢杆菌（*B. oleronius*）	假嗜碱芽孢杆菌（*B. pseudalcaliphilus*）	假坚强芽孢杆菌（*B. pseudofirmus*）	假蕈状芽孢杆菌（*B. pseudomycoides*）	耐冷芽孢杆菌（*B. psychrodurans*）	冷解糖芽孢杆菌（*B. psychrosaccharolyticus*）	忍冷芽孢杆菌（*B. psychrotolerans*）	短芽孢杆菌（*B. pumilus*）	厚壁芽孢杆菌（*B. pycnus*）	施氏芽孢杆菌（*B. schlegelii*）	还原硒酸盐芽孢杆菌（*B. selenitireducens*）
运动性	−	−	+	+	d	+	+	+	−	NR	NR	−	NR	+	NR	+	+	+	−
细胞直径＞1cm	+	−	−	−	v	v	−	−	−	−	−	v	−	v	−	−	+	−	−
孢囊膨大	−	+	−	+	v	+	+	v	+	+	−	−	+	+	+	−	+	+	NR
过氧化氢酶	+	+	+	+	+	NR	+	+	+	NR	NR	+	+	+	+	+	+	+	+
厌氧生长	+	−	+	−	−	+	−	NR	−	NR	NR	+	−	+	−	−	−	−	+
V-P 试验	+	−	−	−	d	−	−	NR	d	NR	NR	+	−	−	−	+	−	−	NR
水解																			
酪素	+	−	NR	−	−	+	NR	+	−	+	+	+	−	+	−	+	−	w	NR
明胶	+	−	−	NR	+	+	−	+	w	+	+	NR	d	+	d	+	NR	−	NR
淀粉	+	+	−	−	d	NR	−	+	d/w	+	+	+	+	+	+	−	−	−	NR
产酸																			
L-阿拉伯糖	−	+	+	−	−	−	NR	NR	−	NR	NR	−	d/w	+	d/w	+	−	−	NR
D-葡萄糖	+	+	+	−	+	+	−	NR	+	NR	NR	+	d/w	+	d/w	+	−	−	NR
糖原	+	NR	−	NR	d	−	NR	NR	−	NR	NR	NR	NR	NR	NR	−	NR	NR	NR
D-甘露醇	−	+	+	−	−	d/w	NR	NR	+	NR	NR	−	d/w	+	d/w	+	−	−	NR
D-甘露糖	−	NR	+	−	+	+	NR	NR	d/w	NR	NR	NR	NR	NR	NR	+	−	NR	NR
水杨苷	d	NR	+	−	d	−	NR	NR	d/w	NR	NR	NR	NR	NR	NR	+	−	NR	NR
D-木糖	−	+	+	−	+	−	NR	NR	−	NR	NR	−	d/w	+	d/w	+	−	−	NR
柠檬酸利用	d	−	−	−	d	−	NR	NR	−	NR	NR	d	−	−	−	+	−	−	−
硝酸盐还原	d	−	−	−	+	+	−	+	+	−	−	+	+	+	−	−	−	+	+

续表

特征	沙氏芽孢杆菌（*B. shackletonii*）	森林芽孢杆菌（*B. silvestris*）	简单芽孢杆菌（*B. simplex*）	青贮窖芽孢杆菌（*B. siralis*）	史氏芽孢杆菌（*B. smithii*）	土壤芽孢杆菌（*B. soli*）	索诺拉沙漠芽孢杆菌（*B. sonorensis*）	球形芽孢杆菌（*B. sphaericus*）	耐热芽孢芽孢杆菌（*B. sporothermodurans*）	地下芽孢杆菌（*B. subterraneus*）	热噬淀粉芽孢杆菌（*B. thermoamylovorans*）	热阴沟芽孢杆菌（*B. thermocloacae*）	苏云金芽孢杆菌（*B. thuringiensis*）	多斯加尼芽孢杆菌（*B. tusciae*）	死谷芽孢杆菌（*B. vallismortis*）	威氏芽孢杆菌（*B. vedderi*）	越南芽孢杆菌（*B. vietnamensis*）	原野芽孢杆菌（*B. vireti*）
运动性	+	+	+	NR	+	+	+	+	d	+	+	−	+	+	+	+	+	+
细胞直径＞1cm	−	−	−	−	−	v	−	−	−	−	−	−	+	−	−	−	−	−
孢囊膨大	+	+	−	+	v	v	−	+	d	NR	NR	+	−	+	−	+	−	v
过氧化氢酶	+	+	+	+	+	NR	+	+	+	+	+	+	+	w	+	+	+	NR
厌氧生长	−	−	d/w	−	+	+	+	−	−	+	+	−	+	−	−	+	NR	+
V-P 试验	v	−	−	−	−	−	+	−	d	−	NR	−	+	NR	+	NR	NR	−
水解																		
酪素	w	−	v	+	−	+	+	d	−	−	NR	−	+	NR	+	−	+	+
明胶	v	−	v	+	−	+	NR	d	+	+	NR	−	+	NR	NR	w	+	+
淀粉	−	−	+	−	w	NR	+	−	−	+	+	−	+	−	+	−	+	NR
产酸																		
L-阿拉伯糖	−	−	d/w	−	d	−	+	−	−	−	+	−	−	−	+	NR	−	−
D-葡萄糖	+	−	+	−	+	+	+	−	+	NR	+	−	+	−	+	NR	+	+
糖原	−	−	−	NR	NR	+	NR	−	−	NR	+	NR	+	−	NR	NR	+	+
D-甘露醇	w	−	d/w	−	d	−	+	−	d	−	−	NR	−	−	+	NR	+	+
D-甘露糖	w	−	−	−	d	+	NR	−	d	−	+	−	d	−	+	NR	d	+
水杨苷	+	−	d/w	−	d	−	NR	−	d	NR	+	NR	d	−	+	NR	−	−
D-木糖	−	−	d/w	−	d	−	+	−	−	NR	+	−	−	−	+	NR	−	−
柠檬酸利用	d	−	d	−	d	−	+	+	d	NR	NR	NR	+	−	+	NR	−	−
硝酸盐还原	−	−	+	+	−	+	+	−	+	+	−	−	+	+	+	NR	−	+

注：d/w 表示反应结果不一致，即便是阳性结果，也是弱阳性。下同

表 3-7 短芽孢杆菌属（***Brevibacillus***）种间鉴别特征

特征	短短芽孢杆菌（*B. brevis*）	土壤短芽孢杆菌（*B. agri*）	波茨坦短芽孢杆菌（*B. borstelensis*）	中孢短芽孢杆菌（*B. centrosporus*）	铫子短芽孢杆菌（*B. choshinensis*）	美丽短芽孢杆菌（*B. formosus*）	人参土短芽孢杆菌（*B. ginsengisoli*）	污染短芽孢杆菌（*B. invocatus*）	侧孢短芽孢杆菌（*B. laterosporus*）	利氏短芽孢杆菌（*B. levickii*）	嗜湖短芽孢杆菌（*B. limnophilus*）	副短短芽孢杆菌（*B. parabrevis*）	茹氏短芽孢杆菌（*B. reuszeri*）	热红短芽孢杆菌（*B. thermoruber*）
革兰氏染色反应	+/v	+	+	+	+	+	+	−	+/v/−	+	v	+/v	+	+
厌氧生长	−	−	−	−	−	−	+	−	+	−	−	−	−	−
生长														
20℃	d	+	+	+	+	+	+	+	+	+	+	+	+	−
50℃	−	−	+	−	−	−	−	−	d	+	−	d	−	+
55℃	−	−	−	−	−	−	−	−	−	d	−	−	−	+
水解														
酪素	+	+	+	−	−	+	+	−	+	d/w	−	+	−	+
明胶	+	+	+	−	−	+	+	−	+	+	−	+	−	+
淀粉	−	−	−	−	−	−	−	−	−	w	−	−	−	+
脲酶	−	−	−	−	−	−	+	−	−	−	−	−	−	+
硝酸盐还原	d	−	+	d	−	+	+	−	+	d	−	+	−	−
利用底物产酸														
N-乙酰-D-葡萄糖胺	+	+	+	+	−	+	NR	−	+	−	−	−	+	NR
D-果糖	+	+	+	−	−	d	NR	−	+	−	+	−	+	NR
D-葡萄糖	+	+	−	d	−	d	NR	−	+	−	−	+	+	NR
甘油	+	+	d	d	−	+	NR	−	+	−	+	+	+	NR
麦芽糖	+	+	−	−	−	−	NR	−	+	−	−	+	−	NR
D-甘露醇	+	+	−	+	−	−	NR	−	+	−	−	+	+	NR

续表

特征	短短芽孢杆菌（*B. brevis*）	土壤短芽孢杆菌（*B. agri*）	波茨坦短芽孢杆菌（*B. borstelensis*）	中孢短芽孢杆菌（*B. centrosporus*）	铫子短芽孢杆菌（*B. choshinensis*）	美丽短芽孢杆菌（*B. formosus*）	人参土短芽孢杆菌（*B. ginsengisoli*）	污染短芽孢杆菌（*B. invocatus*）	侧孢短芽孢杆菌（*B. laterosporus*）	利氏短芽孢杆菌（*B. levickii*）	嗜湖短芽孢杆菌（*B. limnophilus*）	副短短芽孢杆菌（*B. parabrevis*）	茹氏短芽孢杆菌（*B. reuszeri*）	热红短芽孢杆菌（*B. thermoruber*）
D-甘露糖	−	v	−	−	−	−	NR	−	+	−	NR	−	−	NR
核糖	+	v	+	+	+	+	NR	−	+	−	+	+	−	NR
D-塔格糖	−	−	+	−	−	d	NR	−	−	−	−	−	−	NR
D-海藻糖	+	+	−	−	−	−	NR	−	+	−	−	+	−	NR
D-松二糖	+	−	−	−	−	−	NR	−	−	−	−	+	−	NR

表 3-8 地芽孢杆菌属（*Geobacillus*）种间鉴别特征

特征	嗜热嗜脂肪地芽孢杆菌（*G. stearothermophilus*）	热解木糖地芽孢杆菌（*G. caldoxylosilyticus*）	脆弱地芽孢杆菌（*G. debilis*）	加尔加泉地芽孢杆菌（*G. gargensis*）	侏罗纪地芽孢杆菌（*G. jurassicus*）	好热地芽孢杆菌（*G. kaustophilus*）	立陶宛地芽孢杆菌（*G. lituanicus*）	苍白地芽孢杆菌（*G. pallidus*）	地表地芽孢杆菌（*G. subterraneus*）	喜温地芽孢杆菌（*G. tepidamans*）	热小链地芽孢杆菌（*G. thermocatenulatus*）	热脱氮地芽孢杆菌（*G. thermodenitrificans*）	热葡糖苷地芽孢杆菌（*G. thermoglucosidasius*）	热噬油地芽孢杆菌（*G. thermoleovorans*）	就地堆肥地芽孢杆菌（*G. toebii*）	乌津油田地芽孢杆菌（*G. uzenensis*）	火神地芽孢杆菌（*G. vulcani*）
运动性	+	+	+	+	+	+	+	+	+	+	+	+	+	−	+	+	+
孢囊膨大	d	+	−	+	+	+	+	+	−	+	+	−	+	+	+	d	d
好氧生长	+	+	+	+	+	+	+	+	+	+	+	+	+	+	+	+	+
厌氧生长	−	d/w	−	−	w	+	+	−	+	−	+	d	−	−	w	+	−
利用底物产酸																	
L-阿拉伯糖	d	+	d/w	−	+	d	+	−	−	+	−	+	−	−	−	+	−
纤维二糖	−	+	−	+	+	d	+	−	+	+	+	+	+	+	−	+	+

续表

特征	嗜热嗜脂肪地芽孢杆菌（*G. stearothermophilus*）	热解木糖地芽孢杆菌（*G. caldoxylosilyticus*）	脆弱地芽孢杆菌（*G. debilis*）	加尔加泉地芽孢杆菌（*G. gargensis*）	侏罗纪地芽孢杆菌（*G. jurassicus*）	好热地芽孢杆菌（*G. kaustophilus*）	立陶宛地芽孢杆菌（*G. lituanicus*）	苍白地芽孢杆菌（*G. pallidus*）	地表地芽孢杆菌（*G. subterraneus*）	喜温地芽孢杆菌（*G. tepidamans*）	热小链地芽孢杆菌（*G. thermocatenulatus*）	热脱氮地芽孢杆菌（*G. thermodenitrificans*）	热葡糖苷地芽孢杆菌（*G. thermoglucosidasius*）	热噬油地芽孢杆菌（*G. thermoleovorans*）	就地堆肥地芽孢杆菌（*G. toebii*）	乌津油田地芽孢杆菌（*G. uzenensis*）	火神地芽孢杆菌（*G. vulcani*）
半乳糖	−	+	−	+	+	d	+	−	+	+	+	+	−	+	−	+	+
甘油	+	w	−	+	+	d	+	+	+	+	+	+	+	d	−	+	+
糖原	+	+	−	−	w	−	−	−	+	−	−	−	−	+	−	+	+
肌醇	−	−	−	−	−	d	+	+	−	+	−	−	−	−	+	−	−
乳糖	−	+	−	−	−	−	−	−	−	w	−	+	−	−	−	−	+
D-甘露醇	d	−	−	+	+	+	+	−	+	−	+	w	+	+	−	+	−
甘露糖	+	+	−	+	+	+	+	−	+	+	+	+	+	+	+	+	+
L-鼠李糖	−	v	−	−	−	−	−	−	−	−	−	d	+	−	−	−	−
山梨糖醇	−	−	d/w	−	−	−	−	+	−	−	+	−	+	−	−	−	−
海藻糖	+	+	+	+	+	+	+	d	+	+	+	+	+	+	+	+	+
D-木糖	d	+	−	−	−	+	+	−	−	+	−	+	+	d	−	−	+
水解																	
酪素	d/w	+	d	+	−	+	+	−	−	−	w	−/w	+	+	+	−	−
七叶苷	d	+	+	+	+	d	+	d	+	+	+	+	+	+	−	+	+
明胶	+	+	d	−	+	d	+	−	−	−	−	w	−	−	−	+	+
淀粉	+	+	−	+	+	+	+	w	+	w	−	d	+	+	−	+	+
脲酶	−	−	−	−	−	−	−	−	−	−	−	−	+	−	−	−	−
硝酸盐还原	d	+	−/d	+	−	+	+	−	+	+	+	+	+	+	+	+	−

9. 喜盐芽孢杆菌属（*Halobacillus* Spring et al. 1996）

细胞球状或卵圆状，直径 1.0～2.5μm，单个、成对或成簇排列；或呈杆状，大小为 0.5～1.4μm×2.0～4.5μm，单个、成对或呈短链。革兰氏染色反应为阳性，细胞壁肽聚糖类型为 A4β 型。严格好氧，中度嗜盐，最适生长盐浓度为 5%～10%。过氧化氢酶、氧化酶阳性。主要脂肪酸为带分支的脂肪酸，如 anteiso-$C_{15:0}$。广泛分布于盐沼土壤和沉积物、发酵食品和壁画颜料中。

DNA 的 G+C 含量（mol%）：40.1～43.0。

模式种：嗜盐喜盐芽孢杆菌（*Halobacillus halophilus*）；模式菌株的 16S rRNA 基因序列登录号：AB681790；基因组序列登录号：GCA_000284515.1；模式菌株保藏编号：ATCC 35676=CGMCC 1.3407=DSM 2266=LMG 17431=NBRC 102448。

该属包括 4 个种，常见种的鉴别特征见表 3-9。

表 3-9　喜盐芽孢杆菌属（*Halobacillus*）常见种的鉴别特征

特征	嗜盐喜盐芽孢杆菌（*H. halophilus*）	卡拉季喜盐芽孢杆菌（*H. karajensis*）	岸喜盐芽孢杆菌（*H. itoralis*）	楚氏喜盐芽孢杆菌（*H. trueperi*）
细胞形状	球状	杆状	杆状	杆状
鞭毛	周生	无	周生	周生
生长 NaCl 浓度/（%，*w/v*）	2.0～20.0	1.0～24.0	0.5～25.0	0.5～30.0
生长温度/℃	15～40	10～49	10～43	10～44
产酸				
D-半乳糖	−	−	−	+
葡萄糖	−	+	+	+
麦芽糖	−	+	+	+
D-木糖	−	−	+	−
水解				
酪素	+	+	−	−
七叶苷	−	+	−	−
淀粉	+	+	−	−
mol% G+C	40.1～40.9	41.3	42.0	43.0

10. 类芽孢杆菌属（*Paenibacillus* Ash et al. 1994）

细胞杆状，革兰氏染色反应可变或为阴性。芽孢卵形，孢囊膨大。周生鞭毛运动。好氧或兼性厌氧。多数种过氧化氢酶阳性。最适生长温度为 28～40℃，最适生长 pH 为 7.0，但某些种嗜碱。10% NaCl 可抑制生长。某些种能够固氮。主要脂肪酸为 anteiso-$C_{15:0}$。

DNA 的 G+C 含量（mol%）：38～56。

模式种：多黏类芽孢杆菌（*Paenibacillus polymyxa*）；模式菌株的 16S rRNA 基因序列登录号：X57308；基因组序列登录号：GCA_001874425.3；模式菌株保藏编号：ATCC 842=CGMCC 1.15984=DSM 36=NBRC 15309。

该属目前包括 73 个种，常见种的鉴别特征见表 3-10。

表 3-10 类芽孢杆菌属（*Paenibacillus*）常见种的鉴别特征

特征	多黏类芽孢杆菌（*P. polymyxa*）	吃琼脂类芽孢杆菌（*P. agarexedens*）	食琼脂类芽孢杆菌（*P. agaridevorans*）	解藻酸类芽孢杆菌（*P. alginolyticus*）	耐碱类芽孢杆菌（*P. alkaliterrae*）	蜂房类芽孢杆菌（*P. alvei*）	解淀粉类芽孢杆菌（*P. amylolyticus*）	厌氧生类芽孢杆菌（*P. anaericanus*）	南极类芽孢杆菌（*P. antarcticus*）	蜜蜂类芽孢杆菌（*P. apiarius*）	阿萨姆类芽孢杆菌（*P. assamensis*）	还原偶氮类芽孢杆菌（*P. azoreducens*）	巴塞罗那类芽孢杆菌（*P. barcinonensis*）	巴伦氏类芽孢杆菌（*P. barengoltzii*）	北风类芽孢杆菌（*P. borealis*）	巴西类芽孢杆菌（*P. brasilensis*）	坎皮纳斯市类芽孢杆菌（*P. campinasensis*）	解纤维类芽孢杆菌（*P. cellulosilyticus*）
孢囊膨大	+	−	+/−	+	+	+	+	+	+	+	+	+	+	+	+	+	+	+
厌氧生长	+	−	−	−	−	+	+	+	+	+	nd	+	+	−	+	+	+	−
过氧化氢酶	+	+	+	+	+	+	+	+	+	+	+	+	+	+	+	+	+	+
氧化酶	−	+	+	−	+	+	−	+	+	−	+	−	−	+	−	nd	−	+
硝酸盐还原	+	−	−	−	−	−	+	−	−	+	−	−	−	+	−	+	nd	−
V-P 试验	+	−	−	−	−	+	−	−	−	−	nd	nd	−	+	−	+	nd	+
水解																		
酪素	+	−	−	−	−	+	w	nd	−	+	+	−	−	nd	+	+	+	−
七叶苷	+	+	+	nd	+	+	nd	nd	+	nd	+	nd	nd	+	+	+	+	+
明胶	+	−	−	nd	−	+	+	−	−	nd	+	+	+	−	−	d	+	−
淀粉	+	+	−	+	+	+	+	+	+	+	+	+	−	nd	−	+	+	+
脲酶	−	−	+	−	d	−	−	nd	+	−	−	−	nd	nd	nd	−	−	−
产生吲哚	−	−	−	−	−	+	−	−	nd	−	−	−	nd	−	−	nd	nd	−
利用柠檬酸	−	−	−	+	−	−	−	−	nd	+	−	nd	−	nd	−	+	nd	−
利用底物产酸																		
L-阿拉伯糖	+	−	−	+	nd	−	+	nd	+	−	nd	−	+	−	+	−	nd	+
D-葡萄糖	+	+	+	+	nd	+	+	+	+	+	nd	+	+	−	+	+	nd	+
甘油	+	−	−	nd	nd	+	+	nd	−	nd	nd	+	+	−	+	−	nd	nd
D-甘露醇	+	−	−	+	nd	−	+	nd	−	−	nd	+	+	−	+	+	nd	−
D-木糖	+	−	−	+	nd	−	+	nd	+	−	nd	+	+	−	+	−	nd	+
mol% G+C	43.0～46.0	47.0～49.0	50.0～52.0	47.0～49.0	49.4	45.0～47.0	46.3～46.6	42.6	40.7	52.0～54.0	41.2	47.0	45.0	nd	54.0	nd	51.0	51.0

续表

特征	千叶类芽孢杆菌（*P. chibensis*）	晋州类芽孢杆菌（*P. chinjuensis*）	解几丁质类芽孢杆菌（*P. chitinolyticus*）	软骨素类芽孢杆菌（*P. chondroitinus*）	灰烬土类芽孢杆菌（*P. cineris*）	库氏类芽孢杆菌（*P. cookii*）	解凝乳类芽孢杆菌（*P. curdlanolyticus*）	大田类芽孢杆菌（*P. daejeonensis*）	树形类芽孢杆菌（*P. dendritiformis*）	坚韧类芽孢杆菌（*P. durus*）	爱媛类芽孢杆菌（*P. ehimensis*）	埃吉类芽孢杆菌（*P. elgii*）	蜜梳状孢类芽孢杆菌（*P. favisporus*）	甘肃类芽孢杆菌（*P. gansuensis*）	解葡聚糖类芽孢杆菌（*P. glucanolyticus*）	解聚糖类芽孢杆菌（*P. glycanilyticus*）	草类芽孢杆菌（*P. graminis*）	食颗粒类芽孢杆菌（*P. granivorans*）
孢囊膨大	+	+	+	+	+	+	+	+	+	+	+	+	+/−	+	+	+	+	+
厌氧生长	−	+	−	−	+	+	−	nd	+	+	−	+	+	−	+	+	+	−
过氧化氢酶	+	+	+	+	+	+	+	+	+	+	+	+	+	−	+	+	+	+
氧化酶	−	+	+	−	+	+	−	+	+	−	+	−	+	−	+	−	−	−
硝酸盐还原	+	−	+	−	+	+	+	−	−	−	+	+	+	−	+	−	+	+
V-P 试验	−	nd	+	−	d/w	+	−	nd	−	+	−	−	−	nd	−	−	nd	−
水解																		
酪素	−	+	d	−	w	+	−	nd	+	−	d	+	−	+	d/+	−	nd	−
七叶苷	nd	+	nd	nd	+	+	nd	+	nd	nd	nd	+	nd	+	+	+	+	nd
明胶	−	+	d	nd	−	d	nd	−	nd	−	+	nd	+	v	d/+	−	nd	−
淀粉	+	+	−	+	nd	nd	+	+	+	−	+	+	+	−	+	+	+	+
脲酶		−	nd	+	−	−	+	−	+	nd	nd	nd	+	nd	−	−	+	nd
产生吲哚	−	nd	nd	−	−	−	−	nd	+	−	nd	+	−	nd	−	−	−	−
利用柠檬酸	−	nd	−	−	−	−	−	nd	−	−	−	−	−	nd	d/+	−	nd	−
利用底物产酸																		
L-阿拉伯糖	+	−	−	+	+	+	+	−	−	−	+	−	nd	+	d	nd	+	+
D-葡萄糖	+	+	+	+	+	+	+	−	+	+	+	+	+	+	+	nd	+	+
甘油	−	−	nd	nd	−	w	+	−	nd	−	nd	d	nd	+	d/+	nd	+	+
D-甘露醇	+	−	−	+	+	−	−	+	−	+	+	+	+	−	d/+	nd	+	+
D-木糖	+	−	−	+	+	+	+	−	−	−	+	d	+	+	+	nd	+	+
mol% G+C	52.5～53.2	53.0	51.3～52.8	47.0～48.0	51.5	51.6	50.0～52.0	53.0	55.0	48.0～53.0	52.9～54.9	51.7	53.0	50.0	48.1	50.5	52.1	47.8

续表

特征	保土谷类芽孢杆菌（*P. hodogayensis*）	伊利诺斯类芽孢杆菌（*P. illinoisensis*）	加米那类芽孢杆菌（*P. jamilae*）	神户类芽孢杆菌（*P. kobensis*）	食鞘类芽孢杆菌（*P. koleovorans*）	韩国类芽孢杆菌（*P. koreensis*）	克里布所类芽孢杆菌（*P. kribbensis*）	牛奶类芽孢杆菌（*P. lactis*）	幼虫类芽孢杆菌（*P. larvae*）	灿烂类芽孢杆菌（*P. lautus*）	慢病类芽孢杆菌（*P. lentimorbus*）	浸麻类芽孢杆菌（*P. macerans*）	马阔里类芽孢杆菌（*P. macquariensis*）	马赛类芽孢杆菌（*P. massiliensis*）	孟氏类芽孢杆菌（*P. mendelii*）	本部类芽孢杆菌（*P. motobuensis*）	食萘类芽孢杆菌（*P. naphthalenavorans*）	嗜线虫类芽孢杆菌（*P. nematophilus*）
孢囊膨大	−/w	+	+	+	+	+	+	+	+	+	+	+	+	+	+	+	+	+
厌氧生长	−	+	+	−	+	+	+	−	+	+	+	+	+	+	+	+	−	w
过氧化氢酶	+	+	+	+	−	+	+	+	−	+	−	+	+	+	+	+	+	+
氧化酶	+	−	−	−	−	+	−	+	nd	−	−	nd	nd	−	+	+	nd	−
硝酸盐还原	−	−	+	+	−	+	+	d	d	−	−	+	−	+	−	+	d	−
V-P 试验	−	−	+	−	−	−	nd	−	−	−	−	−	−	−	−	−	+	+
水解																		
酪素	nd	+	+	−	nd	+	+	−	+	−	−	−	−	nd	−	nd	−	−
七叶苷	+	nd	+	nd	+	+	+	+	+	nd	nd	nd	nd	+	+	nd	nd	+
明胶	−	+	+	nd	−	nd	+	−	+	nd	−	+	−	−	−	nd	−	−
淀粉	+	+	+	+	−	+	+	+	−	+	−	+	+	+	−	nd	d	+
脲酶	−	−	nd	+	−	−	−	−	nd	+	−	nd	−	−	−	nd	+	−
产生吲哚	−	−	nd	−	−	−	nd	−	−	−	−	−	−	−	−	nd	−	−
利用柠檬酸	−	−	−	−	−	−	w	−	−	−	−	d	−	−	−	nd	d	−
利用底物产酸																		
L-阿拉伯糖	−	+	+	+	−	+	+	+	−	+	−	+	−	+	+	nd	−	−
D-葡萄糖	+	+	+	+	−	+	+	+	+	+	+	+	+	+	+	nd	+	+
甘油	+	+	+	−	−	nd	w	−	+	nd	nd	nd	nd	+	+	nd	−	−
D-甘露醇	+	+	+	−	−	+	+	+	−	+	−	+	+	+	−	nd	+	−
D-木糖	−	+	+	+	−	−	+	+	−	+	−	+	+	−	+	nd	−	−
mol% G+C	55.0	47.6～48.3	40.6～40.8	50.0～52.0	54.0～55.8	54.0	48.0	51.7	42.0～44.0	50.0～52.0	38.0	52.0～53.0	39.0	nd	50.8	47.0	49.0	44.0

续表

特征	异味类芽孢杆菌（*P. odorifer*）	饲料类芽孢杆菌（*P. pabuli*）	人参土地类芽孢杆菌（*P. panacisoli*）	帕萨迪纳类芽孢杆菌（*P. pasadenensis*）	皮尔瑞俄类芽孢杆菌（*P. peoriae*）	叶际类芽孢杆菌（*P. phyllosphaerae*）	弧丽金龟类芽孢杆菌（*P. popilliae*）	根际类芽孢杆菌（*P. rhizosphaerae*）	血类芽孢杆菌（*P. sanguinis*）	坟墓类芽孢杆菌（*P. sepulcri*）	星孢类芽孢杆菌（*P. stellifer*）	土壤类芽孢杆菌（*P. terrae*）	解硫胺素类芽孢杆菌（*P. thiaminolyticus*）	提蒙类芽孢杆菌（*P. timonensis*）	苏黎世类芽孢杆菌（*P. turicensis*）	强壮类芽孢杆菌（*P. validus*）	温氏类芽孢杆菌（*P. wynnii*）	新疆类芽孢杆菌（*P. xinjiangensis*）	解木聚糖类芽孢杆菌（*P. xylanolyticus*）
孢囊膨大	+	+	+	+	+	+	+	+/−	+	+	+	+	+	+	+	+	+/−	+	+/−
厌氧生长	+	+	+	nd	+	+	+	−	+	−	+	+	+	+	+	−	+	−	+
过氧化氢酶	+	+	+	+	+	+	−	+	−	+	+	+	+	+	−	+	+	+	+
氧化酶	−	−	+	+	−	+	−	+	−	+	−	−	+	+/−	−	−	−	−	−
硝酸盐还原	+	−	+	−	d/+	+	−	+	−	−	−	+	+	w	w/−	−	+	−	+
V-P 试验	nd	−	−	+	+	−	+	+	−	−	nd	nd	−	−	+	−	−	nd	+
水解																			
酪素	nd	+	w	nd	+	−	−	−	nd	−	+	+	+	nd	nd	nd	−	−	−
七叶苷	+	nd	−	+	+	+	nd	+	nd	+	+	+	nd	+	+	nd	+	+	nd
明胶	nd	nd	+	+	+	nd	−	−	−	−	−	+	nd	−	−	nd	−	+	+
淀粉	+	+	−	nd	+	+	−	−	nd	−	+	+	+	+	+	+	+	−	+
脲酶	nd	−	−	nd	−	−	nd	−	−	−	nd	−	−	−	−	+	−	−	−
产生吲哚	nd	−	−	−	−	−	−	−	−	−	−	nd	+	−	−	−	−	nd	−
利用柠檬酸	nd	−	−	nd	−	−	−	−	−	−	−	−	+	−	−	−	−	−	−
利用底物产酸																			
L-阿拉伯糖	+	+	w	−	+	+	−	+	+	+	nd	+	d	+	+	+	d	+	+
D-葡萄糖	+	+	−	−	+	+	+	+	−	+	nd	+	+	+	+	+	+	+	+
甘油	d	nd	nd	nd	−	+	nd	nd	−	−	nd	+	nd	−	−	nd	d	+	−
D-甘露醇	−	+	+	nd	+	+	−	+	+	+	nd	+	d	−	−	+	+	−	+
D-木糖	+	+	nd	nd	+	+	−	+	+	+	nd	+	−	+	+	+	+	+	+
mol% G+C	44.0	48.0～50.0	53.9	nd	45.0～47.0	50.7	41.0	50.9	nd	50.0	55.6	47.0	52.0～54.0	nd	nd	50.0～52.0	44.6	47.0	50.5

注：d/+表示反应结果不一致，但多数为阳性。下同

11. 芽孢乳杆菌属（*Sporolactobacillus* Kitahara and Suzuki 1963）

细胞杆状，大小为0.4～1.0μm×2.0～4.0μm，单个或成对排列，革兰氏染色反应为阳性。多数种以周生鞭毛运动。中温生长，兼性厌氧或微好氧，在含葡萄糖的培养基上生长良好。过氧化氢酶阴性，不含细胞色素。可利用葡萄糖、果糖、半乳糖、甘露糖、麦芽糖、蔗糖和海藻糖产酸。细胞壁含 *meso*-二氨基庚二酸，主要醌类为MK-7，主要脂肪酸包括anteiso-$C_{15:0}$和anteiso-$C_{17:0}$。

DNA的G+C含量（mol%）：43～50（T_m）。

模式种：菊糖芽孢乳杆菌（*Sporolactobacillus inulinus*）；模式菌株的16S rRNA基因序列登录号：AB680455；基因组序列登录号：GCA_006539285.1；模式菌株保藏编号：ATCC 14897=CGMCC 1.3844=DSM 20348=NBRC 13595。

该属包括6个种，种间鉴别特征见表3-11。

表3-11 芽孢乳杆菌属（*Sporolactobacillus*）种间鉴别特征

特征	菊糖芽孢乳杆菌（*S. inulinus*）	甲府芽孢乳杆菌（*S. kofuensis*）	乳糖芽孢乳杆菌（*S. lactosus*）	右旋乳酸芽孢乳杆菌（*S. laevolacticus*）	中山氏芽孢乳杆菌中山氏亚种（*S. nakayamae* subsp. *nakayamae*）	中山氏芽孢乳杆菌乳酸亚种（*S. nakayamae* subsp. *racemicus*）	土芽孢乳杆菌（*S. terrae*）
15℃生长	−	−	d	d	d	+	d
利用底物产酸							
阿拉伯糖	−	−	d	−	−	−	d
木糖	−	−	d	−	−	−	−
半乳糖	−	+	+	+	+	+	d
纤维二糖	−	−	d	d	−	d	d
乳糖	−	−	+	d	−	d	−
蜜二糖	−	−	+	d	d	+	d
淀粉	+	d	d	d	d	d	d
菊糖	d	+	+	d	d	+	+

12. 芽孢八叠球菌属（*Sporosarcina* Kluyver and van Niel 1936）

细胞球状或杆状，革兰氏染色反应为阳性或可变。过氧化氢酶阳性，多数种氧化酶和脲酶阳性。最适生长温度为20～30℃，最适生长pH为6.5～9.0。主要脂肪酸为anteiso-$C_{15:0}$，主要呼吸醌为MK-7。

DNA的G+C含量（mol%）：38.5～46.5。

模式种：脲芽孢八叠球菌（*Sporosarcina ureae*）；模式菌株的16S rRNA基因序列登录号：AB680327；基因组序列登录号：GCA_000425545.1；模式菌株保藏编号：ATCC 6473=DSM 2281=LMG 17366=NBRC 12699。

该属包括9个种，种间鉴别特征见表3-12。

表 3-12　芽孢八叠球菌属（*Sporosarcina*）种间鉴别特征

特征	脲芽孢八叠球菌（*S. ureae*）	海水芽孢八叠球菌（*S. aquimarina*）	圆孢芽孢八叠球菌（*S. globispora*）	韩国芽孢八叠球菌（*S. koreensis*）	麦克默多芽孢八叠球菌（*S. macmurdoensis*）	巴氏芽孢八叠球菌（*S. pasteurii*）	嗜冷芽孢八叠球菌（*S. pasteurii*）	佐吕间湖芽孢八叠球菌（*S. saromensis*）	土壤芽孢八叠球菌（*S. soli*）
运动性	+	+	+	+	−	+	+	+	−
NaCl 耐受/%	3	13	5	7	3	10	5	9	5
最适生长 pH	7.0	6.5～7.0	7.0	7.0	7.0	9.0	7.0	6.5	8.0
最适生长温度/℃	25	20～25	30	20	30	25	27	30	25
厌氧生长	−	+	+	−	+	+	+	−	−
氧化酶	+	+	+	+	−	NR	+	+	+
脲酶	+	+	+	+	−	+	+	+	+
水解									
酪素	−	−	−	−	NR	w	−	−	−
明胶	−	+	+	+	+	+	+	+	−
淀粉	−	−	−	−	+	−	+	+	−
吐温 80	w	−	−	−	NR	NR	−	NR	−
酪氨酸	+	w	NR	−	NR	NR	−	NR	−
硝酸盐还原	+	+	+	−	−	+	+	−	+
mol% G+C	40.0～41.5	40.0	40.0	46.5	44.0	38.5	44.1	46.0	44.5

13. 枝芽孢杆菌属（*Virgibacillus* Heyndrickx et al. 1998）

细胞杆状，大小为 0.3～0.8μm×2.0～8.0μm，单个或成对、成链排列。革兰氏染色反应为阳性。细胞运动，芽孢球形至椭圆形，端生，有时亚端生，孢囊膨大。好氧或兼性厌氧，过氧化氢酶阳性。V-P 试验阴性，不产生吲哚。能水解酪素，多数种能水解七叶苷和明胶。最适生长温度为 28～37℃，4%～10% NaCl 能促进生长。主要脂肪酸为 anteiso-$C_{15:0}$，主要极性脂为 DPG 和 PG，主要呼吸醌为 MK-7，细胞壁含 *meso*-二氨基庚二酸。常见于土壤或高盐环境以及食物、水和医学样品中。

DNA 的 G+C 含量（mol%）：36～43。

模式种：泛酸枝芽孢杆菌（*Virgibacillus pantothenticus*）；模式菌株的 16S rRNA 基因序列登录号：X60627；基因组序列登录号：GCA_001189575.1；模式菌株保藏编号：ATCC 14576=CGMCC 1.3654=DSM 26=LMG 7129=NBRC 102447。

该属包括 9 个种，种间鉴别特征见表 3-13。

表 3-13 枝芽孢杆菌属（*Virgibacillus*）种间鉴别特征

特征	泛酸枝芽孢杆菌（*V. pantothenticus*）	卡莫纳枝芽孢杆菌（*V. carmonensis*）	独岛枝芽孢杆菌（*V. dokdonensis*）	盐反硝化枝芽孢杆菌（*V. halodenitrificans*）	韩国枝芽孢杆菌（*V. koreensis*）	死海枝芽孢杆菌（*V. marismortui*）	墓地枝芽孢杆菌（*V. necropolis*）	普氏枝芽孢杆菌（*V. proomii*）	需盐枝芽孢杆菌（*V. salexigens*）
菌落粉红色	−	+	−	−	−	−	−	−	−
厌氧生长	+	−	+	+	+	−	−	+	−
50℃生长	+	−	+	−	−	+	−	+	−
硝酸盐还原	d	+	−	+	−	+	+	−	−
水解									
酪素	+	+	+	+	+	+	+	+	NR
七叶苷	+	（w）	+	−	+	+	+	+	+
明胶	+	−	+	+	−	+	（w）	+	+
利用底物产酸									
N-乙酰-D-葡萄糖胺	+	−	+	−	+	（w）	+	−	w
苦杏仁苷	+	−	−	+	−	−	−	−	w
D-阿拉伯糖	+	−	−	−	−	−	−	−	−
D-果糖	+	−	+	+	+	+	（+）	+	+
L-岩藻糖	d	−	−	−	−	−	−	−	NR
半乳糖	−	−	+	+	−	−	−	+	−
D-葡萄糖	+	−	+	+	w	+	（w）	+	+
甘油	+	−	w	−	+	（w）	−	+	NR
糖原	−	−	−	−	−	−	d	−	NR
肌醇	−	−	+	−	−	−	−	+	−
D-甘露醇	−	−	−	d	−	−	−	−	+
D-甘露糖	+	−	+	+	−	+	（w）	+	+
D-蜜二糖	−	−	−	−	−	−	−	−	−
L-鼠李糖	+	−	−	−	−	−	−	（−）	−
D-海藻糖	+	−	−	+	w	−	（w）	+	−
D-松二糖	+	−	−	−	−	−	−	−	−

注：（w）表示非常弱阳性，下同

第二节　梭　菌　纲

1. 梭菌属（*Clostridium* Prazmowski 1880）

细胞杆状，革兰氏染色反应通常为阳性。运动或不运动，运动的种鞭毛周生。多数种产卵形或球形芽孢，孢囊通常膨大。细胞壁通常含 *meso*-二氨基庚二酸。多数种严格厌氧，过氧化氢酶多为阴性。大多数种为化能异养生长，有些种化能自养或化能无机异养生长。可以水解糖、蛋白质，或两者均无或两者皆有。发酵碳水化合物或蛋白胨通常产生有机酸和醇类的混合物，不还原硫酸盐。

DNA 的 G+C 含量（mol%）：22～53。

模式种：丁酸梭菌（*Clostridium butyricum*）；模式菌株的 16S rRNA 基因序列登录号：AJ458420；基因组序列登录号：GCA_006742065.1；模式菌株保藏编号：ATCC 19398=DSM 10702=LMG 1217=NBRC 13949。

该属目前包括 168 个种，常见种的鉴别特征见表 3-14。

2. 颤螺菌属（*Oscillospira* Chatton and Pérard 1913）

大的杆状或者丝状，以邻壁分裂成多个盘状细胞的方式增殖。革兰氏染色反应为阳性，可形成芽孢。有时以多根侧生鞭毛运动。仅发现于食草动物的消化道内，至今未能获得纯培养物。

模式种（唯一种）：吉氏颤螺菌（*Oscillospira guilliermondii*）。

3. 生孢盐杆菌属（*Sporohalobacter* Oren et al. 1988）

细胞杆状，革兰氏染色反应为阴性。形成芽孢，周生鞭毛运动。嗜盐，最适生长 NaCl 浓度为 1.4～1.5mol/L。严格厌氧，发酵氨基酸产生乙酸、丙酸等有机酸和 H_2、CO_2。

DNA 的 G+C 含量（mol%）：31.5。

模式种（唯一种）：洛氏生孢盐杆菌（*Sporohalobacter lortetii*）；模式菌株的 16S rRNA 基因序列登录号：M59122；模式菌株保藏编号：ATCC 35059=DSM 3070。

4. 香肠状芽孢菌属（*Sporotomaculum* Brauman et al. 1998）

革兰氏染色反应为阳性，严格厌氧。发酵型代谢，不能利用无机电子受体。该属与脱硫肠状菌属（*Desulfotomaculum*）的亲缘关系较近，但不同于后者的特征为该属的种不能还原硫酸盐、亚硫酸盐或硫代硫酸盐。该属仅包括 2 个种。

DNA 的 G+C 含量（mol%）：46.8～48.0。

模式种：羟基苯甲酸香肠状芽孢菌（*Sporotomaculum hydroxybenzoicum*）；模式菌株的 16S rRNA 基因序列登录号：Y14845；模式菌株保藏编号：ATCC 700645=DSM 5475。

表 3-14　梭菌属（*Clostridium*）常见种的鉴别特征

特征	撒丁岛梭菌（*C. sardiniense*）	金黄丁酸梭菌（*C. aurantibutyricum*）	肉毒梭菌（*C. botulinum*）			尸毒梭菌（*C. cadaveris*）	肖氏梭菌（*C. chauvoei*）	艰难梭菌（*C. difficile*）	费新尼亚梭菌（*C. felsineum*）	溶血梭菌（*C. haemolyticum*）	海梭菌（*C. oceanicum*）	产气荚膜梭菌（*C. perfringens*）
			C、D型	B、E、F型（解糖）	A、B、F型（解蛋白）							
运动性	+	+	d	+	d	d	d	d	d	+	d	−
产 H_2	4	4	4	4	4	4	4	4	4	4	4	4
产生吲哚	−	−	d	−	−	+	−	−	−	+	−	−
卵磷脂酶	+	−	d	−	−	−	−	−	−	+	d	+
脂酶	−	+	+	+	+	−	−	−	−	−	−	−
水解七叶苷	+	+	−	−	+	−	+	+	+	−	+	d
水解淀粉	d	+	−	d	−	−	−	−	d	−	d	d
硝酸盐还原	d	+	NR	NR	NR	−	d	−	−	−	NR	d
利用底物产酸												
苦杏仁苷	−	−	−	−/w	−	−	−	−	−	−	−	−/w
阿拉伯糖	−	w	−	−	−	−	−	−	w	−	−	−
纤维二糖	w	+	−	−	−	−	−	w	w	−	d	d
果糖	+	+	−/w	w	−/w	d	−/w	+	+	d	w	+
半乳糖	+	w	−/w	d	−	−	w	−	+	−/w	d	w
糖原	−	w	−	−/w	−	−	−	−	−	−	−	v
菊糖	−	−	−	−/w	−	−	−	−	d	−	−	−/w
乳糖	w	+	−	−	−	−	w	−	w	−	−	+
麦芽糖	w	+	d	w	−/w	−	w	−	d	−/w	w	+
甘露醇	−	−	−	−	−	−	−	d	−	NR	−	−
甘露糖	+	w	d	w	−	−/w	w	d	+	d	w	+
松三糖	−	−	−	d	−	−	−	d	−	−/w	−	−
蜜二糖	−	w	−/w	−	−	−	−	−	−	−/w	−	−/w
棉籽糖	−	+	−	−	−	−	−	−	d	−/w	−	d
鼠李糖	−	−	−	−	−	−	−	−	w	−/w	−	−
核糖	d	−	d	d	−	−	d	−	−	d	−	d
水杨苷	w	w	−	−	−	−	−	−/w	+	−	−/w	−
山梨糖醇	−	−	−	d	−/w	−	−	−/w	−	−	−	d
淀粉	−/w	w	−	d	−	−	−	−	d	−	−	d
蔗糖	w	+	−	w	−	−	w	−	+	−	−	+
木糖	−	−	−	−	−	−	−	−/w	+	−	−	−
牛奶反应	c	c	c/d	−/c	d	c/d	c	−	c	c/d	d/−	c/d
消化肉	−	−	d	−	+	+	−	−	−	d	+	d

续表

特征	诺氏梭菌（*C. novyi*）			浅紫色梭菌（*C. puniceum*）	腐败梭菌（*C. putrificum*）	玫瑰色梭菌（*C. roseum*）	败毒梭菌（*C. septicum*）	生孢梭菌（*C. sporogenes*）	丙酮丁醇梭菌（*C. acetobutylicum*）	北极梭菌（*C. arcticum*）	巴拉特氏梭菌（*C. baratii*）	拜氏梭菌（*C. beijerinckii*）	丁酸梭菌（*C. butyricum*）
	A型	B型	C型										
运动性	d	d	+	+	+	d	d	d	d	+	−	+	d
产 H_2	4	d	1	4	4	4	4	4	4	tr	4	4	4
产生吲哚	−	d	+	−	−	−	−	−	−	+	−	−	−
卵磷脂酶	+	+	−	−	−	−	−	−	−	NR	+	−	−
脂酶	+	−	−	−	−	−	−	+	−	NR	−	−	−
水解七叶苷	−	−	−	+	d	+	+	+	+	+	+	+	+
水解淀粉	−	−	−	+	−	NR	−	−	+	−	d	d	+
硝酸盐还原	NR	NR	NR	−	−	−	d	NR	−	−	d	−	−
利用底物产酸													
苦杏仁苷	−	−	−	−/w	−	−	−	−	−	−	−	d	d
阿拉伯糖	−	−	−	−/w	−	+	−	−	d	−	−	d	d
纤维二糖	−	−	−	d	−	+	w	−	+	w	+	+	+
果糖	−/w	d	−	w	−/w	+	+	−/w	+	+	+	+	+
半乳糖	d	−	−	+	−	+	w	−	+	NR	w	+	+
糖原	−	−	−	−	−	−	−	−	d	−	d	d	+
菊糖	−	−	−	NR	−	−	−	−	−	NR	−	d	d
乳糖	−	−	−	d	−	+	+	−	d	−	w	+	+
麦芽糖	d	d	−	w	−/w	−	+	−/w	+	−	w	+	+
甘露醇	−	−	−	−	−	−	−	−	d	w	−	d	d
甘露糖	−	w	w	d	−	+	+	−	+	+	+	+	+
松三糖	−	−	−	−	−	−	−	−	−	−	−	d	d
蜜二糖	−	−	−	−/w	−	−	−	−	−	−	−/w	d	+
棉籽糖	−	−	−	−/w	−	−	−	−	−	−	−	d	+
鼠李糖	−	−	−	−	−	+	−	−	−	−	−	d	−
核糖	d	−/w	−	−/w	−	−	d	−	−	−	−/w	d	+
水杨苷	d	−	−	d	−	+	d	−	+	w	w	d	+
山梨糖醇	−	−	−	−	−	−	−	−	−	−	−	d	−
淀粉	−	−	−	d	−	+	−	−	+	−	d	d	+
蔗糖	−	−	−	+	−	+	−	−	+	−	+	d	+
木糖	−	−	−	d	−	+	−	−	d	+	−	+	+
牛奶反应	c	d	−	c	d	c/d	c/d	d	c	d	c	c	c
消化肉	−	+	+	−	d	−	−	+	−	−	−	−	−

续表

特征	肉梭菌（*C. carnis*）	隐藏梭菌（*C. celatum*）	产纤维二糖梭菌（*C. cellobioparum*）	梭状梭菌（*C. clostridioforme*）	螺蜗形梭菌（*C. cocleatum*）	鹌鹑梭菌（*C. colinum*）	谲诈梭菌（*C. fallax*）	吲哚梭菌（*C. indolis*）	无害梭菌（*C. innocuum*）	系结梭菌（*C. nexile*）	乳清酸梭菌（*C. oroticum*）	溶纸梭菌（*C. papyrosolvens*）
运动性	d	−	+	d	−	+	d	+	−	−	−	+
产 H_2	4	4	4	4	4	4	4	4	4	4	4	4
产生吲哚	−	−	−	v	−	−	−	+	−	−	−	−
卵磷脂酶	−	−	−	−	−	−	−	−	−	−	−	−
脂酶	−	−	−	−	−	−	−	−	−	−	−	−
水解七叶苷	+	+	+	+	+	+	+	+	+	+	+	+
水解淀粉	−	−	−	−	−	−	−	d	−	−	−	−
硝酸盐还原	−	d	−	+	−	−	d	d	−	−	d	−
利用底物产酸												
苦杏仁苷	w	+	−	−/w	d	−/w	−	−	−	−/w	−	−
阿拉伯糖	−	−	+	d	−	−	−	−/w	−	−	+	+
纤维二糖	w	+	+	d	+	d	−/w	w	+	−	−	+
果糖	d	+	+	+	+	+	+	w	+	w	+	d
半乳糖	d	+	+	w	+	w	w	w	+	w	+	+
糖原	−	−	−	−	−	−	−	−	−	−	−	−
菊糖	−	−	−	−	w	d	−	−	+	d	w	−
乳糖	d	+	w	d	+	−	−/w	w	−	w	+	−
麦芽糖	w	+	+	w	d	+	+	w	−	−/w	+	−
甘露醇	−	−	−	−	−	d	−	−/w	+	−	d	−
甘露糖	w	+	+	w	+	+	w	d	+	−/w	−	−
松三糖	−	−	−	d	−	−	−	−	−	−	d	−
蜜二糖	−	−	+	d	−	w	−	−/w	−	−/w	−	−
棉籽糖	−	−	−	d	d	+	−	w	−/w	d	+	−
鼠李糖	−	−	−	d	−	−	−	d	−	−	+	−
核糖	−	d	+	d	−	−/w	w	−/w	d	−	+	+
水杨苷	w	+	w	d	d	w	−	−/w	+	v	+	−
山梨糖醇	−	−	−	−	−	−	−	−	−	−	−/w	−
淀粉	−/w	−	−	−/w	−	−/w	w	−	−	−/w	−	−
蔗糖	+	+	−	+	+	+	−	d	+	w	+	−
木糖	−	−	−	+	−	−	−	d	−/w	w	+	+
牛奶反应	−	c	+	c	c	−	c	c	−	c/−	c	−
消化肉	−	NR	−	−	−	−	−	−	−	−	−	−

续表

特征	类腐败梭菌（*C. paraputrificum*）	巴氏梭菌（*C. pasteurianum*）	多枝梭菌（*C. ramosum*）	直肠梭菌（*C. rectum*）	解糖梭菌（*C. saccharolyticum*）	煎盘梭菌（*C. sartagoforme*）	粪味梭菌（*C. scatologenes*）	螺状梭菌（*C. spiroforme*）	共生梭菌（*C. symbiosum*）	第三梭菌（*C. tertium*）	酪丁酸梭菌（*C. tyrobutyricum*）	破伤风梭菌（*C. tetani*）
运动性	d	d	−	−	−	d	+	−	d	+	d	d
产 H_2	4	4	v	4	4	4	4	4	4	4	4	4
产生吲哚	−	−	−	−	+	−	d	−	−	−	−	d
卵磷脂酶	−	−	−	−	−	−	−	−	−	−	−	−
脂酶	−	−	−	−	−	−	−	−	−	−	−	−
水解七叶苷	+	−	+	+	+	+	d	d	−	+	−	−
水解淀粉	+	NR	−	−	+	d	−	−	−	d	−	NR
硝酸盐还原	d	−	−	−	+	d	−	−	−	d	d	−
利用底物产酸												
苦杏仁苷	d	−	+	−	−	v	−	−/w	−	d	−	−
阿拉伯糖	−	w	−	−	+	−	−/w	−	d	−	−	−
纤维二糖	+	−	+	−	w	+	−/w	d	−	+	−	−
果糖	+	+	+	−	+	+	+	+	+	+	+	−
半乳糖	+	−/w	+	w	−	+	−	−	w	+	−	−
糖原	d	−	−	−	−	d	−	−	−	w	−	−
菊糖	−	−	−	−	−	−	−	+	−	−/w	−	−
乳糖	+	−/w	+	w	w	+	−	w	d	+	−	−
麦芽糖	+	+	+	−	w	v	−	−	−	+	−	−
甘露醇	−	+	d	−	w	+	−	−	d	w	w	−
甘露糖	+	+	+	−	+	+	w	+	d	+	w	−
松三糖	−	+	−	−	w	d	−	−	−	d	−	−
蜜二糖	−	+	d	−	w	+	−	−	−	w	−	−
棉籽糖	−	+	+	−	+	d	−	−	−	d	−	−
鼠李糖	−	−	d	−	+	d	d	−	−	−/w	−	−
核糖	w/−	−	d	−	−	d	−/w	−	−	w	−	−
水杨苷	+	−	+	w	w	+	−/w	d	−	+	−	−
山梨糖醇	−	+	−	−	−	−	−	−	−	−	−	−
淀粉	+	−/w	d	+	−	d	−	−	−	w	−	−
蔗糖	+	+	+	w	w	+	−	+	−	+	−	−
木糖	−	w	−/w	−	w	d	d	−	−	d	d	−
牛奶反应	c	−	c	c	c	−/c	−	c	−/c	c	−	−/d
消化肉	−	−	−	−	−	−	−	−	−	−	−	d

注：在牛奶反应中，c 表示凝固，d 表示消化。在产 H_2 中，数字 1～4 表示产气量。下同

第四章　黏　细　菌

黏细菌（myxobacteria）是黏细菌目（Myxococcales）类群革兰氏阴性杆状细菌的总称。黏细菌具有复杂的多细胞社会学行为和独特的捕食特征，能够进行滑行运动和产生形态各异的子实体，因此被认为是“高等细菌”。黏细菌能够产生种类多样、结构新颖、作用机制独特的次级代谢产物，目前研究已从黏细菌中分离和鉴定了100余种全新结构的次级代谢产物和600余种新结构类似物。研究表明：黏细菌抑菌活性阳性率甚至显著高于以产次级代谢产物著称的放线菌。因此，黏细菌具有重要的理论研究价值和广阔的应用开发前景。

目前，黏细菌目包括3亚目10科30属80种（图4-1）。3亚目分别为孢囊杆菌亚目（Cystobacterineae）、堆囊菌亚目（Sorangiineae）和小囊菌亚目（Nannocystineae）。孢囊杆菌亚目包括4科，分别为厌氧黏细菌科（Anaeromyxobacteraceae）、原囊菌科（Archangiaceae）、黏球菌科（Myxococcaceae）和流行杆菌科（Vulgatibacteraceae）。堆囊菌亚目包括4科，分别为滑发菌科（Labilitrichaceae）、豆囊菌科（Phaselicystidaceae）、多囊菌科（Polyangiaceae）和橙色菌科（Sandaracinaceae）。小囊菌亚目包括2科，分别为科夫勒菌科（Kofleriaceae）和小囊菌科（Nannocystaceae）。

第一节　孢囊杆菌亚目

1. 厌氧黏细菌属（*Anaeromyxobacter* Yamamoto et al. 2014）

革兰氏染色反应为阴性，兼性厌氧生长，也能在较低 O_2 浓度下生长。细胞长杆状，大小为4.0～8.0μm×0.25μm，能够滑行运动；细胞末端具有纤毛，能形成泡状结构。在生长后期会产生具有折光性的晶体。在低浓度电子供体如 O_2、硝酸盐（还原到 NH_3）、延胡索酸、2-氯酚、2-溴酚和2,6-二氯酚等中能够进行兼性生长。2-氯酚是其卤代呼吸的最适底物（倍增时间12h）。乙酸、琥珀酸、丙酮酸、甲酸和 H_2 可作为电子供体。细胞能够将作为电子供体的有机物完全氧化为 CO_2。最适生长温度为30℃，最适生长pH为7.0。用包含延胡索酸的 R_2A 培养基厌氧培养2周，单菌落呈红色、直径1～2mm。模式菌株分离自溪流沉积物。

DNA的G+C含量（mol%）：74.7。

模式种（唯一种）：脱卤厌氧黏细菌（*Anaeromyxobacter dehalogenans*）；模式菌株16S rRNA基因序列登录号：AF382396；基因组序列登录号：CP001359；模式菌株保藏编号：ATCC BAA-258=DSM 21875。

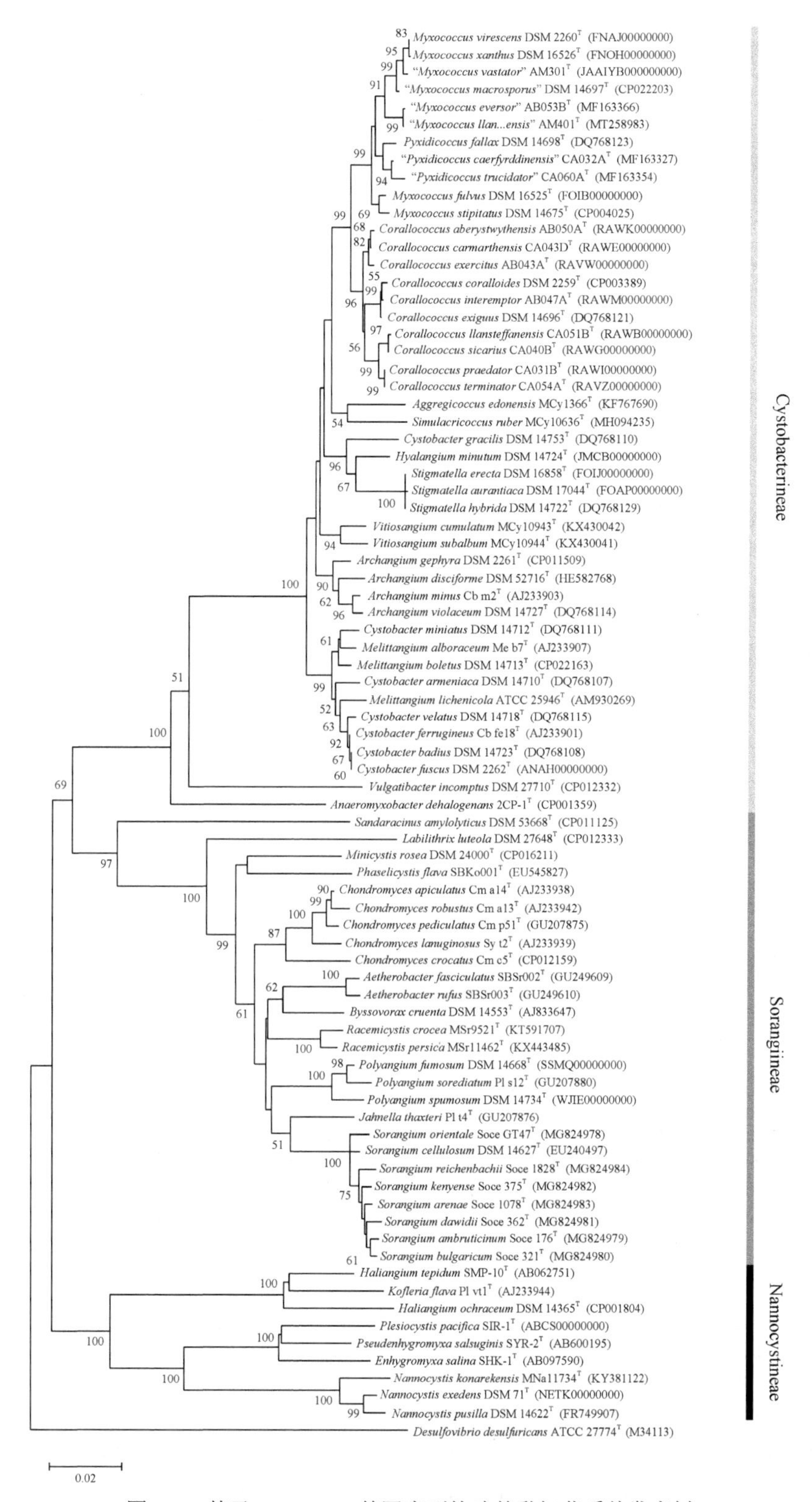

图 4-1 基于 16S rRNA 基因序列构建的黏细菌系统发育树

选取模式菌株的 16S rRNA 基因序列，采用邻接法构建。括号内编号是序列在 NCBI 的登录号，比例尺代表 2% 的序列差异。关于 *Myxococcus llan...ensis*，因其种名很长，图中未能完整显示，其种名全称为 *llanfairpwllgwyngyllgogerychwyrndrobwllll-antysiliogogogochensis*

2. 原囊菌属（*Archangium* Jahn 1924）

细胞细长，杆状，末端锥形；菌落辐射状，能够吸收刚果红，不能侵蚀琼脂。黏孢子是不规则球状、椭圆形或短棒状，有钝形的末端。含有黏孢子的子实体由卵圆形到球形的孢子囊组成，一些种呈扁圆形。能够分解淀粉、木聚糖。脂肪酸主要成分是 iso-$C_{15:0}$、iso-$C_{14:0}$ 3OH 和 $C_{16:1}$ $\omega 5c$。

DNA 的 G+C 含量（mol%）：68.9～69.4。

模式种：桥状原囊菌（*Archangium gephyra*）；模式菌株 16S rRNA 基因序列登录号：CP011509；基因组序列登录号：CP011509；模式菌株保藏编号：ATCC 25201=DSM 2261=GDMCC 1.677=NBRC 100087。

该属包括 4 个种，种间鉴别特征见表 4-1。

表 4-1　原囊菌属（*Archangium*）种间鉴别特征

特征	盘状原囊菌（*A. disciforme*）	桥状原囊菌（*A. gephyra*）	更小原囊菌（*A. minus*）	紫色原囊菌（*A. violaceum*）
mol% G+C	ND	69.4	ND	68.9
底物分解				
淀粉	+	+	+	w
木聚糖	+	w	w	w
七叶苷	−	−	w	w
几丁质	−	−	+	+

3. 孢囊杆菌属（*Cystobacter* Schroeter 1886）

营养细胞细长，末端锥形，呈弯曲的杆状。孢子囊无柄，单独或成簇出现；呈圆形、拉伸状或螺旋状，周围有黏膜，游离或嵌入黏液层。不能侵蚀琼脂，能够吸收刚果红，分解糖原，不能利用糖类。

DNA 的 G+C 含量（mol%）：68.6。

模式种：黑色孢囊杆菌（*Cystobacter fuscus*）；模式菌株 16S rRNA 基因序列登录号：KP306730；基因组序列登录号：ANAH00000000；模式菌株保藏编号：ATCC 25194=DSM 2262。

该属包括 7 个种，种间鉴别特征见表 4-2。

表 4-2　孢囊杆菌属（*Cystobacter*）种间鉴别特征

特征	杏色孢囊杆菌（*C. armeniaca*）	茶色孢囊杆菌（*C. badius*）	锈色孢囊杆菌（*C. ferrugineus*）	黑色孢囊杆菌（*C. fuscus*）	细微孢囊杆菌（*C. gracilis*）	朱色孢囊杆菌（*C. miniatus*）	遮掩孢囊杆菌（*C. velatus*）
mol% G+C	ND	ND	ND	68.6	ND	ND	ND
菌落颜色	杏黄色	栗褐色	暗红色	黑色	红棕色	朱红色	ND
底物分解							
蛋白质	+	ND	ND	ND	+	+	ND

续表

特征	杏色孢囊杆菌（*C. armeniaca*）	茶色孢囊杆菌（*C. badius*）	锈色孢囊杆菌（*C. ferrugineus*）	黑色孢囊杆菌（*C. fuscus*）	细微孢囊杆菌（*C. gracilis*）	朱色孢囊杆菌（*C. miniatus*）	遮掩孢囊杆菌（*C. velatus*）
几丁质	v	ND	ND	ND	−	+	v
纤维素	ND	ND	ND	ND	−	−	ND
裂解细菌	+	ND	ND	ND	+	+	ND

4. 玻囊菌属（*Hyalangium* Reichenbach 2007）

细胞细杆状。子实体包含球形的孢子囊，似玻璃透明状。黏孢子是短杆形或不规则球形。能够吸收刚果红，分解蛋白，裂解细菌。微小玻囊菌（*Hyalangium minutum*）细胞大小为3.0～6.0μm×0.6～0.7μm，单菌落是黄褐色，能够分解蛋白，裂解细菌，不能分解几丁质。模式菌株分离自日本土壤。

DNA的G+C含量（mol%）：68.0。

模式种（唯一种）：微小玻囊菌；模式菌株16S rRNA基因序列登录号：DQ768124；基因组序列登录号：JMCB00000000；模式菌株保藏编号：DSM 14724=GDMCC 1.2292=JCM 12630。

5. 蜂囊菌属（*Melittangium* Jahn 1924）

营养细胞细杆状，末端尖形，能够分解蛋白和裂解细菌。

DNA的G+C含量（mol%）：68.4。

模式种：牛肝蜂囊菌（*Melittangium boletus*）；模式菌株16S rRNA基因序列登录号：AJ233908；基因组序列登录号：CP022163；模式菌株保藏编号：DSM 14713=JCM 12633。

该属包括3个种，种间鉴别特征见表4-3。

表4-3　蜂囊菌属（*Melittangium*）种间鉴别特征

特征	白梗蜂囊菌（*M. alboraceum*）	牛肝蜂囊菌（*M. boletus*）	栖地衣蜂囊菌（*M. lichenicola*）
mol% G+C	ND	68.4	ND
菌落颜色	淡橘色	黄色	ND
底物分解			
淀粉	+	+	+
几丁质	+	+	−
纤维素	−	−	−
裂解细菌	−	+	−

6. 小暗斑菌属（*Stigmatella* Berkeley and Curtis 1875）

营养细胞杆状，末端锥形。孢子囊在有柄的子实体上单生或成团；孢子茎常成群地聚集在同一叶柄上。黏孢子呈棒状，坚硬，致密，具有折光性，被黏液囊包围。不能侵蚀琼脂，能够吸收刚果红。细胞好氧生长，大多数菌株能够分解尿素。蛋白水解-溶菌营养型。可以高效降解几丁质。

DNA 的 G+C 含量（mol%）：69.1～69.4。

模式种：橙色小暗斑菌（*Stigmatella aurantiaca*）；模式菌株 16S rRNA 基因序列登录号：M94281；基因组序列登录号：FOAP00000000；模式菌株保藏编号：ATCC 25190=DSM 17044=GDMCC 1.1897。

该属包括 3 个种。

7. 缺囊菌属（*Vitiosangium* Awal et al. 2017）

营养期细胞弯曲，长杆状，末端锥形。好氧，嗜中性，化能营养型。菌落在酵母琼脂培养基上形成一个光环，滑行运动。菌落呈透明的薄膜状，边缘呈喇叭状。黏孢子有轻微的折光性，短棒形到卵形，耐干燥。子实体或子实体聚合体缺乏孢子囊。能够裂解细菌和酵母，不能分解纤维素、甲壳素和琼脂。过氧化氢酶和氧化酶均呈阳性。脂肪酸主要成分是 iso-$C_{17:0}$ 2OH、iso-$C_{15:0}$、$C_{16:1}$ 和 iso-$C_{17:0}$。

DNA 的 G+C 含量（mol%）：72.5～74.6。

模式种：聚集缺囊菌（*Vitiosangium cumulatum*）；模式菌株 16S rRNA 基因序列登录号：KX430042；模式菌株保藏编号：DSM 102952。

该属包括 2 个种，种间鉴别特征见表 4-4。

表 4-4　缺囊菌属（*Vitiosangium*）种间鉴别特征

特征	聚集缺囊菌（*V. cumulatum*）	白色缺囊菌（*V. subalbum*）
菌落颜色	透明到黄橙色	透明到白色
子实体大小/μm	50～100	20～200
黏孢子大小/μm	1.5～3.0×1.2～1.5	2.0×1.0～1.2
底物水解		
牛奶	+	+
酪素	+	+
可溶性淀粉	+	+
木聚糖	+	+
吐温 20	+	+
吐温 80	+	+

8. 聚球菌属（*Aggregicoccus* Sood et al. 2015）

营养细胞球形。在 VY/2 培养基上，菌落透明；在 CY 琼脂培养基上，菌落具有复杂的纹理，呈波浪状或波纹状。刚果红染色呈弱阳性。子实体呈球形或不规则形状，橙黄色，缺少孢子囊和孢子梗。黏孢子是不规则球形。在包含蛋白胨的液体培养基中长时间培养也会产生类似于黏孢子的结构。不能利用单糖和二糖。能够裂解细菌和酵母。好氧，嗜中性和化能营养型。能够分解淀粉，不分解纤维素、几丁质和琼脂。

DNA 的 G+C 含量（mol%）：65.6。

模式种（唯一种）：江户聚球菌（*Aggregicoccus edonensis*）；16S rRNA 基因序列登录

号：KF767690；模式菌株保藏编号：DSM 27872。

9. 珊瑚球菌属（*Corallococcus* Reichenbach 2007）

营养细胞杆状，末端锥形，大小为 3.0～8.0μm×0.6～0.8μm。黏孢子球形或卵圆形，直径 1.3～2.4μm。即使在同一种培养基中，子实体的形状和大小也不同：脓疱状、脊状、板状和不规则圆盘状，通常有指状突起或奇异的珊瑚状。菌落具有典型聚集特征。不能利用单糖和二糖，能够分解淀粉和木聚糖，能够降解淀粉类的多糖为三糖和寡糖。在 1.5%（*w*/*v*）NaCl 浓度下不能生长。对链霉素敏感，一些细菌能够抗 250mg/L 硫酸卡那霉素。脂肪酸主要组分是 iso-$C_{15:0}$、anteiso-$C_{17:1}$ 和 iso-$C_{17:0}$。

DNA 的 G+C 含量（mol%）：69.5～70.3。

模式种：珊瑚状珊瑚球菌（*Corallococcus coralloides*）；模式菌株 16S rRNA 基因序列登录号：M94278；基因组序列登录号：CP003389；模式菌株保藏编号：ATCC 25202=DSM 2259=GDMCC 1.1480=NBRC 100086。

该属包括 10 个种，种间鉴别特征见表 4-5。

表 4-5 珊瑚球菌属（*Corallococcus*）种间鉴别特征

特征	阿伯里斯特维斯珊瑚球菌（*C. aberystwythensis*）	卡马森珊瑚球菌（*C. carmarthensis*）	珊瑚状珊瑚球菌（*C. coralloides*）	军戮珊瑚球菌（*C. exercitus*）	微小珊瑚球菌（*C. exiguus*）	毁灭珊瑚球菌（*C. interemptor*）	兰斯蒂芬珊瑚球菌（*C. llansteffanensis*）	捕食珊瑚球菌（*C. praedator*）	杀手珊瑚球菌（*C. sicarius*）	终结珊瑚球菌（*C. terminator*）
mol% G+C	70.0	69.9	69.9	70.3	69.6	70.0	70.3	69.7	70.2	69.5
生长（35℃）	−	+	+	+	+	+	+	−	−	−
生长 pH										
5	−	+	−	+	+	+	−	−	−	−
6	−	+	+	+	+	+	+	+	+	+
7	+	+	+	+	+	+	+	+	+	+
8	−	+	+	+	+	+	+	+	+	+
代谢活性										
同化柠檬酸	−	+	−	−	+	−	−	−	−	−
水解七叶苷	−	+	+	−	−	+	+	+	+	+
水解明胶	−	+	+	+	+	+	−	−	+	+
同化葡萄糖	−	−	−	+	−	−	−	−	−	−
产生吲哚	+	−	−	+	+	+	+	+	−	+
同化苹果酸	−	−	−	−	−	−	−	+	−	−
同化麦芽糖	−	−	−	−	+	−	−	−	−	+
硝酸盐还原	−	−	−	−	−	+	−	−	−	−
同化苯乙酸	−	+	−	−	−	−	−	−	−	−

续表

特征	阿伯里斯特维斯珊瑚球菌（*C. aberystwythensis*）	卡马森珊瑚球菌（*C. carmarthensis*）	珊瑚状珊瑚球菌（*C. coralloides*）	军戮珊瑚球菌（*C. exercitus*）	微小珊瑚球菌（*C. exiguus*）	毁灭珊瑚球菌（*C. interemptor*）	兰斯蒂芬珊瑚球菌（*C. llansteffanensis*）	捕食珊瑚球菌（*C. praedator*）	杀手珊瑚球菌（*C. sicarius*）	终结珊瑚球菌（*C. terminator*）
β-半乳糖苷酶	−	+	+	−	+	+	−	−	+	+
抗生素抗性										
阿米卡星	−	−	−	−	−	−	−	−	−	−
氨苄青霉素	+	+	+	+	+	+	+	+	+	+
阿莫西林-克拉维酸	+	+	+	+	+	+	+	−	−	−
头孢噻肟	+	−	+	+	+	+	+	+	+	+
头孢他啶	+	+	+	+	+	+	+	+	+	+
环丙沙星	−	−	−	−	−	−	−	−	−	−
厄他培南	+	+	+	+	+	+	+	+	+	+
庆大霉素	+	−	+	+	+	+	+	+	+	+
亚胺培南	+	+	+	+	+	+	+	−	+	+
甲氧苄啶-磺胺甲基异噁唑	−	−	−	−	−	−	−	−	−	−
哌拉西林-他唑巴坦	+	+	+	+	+	+	+	+	+	+

10. 黏球菌属（*Myxococcus* Thaxter 1892）

营养细胞细长，杆状，末端逐渐变细，大小为 3.0～6.0μm×0.8μm。子实体质地较软，存在黏滑的球状物或头状物。蛋白水解-溶菌营养型。不能分解淀粉、木聚糖和七叶苷。一些菌株在 1.5%（*w*/*v*）NaCl 浓度下能够生长。对卡那霉素敏感。在 CY 琼脂培养基上，脂肪酸主要成分是 iso-$C_{15:0}$ 和 $C_{16:1}$ *ω5c*。

DNA 的 G+C 含量（mol%）：68.9～70.0。

模式种：暗黄黏球菌（*Myxococcus fulvus*）；模式菌株 16S rRNA 基因序列登录号：AB218224；基因组序列登录号：FOIB00000000；模式菌株保藏编号：ATCC 25199=DSM 16525=GDMCC 1.1529=NBRC 100333。

该属包括 6 个种，种间鉴别特征见表 4-6。

表 4-6 黏球菌属（*Myxococcus*）种间鉴别特征

特征	暗黄黏球菌（*M. fulvus*）	茎状黏细菌（*M. stipitatus*）	变绿黏球菌（*M. virescens*）	黄色黏球菌（*M. xanthus*）	毁灭黏球菌（*M. eversor*）	掠食黏球菌（*M. vastator*）
mol% G+C	70.0	69.2	69.2	68.9	68.9	69.9
生长温度/℃						
30	+	+	+	+	+	+
35	+	+	+	+	+	−

续表

特征	暗黄黏球菌（*M. fulvus*）	茎状黏细菌（*M. stipitatus*）	变绿黏球菌（*M. virescens*）	黄色黏球菌（*M. xanthus*）	毁灭黏球菌（*M. eversor*）	掠食黏球菌（*M. vastator*）
37	+	−	+	−	+	−
40	+	−	+	−	+	−
生长 pH						
5	+	+	+	−	+	−
6	+	+	+	+	+	−
7	+	+	+	+	+	−
8	+	+	+	+	+	+
9	+	+	+	+	+	+
生长 NaCl 浓度/(%，*w/v*)						
1	+	+	+	+	+	+
2	−	−	+	+	+	+
3	−	−	+	−	+	+
4	−	−	−	−	+	+
API 20NE						
硝酸盐还原	+	+	−	+	−	−
产生吲哚	−	−	−	−	−	−
葡萄糖发酵	−	−	−	−	−	−
精氨酸双水解酶	−	−	−	−	+	+
脲酶	+	−	+	+	+	+
水解七叶苷	+	+	+	+	+	−
水解明胶	+	+	+	+	+	−
同化						
β-半乳糖苷酶	+	+	+	+	+	−
葡萄糖	+	+	−	−	+	−
阿拉伯糖	+	+	+	+	+	−
甘露糖	+	+	+	−	+	−
甘露醇	+	+	+	+	+	−
N-乙酰-D-葡萄糖胺	+	+	+	−	+	−
麦芽糖	+	+	+	−	+	−
葡萄糖酸钾	+	+	−	−	+	−
癸酸	−	−	−	−	+	−
己二酸	−	+	+	−	+	−
苹果酸	+	+	+	−	+	+
柠檬酸	+	+	+	−	+	−
苯乙酸	−	+	+	−	−	−

11. 匣球菌属（*Pyxidicoccus* Reichenbach 2007）

细胞细长，杆状，末端逐渐变细，大小为3.0～8.0μm×0.7～0.8μm。黏孢子球形，通常畸形，大小为1.4μm×1.8μm。子实体球形，具有明显的孢子囊，聚集在一起。菌落具有典型聚集特征，柔软黏滑，有蛇形脉络状突起，没有明显的色素沉着。蛋白水解-溶菌营养型。

DNA的G+C含量（mol%）：70.2～70.5。

模式种：欺骗匣球菌（*Pyxidicoccus fallax*）；模式菌株16S rRNA基因序列登录号：DQ768123；基因组序列登录号：JABBJJ000000000；模式菌株保藏编号：DSM 14698=JCM 12639。

该属包括3个种，种间鉴别特征见表4-7。

表4-7　匣球菌属（*Pyxidicoccus*）种间鉴别特征

特征	欺骗匣球菌（*P. fallax*）	马森匣球菌（*P. caerfyrddinensis*）	屠夫匣球菌（*P. trucidator*）
mol% G+C	70.5	70.2	70.3
生长温度/℃			
30	+	+	+
37	+	+	+
40	+	+	−
生长pH			
5	−	−	−
6	+	+	+
9	+	+	+
生长NaCl浓度/(%，*w*/*v*)			
1	+	+	+
2	−	+	−
3	−	+	−
4	−	−	−
API 20NE			
硝酸盐还原	+	−	−
产生吲哚	−	−	−
葡萄糖发酵	−	−	−
精氨酸双水解酶	+	+	+
脲酶	+	+	+
水解七叶苷	+	+	+
水解明胶	+	+	+
同化			
β-半乳糖苷酶	+	+	+
葡萄糖	+	−	−
阿拉伯糖	−	−	−

续表

特征	欺骗匣球菌（*P. fallax*）	马森匣球菌（*P. caerfyrddinensis*）	屠夫匣球菌（*P. trucidator*）
甘露糖	–	–	–
甘露醇	–	–	–
N-乙酰-D-葡萄糖胺	–	–	–
麦芽糖	–	–	–
葡萄糖酸钾	–	–	–
癸酸	–	–	–
己二酸	–	–	–
苹果酸	–	–	–
柠檬酸	–	–	–
苯乙酸	–	–	–

12. 假球菌属（*Simulacricoccus* Garcia and Müller 2018）

营养细胞呈弯曲的杆状，大小为3.0～6.0μm×0.6～0.7μm。在琼脂培养基表面滑行运动。在VY/2和CY/2培养基上，菌落较薄，可以被刚果红染色。黏孢子较小（直径1.2～1.4μm），遮光的黏孢子通常在鞘层或薄膜层中形成。不能形成子实体。不能裂解细菌和酵母，也不能分解纤维素、几丁质和琼脂。氧化酶和过氧化氢酶阴性。脂肪酸主要是支链类型。生长温度为18～34℃，最适生长温度为30℃；能够耐受5%～10% O_2，是耐微氧类型；生长pH是6～8，最适生长pH为7。生长耐受NaCl的浓度是0.6%（*w*/*v*）。能够分解木聚糖、可溶性淀粉、脱脂牛奶、吐温20和吐温80。肉蛋白胨和胰蛋白胨能够支持其良好生长。生长不需要糖。对氨苄青霉素、杆菌肽、羧苄青霉素和甲氧苄啶有抗性；对安普霉素、夫西地酸、庆大霉素、潮霉素、卡那霉素、卡舒霉素、新霉素、多黏菌素、利福平、大观霉素、链霉素、四环素和硫链霉素敏感。脂肪酸主要组分是iso-$C_{17:0}$ 2OH、$C_{16:1}$、iso-$C_{17:0}$和iso-$C_{15:0}$。模式菌株分离自德国土壤。

DNA的G+C含量（mol%）：72.9。

模式种（唯一种）：红色假球菌（*Simulacricoccus ruber*）；模式菌株保藏编号：DSM 106554。

13. 流行杆菌属（*Vulgatibacter* Yamamoto et al. 2014）

细胞长杆状。革兰氏染色反应为阴性，能够运动。在BPA-3和B1N培养基上无滑动现象，没有观察到子实体或者其类似聚集物。不能裂解细菌和纤维素。好氧生长，化能营养型。脂肪酸包括主要组分支链脂肪酸和少量组分直链脂肪酸。主要呼吸醌是MK-7。模式菌株分离自日本土壤。

DNA的G+C含量（mol%）：68.9。

模式种（唯一种）：朴素流行杆菌（*Vulgatibacter incomptus*）；模式菌株16S rRNA基因序列登录号：AB847448；基因组序列登录号：CP012332；模式菌株保藏编号：DSM 27710=NBRC 109945。

14. 滑发菌属（*Labilithrix* Yamamoto et al. 2014）

细胞长杆状。革兰氏染色反应为阴性，能够运动。单菌落周围长有类似于真菌菌丝或纤毛虫纤毛的结构。在含有滤纸 BPA-3 培养基上单菌落凸起，不能形成黏孢子。不能裂解细菌，不能分解纤维素。好氧生长，化能营养型。支链和直链脂肪酸比例相同。主要呼吸醌是 MK-8。模式菌株分离自日本土壤。

DNA 的 G+C 含量（mol%）：66.1。

模式种（唯一种）：浅黄滑发菌（*Labilithrix luteola*）；模式菌株 16S rRNA 基因序列登录号：AB847449；基因组序列登录号：CP012333；模式菌株保藏编号：DSM 27648=NBRC 109946。

第二节　堆囊菌亚目

1. 豆囊菌属（*Phaselicystis* Garcia et al. 2009）

细胞长杆状。革兰氏染色反应为阴性。单菌落形成长的、坚硬、黏滑的细脉网薄膜，滑行运动，不能被刚果红染色，轻微侵蚀琼脂。黏孢子短杆状，被孢子囊壁包裹。具有丛生或单生的豆状子实体。主要脂肪酸组分是 iso-$C_{15:0}$、$C_{17:1}$ 2OH 和 $C_{20:4}$。模式菌株分离自菲律宾土壤。

DNA 的 G+C 含量（mol%）：69.2。

模式种（唯一种）：黄色豆囊菌（*Phaselicystis flava*）；模式菌株 16S rRNA 基因序列登录号：EU545827；模式菌株保藏编号：DSM 21295。

2. 明动杆菌属（*Aetherobacter* Garcia et al. 2016）

营养细胞细长，杆状，大小为 2.9～6.0μm×1.0～1.3μm。在培养基表面能够滑动。好氧，常温生长。在酵母培养基上，单菌落呈环形。单菌落边缘迁移的细胞能够深入培养基。黏孢子稍具折光性，杆状，末端钝，被包裹在孢子囊中。子实体包含微小的卵形孢子囊，通常紧密或丛生。能够侵蚀琼脂，裂解酵母菌和细菌；不能吸收刚果红，不能分解纤维素。过氧化氢酶阳性，氧化酶阴性。含有 ω-3 和 ω-6 多不饱和脂肪酸，以二十二碳六烯酸为主。脂肪酸主要组分是 $C_{17:1}$ 2OH 和 iso-$C_{15:0}$。

DNA 的 G+C 含量（mol%）：68.0～68.9。

模式种：小束明动杆菌（*Aetherobacter fasciculatus*）；模式菌株 16S rRNA 基因序列登录号：GU249609；模式菌株保藏编号：DSM 24601。

该属包含 2 个种，种间鉴别特征见表 4-8。

表 4-8　明动杆菌属（*Aetherobacter*）种间鉴别特征

特征	小束明动杆菌（*A. fasciculatus*）	红色明动杆菌（*A. rufus*）
细胞形状	杆状	杆状
菌落特征	黄橙色，有浅的凹陷	边缘白色，中心透明

续表

特征	小束明动杆菌（*A. fasciculatus*）	红色明动杆菌（*A. rufus*）
子实体颜色	黄色至橙色	红色至朱红色
子实体大小/μm	10.4～11.4	16～26×14～15
黏孢子形状	粗杆状，末端圆形	粗杆状，末端圆形
黏孢子大小/μm	1.0～1.2	1.0～2.0
最适生长温度/℃	28～30	22～28
生长 pH	5～9	5～8
最适生长 pH	6～8	6～7
主要脂肪酸	iso-$C_{15:0}$，$C_{17:1}$ 2OH，DHA，EPA	$C_{17:1}$ 2OH，iso-$C_{15:0}$，DHA，$C_{17:0}$ 2OH

注：DHA 为二十二碳六烯酸，EPA 为二十碳五烯酸

3. 食纤维菌属（*Byssovorax* Reichenbach 2006）

营养细胞圆柱形，末端圆形，滑行运动。单菌落由许多小的原形体组成，前端扇形，后端逐渐变细，在琼脂培养基表面和内部独立迁移。原形体在一段时间后可收缩呈球形、环形或环形肿块。子实体由孢子囊组成，具有明显的孢子囊壁，排列成密集簇或堆。

DNA 的 G+C 含量（mol%）：69.9。

模式种（唯一种）：血红食纤维菌（*Byssovorax cruenta*）；模式菌株 16S rRNA 基因序列登录号：AJ833647；模式菌株保藏编号：CIP 108850=DSM 14553。

4. 软骨霉状菌属（*Chondromyces* Berkeley and Curtis 1874）

营养细胞圆柱形。菌落在琼脂表面产生宽且浅的凹陷，通常在边缘有一条橙色的细胞带，能够轻微蚀刻琼脂。菌落常侵入琼脂。在长的、分枝的或不分枝的白色黏茎上有孢子囊簇。黏孢子的形状类似于营养细胞，但具有折光性。

DNA 的 G+C 含量（mol%）：68.7～70.0。

模式种：藏红软骨霉状菌（*Chondromyces crocatus*）；模式菌株 16S rRNA 基因序列登录号：GU207874；基因组序列登录号：CP012159；模式菌株保藏编号：DSM 14714=JCM 12616。

该属包括 5 个种，种间鉴别特征见表 4-9。

表 4-9 软骨霉状菌属（*Chondromyces*）种间鉴别特征

特征	针状软骨霉状菌（*C. apiculatus*）	藏红软骨霉状菌（*C. crocatus*）	毛状软骨霉状菌（*C. lanuginosus*）	小底软骨霉状菌（*C. pediculatus*）	坚强软骨霉状菌（*C. robustus*）
mol% G+C	69.0～70.0	68.7	ND	ND	ND
底物分解					
裂解酵母	ND	+	+	ND	ND
几丁质	ND	ND	−	ND	ND
纤维素	ND	ND	−	+	+

5. 杨氏菌属（*Jahnella* Reichenbach 2007）

营养细胞杆状，末端圆形，大小为 3.0～8.0μm×0.7～0.9μm。孢子囊呈亮黄橙色或黄红棕色，球形延伸，通常不完全分开，大小为 80～120μm×60～90μm。它们通常形成长的、卷曲的串状，有时是多边形，有时堆积得很高，出现在表面或琼脂层内。通常情况下，孢子囊位于黏液垫上或黄白色的短梗上。整个子实体的高度和宽度相同，为 500～600μm。在液体培养条件下，通常不产生梗。子实体形成初期通常是一个大的、黄色球状细胞聚合体。黏孢子与营养细胞的大小类似，但略小，成熟时具有折光性。单菌落通常能够蚀刻琼脂表面，产生宽阔的痕迹和凹陷。在菌落边缘经常可以看到密集的橙色营养细胞带。蛋白水解-溶菌营养型。在水琼脂平板上，使用活的或者死的大肠埃希氏菌堆积物均可分离到该细菌。在 VY/2、CY 和脱脂牛奶培养基上生长良好。能够分解酪素、淀粉、木聚糖和几丁质，不能分解纤维素。

模式种（唯一种）：萨克斯特杨氏菌（*Jahnella thaxteri*）；模式菌株 16S rRNA 基因序列登录号：GU207876；模式菌株保藏编号：CIP 109123=DSM 14626=JCM 12631。

6. 多囊菌属（*Polyangium* Link 1809）

营养细胞细长，杆状，末端钝圆形。子实体由球形或多面体的孢子囊组成。黏孢子形态上类似于营养细胞，但具有折光性。单菌落经常在琼脂上蚀刻从而产生深的痕迹；通常会深入琼脂；菌落不连贯，会分裂成许多分散的小细胞群，独立迁移，如假原质团。

DNA 的 G+C 含量（mol%）：68.8～69.5。

模式种：蛋黄多囊菌（*Polyangium vitellinum*）。

多囊菌属包括 9 个种，其中 6 个种目前无活培养物可用，其他 3 个常见种的鉴别特征见表 4-10。

表 4-10　多囊菌属（*Polyangium*）常见种的鉴别特征

特征	烟状多囊菌（*P. fumosum*）	堆积多囊菌（*P. sorediatum*）	泡状多囊菌（*P. spumosum*）
mol% G+C	68.8	ND	69.5
底物分解			
裂解酵母	+	ND	ND
纤维素	ND	–	–

7. 聚囊菌属（*Racemicystis* Awal et al. 2016）

营养细胞长杆状，末端钝圆。滑行运动，在琼脂内形成扇形假原质团。能够在琼脂培养基表面形成长硬的菌脉。不能被刚果红染色。黏孢子呈杆状，形状与营养细胞相似，但较短。子实体通常排列成孢子囊团。选择性裂解细菌，不完全裂解酵母细胞。能够蚀刻琼脂，不能降解几丁质和纤维素。过氧化氢酶和氧化酶阳性。脂肪酸主要组分是 $C_{18:1}$、$C_{17:1}$ 2OH 和 iso-$C_{15:0}$。

DNA 的 G+C 含量（mol%）：70.4。

模式种：金色聚囊菌（*Racemicystis crocea*）；模式菌株 16S rRNA 基因序列登录号：

KT591707；模式菌株保藏编号：DSM 100773。

该属包含 2 个种，种间鉴别特征见表 4-11。

表 4-11　聚囊菌属（*Racemicystis*）种间鉴别特征

特征	金色聚囊菌（*R. crocea*）	波斯聚囊菌（*R. persica*）
菌落特征	浅橙色至金色	橙色或米色
孢子囊大小/μm	20.0～95.0	ND
黏孢子大小/μm	2.0～5.0×0.8～1.0	3.0～8.0×1.2～1.5
最适生长 pH	7.0～7.5	5.0～6.0

8. 堆囊菌属［*Sorangium* (ex Jahn 1924) Reichenbach 2007］

营养细胞圆柱形，有的末端是方形。孢子囊呈球形或者多面体，大小不等，黄色、橙色、棕色或黑色。黏孢子形状与营养细胞类似，具有折光性。能够分解纤维素。脂肪酸主要组分是 $C_{16:0}$，还包括可检测的 iso-支链氨基酸。该属少数细菌能够软化或者液化琼脂。

DNA 的 G+C 含量（mol%）：71.1～72.6。

模式种：纤维堆囊菌（*Sorangium cellulosum*）；模式菌株 16S rRNA 基因序列登录号：EU240497；模式菌株保藏编号：CIP 109122=DSM 14627=JCM 12707。

该属包含 8 个种，种间鉴别特征见表 4-12。

表 4-12　堆囊菌属（*Sorangium*）种间鉴别特征

特征	安布替星堆囊菌（*S. ambruticinum*）	沙状堆囊菌（*S. arenae*）	保加利亚堆囊菌（*S. bulgaricum*）	达维德堆囊菌（*S. dawidii*）	肯尼亚堆囊菌（*S. kenyense*）	东方堆囊菌（*S. orientale*）	莱辛巴赫堆囊菌（*S. reichenbachii*）	纤维堆囊菌（*S. cellulosum*）
mol% G+C	72.0	71.6	71.4	71.4	71.1	71.2	72.6	72.1
黏孢子大小/μm	0.80～1.20	0.55～0.95	0.70～0.95	0.65～1.10	0.70～1.00	0.70～1.25	0.80～1.10	0.90～1.15×2.00～4.00
生长温度/℃								
18	+	+	+	+	+	−	+	−
20	+	+	+	+	+	−	+	−
24	+	+	+	+	+	−	+	+
44	−	−	−	−	−	+	−	+
最适生长温度/℃	30	34	30	34	30	37	34	34
生长 pH								
6.0	−	−	−	−	+	−	+	−
8.0	+	+	+	−	−	+	+	+
最适生长 pH	7.2	7.2	7.5	7.0～7.5	7.2	7.0～7.5	7.0	7.2
过氧化氢酶	+	+	+	−	−	−	+	+
氧化酶	+	+	+	+	+	+	−	+

续表

特征	安布替星堆囊菌（*S. ambruticinum*）	沙状堆囊菌（*S. arenae*）	保加利亚堆囊菌（*S. bulgaricum*）	达维德堆囊菌（*S. dawidii*）	肯尼亚堆囊菌（*S. kenyense*）	东方堆囊菌（*S. orientale*）	莱辛巴赫堆囊菌（*S. reichenbachii*）	纤维堆囊菌（*S. cellulosum*）
抗生素抗性								
氨苄青霉素	+	−	+	−	+	−	+	+
杆菌肽	−	+	+	+/−	−	+	−	+
潮霉素	+	+	−	−	−	−	−	+
土霉素	+	−	−	−	−	−	−	−
大观霉素	−	−	−	−	−	+	−	+
硫链丝菌素	−	−	−	+	+	−	−	−
酶活性								
胰蛋白酶	+	+	+	+	−	+	+	+
α-半乳糖苷酶	−	+	+	−	−	−	−	−
β-半乳糖苷酶	−	+	−	+	+	−	+	+
N-乙酰-β-D-氨基葡萄糖苷酶	+	+	+	−	−	−	+	+

9. 橙色菌属（*Sandaracinus* Mohr et al. 2012）

营养细胞杆状，末端钝圆形。菌落橙黄色。在含有 Probion 的琼脂培养基上产生浅的波浪状凹陷。琼脂培养基具有散落、无柄的子实体状聚合体，黏孢子比营养细胞短，具有折光性。在琼脂中也可以发现聚集物埋藏较浅。黏孢子无孢子囊或孢子壁覆盖。可能会产生类似孢子囊的聚合体，直径为 4.0～7.0μm，呈棕橙色。严格需氧，有机营养型，中温，氧化酶和过氧化氢酶阳性，不能液化琼脂。

DNA 的 G+C 含量（mol%）：72.0。

模式种（唯一种）：解淀粉橙色菌（*Sandaracinus amylolyticus*）；模式菌株 16S rRNA 基因序列登录号：HQ540311；基因组序列登录号：CP011125；模式菌株保藏编号：DSM 53668。

第三节　小囊菌亚目

1. 科夫勒菌属（*Kofleria* Reichenbach 2007）

营养细胞细长，杆状，末端圆形。在坚硬黏液层中有放射脉状菌落，在整个菌落中有许多大小不一的球状物。不能吸收刚果红，不能蚀刻琼脂，未观察到成熟的子实体。蛋白水解-溶菌营养型。能够降解几丁质。该属细菌常存在于土壤等生境中。

模式种（唯一种）：黄色科夫勒菌（*Kofleria flava*）；模式菌株 16S rRNA 基因序列登

录号：AJ233944；模式菌株保藏编号：CIP 109120=DSM 14601=JCM 12632。

2. 海囊菌属（*Haliangium* Fudou et al. 2002）

营养细胞杆状，大小为3.0～8.0μm×0.5～0.6μm。革兰氏染色反应为阴性。在固体表面如琼脂，能够滑行运动。菌落呈黄色，延伸过程中存在琼脂凹陷。子实体呈黄色或棕色，由致密的孢子囊（15～150μm）组成。好氧，中度嗜盐，最适生长NaCl浓度是1%～3%（*w*/*v*），在6% NaCl浓度下也可生长。能够裂解酵母菌和细菌。氧化酶弱阳性。能够分解淀粉、DNA、酪素和明胶。不能分解纤维素。主要呼吸醌是MK-8。主要脂肪酸组分是iso-$C_{16:0}$，anteiso-支链脂肪酸也存在。

DNA的G+C含量（mol%）：69.0～69.5。

模式种：苍白海囊菌（*Haliangium ochraceum*）；模式菌株16S rRNA基因序列登录号：AB016470；基因组序列登录号：CP001804；模式菌株保藏编号：DSM 14365=JCM 11303。

海囊菌属包含2个种：苍白海囊菌和微温海囊菌（*Haliangium tepidum*）。

3. 栖湿黏菌属（*Enhygromyxa* Iizuka et al. 2003）

细胞直杆状，末端钝圆形。革兰氏染色反应为阴性。球形黏孢子直径为0.5～0.7μm。营养细胞滑行运动，趋向于聚集在菌落外围，有时能够蚀刻琼脂，但不能液化琼脂。子实体为橙色或棕橙色。在1/3的CY/SWS培养基上，菌落呈淡橙色或红色，单独聚集，壁薄且黏。好氧，化能营养型。嗜中温、嗜中性、轻度嗜盐。生长不仅需要NaCl，也需要海水中的二价阳离子（如Ca^{2+}或Mg^{2+}）。氧化酶和过氧化氢酶阳性。能够分解酪素和明胶，不能分解淀粉、几丁质、海藻酸、纤维素和DNA。主要呼吸醌是MK-7。脂肪酸主要成分是iso-$C_{15:0}$、iso-$C_{16:0}$和iso-$C_{17:0}$，也存在反异式脂肪酸（anteiso-$C_{16:0}$和anteiso-$C_{17:0}$）和长链多不饱和脂肪酸（$C_{20:4}$）。

DNA的G+C含量（mol%）：65.6～67.4。

模式种（唯一种）：盐栖湿黏菌（*Enhygromyxa salina*）；模式菌株16S rRNA基因序列登录号：AB097590；模式菌株保藏编号：DSM 15217=JCM 11769。

4. 小囊菌属（*Nannocystis* Reichenbach 1970）

分布广泛，可以从土壤、腐烂的植物和类似样品中获得。由于其孢子囊微小，因此经常被忽视。菌落不吸附刚果红，表型特征极为多样。

DNA的G+C含量（mol%）：71.8～73.3。

模式种：蚀离小囊菌（*Nannocystis exedens*）；模式菌株16S rRNA基因序列登录号：AB084253；基因组序列登录号：NETK00000000；模式菌株保藏编号：ATCC 25963=DSM 71=NBRC 100083。

该属包括3个种，种间鉴别特征见表4-13。

表 4-13 小囊菌属（*Nannocystis*）种间鉴别特征

特征	蚀离小囊菌（*N. exedens*）	科纳雷小囊菌（*N. konarekensis*）	微小囊菌（*N. pusilla*）
子实体形态	单生孢子囊，形态多样，小	ND	ND
孢子囊颜色	无色，淡黄色，或浅到深红棕色	ND	ND
黏孢子形状	椭圆形、球形	ND	ND
黏孢子大小/μm	ND	1.7～1.8×0.8～0.9	ND
生长温度/℃	ND	25～37	ND
最适生长温度/℃	ND	37	ND
生长 pH	ND	6.5～10.0	ND
最适生长 pH	ND	8.0～10.0	ND
氧化酶	−	+	−
过氧化氢酶	−	+	−

5. 邻囊菌属（*Plesiocystis* Iizuka et al. 2003）

细胞直杆状，末端钝圆。革兰氏染色反应为阴性。能够形成直径为 0.5～0.7μm 的球形黏孢子。营养细胞在固体表面滑行运动，趋向于聚集在菌落外围；菌落内的琼脂常被蚀刻。在琼脂培养基上，观察到球形或椭圆形的细胞团从中心迁移并在琼脂表面留下蚀刻路径。子实体呈粉红色至棕橙色，形成独立的聚合体，没有明显的孢子壁。好氧，化能异养型。嗜中温、嗜中性和轻度嗜盐。Na^+不能被 Ca^{2+}、Mg^{2+}、K^+、Li^+代替。需要海水中的二价阳离子（如 Ca^{2+}或 Mg^{2+}）。氧化酶阳性，过氧化氢酶阳性或阴性。能够分解酪蛋白和明胶，不能分解几丁质、海藻酸和纤维素。琼脂不能被液化。主要呼吸醌是 MK-8(H_2)。主要脂肪酸组分是 iso-$C_{15:0}$ 和 iso-$C_{16:0}$，还检测到 anteiso-$C_{16:0}$、anteiso-$C_{17:0}$ 和长链多不饱和脂肪酸（$C_{20:4}$），未检测到羟基脂肪酸。重要特征见表 4-14。

DNA 的 G+C 含量（mol%）：70.7。

模式种（唯一种）：太平洋邻囊菌（*Plesiocystis pacifica*）；模式菌株 16S rRNA 基因序列登录号：AB083432；基因组序列登录号：ABCS00000000；模式菌株保藏编号：DSM 14875=JCM 11591。

6. 假栖湿黏菌属（*Pseudenhygromyxa* Iizuka et al. 2013）

细胞杆状，滑行运动，形成类似于子实体结构和具有折光性的黏孢子。嗜中温，生长所需 NaCl 浓度低于海水浓度。生长需要 Mg^{2+}和 Ca^{2+}，不能在 VY/2 培养基上生长。刚果红染色阴性。在 $N_{2.0}$-$S_{75,15}$ 液体培养基中，脂肪酸主要组分是支链脂肪酸，次要组分是直链脂肪酸，多不饱和脂肪酸也存在于细胞脂肪酸中。主要呼吸醌是 MK-7。重要特征见表 4-14。

DNA 的 G+C 含量（mol%）：69.7。

模式种（唯一种）：咸水假栖湿黏菌（*Pseudenhygromyxa salsuginis*）；模式菌株 16S rRNA 基因序列登录号：AB303310；模式菌株保藏编号：DSM 21377=NBRC 104351。

表 4-14　太平洋邻囊菌和咸水假栖湿黏菌的基本特征

特征	太平洋邻囊菌（*Plesiocystis pacifica*）	咸水假栖湿黏菌（*Pseudenhygromyxa salsuginis*）
黏孢子大小/μm	0.5～0.7	0.5～0.7
生长温度	15～32	−
＞ 34℃	−	+
＜ 15℃	+	−
＞ 40℃或者＜ 10℃	−	−
生长 NaCl 浓度/(%，*w*/*v*)	0.1～4.0	0～2.0
最适生长 NaCl 浓度 /(%，*w*/*v*)	2～3	0.2～1.0
＞ 2.5% NaCl	+	−
最适生长 pH	5.5～9.0	7.0～7.5
＞ 8.5	+	−
＜ 5.5	−	−
氧化酶	+	+
过氧化氢酶	w/−	−
底物分解		
酪蛋白、明胶和琼脂	+	+
淀粉	−	+/w
几丁质	−	ND
纤维素/滤纸、海藻酸	−	−
木聚糖	ND	w/−
吐温 80	w/−	−
DNA	w	−
主要脂肪酸成分	iso-$C_{15:0}$，iso-$C_{16:0}$	iso-$C_{15:0}$，iso-$C_{16:0}$，iso-$C_{17:0}$
主要呼吸醌	MK-8(H_2)	MK-7

第五章　好氧、微好氧革兰氏阴性细菌

革兰氏阴性细菌通常细胞壁中的肽聚糖层含量较低，而脂质、蛋白质含量较高。革兰氏染色多呈红色，但由于部分细胞生长阶段的不同及结构的特殊性，也可能不呈现典型的红色。根据对氧气的需求，可将细菌分为好氧、微好氧（需在0.01～0.03mmHg[①] 微量氧分压下生活）、兼性厌氧和厌氧四大类。本章选择性地介绍变形菌门（Proteobacteria）、放线菌门（Actinobacteria）、异常球菌-栖热菌门（*Deinococcus-Thermus*）、绿弯菌门（Chloroflexi）和拟杆菌门（Bacteroidetes）中 55 个常见的好氧、微好氧革兰氏阴性细菌菌属。利用该 55 个菌属典型菌种代表菌株的 16S rRNA 基因序列构建的系统发育树见图 5-1。

1. 热微菌属（*Thermomicrobium* Jackson, Ramaly and Meischein 1973）

细胞呈短、不规则的杆状或多形态哑铃状，大小为 1.3～1.8μm×3.0～6.0μm，单个或成对。不形成内生孢子。革兰氏染色反应为阴性。细胞壁中无大量的肽聚糖。细胞不运动。严格好氧。最适生长温度为 70～75℃，最高达 80℃，最低为 45℃。最适生长 pH 为 8.2～8.5，但在 pH 为 7.5 和 8.7 时也可良好生长。化能异养生长，以 O_2 为最终电子受体的严格呼吸代谢。过氧化氢酶阳性。菌落玫瑰红色。在含 0.5% 酵母膏和蛋白胨的培养基上生长最佳。在葡萄糖上不生长，不利用正链烷烃（n-alkane）。代时为 5.5h。模式种分离自美国黄石国家公园温泉。

DNA 的 G+C 含量（mol%）：64～66。

模式种：玫瑰色热微菌（*Thermomicrobium roseum*）；模式菌株的 16S rRNA 基因序列登录号：M34115；基因组序列登录号：GCA_000021685.1；模式菌株保藏编号：ATCC 27502=DSM 5159。

该属目前包括 3 个种。相近属的鉴别特征见表 5-1。

2. 酸栖热菌属（*Acidothermus* Mohagheghi et al. 1986）

细胞呈细长杆状或长细丝状，大小为 0.4μm×5～20μm，具圆端。不形成内生孢子、鞭毛或圆体。细胞不运动，革兰氏染色反应可变，但通常为阴性。显微切片显示无外层的细胞壁膜，因此，酸栖热菌属的细胞壁显著不同于典型的革兰氏染色阴性的栖热菌属（*Thermus*）和热微菌属（*Thermomicrobium*）。细胞壁的主要成分是二氨基庚二酸、葡萄糖胺、胞壁酸、丝氨酸和丙氨酸。在 LPBM 培养基（含无机盐琼脂及每升 0.5g 酵母膏、5.0g D-葡萄糖或 D-纤维二糖）上的菌落呈奶酪状，白色，光滑，圆，全缘，直径为

① 1mmHg=1.333 22×10^2Pa。

1～3mm。严格好氧。嗜高温，生长温度为 37～70℃。嗜酸，生长 pH 为 3.5～7.0。模式菌株分离自美国黄石国家公园的酸性温泉（pH 为 4～5.5，温度为 45～65℃）。

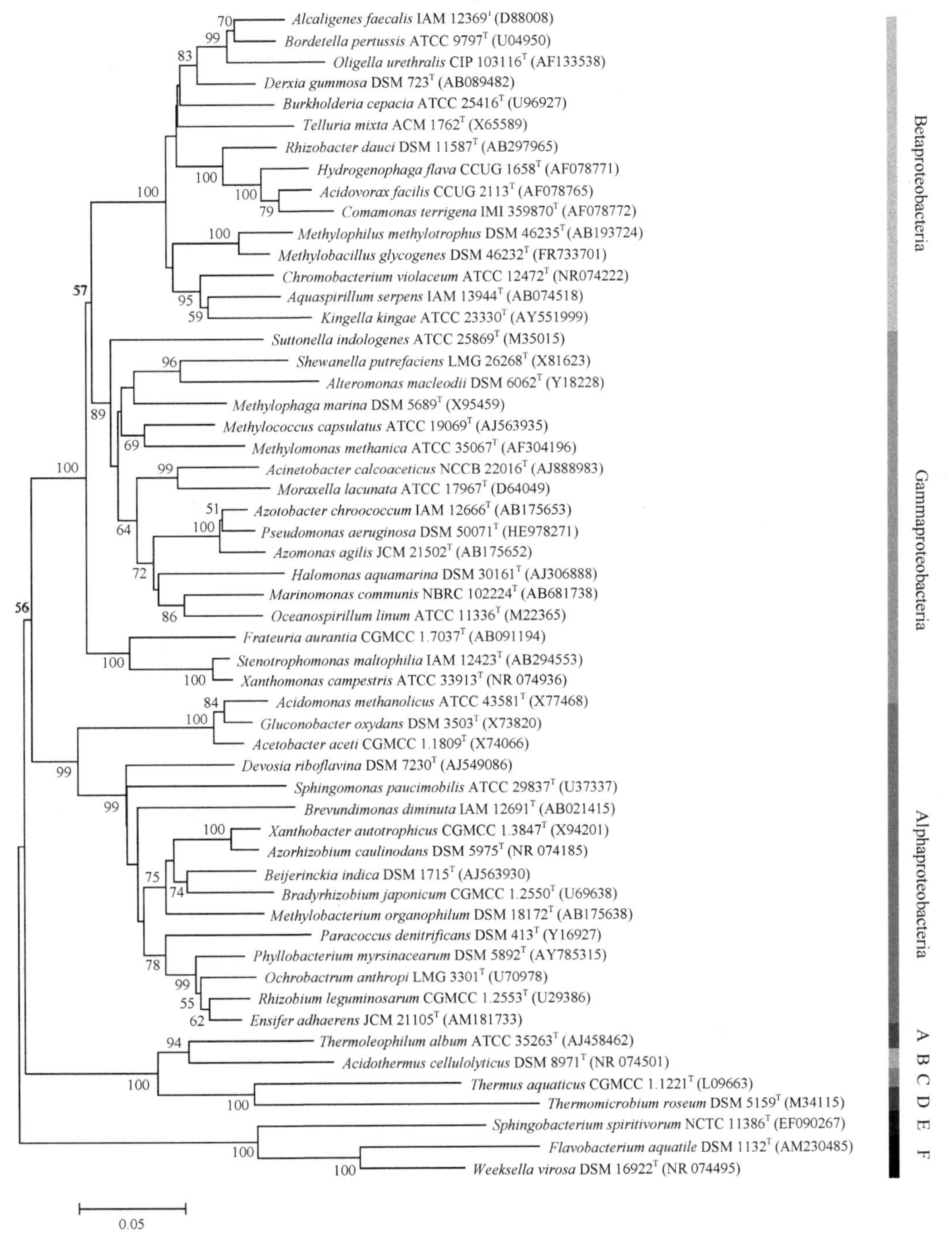

图 5-1　基于 16S rRNA 基因序列构建的第五章各属代表菌种之间的无根系统发育树（邻接法）

显示大于 50% 的自举值，比例尺代表 5% 的序列差异。A 代表 Thermoleophilia，B 代表 Actinobacteria，C 代表 Deinococci，D 代表 Thermomicrobia，E 代表 Sphingobacteria，F 代表 Flavobacteria

DNA 的 G+C 含量（mol%）：60.1～61.3。

模式种（唯一种）：解纤维酸栖热菌（*Acidothermus cellulolyticus*）；模式菌株的 16S

rRNA 基因序列登录号：AJ007290；基因组序列登录号：GCA_000015025.1；模式菌株保藏编号：ATCC 43068=DSM 8971。

相近属的鉴别特征见表 5-1。

表 5-1 60℃以上生长的革兰氏阴性好氧杆状细菌的鉴别

特征	酸栖热菌属（*Acidothermus*）	热嗜油菌属（*Thermoleophilum*）	热微菌属（*Thermomicrobium*）	栖热菌属（*Thermus*）
细胞形状	细长杆和长细丝	短杆	短、不规则杆状	直杆
细胞直径/μm	0.4	0.4	1.3～1.8	0.5～0.8
生长				
0.1% 胰蛋白胨+0.1% 酵母膏	+	–	+	+
葡萄糖	+	–	–	+
C_{13}～C_{20} 的正烷烃	ND	+	–	–
最适生长温度/℃	50～60	60	70～75	70～75
生长温度/℃	37～70	45～70	45～80	40～79
pH 4.5 生长	+	–	–	–
在老龄培养物中形成圆体（直径 10～20μm）	–	–	–	+
菌落色素	白	无或白	红或粉	白、黄、橙、粉、红

3. 栖热菌属（*Thermus* Brock and Freeze 1969）

细胞直杆状，大小为 0.5～0.8μm×10.0μm。在培养条件下可出现 20～200μm 或以上的丝状体。大多数菌株会形成直径为 10～20μm 的球状体，它们从相连的细胞衍生而来，多见于老龄培养物中。细胞不运动、无鞭毛。不形成内生孢子。革兰氏染色反应为阴性，大多数菌株形成黄色、橙色或红色菌落，这些颜色是由类胡萝卜素所致。好氧，以 O_2 为最终电子受体的严格呼吸代谢类型。氧化酶和过氧化氢酶阳性。通常可水解明胶，弱水解淀粉，将硝酸盐还原为亚硝酸盐。嗜高温，最适生长温度为 70～75℃，最适生长 pH 为中性。

DNA 的 G+C 含量（mol%）：61～71。

模式种：水生栖热菌（*Thermus aquaticus*）；模式菌株的 16S rRNA 基因序列登录号：X58343；基因组序列登录号：GCA_001280255；模式菌株保藏编号：ATCC 25104=DSM 625。

该属目前包括 16 个种，常见种的鉴别特征见表 5-2，相近属的鉴别特征见表 5-1。

表 5-2 栖热菌属（*Thermus*）常见种的鉴别特征

特征	水生栖热菌（*T. aquaticus*）	火地栖热菌（*T. igniterrae*）	嗜热栖热菌（*T. thermophilus*）	弓形栖热菌（*T. arciformis*）
生长				
2% NaCl	–	–	+	–
80℃	–	–	+	–

续表

特征	水生栖热菌（*T. aquaticus*）	火地栖热菌（*T. igniterrae*）	嗜热栖热菌（*T. thermophilus*）	弓形栖热菌（*T. arciformis*）
胰蛋白胨	+	−	+	+
β-半乳糖苷酶	−	+	+	+
还原				
硝酸盐	−	+	−	+
亚甲蓝	+	−	+	−
水解				
七叶苷	−	+	+	+
吐温 80	+	+	−	−
底物利用				
纤维二糖	+	−	+	+
柠檬酸盐	−	−	+	−
半乳糖	−	+	−	+
葡萄糖	+	+	−	+
乳糖	−	−	−	+
蜜二糖	−	−	−	+
丝氨酸	+	−	+	+
蔗糖	−	+	+	+
海藻糖	−	+	+	+
mol% G+C	65.5	68.0	68.5	68.3

4. 热嗜油菌属（*Thermoleophilum* Zarilla and Perry 1986）

细胞短杆状，大小为0.4μm×0.7～1.5μm。不形成内生孢子。好氧，在琼脂表面为极小透明的菌落。只在含3～20个碳的正链烷烃无机盐培养基上生长。不需要生长因子。最适生长温度为60℃，生长温度为45～70℃。生长pH为5.8～8.0，最适生长pH为中性。该属能从高温污泥或水中分离到，但也能从常温环境中分离到。

DNA的G+C含量（mol%）：68.8～70.4。

模式种：白栖热嗜油菌（*Thermoleophilum album*）；模式菌株的16S rRNA基因序列登录号：AJ458462；基因组序列登录号：jgi.1035965；模式菌株保藏编号：ATCC 35263=NCIMB 12697。

该属目前包括2个种。相近属的鉴别特征见表5-1。

5. 醋杆菌属（*Acetobacter* Beijerinck 1898）

细胞椭圆至杆状、直或弯，大小为0.6～0.8μm×1.0～4.0μm，单个、成对或呈链状。一些菌株有退化体，呈球状、棒状、弯的或丝状体。细胞运动（周生鞭毛或侧生鞭毛）或不运动。不形成内生孢子。革兰氏染色反应为阴性（少数可变）。严格好氧，呼吸代谢从不发酵。菌落灰色，多数无色素，少数菌株产水溶性色素或由于卟啉而使菌落呈粉红色。过氧化氢酶阳性，氧化酶阴性。不液化明胶，产吲哚和H_2S。可氧化乙醇为乙酸。可将乙酸和乳酸氧化为CO_2和H_2O。乙醇、甘油和乳酸是最好的碳源。能利用正丙醇、正丁醇和D-葡萄糖产酸。不水解乳糖和淀粉。化能异养生长。最适生长温度为25～30℃，最适生长pH为5.4～6.3。醋杆菌属生存环境广泛，包括花、果、蜂蜜、酒（棕榈酒、葡萄酒、苹果酒、啤酒、南非班图酒等）、麦芽酵母、醋、醋的酸化剂、甜果汁、“红茶菌”、茶汁、“纳豆”、园土、井水。有的醋杆菌能引起菠萝果实的粉红病和苹果及梨的腐烂。其中一个种能在甘蔗根和茎上固定微量的氮。

DNA的G+C含量（mol%）：50.5～62.3。

模式种：醋化醋杆菌（*Acetobacter aceti*）；模式菌株的16S rRNA基因序列登录号：JF793949；基因组序列登录号：GCA_004341595；模式菌株保藏编号：ATCC 15973=CGMCC 1.1809=DSM 3508。

该属目前包括19个种，醋杆菌属常见种的鉴别特征见表5-3，氧化乙醇为乙酸的近似属的鉴别特征见表5-4。

6. 酸单胞菌属（*Acidomonas* Urakami et al. 1989）

细胞杆状，大小为0.8～1.0μm×1.5～3.0μm，具圆端，单个，罕见成对，不运动。革兰氏染色反应为阴性。在蛋白胨酵母膏麦芽汁琼脂培养基上30℃培养3天，菌落光滑、凸起、全缘、白到稍黄色，直径为2～3mm。不产非水溶性色素。好氧，代谢为严格呼吸型，不还原硝酸盐为亚硝酸盐。V-P试验阴性。不产吲哚和H_2S。不利用甘油产二羟基丙酮，利用乙醇产乙酸。利用葡萄糖氧化产酸，但不利用L-阿拉伯糖、D-木糖、D-甘露糖、D-果糖、D-半乳糖、麦芽糖、蔗糖、乳糖、海藻糖、D-山梨糖醇、D-甘露醇、肌醇和可溶性淀粉产酸。可利用甲醇、乙醇、乙酸、D-葡萄糖、甘油和果胶作为唯一的碳源和能源；需要泛酸钙。可利用NH_3、硝酸盐和尿素作为氮源。脲酶、氧化酶和过氧化氢酶阳性。能在pH 3.0～8.0条件下生长。最适生长温度为30～37℃，42℃不生长。3% NaCl不生长。主要脂肪酸是$C_{18:1}$、$C_{16:0}$、$C_{16:0}$ 2OH和$C_{16:0}$ 3OH。主要的泛醌是Q-10与Q-9，以及少量的Q-11。

DNA的G+C含量（mol%）：63～65。

模式种（唯一种）：甲醇酸单胞菌（*Acidomonas methanolica*）；模式菌株的16S rRNA基因序列登录号：AB110702；基因组序列登录号：GCA_004346035；模式菌株保藏编号：ATCC 43581=DSM 5432。

相近属的鉴别特征见表5-4。

7. 弗拉特氏菌属（*Frateuria* Swings et al. 1980）

细胞呈规则直杆状，大小为0.5～0.7μm×0.7～3.5μm，单个或成对。革兰氏染色反应为阴性。以极生鞭毛或亚极生鞭毛运动。严格好氧。最适生长温度为25～30℃。在甘露醇酵母膏蛋白胨（MYP）琼脂培养基上菌落呈黄色至橙色。在葡萄糖酵母膏碳酸钙（GYC）琼脂培养基上，大多数菌株产生典型的棕色水溶性色素。氧化酶阴性。pH 3.7生长。不还原硝酸盐。不水解淀粉和明胶。产H_2S。化能异养菌。可利用乙醇、D-葡萄糖、D-木糖等一些碳源产酸，pH可降至4.0以下。不需要生长因子。主要脂肪酸为

表 5-3　醋杆菌属（*Acetobacter*）常见种的鉴别特征

特征	可可豆醋杆菌（*A. fabarum*）	罗旺醋杆菌（*A. lovaniensis*）	加纳醋杆菌（*A. ghanensis*）	马六甲蒲桃醋杆菌（*A. syzygii*）	巴氏醋杆菌（*A. pasteurianus*）	果实醋杆菌（*A. pomorum*）	强氧化醋杆菌（*A. peroxydans*）	印度尼西亚醋杆菌（*A. indonesiensis*）	东方醋杆菌（*A. orientalis*）	西比隆醋杆菌（*A. cibinongensis*）
葡萄糖产物										
5-酮基-D-葡萄糖酸	−	−	−	−	−	−	−	−	−	−
2-酮基-D-葡萄糖酸	−	+	−	−	v	−	−	+	+	+
生长										
乙醇胺	v	+	−	−	−	−	+	−	−	w
10% 乙醇	v	−	v	−	+	−	−	−	−	−
YE+30% 葡萄糖	−	−	+	−	v	−	−	−	−	+
碳源利用										
甘油	+	+	w	+	v	+	−	+	+	+
麦芽糖	−	−	−	+	v	−	+	+	w	−
甲醇	+	+	−	−	−	−	−	−	w	−
过氧化氢酶	+	+	+	+	+	+	−	+	+	+
mol% G+C	56.8～58.0	57.1～58.9	56.9～57.3	54.3～55.4	53.2～54.3	52.1	59.7～60.7	54.0～54.2	52.0～52.8	53.8～54.5

特征	热带醋杆菌（*A. tropicalis*）	塞内加尔醋杆菌（*A. senegalensis*）	奥尔良醋杆菌（*A. orleanensis*）	苹果醋杆菌（*A. malorum*）	啤酒醋杆菌（*A. cerevisiae*）	固氮醋杆菌（*A. nitrogenifigens*）	酒醋杆菌（*A. oeni*）	醋化醋杆菌（*A. aceti*）	埃斯郡醋杆菌（*A. estunensis*）
葡萄糖产物									
5-酮基-D-葡萄糖酸	−	−	−	−	−	ND	+	+	−
2-酮基-D-葡萄糖酸	+	+	+	+	+	ND	−	+	+
生长									
乙醇胺	−	+	−	−	−	+	−	+	+
10% 乙醇	−	+	−	+	ND	+	+	−	−

续表

特征	热带醋杆菌（*A. tropicalis*）	塞内加尔醋杆菌（*A. senegalensis*）	奥尔良醋杆菌（*A. orleanensis*）	苹果醋杆菌（*A. malorum*）	啤酒醋杆菌（*A. cerevisiae*）	固氮醋杆菌（*A. nitrogenifigens*）	酒醋杆菌（*A. oeni*）	醋化醋杆菌（*A. aceti*）	埃斯郡醋杆菌（*A. estunensis*）
YE+30% 葡萄糖	−	+	−	+	−	+	−	−	−
碳源利用									
甘油	+	+	+	+	+	+	+	+	v
麦芽糖	+	−	v	−	−	+	−	v	−
甲醇	−	−	−	+	−	−	−	−	−
过氧化氢酶	+	+	+	+	+	+	+	+	+
mol% G+C	55.6～56.2	55.6～56.0	55.7～58.1	57.2	56.0～57.6	64.1	58.1	56.9～58.3	59.2～60.2

注：YE. 酵母提取物

表 5-4　在中性或酸性（pH 4.5）培养基上氧化乙醇为乙酸的革兰氏阴性好氧菌的鉴别特征

特征	醋杆菌属（*Acetobacter*）	酸单胞菌属（*Acidomonas*）	弗拉特氏菌属（*Frateuria*）	葡糖杆菌属（*Gluconobacter*）
运动性	D	−	D	D
鞭毛				
极生	−	NR	+	+
周生	+	NR	−	−
乙醇过氧化	+	NR	−	−
DL-乳酸氧化为 CO_2+H_2O	+	−	+	−
乙酸氧化为 CO_2+H_2O	+	+	−	−
生酮反应	D	NR	+	+
在 GYC 琼脂培养基上生成棕色水溶性色素	−	NR	+	−
生长因子	D	NR	−	+
葡萄糖产物				
2-酮基-D-葡萄糖酸	D	NR	+	+

续表

特征	醋杆菌属（*Acetobacter*）	酸单胞菌属（*Acidomonas*）	弗拉特氏菌属（*Frateuria*）	葡糖杆菌属（*Gluconobacter*）
5-酮基-D-葡萄糖酸	D	NR	–	+
2,5-二酮基-D-葡萄糖酸	D	NR	–	D
V-P 试验	D	–	–	D
30% 葡萄糖生长	–	NR	+	–
在弗拉特霍耶（Flat Hoyer）甘露醇培养基上生长	–	NR	+	–
利用底物产酸				
D-阿拉伯糖	–	NR	+	+
L-肌醇	–	–	+	D
麦芽糖	–	–	–	D
碳源利用				
L-阿拉伯糖	–	–	+	–
D-甘露糖	NR	NR	NR	NR
D-木糖	–	NR	+	–
L-木糖	NR	NR	NR	NR
正丙醇	D	NR	–	–
乙酸盐	D	+	+	–
甘油酸盐	D	NR	+	–
乳酸盐	D	–	+	–
D-甘露醇	+	–	+	+
甲醇	–	+	–	–
氧化酶	–	+	–	–

注：葡萄糖酵母膏碳酸钙琼脂培养基（GYC 琼脂培养基）——5% D-葡萄糖+10% 酵母膏+3% 碳酸钙+2.5% 琼脂

iso-$C_{15:0}$、iso-$C_{17:0}$ 和 iso-$C_{17:1}$ $\omega 9c$。主要极性脂为磷脂酰乙醇胺和磷脂酰单甲基乙醇胺。模式菌从日本的百合（*Lilium brownii* var. *viridulum*）和茅莓（*Rubus parvifolius*）果实中分离到。

DNA 的 G+C 含量（mol%）：63.5～68.6。

模式种：金黄弗拉特氏菌（*Frateuria aurantia*）；模式菌株的 16S rRNA 基因序列登录号：AB680035；基因组序列登录号：GCA_000242255；模式菌株保藏编号：ATCC 33424=CGMCC 1.7037=DSM 6220。

该属目前包括 2 个种，相近属的鉴别特征见表 5-4。

8. 葡糖杆菌属（*Gluconobacter* Asia 1935）

细胞椭圆至杆状，大小为 0.5～1.0μm×2.6～4.2μm，单个或成对，罕见成链。大的不规则细胞（退化体）可能出现。不形成内生孢子。革兰氏染色反应为阴性（少数可变）。运动或不运动，如运动，细胞具有 3～8 根极生鞭毛，罕见单根鞭毛。严格好氧，以 O_2 作为最终电子受体的严格呼吸代谢，有报道指出一些菌株能还原硫代硫酸盐，在含硫代硫酸盐的山梨糖醇培养基中产生 H_2S（纸条法）。最适生长温度为 25～30℃，37℃不生长。最适生长 pH 为 5.5～6.0，大多数菌株可在 pH 3.6 条件下生长。过氧化氢酶强阳性，氧化酶阴性。不还原硝酸盐，不液化明胶，不产吲哚。化能异养菌。氧化乙醇为乙酸。不氧化乙酸盐或乳酸盐为 CO_2 和 H_2O。能利用多醇类生酮，反应强阳性。利用 D-葡萄糖和 D-木糖产酸。所有菌株利用 D-葡萄糖产 2-酮基-D-葡萄糖酸，大多数菌株可形成 5-酮基-D-葡萄糖酸。不水解淀粉。生存环境广泛，包括花、园土、啤酒酵母、果实、蜜蜂、葡萄酒、苹果酒、啤酒、南非班图酒、酒醋、软饮料等。葡糖杆菌属出现在富糖环境中，不同于醋杆菌属，后者多在富醇环境中。主要的呼吸醌是 Q-10。

DNA 的 G+C 含量（mol%）：52～64。

模式种：氧化葡糖杆菌（*Gluconobacter oxydans*）；模式菌株的 16S rRNA 基因序列登录号：JF794026；基因组序列登录号：GCA_004346605；模式菌株保藏编号：ATCC 19357=DSM 3503。

该属目前包括 14 个种，种间鉴别特征见表 5-5，相近属的鉴别特征见表 5-4。

9. 固氮菌属（*Azotobacter* Beijerinck 1901）

大的椭圆细胞，直径为 1.5～2.0μm，具有从杆状到类球状的多形态。单个、成对或不规则的堆状，有时有长度不等的链状。不形成内生孢子，但有胞囊。革兰氏染色反应为阴性。以周生鞭毛运动或不运动。好氧，但能在低氧压下生长。一些菌株产生水溶性和非水溶性色素。化能异养菌。能利用糖、醇和有机酸及其盐类。固氮，每消耗 1g 碳水化合物（通常葡萄糖）至少可非共生固氮 10mg。钼为固氮作用的必需因子，但可被钒部分代替。不降解蛋白。可利用硝酸盐、铵盐（一个种除外）和一些氨基酸作为氮源。过氧化氢酶阳性。在有结合氮时，生长 pH 为 4.8～8.5；固氮生长的最适 pH 为 7.0～7.5。该属被发现于土壤、水及植物根中。

DNA 的 G+C 含量（mol%）：63.2～67.5。

模式种：圆褐固氮菌（*Azotobacter chroococcum*）；模式菌株的 16S rRNA 基因序列

表 5-5 葡糖杆菌属（*Gluconobacter*）种间鉴别特征

特征	啤酒葡糖杆菌（*G. cerevisiae*）	白色葡糖杆菌（*G. albidus*）	近藤氏葡糖杆菌（*G. kondonii*）	球形葡糖杆菌（*G. sphaericus*）	北碧府葡糖杆菌（*G. kanchanaburiensis*）	内村氏葡糖杆菌（*G. uchimurae*）	氧化葡糖杆菌（*G. oxydans*）	玫瑰色葡糖杆菌（*G. roseus*）	万氏葡糖杆菌（*G. wancherniae*）	蜡状葡糖杆菌（*G. cerinus*）	日本葡糖杆菌（*G. japonicus*）	费氏葡糖杆菌（*G. frateurii*）	泰国葡糖杆菌（*G. thailandicus*）	红毛丹葡糖杆菌（*G. nephelii*）
水溶性褐色色素	–	–	–	+	+	+	–	–	+	–	–	–	–	–
2,5-二酮基-D-葡萄糖酸的产生	–	–	–	+	+	+	–	–	+	–	–	–	–	–
37℃生长	–	–	–	–	–	+	+	–	–	–	–	–	w	–
利用底物产酸														
蔗糖	+	+	–	+	–	–	–	+	w	+	w	–	–	w
棉籽糖	–	+	+	+	w	–	w	+	vw	w	+	+	w	+
meso-赤藓醇	+	+	+	–	w	ND	+	–	–	+	+	w	+	+
唯一碳源生长														
D-果糖	+	+	+	+	w	ND	+	+	+	+	+	+	+	+
D-山梨糖醇	+	+	+	+	+	ND	+	vw	+	+	+	+	–	+
甘油	+	+	+	–	+	ND	+	vw	+	+	+	+	+	+
蔗糖	w	+	–	vw	+	ND	–	+	–	w	+	+	+	+
meso-赤藓醇	+	+	+	–	+	+	w	–	w	+	+	–	w	w
棉籽糖	w	+	–	–	w	ND	–	+	–	–	w	+	w	+
L-山梨糖	+	–	+	–	+	ND	–	–	+	–	+	–	–	+
乙醇	w	–	–	–	w	–	ND	–	vw	+	–	ND	ND	–
mol% G+C	58.0	60.0	59.8	59.5	59.5	60.5	60.3	60.5	56.6	55.9	56.4	55.1	55.8	57.2

注：vw 表示非常弱阳性

登录号：AF035211；基因组序列登录号：GCA_004339665；模式菌株保藏编号：CGMCC 1.16216=DSM 2286=JCM 20725。

该属目前有 6 个种 2 个亚种，种间鉴别特征见表 5-6。

表 5-6　固氮菌属（*Azotobacter*）种间鉴别特征

特征	亚美尼亚固氮菌（*A. armeniacus*）	拜氏固氮菌（*A. beijerinckii*）	圆褐固氮菌（*A. chroococcum*）	黑色固氮菌（*A. nigricans*）	盐居固氮菌（*A. salinestris*）	瓦恩兰德固氮菌（*A. vinelandii*）
运动性	+	−	+	−	+	+
水溶性色素						
绿色荧光色素[a]	−	−	−	−	−	+
绿色	−	−	−	−	−	d
棕黑色	−	−	−	d	+	−
棕黑至红紫色	−	+	−	−	−	−
红紫色	+	−	−	d	−	d
硝酸盐还原	−	+	+	+	+	+
碳源利用						
鼠李糖	−	−	−	−	−	+
己酸盐	−	−	+	−	ND	+
辛酸盐	+	−	−	−	ND	+
肌醇	d	d	−	−	ND	+
甘露醇	+	d	+	d	+	+
丙二酸盐	−	+	d	d	ND	+

注：a. 在缺铁的培养基上培养

在好氧条件下可固氮的属包括固氮菌属、拜叶林克氏菌属、固氮单胞菌属和德克斯氏菌属，它们的鉴别特征见表 5-7。

表 5-7　好氧条件下的革兰氏阴性固氮菌属鉴别特征

特征	固氮单胞菌属（*Azomonas*）	固氮菌属（*Azotobacter*）	拜叶林克氏菌属（*Beijerinckia*）	德克斯氏菌属（*Derxia*）
产生胞囊	−	+	−	−
细胞形态	具圆端杆状	短粗杆到卵圆	杆到卵圆	具圆端杆状
细胞直径/μm	≥2.0	1.5～2.0	0.5～1.5	1.0～2.0
运动性	+	D	D	+
鞭毛				
极生	D	−	−	+
周生	D	+	+	−
pH 4～5 生长	−	−	+	−
液体培养基表面有膜	NR	NR	−	+
在蛋白胨琼脂培养基上生长	−	−	−	+

续表

特征	固氮单胞菌属（*Azomonas*）	固氮菌属（*Azotobacter*）	拜叶林克氏菌属（*Beijerinckia*）	德克斯氏菌属（*Derxia*）
细胞内类脂体				
双极生	−	−	+	−
全细胞散生	NR	NR	−	+
老菌落产棕色	NR	NR	−	+
过氧化氢酶	+	+	+	−
自养利用 H_2 固氮	−	−	−	+
与根联合固氮	−	D	−	−

10. 拜叶林克氏菌属（*Beijerinckia* Derx 1950）

细胞呈直到稍弯的杆状，大小为 0.5～1.5μm×1.7～4.5μm，具圆端，单个出现，有时出现大的畸形细胞，大小为 3.0μm×5.0～6.0μm，偶见分枝和分叉。有大、高折射光的细胞内聚 β-羟基丁酸盐颗粒。有的种有胞囊和荚膜。革兰氏染色反应为阴性，以周生鞭毛运动或不运动。好氧，以 O_2 为最终电子受体的严格呼吸代谢。在好氧条件下固定大气氮，在低氧压（微好氧）下也可固氮。最适生长温度为 20～30℃，37℃不生长。pH 3.0 和 pH 9.5～10.0 都生长。在液体培养基的表面不形成菌膜，而整个培养液均匀、黏稠和半透明；有的种使整个培养基变乳光和混浊，不产附着性黏液。在琼脂培养基上，特别在固氮条件下，产大量黏稠和有弹性的黏液、光滑、中间突起、表面有褶的大菌落；有的菌株形成类似固氮菌属所产的颗粒状黏液。过氧化氢酶阳性，所有的种都利用葡萄糖、果糖、蔗糖氧化为 CO_2 和乙酸。在蛋白胨琼脂或蛋白胨液体培养基上都不能生长。很少利用谷氨酸盐或完全不利用。该属被发现于土壤中，特别是温带地区。

DNA 的 G+C 含量（mol%）：54.7～60.7。

2009 年，弗留明拜叶林克氏菌（*Beijerinckia fluminensis*）的模式菌株 CIP 106281 和 UQM 1685 被划分为放射杆状根瘤菌（*Rhizobium radiobacter*），菌株 LMG 2819 被划分为该属的新种——德贝莱纳拜叶林克氏菌（*Beijerinckia doebereinerae*）。

模式种：印度拜叶林克氏菌（*Beijerinckia indica*）；模式菌株的 16S rRNA 基因序列登录号：AJ563930；基因组序列登录号：GCA_000019845；模式菌株保藏编号：ATCC 9039=DSM 1715=LMG 2817。

该属目前包括 4 个种，种间鉴别特征见表 5-8，相近属的鉴别特征见表 5-7。

表 5-8 拜叶林克氏菌属（*Beijerinckia*）种间鉴别特征

特征	德氏拜叶林克氏菌（*B. derxii*）	印度拜叶林克氏菌（*B. indica*）	运动拜叶林克氏菌（*B. mobilis*）	德贝莱纳拜叶林克氏菌（*B. doebereinerae*）
水溶性绿色荧光色素	+	−	−	−
老龄培养物的菌落	浅黄色	黄褐色至粉红色	琥珀褐色	奶油色
运动性	−	−	+	−
抗 1% 蛋白胨	−	d	d	−

续表

特征	德氏拜叶林克氏菌（*B. derxii*）	印度拜叶林克氏菌（*B. indica*）	运动拜叶林克氏菌（*B. mobilis*）	德贝莱纳拜叶林克氏菌（*B. doebereinerae*）
水解尿素	+	+	+	−
以天冬酰胺为唯一氮源	−	−	d	ND
碳源利用				
棉籽糖	+	+	d	−
半乳糖	+	+	−	+
甘露醇	+	+	d	−
丙醇	−	+	+	ND
乙酸	+	d	+	ND
苹果酸	d	+	d	−
苯甲酸盐	−	−	+	ND

11. 固氮单胞菌属（*Azomonas* Winogradsky 1938）

细胞直径 2.0μm，长度不同，形状有杆状、椭圆至类球状。单个成对或成堆出现，常有多形态。革兰氏染色反应通常为阴性，有时可变。不形成内生孢子和胞囊。以周生鞭毛或极生鞭毛运动。好氧，但能在低氧压下生长。几乎所有菌株产生水溶性荧光色素。化能异养菌。能利用糖、醇、有机酸和盐类生长。固氮，通常非共生固氮；每消耗 1g 碳水化合物（通常葡萄糖）至少可固氮 10mg。钼为固氮作用的必需因子。不水解酪素，但能利用铵盐和一些氨基酸作为氮源。过氧化氢酶阳性。固氮生长的最适 pH 接近中性，但有些菌株能在 pH 4.6～4.8 时固氮。多见于土壤和水中。

DNA 的 G+C 含量（mol%）：52.0～58.6。

模式种：敏捷固氮单胞菌（*Azomonas agilis*）；模式菌株的 16S rRNA 基因序列登录号：AB175652；基因组序列登录号：GCA_007830255；模式菌株保藏编号：ATCC 7494=DSM 375=JCM 21502。

该属目前有 3 个种，种间鉴别特征见表 5-9，相近属的鉴别特征见表 5-7。

表 5-9　固氮单胞菌属（*Azomonas*）种间鉴别特征

特征	敏捷固氮单胞菌（*A. agilis*）	标记固氮单胞菌（*A. insignis*）	巨胞固氮单胞菌（*A. macrocytogenes*）
在乙醇培养基中有较大细胞	−	−	+
鞭毛			
周生	+	−	−
丛生	−	+	−
单生	−	−	+
革兰氏染色反应	−	−	v
多糖菌落形成	−	−	+
可溶性色素			
棕黑色（在苯甲酸盐培养基上）	−	d	−

续表

特征	敏捷固氮单胞菌（*A. agilis*）	标记固氮单胞菌（*A. insignis*）	巨胞固氮单胞菌（*A. macrocytogenes*）
蓝白色荧光（在缺铁培养基上）	+	−	d
碳源利用			
甘露醇	−	−	+
麦芽糖	d	−	−
丙二酸盐	+	+	−

12. 德克斯氏菌属（*Derxia* Jensen et al. 1960）

细胞呈具圆端的杆状，大小为 1.0～2.0μm×3.0～6.0μm，单个或呈短链。细胞由于菌龄和培养基不同而出现多种形态。老龄细胞常有连在一起的长丝状体，有时有局部膨大或扭曲的细胞。有的细胞很大（可达 30μm）。幼龄细胞有均一的染色体，老细胞在体内有典型的大的折光体。未发现休眠期。在有结合氮的葡萄糖液体培养基中运动细胞多，但在无氮的固体培养基上运动细胞罕见。好氧，具有以 O_2 为最终电子受体的严格呼吸代谢。在好氧条件下固氮，也可在低氧压（微好氧）下固氮。最适生长温度为 25～30℃，15℃时生长缓慢，40℃时生长很弱，50℃不生长。生长 pH 为 5.5～9.0。液体培养时，菌体呈凝胶状，但在液面表层生长良好并形成厚而硬的菌膜。固体培养时，菌落最初黏稠、半透明，随后形成不透明、具皱纹的高凸起。老龄培养物的菌落为暗赤褐色。过氧化氢酶阴性。多种糖、醇和有机酸大部分可氧化为 CO_2 和少量的酸。当培养在碱性环境中时，能作为兼性氢自养菌生长。研究已证明可利用甲烷或甲醇为唯一碳源生长。发现于温带土壤（亚洲、非洲和南美洲）。

DNA 的 G+C 含量（mol%）：69.2～72.6。

模式种：胶德克斯氏菌（*Derxia gummosa*）；模式菌株的 16S rRNA 基因序列登录号：AB089482；基因组序列登录号：GCA_000482785；模式菌株保藏编号：DSM 723=JCM 20996=LMG 3977。

该属目前有 2 个种，相近属的鉴别特征见表 5-7。

13. 水螺菌属（*Aquaspirillum* Hylemon et al. 1973）

细胞螺旋状，直径 0.2～1.4μm，但有一个种是弧状细胞，一个种细胞由直到弯。细胞内有聚 β-羟基丁酸盐。在老龄培养物中出现球形体（类球体）。在液体培养物中出现两端极生鞭毛束，可由多达 11 根鞭毛组成。最适生长温度为 30℃，在 20℃或 40℃时不生长。过氧化氢酶和氧化酶皆阳性。不代谢糖类，丙酮酸和卟啉是最好的碳源。在微氧情况下有固氮酶活性。

DNA 的 G+C 含量（mol%）：49～66。

模式种：爬行水螺菌（*Aquaspirillum serpens*）；模式菌株的 16S rRNA 基因序列登录号：AB680710；基因组序列登录号：ATVC00000000；模式菌株保藏编号：ATCC 12368=DSM 9156=NBRC 14924。

该属目前有 4 个种。

14. 黄色杆菌属（*Xanthobacter* Wiegel et al. 1978）

细胞杆状，大小为0.4～1.0μm×0.8～6.0μm。有的种在含琥珀酸盐时可形成多形态细胞。在以乙醇为唯一碳源的培养基上细胞呈类球体。折光体（多磷酸盐）和脂类体（聚β-羟基丁酸盐）几乎遍及全细胞。革兰氏染色反应为阳性或可变；而细胞显微结构似乎是革兰氏阴性型，肽聚糖由*meso*-二氨基庚二酸直接相连。细胞不运动或运动（周生或侧生鞭毛）。好氧，以O_2为最终电子受体的严格呼吸代谢。最适生长温度为25～30℃，最适生长pH为5.8～7.0。菌落通常不透明并带黏液，水溶性类胡萝卜素致使菌落呈黄色。过氧化氢酶阳性。所有菌株能在无机培养基及H_2、O_2、CO_2（7∶2∶1）的混合气体中营化能自养生活，也能在甲醇、乙醇、正丙醇、正丁醇和各种有机酸作为唯一碳源时营化能异养生活。可利用的碳水化合物范围有限，利用一些碳水化合物既不产挥发性或非挥发性脂肪酸也不产气体。在无氮培养基上可固定大气氮。但大多数菌株只能在降低氧压时固氮，每消耗1g蔗糖可固氮≥20mg。在含腐烂有机物的湿土和水中都可出现。

DNA的G+C含量（mol%）：65～70。

模式种：自养黄色杆菌（*Xanthobacter autotrophicus*）；模式菌株的16S rRNA基因序列登录号：AB681805；基因组序列登录号：GCA_005871085；模式菌株保藏编号：ATCC 35674=CGMCC 1.3847=DSM 432。

该属目前有6个种，种间鉴别特征见表5-10。

表5-10　黄色杆菌属（*Xanthobacter*）种间鉴别特征

特征	黏黄色杆菌属（*X. viscosus*）	胺氧化黄色杆菌（*X. aminoxidans*）	敏捷黄色杆菌（*X. agilis*）	自养黄色杆菌（*X. autotrophicus*）	黄黄色杆菌（*X. flavus*）	万寿菊黄色杆菌属（*X. tagetidis*）
多形性	+	+	−	+	+	+
黏性分泌物	+	−	−	+	+	+
运动性	−	−	+	−	−	+
在液体营养培养基中生长	+	+	−	+	+	+
生物素需求	−	−	−	−	+	−
生长						
37℃自养（H_2+CO_2）	−	−	−	+	+	+
柠檬酸盐	−	−	−	+	+	+
甲醇	+	−	+	+	+	+
甲胺	−	+	−	−	−	+
三甲胺	−	+	−	−	−	−

15. 根瘤菌属（*Rhizobium* Frank 1889）

细胞杆状，大小为0.5～0.9μm×1.2～3.0μm。在不利条件下通常多形态。一般含有聚β-羟基丁酸盐颗粒。以一根极生鞭毛或亚极生鞭毛或2～6根周生鞭毛运动。少数菌株有纤毛。好氧，以O_2为最终电子受体的严格呼吸型。在氧压低于1.0kPa下生长良好。最适生长温度为25～30℃，一些种可以在40℃以上生长。最适生长pH为6.0～7.0，生长 pH 为 4.0～10.0。菌落呈圆形、凸起、半透明和有黏液，在酵母膏甘露醇无机盐琼脂培养基上生长 3～5 天后，菌落直径 2～4mm。好氧液体培养 2～3 天后，培养液浊度显著增加。化能异养菌，利用各种碳水化合物和有机酸的盐类作为碳源，但不利用纤维素和淀粉。利用甘露醇和其他糖产酸。在含糖培养基上的生长物常伴有丰富的胞外黏液。铵盐、硝酸盐和多数氨基酸类可作为氮源。有的菌株能在不含维生素的酪素无机盐培养基上生长。利用蛋白胨的能力差，不水解酪素和琼脂。有的菌株需要生物素或其他水溶性维生素。不产 3-酮基糖苷类。能侵入温带豆科植物的根毛并促进根瘤生成，瘤内的细菌出现胞内共生。所有菌株显示寄主的亲和性（寄主专化性）。根瘤中细菌以多形态（类菌体）出现，它们通常固定大气氮到结合态氮（氨），供寄主植物利用。

DNA 的 G+C 含量（mol%）：57～66。

模式种：豌豆根瘤菌（*Rhizobium leguminosarum*）；模式菌株的 16S rRNA 基因序列登录号：U29386；基因组序列登录号：GCA_002008365；模式菌株保藏编号：ATCC 10004=CGMCC 1.2553=LMG 14904。

该属目前包括 85 个种，常见种的鉴别特征见表 5-11，相近属的鉴别特征见表 5-12。

表 5-11　根瘤菌属（*Rhizobium*）常见种的鉴别特征

特征	吐蕃根瘤菌（*R. tubonense*）	豆根瘤菌（*R. etli*）	华特拉根瘤菌（*R. huautlense*）	山羊豆根瘤菌（*R. galegae*）	木兰根瘤菌（*R. indigoferae*）	豌豆根瘤菌（*R. leguminosarum*）	岩黄芪根瘤菌（*R. sullae*）	内蒙古根瘤菌（*R. mongolense*）	汨罗河根瘤菌（*R. miluonense*）	华中根瘤菌（*R. mesosinicum*）	蚕豆根瘤菌（*R. fabae*）	葡萄牙根瘤菌（*R. lusitanum*）
唯一碳源												
苦杏仁苷	−	+	−	+	−	+	−	−	+	+	+	−
D-阿拉伯糖	−	+	+	+	+	+	−	−	+	+	+	+
D-阿拉伯糖醇	+	+	+	+	+	+	+	+	−	+	+	+
葡萄糖酸钙	−	−	−	+	−	−	−	+	+	+	+	−
半乳糖醇	−	+	+	+	+	+	−	−	−	+	−	+
meso-赤藓醇	+	−	+	+	+	+	+	+	+	−	−	+
丙酮酸钠	−	−	−	+	+	+	−	+	−	+	+	−
乙酸钠	−	+	−	+	+	+	−	−	−	+	+	+
柠檬酸钠	−	+	−	+	+	−	−	+	ND	ND	ND	−
葡萄糖酸钠	−	−	−	+	+	+	−	+	+	+	−	+
山梨糖	−	−	−	−	−	−	−	−	+	−	−	−
L-精氨酸	−	+	+	+	+	−	−	−	+	−	+	+
DL-天冬酰胺	−	−	−	+	−	+	−	+	+	−	−	+
唯一氮源												
DL-α-丙氨酸	+	−	+	+	+	−	+	+	+	+	+	+
L-精氨酸	−	+	+	+	+	+	+	+	+	+	+	+
胱氨酸	−	+	+	−	−	+	−	−	+	−	−	+
L-异亮氨酸	−	−	−	−	−	−	−	−	+	−	−	−

续表

特征	吐蕃根瘤菌（*R. tubonense*）	豆根瘤菌（*R. etli*）	华特拉根瘤菌（*R. huautlense*）	山羊豆根瘤菌（*R. galegae*）	木兰根瘤菌（*R. indigoferae*）	豌豆根瘤菌（*R. leguminosarum*）	岩黄芪根瘤菌（*R. sullae*）	内蒙古根瘤菌（*R. mongolense*）	汨罗河根瘤菌（*R. miluonense*）	华中根瘤菌（*R. mesosinicum*）	蚕豆根瘤菌（*R. fabae*）	葡萄牙根瘤菌（*R. lusitanum*）
L-赖氨酸	−	+	−	−	−	+	+	−	+	−	−	−
生长能力												
溴麝香草酚蓝（0.1%）	−	−	−	ND	−	−	−	−	−	+	+	−
新品酸性红（0.1%）	25	+	+	+	−	+	+	−	+	−	−	+
亚甲蓝（0.1%）	+	+	+	+	−	+	−	+	−	−	+	+
甲基绿（0.1%）	−	−	−	+	−	+	ND	ND	−	−	ND	−
中性红（0.1%）	−	+	+	+	−	+	+	+	−	−	+	+
NaCl（1%）	−	+	−	+	−	−	−	+	−	+	+	+
氧化酶	+	−	+	+	+	+	−	+	−	+	+	+
亚甲蓝还原	50	−	−	−	+	+	ND	ND	ND	ND	ND	+
尼罗蓝还原	−	−	+	+	−	−	+	−	+	+	+	+
生长于液体培养基	−	−	−	−	−	−	−	−	+	+	ND	+

注：数字表示阳性菌株所占百分比

表 5-12　在植物根和（或）茎上长瘤的固氮革兰氏阴性细菌的鉴别特征

特征	固氮根瘤菌属（*Azorhizobium*）	慢生根瘤菌属（*Bradyrhizobium*）	根瘤菌属（*Rhizobium*）	剑菌属（*Ensifer*）
鞭毛排列	周生（固体培养基）；1 根侧生（液体培养基）	1 根极生或亚极生	2～6 根周生	3～5 根亚极生
细胞一端出芽繁殖	NR	−	−	+
菌落直径（28℃，3 天）/mm	1～2	<1	2～4	2～4
在酵母膏甘露醇培养基中生长	−	−	+	+
酵母膏甘露醇培养基产酸	−	−	+	+
非共生固氮	+	−	−	−
与植物共生固氮	+	+	+	+
44℃生长	+	−	−	ND
pH 8 生长	+	−	+	ND
赖氨酸脱羧酶	+	−	−	+
精氨酸双水解酶	+	−	D	ND
碳源利用				
D-核糖，D-木糖，D-甘露糖，D-半乳糖，D-阿拉伯糖	−	+	+	+
D-纤维二糖	−	−	+	+
D-麦芽糖，乳糖	−	−	+	NR
肌醇，棉籽糖	−	−	+	D

续表

特征	固氮根瘤菌属（*Azorhizobium*）	慢生根瘤菌属（*Bradyrhizobium*）	根瘤菌属（*Rhizobium*）	剑菌属（*Ensifer*）
L-酒石酸，DL-酒石酸	−	+	−	NR
1,2-丙醇，2,3-丁二醇，衣康酸	+	−	−	NR
氮源利用				ND
DL-天冬氨酸	ND	−	+	−
L-组氨酸	ND	+	+	−
苯丙氨酸脱氨酶	ND	−	−	+

16. 剑菌属（*Ensifer* Casida et al. 1982）

细胞杆状，大小为0.5～0.9μm×1.2～3.0μm。通常含有聚β-羟基丁酸盐颗粒。革兰氏染色反应为阴性。以3～5根亚极生鞭毛运动。好氧，以O_2为最终电子受体的严格呼吸型。菌落呈圆形、凸起、有黏液，在酵母膏甘露醇无机盐琼脂上培养3～5天后直径一般为2～4mm。液体培养3～5天，培养液浊度显著增加。最适生长温度为25～30℃，生长温度为10～35℃；最适生长pH为6.0～8.0，有的菌株能在pH 5.0下生长，另有菌株能在pH 10.0下生长。以下底物可作为唯一碳源：葡萄糖、D-阿拉伯糖、纤维二糖、果糖、D-半乳糖、D-甘露糖、甘露醇、L-谷酰胺、乳糖、D-核糖、琥珀酸盐、木糖和D-松二糖等。以下底物不能作为唯一碳源：酒石酸胺、草酸胺、纤维素、卫矛醇、甘氨酸、山梨糖、藻朊酸钠等。在YMA培养基上产酸。氯化铵和硝酸盐作为氮源，有的菌株需要一些氨基酸。利用蛋白胨能力差。所有菌株需要泛酸和烟酸，对维生素的要求差异大。氧化酶和过氧化氢酶阳性。共生固氮，寄主范围很窄，只能在豆科植物上有效形成根瘤。

DNA的G+C含量（mol%）：57～66。

模式种：黏着剑菌（*Ensifer adhaerens*）；模式菌株的16S rRNA基因序列登录号：AF191739；基因组序列登录号：GCA_000697965；模式菌株保藏编号：ATCC 33212=JCM 21105=LMG 20216。

该属目前包括20个种，相近属的鉴别特征见表5-12，常见种的鉴别特征见表5-13。中华根瘤菌属（*Sinorhizobium* Chen et al. 1988）于2003年被并入剑菌属。

表5-13　剑菌属（*Ensifer*）常见种的鉴别特征

特征	补骨脂剑菌（*E. psoraleae*）	田菁剑菌（*E. sesbaniae*）	草木栖剑菌（*E. meliloti*）	萨赫里剑菌（*E. saheli*）	树剑菌（*E. arboris*）	黏着剑菌（*E. adhaerens*）	墨西哥剑菌（*E. mexicanus*）	莫雷洛斯剑菌（*E. morelensis*）	美国剑菌（*E. americanum*）	费氏剑菌（*E. fredii*）	库斯提剑菌（*E. kostiensis*）	苜蓿剑菌（*E. medicae*）
唯一碳源利用												
葡聚糖	−	−	−	w	+	+	−	+	−	−	−	−
D-松三糖	−	+	−	+	+	+	−	+	w	w	−	−
乙酸钠	−	w	−	−	+	+	−	+	−	−	−	−

续表

特征	补骨脂剑菌（*E. psoraleae*）	田菁剑菌（*E. sesbaniae*）	草木栖剑菌（*E. meliloti*）	萨赫里剑菌（*E. saheli*）	树剑菌（*E. arboris*）	黏着剑菌（*E. adhaerens*）	墨西哥剑菌（*E. mexicanus*）	莫雷洛斯剑菌（*E. morelensis*）	美国剑菌（*E. americanum*）	费氏剑菌（*E. fredii*）	库斯提剑菌（*E. kostiensis*）	苜蓿剑菌（*E. medicae*）
生长												
1% NaCl	−	+	+	+	−	+	−	−	+	+	+	−
2% NaCl	−	−	−	−	−	+	−	+	−	+	+	+
抗生素抗性												
氨苄青霉素（5μg/mL）	+	+	−	−	−	+	+	+	−	+	−	−
红霉素（100μg/mL）	−	+	−	−	−	+	+	+	−	−	−	−
L-苯丙酮酸酶	−	+	−	−	−	−	−	+	−	−	−	−
过氧化氢酶	+	−	−	w	+	+	+	+	+	+	+	+
硝酸盐还原	+	+	+	+	−	+	+	+	+	−	−	−
营养肉汤培养基上的生长	−	+	+	−	+	+	+	+	−	−	−	−
亚甲蓝还原	+	+	+	+	−	+	+	+	−	−	−	−
淀粉水解	−	+	−	−	−	+	−	+	−	−	−	−

17. 固氮根瘤菌属（*Azorhizobium* Dreyfus, Garcia and Gillis 1988）

细胞杆状，大小为 0.5～0.6μm×1.5～2.5μm。在固体培养基上以周生鞭毛运动，在液体培养基中以一根侧生鞭毛运动。菌落呈圆形，乳脂色。严格好氧，在微好氧条件下固氮。在含维生素的无氮培养基中生长良好。氧化酶和过氧化氢酶阳性。脲酶阴性。糖类中，只利用葡萄糖；有机酸类中，可良好地利用乳酸盐和琥珀酸盐等。也有菌株可利用铵盐或 N_2 作为氮源。能利用 DL-脯氨酸；不能反硝化。菌株能在长喙田菁（*Sesbania rostrata*）的根和茎上结瘤。

DNA 的 G+C 含量（mol%）：66～68。

模式种：茎瘤固氮根瘤菌（*Azorhizobium caulinodans*）；模式菌株的 16S rRNA 基因序列登录号：AB680677；基因组序列登录号：GCA_000010525；模式菌株保藏编号：ATCC 43989=DSM 5975=JCM 20966。

该属目前有 3 个种，相近属的鉴别特征见表 5-12。

18. 慢生根瘤菌属（*Bradyrhizobium* Jordan 1982）

细胞杆状，大小为 0.5～0.9μm×1.2～3.0μm。在不利生长条件下呈多形态，通常含有聚 β-羟基丁酸盐颗粒。革兰氏染色反应为阴性。以一根极生、亚极生鞭毛或 1～6 根周生鞭毛运动。好氧，以 O_2 为最终电子受体的严格呼吸型。最适生长温度为 25～30℃，最适生长 pH 为 6.0～8.0，从酸性土壤中分离的菌株可在较低的 pH 下生长。菌落呈圆形，不透明，罕见半透明，白色，凸起，有颗粒状结构。在酵母膏甘露醇无机盐琼脂培养基上培养 5～7 天的菌落直径不超过 1mm。液体培养物在 5～7 天或更长培养时间呈中度混浊。化能异养菌，利用各种碳水化合物和有机酸作为碳源，不利用纤维素和淀粉。在含甘露醇或其他碳水化合物的无机盐培养基上产碱。在含糖培养基上的生长物常伴有丰富的胞外黏液，有的菌株可在 H_2、CO_2 和低氧压下营自养生活。铵盐、硝酸盐和某些氨基酸类可作为氮源，很少利用蛋白胨。不水解酪素和琼脂，不产 3-酮基-D-葡萄糖苷类。细菌在寄主植物的根部膨大生成根瘤。它们可固定大气氮到结合态氮（氨）供寄主植物利用。有的菌株在特定条件下以游离状态固定大气氮。

DNA 的 G+C 含量（mol%）：61～65。

模式种：日本慢生根瘤菌（*Bradyrhizobium japonicum*）；模式菌株的 16S rRNA 基因序列登录号：AB231927；基因组序列登录号：GCA_006539645；模式菌株保藏编号：CGMCC 1.2550=DSM 30131=JCM 20679。

该属目前有 33 个种，常见种的鉴别特征见表 5-14，相近属的鉴别特征见表 5-12。

表 5-14　慢生根瘤菌属（*Bradyrhizobium*）常见种的鉴别特征

特征	笔花豆慢生根瘤菌（*B. stylosanthis*）	黄淮海慢生根瘤菌（*B. huanghuaihaiense*）	花生慢生根瘤菌（*B. arachidis*）	高效固氮慢生根瘤菌（*B. diazoefficiens*）	日本慢生根瘤菌（*B. japonicum*）
碳源利用					
D-阿拉伯糖	w	+	+	+	w
L-阿拉伯糖	w	w	+	w	+
D-核糖	w	w	+	+	+
L-木糖	+	+	+	+	w
甲基-β-D-吡喃木糖苷	w	w	−	w	w
D-山梨糖醇	−	−	w	w	w
糖原	+	+	+	−	−
D-海藻糖	w	+	+	+	+
葡萄糖酸钾	+	+	+	−	−
5-酮基-D-葡萄糖酸钾	+	+	+	−	−
pH 8 生长	+	−	+	−	+
抗生素抗性					
红霉素（15μg/片）	+	+	+	−	+
氨苄青霉素（10μg/片）	−	−	−	w	−
新霉素（30μg/片）	−	w	w	−	−
四环素（30μg/片）	−	w	+	−	−
萘啶酸（30μg/片）	w	+	+	+	+

19. 叶杆菌属（*Phyllobacterium* Knosel 1962）

细胞直杆状，大小为 0.4～0.8μm×0.8～2.0μm。革兰氏染色反应为阴性。以一根至几根极生鞭毛或长波长的侧生鞭毛运动。好氧，以 O_2 为最终电子受体的严格好氧呼吸代谢类型。最适生长温度为 28～34℃。在葡萄糖酵母膏琼脂培养基上的菌落呈半透明或灰褐色，有黏液。氧化酶、过氧化氢酶阳性。化能异养生长，利用各种糖或有机酸盐作为碳源。不水解淀粉、果胶和纤维素。出现在高等植物（紫金牛科和茜草科茜草属）的叶肿瘤中。

DNA 的 G+C 含量（mol%）：60.3～61.3。

模式种：紫金牛叶杆菌（*Phyllobacterium myrsinacearum*）；模式菌株的 16S rRNA 基因序列登录号：AB681132；基因组序列登录号：GCA_004217385；模式菌株保藏编号：DSM 5892=JCM 20932。

该属目前包括 10 个种，常见种的鉴别特征见表 5-15。

表 5-15 叶杆菌属（*Phyllobacterium*）常见种的鉴别特征

特征	槐属叶杆菌（*P. sophorae*）	三叶草叶杆菌（*P. trifolii*）	油菜叶杆菌（*P. brassicacearum*）	勃艮第叶杆菌（*P. bourgognense*）	紫金牛叶杆菌（*P. myrsinacearum*）	内生植物叶杆菌（*P. endophyticum*）
同化作用						
龙胆二糖	+	+	+	−	+	+
乳果糖	−	−	+	−	−	+
木糖醇	−	+	−	−	+	−
葡萄糖醛酸	−	+	−	−	+	−
cis-丙烯三甲酸	+	+	+	−	+	+
L-羟脯氨酸	+	+	−	−	+	+
丙二酸	+	−	−	+	−	−
N-乙酰-D-葡萄糖胺	+	+	−	+	+	−
α-乳糖	−	−	+	−	−	+
棉籽糖	−	−	+	−	−	+
N-乙酰-D-半乳糖胺	−	−	−	+	−	−
甲基葡萄糖苷	−	+	+	−	−	+
丙酮酸	+	+	+	−	+	+
柠檬酸	−	−	−	−	+	−
D-葡萄糖酸	−	−	−	−	+	−
D-氨基葡萄糖酸	−	−	−	−	+	−
β-羟基丁酸	+	+	−	+	+	−
DL-乳酸	+	+	+	+	+	−
丙酸	−	−	−	−	+	−
奎宁酸	+	+	+	−	−	+
D-葡萄糖二酸	+	+	−	−	−	−
溴代丁二酸	+	+	+	−	+	+
葡罗酰胺	+	+	−	−	−	−
L-丙酸铵	−	+	w	+	+	+
L-丙氨酸	−	−	−	−	+	−
L-丙氨酰甘氨酸	+	+	−	−	+	−
1%（*w/v*）NaCl 耐受	+	−	+	−	−	+

续表

特征	槐属叶杆菌（*P. sophorae*）	三叶草叶杆菌（*P. trifolii*）	油菜叶杆菌（*P. brassicacearum*）	勃艮第叶杆菌（*P. bourgognense*）	紫金牛叶杆菌（*P. myrsinacearum*）	内生植物叶杆菌（*P. endophyticum*）
抗生素抗性						
红霉素（100μg/mL）	+	+	+	−	−	−
链霉素（50μg/mL）	−	−	−	+	+	+
四环素（5μg/mL）	−	−	−	−	+	+

20. 根瘤杆菌属（*Rhizobacter* Goto and Kuwata 1988）

细胞呈直或稍弯的杆状，以极生鞭毛和侧生鞭毛运动。革兰氏染色反应为阴性。能形成聚β-羟基丁酸盐颗粒。化能异养菌，好氧，具有葡萄糖呼吸代谢。可利用D-葡萄糖作为唯一碳源。在琼脂培养基上的菌落呈白色或黄白色、褶皱、坚硬或黏稠，产黄色素，但不同于黄单胞菌菌黄素（xanthomonadin）。最适生长温度为25～30℃，最适生长pH为6.0～8.0，从酸性土壤中分离的菌株可在较低的pH下生长。在液体培养基中由球状体组成絮状生长物，不出现指状突出物。氧化酶、过氧化氢酶阳性，利用半胱氨酸产H_2S，还原硝酸盐，邻硝基苯-β-D-吡喃半乳糖苷（*O*-nitrophenyl-β-D-galactopyranoside，ONPG）阳性，氰化钾（KCN）抑制生长。水解淀粉、糊精和肝糖。不能反硝化，甲基红试验（MR试验）和V-P试验阴性，精氨酸双水解酶阴性，无荧光色素，不产生吲哚。对弧菌抑制剂2,4-二氨基-6,7-二异丙基蝶啶（O/129）敏感（10μg）。不利用苯衍生物作为碳源。不需要NaCl和生长因子。有泛醌Q-8。模式菌株分离自土壤，是植物致病菌，在自然界引起胡萝卜根生瘤。

DNA的G+C含量（mol%）：60.3～70.6。

模式种：胡萝卜根瘤杆菌（*Rhizobacter dauci*）；模式菌株的16S rRNA基因序列登录号：AB297965；模式菌株保藏编号：ATCC 43778=DSM 11587。

该属目前包括5个种，常见种的鉴别特征见表5-16。

表5-16　根瘤杆菌属（*Rhizobacter*）常见种的鉴别特征

特征	深层根瘤杆菌（*R. profundi*）	岩白菜根瘤杆菌（*R. bergeniae*）	胡萝卜根瘤杆菌（*R. dauci*）	金色根瘤杆菌（*R. fulvus*）
菌落颜色	棕色	黄色	浅黄色	黄色
硝酸盐还原	+	−	+	+
葡萄糖发酵	+	−	+	+
脲酶	−	−	+	−
碳源利用				
乙酸	−	−	−	+
己二酸	−	−	−	+
核糖醇	−	+	−	−
L-阿拉伯糖	−	+	+	−
溴代丁二酸	+	+	+	−
葡聚糖	−	−	+	−

续表

特征	深层根瘤杆菌（*R. profundi*）	岩白菜根瘤杆菌（*R. bergeniae*）	胡萝卜根瘤杆菌（*R. dauci*）	金色根瘤杆菌（*R. fulvus*）
甲酸	+	−	−	−
D-果糖	−	−	−	+
D-葡萄糖	−	+	+	−
L-氨基戊二酸	−	+	+	−
酶活				
酸性磷酸酶	−	+	−	−
碱性磷酸酶	−	+	+	+
α-胰凝乳蛋白酶	−	−	+	−
mol% G+C	66.7	69.8	66.9～70.6	66.6～66.7

21. 副球菌属（*Paracoccus* Davis 1969）

细胞球状（直径 0.5～0.9μm）或短杆状（长 0.9～1.2μm）。单个、成对或堆状。形成聚 β-羟基丁酸盐颗粒。革兰氏染色反应为阴性。不运动。好氧，呼吸代谢；当硝酸盐、亚硝酸盐或氧化氮存在时，能以它们为电子受体营厌氧生长。在厌氧条件下还原硝酸盐为亚硝酸盐，最终为氧化氮和 N_2。氧化酶和过氧化氢酶皆阳性。可以利用多种有机物作为碳源进行化能异养生长。也可以 CO_2 作为碳源，H_2、甲醇、甲胺或硫代硫酸盐作为电子供体进行化能无机自养生长。出现在水、土壤、污水和污泥中。

DNA 的 G+C 含量（mol%）：64～67。

模式种：脱氮副球菌（*Paracoccus denitrificans*）；模式菌株的 16S rRNA 基因序列登录号：JF508186；基因组序列登录号：GCA_900100045；模式菌株保藏编号：DSM 413=JCM 21484。

该属目前包括 47 个种，常见种的鉴别特征见表 5-17。

表 5-17　副球菌属（*Paracoccus*）常见种的鉴别特征

特征	嗜碱副球菌（*P. alcaliphilus*）	脱氮副球菌（*P. denitrificans*）	盐脱氮副球菌（*P. halodenitrificans*）
嗜盐（至少需要 3% NaCl）	−	−	+
兼性自养菌	−	+	−
生长需要			
维生素 B_1	−	−	+
生物素	+	−	−
反硝化（产 N_2）	−	+	−
生长 pH			
6	−	+	nr
9	+	−	nr
碳源利用			
D-木糖	+	−	nr
海藻糖	−	+	nr

22. 甲基杆菌属（*Methylobacterium* Green and Bousfield 1983）

细胞杆状，大小为 0.6～1.5μm×1.0～8.0μm。单个或罕见成簇，罕见分枝或多形态。以单极生鞭毛、亚极生鞭毛或侧生鞭毛运动，有的菌种没有强烈的运动。细胞常含有大的嗜苏丹颗粒，有时有异染粒。革兰氏染色反应为阴性或可变，具有典型的革兰氏阴性细胞壁结构。在甲醇无机盐琼脂培养基上菌落为粉到橙红色。在液体培养基中会形成粉色表面菌环或菌膜。严格好氧，嗜中温，氧化酶和过氧化氢酶（常弱）阳性。化能异养菌，兼性甲基营养菌，可以利用甲醛（微摩尔级）、甲酸、甲醇，有些菌株可以利用甲胺。有的菌株可利用甲烷作为唯一碳源和能源，但如果在无机培养基上则不能维持甲烷环境，该特性易丧失。在自然界中分布较广。

DNA 的 G+C 含量（mol%）：68.0～72.4。

模式种：嗜有机物甲基杆菌（*Methylobacterium organophilum*）；模式菌株的 16S rRNA 基因序列登录号：AJ400920；基因组序列登录号：GCA_003096615；模式菌株保藏编号：DSM 18172=JCM 2833。

该属目前包括 52 个种，常见种的鉴别特征见表 5-18。能以一碳化合物为唯一碳源生长的好氧革兰氏阴性细菌还有 10 个属，它们的鉴别特征见表 5-19。

表 5-18　甲基杆菌属（*Methylobacterium*）常见种的鉴别特征

特征	扭曲甲基杆菌（*M. extorquens*）	藤泽氏甲基杆菌（*M. fujisawaense*）	嗜中温甲基杆菌（*M. mesophilicum*）	嗜有机物甲基杆菌（*M. organophilum*）	耐辐射甲基杆菌（*M. radiotolerans*）	罗得西亚甲基杆菌（*M. rhodesianum*）	玫瑰红甲基杆菌（*M. rhodinum*）	扎氏甲基杆菌（*M. zatmanii*）
利用唯一碳源生长								
D-葡萄糖	−	+	+	+	+	−	w	−
D-岩藻糖，D-木糖	−	+	+	−	+	−	−	−
L-阿拉伯糖，果糖	−	d	−	+	−	+	+	+
L-天冬氨酸盐	d	+	+	−	+	d	+	−
L-谷氨酸，柠檬酸盐	−	+	+	−	+	−	+	−
癸二酸盐	−	+	d	−	+	−	−	−
乙酸盐	+	+	−	+	+	+	+	+
甜菜碱	+	−	−	−	+	+	+	−
酒石酸盐	d	d	−	−	−	−	−	d
乙醇	+	d	+	+	d	+	+	+
甲胺	+	−	−	+	−	+	+	+
三甲胺	−	−	−	+	−	−	−	d
甲烷	−	−	−	d	−	−	−	−
在高蛋白胨营养琼脂培养基中生长	d	+	−	+	+	+	+	+

表 5-19　以一碳化合物为唯一碳源的好氧革兰氏阴性杆菌属间鉴别特征

特征	酸单胞菌属（*Acidomonas*）	德克斯氏菌属（*Derxia*）	甲基小杆菌属（*Methylobacillus*）	甲基杆菌属（*Methylobacterium*）	甲基球菌属（*Methylococcus*）	甲基单胞菌属（*Methylomonas*）	噬甲基菌属（*Methylophaga*）	嗜甲基菌属（*Methylophilus*）	副球菌属（*Paracoccus*）	根瘤杆菌属（*Rhizobacter*）	黄色杆菌属（*Xanthobacter*）
革兰氏染色反应	–	–	–	–	–	–	–	–	–	–	D
细胞形状											
杆状	+	+	+	+	+	+	+	+	D	+	+
球状	–	–	–	–	+	–	–	–	D	–	–[1]
细胞直径/μm	0.8～1.0	1.0～1.2	0.3～0.5	0.6～1.5	1.0	0.5～1.2	0.2	0.3～0.6	0.5～0.9	0.9～1.3	0.4～1.0
形成胞囊	–	–	NR	NR	+	D	–	NR	–	–	–
运动性	–	+	D	+	–	+	+	D	–	+	D
鞭毛											
极生	NR	+	+	D	NR	+	+	+	NR	d	–
侧生	NR	–	–	D	NR	–	–	–	NR	d	+
亚极生	NR	–	–	D	NR	–	–	–	NR	–	–
生长需要											
NaCl 或海水	–	–	–	–	–	D	+	–	–	–	–
维生素 B_{12}	NR	NR	–	–	–	–	+	–	NR	–	NR
维生素 B_1	NR	NR	d	NR	–	–	–	d	NR	–	NR
唯一碳源											
甲烷	–	+	–	D	+	+	–	–	–	NR	–
甲醇	+	+	+	+	+	+	+	+	+	+	+
甲胺	+	NR	D	NR	NR	NR	+	d	NR	NR	NR
甲醛	NR	NR	NR	NR	+	D	NR	NR	NR	NR	NR
一碳以上有机物	+	+	D	+	–	–	+	d	+	+	+

续表

特征	酸单胞菌属（*Acidomonas*）	德克斯氏菌属（*Derxia*）	甲基小杆菌属（*Methylobacillus*）	甲基杆菌属（*Methylobacterium*）	甲基球菌属（*Methylococcus*）	甲基单胞菌属（*Methylomonas*）	噬甲基菌属（*Methylophaga*）	嗜甲基菌属（*Methylophilus*）	副球菌属（*Paracoccus*）	根瘤杆菌属（*Rhizobacter*）	黄色杆菌属（*Xanthobacter*）
主要的一碳途径											
核酮糖单磷酸途径	NR	NR	+	−	+	+	+	+	NR	NR	NR
丝氨酸途径	NR	NR	−	+	−	−	−	−	NR	NR	NR
氧化酶	+	NR	−	+	NR	+	+	+	+	+	+
过氧化氢酶	+	+	D	+	NR	+	+	+	+	+	+
积累聚 β-羟基丁酸盐	−	+	−	+	−	−		−	+	+	+
色素	白到浅黄	深红干褐[2]	白到浅黄	粉到橙红	无	粉或白	粉	无	白或浅黄	黄[3]	黄
自养固定 CO_2	−	+	NR	−	+	−	−	NR	D	−	+
生长											
45℃	−	−	−	−	+	−	NR	−	−	NR	D
< pH 5.5	+	−	−	−	−	−	−	−	−	−	−
氧化乙醇为乙酸（pH 4.5）	+	−	NR	−	−	−	−	−	−	−	−
主要脂肪酸											
$C_{16:0}$	NR	NR	+	−	NR	+	+	+	NR	NR	NR
$C_{16:1}$	NR	NR	+	−	NR	+	+	+	NR	NR	NR
$C_{18:1}$	NR	NR	−	+	NR	−	−	−	NR	NR	NR
主要醌类											
Q-8	NR	NR	+	−	NR	+	+	+	NR	+	NR
Q-10	NR	NR	−	+	NR	−	−	−	NR	−	NR
主要磷脂类											
三磷脂酰甘油	NR	NR	+	NR	NR	NR	NR	−	NR	NR	NR
植物致病	−	−	−	−	−	−	−	−	−	+	−

注：1. 在含醇培养基上产类球细胞；2. 最初菌落黏而半透明，后为堆状不透明，具皱纹表面的高凸起菌落，老时菌落为深红干褐；3. 在酵母膏蛋白胨葡萄糖培养基上菌落为黄色，在其他培养基上为白色

23. 甲基单胞菌属［*Methylomonas* (ex Leadbetter 1974) Whittenbury and Krieg 1984］

细胞呈直、弯或分枝的杆状，没有螺旋体，大小为 0.5～1.0μm×1.0～4.0μm，以单根极生鞭毛运动。一个种能形成胞囊。常形成聚 β-羟基丁酸盐颗粒。革兰氏染色反应为阴性。好氧，以 O_2 为最终电子受体的严格呼吸型。仅利用甲烷、甲醇作为能源和碳源。一些种可固定大气中的氮。会形成红色、粉色和胡萝卜色的非可溶性色素。不需要生长因子。生长温度为 10～40℃，最适生长温度为 25～30℃。

DNA 的 G+C 含量（mol%）：50～59。

模式种：甲烷甲基单胞菌（*Methylomonas methanica*）；模式菌株的 16S rRNA 基因序列登录号：AF304196；模式菌株保藏编号：ATCC 35067=NCIB 11130。

该属目前有 7 个种，常见种的鉴别特征见表 5-20，相近属的鉴别特征见表 5-19。

表 5-20　甲基单胞菌属（*Methylomonas*）常见种的鉴别特征

特征	甲烷甲基单胞菌（*M. methanica*）	海洋甲基单胞菌（*M. pelagicum*）
生长需要 NaCl 或海水	−	+
形成胞囊	+	−
利用甲醛	+	−
菌落色素	粉红色	白色

24. 甲基球菌属（*Methylococcus* Foster and Davis 1966）

细胞球状或杆状，大小为 0.8～1.5μm×1.0～1.5μm。通常单个或成对出现。不运动。以胞囊为休眠阶段。含聚 β-羟基丁酸盐颗粒。革兰氏染色反应为阴性。有的细胞以单端鞭毛运动。好氧，以 O_2 为最终电子受体的严格呼吸型。甲烷和甲醇是仅知的能源与碳源。

DNA 的 G+C 含量（mol%）：59～65。

模式种：荚膜甲基球菌（*Methylococcus capsulatus*）；模式菌株的 16S rRNA 基因序列登录号：AJ563935；基因组序列登录号：GCA_000424685；模式菌株保藏编号：ATCC 19069。

该属目前有 4 个种，相近属的鉴别见表 5-19。

25. 噬甲基菌属（*Methylophaga* Janvier et al. 1985）

细胞短直杆状，宽约 0.2μm，以一根极生鞭毛运动。细胞有极厚的周生空隙（20～30μm）。严格好氧，中度嗜盐。菌株不能生长于不含 NaCl 的蛋白胨酵母膏培养基上。除果糖外，一碳化合物是唯一可以利用的碳源，如甲醇和甲胺，不能利用甲烷生长。

DNA 的 G+C 含量（mol%）：42～45。

模式种：海噬甲基菌（*Methylophaga marina*）；模式菌株的 16S rRNA 基因序列登录号：AB681777；模式菌株保藏编号：DSM 5689=JCM 6886=NBRC 102421。

该属目前有 10 个种，常见种的鉴别特征见表 5-21。

表 5-21　噬甲基菌属（*Methylophaga*）常见种的鉴别特征

特征	海噬甲基菌（*M. marina*）	深海噬甲基菌（*M. thalassica*）
碳源利用		
果糖	+	d
二甲胺	d	d
氧化甲胺的酶类		
甲胺脱氢酶	d	d
N-甲基葡萄糖胺脱氢酶	d	d

26. 嗜甲基菌属（*Methylophilus* Jenkins, Byrom and Jones 1987）

培养在甲醇无机盐培养基中，细胞呈直到稍弯的杆状，一般为 0.3～0.6μm×0.8～1.5μm。单个或成对。革兰氏染色反应为阴性，但染色剂常吸附不好。以极生鞭毛运动或不运动。没有细胞内含体。无鞘。不形成荚膜，但有的菌株产生黏液。在甲醇无机盐琼脂平板上于 30℃或 37℃培养 2 天后，菌落直径为 1～2mm，全缘、凸起、透明到不透明。不产脓青素和荧光色素。在营养琼脂培养基中，30℃或 37℃培养 2 天后，不生长或生长极差。在血琼脂培养基上不生长或生长极差，不溶血。最适生长温度为 30～37℃，4℃或 43℃不生长。最适生长 pH 为 6.5～7.2。好氧，呼吸代谢，利用葡萄糖产极少的酸或不产酸。甲醇被所有菌株作为唯一碳源和能源氧化利用。另外，有限的其他碳源如甲胺、甲酸盐、葡萄糖和果糖可作为唯一碳源和能源。铵盐和硝酸盐可作为氮源。过氧化氢酶和氧化酶阳性。脂肪酸主要有无羟基的直链饱和和不饱和型的 $C_{16:0}$ 和 $C_{16:1}$。泛醌为 Q-8。分离自活性污泥、粪、河水和池水中。

DNA 的 G+C 含量（mol%）：47.9～54.5。

模式种：甲基营养型嗜甲基菌（*Methylophilus methylotrophus*）；模式菌株的 16S rRNA 基因序列登录号：AB193724；基因组序列登录号：GCA_000378225；模式菌株保藏编号：ATCC 53528=DSM 46235。

该属目前有 6 个种，种间鉴别特征见表 5-22，相近属的鉴别特征见表 5-19。

表 5-22　嗜甲基菌属（*Methylophilus*）种间鉴别特征

特征	氧化葡萄糖嗜甲基菌（*M. glucosoxydans*）	黄色嗜甲基菌（*M. flavus*）	发黄嗜甲基菌（*M. luteus*）	甲基营养型嗜甲基菌（*M. methylotrophus*）	莱氏嗜甲基菌（*M. leisingeri*）	根际嗜甲基菌（*M. rhizosphaerae*）
鞭毛	+	−	−	+	−	−
菌落颜色	白	黄	黄	灰白	浅粉	白
甲基营养型	兼性	专一	兼性	兼性	兼性	兼性
底物利用						
甲胺	−	−	−	+	−	+
二甲胺	−	−	−	+	−	−
三甲胺	−	−	−	+	−	+
二氯甲烷	−	−	−	−	+	+

续表

特征	氧化葡萄糖嗜甲基菌（*M. glucosoxydans*）	黄色嗜甲基菌（*M. flavus*）	发黄嗜甲基菌（*M. luteus*）	甲基营养型嗜甲基菌（*M. methylotrophus*）	莱氏嗜甲基菌（*M. leisingeri*）	根际嗜甲基菌（*M. rhizosphaerae*）
葡萄糖	+	−	+	+	+	−
果糖	−	−	−	−	−	+
脲酶	−	−	−	+	+	ND
乙酰甲基甲醇产生	−	+	+	v	−	ND
硝酸盐还原	+	−	−	ND	ND	+
最适生长温度/℃	28～30	19～24	24～26	30～37	30～35	28
最适生长 pH	7.0～7.6	7.2～7.8	7.2～7.8	6.5～7.2	6.8～7.2	6.8
mol% G+C	52.5	50.7	54.5	50.3	50.2	47.9
分离源	水稻（*Oryza sativa*）根际	宿萼大叶系蔷薇（*Rosa cinnamomea*）叶际	款冬（*Tussilago farfara*）叶际	活性污泥	废水	水稻（*Oryza sativa*）根际

27. 甲基小杆菌属（*Methylobacillus* Urakami and Komagata 1986）

细胞短杆状。革兰氏染色反应为阴性，以单极生鞭毛运动或不运动。专性甲基营养菌，只能生长于除甲醇外的一碳化合物培养基中，不能利用甲烷生长。对果糖的利用因菌株不同而异。严格好氧，呼吸代谢。主要的细胞脂肪酸是直链饱和的 $C_{16:0}$ 和不饱和的 $C_{16:1}$。主要泛醌是 Q-8，有少量的 Q-7 和 Q-9。

DNA 的 G+C 含量（mol%）：50～56。

模式种：糖原甲基小杆菌（*Methylobacillus glycogenes*）；模式菌株的 16S rRNA 基因序列登录号：FR733701；基因组序列登录号：GCA_000617925；模式菌株保藏编号：DSM 46232=JCM 2850=LMG 6082。

该属目前有 7 个种，相近属的鉴别特征见表 5-19。

28. 交替单胞菌属（*Alteromonas* Baumann et al. 1972）

细胞直或弯的杆状，大小为 1.0μm×2.0～3.0μm，单个或成对。不积累聚 β-羟基丁酸盐颗粒作为细胞内储存物。不形成微胞囊，不形成内生孢子。革兰氏染色反应为阴性。大多数以单个无鞘和极生鞭毛运动；有带鞘的鞭毛。化能异养菌，能呼吸而不发酵的代谢型。分子氧是一般的电子受体。有些种能够反硝化。可以利用碳水化合物、乙醇、有机酸和氨基酸作为碳源。不需要生长因子，但 Na^+ 为生长必需。生长温度为 10～40℃，4℃和 45℃不能生长。主要的细胞脂肪酸是 $C_{16:0}$、$C_{16:1}\ \omega 7c$、$C_{17:1}\ \omega 8c$ 和 $C_{18:1}\ \omega 7c$。主要的泛醌是 Q-8。

DNA 的 G+C 含量（mol%）：44～48。

模式种：麦氏交替单胞菌（*Alteromonas macleodii*）；模式菌株的 16S rRNA 基因序列登录号：AB681740；基因组序列登录号：GCA_000172635；模式菌株保藏编号：DSM 6062=JCM 20772。

该属目前有 15 个种，常见种的鉴别特征见表 5-23，相近属的鉴别特征见表 5-24。

表 5-23　交替单胞菌属（*Alteromonas*）常见种的鉴别特征

特征	食萘交替单胞菌（*A. naphthalenivorans*）	星蔬交替单胞菌（*A. stellipolaris*）	连接交替单胞菌（*A. addita*）	麦氏交替单胞菌（*A. macleodii*）	海交替单胞菌（*A. marina*）	西班牙交替单胞菌（*A. hispanica*）
生长						
5℃	+	+	+	−	+	+
40℃	−	−	−	+	+	+
生长 NaCl 浓度/(%，*w/v*)	0.5～9.0	0.5～10.0	1.0～10.0	0.5～9.0	0.5～10.0	0.5～10.0
pH	6.0～9.0	6.5～9.0	6.5～10.0	6.5～9.5	6.0～9.0	6.5～9.0
硝酸盐还原	+	−	−	−	−	−
降解萘	+	−	−	−	−	−
水解						
琼脂	−	−	+	−	−	−
吐温 20，吐温 80	+	−	+	+	−	+
酪素，明胶	+	−	+	+	+	+
酶活						
酪氨酸酶	+	−	−	−	−	−
脂肪酶（C_{14}），胱氨酸蛋白酶	−	+	+	+	+	+
胰蛋白酶	−	+	−	−	+	+
α-胰蛋白酶	+	−	+	−	+	+
α-半乳糖苷酶	−	+	−	+	+	+
β-半乳糖苷酶	−	−	−	+	+	+
α-葡萄糖苷酶	−	−	−	+	+	−
β-葡萄糖苷酶，*N*-乙酰-β-D-氨基葡萄糖苷酶	−	+	+	−	−	−
同化作用						
D-葡萄糖，D-甘露醇	+	+	+	+	−	+
D-阿拉伯糖	−	+	+	+	−	+
N-乙酰氨基葡萄糖	−	+	+	+	−	−
麦芽糖	−	−	−	−	+	−
葡萄糖酸钾	−	+	−	−	−	−
柠檬酸钠	−	+	+	−	−	−
mol% G+C	43.5	43～45	43.4	44.6	45.0	46.3

表 5-24　生长需要 NaCl 的好氧杆状海洋细菌的鉴别特征

特征	交替单胞菌属（*Alteromonas*）[1]	德莱氏菌属（*Deleya*）		海单胞菌属（*Marinomonas*）[2]	嗜中杆菌属（*Mesophilobacter*）	海洋甲基单胞菌（*Methylomonas pelagicum*）	嗜甲基菌属（*Methylophilus*）
		海洋德莱氏菌（*D. marina*）	其他种				
细胞形状							
直杆	+	+	+	D	+[6]	+	+
弯杆	–[7]	–	–	–/D[8]	–	–	+
运动性	+	+	+	+	–	+	+
鞭毛							
极生	+	+	–	+	NR	+	+
侧生	–	–	+	–	NR	–	–
细胞直径/μm	0.5～1.5	0.8～1.1	0.8～1.1	0.7～1.5	0.5～0.6	0.8～1.2	0.2
积累聚 β-羟基丁酸盐	–	+	+	–	–	–	NR
底物利用							
DL-苹果酸	–	+	D	–	+	–	–
α-酮基葡萄糖酸	–[10]	+	D	+	NR	–	–
β-羟基丁酸	–	NR	NR	+	NR	–	–
甲烷	–	–	–	–	NR	+	+
甲醇	–	–	–	–	NR	+	+
甲胺	–	–	–	–	NR	–	D
硝酸盐还原为亚硝酸盐	–[11]	–	D	–	+	NR	NR
氧化酶	+	–	D	D	+	NR	+
脂酶	+	NR	NR	–	NR	NR	+
明胶酶	+	–	–	–	NR	NR	NR
碳源利用							
D-葡萄糖	+[12]	+	+	+	+	–	–
D-果糖	D	–	D	+	+	–	+
蔗糖	NR	–	D	+	NR	NR	NR

续表

特征	交替单胞菌属（*Alteromonas*）[1]	德莱氏菌属（*Deleya*）		海单胞菌属（*Marinomonas*）[2]	嗜中杆菌属（*Mesophilobacter*）	海洋甲基单胞菌（*Methylomonas pelagicum*）	嗜甲基菌属（*Methylophilus*）
		海洋德莱氏菌（*D. marina*）	其他种				
甘油	NR	−	D	−	NR	NR	NR
甘露醇	NR	+	D	+	+	NR	NR
异丁醇	NR	−	D	−	NR	NR	NR
奎尼酸盐	NR	−	D	+	NR	NR	NR
δ-氨基戊酸盐	D	−	D	D	NR	NR	NR
L-酪氨酸	NR	+	D	−	NR	NR	NR
肌氨酸	NR	D	D	+	NR	NR	NR

特征	大洋螺菌属（*Oceanospirillum*）[3]		假单胞菌属（*Pseudomonas*）[4]			
	克氏大洋螺菌（*O. kriegii*）	詹氏大洋螺菌（*O. jannaschii*）	斯塔氏假单胞菌（*P. stanieri*）	全海假单胞菌（*P. perfectomarina*）[5]	杜氏假单胞菌（*P. daudorofii*）	航海假单胞菌（*P. nautics*）
细胞形状						
直杆	+	+	+	+	+	+
弯杆	−	−	−	−[9]	−	−
运动性	+	+	+	+	+	+
鞭毛						
极生	+	+	+	−	+	+
侧生	−	−	−	−	−	−
细胞直径/μm	0.8～1.2	1.0～1.4	0.6～0.8	0.5～0.7	0.7～1.2	0.3～0.5
积累聚 β-羟基丁酸盐	+	+	+	−	+	−
底物利用						
DL-苹果酸	+	d	d	+	+	d
α-酮基葡萄糖酸	+	NR	+	+	+	−
β-羟基丁酸	+	−	+	+	+	d

续表

特征	大洋螺菌属（*Oceanospirillum*）[3]		假单胞菌属（*Pseudomonas*）[4]			
	克氏大洋螺菌（*O. kriegii*）	詹氏大洋螺菌（*O. jannaschii*）	斯塔氏假单胞菌（*P. stanieri*）	全海假单胞菌（*P. perfectomarina*）[5]	杜氏假单胞菌（*P. daudorofii*）	航海假单胞菌（*P. nautics*）
甲烷	–	–	–	–	–	–
甲醇	–	–	–	–	–	–
甲胺	–	–	–	–	–	–
硝酸盐还原为亚硝酸盐	–	+	–	–	d	d
氧化酶	+	+	+	+	+	+
脂酶	–	–	–	–	–	+
明胶酶	–	–	–	–	–	d
碳源利用						
D-葡萄糖	+	–	–	+	–	–
D-果糖	+	–	–	–	+	–
蔗糖	–	–	–	+	–	
甘油	–	–	–	+	+	–
甘露醇	+	–	–	–	–	–
异丁醇	–	+	+	+	–	d
奎尼酸盐	+	–	d	–	–	–
δ-氨基戊酸盐	–	+	d	–	+	–
L-酪氨酸	–	–	+	+	–	–
肌氨酸	–	+	–	–	+	–

注：1. 涉及的种有麦氏交替单胞菌（*A. macleodii*）、盐湖交替单胞菌（*A. haloplanktis*）、埃氏交替单胞菌（*A. espejiana*）、水蛹交替单胞菌（*A. undina*）、羽田交替单胞菌（*A. hanedai*）、藤黄交替单胞菌（*A. luteoviolacea*）、柠檬交替单胞菌（*A. citrea*）、橙色交替单胞菌（*A. aurantia*）、产黑交替单胞菌（*A. nigrifaciens*）和考氏交替单胞菌（*A. colwelliana*）；2. 涉及的种有普遍海单胞菌（*M. communis*）和漫游海单胞菌（*M. vaga*），在《伯杰氏系统细菌学手册》中归于交替单胞菌属；3. 这里涉及的 2 个种是直杆状，所有其他的海洋螺菌都是螺旋状；4. 海生的假单胞菌与土生的假单胞菌以在≥75mmol/L NaCl 中为最适生长速度和细胞量为准；5. 全海假单胞菌（*P. perfectomarina*）根据 DNA 同源试验是施氏假单胞菌（*P. stutzeri*）的同物异名；6. 在老龄培养物中细胞呈球状；7. 只有一个种，水蛹交替单胞菌是弯状，当考氏交替单胞菌在营养贫乏培养基表面或生长后期，细胞呈长丝的螺旋体，常超过 20μm；8. 普遍海单胞菌是弯的，漫游海单胞菌是直的；9. 全海假单胞菌有的细胞稍弯；10. 考氏交替单胞菌利用 α-酮基葡萄糖酸；11. 羽田交替单胞菌、考氏交替单胞菌和盐湖交替单胞菌的一些菌株是阳性的，反硝化交替单胞菌（*A. dentrificans*）进行反硝化时产气；12. 考氏交替单胞菌和羽田交替单胞菌的一些菌株不能利用 D-葡萄糖

29. 盐单胞菌属（*Halomonas* Vreeland et al. 1980）

细胞直或弯杆状，大小为0.6～0.8μm×1.6～1.9μm。盐反硝化盐单胞菌（*H. halodenitrificans*）细胞球状。该属菌种在特定条件下会形成延长弯曲的丝状结构。不形成内生孢子。革兰氏染色反应为阴性。杆状细胞可以利用侧生、单端或周生鞭毛运动。主要以O_2为最终电子受体。当有硝酸盐存在时，一些种也可以进行厌氧生长。可以将硝酸盐还原为亚硝酸盐，但不能形成N_2。过氧化氢酶阳性。化能异养菌。可以糖类、氨基酸、多元醇和烃类作为唯一碳源，硫酸铵作为唯一氮源。无胞质颗粒。耐盐，生长NaCl浓度为0.1%～32.5%（*w*/*v*）。主要的呼吸醌是Q-9。主要的脂肪酸是$C_{16:1}$、$C_{17:1}$ cyclo、$C_{16:0}$、$C_{18:1}$和$C_{19:0}$ cyclo。大多分离自世界各地的盐环境。

DNA的G+C含量（mol%）：52～68。

模式种：伸长盐单胞菌（*Halomonas elongata*）；模式菌株的16S rRNA基因序列登录号：M93355；基因组序列登录号：GCA_000196875；模式菌株保藏编号：CGMCC 1.6329=LMG 9076=NBRC 15536。

该属目前有88个种，常见种的鉴别特征见表5-25。

表5-25　盐单胞菌属（*Halomonas*）常见种的鉴别特征

特征	浑浊盐单胞菌（*H. lutescens*）	美丽盐单胞菌（*H. venusta*）	松嫩盐单胞菌（*H. songnenensis*）	热液口盐单胞菌（*H. hydrothermalis*）	南方盐单胞菌（*H. meridiana*）	嗜碱盐单胞菌（*H. alkaliphila*）
氧化酶	+	+	−	+	+	+
过氧化氢酶	+	+	+	+	+	w
产生H_2S	+	+	+	−	+	w
硝酸盐还原	+	+	+	+	−	+
生长温度/℃	2～37	4～45	4～40	2～40	4～45	5～50
最适生长温度/℃	30～33	28	35	30	28	37
生长pH	6.0～9.0	5.0～10.0	5.0～10.0	5.0～12.0	5.0～10.0	7.5～10.0
最适生长pH	7.0	7.0～7.8	7.0	7.5	7.5	9.0
生长NaCl浓度/(%，*w*/*v*)	0～20	0～20	0.2～15	0.5～22	0～20	0～20
最适生长NaCl浓度/(%，*w*/*v*)	7.5	0.5～7.0	4	4～7	1～3	10
水解						
酪素	−	−	+	−	−	−
明胶	−	−	+	−	−	−
淀粉	−	−	−	−	+	−
吐温80	−	−	−	−	+	−
尿素	−	+	−	−	+	−
产酸						
果糖	−	−	−	−	+	−
半乳糖	−	−	−	−	+	−
乳糖	−	−	−	−	+	−

续表

特征	浑浊盐单胞菌（*H. lutescens*）	美丽盐单胞菌（*H. venusta*）	松嫩盐单胞菌（*H. songnenensis*）	热液口盐单胞菌（*H. hydrothermalis*）	南方盐单胞菌（*H. meridiana*）	嗜碱盐单胞菌（*H. alkaliphila*）
麦芽糖	−	−	−	−	+	−
蔗糖	+	−	−	−	+	+
海藻糖	−	−	−	−	+	+
底物利用						
阿拉伯糖	−	−	−	+	−	+
纤维二糖	+	+	−	−	−	+
果糖	−	−	+	+	−	+
半乳糖	−	+	−	+	+	+
葡萄糖	+	−	+	+	+	+
乳糖	−	−	−	−	−	+
麦芽糖	−	−	−	+	+	+
甘露糖	+	+	+	+	−	+
甘露醇	+	+	−	+	+	−
棉籽糖	−	−	−	−	−	+
鼠李糖	+	−	−	−	−	+
核糖	−	+	+	−	−	+
山梨糖醇	−	+	−	−	−	−
柠檬酸盐	+	+	+	+	−	−
mol% G+C	61.5	52.3	57.4	56.3	59.5	53.0
积累聚β-羟基丁酸盐	+	+	−	−	+	−

30. 大洋螺菌属（*Oceanospirillum* Hylemon et al. 1973）

细胞螺旋状，直径 0.4～1.2μm。极生鞭毛运动。积累聚β-羟基丁酸盐颗粒作为细胞内储存物。老龄细胞会形成大量薄壁球状体。革兰氏染色反应为阴性。好氧，严格以 O_2 为最终电子受体。不能进行厌氧硝酸盐呼吸。可还原硝酸盐为亚硝酸盐。最适生长温度为 25～32℃。氧化酶阳性，吲哚和芳基硫酸酯酶阴性。不能水解酪素、淀粉、马尿酸和七叶苷。生长需要海水，不能氧化或发酵糖类。可以氨基酸和有机酸盐为碳源。一般不需要生长因子。多分离自近岸海水、腐烂海藻、腐败贝类。

DNA 的 G+C 含量（mol%）：45～50。

模式种：线形大洋螺菌（*Oceanospirillum linum*）；模式菌株的 16S rRNA 基因序列登录号：AB680860；基因组序列登录号：GCA_001995095；模式菌株保藏编号：CGMCC 1.6826=DSM 6292=NBRC 15448。

该属目前有 4 个种。

31. 海单胞菌属［*Marinomonas* (Baumann et al.) Van Landschoot and Delay 1983］

细胞直或弯的杆状，大小为0.7～1.5μm×1.8～3.0μm。不积累聚β-羟基丁酸盐。革兰氏染色反应为阴性。以单端或两端极生鞭毛运动。化能异养菌，呼吸代谢，O_2是普遍的电子受体。不还原硝酸盐为亚硝酸盐，不具有反硝化作用。氧化酶阳性或阴性。生长需要Na^+，不需要有机生长因子。不产胞外淀粉。利用乙酸，但不利用丁酸盐和戊酸盐。利用谷氨酸盐、山梨糖醇和苹果酸盐。常分离自海水。

DNA的G+C含量（mol%）：45～50。

模式种：普遍海单胞菌（*Marinomonas communis*）；模式菌株的16S rRNA基因序列登录号：AB681738；基因组序列登录号：GCA_004363305；模式菌株保藏编号：JCM 20766=LMG 2864=NBRC 102224。

该属目前有27个种，常见种的鉴别特征见表5-26，相近属的鉴别特征见表5-24。

表5-26　海单胞菌属（*Marinomonas*）常见种的鉴别特征

特征	普遍海单胞菌（*M. communis*）	漫游海单胞菌（*M. vaga*）
细胞形状		
弯	+	−
直	−	+
40℃生长	+	−
底物利用		
赤藓醇，*N*-乙酰-D-葡萄糖胺，庚酸盐	−	+
乙醇，正丙醇	+	−
纤维二糖，D-核糖，D-阿拉伯糖，己酸盐，辛酸盐，壬酸盐，阿东醇，葫芦巴碱	−	d
DL-甘油酸盐，乙醇胺	d	−
L-阿拉伯糖，L-鼠李糖	d	+
D-丙氨酸，L-丝氨酸，L-赖氨酸，精胺，L-精氨酸	+	d

32. 氢噬胞菌属（*Hydrogenophaga* Willams et al. 1989）

细胞直或稍弯的杆状，大小为0.3～0.6μm×0.6～5.5μm，单个或成对存在。以一根极生鞭毛运动，罕见2根极生到亚极生鞭毛。革兰氏染色反应为阴性。氧化酶阳性，过氧化氢酶反应因种而异。产非水溶性黄色素。好氧。兼性嗜氢自养菌。以O_2为最终电子受体的氧化型的糖代谢。有的种［类黄氢噬胞菌（*H. pseudoflava*）和螺纹氢噬胞菌（*H. taeniospiralis*）］具有厌氧硝酸盐呼吸，具反硝化作用。能在含有机酸、氨基酸或蛋白胨的培养基上良好生长，但很少利用碳水化合物。有$C_{17:0}$，单独有$C_{8:0}$ 3OH或与$C_{10:0}$ 3OH一起存在，而无2-羟基脂肪酸。主要的泛醌为Q-8。

DNA的G+C含量（mol%）：65～69。

模式种：黄色氢噬胞菌（*Hydrogenophaga flava*）；模式菌株的16S rRNA基因序列登录号：AB681848；基因组序列登录号：GCA_001571145；模式菌株保藏编号：DSM 619=JCM 21413。

该属目前有 10 个种，常见种的鉴别特征见表 5-27。

表 5-27　氢噬胞菌属（*Hydrogenophaga*）常见种的鉴别特征

特征	食芳香族氢噬胞菌（*H. aromaticivorans*）	螺纹氢噬胞菌（*H. taeniospiralis*）	帕氏氢噬胞菌（*H. palleronii*）	长牡蛎氢噬胞菌（*H. crassostreae*）
酶活（API ZYM）				
酯酶（C4）	+	+	+	−
β-半乳糖苷酶	−	−	−	+
利用碳水化合物产酸（API 50CH）				
甘油	+	+	−	−
D-阿拉伯糖	−	+	−	−
L-阿拉伯糖	−	+	+	−
D-半乳糖	−	+	+	−
D-葡萄糖	+	+	−	−
D-果糖	+	+	+	−
D-甘露糖	+	+	+	−
L-鼠李糖	−	+	−	−
肌醇	−	−	+	−
D-甘露醇	+	+	−	−
D-山梨糖醇	+	+	−	−
七叶苷	−	+	−	+
L-海藻糖	−	+	−	−
D-阿拉伯糖醇	+	+	−	−
酶活及同化（API 20NE）				
硝酸盐还原为亚硝酸盐	+	+	−	+
亚硝酸盐还原为 N_2	−	+	+	−
4-硝基苯基-β-D-半乳糖苷	−	+	−	+
D-葡萄糖	+	+	−	−
L-阿拉伯糖	−	+	−	−
D-甘露糖	+	+	−	−
D-甘露醇	+	+	−	+
麦芽糖	+	+	−	+
葡萄糖酸钾	+	+	+	−
己二酸	−	+	−	−
苹果酸	+	+	+	−

33. 假单胞菌属（*Pseudomonas* Migula 1894）

细胞直或微弯的杆状，不呈螺旋状，大小为 0.5～1.0μm×1.5～5.0μm。大部分种不能积累聚 β-羟基丁酸盐颗粒，但利用烷烃或葡萄糖酸盐底物，能积累大于 4 个碳链长度的聚羟基烷酸酯单体。没有菌柄，也没有鞘。未发现有休眠期。革兰氏染色反应为阴性，以单极生鞭毛或数根极生鞭毛运动，罕见不运动。有的种还具有短波长的侧毛。严格好氧，进行严格的呼吸型代谢，以 O_2 为最终电子受体。在某些情况下，以硝酸盐为替代的电子受体进行厌氧呼吸。不产生黄单胞菌黄色素。几乎所有的种不能在酸性条件（pH 4.5 及以下）下生长。大多数种不需要有机生长因子。化能有机营养异养菌。氧化酶阳性或阴性，过氧化氢酶阳性。主要的脂肪酸包括 $C_{10:0}$ 3OH、$C_{12:0}$ 和 $C_{12:0}$ 2OH。主要的泛醌是 Q-9。广泛分布于自然界。有的种对人、动物或植物有致病性。但需要注意的是，以上特征并不能清晰地将假单胞菌属菌株与相近菌株区分，还需要结合 rRNA 序列相似性结果（如 DNA-DNA 杂交结果和核酸测序结果），以及细胞脂肪酸和醌的组成。

DNA 的 G+C 含量（mol%）：58～69。

模式种：铜绿假单胞菌（*Pseudomonas aeruginosa*）；模式菌株的 16S rRNA 基因序列登录号：MG015930；基因组序列登录号：GCA_001045685；模式菌株保藏编号：CGMCC 1.1785=JCM 5962=LMG 1242。

该属目前有 302 个种，常见种的鉴别特征见表 5-28。

假单胞菌属是目前最复杂的革兰氏阴性细菌菌属之一，拥有数量最多的菌种，目前该属有 179 个种，这与其广泛的分布密不可分。同时，属内菌种的系统发育地位也经历了再三修改，如 1984 年 Palleroni 根据 rRNA 的同源性将假单胞菌属的种分成 5 个 rRNA 同源群，随后各类群菌种又经历了再分类，且新物种不断被发现，属内菌种数量激增。但即使在现如今的基因组时代，研究者仍未能明确解决该属的系统进化问题。

假单胞菌广泛存在于土壤、水、空气、植物及动物活动环境中。营养要求低，绝大多数不需要生长因子，代谢类型多，生化能力活泼，能适应不同的环境。由于专性需氧，疏松的土壤及植物根系中较多。各种水体，包括河湖塘池适于该菌生活。各种食品原料和肉鱼蛋乳中也有假单胞菌。动物与人体的皮肤黏膜，主要在呼吸道、肠道、泌尿生殖道有时也有该菌。除类鼻疽假单胞菌有一定地区分布，主要在东南亚、澳大利亚北部等地以外，多数假单胞菌的分布是全球性的。

人群活动场所与医院环境，特别是潮湿污秽的地方，宜于该菌繁殖，医院设备、溶液、药物、消毒剂、插管、雾化器等都可污染该菌。嗜冷种存在于冷藏食物中，并可污染血库血液及血制品。

铜绿假单胞菌是最重要、最常见的条件致病菌，除环境外，在肠道和呼吸道中往往也存在。假单胞菌的感染途径主要为呼吸道，可引起肺炎、肺栓塞、脑膜炎、包囊性纤维化病的合并感染、尿路感染、手术及创伤感染、烧伤感染、菌血症与败血症、心内膜炎、移植手术后及骨髓抑制疗法后感染等。假单胞菌产生内毒素、酯酶、卵磷脂酶、蛋白酶、弹性蛋白酶、DNA 酶及外毒素等，与致病力有关。

此属细菌许多种呈多重耐药性。除对多黏菌素通常敏感外，对氨基糖苷类抗生素，如庆大霉素、卡那霉素和丁胺卡那霉素通常敏感，而对各种青霉素类抗生素通常不敏感。对复方新诺明、妥布霉素、新生霉素、四环素、萘啶酸及头孢菌素的敏感性因种和菌株不同而异。

表 5-28 假单胞菌属（*Pseudomonas*）常见种的鉴别特征

特征	铜绿假单胞菌（*P. aeruginosa*）	荧光假单胞菌（*P. fluorescens*）					绿针假单胞菌（*P. chlororaphis*）		恶臭假单胞菌（*P. putida*）	
		生物变种Ⅰ（biovar Ⅰ）	生物变种Ⅱ（biovar Ⅱ）	生物变种Ⅲ（biovar Ⅲ）	生物变种Ⅳ（biovar Ⅳ）	生物变种Ⅴ（biovar Ⅴ）	绿针亚种（subsp. *chlororaphis*）	致黄色亚种（subsp. *aureofaciens*）	生物变种A（biovar A）	生物变种B（biovar B）
鞭毛数目/根	1	＞1	＞1	＞1	＞1	＞1	＞1	＞1	＞1	＞1
色素										
脓青素（绿脓菌素）	+	–	–	–	–	–	–	–	–	–
绿针菌素	–	–	–	–	–	–	+	–	–	–
吩嗪单羧酸盐	–	–	–	–	–	–	–	+	–	–
黄橙色细胞色素	–	–	–	–	–	–	–	–	–	–
氧化酶	+	+	+	+	+	+	+	+	+	+
积累聚β-羟基丁酸盐	–	–	–	–	–	–	–	–	–	–
利用蔗糖产果聚糖	–	+	+	–	+	–	+	+	–	–
明胶液化	+	+	+	+	+	+	+	+	–	–
水解淀粉	–	–	–	–	–	–	–	–	–	–
酯酶（吐温80）	(+)	+	–	d	d	d	+	+	–	–
生长										
4℃	–	+	+	+	+	+	+	+	d	+
41℃	+	–	–	–	–	–	–	–	–	–
反硝化	+	–	+	+	+	–	+	–	–	–
精氨酸双水解酶	+	+	+	+	+	+	+	+	+	+
mol% G+C	67.2	60.5	61.3	60.6	59.4	60.5	63.5	63.6	62.5	60.7
碳源利用										
葡萄糖	+	+	+	+	+	+	+	+	+	+
果糖	+	+	d	+	+	+	d	d	+	+

续表

特征	丁香假单胞菌（*P. syringae*）	绿黄假单胞菌（*P. viridiflava*）		菊苣假单胞菌（*P. cichorii*）	施氏假单胞菌（*P. stutzeri*）	门多萨假单胞菌（*P. mendocina*）	产碱假单胞菌（*P. alcaligenes*）
		Sands 和 Rovira（1970）	Billing（1970）				
鞭毛数目/根	＞1	1 或 2	NR	＞1	1	1	1
色素							
脓青素（绿脓菌素）	−	−	−	−	−	−	−
绿针菌素	−	−	−	−	+	−	−
吩嗪单羧酸盐	−	−	−	−	−	−	−
黄橙色细胞色素	−	−	−	−	−	−	d
氧化酶	−	−	−	+	+	+	+
积累聚 β-羟基丁酸盐	−	−	−	−	−	−	−
利用蔗糖产果聚糖	d	NR	−	−	−	−	−
明胶液化	d	+	+	−	−	−	d
水解淀粉	NR	−	−	NR	+	−	−
酯酶（吐温 80）	d	d	−	−	+	+	d
生长							
4℃	d	NR	NR	−	−	−	−
41℃	NR	NR	NR	NR	+	+	+
反硝化	−	−	−	−	+	+	+
精氨酸双水解酶	−	−	−	−	−	+	+
mol% G+C	59～61	NR	NR	59	60.6～66.3	62.8～64.3	64～68
碳源利用							
葡萄糖	+	+	+	+	+	+	−
果糖	d	+	+	+	d	d	−

34. 伯克霍尔德氏菌属（*Burkholderia* Yabunchi et al. 1993）

1993 年，根据 16S rRNA 基因序列分析，DNA/DNA 同源性、细胞类脂及脂肪酸组成等特征的研究结果，Yabunchi 等提出将假单胞菌属的 Palleroni rRNA 同源群Ⅱ组改名为伯克霍尔德氏菌属（*Burkholderia*）。属内的种包括洋葱伯克霍尔德氏菌（*B. cepacia*）、鼻疽伯克霍尔德氏菌（*B. mallei*）、类鼻疽伯克霍尔德氏菌（*B. pseudomallei*）、唐菖蒲伯克霍尔德氏菌（*B. gladioli*）等，近年来又有很多新物种发表，目前该属共计 71 个种。常见种的鉴别特征见表 5-29。

细菌形态为直杆状，由单极生鞭毛或丛生鞭毛运动，唯鼻疽伯克霍尔德氏菌无鞭毛、无动力。革兰氏染色反应为阴性。需氧，可氧化分解单糖、双糖、多糖，并可利用其作为唯一的碳源和氮源。属内的种分别对人、动物及植物有感染性，为致病菌。

DNA 的 G+C 含量（mol%）：64.0～68.3。

模式种：洋葱伯克霍尔德氏菌（*Burkholderia cepacia*）；模式菌株的 16S rRNA 基因序列登录号：EU024171；基因组序列登录号：GCA_003546465；模式菌株保藏编号：CGMCC 1. 2968=JCM 5964=LMG 1222。

35. 丛毛单胞菌属（*Comamonas* De Vos et al. 1985）

丛毛单胞菌属由 De Vos 等于 1985 年建立，只包括一个种，即土生丛毛单胞菌（*Comamonas terrigena*）。1987 年，Tamoaka 和 Komagate 将食酸假单胞菌（*P. acidovorans*）和睾丸酮假单胞菌（*P. testosteroni*）列入丛毛单胞菌属。

该属细菌为直杆或略弯曲的杆菌，大小为 0.5～1.0μm×1.0～4.0μm。细胞单个或成对排列。有端生成束的鞭毛，运动。不形成内生孢子。细胞内有聚 β-羟基丁酸盐颗粒。革兰氏染色反应为阴性。氧化酶和过氧化氢酶阳性。严格好氧，无发酵性，化能有机营养型。在含有有机酸、氨基酸的蛋白胨培养基上生长良好。无荧光色素产生。极少利用碳水化合物。主要的细胞脂肪酸为 $C_{16:0}$、$C_{16:1}$、$C_{18:1}$ 及 $C_{10:0}$ 3OH。主要的泛醌为 Q-8。

DNA 的 G+C 含量（mol%）：59.7～68.7。

模式种：土生丛毛单胞菌；模式菌株的 16S rRNA 基因序列登录号：AJ430342；基因组序列登录号：GCA_006740045；模式菌株保藏编号：CGMCC 1.13541=JCM 6230=LMG 5929。

该属目前有 22 个种，常见种的鉴别特征见表 5-30。

36. 食酸菌属（*Acidovorax* Willems et al. 1990）

Willems 等根据 DNA-DNA 和 DNA-rRNA 杂交、生化、营养谱、脂肪酸谱等特征的数值分析及全细胞聚丙烯酰胺凝胶电泳的结果，于 1990 年提出将敏捷假单胞菌（*Pseudomonas facilis*）和德氏假单胞菌（*P. delafieldii*）分出，另立一个新属——食酸菌属（*Acidovorax*），包括上述 2 个种及新种中等食酸菌（*A. temperans*）。1992 年 Willems 等又将 2 个假单胞菌［燕麦假单胞菌（*P. avenae*）和魔芋假单胞菌（*P. konjaci*）］归入该属，并对该属描述作了修改。

细胞直或略弯的杆状，大小为 0.2～0.8μm×1.0～5.0μm，单个，成对或短链状。革

表 5-29　伯克霍尔德氏菌属（***Burkholderia***）常见种的鉴别特征

特征	纯水伯克霍尔德氏菌（*B. puraquae*）	污染伯克霍尔德氏菌（*B. contaminan*）	广泛伯克霍尔德氏菌（*B. lata*）	金属光伯克霍尔德氏菌（*B. metallica*）	洋葱伯克霍尔德氏菌（*B. cepacia*）	种子表面伯克霍尔德氏菌（*B. seminalis*）	新洋葱伯克霍尔德氏菌（*B. cenocepacia*）	多噬伯克霍尔德氏菌（*B. multivorans*）	双向伯克霍尔德氏菌（*B. ambifaria*）	扩散伯克霍尔德氏菌（*B. diffusa*）	吡咯菌素伯克霍尔德氏菌（*B. pyrrocinia*）	假多噬伯克霍尔德氏菌（*B. pseudomultivorans*）	隐藏伯克霍尔德氏菌（*B. latens*）	树林伯克霍尔德氏菌（*B. arboris*）	稳定伯克霍尔德氏菌（*B. stabilis*）	越南伯克霍尔德氏菌（*B. vietnamiensis*）	厌恶伯克霍尔德氏菌（*B. dolosa*）	花园伯克霍尔德氏菌（*B. anthina*）	乌汶伯克霍尔德氏菌（*B. ubonensis*）	湖水伯克霍尔德氏菌（*B. stagnalis*）	领土伯克霍尔德氏菌（*B. territorii*）
在麦康凯琼脂培养基中生长	+	+	+	+	v	+	v	+	+	+	+	+	+	+	+	v	+	+	+	+	+
42℃生长	−	v	−	+	v	+	v	+	v	v	v	+	+	v	−	+	+	v	v	+	+
色素	Y	v	v	Y	v	v	v	−	v	−	v	−	−	v	−	−	−	−	−	−	−
溶血性	−	v	−	−	−	−	−	−	v	−	v	−	−	v	−	v	−	−	−	−	−
利用甘露醇	+	+	+	+	+	+	+	+	+	+	v	+	+	+	+	+	+	+	+	+	+
利用乳糖	+	+	+	+	+	+	v	+	+	+	+	+	+	+	+	+	+	+	+	+	+
利用木糖	+	+	+	+	+	+	+	+	+	+	+	+	+	w	v	v	+	+	+	+	+
硝酸盐还原	−	v	v	−	−	−	v	+	v	+	v	v	−	v	−	v	+	v	v	−	−
赖氨酸脱羧酶	+	+	+	+	+	v	+	v	+	+	+	+	+	v	+	+	−	v	−	+	+
鸟氨酸脱羧酶	−	−	v	−	v	v	v	−	−	−	+	−	−	+	+	−	−	v	−	−	−
精氨酸双水解酶	−	−	−	−	−	−	−	−	−	−	−	−	−	−	−	−	−	−	+	−	−
明胶液化	+	+	v	+	v	+	v	−	+	v	+	−	v	+	v	−	−	−	+	+	+
β-半乳糖苷酶	+	+	v	+	+	+	+	+	+	+	+	+	+	+	−	+	+	v	−	−	+
水解七叶苷	+	v	v	+	v	v	v	−	v	−	−	v	−	−	−	−	−	−	−	−	−

注：Y 表示黄色

表 5-30　丛毛单胞菌属（*Comamonas*）常见种的鉴别特征

特征	磷酸盐矿丛毛单胞菌（*C. phosphati*）	地球丛毛单胞菌（*C. terrae*）	水丛毛单胞菌（*C. aquatica*）	白蚁丛毛单胞菌（*C. odontotermitis*）
生长				
37℃	−	+	+	−
pH 5	+	+	+	−
3% NaCl	+	+	+	−
产生吲哚	−	+	+	−
水解				
七叶苷	(+)	−	−	−
邻硝基苯-β-D-吡喃半乳糖苷	(+)	−	−	−
产酸				
D-葡萄糖	+	+	+	−
L-鼠李糖	+	−	−	−
D-蔗糖	−	−	+	−
D-蜜二糖	+	−	−	−
苦杏仁苷	−	−	+	−
同化				
D-葡萄糖	+	−	−	+
D-甘露糖	+	−	−	−
棉籽糖	+	−	−	−
乙醇	−	+	−	−
癸酸	−	+	−	−
柠檬酸盐	−	−	−	+
己二酸	+	+	−	+
L-丙氨酸	+	+	−	+
L-组氨酸	+	+	−	+
L-精氨酸	−	−	+	−
L-脯氨酸	−	+	−	+
L-天冬酰胺	+	+	+	−
敏感性				
杆菌肽	R	R	S	R
新生霉素	R	S	S	S
青霉素 G	R	R	S	R
利福平	R	R	S	R

注：S 表示敏感；R 表示不敏感

兰氏染色反应为阴性。以一根极生鞭毛为主，偶见 2 或 3 根极生鞭毛运动。菌落凸起，光滑至轻度颗粒状，米色至淡黄色。氧化酶阳性。需氧。最适生长温度为 30～35℃。在含有有机酸、氨基酸或蛋白胨培养基中能良好生长，但只利用有限的几种糖。有两种羟基脂肪酸（$C_{8:0}$ 3OH 和 $C_{10:0}$ 3OH），而没有 2-羟基脂肪酸，大多数菌株还有 $C_{17:0}$。

DNA 的 G+C 含量（mol%）：62～70。

模式种：敏捷食酸菌（*Acidovorax facilis*）；模式菌株的 16S rRNA 基因序列登录号：AJ420324；模式菌株保藏编号：CIP 103302=DSM 649。

该属目前包括 17 个种 1 个亚种，常见种的鉴别特征见表 5-31。

表 5-31　食酸菌属（*Acidovorax*）常见种和亚种的鉴别特征

特征	燕麦食酸菌（A）（*A. avenae*）	燕麦食酸菌（B）（*A. avenae*）	燕麦食酸菌（C）（*A. avenae*）	魔芋食酸菌（*A. konjaci*）	敏捷食酸菌（*A. facilis*）	德氏食酸菌（*A. delafieldii*）	中等食酸菌（*A. temperans*）
底物利用							
阿拉伯糖或半乳糖	+	+	+	−	+	+	−
核糖	d	+	+	+	+	+	−
木糖	+	−	d	−	−	−	−
葡萄糖	+	+	+	−	+	+	+
甘露糖	−	−	−	d	+	+	−
D-岩藻糖	+	+	d	−	−	+	−
甘露醇	+	+	−	+	+	+	d
山梨糖醇	+	+	−	−	+	+	d
异丁酸盐	+	+	d	+	−	d	d
异戊酸盐	+	+	−	+	+	+	+
己酸盐	d	+	−	−	−	d	d
丙二酸盐	−	−	−	+	−	−	−
顺乌头酸盐	d	−	−	+	−	d	−
己二酸盐	+	+	+	+	−	+	+
庚二酸盐	+	+	+	+	d	+	+
2-酮基葡萄糖酸盐	−	−	d	−	−	+	d
D-酒石酸盐	+	+	+	+	−	+	−
meso-酒石酸盐	d	−	+	+	−	d	d
柠康酸盐	+	+	+	+	−	+	d
2-酮戊二酸盐	+	+	+	+	−	+	d
柠檬酸盐	d	+	d	d	−	d	−
对羟基苯甲酸盐	−	−	−	−	d	+	d
L-苏氨酸或 L-组氨酸	+	+	−	+	+	+	d
L-色氨酸	+	+	d	+	+	d	−
DL-3-氨基丁酸	d	+	d	+	−	−	−
DL-2-氨基丁酸	d	+	−	−	−	−	d

续表

特征	燕麦食酸菌（A）（*A. avenae*）	燕麦食酸菌（B）（*A. avenae*）	燕麦食酸菌（C）（*A. avenae*）	魔芋食酸菌（*A. konjaci*）	敏捷食酸菌（*A. facilis*）	德氏食酸菌（*A. delafieldii*）	中等食酸菌（*A. temperans*）
乙酰胺	d	+	−	−	−	−	−
乙醇胺	+	+	+	−	−	−	−
硝酸盐还原	+	+	−	+	+	+	+
明胶酶	d	−	+	−	+	d	−

注：A. 燕麦亚种（subsp. *avenae*）；B. 卡特莱兰亚种（subsp. *cattleyae*）；C. 西瓜亚种（subsp. *citrulli*）。目前，这 3 个亚种均归为燕麦食酸菌，不再单分亚种

37. 短波单胞菌属（*Brevundimonas* Segers et al. 1994）

Segers 等于 1994 根据全细胞蛋白电泳图谱、脂肪酸组成和表型特征的数值分析，以及对 DNA 的 G+C 含量和同源性的测定结果，将缺陷假单胞菌（*P. diminuta*）和泡囊假单胞菌（*P. vesicularis*）另立新属——短波单胞菌属（*Brevundimonas*）。

革兰氏染色反应为阴性。细胞短杆状，大小为 0.5μm×1.0～4.0μm。以一条短波（0.6～1.0μm）的单极生鞭毛运动。氧化酶和过氧化氢酶阳性。不产生吲哚。泛酸盐、生物素和维生素 B_{12} 用作生长因子。好氧生长，呼吸型代谢（Q-10 是中间电子递体）；从不发酵。血平板上 30℃和 37℃生长，4℃不生长。不能利用氢进行自养生长。聚 β-羟基丁酸盐作为细胞内储存物，但不在胞外水解。利用醇的菌株能从伯醇中产酸。不产生卵磷脂酶（卵黄）和酯酶（吐温 80）。不液化明胶。菌株表现有限的营养谱；只有 DL-β-羟基丁酸盐、丙酸盐、L-谷氨酸盐和 L-脯氨酸可被 90% 以上的菌株作为碳源和能源。在 API ZYM 试验中，脂酶（C_{14}）、胱氨酸芳胺酶、α-半乳糖苷酶、β-半乳糖苷酶、β-葡萄糖苷酶、*N*-乙酰-β-D-葡萄糖苷酶、α-甘露糖苷酶和 α-岩藻糖苷糖等呈现阳性。碱性和酸性磷酸酶、酯酶（C_8）、亮氨酸芳胺酶、胰蛋白酶和磷酰胺酶为阴性。阴性反应还有赖氨酸脱羧酶、鸟氨酸脱羧酶、脲酶、精氨酸双水解酶和苯丙氨酸脱氨酶。本属属于 α-变形菌纲，构成一个独特的 rRNA 分支。不还原硝酸盐或极少还原。主要脂肪酸是 $C_{16:0}$ 和 $C_{18:1}$。分离自水和临床标本。

DNA 的 G+C 含量（mol%）：65～68。

模式种：缺陷短波单胞菌（*Brevundimonas diminuta*）；模式菌株的 16S rRNA 基因序列登录号：AB594766；基因组序列登录号：GCA_900445995；模式菌株保藏编号：CGMCC 1.3275=DSM 7234=JCM 2788。

该属目前包括 29 个种。

38. 寡养单胞菌属（*Stenotrophomonas* Palleroni and Bradbury 1993）

Palleroni 和 Bradbury 在 1993 年根据嗜麦芽假单胞菌局限的营养谱及需要生长因子等特征不同于假单胞菌属，且具有纤毛，缺乏黄单胞菌素，能以天冬酰胺作为碳、氮源，能水解几丁质，37℃能生长和对植物不致病等特征区别于曾转入的黄单胞菌属，而另立为新属——寡养单胞菌属（*Stenotrophomonas*），唯一的种为嗜麦芽寡养单胞菌（*Stenotrophomonas maltophilia*）。革兰氏染色反应为阴性。不形成内生孢子，细胞杆状，

大小约为 0.5μm×1.5μm，以数根极生鞭毛运动。可产生菌毛。无聚 β-羟基丁酸盐颗粒，也不水解胞外的多聚物。菌落光滑，有光泽，边缘整齐，白、灰或淡黄色。菌株生长需要甲硫氨酸，但这并非普遍特征。葡萄糖、甘露糖、蔗糖、麦芽糖、纤维二糖、乳糖、水杨苷、乙酸盐、丙酸盐、戊酸盐、丙二酸盐、琥珀酸盐、延胡索酸盐、L-苹果酸盐、乳酸盐、柠檬酸盐、2-酮戊二酸盐、丙酮酸盐、L-丙氨酸、D-丙氨酸、L-谷氨酸盐、L-组氨酸和 L-脯氨酸等可作为碳源和能源。不利用多羟醇、芳香化合物或胺类生长。新分离株可利用烃，但实验室传代后易失去此性质。能还原硝酸盐，但不能利用其作为氮源。不能反硝化。卵黄反应阴性。液化明胶，酯酶（吐温 80）阳性。最适生长温度为 35℃。分离自各种自然基物、人的传染物和临床标本。它是除铜绿假单胞菌之外临床实验室最常见的非发酵革兰氏阴性杆菌。

DNA 的 G+C 含量（mol%）：63～71。

模式种：嗜麦芽寡养单胞菌；模式菌株的 16S rRNA 基因序列登录号：FJ971878；基因组序列登录号：GCA_900186865；模式菌株保藏编号：CGMCC 1. 3275=JCM 1975=LMG 958。

该属目前包括 16 个种。

39. 地神菌属（*Telluria* Bowman et al. 1993）

Bowman 等于 1993 年根据表型特征、DNA-DNA 杂交、DNA 的碱基和 16S rRNA 基因序列发现了不同于假单胞菌属的原定为混合假单胞菌和解几丁质假单胞菌，另立新属——地神菌属（*Telluria*），该属包括 2 个种。革兰氏染色反应为阴性。细胞直杆状，大小为 0.5～1.0μm×2.0～3.0μm。有时为丝状，长达 30μm，该情况在老龄培养物中较多。单个、呈线型或呈短链。在液体培养基中形成单极生鞭毛，在固体培养基上还有侧生鞭毛。明显积累聚 β-羟基丁酸盐。严格好氧，在静止液体培养基中只形成表面菌膜。有机化能营养。不能利用氢作为化能自养的能源。不能反硝化。无精氨酸双水解酶活性。在含碳水化合物和无机或有机联合氮源的培养基中生长良好。在缺少碳水化合物的培养基中生长差。对 NaCl 敏感，在 NaCl 浓度高于 1.5% 时完全抑制生长，0.5% 时生长也很差。活跃地利用复杂的多糖，包括淀粉和木聚糖，对其他化合物的利用因菌种不同而异，不水解纤维素。能水解明胶、酪蛋白、DNA、七叶苷、吐温 40、吐温 60、吐温 80。产生磷酸酶和芳基硫酸酯酶。在 20～45℃生长良好，最适生长温度为 30～35℃。最适生长 pH 为 7.0。主要的泛醌是 Q-8。已知栖息地为土壤，特别是在植物根际。该属属于 β-变形菌纲。

DNA 的 G+C 含量（mol%）：67～72。

模式种：混合地神菌（*Telluria mixta*）；模式菌株的 16S rRNA 基因序列登录号：KJ183019；模式菌株保藏编号：ATCC 49108=DSM 29330。

该属目前包括 2 个种。

40. 鞘氨醇单胞菌属（*Sphingomonas* Yabuuchi et al. 1990）

1990 年，Yabuuchi 等根据 16S rRNA 基因序列分析、细胞含特殊组分鞘氨醇、辅酶 Q-10 等特征，建立鞘氨醇单胞菌属（*Sphingomonas*），将少动假单胞菌重新划分为少动鞘氨醇单胞菌。革兰氏染色反应为阴性，不形成内生孢子，直杆状。单极生鞭毛运动。过氧化氢酶阳性、菌落为黄色，但不是黄单胞菌素。专性需氧。能氧化戊糖、己糖和双糖产酸，但不分解多羟醇和菊糖。呼吸醌是 Q-10。主要的脂肪酸是顺-十八碳烯酸和 2-羟肉豆蔻酸（十四烷酸）。细胞脂肪酸含有鞘氨醇，主要长链是 $C_{18:0}$、$C_{20:1}$ 和 $C_{21:1}$。

DNA 的 G+C 含量（mol%）：59～68。

模式种：少动鞘氨醇单胞菌（*Sphingomonas paucimobilis*）；模式菌株的 16S rRNA 基因序列登录号：X72722；基因组序列登录号：GCA_900457515；模式菌株保藏编号：CGMCC 1.12825=DSM 1098=JCM 7516。

该属目前包含 150 个种，常见种的鉴别特征见表 5-32。

表 5-32　鞘氨醇单胞菌属（*Sphingomonas*）常见种的鉴别特征

特征	山鞘氨醇单胞菌（*S. montana*）	草地鞘氨醇单胞菌（*S. prati*）	芬兰鞘氨醇单胞菌（*S. fennica*）	砖窑鞘氨醇单胞菌（*S. laterariae*）	嗜卤芳香族物鞘氨醇单胞菌（*S. haloaromaticamans*）	*S. formosensis*
分离源	土壤	土壤	地下水	垃圾场	水和土壤	农业土壤
菌落颜色	橙色	橙色	浅黄色	奶油色	奶油色	浅黄色
最适生长温度/℃	20～25	25	25～30	25	30	25
最适生长 pH	8	8	7	9	5～6	7
生长 NaCl 浓度/(%，*w/v*)	0～1	0～1	0	0～2	0～2	0～1
氧化酶	+	w	+	+	+	w
利用（API 20NE）						
硝酸盐还原	–	–	–	+	–	–
产生吲哚	–	w	w	–	–	–
水解七叶苷	+	+	–	–	+	+
同化						
D-葡萄糖	–	–	–	–	+	+
L-阿拉伯糖	+	–	–	+	+	w
N-乙酰-D-葡萄糖胺	–	–	–	+	+	–
邻硝基苯-β-D-吡喃半乳糖苷	+	w	–	–	–	–
酶活（API ZYM）						
类脂酯酶（C_8）	+	+	+	w	+	–
缬氨酸芳胺酶	w	w	–	+	+	–
胱氨酸芳胺酶	–	+	–	+	+	–
胰蛋白酶	–	+	–	–	+	+
α-糜蛋白酶	–	w	–	–	–	–
萘酚-AS-BI-磷酸水解酶	w	w	+	+	+	+
α-半乳糖苷酶	w	w	–	–	+	–
β-半乳糖苷酶	+	w	–	–	–	–
β-葡萄糖醛酸苷酶	–	–	–	–	–	+
β-葡萄糖苷酶	+	+	–	–	+	+

41. 希瓦氏菌属（*Shewanella* MacDonell et al. 1986）

腐败假单胞菌（*Pseudomonas putrefaciens*）由于其DNA的G+C含量摩尔分数的低值（38%～50%）而区别于假单胞菌属，Baumann等于1972年将其归至交替单胞菌属（*Alteromonas*）。在1985年，MacDonell和Colwell根据5S rRNA序列比较，另立新属——希瓦氏菌属（*Shewanella*）。细胞呈直或弯杆状，革兰氏染色反应为阴性，无色素，极生鞭毛运动。化能异养生长。生境与水和海洋有关。

DNA的G+C含量（mol%）：38～54。

模式种：腐败希瓦氏菌（*Shewanella putrefaciens*）；模式菌株的16S rRNA基因序列登录号：FJ971881；基因组序列登录号：GCA_000615005；模式菌株保藏编号：CGMCC 1.3667=DSM 6067=JCM 9294。

42. 德沃斯氏菌属（*Devosia* Nakagawa et al. 1996）

1996年由日本学者Nakagawa等根据16S rRNA基因序列分析和化学分类方法将核黄素假单胞菌（*Pseudomonas riboflavina*）再分类于独立的新属——德沃斯氏菌属中，并命名为核黄素德沃斯氏菌（*Devosia riboflavina*）。

革兰氏染色反应为阴性。细胞杆状，大小为0.4～0.8μm×2.0～8.0μm。以几根极生鞭毛运动，专性好氧。氧化酶、过氧化氢酶皆阳性。主要的呼吸醌为Q-10。3-羟基脂肪酸为$C_{24:1}$和$C_{26:1}$，不含低于$C_{18:0}$的脂肪酸。

DNA的G+C含量（mol%）：59.5～66.2。

模式种：核黄素德沃斯氏菌；模式菌株的16S rRNA基因序列登录号：FJ971881；基因组序列登录号：GCA_000615005；模式菌株保藏编号：CGMCC 1.3667=DSM 6067=JCM 9294。

43. 黄单胞菌属［*Xanthomonas* (Dowson 1939) Vauterin et al. 1995］

细胞直杆状，大小通常为0.4～0.7μm×0.7～1.8μm。多数单生，不产生聚β-羟基丁酸盐颗粒。没有鞘或菌柄。革兰氏染色反应为阴性。以单极生鞭毛运动（嗜麦芽黄单胞菌有多根鞭毛除外）。严格好氧，以O_2为最终电子受体。不能反硝化或还原硝酸盐（嗜麦芽黄单胞菌除外，该菌能将硝酸盐还原为亚硝酸盐）。最适生长温度为25～30℃。菌落通常是黄色，光滑酪状或有黏性。色素是极具特征的溴化芳基多烯黄单胞菌素。氧化酶阴性或弱阳性，过氧化氢酶阳性。化能有机异养生长，能利用不同的糖和有机酸盐作为唯一的碳源。可利用多种糖产生少量酸，在石蕊牛奶中不能产酸。可利用乳酸钙而不能利用谷氨酰胺生长。不能利用天冬酰胺作为唯一的碳源和氮源。0.1%（通常为0.02%）氯化三苯四唑能抑制生长。通常必需的生长因子包括甲硫氨酸、谷氨酸、核酸或其混合物。为植物致病菌（嗜麦芽黄单胞菌除外，该菌是人类条件致病菌）。

DNA的G+C含量（mol%）：63～71。

模式种：野油菜黄单胞菌（*Xanthomonas campestris*）；模式菌株的16S rRNA基因序列登录号：X95917；基因组序列登录号：GCA_000007145；模式菌株保藏编号：CGMCC 1.3586=DSM 3586=LMG 568。

该属目前包括33个种6个亚种，常见种的鉴别特征见表5-33。

表 5-33　黄单胞菌属（*Xanthomonas*）常见种的鉴别特征

特征*	糖黄单胞菌（*X. sacchari*）	豌豆黄单胞菌（*X. pisi*）	甜瓜黄单胞菌（*X. melonis*）	野油菜黄单胞菌（*X. campestris*）	巴豆黄单胞菌（*X. codiaei*）	佛罗里达黄单胞菌（*X. floridensis*）	旱金莲黄单胞菌（*X. nasturtii*）	地毯草黄单胞菌（*X. axonopodis*）	栖树黄单胞菌（*X. arboricola*）	马里黄单胞菌（*X. maliensis*）	菊芋黄单胞菌（*X. cynarae*）	木薯黄单胞菌（*X. cassavae*）
丙酸	+	+	+	+	+	+	+	+	+	+	−	−
D-葡萄糖二酸	+	+	+	+	+	+	−	−	−	−	−	−
甲酸	+	+	−	−	−	w	−	−	+	v	−	−
α-酮丁酸	+	+	+	+	+	w	−	−	+	+	+	+
L-天冬氨酸	+	+	−	−	+	w	v	−	+	v	+	−
棉籽糖	+	+	+	+	+	−	−	+	−	−	+	−

特征*	茄科黄单胞菌（*X. vesicatoria*）	黄瓜黄单胞菌（*X. cucurbitae*）	草莓黄单胞菌（*X. fragariae*）	雀麦黄单胞菌（*X. bromi*）	半透明黄单胞菌（*X. translucens*）	风信子黄单胞菌（*X. hyacinthi*）	花园黄单胞菌（*X. hortorum*）	茶黄单胞菌（*X. theicola*）	维管束黄单胞菌（*X. vasicola*）	水稻黄单胞菌（*X. oryzae*）	白纹黄单胞菌（*X. albilineans*）
丙酸	−	−	−	−	−	−	−	−	−	−	−
D-葡萄糖二酸	−	+	−	−	−	−	−	−	−	−	−
甲酸	−	−	−	−	−	−	−	−	−	−	−
α-酮丁酸	+	−	−	−	−	−	−	−	−	−	−
L-天冬氨酸	−	+	+	+	+	+	−	−	−	−	−
棉籽糖	−	−	−	−	−	−	+	−	−	−	−

注：*Biolog GEN Ⅲ测得结果

44. 苍白杆菌属（*Ochrobactrum* Holmes et al. 1988）

细胞呈具平行边和圆端的杆状，通常单个出现。革兰氏染色反应为阴性。以周生鞭毛运动。专性好氧，严格呼吸代谢，以 O_2 为最终电子受体。最适生长温度为 20～37℃。在营养琼脂培养基上的菌落无色。过氧化氢酶、氧化酶阳性。吲哚阴性。不水解七叶苷、明胶和 DNA。化能异养菌。能利用各种氨基酸、有机酸和碳水化合物作为碳源。出现在人的临床标本中。

DNA 的 G+C 含量（mol%）：54.5～60.4。

模式种：人苍白杆菌（*Ochrobactrum anthropi*）；模式菌株的 16S rRNA 基因序列登录号：AB680966；基因组序列登录号：GCA_000017405；模式菌株保藏编号：CGMCC 1. 2501=DSM 6882=JCM 21032。

45. 产碱菌属（*Alcaligenes* Castellani and Chalmers 1919）

细胞杆状、球杆状或球状，大小为 0.5～1.2μm×0.5～2.6μm，通常单个出现。革兰氏染色反应为阴性。以 1～8 根（偶尔可达 12 根）周生鞭毛运动。专性好氧，具有严格的代谢呼吸型，以 O_2 作为最终电子受体。有些菌株在硝酸盐或亚硝酸盐存在时进行厌氧呼吸。适宜的生长温度为20～37℃。营养琼脂培养基上的菌落不产生色素。氧化酶、过氧化氢酶阳性。不产生吲哚。通常不水解纤维素、七叶苷、明胶及DNA。化能有机营养型，利用不同的有机酸和氨基酸作为碳源。由几种有机酸盐和酰胺产碱。通常不利用糖类。有些菌株可利用D-葡萄糖、D-木糖作为碳源产酸。存在于水和土壤中，一些是脊椎动物肠道中常见的寄生菌。许多菌株已从临床标本的血、尿、粪便、脑脊液、化脓性耳脓汁和伤口中分离出，常引起人的条件感染。

DNA的G+C含量（mol%）：53～59。

模式种：粪产碱菌（*Alcaligenes faecalis*）；模式菌株的16S rRNA基因序列登录号：AB680368；基因组序列登录号：GCA_002443155；模式菌株保藏编号：CGMCC 1. 924=JCM 20663=LMG 1229。

该属目前包括4个种3个亚种，常见种的鉴别特征见表5-34。

表5-34　产碱菌属（*Alcaligenes*）常见种的鉴别特征

特征	植物根际产碱菌（*A. endophyticus*）	粪产碱菌粪亚种（*A. faecalis* subsp. *faecalis*）	粪产碱菌酚亚种（*A. faecalis* subsp. *phenolicus*）	粪产碱菌副粪亚种（*A. faecalis* subsp. *parafaecalis*）	水生产碱菌（*A. aquatilis*）
生长pH	6～9	7～8	6～10	6～9	6～9
生长NaCl浓度/(%，*w*/*v*)	0～6	0～8	0～8	0～8	0～7
生长温度/℃	10～37	20～37	10～37	10～37	10～40
酶活（API ZYM）					
胱氨酸芳胺酶	+	+	+	−	+
类脂酶（C_{14}）	+	−	+	+	+
萘酚-AS-BI-磷酸水解酶	+	+	+	−	+
α-糜蛋白酶	+	+	+	−	+
Biolog GEN Ⅲ					
乙酰乙酸	−	−	−	−	−
乙酸	w	w	w	w	+
溴琥珀酸	w	−	w	−	w
糊精	−	−	−	−	−
葡糖醛酰胺	w	w	w	−	−
丙酮酸甲酯	+	w	+	+	−
果胶	−	−	−	−	−
p-羟基苯乙酸	w	+	+	+	−
丙酸	w	w	+	+	+
吐温40	−	w	−	−	−
D-岩藻糖	−	−	−	−	−
D-果糖-6-磷酸	−	w	−	−	w
D-葡萄糖酸	−	−	−	−	−
D-葡萄糖醛酸	−	−	−	−	−
D-苹果酸	−	−	−	−	w

续表

特征	植物根际产碱菌（*A. endophyticus*）	粪产碱菌粪亚种（*A. faecalis* subsp. *faecalis*）	粪产碱菌酚亚种（*A. faecalis* subsp. *phenolicus*）	粪产碱菌副粪亚种（*A. faecalis* subsp. *parafaecalis*）	水生产碱菌（*A. aquatilis*）
D-葡萄糖二酸	−	−	−	−	−
D-丝氨酸	−	−	−	−	w
L-丙氨酸	w	+	+	+	w
L-天冬氨酸	−	−	−	−	−
L-岩藻糖	−	−	−	−	−
L-组氨酸	−	+	−	−	−
L-焦谷氨酸	+	w	w	w	−
α-羟基丁酸	+	−	w	w	−
α-酮丁酸	w	−	w	w	+
α-酮戊二酸	w	w	w	+	w
DL-β-羟基丁酸	−	w	w	+	+
γ-氨基丁酸	−	−	−	−	+

46. 鞘氨醇杆菌属（*Sphingobacterium* Yabuuchi et al. 1983）

该属是由 Yabuuchi 等于 1983 年创立的，包括 3 个种：食醇鞘氨醇杆菌（*Sphingobacterium spiritivorum*，以前命名为食醇黄杆菌）、多食鞘氨醇杆菌（*S. multivorum*，以前命名为多食黄杆菌）及水氏鞘氨醇杆菌（*S. mizutae*）。1992 年研究报道了屎鞘氨醇杆菌（*S. faecium*）、鱼鞘氨醇杆菌（*S. piscium*）、肝素鞘氨醇杆菌（*S. heparinum*）、嗜温鞘氨醇杆菌（*S. thalpophilum*）和南极鞘氨醇杆菌（*S. antarcticus*）5 个种。

属内的种为直杆菌。不形成内生孢子。革兰氏染色反应为阴性，无鞭毛。有些种在半固体培养基中可以滑动，室温培养几天后菌落通常变为黄色。氧化酶阳性，过氧化氢酶阳性。有机化能营养，不需要特殊生长因子。不产生吲哚和乙酰甲基甲醇。水解七叶苷，不水解蛋白，也不水解明胶。由碳水化合物氧化产酸，但不能发酵产酸，可利用 D-阿拉伯糖、纤维二糖、果糖、半乳糖、葡萄糖、乳糖、麦芽糖、蔗糖、海藻糖和木糖产酸。但利用阿东醇、卫矛醇、肌醇或山梨糖醇不产酸。在 pH 4.5、4℃或 41℃条件下都不生长。MacConkey 琼脂培养基上不生长。不利用乙酸盐和丙酸盐。不还原硝酸盐为亚硝酸盐。不产赖氨酸脱羧酶、鸟氨酸脱羧酶、精氨酸双水解酶。细胞内脂质包括鞘氨醇磷脂，主要的细胞脂肪酸为 iso-$C_{15:0}$ 2OH。

DNA 的 G+C 含量（mol%）：34.5～44.3。

模式种：食醇鞘氨醇杆菌（*Sphingobacterium spiritivorum*）；模式菌株的 16S rRNA 基因序列登录号：D14026；基因组序列登录号：GCA_900457435；模式菌株保藏编号：DSM 11722=JCM 6897=LMG 8347。

该属包括 48 个种，部分种的鉴别特征见表 5-35。

表 5-35　鞘氨醇杆菌属（*Sphingobacterium*）部分种的鉴别特征

特征	茄属鞘氨醇杆菌（*S. solani*）	竹子鞘氨醇杆菌（*S. bambusae*）	灰黄色鞘氨醇杆菌（*S. griseoflavum*）
菌落颜色	浅黄色	黄色	灰黄色
生长温度/℃	10～39	11～39	10～40
生长盐度范围（%，*w/v*）	0～4	0～5	0～4
Biolog GN2			
甘油	+	−	+
D-半乳糖	+	−	+
L-鼠李糖	−	−	+
蜜二糖	+	w	+
L-阿拉伯糖	+	−	+
麦芽糖	+	−	+
棉籽糖	+	−	+
利用（API 50CH）			
糖原	−	−	−
D-木糖	+	+	+
半乳糖	+	+	+
L-岩藻糖	+	+	+
产酸（API 20E）			
L-阿拉伯糖	+	w	+
蜜二糖	+	+	−
L-鼠李糖	−	+	−

47. 黄杆菌属（*Flavobacterium* Bergey et al. 1923）

细胞直杆状，末端圆，大小通常为 0.5μm×1.0～3.0μm，细胞内不含聚 β-羟基丁酸盐，不形成内生孢子，革兰氏染色反应为阴性。不运动，无滑动或泳动。严格好氧。在固体培养基上生长，产生典型的色素（黄色或橙色），但有些菌株不产色素。菌落半透明（偶尔为不透明），圆形（直径 1～2mm），隆起或微隆起，光滑且有光泽，全缘。过氧化氢酶、氧化酶、磷酸酶均阳性。有机化能营养。在低浓度蛋白胨培养基中利用碳水化合物产酸不产气。广泛分布在土壤和水中，在生肉、乳类和其他食物以及医院环境和人类的临床标本中都可检出。

DNA 的 G+C 含量（mol%）：31.0～45.0。

模式种：水生黄杆菌（*Flavobacterium aquatile*）；模式菌株的 16S rRNA 基因序列登录号：AB517711；基因组序列登录号：GCA_000757385；模式菌株保藏编号：CGMCC 1.12088=LMG 4008=NBRC 15052。

该属目前包括 185 个种，常见种的鉴别特征见表 5-36。

表 5-36　黄杆菌属（*Flavobacterium*）常见种的鉴别特征

特征	河床黄杆菌（*F. alvei*）	忠北黄杆菌（*F. chungbukense*）	米川黄杆菌（*F. glaciei*）	水生黄杆菌（*F. aquatile*）
菌落颜色	黄色	浅黄色	黄色	淡黄色
flexirubin 型色素	−	+	−	−
过氧化氢酶	−	+	+	+
产生吲哚	−	−	+	+
生长				
温度/℃	5～30	4～30	4～25	10～37
pH	5～9	5～9	6～9	6.5～8.0
NaCl 浓度/%	0	0～2	0～1	0～0.5
营养琼脂	+	+	+	−
胰蛋白酶大豆琼脂	−	+	+	−
水解				
酪氨酸和淀粉	−	+	−	−
酪蛋白	−	+	+	+
明胶	+	+	−	+
利用（API 20NE）				
L-甘露醇	−	−	+	−
葡萄糖酸钾，癸酸，苹果酸，柠檬酸钠，苯乙酸	−	−	−	+
L-阿拉伯糖	+	+	−	−
D-甘露糖	+	+	+	−
N-乙酰-D-葡萄糖胺	+	+	−	+
酶活（API ZYM）				
类脂酶（C_{14}），α-糜蛋白酶，α-甘露糖苷酶	−	+	−	−
脲酶	−	−	−	+
β-半乳糖苷酶	+	+	−	−
胱氨酸芳胺酶，β-葡萄糖苷酶	−	+	+	−
精氨酸双水解酶，*N*-乙酰-β-D-氨基葡萄糖苷酶	+	+	+	−
α-葡萄糖苷酶，缬氨酸芳胺酶	−	+	+	+
mol% G+C	34.4	36.4	36.5	32.2

48. 博德特氏菌属（*Bordetella* Moreno-Lopez 1952）

细胞呈微小的球杆状，大小为 0.2～0.5μm×0.5～2.0μm，通常两极浓染，单个或成对排列，极少呈链状。革兰氏染色反应为阴性。有动力或无动力；有动力的细菌有鞭毛。专性需氧。最适生长温度为 35～37℃。在包姜氏（Bordet-Gengou）培养基上菌落表面光滑、凸起，呈珍珠光泽而透明，周围有溶血环，但边界模糊。代谢为呼吸型而不是发酵型。化能有机异养生长。需要烟酰胺、有机硫（如半胱氨酸）和有机氮（如氨基酸）。能分解谷氨酸、脯氨酸、丙氨酸、天冬氨酸、丝氨酸产生 NH_3 和 CO_2。分解石蕊牛奶呈碱性。为哺乳动物的寄生菌和致病菌，在呼吸道上皮纤毛间定居和繁殖。

DNA 的 G+C 含量（mol%）：66～70。

模式种：百日咳博德特氏菌（*Bordetella pertussis*）；模式菌株的 16S rRNA 基因序列登录号：U04950；基因组序列登录号：GCA_000306945；模式菌株保藏编号：ATCC 9797=DSM 5571=LMG 14455。

该属目前包括 14 个种，常见种的鉴别特征见表 5-37。

表 5-37　博德特氏菌属（*Bordetella*）常见种的鉴别特征

特征	鸟博德特氏菌（*B. avium*）	支气管炎博德特氏菌（*B. bronchiseptica*）	副百日咳博德特氏菌（*B. parapertussis*）	百日咳博德特氏菌（*B. pertussis*）
运动性	+	+	−	−
在 Bordet-Gengou 培养基上出现菌落需要的天数	1～2	1～2	2～3	3～6
在 MacConkey 琼脂培养基上生长	+	+	+	−
在蛋白胨琼脂培养基上呈褐色	d	−	+	−
硝酸盐还原为亚硝酸盐	−	+	−	−
脲酶	−	−	+	−
氧化酶	+	+	−	+
碳源利用				
己二酸盐	d	+	−	nd
meso-酒石酸盐	−	d	−	nd
衣康酸盐	−	+	−	nd
琥珀酸盐	+	+	−	nd
碱性反应				
乙酰胺	+	−	−	nd
丙二酰胺	−	+	−	nd
己二酸	+	+	−	nd

49. 莫拉氏菌属（*Moraxella* Fulton 1943）

细胞杆状，短且宽，大小为 1.0～1.5μm×1.5～2.5μm，常接近球状，通常成对或呈短链（一个分裂平面），菌体大小和形状可变，常形成丝状和长链，在缺氧和高于最适温度培养时，可以促进多形态产生。球菌通常较小（直径 0.6～1.0μm），常呈单细胞或成对出现，在相互垂直的两个平面分裂时常形成四联球菌。可形成荚膜。革兰氏染色反应为阴性，但有抗褪色的倾向。无鞭毛。杆菌和球菌菌种都有纤毛。不常见泳动，一些短杆菌可进行表面抽动。好氧，但有些菌株可在厌氧条件下缓慢生长。大多数菌株（奥斯陆莫拉氏菌除外）需要复杂的营养，但其特殊生长要求尚未知。最适生长温度为

33～35℃，通常过氧化氢酶阳性。化能有机营养生长。不能利用碳水化合物产酸。对青霉素高度敏感，寄生于人和其他温血动物黏膜。

DNA 的 G+C 含量（mol%）：40.0～47.5。

模式种：腔隙莫拉氏菌（*Moraxella lacunata*）；模式菌株的 16S rRNA 基因序列登录号：AJ247228；基因组序列登录号：GCA_001591245；模式菌株保藏编号：DSM 18052=JCM 20914=LMG 5301。

该属包括 18 个种，常见种的鉴别特征见表 5-38。

表 5-38　莫拉氏菌属（*Moraxella*）常见种的鉴别特征

特征	亚特兰大莫拉氏菌（*M. atlantae*）	牛莫拉氏菌（*M. bovis*）	腔隙莫拉氏菌（*M. lacunata*）	不液化莫拉氏菌（*M. nonliquefaciens*）	奥斯陆莫拉氏菌（*M. osloensis*）
在 MacConkey 琼脂培养基上生长	+	−	−	−	v
溶血性	−	+	−	−	−
液化明胶	−	+	+	−	−
硝酸盐还原	−	−	+	+	−
在含铵盐和乙酸盐的无机盐培养基上生长	−	−	−	−	+
水解吐温 80	+	+	−/+	−	−
碱性磷酸酶	+	−	+	−	+
酸性磷酸酶	+	w	w	−	+
水解蛋白质［吕氏（Loeffler）培养基］	−	+	+	−	−

50. 寡源菌属（*Oligella* Rossau et al. 1987）

寡源菌属由 Rossau 等于 1987 年发现，包括 2 个种：尿道寡源菌（*Oligella urethralis*）（原来的尿道莫拉氏菌）和解脲寡源菌（*O. ureolytica*）（原来的“西地西Ⅳ群 e”）。短小杆菌，多数不超过 1μm，通常成对出现。细胞不像莫拉氏菌一样丰满，不形成荚膜，不形成内生孢子。通常无运动性，但解脲寡源菌中的一些菌株有周生鞭毛。好氧，为适度需要复杂营养的化能有机营养菌。在普通营养琼脂培养基上生长，加入酵母浸膏、血清和血液等物质后有助于其生长。在血琼脂培养基上生长较为缓慢，且比所观察到的莫拉氏菌呈更明亮的白色。无色素和气味产生。不溶血。生化活性极弱。仅利用乙酸盐、DL-3-羟基丁酸盐、丙酮酸盐、苯甲酸盐、L-谷氨酸盐等少数几种有机酸和氨基酸作为唯一的碳源。氧化酶阳性，过氧化氢酶阳性。不产生吲哚和 H_2S。还原硝酸盐为亚硝酸盐，能在 3% NaCl 中生长，不产明胶酶、乙酰胺酶、DNA 酶、淀粉酶、赖氨酸脱羧酶、鸟氨酸脱羧酶、精氨酸双水解酶。不水解吐温 80 和七叶苷。主要从人的泌尿道分离。致病性不详，估计较弱。

DNA 的 G+C 含量（mol%）：46.0～47.5。

模式种：尿道寡源菌（*Oligella urethralis*）；模式菌株的 16S rRNA 基因序列登录号：AJ247262；基因组序列登录号：GCA_900454345；模式菌株保藏编号：DSM 7531=JCM

20913=NBRC 14589。

该属包括 2 个种，种间鉴别特征见表 5-39。

表 5-39　寡源菌属（*Oligella*）种间鉴别特征

特征	解脲寡源菌（*O. ureolytica*）	尿道寡源菌（*O. urethralis*）
运动性	d	−
42℃生长	−	+
脲酶	+	−
硝酸盐还原	d	−
反硝化作用	d	+
利用 β-羟基苯甲酸盐作为碳源生长	+	−
含十九碳环烷酸（＞1%）	+	−

51. 色杆菌属（*Chromobacterium* Bergonzini 1881）

细胞杆状，大小为 0.6～0.9μm×1.5～3.5μm，两端钝圆，有时略呈细长弯曲。单个，偶尔成对，或伸展呈短链状。无荚膜。无静止期。革兰氏染色反应为阴性，常含有条纹或两端着色的脂类内含物。通常以单极生鞭毛和 1～4 根亚极生鞭毛或侧生鞭毛运动。兼性厌氧。在固体培养基上产生奶酪状的紫色菌落；在肉汤中，其液体表面与容器壁的接合处形成紫色环；25℃在普通培养基上生长，但最适、最高和最低生长温度因种而异；最适生长 pH 为 7.8，pH 4.5 以下不生长。在 NaCl 浓度大于 6% 的培养基中也不生长。化能有机异养生长，以发酵代谢为主。利用葡萄糖、果糖、海藻糖和甘露糖产酸，不产气。不能利用卫矛醇、肌醇、菊糖、乳糖、甘露醇和木糖产酸。通常氧化酶阳性（Kovacs's 试验）。吲哚阴性。V-P 试验阴性，还原硝酸盐，能液化明胶，不能水解七叶苷。赖氨酸脱羧酶、鸟氨酸脱羧酶和苯丙氨酸脱氨酶均为阴性。

DNA 的 G+C 含量（mol%）：61.2～68.7。

模式种：紫色色杆菌（*Chromobacterium violaceum*）；模式菌株的 16S rRNA 基因序列登录号：AJ247211；基因组序列登录号：GCA_000007705；模式菌株保藏编号：ATCC 12472=CGMCC 1.18551=DSM 30191。

该属与紫色杆菌属（*Janthinobacterium*）的鉴别特征见表 5-40。该属包括 11 个种，种间鉴别特征见表 5-41。

表 5-40　色杆菌属与紫色杆菌属的鉴别特征

特征	色杆菌属（*Chromobacterium*）	紫色杆菌属（*Janthinobacterium*）
葡萄糖分解代谢形式		
发酵	D（80）	−
氧化	D（20）	+
卵磷脂酶	+	−
产酸		
海藻糖	+	−
L-阿拉伯糖	−	+

续表

特征	色杆菌属（*Chromobacterium*）	紫色杆菌属（*Janthinobacterium*）
D-木糖	−	+
水解酪蛋白	+	−
水解七叶苷	−	+（95）

注：括号内数字表示阳性率（%）；紫色杆菌属是由 Deley 于 1978 年将蓝黑色杆菌（*Chromobacterium lividum*）另立的新属

表 5-41　色杆菌属（*Chromobacterium*）常见种的鉴别特征

特征	稻根色杆菌（*C. rhizoryzae*）	溶血色杆菌（*C. haemolyticum*）	水色杆菌（*C. aquaticum*）	池塘色杆菌（*C. piscinae*）	假紫色色杆菌（*C. pseudoviolaceum*）	铁杉树色杆菌（*C. subtsugae*）	越橘色杆菌（*C. vaccinii*）	亚马孙色杆菌（*C. amazonense*）	紫色色杆菌（*C. violaceum*）
菌落颜色	黄褐色	灰色	黄褐色	紫色	紫色	紫色	紫色	紫色	紫色
分离源	水稻根部	患者的痰液	泉水	池塘水	未知	森林土	土壤	河水	土壤/水
氧化酶	−	+	+	+	+	+	+	+	+
过氧化氢酶	+	+	−	−	−	+	+	−	+
硝酸盐还原	+	+	+	+	+	−	+	−	+
利用									
D-阿拉伯糖醇	w	w	−	−	−	−	ND	ND	−
D-纤维二糖	−	w	+	−	−	−	ND	ND	−
D-甘露醇	+	w	−	−	−	−	−	−	+
D-甘露糖	w	−	+	−	−	−	+	−	−
D-山梨糖醇	−	w	−	−	−	−	ND	ND	−
γ-氨基丁酸	w	−	−	ND	ND	−	ND	+	−
蜜二糖	−	w	−	−	−	−	ND	ND	−
柠檬酸钠	+	−	+	−	−	−	+	+	+
L-阿拉伯糖	+	+	−	−	−	−	−	−	−
D-麦芽糖	w	+	−	−	−	−	−	−	−
己二酸	+	+	+	−	+	−	−	−	+
苯乙酸	+	+	+	−	−	−	−	−	−
生长									
3.5%（*w/v*）盐溶液	+	+	+	+	+	−	−	−	−
pH 5.0 的 LB 培养基	+	+	+	+	+	+	+	−	+
pH 10.0 的 LB 培养基	+	+	−	−	−	−	−	−	−
32℃	+	+	+	+	+	+	+	−	+

52. 不动杆菌属（*Acinetobacter* Brison and Prevot 1954）

细胞杆状，大小为0.9～1.6μm×1.5～2.5μm。静止期呈球形，常成对，也可呈不同长度的链状。革兰氏染色反应为阴性，但偶尔脱色困难。无泳动，但可表现为“抽动”，推测可能由极生纤毛所致。严格好氧，O_2为最终电子受体。在20～37℃生长，大部分菌株最适生长温度为33～35℃。在所有普通综合培养基上均能生长。氧化酶阴性，过氧化氢酶阳性。多种菌株能在含有单一碳源的铵盐无机盐培养基上生长良好，利用酒石酸盐或硝酸盐作为氮源，不需要生长因子。D-葡萄糖是一些菌株可以利用的唯一六碳糖。五碳糖如D-核糖、D-木糖、L-阿拉伯糖亦可作为某些菌株的碳源。广泛存在于自然界的土壤、水和污物中。

DNA的G+C含量（mol%）：34.9～47.0。

模式种：乙酸钙不动杆菌（*Acinetobacter calcoaceticus*）；模式菌株的16S rRNA基因序列登录号：AJ631191；基因组序列登录号：GCA_000368965；模式菌株保藏编号：DSM 30006=JCM 6842。

该属目前包括61个种，常见种的鉴别特征见表5-42。

表5-42　不动杆菌属（*Acinetobacter*）常见种的鉴别特征

特征	幼虫不动杆菌（*A. larvae*）	野生不动杆菌（*A. rudis*）	贝氏不动杆菌（*A. bereziniae*）	吉优不动杆菌（*A. guillouiae*）
生长温度/℃	10～45	10～37	25～38	25～35
葡萄糖产酸	−	−	+	−
同化				
己二酸	+	−	+	+
壬酸	−	+	+	+
L-天冬氨酸	+	−	+	+
L-精氨酸	+	+	−	−
γ-氨基丁酸	+	−	+	+
反式乌头酸	+	−	−	−
龙胆酸	−	+	−	−
组氨酸	−	−	+	+
L-亮氨酸	−	+	−	−
丙二酸二乙酯	+	+	−	−
L-鸟氨酸	+	−	−	−
L-苯丙氨酸	−	+	−	−
腐胺	+	−	−	−
苯乙酸	−	+	+	+
色胺	−	+	−	+
葫芦巴碱	−	−	+	−
三羧酸	−	−	+	−

53. 威克斯氏菌属（*Weeksella* Holmes et al. 1987）

由 Holmes 等于 1986 年建立，包括一个种，即有毒威克斯氏菌（*Weeksella virosa*，以前的西地西Ⅱ群 f）。同年，Holmes 等又发表该属的另一个种，即动物溃疡威克斯氏菌（以前的西地西Ⅱ群 j），但是，1994 年该物种被再分类为动物溃疡伯杰氏菌（*Bergeyella zoohelcum*）。目前，该属还包括马赛威克斯氏菌（*Weeksella massiliensis*）。

细胞直杆状，末端圆，通常为 0.6μm×2～3μm，细胞内不含聚 β-羟基丁酸盐颗粒。不形成内生孢子。革兰氏染色反应为阴性，无运动性，无滑动或弥漫生长。严格好氧。生长温度为 18～42℃，在固体培养基上生长无色素产生，菌落圆形（直径 0.5～2.0mm），微隆起，光滑，有光泽，全缘。过氧化氢酶和氧化酶阳性。不消化琼脂，化能有机异养生长，不利用糖类。产生吲哚。尚无从一般环境分离的报道，一般为人或温血动物黏膜的寄生菌、腐生菌或共生菌。

DNA 的 G+C 含量（mol%）：35～38。

模式种：有毒威克斯氏菌（*Weeksella virosa*）；模式菌株的 16S rRNA 基因序列登录号：MH789422；基因组序列登录号：GCA_900637795；模式菌株保藏编号：CGMCC 1.10444=DSM 16922=JCM 21250。

54. 萨顿氏菌属（*Suttonella* Dewhirst et al. 1990）

1990 年，Dewhirst 等通过对产吲哚金氏菌（*Kingella indologenes*）、人心杆菌（*Cardiobacterium hominis*）及节瘤拟杆菌（*Bacteroides nodosus*）的 16S rRNA 基因序列的分析，提出建立一个新菌科——心杆菌科。将产吲哚金氏菌归入新建的萨顿氏菌属中，改名为产吲哚萨顿氏菌（*Suttonella indologenes*）。因为 Sutton 首先描述该菌种的特征，故使用他的名字命名。

细胞直杆状，大小为 1.0μm×2.0～3.0μm，两端钝圆，常成对、成串或呈链状排列。无动力，能滑动。革兰氏染色反应为阴性。需氧。在麦康凯琼脂培养基上不生长。化能有机营养生长。专性呼吸，弱发酵代谢。氧化酶阳性，过氧化氢酶阴性。产生吲哚。脲酶、DNA 酶、赖氨酸脱羧酶及鸟氨酸脱羧酶均为阴性。利用葡萄糖及其他少数几种糖产酸，但不产气。不能还原硝酸盐。产生 H_2S（乙酸铅纸条法，但在三糖铁琼脂培养基上常呈阴性），详细性状见表 5-43，与近缘属（种）间的鉴别特征见表 5-44。

表 5-43 产吲哚萨顿氏菌的生理生化特征

特征	反应
利用碳水化合物产酸	
葡萄糖，蔗糖，麦芽糖，果糖，甘露糖	+
甘露醇，山梨糖醇	−
阿拉伯糖，木糖，鼠李糖，半乳糖，乳糖，海藻糖，纤维二糖，蜜二糖，棉籽糖，水杨苷，核糖醇，卫矛醇，肌醇，乙醇	−
水解	
明胶	−

续表

特征	反应
酪蛋白	+
吐温 20	+
吐温 40	+
吐温 80	−
产生 H_2S（乙酸铅纸条法）	+
mol% G+C	49

表 5-44　萨顿氏菌属与近缘属（种）的鉴别特征

属或种	氧化酶	过氧化氢酶	产生吲哚	发酵		还原硝酸盐	γ-谷氨酰转移酶
				葡萄糖	山梨糖		
萨顿氏菌属	+	−	+	+/w	−	−	+
心杆菌属	+	−	+	+	−	−	+
偶蹄形菌属	−	−	−	−	−	−	ND
金氏菌属	+	−	−	+/w	−	D	−
啮蚀艾肯氏菌	+	−	−	−	−	+	−
奈瑟氏球菌属	+	+	−	+	−	D	D
伴放线放线杆菌	D	+	−	+	−	+	+
嗜沫嗜血菌	D	−	−	+	−	+	+
巴斯德氏菌属	+	+	D	+	D	+	D

DNA 的 G+C 含量（mol%）：49。

模式种：产吲哚萨顿氏菌；模式菌株的 16S rRNA 基因序列登录号：AJ247267；基因组序列登录号：GCA_900460215；模式菌株保藏编号：ATCC 25869=DSM 8309。

该属目前包括 2 个种。

55. 金氏菌属（*Kingella* Henriksen and Brove 1976）

细胞长 1.0μm，具圆端或方端的直杆状，成对出现，有时呈短链。革兰氏染色反应为阴性，有时倾向于抗褪色。细胞以常用的方法测定不运动，但有纤毛，显示“颤搐运动”。好氧或兼性厌氧；在好氧条件下生长最佳，但在厌氧条件下血琼脂培养基上也能弱生长。最适生长温度为 33～37℃。在血琼脂培养基上培养形成二类菌落：①扩散型菌落，与“颤搐运动”有关；②光滑凸起的菌落，不颤搐。氧化酶阳性（用四甲基对苯二胺测定时为阳性；用二甲基对苯二胺测定时为弱阳性或阴性）。过氧化氢酶阴性。凝固血清不液化。脲酶阴性，苯丙氨酸脱氨酶反应为阴性或弱阳性。化能异养菌。发酵葡萄糖产酸，但不产气。对青霉素敏感。出现于人上呼吸道的黏膜上。

DNA 的 G+C 含量（mol%）：45.7～58.4。

模式种：金氏金氏菌（*Kingella kingae*）；模式菌株的 16S rRNA 基因序列登录号：AJ247216；基因组序列登录号：GCA_000213535；模式菌株保藏编号：ATCC 23330=CIP 80.16=DSM 7536。

该属目前有 5 个种，种间鉴别特征见表 5-45。

表 5-45 金氏菌属（*Kingella*）种间鉴别特征

特征	内盖夫沙漠金氏菌（*K. negevensis*）	金氏金氏菌（*K. kingae*）	口腔金氏菌（*K. oralis*）	反硝化金氏菌（*K. denitrificans*）	蜜熊金氏菌（*K. potus*）
产生色素	−	−	−	−	+
产酸					
葡萄糖	−	+	+	+	−
麦芽糖	−	+	−	−	−
果糖	−	−	−	−	−
蔗糖	−	−	−	−	−
过氧化氢酶	−	−	−	−	+
β-半乳糖苷酶	−	−	−	−	−

第六章　兼性厌氧革兰氏阴性细菌

兼性厌氧菌是指以在有氧条件下生长为主，也可在厌氧条件下生长的微生物，在有氧时靠呼吸产能，在无氧时则借发酵或厌氧呼吸产能。本章选择性地介绍变形菌门（Proteobacteria）的肠杆菌目（Enterobacterales）、气单胞菌目（Aeromonadales）、弧菌目（Vibrionales）、巴斯德氏菌目（Pasteurellales）和红螺菌目（Rhodospirillales）中 38 个常见的兼性厌氧革兰氏阴性细菌属。其中大多为肠杆菌目的肠杆菌，它们为一群杆状、发酵型、具周生鞭毛和氧化酶阴性的细菌，在医学、农业和遗传学研究上都具有特殊的重要性，也得到了人类极大的关注。本章基于 38 个菌属典型菌种代表菌株的 16S rRNA 基因序列构建的系统发育树见图 6-1。

1. 埃希氏菌属（*Escherichia* Castellani and Chalmers 1919）

细胞直杆状，大小为 0.5～1.5μm×1.0～6.0μm，单个或成对。许多菌株有荚膜和微荚膜。革兰氏染色反应为阴性。以周生鞭毛运动或不运动。兼性厌氧或好氧，具有呼吸和发酵两种代谢类型。氧化酶阴性。化能有机营养生长。最适生长温度为 37℃。在营养琼脂培养基上的菌落可能是光滑（S）、低凸、湿润、灰色、表面有光泽、全缘，在生理盐水中容易分散；菌落也可能是粗糙（R）、干燥，在生理盐水中难以分散。在这两种极端类型之间有中间型，也出现不产黏液和产黏液两种类型。乙酸盐可作为唯一碳源利用，但不能利用柠檬酸盐。发酵葡萄糖和其他糖产生丙酮酸，再进一步转化为乳酸、乙酸和甲酸，甲酸部分可被甲酸脱氢酶分解为等量的 CO_2 和 H_2，但不利用肌醇和核糖醇（弗氏埃希氏菌可利用核糖醇）。有的菌株是厌氧的，绝大多数菌株发酵乳糖，但也可以延迟或不发酵。大肠埃希氏菌多发现于温血动物肠的下部，其他菌种发现于温血动物肠的内部或外部。

DNA 的 G+C 含量（mol%）：48～59。

模式种：大肠埃希氏菌（*Escherichia coli*）；模式菌株的 16S rRNA 基因序列登录号：AB242910；基因组序列登录号：GCA_003697165；模式菌株保藏编号：ATCC 11775=CGMCC 1.2389=DSM 30083。

该属目前包括 5 个种，种间鉴别特征见表 6-1。

2. 志贺氏菌属（*Shigella* Castellani and Chalmers 1919）

细胞直杆状，形态似其他肠杆菌科的菌种。革兰氏染色反应为阴性。不运动。兼性厌氧，具有呼吸和发酵两种代谢类型。过氧化氢酶阳性（只有一个种例外）。氧化酶阴性。化能有机营养型。发酵糖类不产气（除了少数种产气）。不利用柠檬酸盐或丙二酸盐作为

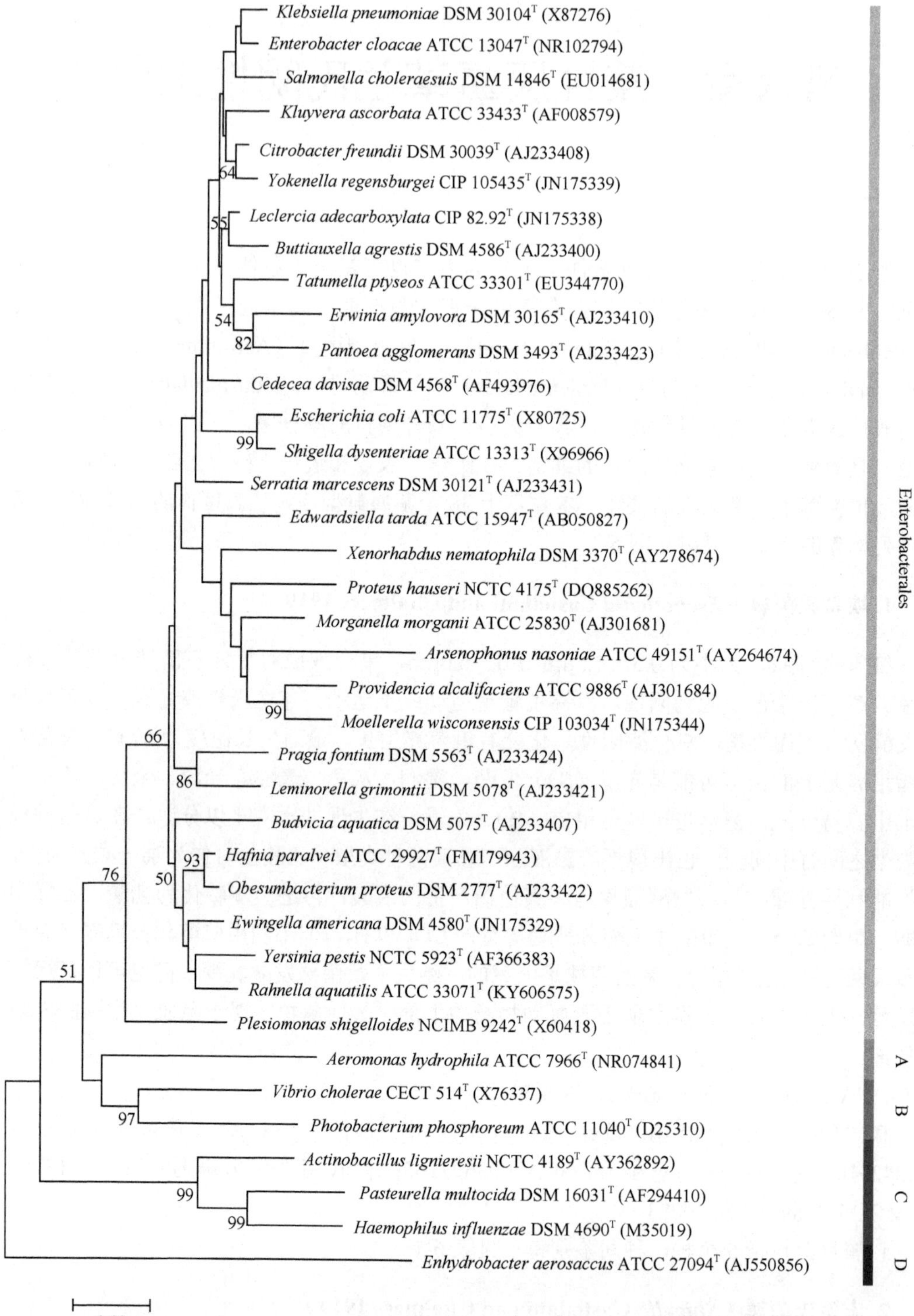

Klebsiella pneumoniae DSM 30104^{T} (X87276)
Enterobacter cloacae ATCC 13047^{T} (NR102794)
Salmonella choleraesuis DSM 14846^{T} (EU014681)
Kluyvera ascorbata ATCC 33433^{T} (AF008579)
Citrobacter freundii DSM 30039^{T} (AJ233408)
Yokenella regensburgei CIP 105435^{T} (JN175339)
Leclercia adecarboxylata CIP 82.92^{T} (JN175338)
Buttiauxella agrestis DSM 4586^{T} (AJ233400)
Tatumella ptyseos ATCC 33301^{T} (EU344770)
Erwinia amylovora DSM 30165^{T} (AJ233410)
Pantoea agglomerans DSM 3493^{T} (AJ233423)
Cedecea davisae DSM 4568^{T} (AF493976)
Escherichia coli ATCC 11775^{T} (X80725)
Shigella dysenteriae ATCC 13313^{T} (X96966)
Serratia marcescens DSM 30121^{T} (AJ233431)
Edwardsiella tarda ATCC 15947^{T} (AB050827)
Xenorhabdus nematophila DSM 3370^{T} (AY278674)
Proteus hauseri NCTC 4175^{T} (DQ885262)
Morganella morganii ATCC 25830^{T} (AJ301681)
Arsenophonus nasoniae ATCC 49151^{T} (AY264674)
Providencia alcalifaciens ATCC 9886^{T} (AJ301684)
Moellerella wisconsensis CIP 103034^{T} (JN175344)
Pragia fontium DSM 5563^{T} (AJ233424)
Leminorella grimontii DSM 5078^{T} (AJ233421)
Budvicia aquatica DSM 5075^{T} (AJ233407)
Hafnia paralvei ATCC 29927^{T} (FM179943)
Obesumbacterium proteus DSM 2777^{T} (AJ233422)
Ewingella americana DSM 4580^{T} (JN175329)
Yersinia pestis NCTC 5923^{T} (AF366383)
Rahnella aquatilis ATCC 33071^{T} (KY606575)
Plesiomonas shigelloides NCIMB 9242^{T} (X60418)
Aeromonas hydrophila ATCC 7966^{T} (NR074841)
Vibrio cholerae CECT 514^{T} (X76337)
Photobacterium phosphoreum ATCC 11040^{T} (D25310)
Actinobacillus lignieresii NCTC 4189^{T} (AY362892)
Pasteurella multocida DSM 16031^{T} (AF294410)
Haemophilus influenzae DSM 4690^{T} (M35019)
Enhydrobacter aerosaccus ATCC 27094^{T} (AJ550856)

64 55 54 82 99 66 99 86 93 50 76 51 97 99 99

Enterobacterales
A
B
C
D

0.02

图 6-1 基于 16S rRNA 基因序列构建的第六章各属代表菌种之间的无根系统发育树（邻接法）

显示大于 50% 的自举值，比例尺代表 2% 的序列差异。

A 代表 Aeromonadales，B 代表 Vibrionales，C 代表 Pasteurellales，D 代表 Rhodospirillales

表 6-1　埃希氏菌属（*Escherichia*）种间鉴别特征

特征	旱獭埃希氏菌（*E. marmotae*）	阿氏埃希氏菌（*E. albertii*）	大肠埃希氏菌（*E. coli*）	弗氏埃希氏菌（*E. fergusonii*）	赫氏埃希氏菌（*E. hermannii*）
产生吲哚	−	−	+	+	+
β-半乳糖苷酶（水解 ONPG）	−	+	+	+	+
赖氨酸脱羧酶	+	+	+	+	−
鸟氨酸脱羧酶	−	+	d	+	+
发酵产酸					
乳糖	−	−	+	−	−
甘露醇	+	+	+	+	+
核糖醇	−	−	−	+	−
棉籽糖	−	−	d	−	−
鼠李糖	+	−	d	+	+
木糖	+	−	+	+	+
蜜二糖	−	−	−	−	−
纤维二糖	−	−	−	+	+
阿拉伯糖醇	−	−	−	+	−
山梨糖醇	+	−	+	−	−
甘油	+	−	−	−	−

唯一碳源。在 KCN 中不生长，不产 H_2S。是人和灵长类的肠道致病菌，引起细菌性痢疾。

DNA 的 G+C 含量（mol%）：49～53。

模式种：痢疾志贺氏菌（*Shigella dysenteriae*）；模式菌株的 16S rRNA 基因序列登录号：X96966；基因组序列登录号：GCA_002949675；模式菌株保藏编号：ATCC 13313=DSM 4781。

该属目前包括 4 个种，种间鉴别特征见表 6-2。

表 6-2　志贺氏菌属（*Shigella*）种间鉴别特征

特征	痢疾志贺氏菌（*S. dysenteriae*）	弗氏志贺氏菌（*S. flexneri*）	鲍氏志贺氏菌（*S. boydii*）	索氏志贺氏菌（*S. sonnei*）
β-半乳糖苷酶（水解 ONPG）	d[1]	−	d	+
鸟氨酸脱羧酶	−	−	−[2]	+
利用葡萄糖产气[3]	−	−	−	−
利用碳水化合物产酸				
卫矛醇[4]	−	−	−	−
乳糖	−	−	−	(+)[5]
甘露醇	−	−	+	+
棉籽糖	−	d	−	(+)[5]
蔗糖	−	−	−	(+)[5]
木糖	−	−	d	−

续表

特征	痢疾志贺氏菌（*S. dysenteriae*）	弗氏志贺氏菌（*S. flexneri*）	鲍氏志贺氏菌（*S. boydii*）	索氏志贺氏菌（*S. sonnei*）
产生吲哚[6]	d	d	d	–

注：1. 痢疾志贺氏菌株是阳性，其他血清变型的一些菌株有时为阳性；2. 鲍氏志贺氏菌 13 菌株是阳性；3. 仅有弗氏志贺氏菌、鲍氏志贺氏菌和索氏志贺氏菌中某些生物变型利用葡萄糖产气；4. 痢疾志贺氏菌和弗氏志贺氏菌的某些菌株可以发酵卫矛醇；5.（+）表示缓慢阳性反应（超过 24h）；6. 痢疾志贺氏菌 1 菌株、弗氏志贺氏菌 6 菌株和索氏志贺氏菌从不产生吲哚，而痢疾志贺氏菌 2 菌株常常产生吲哚

3. 沙门氏菌属（*Salmonella* Lignieres 1900）

细胞直杆状，大小为 0.7～1.5μm×2.0～5.0μm，符合肠杆菌科的一般定义。革兰氏染色反应为阴性。通常运动（周生鞭毛）。兼性厌氧。菌落直径一般为 2～4mm。可以将硝酸盐还原为亚硝酸盐。通常利用葡萄糖产气，常在三糖铁琼脂培养基上产生 H_2S，不产生吲哚，常利用柠檬酸盐作为唯一碳源。通常赖氨酸脱羧酶和鸟氨酸脱羧酶阳性，脲酶阴性，苯丙氨酸脱氨酶和色氨酸脱氨酶阴性。通常不发酵蔗糖、水杨苷、肌醇和扁桃苷。不产生脂酶和脱氧核糖核酸酶。对人致病，引起肠伤寒、肠胃炎和败血症，也可能传染人类以外的其他多种动物。某些血清变型是严格的寄主适应型。

DNA 的 G+C 含量（mol%）：50～53。

模式种：肠沙门氏菌（*Salmonella enterica*）；模式菌株的 16S rRNA 基因序列登录号：AB680380；模式菌株保藏编号：ATCC 43971=DSM 17058。

该属目前包括 3 个种，种间鉴别特征见表 6-3。

表 6-3 沙门氏菌属（*Salmonella*）种间鉴别特征

特征	地下沙门氏菌（*S. subterranea*）	邦戈尔沙门氏菌（*S. bongori*）	肠沙门氏菌（*S. enterica*）
产生吲哚	+	–	–
甲基红（MR）试验	+	+	nd
V-P 试验	–	–	nd
利用丙二酸盐	–	–	–
脲酶	–	–	–
赖氨酸脱羧酶	–	+	+
精氨酸双水解酶	–	+	nd
产生 H_2S	–	+	+
发酵产酸			
纤维二糖	–	–	–
卫矛醇	+	+	+
乳糖	–	–	–
蜜二糖	–	+	+
棉籽糖	–	–	–
山梨糖醇	–	+	+
蔗糖	–	–	–
产生色素	+（黄色）	–	nd

4. 柠檬酸杆菌属（*Citrobacter* Werkman and Gillen 1932）

细胞直杆状，宽约1.0μm，长2.0～6.0μm，单个或成对，与肠杆菌科的一般定义相符。通常不产生荚膜。革兰氏染色反应为阴性，通常以周生鞭毛运动。兼性厌氧。有呼吸和发酵两种代谢类型。在普通肉胨琼脂培养基上的菌落直径一般为2～4mm，光滑、低凸、湿润、半透明或不透明，灰色，表面有光泽，边缘整齐。偶尔可见黏液或粗糙型。氧化酶阴性，过氧化氢酶阳性。化能有机营养生长，能利用柠檬酸盐作为唯一碳源。还原硝酸盐为亚硝酸盐。不产生赖氨酸脱羧酶、苯丙氨酸脱氨酶、明胶酶、脂肪酶和DNA酶。不分解藻朊酸盐和果胶酸盐。发酵葡萄糖产酸、产气。见于人和动物的粪便，或许是肠道正常栖居菌。时常作为条件致病菌分离自临床样品，也见于土壤、水、污水和食物中。研究已报道从澳洲白蚁的后肠和从纸浆厂水中分离出的弗氏柠檬酸杆菌（*Citrobacter freundii*）中的一些菌株能在厌氧条件下固氮。

1954年，West和Edwards首先建立了Bethesna-Ballerup群细菌的抗原体系，Sedlak和Slajsova及Ssdlak进一步扩充了抗原体系，O抗原总数增加到42个，H抗原超过90个。弗氏柠檬酸杆菌中许多血清变型的抗原与许多沙门氏菌属和埃希氏菌属菌株的抗原有关，与蜂房哈夫尼菌（*Hafnia alvei*）之间的O抗原也有关系。

DNA的G+C含量（mol%）：50～52。

模式种：弗氏柠檬酸杆菌；模式菌株的16S rRNA基因序列登录号：FJ971857；基因组序列登录号：GCA_011064845；模式菌株保藏编号：ATCC 8090=DSM 30039。

该属目前包括15个种，常见种的鉴别特征见表6-4。

表6-4 柠檬酸杆菌属（*Citrobacter*）常见种的鉴别特征

特征	弗氏柠檬酸杆菌（*C. freundii*）	差异柠檬酸杆菌（*C. diversus*）	无丙二酸柠檬酸杆菌（*C. amalonaticus*）
V-P试验	−	−	−
产生H_2S	+	−	−
脲酶	d	d	d
明胶水解	−	−	−
苯丙氨酸脱氨酶	−	−	−
D-酒石酸	(+)	d	−
利用黏液酸产酸	+	+	+
水解七叶苷	−	d	+
酯酶（吐温80）	−	−	−
DNA酶	−	−	−
利用碳水化合物产酸			
L-鼠李糖，海藻糖	+	+	+
乳糖	d	+	+
蔗糖	d	−	−
卫矛醇	d	d	−
水杨苷	−	+	+

续表

特征	弗氏柠檬酸杆菌（*C. freundii*）	差异柠檬酸杆菌（*C. diversus*）	无丙二酸柠檬酸杆菌（*C. amalonaticus*）
利用 D-葡萄糖产气	+	+	+
β-半乳糖苷酶（水解 ONPG）	+	+	+

5. 克雷伯氏菌属（*Klebsiella* Trevisan 1885）

细胞直杆状，大小为 0.3～1.0μm×0.6～6.0μm，单个、成对或呈短链状排列，符合肠杆菌科的一般定义。有荚膜。革兰氏染色反应为阴性。不运动。兼性厌氧，具有呼吸和发酵两种代谢类型。生长在肉汁培养基上产生黏韧度不等的稍呈圆形有闪光的菌落，这些与菌株和培养基成分有关。不需要特殊的生长因子。氧化酶阴性。大多数菌株能利用柠檬酸盐和葡萄糖作为唯一碳源。发酵葡萄糖产酸、产气（产生的 CO_2 多于 H_2），但也有不产气的菌株。大多数菌株产生 2,3-丁二醇作为葡萄糖发酵的主要末端产物，V-P 试验通常阳性；与混合酸发酵比较，形成较少的乳酸、乙酸和甲酸，而形成较多的乙醇。发酵肌醇，水解尿素，不产生鸟氨酸脱羧酶或 H_2S 是更进一步的鉴别特征。有些菌株可以固氮。见于肠道内容物、临床样品、土壤、水、谷物等中。

DNA 的 G+C 含量（mol%）：53～58。

模式种：肺炎克雷伯氏菌（*Klebsiella pneumoniae*）；模式菌株的 16S rRNA 基因序列登录号：MK185046；基因组序列登录号：AJJI00000000；模式菌株保藏编号：ATCC 13883=DSM 30104。

该属目前包括 15 个种，常见种、亚种的鉴别特征分别见表 6-5 和表 6-6。

表 6-5　克雷伯氏菌属（*Klebsiella*）常见种的鉴别特征

特征	密歇根克雷伯氏菌（*K. michiganensis*）	产酸克雷伯氏菌（*K. oxytoca*）	肺炎克雷伯氏菌（*K. pneumoniae*）
产生吲哚	+	+	−
10℃生长	+	+	−
44.5℃生长	+	+	+
利用乳糖产气（44.5℃）	−	−	+
V-P 试验	+	+	+
脲酶	−	+	+
鸟氨酸脱羧酶	−	−	−
运动性	−	−	−
组胺	−	−	−
D-松三糖	+	+	−
腐胺	−	+	−
降解果胶酸盐	−	+	−

表 6-6　肺炎克雷伯氏菌各亚种的鉴别特征

特征	肺炎克雷伯氏菌肺炎亚种（*K. pneumoniae* subsp. *pneumoniae*）	肺炎克雷伯氏菌臭鼻亚种（*K. pneumoniae* subsp. *ozaenae*）	肺炎克雷伯氏菌鼻硬结亚种（*K. pneumoniae* subsp. *rhinoscleromatis*）
利用 D-葡萄糖产气	+	d	+
产酸			
乳糖	+	(+)	−
卫矛醇	d	−	−
MR 试验	−	+	+
V-P 试验	+	−	−
利用			
柠檬酸盐（Simmons）	+	d	−
丙二酸盐	+	−	+
脲酶	+	d	−
有机酸利用			
柠檬酸钠	d	d	−
D-酒石酸	d	d	−
黏液酸盐	+	d	−
赖氨酸脱羧酶（Moller）	+	d	−
精氨酸双水解酶（Moller）	−	d	−

6. 肠杆菌属（*Enterobacter* Hormaeche and Edwards 1960）

细胞直杆状，大小为 0.6～1.0μm×1.2～3.0μm，符合肠杆菌科的一般定义。革兰氏染色反应为阴性，周生鞭毛（通常 4～6 根）运动。兼性厌氧，容易在普通培养基上生长。发酵葡萄糖产酸、产气（通常 $CO_2 : H_2 = 2 : 1$）。在 44.5℃时不能由葡萄糖产气。大多数菌株 V-P 试验阳性，MR 试验阴性。一般可利用柠檬酸盐和丙二酸盐作为唯一的碳源和能源。不能利用硫代硫酸盐产生 H_2S。多数菌株可将明胶缓慢液化，不产生脱氧核糖核酸酶。最适生长温度为 30℃，多数临床菌株在 37℃生长，有些环境菌株在 37℃时生化反应不稳定。广泛分布于自然界，普遍存在于人和动物中。

DNA 的 G+C 含量（mol%）：52～60。

模式种：阴沟肠杆菌（*Enterobacter cloacae*）；模式菌株的 16S rRNA 基因序列登录号：AJ417484；基因组序列登录号：GCA_013376815；模式菌株保藏编号：ATCC 13047=CGMCC 1.2022=DSM 30054。

该属目前包括 14 个种，常见种的鉴别特征见表 6-7。

7. 欧文氏菌属（*Erwinia* Winslow et al. 1920）

基于 DNA-DNA 杂交结果，1989 年，Gavini 等将草生欧文氏菌（*Erwinia herbicoli*）、鸡血藤欧文氏菌（*E. milletiae*）和一部分成团肠杆菌组成一个新属——泛菌属（*Pantoea*），同时提出 2 个新种：成团泛菌（*P. agglomerans*）和分散泛菌（*P. dispersa*）。

表 6-7　肠杆菌属（*Enterobacter*）常见种的鉴别特征

特征	布干达肠杆菌（*E. bugandensis*）	香坊肠杆菌（*E. xiangfangensis*）	缪勒肠杆菌（*E. muelleri*）	阿氏肠杆菌（*E. asburiae*）	生癌肠杆菌（*E. cancerogenus*）	阴沟肠杆菌（*E. cloacae*）	霍氏肠杆菌（*E. hormaechei*）	路氏肠杆菌（*E. ludwigii*）	桑属肠杆菌（*E. mori*）
β-半乳糖苷酶	+	+	+	+	+	+	+	+	+
精氨酸双水解酶	+	+	+	−	+	+	+	+	+
赖氨酸脱羧酶	−	−	−	−	−	−	−	−	−
鸟氨酸脱羧酶	+	−	−	+	+	+	+	+	+
利用柠檬酸盐	+	(+)	+	+	+	+	+	+	+
产 H_2S	−	−	−	−	−	−	−	−	−
脲酶水解	−	−	−	−	−	−	−	−	−
脱氨酶	−	−	−	−	−	−	−	−	−
产生吲哚	−	−	−	−	−	−	−	−	−
V-P 试验	+	+	+	−	+	+	−	+	+
明胶酶	−	−	−	−	−	−	−	−	−
产酸									
D-葡萄糖	+	+	+	+	+	+	+	+	+
D-甘露醇	+	+	+	+	+	+	+	+	+
肌醇	−	−	+	−	−	−	−	+	+
D-山梨糖醇	+	+	+	+	−	+	−	+	+
L-鼠李糖	+	+	−	−	+	+	+	+	+
蔗糖	+	+	+	+	−	+	+	+	+
蜜二糖	+	+	−	−	−	+	−	+	+
苦杏仁苷	+	+	+	+	+	+	+	+	+
阿拉伯糖	+	+	+	+	+	+	+	+	+
葡萄糖酸钾	−	−	+	+	−	+	+	+	−
α-甲基-D-吡喃甘露糖苷	−	+	ND	+	−	+	w	+	+
运动性	+	+	+	−	+	+	v	+	+

1992 年，Kageyama 等将菠萝欧文氏菌转入泛菌属，提出了 3 个新种：柠檬泛菌、土壤泛菌和斑点泛菌。1993 年，Mergaert 等根据表型特征、DNA-DNA 杂交、蛋白电泳图谱、脂肪酸谱等也将菠萝欧文氏菌和斯氏欧文氏菌转入泛菌属。

细胞直杆状，大小为 0.5～1.0μm×1.0～3.0μm，单生、成对，有时成链。革兰氏染色反应为阴性。周生鞭毛运动。兼性厌氧，但有些菌种厌氧生长微弱。最适生长温度为 27～30℃。氧化酶阴性，过氧化氢酶阳性。利用果糖、半乳糖、D-葡萄糖、β-甲基葡萄糖苷和蔗糖产酸。可利用丙二酸盐、延胡索酸盐、葡萄糖酸盐、苹果酸盐作为唯一的碳源和能源，但不能利用苯甲酸盐、草酸盐或丙酸盐。作为植物的病原菌、腐生菌或附于植物的菌群成员。至少有一个种分离自人和动物宿主。

DNA 的 G+C 含量（mol%）：50～58。

模式种：解淀粉欧文氏菌（*Erwinia amylovora*）；模式菌株的 16S rRNA 基因序列登录号：AB242877；基因组序列登录号：GCA_000696075；模式菌株保藏编号：ATCC 15580=DSM 30165。

该属目前包括 20 个种，常见种的鉴别特征见表 6-8。

表 6-8 欧文氏菌属（*Erwinia*）常见种的鉴别特征

特征	1	2	3	4	5	6	7	8	9	10	11	12	13	14	15	16	17	18
发酵产酸																		
甘油	+	−	+	−	−	−	−	+	+	−	−	+	+	+	+	+	+	+
L-阿拉伯糖	+	+	+	−	+	+	+	+	+	+	+	+	+	+	+	+	+	nr
D-甘露糖	+	+	+	+	+	+	−	−	−	−	−	+	+	+	+	+	+	+
L-鼠李糖	+	+	+	−	−	−	−	−	−	−	−	+	+	−	+	+	−	nr
肌醇	+	−	−	−	−	−	+	+	+	+	−	+	+	+	+	+	−	nr
D-甘露醇	+	+	+	+	+	+	+	+	+	+	+	+	+	+	+	+	−	nr
麦芽糖	+	−	−	−	−	−	−	−	−	−	−	+	+	+	+	+	−	+
蜜二糖	+	−	−	−	−	−	−	−	−	−	−	+	+	+	+	+	+	+
蔗糖	+	−	+	+	+	−	+	+	+	+	+	+	+	−	−	+	+	+
棉籽糖	+	−	−	−	−	−	−	−	−	−	−	+	+	−	−	+	−	+
木糖醇	−	−	−	−	−	−	−	−	+	−	−	+	−	−	−	+	−	+
D-阿拉伯糖醇	−	+	−	−	−	−	−	−	−	−	−	−	−	+	+	−	+	+
葡萄糖酸钾	+	+	−	−	+	−	−	−	−	−	−	+	−	−	−	−	−	nr
2-酮基葡萄糖酸钾	+	+	−	−	−	−	−	−	−	−	−	+	−	−	−	−	−	−

注：菌种 1. *Erwinia gerundensis* EM595^T 和 EM486；菌种 2. *E. oleae*（*n*=5，*n* 表示菌株数）；菌种 3. *E. psidii*（*n*=2）；菌种 4. *E. mallotivora*（*n*=2）；菌种 5. *E. papayae*（*n*=2）；菌种 6. *E. typographi* DSM 22678^T；菌种 7. *E. amylovora* NCPPB 3723；菌种 8. *E. pyrifoliae*（*n*=2）；菌种 9. *E. tasmaniensis*（*n*=2）；菌种 10. *E. uzenensis* LMG 25843^T；菌种 11. *E. piriflorinigrans* LMG 26087^T；菌种 12. *E. aphidicola* LMG 24877^T；菌种 13. *E. persicina*（*n*=3）；菌种 14. *E. toletana*（*n*=4）；菌种 15. *E. billingiae*（*n*=3）；菌种 16. *E. rhapontici*（*n*=3）；菌种 17. *E. tracheiphila*（*n*=2）；菌种 18. *E. iniecta* B120^T

8. 沙雷氏菌属（*Serratia* Bizio 1823）

细胞直杆状，大小为 0.5～0.8μm×0.9～2.0μm，端圆，符合肠杆菌科的一般描述。通常周生鞭毛运动。兼性厌氧。菌落大多数不透明，有些为虹彩；白色、粉红或红色。

几乎所有的菌株能在 10～36℃、pH 5～9、含有 0～4%（*w/v*）NaCl 条件下生长。过氧化氢酶反应强阳性。发酵 D-葡萄糖和其他糖产酸，有的产气。卫矛醇和塔格糖既不发酵也不能被利用，不利用丁酸盐和 5-氨基戊酸盐作为唯一碳源。胞外酶可以水解 DNA、脂肪（甘油三丁酸酯、玉米油）和蛋白质（明胶、酪素），不水解淀粉（4 天以内）、聚半乳糖醛酸或果胶。不产生苯丙氨酸脱氨酶、色氨酸脱氨酶、硫代硫酸盐还原酶（由硫酸盐形成 H_2S）和脲酶。大多数菌株水解邻硝基苯-β-D-吡喃半乳糖苷（ONPG）。一般不要求生长因子。这些菌种分布在自然界（土壤、水、植物表面）中或作为人的条件致病菌。黏质沙雷氏菌（*Serratia marcescens*）是重要条件致病菌，可引起败血症和尿道感染。有的菌种可能与菌血症有关，或从痰中可分离到，但没有临床意义。能引起牛的乳腺炎和其他动物感染。

DNA 的 G+C 含量（mol%）：52～60。

模式株：黏质沙雷氏菌；模式菌株的 16S rRNA 基因序列登录号：AB594756；基因组序列登录号：GCA_900457055；模式菌株保藏编号：ATCC 13880=DSM 30121。

该属目前包括 20 个种，常见种的鉴别特征见表 6-9。

表 6-9　沙雷氏菌属（*Serratia*）常见种的鉴别特征

特征	嗜虫沙雷氏菌 (*S. entomophila*)	无花果沙雷氏菌 (*S. ficaria*)	居泉沙雷氏菌 (*S. fonticola*)	格氏沙雷氏菌 (*S. grimesii*)	液化沙雷氏菌 (*S. liquefaciens*)	黏质沙雷氏菌 (*S. marcescens*)	气味沙雷氏菌生物群 1 (*S. odorifera*)	气味沙雷氏菌生物群 2 (*S. odorifera*)	普城沙雷氏菌 (*S. plymuthica*)	变形斑沙雷氏菌 (*S. proteamaculans*)	深红沙雷氏菌 (*S. rubidaea*)
V-P 试验	+	d	−	d	+	+	d	+	(+)	(+)	+
赖氨酸脱羧酶	−	−	+	+	+	+	+	+	−	+	d
精氨酸双水解酶	−	−	−	+	−	−	−	−	−	−	−
乌氨酸脱羧酶	−	−	+	+	+	+	+	−	−	+	−
明胶液化	+	+	−	+	+	+	+	+	d	+	+
丙二酸利用	−	−	(+)	−	−	−	−	−	−	−	+
葡萄糖产气	−	−	(+)	+	(+)	d	−	−	d	+	d
产酸											
阿东醇	−	−	+	−	−	d	d	d	−	−	+
阿拉伯糖	−	+	+	+	+	−	+	+	+	+	+
纤维二糖	−	+	−	−	−	−	+	+	(+)	−	+
卫矛醇	−	−	+	−	−	−	−	−	−	−	−
乳糖	−	−	+	−	−	−	d	+	(+)	−	+
蜜二糖	−	d	+	+	(+)	−	+	+	+	+	+
α-甲基葡萄糖苷	−	−	+	−	−	−	−	−	d	−	−
棉籽糖	−	d	+	+	(+)	−	+	−	+	+	+
鼠李糖	−	d	(+)	−	−	−	+	+	−	d	−
山梨糖醇	−	+	+	+	+	+	+	+	d	(+)	−

续表

特征	嗜虫沙雷氏菌(S. entomophila)	无花果沙雷氏菌(S. ficaria)	居泉沙雷氏菌(S. fonticola)	格氏沙雷氏菌(S. grimesii)	液化沙雷氏菌(S. liquefaciens)	黏质沙雷氏菌(S. marcescens)	气味沙雷氏菌生物群1(S. odorifera)	气味沙雷氏菌生物群2(S. odorifera)	普城沙雷氏菌(S. plymuthica)	变形斑沙雷氏菌(S. proteamaculans)	深红沙雷氏菌(S. rubidaea)
蔗糖	+	+	−	+	+	+	+	−	+	+	+
木糖	d	+	(+)	+	+	−	+	+	+	+	+
DNA 酶	+	+	−	+	(+)	+	+	+	+	+	+
脂酶	−	(+)	−	+	(+)	+	d	d	d	+	+
色素（粉红色，橙色）	−	−	−	−	−	d	−	−	d	−	+

9. 哈夫尼菌属（*Hafnia* Möller 1954）

细胞直杆状，宽约 1.0μm，长 2.5～5.0μm，符合肠杆菌科的一般定义。无荚膜。革兰氏染色反应为阴性。30℃时，具有周生鞭毛运动，但可能出现不运动的菌株。兼性厌氧，有呼吸和发酵两种代谢类型，在一般培养基上容易生长。在营养琼脂培养基上的菌落直径一般是 2～4mm，形态光滑、潮湿、半透明、灰色、表面具光泽、边缘整齐。氧化酶阴性，过氧化氢酶阳性。化能有机营养生长。大部分菌株利用柠檬酸盐、乙酸盐和丙二酸盐作为唯一碳源（接种 3～4 天后）。还原硝酸盐为亚硝酸盐。在克林勒氏（Kligle）含铁琼脂的上层中不产生 H_2S。不产生明胶酶，脂肪酶和 DNA 酶。不利用藻朊酸盐，不分解果胶酸盐。不产生苯丙氨酸脱氨酶。赖氨酸脱羧酶和鸟氨酸脱羧酶试验阳性，但精氨酸双水解酶试验阴性。发酵葡萄糖产酸、产气。不利用 D-山梨糖醇、棉籽糖、蜜二糖、D-阿东醇和肌醇产酸。MR 试验 35℃时为阳性，22℃时则是阴性。通常在 22～28℃由葡萄糖产生乙酰甲基甲醇，但在 35℃时不产生。分布在人和动物包括鸟类的粪便中，也分布在污水、土壤、水和乳制品中。

DNA 的 G+C 含量（mol%）：48～49。

模式种：蜂房哈夫尼菌（*Hafnia alvei*）；模式菌株的 16S rRNA 基因序列登录号：AB519795；基因组序列登录号：GCA_900451105；模式菌株保藏编号：ATCC 13337=CGMCC 1.2026=DSM 30163。

该属目前包括 3 个种。

10. 爱德华氏菌属（*Edwardsiella* Ewing and Mc Whorter 1965）

细胞呈小直杆状，宽约 1.0μm，长 2.0～3.0μm，符合肠杆菌科的一般定义。革兰氏染色反应为阴性。具有周生鞭毛运动。兼性厌氧，过氧化氢酶阳性，氧化酶阴性，还原硝酸盐为亚硝酸盐。最适生长温度为 37℃，但鲶鱼爱德华氏菌（*E. ictaluri*）喜欢较低的温度。在蛋白胨和类似的琼脂培养基上培养 24h 后出现生长物，菌落小，直径 0.5～1.0mm。生长需要维生素和氨基酸。发酵葡萄糖产酸，并常有可观察到的气体，还能发酵少数其他化合物，但与肠杆菌科的其他许多分类单位相比较，活性相差甚远。通常抗黏菌素（colistin），但对其他许多抗生素包括青霉素敏感，有很大的抑菌圈。常分离自冷血动物和其他环境，特别是淡水中。对鳗鱼类、鲶鱼和其他动物致病，有时造成经济损失，对于人类是一个罕见的机会致病菌。

DNA 的 G+C 含量（mol%）：53～59。

模式种：迟钝爱德华氏菌（*Edwardsiella tarda*）；模式菌株的 16S rRNA 基因序列登录号：AB050827；基因组序列登录号：GCA_003113495；模式菌株保藏编号：ATCC 15947=DSM 30052。

该属目前包括 5 个种，常见种的鉴别特征见表 6-10。

表 6-10　爱德华氏菌属（*Edwardsiella*）常见种的鉴别特征

特征	迟钝爱德华氏菌		保科爱德华氏菌（*E. hoshinae*）	鲶鱼爱德华氏菌（*E. ictaluri*）
	野生型	生物群 I（*E. tarda* biogroup I）		
利用 D-甘露醇产酸	−	+	+	−
利用蔗糖产酸	−	+	+	−
利用海藻糖产酸	−	−	+	−
利用 L-阿拉伯糖产酸	−	+	−	−
连四硫酸盐还原	+	−	+	
丙二酸盐利用	−	−	+	−
产生吲哚	+	+	−	−
在三糖铁琼脂培养基上产 H_2S	+	−	−	−
运动性	+	+	+	−
利用柠檬酸盐	+	+	(+)	−

11. 变形菌属（*Proteus* Hauser 1885）

细胞直杆状，大小为 0.4～0.8μm×1.0～3.0μm。革兰氏染色反应为阴性。以周生鞭毛运动。大部分菌株在含琼脂或明胶的营养培养基的潮湿表面上能做环形运动，形成同心环，或扩展成均匀的薄层。该属中的菌符合肠杆菌科的一般定义。它们氧化苯丙氨酸脱氨和色氨酸脱氨，水解尿素。能利用几种单糖和双糖产酸。它们不利用肌醇或直链的 4,5,6-羧基多醇类产酸，但一般利用甘油产酸。产生 H_2S。能致病。引起尿道感染；它们也是继发性感染菌，能引起机体其他部位的腐败性损伤。见于人和许多动物的肠道中，也见于厩肥、土壤和污水中。有一个菌种分离自吉普赛蛾的幼虫。

DNA 的 G+C 含量（mol%）：38～41。

模式种：普通变形菌（*Proteus vulgaris*）；模式菌株的 16S rRNA 基因序列登录号：AJ233425；基因组序列登录号：GCA_901472505；模式菌株保藏编号：ATCC 29905=CGMCC 1.1527=DSM 13387。

该属目前包括 9 个种，近似属的鉴别特征见表 6-11，种间鉴别特征见表 6-12。

表 6-11　变形菌属、普罗威登斯菌属和摩根氏菌属的鉴别特征

特征	变形菌属（*Proteus*）	普罗威登斯菌属（*Providencia*）	摩根氏菌属（*Morganella*）
集群	+	−	−
产生 H_2S	+	−	−
液化明胶	+	−	−
脂酶（玉米油）	+	−	−
利用柠檬酸盐（Simmons）	D	+	−
鸟氨酸脱羧酶	D	−	+
利用甘露糖产酸	−	+	+
利用麦芽糖产酸	D	−	−
利用下列的一种或几种多元醇产酸			
肌醇，D-甘露醇	−	+	−
阿东醇，D-阿拉伯糖醇	−	+	−
赤藓醇	−	+	−

表 6-12　变形菌属（*Proteus*）常见种的鉴别特征

特征	鸽子变形菌（*P. columbae*）	奇异变形菌（*P. mirabilis*）	普通变形菌（*P. vulgaris*）	彭氏变形菌（*P. penneri*）	豪氏变形菌（*P. hauseri*）	食物变形菌（*P. cibarius*）	土壤变形菌（*P. terrae*）
集群（低于 1.5% 的琼脂）	+	+	−	−	+	+	+
最适生长温度/℃	37	30	30	30	25	30	NT
生长温度/℃	10～45	10～37	10～37	10～37	10～37	10～37	NT
最适生长 NaCl 浓度/%	1	2	1	2	1	2	NT
生长 NaCl 浓度/%	0～8	0～15	0～10	0～12	0～10	0～12	NT
酶活（API 20E/NE）							
产生吲哚	+	−	+	−	+	+	+
水解七叶苷	−	−	+	−	−	−	−
产酸（API 50CH）							
麦芽糖	+	−	+	+	+	+	+
蔗糖	+	−	+	+	+	+	+
D-果糖	−	+	+	+	+	+	+
D-鼠李糖	−	−	−	−	−	−	+
α-甲基-D-吡喃葡萄糖苷	+	−	+	+	+	+	+
海藻糖	+	+	+	+	−	+	+
松三糖	+	−	−	+	−	+	+
熊果苷	−	−	+	−	−	−	−
水杨苷	−	−	+	−	−	−	−
松二糖	+	−	+	+	+	+	+
2-酮基葡萄糖酸钾	+	+	+	−	+	+	+

12. 普罗威登斯菌属（*Providencia* Ewing 1962）

细胞直杆状，大小为0.6～0.8μm×1.5～2.5μm。革兰氏染色反应为阴性。以周生鞭毛运动。不出现集群。兼性厌氧。氧化苯丙氨酸和色氨酸脱氨。利用下列一种或几种多醇类产酸：肌醇、D-甘露醇、阿东醇、D-阿拉伯糖醇、赤藓醇。利用甘露糖产酸。产生吲哚。利用柠檬酸盐和酒石酸盐。分离自腹泻大便、尿道感染、伤口、烧伤和菌血症标本。

DNA 的 G+C 含量（mol%）：39～42。

模式种：产碱普罗威登斯菌（*Providencia alcalifaciens*）；模式菌株的 16S rRNA 基因序列登录号：EU587047；基因组序列登录号：GCA_900478095；模式菌株保藏编号：ATCC 9886=CGMCC 1.6768=DSM 30120。

该属目前包括 10 个种，近似属的鉴别特征见表 6-11，常见种的鉴别特征见表 6-13。

表 6-13　普罗威登斯菌属（*Providencia*）常见种的鉴别特征

特征	泰国普罗威登斯菌（*P. thailandensis*）	斯氏普罗威登斯菌（*P. stuartii*）	居幼虫普罗威登斯菌（*P. vermicola*）	大红楼普罗威登斯菌（*P. burhodogranariea*）	拉氏普罗威登斯菌（*P. rustigianii*）	斯尼布普罗威登斯菌（*P. sneebia*）	海氏普罗威登斯菌（*P. heimbachae*）
利用柠檬酸盐	+	+	−	−	−	−	+
脲酶	−	−	−	−	−	+	−
产生吲哚	−	+	+	+	+	+	−
明胶酶	−	+	−	+	+	+	+
产酸							
D-赖氨酸	−	+	−	−	−	−	−
D-棉籽糖	+	−	−	−	−	−	−
D-木糖	+	−	−	−	−	+	−
L-阿拉伯糖	+	−	+	−	−	−	−
L-鼠李糖	+	−	−	−	−	−	−
2-酮基葡萄糖酸	+	−	+	−	−	−	−
熊果苷	+	−	−	+	−	+	+
纤维二糖	+	−	−	−	−	−	−
七叶苷	+	−	−	+	+	+	+
甘油	+	+	−	−	−	−	−
水杨苷	+	−	−	+	−	+	−
山梨糖醇	+	−	−	+	−	+	−
蔗糖	+	+	−	−	−	−	−
mol% G+C	41	40.7	ND	ND	41.8	ND	39.6

13. 摩根氏菌属（*Morganella* Fulton 1943）

细胞直杆状，大小为0.6～0.7μm×1.0～1.7μm，符合肠杆菌科的一般定义。革兰氏染色反应为阴性。具有周生鞭毛，但有些菌株在30℃以上不形成鞭毛。不集群。兼性厌氧。氧化酶阴性。脲酶阳性。产生吲哚。苯丙氨酸脱氨酶、色氨酸脱氨酶、鸟氨酸脱羧酶阳性，不产生赖氨酸脱羧酶和精氨酸双水解酶。可以利用酒石酸盐（Jondan），但不能利用柠檬酸盐（Simmons）。常见于人、犬及其他动物的粪便中。机会继发性侵染者，分离自菌血症、呼吸道、伤口和尿道感染标本。

DNA 的 G+C 含量（mol%）：46.5～50.7。

模式种：摩氏摩根氏菌（*Morganella morganii*）；模式菌株的 16S rRNA 基因序列登录号：AF500485；模式菌株保藏编号：ATCC 25830=DSM 30164。

该属目前包括 2 个种，近似属的鉴别特征见表 6-11。

14. 耶尔森氏菌属（*Yersinia* van Loghem 1944）

细胞直杆状到球杆状，大小为 0.5～0.8μm×1.0～3.0μm。不形成荚膜，但在 37℃生长或来自体内样品细胞中的鼠疫耶尔森氏菌（*Yersinia pestis*）能产生包被。革兰氏染色反应为阴性。37℃时不运动。生长在 30℃以下时以周生鞭毛运动。鼠疫耶尔森氏菌总是不运动。在普通的营养培养基上生长。在营养琼脂培养基上培养 24h 后，菌落半透明到不透明，直径 0.1～1.0mm。最适生长温度为 28～29℃。兼性厌氧，既具有呼吸型代谢又具有发酵型代谢。氧化酶阴性，过氧化氢酶阳性。除了个别的生物变型（biovar），都能还原硝酸盐为亚硝酸盐。发酵葡萄糖和其他碳水化合物产酸，但不产气或产少量的气。表现特征常常与温度有关，一般培养在 25～29℃比在 37～39℃能呈现出更多的特征性。所研究过的种具有肠杆菌的常见抗原。生境很广泛（从有生命到无生命），有些种适应于特异性寄主。

DNA 的 G+C 含量（mol%）：46～50。

模式种：鼠疫耶尔森氏菌；模式菌株的 16S rRNA 基因序列登录号：AF366383；基因组序列登录号：GCA_900460465；模式菌株保藏编号：ATCC 19428=NCTC 5923。

该属目前包括 27 个种，常见种的鉴别特征见表 6-14。

表 6-14 耶尔森氏菌属（*Yersinia*）常见种的鉴别特征

特征	鼠疫耶尔森氏菌（*Y. pestis*）	假结核耶尔森氏菌（*Y. pseudotuberculosis*）	小肠结膜炎耶尔森氏菌（*Y. enterocolitica*）	中间耶尔森氏菌（*Y. intermedia*）	弗氏耶尔森氏菌（*Y. frederiksenii*）	克氏耶尔森氏菌（*Y. kristeensenii*）	鲁氏耶尔森氏菌（*Y. ruckeri*）	阿氏耶尔森氏菌（*Y. aldovae*）	罗氏耶尔森氏菌（*Y. rohdei*）	伯氏耶尔森氏菌（*Y. bercovieri*）	莫氏耶尔森氏菌（*Y. mollaretii*）
运动性（25℃）	−	+	+	+	+	+	d	+	+	+	+
赖氨酸脱羧酶（Moller）	−	−	−	−	−	−	+	−	−	−	−
鸟氨酸脱羧酶（Moller）	−	−	+	+	+	+	+	+	+	+	+
脲酶	−	+	+	+	+	+	−	+	d	+	+
β-木糖苷酶	+	+	−	−	d	−	−	−	ND	ND	ND
明胶酶	−	−	−	−	−	−	+	−	−	−	−
柠檬酸盐（Simmons）	−	−	−	+	d	−	+	−	+	−	−
V-P 试验（25℃）	−	−	+	+	+	−	d	+	−	−	−

续表

特征	鼠疫耶尔森氏菌（*Y. pestis*）	假结核耶尔森氏菌（*Y. pseudotuberculosis*）	小肠结膜炎耶尔森氏菌（*Y. enterocolitica*）	中间耶尔森氏菌（*Y. intermedia*）	弗氏耶尔森氏菌（*Y. frederiksenii*）	克氏耶尔森氏菌（*Y. kristeensenii*）	鲁氏耶尔森氏菌（*Y. ruckeri*）	阿氏耶尔森氏菌（*Y. aldovae*）	罗氏耶尔森氏菌（*Y. rohdei*）	伯氏耶尔森氏菌（*Y. bercovieri*）	莫氏耶尔森氏菌（*Y. mollaretii*）
产生吲哚	−	−	d	+	+	d	−	−	−	−	−
γ-谷氨酰转移酶	−	d	+	+	+	+	+	ND	ND	ND	ND
利用碳水化合物产酸											
鼠李糖	−	+	−	+	+	−	−	+	−	−	−
蔗糖	−	−	+	+	+	−	−	−	+	+	+
纤维二糖	−	−	+	+	+	+	−	−	+	+	+
蜜二糖	d	+	−	+	−	−	−	−	d	−	−
α-甲基-D-葡萄糖苷	−	−	−	+	−	−	−	−	−	−	−
山梨糖	−	−	+	+	+	+	−	−	ND	−	+
山梨糖醇	−	−	+	+	+	+	−	+	+	+	+
棉籽糖	−	d	−	+	−	−	−	−	d	−	−

15. 肥杆菌属（*Obesumbacterium* Shimwell 1963）

细胞大小为0.5～2.0μm×1.5～100.0μm，多形态杆菌（当培养在活酵母的啤酒麦芽汁中时，菌体以短、“肥”的杆菌占优势；当培养在大多数细菌培养基中时，菌体通常以长的多形态杆菌占优势），与肠杆菌科的一般定义相符。不运动。兼性厌氧。生长非常缓慢，在普通平板培养基上培养24h，形成的菌落直径＜0.5mm。最适生长温度为32℃左右。利用D-葡萄糖和D-甘露醇产酸；很少发酵其他碳水化合物。发酵过程中产气不定（原始描述说产气，但所研究的菌株都不产气）。赖氨酸脱羧酶阴性。能还原硝酸盐为亚硝酸盐。常用于鉴定肠杆菌的生长测定是阴性或迟缓阳性。出现在啤酒厂的污染菌中。在啤酒生产过程中，它能在有活酵母时存活和生长。该属中的变形肥杆菌（*O. proteus*）有两个生物群（1和2），然而这两个生物群实际上是两个不同的种，它们的表型特征也不同（表6-15）；DNA-DNA杂交也只有较低的同源性。

DNA的G+C含量（mol%）：48～49。

模式种（唯一种）：变形肥杆菌；模式菌株的16S rRNA基因序列登录号：FJ267521；基因组序列登录号：GCA_001586165；模式菌株保藏编号：ATCC 12841=DSM 2777。

表6-15　变形肥杆菌生物群1、生物群2与蜂房哈夫尼菌的鉴别特征

特征	培养时间/天	变形肥杆菌（*O. proteus*）		蜂房哈夫尼菌（*H. alvei*）
		生物群1	生物群2	
哈夫尼菌特异性噬菌体的溶菌作用	1	+	−	+
V-P试验（22℃）	4	+	−	+

续表

特征	培养时间/天	变形肥杆菌（*O. proteus*）		蜂房哈夫尼菌（*H. alvei*）
		生物群 1	生物群 2	
产酸				
D-甘露醇	10	+	−	+
水杨苷	7	+	−	−
D-木糖	7	−	+	+
水解七叶苷	7	+	−	d

16. 致病杆菌属（*Xenorhabdus* Thomas and Poinar 1979）

细胞杆状，大小为 0.8～2.0μm×4.0～10.0μm。在老龄培养物中，细胞含有晶体内含物（不是聚 β-羟基丁酸盐）。球状体（球形细胞）是由于细胞壁裂解而成，在老龄培养物中也能形成，平均大小为 2.6μm。以周生鞭毛运动。兼性厌氧，具有呼吸和发酵两种代谢类型。有些种的过氧化氢酶阴性，有些种有生物荧光。最适生长温度约为 25℃；在 36℃时生长差或完全不生长。利用葡萄糖产酸弱或迟缓，即使 25℃时也如此；不发酵多数熟知的碳水化合物或产酸量极少。不能还原硝酸盐为亚硝酸盐。用于肠杆菌科鉴定的大多数生化测定呈阴性。只能从线虫（*Neoaplecama* 及 *Heterorhabditis* 两个属）中分离出来，并且能从它们寄生的昆虫中分离出来。

DNA 的 G+C 含量（mol%）：43～44。

模式种：嗜线虫致病杆菌（*Xenorhabdus nematophila*）；模式菌株的 16S rRNA 基因序列登录号：D78009；基因组序列登录号：GCA_000252955；模式菌株保藏编号：ATCC 19061=DSM 3370。

该属目前包括 26 个种，常见种的鉴别特征见表 6-16。

表 6-16　致病杆菌属（*Xenorhabdus*）常见种的鉴别特征

特征	科伊桑人致病杆菌（*X. khoisanae*）	贝氏致病杆菌（*X. beddingii*）	博氏致病杆菌（*X. bovienii*）	布达佩斯致病杆菌（*X. budapestensis*）	卡氏致病杆菌（*X. cabanillasii*）	埃氏致病杆菌（*X. ehlersii*）	英列克斯致病杆菌（*X. innexi*）	泽氏致病杆菌（*X. ishibashii*）	日本致病杆菌（*X. japonica*）	科氏致病杆菌（*X. koppenhoeferi*）
产酸（API 50CH）										
D-核糖	+	+	v	−	−	v	+	v	+	−
肌醇	w	−	v	+	v	−	v	−	−	−
D-山梨糖醇	−	−	−	−	−	−	−	−	−	−
N-乙酰-D-葡萄糖胺	+	+	+	v	+	v	+	+	+	−
七叶苷	−	+	−	−	−	v	−	+	−	−
麦芽糖	+	+	v	−	v	v	−	−	+	+
海藻糖	+	+	v	−	−	−	v	+	−	−
葡萄糖酸钙	+	+	v	−	−	−	+	−	−	−
5-酮基葡萄糖酸盐	w	+	v	+	v	v	+	w	+	+

续表

特征	科伊桑人致病杆菌（*X. khoisanae*）	贝氏致病杆菌（*X. beddingii*）	博氏致病杆菌（*X. bovienii*）	布达佩斯致病杆菌（*X. budapestensis*）	卡氏致病杆菌（*X. cabanillasii*）	埃氏致病杆菌（*X. ehlersii*）	英列克斯致病杆菌（*X. innexi*）	泽氏致病杆菌（*X. ishibashii*）	日本致病杆菌（*X. japonica*）	科氏致病杆菌（*X. koppenhoeferi*）
同化（API 20NE）										
葡萄糖	+	+	+	+	+	+	+	−	+	−
甘露糖	+	+	+	+	+	v	+	+	+	−
N-乙酰-D-葡萄糖胺	+	+	+	+	+	+	+	+	+	−
麦芽糖	+	+	+	v	+	+	+	−	+	−
葡萄糖酸钙	+	+	+	v	+	v	+	+	+	−

17. 克吕沃尔氏菌属（*Kluyvera* Farmer et al. 1981）

细胞呈小的杆状，大小为0.5～0.7μm×2.0～3.0μm，与肠杆菌科的定义相符。以稀周生鞭毛运动。兼性厌氧。过氧化氢酶阳性。还原硝酸盐为亚硝酸盐。利用葡萄糖产酸、产气。葡萄糖发酵时产生大量的α-酮戊二酸。可发酵多数其他碳水化合物，但对聚羧基醇类一般不发酵。大多数菌株产生吲哚。柠檬酸盐通常可作为唯一碳源。MR试验阳性。V-P试验阴性。出现于食物、土壤和污水中。可能也是人类不常见的条件致病菌。

DNA的G+C含量（mol%）：55～57。

模式种：抗坏血克吕沃尔氏菌（*Kluyvera ascorbata*）；模式菌株的16S rRNA基因序列登录号：AF310219；基因组序列登录号：GCA_000735365；模式菌株保藏编号：ATCC 33433=DSM 4611。

该属目前包括5个种，常见种的鉴别特征见表6-17。

表6-17　克吕沃尔氏菌属（*Kluyvera*）常见种的鉴别特征

特征	抗坏血酸克吕沃尔氏菌（*K. ascorbata*）	栖冷克吕沃尔氏菌（*K. cryocrescens*）
抗坏血酸发酵	+	−
5℃，21天生长	−	+
赖氨酸脱羧酶	+	−

18. 拉恩氏菌属（*Rahnella* Izard et al. 1981）

细胞呈小的杆状，大小为0.5～0.7μm×2.0～3.0μm，符合肠杆菌科一般属的定义。36℃生长时不运动，25℃生长时运动。还原硝酸盐为亚硝酸盐。发酵D-葡萄糖产酸，大多数菌株产气。赖氨酸脱羧酶、鸟氨酸脱羧酶和精氨酸双水解酶都呈阴性。苯丙氨酸脱氨酶弱阳性。大多数菌株MR试验阳性；所有菌株V-P试验阳性。可发酵多种碳水化合物，包括乳糖、麦芽糖、L-鼠李糖、棉籽糖和水杨苷。见于淡水中。也可偶尔从人的临床标本中分离到，但临床意义未知。

DNA的G+C含量（mol%）：51～56。

模式种：水生拉恩氏菌（*Rahnella aquatilis*）；模式菌株的 16S rRNA 基因序列登录号：KY606575；基因组序列登录号：GCA_000241955；模式菌株保藏编号：ATCC 33071=DSM 4594。

该属目前包括 7 个种。

19. 西地西菌属（*Cedecea* Grimont et al. 1981）

细胞杆状，大小为 0.5～0.6μm×1.0～2.0μm，符合肠杆菌一般属的定义。大多数菌株运动。兼性厌氧。发酵葡萄糖产酸，通常产气。还原硝酸盐为亚硝酸盐。大多数菌株脂酶（玉米油）阳性。DNA 酶和明胶酶阴性。对于黏菌素和先锋霉素有抗性。通常从人的呼吸道临床标本中分离到，但临床意义不明。

DNA 的 G+C 含量（mol%）：48～52。

模式种：戴氏西地西菌（*Cedecea davisae*）；模式菌株的 16S rRNA 基因序列登录号：AF493976；基因组序列登录号：GCA_000412335；模式菌株保藏编号：ATCC 33431=DSM 4568。

该属目前包括 3 个种，种间鉴别特征见表 6-18。

表 6-18　西地西菌属（*Cedecea*）种间鉴别特征

特征	戴氏西地西菌（*C. davisae*）	拉氏西地西菌（*C. lapagei*）	奈氏西地西菌（*C. netei*）
鸟氨酸脱羧酶	+	−	−
发酵			
蔗糖	+	−	+
D-山梨糖醇	−	−	+
棉籽糖	−	−	−
D-木糖	+	−	+
蜜二糖	−	−	−
丙二酸盐利用	+	+	+

20. 塔特姆氏菌属（*Tatumella* Hollis, Hickman and Fanning 1982）

细胞呈小的杆状，大小为 0.6～0.8μm×0.9～3.0μm，与肠杆菌科的一般定义相符合。36℃不运动，在 25℃培养时，以极生鞭毛、亚极生鞭毛或侧生鞭毛运动。兼性厌氧。25℃比 36℃的生化活性更强。发酵 D-葡萄糖产酸，但不产气。少数另外的糖类在 36℃能发酵。在实验室培养基上，原培养物时常在几周后就死亡。在含青霉素（10U）的纸片周围有大的抑菌圈，与其他大多数肠杆菌不同。可从人的临床标本（主要是呼吸道标本）中分离到，可能是不常见的条件致病菌或栖居者。

DNA 的 G+C 含量（mol%）：53～54。

模式株：痰塔特姆氏菌（*Tatumella ptyseos*）；模式菌株的 16S rRNA 基因序列登录号：AJ233437；基因组序列登录号：GCA_900478715；模式菌株保藏编号：ATCC 33301=DSM 5000。

该属目前包括 6 个种。

21. 爱文氏菌属（*Ewingella* Grimont et al. 1983）

1983 年，Grimont 等提议为新属（以前称为“肠道细菌 40”）。根据 DNA-DNA 杂交结果，本群 10 株菌种的同源性在 73% 以上，而与肠杆菌科已命名的各菌种的同源性在 21% 以下。革兰氏阴性杆菌，具有周生鞭毛，发酵产酸，能在柠檬酸盐（Simmons）培养基上生长，V-P 试验阳性，ONPG 阳性，利用 D-阿拉伯糖、D-纤维二糖、甘油、D-山梨糖醇、D-甘露糖、水杨苷和海藻糖等产酸。水解七叶苷呈阳性。不产吲哚、脲酶、H_2S、苯丙氨酸脱氨酶、淀粉酶、赖氨酸脱羧酶、鸟氨酸脱羧酶、精氨酸双水解酶。

DNA 的 G+C 含量（mol%）：54.4。

模式种（唯一种）：美洲爱文氏菌（*Ewingella americana*）；模式菌株的 16S rRNA 基因序列登录号：JN175329；基因组序列登录号：GCA_000735345；模式菌株保藏编号：ATCC 33852=DSM 4580。

22. 布杰约维采菌属（*Budvicia* Bouvet et al. 1985）

1985 年，Bouvet 等描述了分离自捷克各地区的一群水生菌，符合肠杆菌科的定义——革兰氏染色反应为阴性，细胞杆状，具周生鞭毛，发酵葡萄糖产酸，氧化酶阴性，并具有肠杆菌科的共同抗原，但与本科 74 个 DNA 群的同源性仅为 0～8%，而 60 株本群菌种相互间的 DNA 同源性高达 87%，显然，它是肠杆菌科中的一个独立新属。Aldová 提议以菌株来源地命名为布杰约维采菌属（*Budvicia*）。

生长于 4～37℃，42℃不生长。发酵葡萄糖产酸，不产气。产 H_2S，脲酶阳性。鸟氨酸脱羧酶、赖氨酸脱羧酶、苯丙氨酸脱氨酶、色氨酸脱氨酶及精氨酸双水解酶皆呈阴性。不产胞外酶，包括脂酶、淀粉酶、DNA 酶和明胶酶。不产吲哚，V-P 试验阴性，不利用柠檬酸盐和乙酸盐生长。在 KCN 中不生长。

DNA 的 G+C 含量（mol%）：46.0～48.3。

模式种：水生布杰约维采菌（*Budvicia aquatica*）；模式菌株的 16S rRNA 基因序列登录号：AJ233407；基因组序列登录号：GCA_000427805；模式菌株保藏编号：ATCC 35567=DSM 5075。

该属目前包括 2 个种。

23. 布拉格菌属（*Pragia* Aldová et al. 1983）

1983 年，Aldová 等提出肠杆菌科产生 H_2S 的另一个新属，它符合肠杆菌科的定义，表型特征与勒米诺氏菌属（*Leminorella*）和水生布杰约维采菌相似，数值分类结果表明泉布拉格菌（*Pragia fontium*）与水生布杰约维采菌的相似系数 $S<0.7$，与勒米诺氏菌属的 $S<0.55$，与肠杆菌科其他产 H_2S 的种属的 $S<0.55$。从 DNA 同源性来看更明显，泉布拉格菌与布杰约维采菌样株 DRL23575 的同源性为 37%，与 3 株水生杰约维采菌的同源性为 13%～17%，与勒米诺氏菌样株的同源性为 12%～16%，与其他 48 株肠杆菌的同源性仅为 2%～9%，而 7 株泉布拉格菌与模式株间的同源性高达 85%～94%，可见它是肠杆菌科的一个独立的属。

该属所有的菌株产 H_2S，与其他产 H_2S 的肠杆菌的区别在于它可氧化葡萄糖酸；与水生布杰约维采菌的区别在于它的柠檬酸盐（Simmons）反应阳性，而ONPG反应、脲酶、L-阿拉伯糖产酸等为阴性；与勒米诺氏菌的区别在于它能运动，阿拉伯糖产酸、利用酒石酸盐（Jordan）、酪氨酸水解等为阴性。

DNA的G+C含量（mol%）：46～47。

模式种（唯一种）：泉布拉格菌；模式菌株的16S rRNA基因序列登录号：AJ233424；基因组序列登录号：GCA_900112475；模式菌株保藏编号：ATCC 49100=DSM 5563。

24. 勒克氏菌属（*Leclercia* Tamura et al. 1986）

革兰氏染色反应为阳性，细胞直杆状，以周生鞭毛运动。兼性厌氧，具有呼吸和发酵两种代谢类型。氧化酶阴性，过氧化氢酶阳性，产吲哚，MR试验阳性，V-P试验和柠檬酸盐利用（Simmons）阴性。赖氨酸脱羧酶和鸟氨酸脱羧酶阴性，精氨酸双水解酶阳性。利用丙二酸盐，能生长于KCN中。不产H_2S，脲酶阴性。出现于人的临床标本，尤其是痰和血中；也出现于食物、水和环境中，是人的罕见条件致病菌。

DNA的G+C含量（mol%）：52.4～54.8。

模式种（唯一种）：非脱羧勒克氏菌（*Leclercia adecarboxylata*）；模式菌株的16S rRNA基因序列登录号：AB681872；基因组序列登录号：GCA_001515505；模式菌株保藏编号：ATCC 23216=DSM 5077。

25. 勒米诺氏菌属（*Leminorella* Hickman-Brenner et al. 1985）

以前称为肠道菌群57，DNA-DNA杂交结果表明它是独立的菌群，本菌群的同源性为77%～97%，而与其他肠道菌的同源性仅为3%～16%。属内有3个DNA群，可能是3个种，但有2个群在生化特征上不易区分，因此暂时划分为2个种——理氏勒米诺氏菌（*Leminorella richardii*）和格氏勒米诺氏菌（*Leminorella grimontii*）。过氧化氢酶阳性，氧化酶阴性。还原硝酸盐为亚硝酸盐，产生H_2S。利用L-阿拉伯糖、D-木糖产酸，利用乳糖、D-甘露糖不产酸。2个种的主要区别详见表6-19。

DNA的G+C含量（mol%）：51.9～53.9。

模式种：格氏勒米诺氏菌；模式菌株的16S rRNA基因序列登录号：AJ233421；基因组序列登录号：GCA_000439085；模式菌株保藏编号：ATCC 33999=DSM 5078。

表6-19　勒米诺氏菌属（*Leminorella*）种间鉴别特征

特征	格氏勒米诺氏菌（*L. grimontii*）		理氏勒米诺氏菌（*L. richardii*）
	培养2天	培养7天	培养2天和7天
MR试验	+	+	−
柠檬酸盐利用（Simmons）	+	+	−
D-葡萄糖产气	d	+	−
卫矛醇产酸	d	(+)	−

26. 预研菌属（*Yokenella* Kosako et al. 1985）

细胞直杆状，革兰氏染色反应为阴性，以周生鞭毛运动。兼性厌氧和化能有机营养生长，具有呼吸和发酵两种代谢方式。氧化酶阴性，过氧化氢酶阳性。最适生长温度为37℃。发酵D-葡萄糖和其他一些糖产酸、产气。不产生吲哚，V-P试验阴性，MR试验阳性，还原硝酸盐。赖氨酸脱羧酶和鸟氨酸脱羧酶阳性，精氨酸双水解酶阴性。不产H_2S；脲酶阴性，在KCN中不生长。利用柠檬酸盐，不利用丙二酸盐。分离自人的伤口、尿、痰、粪便及昆虫肠道，临床意义不明。

DNA的G+C含量（mol%）：58.0～59.3。

模式种（唯一种）：雷根斯堡预研菌（*Yokenella regensburgei*）；模式菌株的16S rRNA基因序列登录号：AB519796；基因组序列登录号：GCA_000735455；模式菌株保藏编号：ATCC 49455=NCTC 11966。

27. 米勒氏菌属（*Moellerella* Hickman-Brenner et al. 1984）

曾称为肠道菌群46，由于DNA-DNA杂交结果，测得5株菌种间的同源性为80%～93%，与其他肠道菌的同源性仅为2%～32%，其中与普罗威登斯菌的同源性最高，为23%～32%；在表型方面，由于其苯丙氨酸脱氨酶阴性等，不能归入普罗威登斯菌属。

细胞小杆状，革兰氏染色反应为阴性，不运动。兼性厌氧，发酵葡萄糖、乳糖、半乳糖、蔗糖、阿东醇等产酸。利用柠檬酸盐（Simmons），MR试验阳性。不产生吲哚、H_2S、脲酶、苯丙氨酸脱氨酶、赖氨酸脱羧酶、鸟氨酸脱羧酶、精氨酸双水解酶，V-P试验阴性。分离自人的粪便、水中，可能与腹泻有关。

DNA的G+C含量（mol%）：40。

模式种（唯一种）：威斯康星米勒氏菌属（*Moellerella wisconsensis*）；模式菌株的16S rRNA基因序列登录号：JN175344；基因组序列登录号：GCA_001294465；模式菌株保藏编号：ATCC 35017=DSM 5076。

28. 布丘氏菌属（*Buttiauxella* Ferragut 1981）

表型特征近似克吕沃尔氏菌属，其区别在于前者不发酵乳糖而后者发酵乳糖。最重要的是DNA同源性仅为30%～36%。分离自淡水。

DNA的G+C含量（mol%）：49.6～52.4。

模式种：乡间布丘氏菌（*Buttiauxella agrestis*）；模式菌株的16S rRNA基因序列登录号：AJ293685；基因组序列登录号：GCA_000735355；模式菌株保藏编号：ATCC 33320=DSM 4586。

该属目前包括7个种。

29. 泛菌属（*Pantoea* Gavini et al. 1989）

细胞直杆状，大小为0.5～1.0μm×1.0～3.0μm，以周生鞭毛运动，大多数菌株产生黄色素。兼性厌氧，具有代谢和发酵类型的化能异养菌。氧化酶阴性，过氧化氢酶阳性。最适生长温度为30℃。发酵D-葡萄糖和其他糖产酸，但不产气。还原硝酸盐。不产吲哚，不产生H_2S，不水解尿素。赖氨酸脱羧酶、鸟氨酸脱羧酶及精氨酸双水解酶皆呈阴性（同时Gavini等发现30%的成团泛菌鸟氨酸脱羧酶是阳性）。大多数菌株可生长于KCN中。分离自植物表面、种子、土壤和水中，也可从动物和人的伤口、血和尿中分离到，是人的条件致病菌。

DNA 的 G+C 含量（mol%）：49.7～60.6。

模式种：成团泛菌（*Pantoea agglomerans*）；模式菌株的 16S rRNA 基因序列登录号：AJ001240；基因组序列登录号：GCA_000735355；模式菌株保藏编号：ATCC 27155=CGMCC 1.2244=DSM 3493。

该属目前包括 18 个种，常见种的鉴别特征见表 6-20。

表 6-20　泛菌属（*Pantoea*）常见种的鉴别特征

特征	菠萝泛菌（*P. ananatis*）	斯氏泛菌（*P. stewartii*）		成团泛菌（*P. agglomerans*）	分散泛菌（*P. dispersa*）	柠檬泛菌（*P. citrea*）	土壤泛菌（*P. terrea*）
		斯氏亚种（subsp. *stewartii*）	吲哚亚种（subsp. *indologenes*）				
API 20E 测定							
硝酸盐还原为亚硝酸盐	d	−	−	+	−	+	+
产生吲哚	+	−	+	−	−	−	−
柠檬酸利用	+	−	+	d	+	+	+
β-半乳糖苷酶	+	+	+	+	+	+	−
API 50CH 测定							
产酸							
甘油	+	−	(+)	−	d	+	+
D-阿拉伯糖	+	−	+	d	+	(+)	−
山梨糖醇	(+)	−	−	−	−	−	−
纤维二糖	+	−	+	d	+	−	−
乳糖	+	−	+	−	−	+	−
麦芽糖	+	−	+	+	+	+	−
α-甲基-D-甘露糖苷	(+)	−	−	−	−	−	−
熊果苷	+	−	+	+	−	−	+
柳醇	+	−	+	+	−	−	+
棉籽糖	(+)	+	+	−	−	−	d
D-松二糖	−	−	−	−	+	−	−
D-岩藻糖	−	−	−	−	−	+	+
水解七叶苷	d	−	+	+	+	−	+
其他测定							
运动性	+	−	(+)	+	+	−	+
丙二酸利用	−	−	−	+	−	−	−
苯丙氨酸脱氨酶	−	−	−	+	−	−	−
顺式阿康酸盐生长	+	−	+	+	+	NT	NT

30. 杀雄菌属（*Arsenophonus* Gherna et al. 1991）

细胞杆状，幼龄培养物中偶见丝状，大小为 0.4～0.6μm×7～10μm。革兰氏染色反应为阴性。不运动，兼性厌氧。化能有机营养生长，具有呼吸和发酵两种代谢方式。最适生长温度为 30℃。发酵 D-葡萄糖和其他糖可产酸，但不产气。氧化酶阴性，过氧化氢酶阳性。不产生吲哚，MR 试验、V-P 试验阴性。赖氨酸脱羧酶、鸟氨酸脱羧酶及精氨酸双水解酶皆呈阴性（不生长）。不还原硝酸盐。不产生 H_2S。在 MacConkey 琼脂培养基上不生长。出现在雄黄蜂上，对黄蜂致病。

DNA 的 G+C 含量（mol%）：39.5。

模式种（唯一种）：飞虫杀雄菌（*Arsenophonus nasoniae*）；模式菌株的 16S rRNA 基因序列登录号：AY264674；基因组序列登录号：GCA_000429565；模式菌株保藏编号：ATCC 49151=DSM 15247。

31. 弧菌属（*Vibrio* Pacini 1854）

细胞呈直或弯杆状，大小为 0.5～0.8μm×1.4～2.6μm。革兰氏染色反应为阴性。以一根或几根极生鞭毛运动，鞭毛由细胞壁外膜延伸的鞘所包被。兼性厌氧，具有呼吸和发酵两种代谢类型。最适生长温度范围宽，所有的种可在 25℃生长，大多数种在 30℃生长。可代谢 D-葡萄糖和其他碳水化合物产酸，但不产气。还原硝酸盐（产气弧菌、梅氏弧菌和病海鱼弧菌除外）。大多数种发酵麦芽糖、甘露糖和海藻糖。绝大多数种对弧菌抑制剂 O/129 敏感。Na^+刺激所有种的生长，并且是大多数种所必需的。该属被发现于各种盐度的水生生境中，最常见于海、海岸、海面和海生动物的消化道。有的种也被发现于淡水。有的种是人的病原菌，有的种对海洋脊椎和无脊椎动物致病。例如，重要的人病原菌：霍乱的病原菌霍乱弧菌（*Vibrio cholerae*）；由污染的鱼和贝类引起食物中毒的副溶血弧菌（*V. parahaemolyticus*）；引起高致死的败血症的创伤弧菌（*V. vulnificus*）。这些菌与伤口感染、腹泻和各种消化道感染有关。

DNA 的 G+C 含量（mol%）：38～51。

模式种：霍乱弧菌；模式菌株的 16S rRNA 基因序列登录号：X74695；基因组序列登录号：GCA_000621645；模式菌株保藏编号：ATCC 14035=DSM 100200。

该属目前包括的种超过 100 个，常见种的鉴别特征见表 6-21。

表 6-21　弧菌属（*Vibrio*）常见种的鉴别特征

特征	刚鬣弧菌（*V. ganglei*）	海藻弧菌（*V. algivorus*）	干酪弧菌（*V. casei*）	岸边弧菌（*V. litoralis*）	留萌弧菌（*V. rumoiensis*）	泡沫弧菌（*V. aphrogenes*）
需氧	兼性厌氧	兼性厌氧	兼性厌氧	兼性厌氧	好氧	兼性厌氧
生长温度（最适）/℃	10～50（37）	4～40（25～30）	2～30	4～45（25～30）	2～34（30）	4～40
最适生长 pH	8.0	7.0～8.0	7.0	6.9	7.0	7.0
生长 NaCl 浓度/(%，*w/v*)	0～14	1～14	0～10	1～12	0～9	1～10
对弧菌抑制剂 O/129 的抗性	+	−	−	−	−	+
海藻酸盐水合物	−	+	+	+	−	−
酶活（API ZYM）						

续表

特征	刚鬣弧菌（*V. ganglei*）	海藻弧菌（*V. algivorus*）	干酪弧菌（*V. casei*）	岸边弧菌（*V. litoralis*）	留萌弧菌（*V. rumoiensis*）	泡沫弧菌（*V. aphrogenes*）
碱性磷酸酶	−	−	+	+	+	+
酯酶（C_4）	+	−	+	+	+	−
类脂酯酶（C_8）	+	−	+	+	+	−
亮氨酸芳胺酶	−	+	+	+	+	+
胰蛋白酶	−	+	−	−	+	−
缬氨酸芳胺酶	+	−	−	+	−	−
胱氨酸芳胺酶	−	−	−	−	+	−
酸性磷酸酶	−	−	+	+	+	+
β-半乳糖苷酶	−	−	+	−	+	−
β-葡萄糖苷酶	−	−	−	−	+	−
萘酚-AS-BI-磷酸水解酶	−	−	+	+	+	+
碳源利用（Biolog GEN Ⅲ）						
纤维二糖	+	−	+	−	−	−
乳糖	−	−	+	−	−	−
水杨苷	+	−	−	−	+	−
D-乳酸甲酯	−	+	+	−	+	−
D-苹果酸	+	+	−	+	−	−
唯一的碳源、氮源和能源（Biolog GEN Ⅲ）						
甘氨酰-L-脯氨酸	+	+	−	−	+	+
化学抗性（Biolog GEN Ⅲ）						
米诺环素	−	−	+	+	−	−
萘啶酸	−	+	+	+	+	−
亚碲酸钾	+	+	−	+	−	+
mol% G+C	43.0	40.1	41.8	41.9	43.2	42.1

32. 气单胞菌属（*Aeromonas* Kluyver and van Niel 1936）

细胞呈具有圆端的直杆状到接近球状，直径 0.3～1.0μm，单个、成对或短链。通常以一根极生鞭毛运动（在固体培养基上幼龄时具有周生鞭毛）。兼性厌氧。具有呼吸和发酵两种代谢类型，化能异养菌。最适生长温度为 22～28℃，大多数种可在 37℃生长，但有的种不能生长。发酵葡萄糖和其他糖产酸，通常产气。氧化酶阳性，过氧化氢酶阳性。还原硝酸盐。通常精氨酸双水解酶阳性，明胶酶和 DNA 酶皆阳性。而鸟氨酸脱羧酶、脲酶和苯丙氨酸脱氨酶阴性。抗弧菌抑制剂 O/129。该属被发现于淡水和污水中，有的种是蛙、鱼和人的致病菌，引起的人类疾病通常是腹泻和菌血症。

DNA 的 G+C 含量（mol%）：57～63。

模式种：嗜水气单胞菌（*Aeromonas hydrophila*）；模式菌株的 16S rRNA 基因序列登

录号：EU254233；基因组序列登录号：GCA_001999685；模式菌株保藏编号：ATCC 7966=CGMCC 1.2017=DSM 30187。

该属目前包括 36 个种，常见种的鉴别特征见表 6-22。

表 6-22　气单胞菌属（*Aeromonas*）常见种的鉴别特征

特征	豚鼠气单胞菌（*A. caviae*）	嗜泉气单胞菌（*A. eucrenophila*）	嗜水气单胞菌（*A. hydrophila*）	中间气单胞菌（*A. media*）	杀鲑气单胞菌（*A. salmonicida*）				舒氏气单胞菌（*V. schubertii*）	温和气单胞菌（*V. sobria*）	维里纳气单胞菌（*V. veronii*）
					无色亚种（*achromogenes*）	日本鲑亚种（*masoucida*）	杀鲑亚种（*salmonicida*）	史氏亚种（*smith*）			
产生吲哚	+	+	+	d	+	+	−	−	−	+	+
MR 试验	+	d	+	+	+	+	+	−	+	−	+
V-P 试验	−	−	+	−	−	+	−	−	−	d	+
柠檬酸盐利用	+	−	d	d	−	−	−	−	d	+	+
产生 H_2S	−	−	+	−	−	+	−	+	−	−	−
苯丙氨酸脱氨酶	−	d	−	d	−	−	−	−	d	+	(+)
赖氨酸脱羧酶	−	−	+	−	d	d	d	−	+	+	+
精氨酸双水解酶	+	+	+	+	+	+	−	−	+	+	−
运动性	+	+	+	−	−	−	−	−	+	+	+
明胶水解	+	+	+	+	+	+	+	+	+	+	(+)
KCN 中生长	+	+	+	+	−	−	−	NR	−	−	d
D-葡萄糖产气	−	+	+	−	−	+	+	−	−	−	+
产酸											
阿拉伯糖	+	+	+	+	−	+	+	−	−	−	−
纤维二糖	(+)	+	−	+	−	−	−	−	−	d	(+)
半乳糖	+	+	+	+	+	+	+	−	+	+	+
甘油	d	+	+	d	d	d	d	−	d	d	+
乳糖	d	−	d	d	−	−	−	−	−	−	−
麦芽糖	+	+	+	+	+	+	+	+	+	+	+
D-甘露醇	+	+	+	+	−	+	+	−	−	d	+
D-甘露糖	d	+	(+)	+	+	+	+	NR	+	+	+
α-甲基-D-葡萄糖苷	−	−	d	−	NR	NR	NR	NR	−	d	(+)
水杨苷	+	+	+	d	d	d	d	NR	−	−	+
D-山梨糖醇	−	−	−	−	−	−	−	−	−	d	−
海藻糖	+	+	+	+	+	+	+	−	+	d	+
水解七叶苷	+	+	+	d	−	+	+	−	−	−	+
酒石酸（Jordan）	−	−	−	d	−	−	−		−	−	+
脂酶（玉米油）	+	−	d	d	+	+	+	−	+	−	+
水解 ONPG	+	d	+	(+)	d	d	d	+	+	−	(+)
棕色可溶性色素	−	−	−	+	+	−	+	−	−	−	−

33. 邻单胞菌属（*Plesiomonas* Habs and Schubert 1962）

1985 年，MacDonell 和 Cowell 提出该属应转入肠杆菌科的变形菌属（*Proteus*），而该属与奇异变形菌（*P. marabilis*）密切相关。但这种变动会引起表型定义的一些问题，因此至今该属仍保留在弧菌科内。

细胞呈具圆端的直杆状，大小为 0.8～1.0μm×3.0μm。革兰氏染色反应为阴性。通常以极生鞭毛运动。兼性厌氧，化能异养生长。具有呼吸和发酵两种代谢类型，最适生长温度为 37℃。发酵葡萄糖和其他糖产酸，但不产气。氧化酶和过氧化氢酶皆呈阳性。产生吲哚。V-P 试验阴性。赖氨酸脱羧酶、鸟氨酸脱羧酶及精氨酸双水解酶皆呈阳性。脂酶阴性。还原硝酸盐。大多数菌株对弧菌抑制剂 O/129 敏感。具有肠杆菌科的共同抗原。该属出现于鱼和其他水生动物和各种哺乳动物中，与腹泻有关，偶尔也是人的条件致病菌。

DNA 的 G+C 含量（mol%）：52。

模式种（唯一种）：类志贺邻单胞菌（*Plesiomonas shigelloides*）；模式菌株的 16S rRNA 基因序列登录号：HM007572；基因组序列登录号：GCA_900087055；模式菌株保藏编号：ATCC 14029=CGMCC 1.1998=DSM 8224。

34. 水栖菌属（*Enhydrobacter* Staley, Irgens and Brenner 1987）

细胞为极短的直杆状，大小为 0.5～0.7μm×1.0～5.0μm。外观似球状，含有气泡。单个、成对或出现短链。革兰氏染色反应为阴性。不运动。兼性厌氧，化能异养生长。具有呼吸和发酵两种代谢类型。最适生长温度为 37～39℃，生长极缓慢，生化测定需要观察至少 60 天。利用葡萄糖和其他碳水化合物代谢产酸（但未见报道产气）。氧化酶和过氧化氢酶皆呈阳性。不产生吲哚。MR 试验和 V-P 试验均为阴性。赖氨酸脱羧酶、鸟氨酸脱羧酶及精氨酸双水解酶皆呈阳性。还原硝酸盐。抗弧菌抑制剂 O/129。该属分离自营养丰富湖泊的缺氧区域。

DNA 的 G+C 含量（mol%）：66。

模式种（唯一种）：气囊水栖菌（*Enhydrobacter aerosaccus*）；模式菌株的 16S rRNA 基因序列登录号：AJ550856；基因组序列登录号：GCA_900167455；模式菌株保藏编号：ATCC 27094=DSM 8914。

35. 发光杆菌属（*Photobacterium* Beijerinck 1889）

细胞直杆状，大小为 0.8～1.3μm×1.8～2.4μm。在老龄培养物或不良培养条件下，通常可见到退化型。革兰氏染色反应为阴性。以 1～3 根鞭毛运动，有的不运动。兼性厌氧，化能异养菌。具有呼吸和发酵两种代谢类型。最适生长温度为 18～25℃，生长依赖 Na^+。利用葡萄糖和 D-甘露糖产酸，明亮发光杆菌（*P. phosphoreum*）还能产气。氧化酶反应可变。大多数菌株的赖氨酸脱羧酶和精氨酸双水解酶阳性，鸟氨酸脱羧酶阴性。在一定的培养条件下能积累聚 β-羟基丁酸盐；不利用外源的单体 β-羟基丁酸盐。大多数菌株能生长在含海水、D-葡萄糖和 NH_4Cl 的无机培养基中；另外一些菌株需要 L-甲硫氨酸。除了 D-葡萄糖，还利用 D-果糖、甘油和 D-甘露糖。2 个菌种有生物荧光。分离自海洋环境和海生动物的消化道；有的种可作为海鱼特殊发光器官的共生体。

DNA 的 G+C 含量（mol%）：39.1～50.1。

模式种：明亮发光杆菌（*Photobacterium phosphoreum*）；模式菌株的 16S rRNA 基因序列登录号：X74687；基因组序列登录号：GCA_000949955；模式菌株保藏编号：ATCC 11040=CGMCC 1.3740=DSM 15556。

该属目前包括 32 个种，常见种的鉴别特征见表 6-23。

表 6-23　发光杆菌属（*Photobacterium*）常见种的鉴别特征

特征	狭小发光杆菌（*P. angustum*）	鲾发光杆菌（*P. leiognathi*）	明亮发光杆菌（*P. phosphoreum*）
D-葡萄糖产气	−	−	+
产生荧光	−	+	+
生长			
4℃	+	−	+
35℃	+	+	−
明胶酶	+	−	−
脂酶	d	+	−
利用			
乙酸盐	+	+	−
DL-甘油酸盐	−	d	+
麦芽糖	d	−	+
L-脯氨酸	−	+	−
丙酮酸	+	+	−
D-木糖	+	−	−

36. 巴斯德氏菌属（*Pasteurella* Trevisan 1887）

细胞呈圆形、卵圆形或杆状，大小为 0.3～1.0μm×1.0～2.0μm。常为单个，有时成对或呈短链。经常有双极染色，尤其在动物组织标本中的菌体。革兰氏染色反应为阴性。不运动。兼性厌氧。化能异养菌。具有呼吸和发酵两种代谢类型。最适生长温度为 37℃。发酵 D-葡萄糖和其他糖产酸，但不产气。大多数种的氧化酶和过氧化氢酶阳性。还原硝酸盐为亚硝酸盐［除淋巴管巴斯德氏菌（*Pasteurella lymphagitidis*）外］。MR 试验和 V-P 试验阴性，赖氨酸脱羧酶、精氨酸双水解酶和明胶酶阴性。寄生于脊椎动物（罕见人体）的上呼吸道和消化道的黏膜中。多杀巴斯德氏菌（*Pasteurella multocida*）引起牛的出血性败血症、家禽霍乱和幼小动物的肺炎。溶血巴斯德氏菌（*P. haemolytica*）引起牛、羊的肺炎。

DNA 的 G+C 含量（mol%）：37.7～45.9。

模式种：多杀巴斯德氏菌；模式菌株的 16S rRNA 基因序列登录号：AF294410；基因组序列登录号：GCA_000754275；模式菌株保藏编号：ATCC 43137=DSM 16031。

该属目前包括 14 个种，常见种的鉴别特征见表 6-24。

表 6-24　巴斯德氏菌属（*Pasteurella*）常见种的鉴别特征

特征	口巴斯德氏菌（*P. oralis*）	多杀巴斯德氏菌（*P. multocida*）	犬巴斯德氏菌（*P. canis*）	喉巴斯德氏菌（*P. stomatis*）	咬巴斯德氏菌（*P. dagmati*）
脲酶	−	−	−	−	−
鸟氨酸脱羧酶	+	+	+	−	−
产酸					
D-木糖	+	d	−	−	−
卫矛醇	+	d	−	−	−
D-甘露醇	−	+	−	−	−
麦芽糖	+	−	−	−	+
糊精	+	−	−	−	+

37. 嗜血杆菌属（*Haemophilus* Winslow et al. 1917）

细胞为小到中等大小的球形、卵圆或杆状，宽度一般≤1.0μm。有时有丝状体，呈明显的多形态。革兰氏染色反应为阴性。不运动。兼性厌氧。几乎所有的种需要血里的生长因子，特别是X因子（原卟啉Ⅸ或正铁血红素）和（或）V因子（烟酰胺腺嘌呤二核苷酸）或烟酰胺腺嘌呤二核苷酸磷酸。即使提供生长因子也需要复杂的培养基才能良好生长。化能异养生长。具有呼吸和发酵两种代谢类型，最适生长温度为35～37℃。发酵D-葡萄糖和其他糖产酸，少数种产气。还原硝酸盐为亚硝酸盐或进一步还原。氧化酶和过氧化氢酶因种而异。人和动物黏膜上的专性寄生菌。流感嗜血杆菌（*Haemophilus influenzae*）是引起小孩脑膜炎的病原菌，也引起其他败血症，如中耳炎、窦炎、慢性支气管炎。埃及嗜血杆菌（*H. aegyptius*）主要引起结膜炎，它的一些菌株也引起一种新发生的疾病——巴西紫癜热。杜氏嗜血杆菌（*H. ducreyi*）是性病软下疳的病因。

DNA 的 G+C 含量（mol%）：37～44。

模式种：流感嗜血杆菌；模式菌株的 16S rRNA 基因序列登录号：M35019；基因组序列登录号：GCA_001457655；模式菌株保藏编号：ATCC 33391=DSM 4690。

该属目前包括 15 个种，常见种的鉴别特征见表 6-25。

表 6-25　嗜血杆菌属（*Haemophilus*）常见种的鉴别特征

特征	副溶血嗜血杆菌（*H. parahaemolyticus*）	副嗜泡沫溶血嗜血杆菌（*H. paraphrohaemolyticus*）	痰嗜血杆菌（*H. sputorum*）	皮氏嗜血杆菌（*H. pittmaniae*）	副流感嗜血杆菌（*H. parainfluenzae*）
溶血	+	+	+	+	d
半乳糖苷酶	v	+	+	+	d
色氨酸酶（吲哚）	v	v	v	v	d
脲酶	+	+	+	v	d
鸟氨酸脱羧酶	v	v	v	v	d
甘露糖（酸）	v	v	v	+	+
N-乙酰氨基葡萄糖（酸）	d	+	v	v	d
IgA1 蛋白酶	+	v	v	v	v

38. 放线杆菌属（*Actinobacillus* Brumpt 1910）

细胞呈球形、卵圆状，大小为 0.4μm×1.0μm，几乎都是由散开的类球颗粒组成的杆菌，貌似“密码”，偶见长达 6μm 的菌体，尤其在含葡萄糖或麦芽糖的培养基上。细胞单个或成对排列，偶见链状。革兰氏染色反应为阴性，染色不规则。有少量的胞外黏液，可在印度墨汁制片中看到。不运动。在初培养时培养物极黏，很难从琼脂表面上完全取下。表面培养物活力低，一般在 5～7 天就死亡。兼性厌氧。化能异养生长。具有呼吸和发酵两种代谢类型。最适生长温度为37℃。利用 D-葡萄糖和果糖产酸，但不产气。β-半乳糖苷酶阳性。MR 试验阴性。不产生吲哚。寄生于人、羊、牛、马、猪等哺乳动物和鸟类中或共栖。

DNA 的 G+C 含量（mol%）：35.5～46.9。

模式种：李氏放线杆菌（*Actinobacillus lignieresii*）；模式菌株的 16S rRNA 基因序列登录号：M75068；基因组序列登录号：GCA_900444945；模式菌株保藏编号：ATCC 49236=DSM 22256。

该属目前包括 18 个种，常见种的鉴别特征见表 6-26。

表 6-26　放线杆菌属（*Actinobacillus*）常见种的鉴别特征

特征	雁形目放线杆菌（*A. anseriformium*）	李氏放线杆菌（*A. lignieresii*）	胸膜肺炎放线杆菌（*A. pleuropneumoniae*）	马驹放线杆菌马驹亚种（*A. equuli* subsp. *equuli*）	马驹放线杆菌溶血亚种（*A. equuli* subsp. *haemolyticus*）	关节炎放线杆菌（*A. arthritidis*）	猪放线杆菌（*A. suis*）	脲放线杆菌（*A. ureae*）	人放线杆菌（*A. hominis*）	荚膜放线杆菌（*A. capsulatus*）
共生生长	–	–	d	–	–	–	–	–	–	–
β-溶血	+	–	+	–	+/w	–	+	–	–	–
产生色素	–	–	–	–	–	–	w	–	–	–
产酸										
L-阿拉伯糖	–	–	–	d	–	d	+	–	–	d
D-阿拉伯糖	–	+	d	–	–	d	–	–	–	–
D-木糖	–	+	+	+	+	+	+	–	+	+
D-甘露醇	d	+	+	+	d	+	–	+	+	+
D-山梨糖醇	+	–	–	–	–	+	–	–	–	+
L-岩藻糖	–	+	(+)	–	–	d	–	–	–	–
D-半乳糖	–	+	+	+	+	+	+	–	+	+
蜜二糖	–	–	–	+	+	+	+	–	+	+
海藻糖	+	–	–	+	+	–	+	–	+	+
棉籽糖	–	d	d	+	+	+	+	–	+	+
菊粉	–	–	–	–	–	–	–	–	+	–
β-半乳糖苷酶	–	+	+	+	+	+	+	–	+	+

续表

特征	雁形目放线杆菌（*A. anseriformium*）	李氏放线杆菌（*A. lignieresii*）	胸膜肺炎放线杆菌（*A. pleuropneumoniae*）	马驹放线杆菌马驹亚种（*A. equuli* subsp. *equuli*）	马驹放线杆菌溶血亚种（*A. equuli* subsp. *haemolyticus*）	关节炎放线杆菌（*A. arthritidis*）	猪放线杆菌（*A. suis*）	脲放线杆菌（*A. ureae*）	人放线杆菌（*A. hominis*）	荚膜放线杆菌（*A. capsulatus*）
α-半乳糖苷酶	−	−	−	+	+	+	+	−	+	+
α-葡萄糖苷酶（*p*-硝基苯基-α-D-吡喃葡萄糖苷）	d	−	−	d	d	−	+	−	d	d
β-葡萄糖苷酶（*p*-硝基苯基-β-D-吡喃葡萄糖苷）	+	−	−	−	+	−	+	−	+	+
β-木糖苷酶（2-硝基苯基-β-D-吡喃木糖苷）	−	−	−	+	d	−	+	−	−	−
宿主	雁形目鸟类	牛，羊，马	猪	马，猪	马	马	猪	人类	人类	兔科

第七章 厌氧革兰氏阴性细菌

厌氧菌包括耐氧菌和严格厌氧菌，前者生长不需要氧，只以发酵产能，氧对其无毒害；而在严格厌氧菌的生长中，氧对其是有害或致死的，以发酵或无氧呼吸产能。常见的厌氧革兰氏阴性细菌包括肠道细菌，如拟杆菌属（*Bacteroides*）；病原细菌，如梭杆菌属（*Fusobacterium*）；极端嗜热细菌，如热袍菌属（*Thermotoga*）等。本章选择性地介绍厚壁菌门（Firmicutes）、拟杆菌门（Bacteroidetes）、梭杆菌门（Fusobacteria）、互养菌门（Synergistetes）、脱铁杆菌门（Deferribacteres）、热袍菌门（Thermotogae）、纤维杆菌门（Fibrobacteres）和变形菌门（Proteobacteria）中的58个常见厌氧革兰氏阴性细菌属。利用本章各属代表菌株的16S rRNA基因序列构建的系统发育树见图7-1。

1. 氨基酸球菌属（*Acidaminococcus* Rogosa 1969）

细胞球状，直径0.6～1.0μm，通常以椭圆状或肾状的双球体存在。最适生长温度为37℃，最适生长pH为7.0。发酵代谢，氨基酸特别是谷氨酸作为主要的能源。丙酮酸、乳酸、延胡索酸、苹果酸、琥珀酸及柠檬酸不能作为能源。仅40%的菌株代谢葡萄糖，但反应弱。在含氨基酸的培养基中积累乙酸和丁酸，两者的比例是2∶1；同时产生CO_2，但不产生H_2和丙酸。分离自人和猪的肠道。

DNA的G+C含量（mol%）：49.3～56.1。

模式种（唯一种）：发酵氨基酸球菌（*Acidaminococcus fermentans*）；模式菌株的16S rRNA基因序列登录号：X65935；基因组序列登录号：GCA_000025305；模式菌株保藏编号：ATCC 25085=DSM 20731。

2. 巨球型菌属（*Megasphaera* Rogosa 1971）

细胞球状，直径0.6～1.0μm，成对，偶尔成链。生长温度为15～40℃，通常在45℃时不生长。发酵代谢，发酵果糖和乳酸；可能发酵或不发酵葡萄糖。分离自牛和羊的瘤胃、人的粪便和肠道及腐败的瓶装啤酒。

DNA的G+C含量（mol%）：53.1～54.1。

模式种：埃氏巨球型菌（*Megasphaera elsdenii*）；模式菌株的16S rRNA基因序列登录号：AB609705；基因组序列登录号：GCA_003010495；模式菌株保藏编号：ATCC 25940=CGMCC 1.2720=DSM 20460。

该属目前包括12个种，常见种的鉴别特征见表7-1。

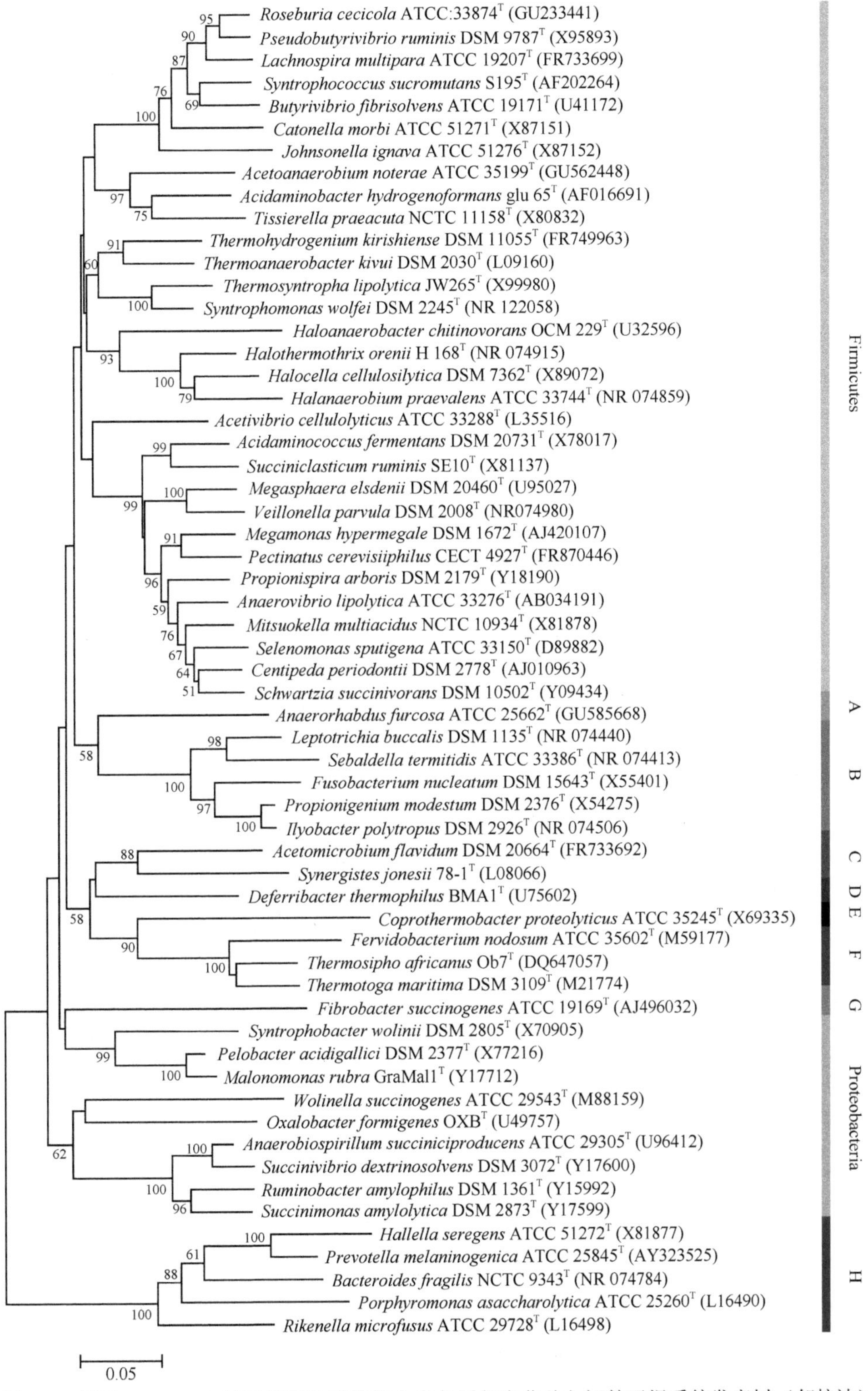

图 7-1　基于 16S rRNA 基因序列构建的第七章各属代表菌种之间的无根系统发育树（邻接法）

显示大于 50% 的自举值，比例尺代表 5% 的序列差异。A 代表 Bacteroidetes，B 代表 Fusobacteria，C 代表 Synergistetes，D 代表 Deferribacteres，E 代表 Coprothermobacterota，F 代表 Thermotogae，G 代表 Fibrobacteres，H 代表 Bacteroidetes

表 7-1 巨球型菌属（*Megasphaera*）常见种的鉴别特征

特征	蜡形巨球型菌（*M. cerevisiae*）	埃氏巨球型菌（*M. elsdenii*）
40℃生长	−	+
发酵葡萄糖和麦芽糖	−	+
利用果糖产丙酸和戊酸	+	−

3. 互营球菌属（*Syntrophococcus* Krumhoz and Bryant 1986）

细胞球状，直径 0.6～1.0μm。呼吸代谢，纯培养物要求糖类作为电子供体。当糖作为电子供体时，乙酸是唯一的有机产物。利用 H_2/CO_2 产甲烷的菌可作为电子受体系统。该属与巨球型菌属的区别是不发酵乳酸和葡萄糖，不产生四碳的直链和支链脂肪酸、丙酸、戊酸及异戊酸和己酸。与氨基酸球菌属、巨球型菌属和韦荣氏球菌属的区别是生长要求脂类如 150μmol/L 的油酸。分离自干草饲养的牛的瘤胃中。

DNA 的 G+C 含量（mol%）：48.2。

模式种（唯一种）：糖变互营球菌（*Syntrophococcus sucromutans*）；模式菌株的 16S rRNA 基因序列登录号：Y18191；模式菌株保藏编号：ATCC 43584=DSM 3224。

4. 韦荣氏球菌属（*Veillonella* Prévot 1933）

细胞球状，直径 0.6～1.0μm，光学显微镜下为双球状、片状和短链状。最适生长温度为 37℃，最适生长 pH 为 6.5～8.0。过氧化氢酶阴性，但有些种产生一种缺少卟啉的非典型过氧化氢酶。发酵代谢，发酵丙酮酸、乳酸、苹果酸、延胡索酸和草酸。不发酵碳水化合物和多元醇（除了有一个种发酵果糖）。利用乳酸产生乙酸、丙酸、CO_2 和 H_2。生长要求 CO_2。寄生在人和动物的口腔、肠道和呼吸道中。

DNA 的 G+C 含量（mol%）：40.3～44.4。

模式种：小韦荣氏球菌（*Veillonella parvula*）；模式菌株的 16S rRNA 基因序列登录号：HM007566；基因组序列登录号：GCA_000024945；模式菌株保藏编号：ATCC 10790=DSM 2008。

该属目前包括 15 个种，常见种的鉴别特征见表 7-2。

表 7-2 韦荣氏球菌属（*Veillonella*）常见种的鉴别特征

特征	非典型韦荣氏球菌（*V. atypica*）	豚属韦荣氏球菌（*V. caviae*）	仓鼠韦荣氏球菌（*V. criceti*）	殊异韦荣氏球菌（*V. dispar*）	小韦荣氏球菌（*V. parvula*）	大鼠韦荣氏球菌（*V. ratti*）	啮齿韦荣氏球菌（*V. rodentium*）
发酵果糖	−	−	+	−	−	−	−
过氧化氢酶[1]	−	−	+	+	−	+	−
血清型[2]	V/VI		I	VII	II，IV/VI	III	II
生长需要腐胺或尸胺	−	78% 阳性	+	+	−	−	约 35% 阳性
菌株分离来源	人，很少是啮齿和颊	豚鼠的口腔	仓鼠的口腔	人的口腔和呼吸道或肠道	人、大鼠、兔的颊和肠道	大鼠的口腔和肠道	仓鼠、大鼠和兔的颊

注：1. 不含血红素的假过氧化氢酶；2. 按照 Rogosa 的定义（*Bergey's Manual of Determinative Bacteriology*，8th ed，446-447，1974）

5. 醋弧菌属（*Acetivibrio* Patel et al. 1980）

细胞微弯曲杆状，大小为 0.4～0.8μm×4.0～10.0μm，成对或呈链状排列。运动，单生鞭毛的 1/3 贴生于细胞或丛生鞭毛着生于细胞的凹面。中温生长，最适生长温度为 35℃。化能有机营养生长，乙酸是碳水化合物发酵的主要终产物，其他可能的产物有乙醇、CO_2 和 H_2，但不产生丙酸和乳酸。分离自垃圾污泥和猪粪。

DNA 的 G+C 含量（mol%）：37～41。

模式种：解纤维醋弧菌（*Acetivibrio cellulolyticus*）；模式菌株的 16S rRNA 基因序列登录号：L35516；基因组序列登录号：GCA_000179595；模式菌株保藏编号：ATCC 33288=DSM 1870。

该属目前包括 9 个种，常见种的鉴别特征见表 7-3。

表 7-3　醋弧菌属（*Acetivibrio*）常见种的鉴别特征

特征	解纤维醋弧菌（*A. cellulolyticus*）	产乙醇醋弧菌（*A. ethanolgignens*）
底物利用		
纤维二糖，纤维素	+	−
果糖，半乳糖，乳糖，麦芽糖，甘露醇，甘露糖	−	+
葡萄糖	−	+
还原 NO_3^- 为 NO_2	−	+
产生 H_2S	−	+
V-P 试验	−	+
产氨	−	+
鞭毛着生方式		
单生、亚极生于细胞的凹面	+	−
多生，常成簇位于细胞的凹面	−	+
在纤维素肉汤中产黄色素	+	−

6. 厌氧醋菌属（*Acetoanaerobium* Sleat et al. 1985）

细胞直杆状，大小为 0.8μm×1.0～5.0μm，革兰氏染色反应为阴性，但细胞壁结构不典型，细胞不能被 KOH 裂解。运动，生有 3 或 4 根鞭毛。只发酵少数几种底物，包括酵母粉、葡萄糖和麦芽糖。发酵葡萄糖和麦芽糖只产生乙酸，而发酵酵母粉时产生丙酸、丁酸、异丁酸和异戊酸。当气相中存有 80% H_2 和 20% CO_2 及培养液中含有酵母粉时，能够利用 H_2 和 CO_2 合成乙酸。最适生长温度为 37℃，最适生长 pH 为 7.6。分离自以色列胡拉（Hula）湖附近的沼泽沉积物。

DNA 的 G+C 含量（mol%）：32.9～36.8。

模式种（唯一种）：潮湿厌氧醋菌（*Acetoanaerobium noterae*）；模式菌株的 16S rRNA 基因序列登录号：GU562448；基因组序列登录号：jgi.1035920；模式菌株保藏编号：ATCC 35199。

7. 醋微菌属（*Acetomicrobium* Soutschek et al. 1984）

细胞弯杆状，大小为 0.6～0.8μm×2.0～7.0μm。不形成内生孢子，运动，亚极生单鞭毛或少数侧生鞭毛。嗜热，最适生长温度为 58～73℃。化能有机营养生长。发酵各种己糖和戊糖。生长要求酵母粉，发酵葡萄糖产生乙酸、CO_2 和 H_2 或乙酸、乳酸、乙醇、CO_2 和 H_2。分离自垃圾污泥。

DNA 的 G+C 含量（mol%）：44.0～51.5。

模式种：黄色醋微菌（*Acetomicrobium flavidum*）；模式菌株的 16S rRNA 基因序列登录号：FR733692；基因组序列登录号：GCA_900129645；模式菌株保藏编号：ATCC 43122=DSM 20664。

该属目前包括 4 个种，种间鉴别特征见表 7-4。

表 7-4　醋微菌属（*Acetomicrobium*）种间鉴别特征

特征	黄色醋微菌（*A. flavidum*）	热土醋微菌（*A. thermoterrenum*）	运动醋微菌（*A. mobile*）	产氢醋微菌（*A. hydrogeniformans*）
分离源	污水污泥	石油储层的生产用水	废水处理潟湖	石油生产用水
最适生长温度（范围）/℃	58（35～65）	55（28～60）	55～60（35～65）	55（40～65）
最适生长 pH（范围）	7.0（6.2～8.0）	7.0～7.6（5.5～8.6）	6.6～7.3（5.4～8.7）	7.0（6.0～9.0）
最适 NaCl 浓度（范围）/(g/L)	0（0～40）	10（0～20）	0.08（0～15）	10（0.8～70.0）
运动性	+	+	−	+
mol% G+C	47.1	44.0	51.5	46.6
利用				
麦芽糖	+	−	−	+
甘露糖	−	+	−	+
甘油	+	+	+	−

8. 氨基酸杆菌属（*Acidaminobacter* Stams and Hansen 1984）

细胞直杆状，大小为 0.5～0.6μm×1.5～3.7μm，两端尖，单生或成对。不运动。生长温度为 15～42℃，最适生长温度为 30℃。化能有机营养生长。发酵氨基酸特别是谷氨酸，乙酸是主要的代谢产物，以及少量的 NH_3、甲酸、CO_2、H_2、丙酸，有时伴有其他脂肪酸，它们的产生取决于所利用的氨基酸。不产生乳酸、丁酸和乙醇。由色氨酸产生吲哚。消耗 H_2 的细菌如甲烷螺菌或脱硫弧菌的存在可刺激其利用多种物质进行生长，或生长完全依赖于耗 H_2 的细菌的存在。分离自黑色海湾污泥。

DNA 的 G+C 含量（mol%）：48.8。

模式种（唯一种）：产氢氨基酸杆菌（*Acidaminobacter hydrogenoformans*）；模式菌株的 16S rRNA 基因序列登录号：AF016691；基因组序列登录号：GCA_900103005；模式菌株保藏编号：CIP 106102=DSM 2784。

9. 厌氧螺菌属（*Anaerobiospirillum* Davis et al. 1976）

细胞螺旋状，末端圆，大小为0.6～0.8μm×3.0～15.0μm，波长为1.5～2.0μm。偶尔有长达32μm的细胞。两极的丛生鞭毛使细胞呈螺旋状运动。细胞常单生。不形成内生孢子。严格厌氧。不产生过氧化氢酶和氧化酶。不水解七叶苷、马尿酸或尿素，不还原硝酸盐。发酵碳水化合物主要产生乙酸和琥珀酸，也可能产生少量的乳酸和甲酸。最适生长温度为37～42℃。分离自犬和猫的粪便，也是人的病原，可引起菌血症和（或）腹泻。

DNA的G+C含量（mol%）：39～44。

模式种：产琥珀酸厌氧螺菌（*Anaerobiospirillum succiniproducens*）；模式菌株的16S rRNA基因序列登录号：U96412；基因组序列登录号：GCA_000482845；模式菌株保藏编号：ATCC 29305=DSM 6400。

该属目前仅有2个种，种间鉴别特征见表7-5。

表7-5 厌氧螺菌属（*Anaerobiospirillum*）种间鉴定特征

特征	产琥珀酸厌氧螺菌（*A. succiniproducens*）	托氏厌氧螺菌（*A. thomasii*）
利用碳水化合物产酸		
核糖醇	−	+
果糖	+	−
菊糖	+	−
乳糖	d	−
棉籽糖	+	−
蔗糖	+	−
β-D-半乳糖苷酶	+	−
α-D-葡萄糖苷酶	+	−
α-D-麦芽糖苷酶	d	−

10. 棍状厌氧菌属（*Anaerorhabdus* Shah and Collins 1986）

细胞呈多形短杆状，大小为0.3～1.5μm×1.0～3.0μm，单生、成对或呈短链：有些细胞呈分叉状或“Y”状。不形成内生孢子，不运动。一般不分解糖，尽管可弱发酵少数几种碳水化合物，乙酸和乳酸是主要的代谢产物。不产生神经鞘脂和甲基萘醌，非羟基化的细胞脂肪酸都是直链饱和的，不含或仅含微量的甲基分支酸。分离自阑尾脓肿、肺和腹腔脓肿，偶尔也分离自人和猪的粪便。

DNA的G+C含量（mol%）：34。

模式种（唯一种）：叉状棍状厌氧菌（*Anaerorhabdus furcosus*）；模式菌株的16S rRNA基因序列登录号：GU585668；模式菌株保藏编号：ATCC 25662。

11. 厌氧弧菌属（*Anaerovibrio* Hungate 1966）

细胞呈弯杆状或螺旋杆状，大小为0.5μm×1.2～10.0μm。不形成内生孢子，单极生鞭毛运动。最适生长温度为30～37℃。化能有机营养生长，只分解利用有限的几种糖，丙酸、乙酸和琥珀酸是发酵的终产物。有些菌株只利用甘油或二油酸酯，并且只产生丙酸。其他的菌株则是典型的脂肪分解者，它们水解甘油三酯产生甘油和脂肪酸，并且转化甘油主要形成丙酸和琥珀酸。生活于牛和羊的瘤胃中或无氧的淡水泥土和垃圾污泥中。

DNA 的 G+C 含量（mol%）：43.7～44.3。

模式种（唯一种）：解脂厌氧弧菌（*Anaerovibrio lipolytica*）；模式菌株的 16S rRNA 基因序列登录号：AJ010959；基因组序列登录号：GCA_900141865；模式菌株保藏编号：ATCC 33276=DSM 3074。

12. 拟杆菌属（*Bacteroides* Castellani and Chalmers 1984）

细胞杆状。许多种具有多形性及末端或中间膨大、空泡或丝状。一般不运动（2 个种能运动，其他种可能颤动）。厌氧，化能有机营养生长，代谢碳水化合物、蛋白胨或代谢中间物。对于糖降解能力强的菌种，其发酵产物包括乙酸、琥珀酸、乳酸、甲酸或丙酸。通常丁酸不是主要的产物，但当它产生时总伴有异丁酸和异戊酸。细胞脂肪酸主要是 anteiso-$C_{15:0}$。血色素和维生素 K 可强烈激发许多菌种的生长，因而常补充加入培养基中。分离自各种厌氧环境：牙缝、肠道（盲肠和瘤胃）、垃圾污泥及感染、化脓状态下的人和动物。

DNA 的 G+C 含量（mol%）：39～49。

模式种：脆弱拟杆菌（*Bacteroides fragilis*）；模式菌株的 16S rRNA 基因序列登录号：AB050106；基因组序列登录号：GCA_000025985；模式菌株保藏编号：ATCC 25285=DSM 2151。

该属目前包括 41 个种，部分种的鉴别特征见表 7-6。

表 7-6　拟杆菌属（*Bacteroides*）部分种的鉴别特征

特征	韩国拟杆菌（*B. koreensis*）	KRIBB 拟杆菌（*B. kribbi*）	卵形拟杆菌（*B. ovatus*）	溶木聚糖拟杆菌（*B. xylanisolvens*）
生长温度/℃	15～40	15～40	15～40	15～40
生长 pH	5.5～10.0	5.5～10.0	5.5～10.0	5.5～10.0
生长 NaCl 浓度/%	1～2	1～2	1～4	1～6
水解明胶	+	+	−	−
硝酸盐还原	−	−	+	+
产酸（API 20A）				
松三糖	+	+	−	+
棉籽糖	+	+	−	+
山梨糖醇	+	+	−	−
酶活（API 32A）				
脲酶	−	−	+	+
精氨酸双水解酶	−	−	+	+
α-葡萄糖苷酶	+	+	+	−
β-葡萄糖苷酶	−	+	+	+

续表

特征	韩国拟杆菌（*B. koreensis*）	KRIBB 拟杆菌（*B. kribbi*）	卵形拟杆菌（*B. ovatus*）	溶木聚糖拟杆菌（*B. xylanisolvens*）
棉籽糖	+	+	+	−
谷氨酸脱羧酶	−	+	−	−
mol% G+C	44.8	42.4	42.5	42.6

13. 丁酸弧菌属（*Butyrivibrio* Bryant and Small 1956）

细胞呈弯曲杆状，大小为0.4～0.6μm×2.0～5.0μm。革兰氏染色反应为阴性，但细胞具有革兰氏阳性胞壁类型——非常薄的肽聚糖层。运动，具有一根或几根极生鞭毛或亚极生鞭毛。发酵代谢，可分解多种碳水化合物，丁酸是主要的代谢产物。多数菌株产生胞外多糖，有些被荚膜包被。

DNA 的 G+C 含量（mol%）：36～41。

模式种：溶纤维丁酸弧菌（*Butyrivibrio fibrisolvens*）；模式菌株的 16S rRNA 基因序列登录号：U41172；基因组序列登录号：GCA_900129945；模式菌株保藏编号：ATCC 19171=DSM 3071。

该属目前包括 4 个种，常见种的鉴别特征见表 7-7。

表 7-7 丁酸弧菌属（*Butyrivibrio*）常见种的鉴别特征

特征	穗状丁酸弧菌（*B. crossotus*）	溶纤维丁酸弧菌（*B. fibrisolvens*）
来源	人的肠道	羊、牛及其他食草动物的瘤胃和人、兔及马的肠道
鞭毛着生方式	周生、极生或亚极生	常单生和极生
发酵		
葡萄糖和果糖	w	+
阿拉伯糖，木糖，半乳糖，纤维二糖，蔗糖，菊糖，七叶苷	−	+
利用葡萄糖和麦芽糖产 H_2	−	+

14. 卡托氏菌属（*Catonella* Moore and Moore 1994）

细胞杆状，革兰氏染色反应为阴性，不形成内生孢子，不运动，严格厌氧。发酵碳水化合物，产生大量乙酸和少量甲酸、乳酸。在 PYG 肉汤培养基中生长的细胞，其细胞脂肪酸主要是 $C_{14:0}$。分离自患牙周炎的人的牙缝。

DNA 的 G+C 含量（mol%）：34。

模式种（唯一种）：疾病卡托氏菌（*Catonella morbi*）；模式菌株的 16S rRNA 基因序列登录号：X87151；基因组序列登录号：GCA_000160035；模式菌株保藏编号：ATCC 51271=CCUG 33640。

15. 蜈蚣状菌属（*Centipeda* Lai et al. 1983）

细胞呈螺旋杆状，大小为 0.65μm×4.00～17.00μm。不形成内生孢子。运动，鞭毛着生在平行于细胞体的螺旋线内。运动的形式为细胞屈伸和绕长轴旋转。生长温度为 32～37℃。化能有机营养生长。分解糖并且发酵多种糖产酸，但不产气，丙酸是主要的降解产物，并伴有少量的乙酸、乳酸或琥珀酸。分离自牙周炎患者的牙龈损伤处。

DNA 的 G+C 含量（mol%）：53。

模式种（唯一种）：牙周蜈蚣状菌（*Centipeda periodontii*）；模式菌株的 16S rRNA 基因序列登录号：D89883；基因组序列登录号：GCA_000213975；模式菌株保藏编号：ATCC 35019=DSM 2778。

16. 粪热杆菌属（*Coprothermobacter* Rainey and Stackebrandt 1993）

细胞杆状，革兰氏染色反应为阴性，不形成内生孢子，严格厌氧。化能有机营养生长，分解蛋白质，发酵葡萄糖和乳糖，很少利用其他碳水化合物，除非加入酵母粉和瘤胃液或胰蛋白胨。主要的发酵终产物是乙酸、H_2 和 CO_2 或乙酸和乙醇。嗜热生长，最适生长温度为 65℃。模式种解蛋白粪热杆菌（*Coprothermobacter proteolyticus*）代表了细菌的一个新进化分支，位于细菌域中的初始分支。

DNA 的 G+C 含量（mol%）：43～45。

模式种（唯一种）：解蛋白粪热杆菌；模式菌株的 16S rRNA 基因序列登录号：X69335；基因组序列登录号：GCA_000020945；模式菌株保藏编号：ATCC 35245=DSM 5265。

17. 铁还原杆菌属（*Deferribacter* Greene et al. 1997）

细胞杆状，革兰氏染色反应为阴性，细胞大小为 0.3～0.5μm×1.0～5.0μm，不形成内生孢子，不运动，利用 Fe^{3+}、Mg^{2+} 厌氧生长，并以硝酸盐作为电子受体；也利用复杂有机物如酵母汁和多种有机酸作为电子受体。不发酵代谢。生长温度为 50～65℃，最适生长温度为 60℃；最适生长 pH 为 6.5；NaCl 的浓度是 0～5%。分离自英国北海比阿特丽斯油田采出液。

DNA 的 G+C 含量（mol%）：28.7～38.6。

模式种：嗜热铁还原杆菌（*Deferribacter thermophilus*）；模式菌株的 16S rRNA 基因序列登录号：U75602；模式菌株保藏编号：DSM 14813。

该属目前包括 4 个种。

18. 闪烁杆菌属（*Fervidobacterium* Patel et al. 1985）

大多数细胞为直杆状，大小为 0.50～0.55μm×1.00～2.50μm。单生、成对或呈短链。许多细胞在末端膨胀（椭圆体），也有含几个细胞质单体的圆体。不形成内生孢子。运动。嗜热，生长温度为 40～80℃，最适生长温度为 70℃。最适生长 pH 为 7.0。化能有机营养生长，发酵各种糖产生乙酸、乳酸、CO_2、H_2 和乙醇。分离自新西兰和冰岛的罗托鲁瓦（Rotorua）与怀曼谷（Waimangu）热泉。

DNA 的 G+C 含量（mol%）：31.0～45.8。

模式种：多节闪烁杆菌（*Fervidobacterium nodosum*）；模式菌株的 16S rRNA 基因序列登录号：M59177；基因组序列登录号：GCA_000017545；模式菌株保藏编号：ATCC 35602=DSM 5306。

该属目前包括 7 个种，常见种的鉴别特征见表 7-8。

表 7-8　闪烁杆菌属（*Fervidobacterium*）常见种的鉴别特征

特征	冈瓦纳闪烁杆菌（*F. gondwanense*）	多节闪烁杆菌（*F. nodosum*）	海岛闪烁杆菌（*F. islandicum*）
生境	澳大利亚地热水	新西兰火山热泉	冰岛火山热泉
细胞宽度/μm	0.5～0.6	0.50～0.55	0.6
细胞长度/μm	4～40	1.0～2.5	1～4
生长温度/℃	45～80[a]	47～80	50～80
最适生长温度/℃	65～68	70	65
生长 pH	6.0～8.0	6.0～8.0	6.0～8.0
最适生长 pH	7.0	7.0	7.2
mol% G+C	35.0	33.7	41.0
碳源利用			
羧甲基纤维素	+	−	−
乳糖	+	+	−
淀粉	+	+	−
糊精	+	+	−
果糖	+	−	−
木糖	+	−	−
阿拉伯糖	−	−	+
丙酮酸	+	−	+
半乳糖	+	+	−

注：a 表示不包含 45℃和 80℃

19. 丝状杆菌属（*Fibrobacter* Montgomery et al. 1988）

细胞呈杆状或多形态的卵圆形，大小为 0.3～0.8μm×0.8～2.0μm。不形成内生孢子。不运动。典型地发酵纤维素和纤维二糖，但几乎不分解其他糖，主要的发酵产物是乙酸和琥珀酸，有时产生少量的甲酸。生长要求 CO_2、挥发性脂肪酸、NH_3 及一种或多种维生素。NH_3 是必需氮源。分离自哺乳动物的胃肠道。

DNA 的 G+C 含量（mol%）：45～51。

模式种：产琥珀酸丝状杆菌（*Fibrobacter succinogenes*）；模式菌株的 16S rRNA 基因序列登录号：AJ496032；基因组序列登录号：GCA_000146505；模式菌株保藏编号：ATCC 19169。

该属目前仅有 2 个种，种间鉴别特征见表 7-9。

表 7-9 丝状杆菌属（*Fibrobacter*）种间鉴别特征

特征	肠道丝状杆菌（*F. intestinalis*）	产琥珀酸丝状杆菌（*F. succinogenes*）	
		长亚种（subsp. *elongata*）	产琥珀酸亚种（subsp. *succinogenes*）
来源	盲肠	瘤胃	瘤胃
细胞形态	杆状	杆状	球杆状
细胞宽度/μm	0.3～0.4	0.4	0.7～0.8
维生素需求			
生物素	–	+	+
p-氨基苯甲酸	+	+	v
维生素 B_{12}	+	d	–
硫胺素	d	–	–
发酵乳糖	–	–	+

20. 梭杆菌属（*Fusobacterium* Knorr 1922）

细胞呈梭形或非梭形，常具多形态。不形成内生孢子。不运动。化能有机营养生长，分解蛋白胨或碳水化合物，但一般发酵能力差。代谢终产物主要是丁酸，并常伴有乙酸、乳酸及少量的丙酸、琥珀酸和甲酸。不产生异丁酸和异戊酸。主要生活在龈沟、肠道和生殖道中，也从血培养物与各种人和动物的化脓性病变和热带溃疡中分离到。

DNA 的 G+C 含量（mol%）：26～34。

模式种：具核梭杆菌（*Fusobacterium nucleatum*）；模式菌株的 16S rRNA 基因序列登录号：X55401；基因组序列登录号：GCA_000007325；模式菌株保藏编号：ATCC 25586=DSM 15643。

该属目前包括 16 个种，常见种的鉴别特征见表 7-10。

表 7-10 梭杆菌属（*Fusobacterium*）常见种的鉴别特征

特征	死亡梭杆菌（*F. mortiferum*）	坏疽梭杆菌（*F. necrogenes*）	拉氏梭杆菌（*F. russii*）	溃疡梭杆菌（*F. ulcerans*）	可变梭杆菌（*F. varium*）	猪胃梭杆菌（*F. gastrosuis*）
产生吲哚	–	–	–	–	+	+
水解七叶苷	+	+	+	+	+	–
胱氨酸芳胺酶	–	–	–	–	w	–
组氨酸芳胺酶	–	–	+	+	+	v
脯氨酸芳胺酶	–	–	–	–	–	+
焦谷氨酸芳胺酶	+	–	+	+	+	–
丙氨酸芳胺酶	–	–	–	+	+	–
精氨酸芳胺酶	–	–	w	+	+	–
谷氨酰谷氨酸芳胺酶	–	–	+	–	+	–
甘氨酸芳胺酶	–	–	–	–	w	–
亮氨酸芳胺酶	–	–	w	+	+	–
亮氨酰甘氨酸芳胺酶	–	–	–	–	w	–

续表

特征	死亡梭杆菌（*F. mortiferum*）	坏疽梭杆菌（*F. necrogenes*）	拉氏梭杆菌（*F. russii*）	溃疡梭杆菌（*F. ulcerans*）	可变梭杆菌（*F. varium*）	猪胃梭杆菌（*F. gastrosuis*）
苯丙氨酸芳胺酶	−	−	w	−	+	−
丝氨酸芳胺酶	−	−	−	+	+	−
酪氨酸芳胺酶	−	−	−	w	+	−
缬氨酸芳胺酶	−	−	−	−	−	−
α-半乳糖苷酶	w	w	−	−	−	−
β-半乳糖苷酶	+	w	−	−	−	−
β-半乳糖苷酶-6-磷酸盐	+	+	−	−	−	−
α-葡萄糖苷酶	−	w	−	−	−	−
N-乙酰-β-D-氨基葡萄糖苷酶	−	−	−	−	−	−
纤维二糖酸化	+	−	−	−	−	−
葡萄糖酸化	+	+	+	+	+	−
甘油酸化	−	−	w	−	−	−
乳糖酸化	+	w	−	−	−	−
甘露醇酸化	−	w	−	−	−	−
甘露糖酸化	+	w	−	+	+	−
麦芽糖酸化	+	−	+	+	−	−
棉籽糖酸化	+	−	−	−	−	−
蔗糖酸化	+	−	−	−	−	−
水杨酸酸化	+	w	−	−	−	−
海藻糖酸化	w	w	−	−	−	−
木糖酸化	−	−	−	w	w	−
谷氨酸脱羧酶	−	−	+	+	+	+
萘酚-AS-BI-磷酸水解酶	+	w	−	−	−	w
酯酶（C_8）	−	−	−	−	−	w
α-糜蛋白酶	−	−	−	−	−	v

21. 霍氏菌属（*Hallella* Moore and Moore 1994）

细胞杆状。革兰氏染色反应为阴性。不形成内生孢子。不运动。严格厌氧。发酵碳水化合物，主要产生琥珀酸、中量到大量的乙酸、中量的乳酸，但不产生H_2。在PYG肉汤培养基中生长的细胞的主要脂肪酸包括$C_{16:0}$、iso-$C_{16:0}$羟基脂肪酸、iso-$C_{16:0}$、iso-$C_{14:0}$和$C_{14:0}$。分离自牙周炎或牙龈炎患者的牙缝。

DNA的G+C含量（mol%）：56。

模式种（唯一种）：嗜血清霍氏菌（*Hallella seregens*）；模式菌株的16S rRNA基因序列登录号：X81877；基因组序列登录号：GCA_000518545；模式菌株保藏编号：ATCC 51272=DSM 28061。

22. 盐厌氧杆菌属（*Halanaerobacter* Liaw and Mah 1996）

细胞杆状。革兰氏染色反应为阴性。不形成内生孢子。周生鞭毛运动。幼龄细胞长，常弯曲，老龄细胞变短。生长于琼脂表面的菌落不透明，粗糙，全缘，直径为0.5～1.0mm；琼脂内的菌落生长在气泡中。嗜盐生长，NaCl 浓度为 0.5～5mol/L，最适生长 NaCl 浓度为 2～3mol/L。对氯霉素敏感。严格厌氧，氧化酶和过氧化氢酶阴性。只分解代谢碳水化合物，发酵葡萄糖的主要产物是 H_2 和 CO_2、乙酸和异丁酸。模式种的生长温度为 23～50℃，最适生长温度为 30～45℃。分离自盐场有机沉积物。

DNA 的 G+C 含量（mol%）：31.6～34.8。

模式种：食几丁质盐厌氧杆菌（*Halanaerobacter chitinivorans*）；模式菌株的 16S rRNA 基因序列登录号：U32596；模式菌株保藏编号：CIP 105156=DSM 9569。

23. 盐厌氧菌属（*Halanaerobium* Zeikus et al. 1984）

细胞直杆状，大小为 0.3～1.1μm×1.5～3.0μm。不形成内生孢子。不运动。嗜盐，最适生长 NaCl 浓度约为 13%。最适生长温度为 37℃。化能有机营养生长，利用碳水化合物、果胶、氨基酸和氨基糖。主要的代谢终产物是乙酸、丁酸、丙酸、H_2 和 CO_2。分离自美国犹他州大盐湖的无氧沉积物。

DNA 的 G+C 含量（mol%）：40～55。

模式种：前柔盐厌氧菌（*Halanaerobium praevalens*）；模式菌株的 16S rRNA 基因序列登录号：AB022034；基因组序列登录号：GCA_000165465；模式菌株保藏编号：ATCC 33744=DSM 2228。

该属目前包括 10 个种，常见种的鉴别特性见表 7-11。

表 7-11 盐厌氧菌属（*Halanaerobium*）常见种的鉴别特征

特征	前柔盐厌氧菌（*H. praevalans*）	盐水盐厌氧菌（*H. salsuginis*）	嗜碱盐厌氧菌（*H. alcaliphilum*）	玫瑰湖盐厌氧菌（*H. lacusrosei*）
细胞形态	杆状	杆状	杆状	杆状
细胞大小/μm	0.5×1.5	0.3～0.4×2.6～4.0	0.8×3.3～5.0	0.5×2.0～3.0
运动性	−	−	+	+
生长 NaCl 浓度/%	2.0～3.0	6～24	2.5～25.0	7.5～34.0
最适生长 NaCl 浓度/%	12.5	9	10	18～20
生长温度/℃	15～45	22～51	20～50	20～50
最适生长温度/℃	37	40	37	40
生长 pH	6.0～9.0	5.6～8.0	5.8～10.0	ND
最适生长 pH	7.0～7.4	6.1	6.7～7.0	7.0
代时/h	4	9	3.3	2.4
生境	大盐湖	俄克拉何马（Oklahoma）油田	大盐湖	玫瑰（Retba）湖
mol% G+C	27	34	31	32

续表

特征	前柔盐厌氧菌（*H. praevalans*）	盐水盐厌氧菌（*H. salsuginis*）	嗜碱盐厌氧菌（*H. alcaliphilum*）	玫瑰湖盐厌氧菌（*H. lacusrosei*）
底物利用				
L-阿拉伯糖	ND	+	−	−
纤维二糖	−	ND	−	+
半乳糖	−	+	−	+
D-葡萄糖	+	+	+	+
甘油	−	−	−	+
乳糖	−	+	−	+
D-甘露糖	+	+	+	+
D-甘露醇	ND	−	−	+
麦芽糖	+	+	+	+
蜜二糖	ND	+	ND	−
D-核糖	ND	+	−	+
鼠李糖	ND	+	−	+
L-山梨糖	ND	+	−	−
淀粉	ND	+	ND	−
蔗糖	−	−	−	−
D-木糖	−	+	−	+
发酵终产物	A，B，P，H_2，CO_2	A，Eth，H_2，CO_2	A，L，B，H_2，CO_2	Eth，A，H_2，CO_2

注：A 表示乙酸盐；B 表示丁酸盐；Eth 表示乙醇；P 表示丙酸盐；L 表示乳酸盐

24. 盐胞菌属（*Halocella* Malmqvist et al. 1997）

细胞杆状。革兰氏染色反应为阴性。不形成内生孢子。严格厌氧，中度嗜盐。发酵碳水化合物，不利用肽和氨基酸。利用纤维素、淀粉及其他多种碳水化合物。发酵纤维素产生乙酸、乙醇、乳酸、H_2 和 CO_2。生长温度为 20～50℃，最适生长温度为 39℃。生长 pH 为 5.5～8.5，最适生长 pH 为 7.0。

DNA 的 G+C 含量（mol%）：29。

模式种（唯一种）：解纤维盐胞菌（*Halocella cellulolytica*）；模式菌株的 16S rRNA 基因序列登录号：X89072；模式菌株保藏编号：ATCC 700086=DSM 7362。

25. 嗜热盐丝菌属（*Halothermothrix* Cayol et al. 1994）

细胞杆状，大小为 0.4～0.6μm×1.0～10.0μm。主要单生，周毛运动。不形成内生孢子。革兰氏染色反应为阴性，化能有机营养生长，严格厌氧，专性嗜盐。细胞膜中饱和脂肪酸占绝对优势，不含不饱和脂肪酸，反映了嗜热的本质。

模式种的生长 NaCl 浓度为 4%～20%，最适生长 NaCl 浓度为 10%；生长 pH 为 5.5～8.2，最适生长 pH 为 6.5～7.0；生长温度为 45～68℃，最适生长温度为 60℃。分离自突尼斯盐湖沉积物，取样深度是 40～60cm。

DNA 的 G+C 含量（mol%）：39.6。

模式种（唯一种）：奥氏嗜热盐丝菌（*Halothermothrix orenii*）；模式菌株的 16S rRNA 基因序列登录号：L22016；基因组序列登录号：GCA_000020485；模式菌株保藏编号：DSM 9562。

26. 泥杆菌属（*Ilyobacter* Stieb and Schinks 1984）

细胞通常为短杆状，大小为 0.7～1.0μm×1.2～3.0μm，成对或成链。不形成内生孢子。可能运动或不运动。通常生长需要 1% NaCl。最适生长温度为 28～34℃。化能有机营养生长，发酵多种糖和有机酸，如 3-羟基丁酸、巴豆酸、L-酒石酸、柠檬酸、丙酮酸、苹果酸、延胡索酸、葡萄糖、果糖和甘油，并因底物不同而产生不同的终产物。发酵葡萄糖产生乙酸、甲酸和乙醇。分离自无氧的海水泥土。

DNA 的 G+C 含量（mol%）：29.0～35.7。

模式种：多营养泥杆菌（*Ilyobacter polytropus*）；模式菌株的 16S rRNA 基因序列登录号：AJ307981；基因组序列登录号：GCA_000165505；模式菌株保藏编号：ATCC 51220=DSM 2926。

该属目前包括 4 个种，常见种的鉴别特征见表 7-12。

表 7-12　泥杆菌属（*Ilyobacter*）常见种的鉴别特征

特征	多营养泥杆菌（*I. polytropus*）	酒石酸泥杆菌（*I. tartaricus*）
细胞宽度/μm	0.7	1.0
细胞长度/μm	1.5～3.0	1.2～2.0
运动性	+（初始分离时）	−
形成黏液	−	+
发酵		
3-羟基丁酸，苹果酸，延胡索酸	+	−
L-酒石酸	−	+

27. 约氏菌属（*Johnsonella* Moore and Moore 1994）

细胞杆状。革兰氏染色反应为阴性。不形成内生孢子。不运动。严格厌氧。不发酵。在 PYG 肉汤培养基中生长时产生中量的乙酸和微量的异戊酸、乳酸、琥珀酸、异丁酸和丁酸。在含兔血的平板上不产深色菌落。主要细胞脂肪酸包括 $C_{16:0}$，以及一个未知的、与色谱保留时间 9.740min 相等链长的脂肪酸。

DNA 的 G+C 含量（mol%）：32。

模式种（唯一种）：迟缓约氏菌（*Johnsonella ignava*）；模式菌株的 16S rRNA 基因序列登录号：X87152；基因组序列登录号：GCA_000235445；模式菌株保藏编号：ATCC 51276。

28. 毛螺菌属（*Lachnospira* Bryant and Small 1956）

细胞弯杆状，大小为 0.3～0.6μm×2.0～4.0μm。革兰氏染色反应为阴性，但具有革兰氏阳性细胞壁结构。幼龄的培养物革兰氏染色反应为阳性。运动，生有单丛生的侧鞭毛或亚极生鞭毛。化能有机营养生长，具有发酵类型，发酵葡萄糖的终产物是乙酸、甲酸、乳酸、乙醇、H_2 和 CO_2。发酵果胶时除产生上述产物外还有甲醇，这是含有果胶甲基酯酶的原因。分离自小牛瘤胃。

DNA 的 G+C 含量（mol%）：32～45。

模式种：多对毛螺菌（*Lachnospira multipara*）；模式菌株的 16S rRNA 基因序列登录号：AH000856；基因组序列登录号：GCA_00042410；模式菌株保藏编号：ATCC 19207=DSM 3073。

该属目前包括 3 个种，常见种的鉴别特征见表 7-13。

表 7-13　毛螺菌属（*Lachnospira*）常见种的鉴别特征

特征	解果胶毛螺菌（*L. pectinoschiza*）	多对毛螺菌（*L. multipara*）
主要脂肪酸	$C_{16:0}$，$C_{14:0}$	$C_{16:0}$，16:0 ald，$C_{14:0}$
细胞宽度/μm	0.36～0.56	0.4～0.6
细胞长度/μm	2.4～3.1	2.0～4.0
鞭毛	周生	单生
mol% G+C	42～45	32
发酵终产物	A，F，Eth，M，CO_2	A，F，L，Eth，M，CO_2，H_2

注：A 表示乙酸盐；F 表示甲酸盐；Eth 表示乙醇；M 表示甲醇；L 表示乳酸盐；16:0 ald 表示 16 碳饱和醛（16-carbon saturated aldehyde）

29. 纤毛菌属（*Leptotrichia* Trevisan 1879）

细胞呈直杆或微弯杆状，大小为 0.5～1.5μm×5.0～15.0μm。幼龄的培养物可能革兰氏染色反应呈阳性，通常革兰氏染色反应为阴性，但具有非典型的革兰氏阴性细胞壁结构。不形成内生孢子。不运动。当气相中含 5%～10% CO_2 时生长最好。多次传代后有些菌株在含 CO_2 的空气中生长。最适生长温度为 35～37℃，低于 25℃不生长。化能有机营养生长，发酵碳水化合物，发酵葡萄糖的主要终产物是乳酸。主要生活在菌斑中，但在女性生殖道中也发现类似的细菌。

DNA 的 G+C 含量（mol%）：25。

模式种（唯一种）：口腔纤毛菌（*Leptotrichia buccalis*）；模式菌株的 16S rRNA 基因序列登录号：AB818949；基因组序列登录号：GCA_000023905；模式菌株保藏编号：ATCC 14201=DSM 1135。

30. 丙二酸单胞菌属（*Malonomonas* Dehning and Schink 1989）

细胞呈直杆或微弯杆状，大小为 0.4μm×3.1～4.0μm，端圆。单生，成对，呈短链或形成大的聚合体。不形成内生孢子。运动，具有 1 或 2 根极生鞭毛。生长温度为 22～45℃，最适生长温度为 28～30℃。化能有机营养生长，厌氧条件下生长最好，但也能耐受 5% 以下的 O_2。利用丙二酸作为唯一碳源和能源生长。可将丙二酸脱羧形成乙酸；发酵延胡索酸和苹果酸产生琥珀酸和 CO_2。不利用其他的有机酸、糖或乙醇。含大量的细胞色素 c。分离自无 O_2 的海水泥土。

DNA 的 G+C 含量（mol%）：48.3。

模式种（唯一种）：深红丙二酸单胞菌（*Malonomonas rubra*）；模式菌株的 16S rRNA 基因序列登录号：Y17712；基因组序列登录号：GCA_900142125；模式菌株保藏编号：DSM 5091。

31. 巨单胞菌属（*Megamonas* Shah and Collins 1982）

细胞呈大的杆状，大小为 0.8～3.0μm×3.0～20.0μm，细胞端圆，通常由于异染粒的存在可见颗粒体。不形成内生孢子。不运动。化能有机营养生长，发酵各种碳水化合物，终产物是乙酸、丙酸和乳酸。不含神经鞘脂或甲基萘醌，非羟基化的脂肪酸几乎都是直链的。分离自人、动物和家禽的肠道。

DNA 的 G+C 含量（mol%）：31～35。

模式种：极巨巨单胞菌（*Megamonas hypermegale*）；模式菌株的 16S rRNA 基因序列登录号：AJ420107；基因组序列登录号：GCA_900187035；模式菌株保藏编号：ATCC 25560=DSM 1672。

该属目前包括 3 个种。

32. 光冈氏菌属（*Mitsuokella* Shah and Collins 1982）

细胞呈规则杆状或球杆状，大小为 0.6～0.8μm×1.2～10.0μm。不形成内生孢子。不运动。可能生有散毛，有些菌株有荚膜。发酵碳水化合物能力强。葡萄糖发酵的终产物是乙酸和琥珀酸，并伴有不同量的乳酸。不能在 20℃生长。不含神经鞘脂或甲基萘醌，支链脂肪酸仅占很小的比例。对新霉素，杆菌肽和红霉素耐药；对 0.005% 结晶紫敏感。分离自人和猪的粪便及人感染的牙龈。

DNA 的 G+C 含量（mol%）：56.8～57.9。

模式种：多酸光冈氏菌（*Mitsuokella multacida*）；模式菌株的 16S rRNA 基因序列登录号：X81878；基因组序列登录号：GCA_000155955；模式菌株保藏编号：ATCC 27723=DSM 20544。

该属目前仅有 2 个种，种间鉴别特征见表 7-14。

表 7-14　光冈氏菌属（*Mitsuokella*）种间鉴别特征

特征	贾拉鲁丁氏光冈氏菌（*M. jalaludinii*）	多酸光冈氏菌（*M. multacida*）
细胞大小/μm	0.6～0.8×1.2～2.4	0.6～0.8×2.0～10.0
葡萄糖液体中的最终 pH	3.8～4.0	4.1～4.3
最适生长温度/℃	42	37
生长		
45℃	+	–
47℃	+	–
煌绿（0.001%）	–	+
卡那霉素（100μg/mL）	+	–
青霉素（10μg/mL）	+	–

续表

特征	贾拉鲁丁氏光冈氏菌（*M. jalaludinii*）	多酸光冈氏菌（*M. multacida*）
产酸		
甘油	+	−
山梨糖醇	+	−
鼠李糖	−	+
甘露醇	−	+
D-塔格糖	−	+
松三糖	−	+
分离源	黄牛	人

33. 草酸杆菌属（*Oxalobacter* Allison 1985）

细胞呈直杆或微弯杆状，大小为0.4～0.6μm×1.2～1.5μm，端圆，单生、成对或成链，细胞常弯曲。不形成内生孢子。草酸是唯一的碳源和能源，代谢终产物是甲酸和CO_2。当生长于含草酸的平板上时，在菌落周围产生透明圈。不还原硝酸盐。生长温度为14～45℃，最适生长温度为37℃。分离自瘤胃或人和动物的大肠，也曾分离自湖底沉积物。

DNA的G+C含量（mol%）：48～51。

模式种（唯一种）：产甲酸草酸杆菌（*Oxalobacter formigenes*）；模式菌株的16S rRNA基因序列登录号：U49757；模式菌株保藏编号：ATCC 35274=CIP 106513。

34. 梳状菌属（*Pectinatus* Lee et al. 1978）

细胞呈微弯杆状，大小为0.7～0.9μm×3.0～30.0μm，端圆。不形成内生孢子。运动，鞭毛着生于细胞的凹面，似梳状排列，幼龄细胞运动活跃。最适生长温度为30℃。发酵糖产生乙酸和丙酸并伴有少量琥珀酸和乳酸。分离自腐败的啤酒和“起子”酵母。

DNA的G+C含量（mol%）：35.9～39.1。

模式种：嗜啤酒梳状菌（*Pectinatus cerevisiiphilus*）；模式菌株的16S rRNA基因序列登录号：AF373026；基因组序列登录号：GCA_004341685；模式菌株保藏编号：ATCC 29359=DSM 20467。

该属目前包括5个种，常见种的鉴别特征见表7-15。

表7-15　梳状菌属（*Pectinatus*）常见种的鉴别特征

特征	嗜啤酒梳状菌（*P. cerevisiiphilus*）	福瑞森加梳状菌（*P. frisingensis*）
由下列物质发酵产酸		
木糖，蜜二糖	+	−
纤维二糖，肌醇	−	d
N-乙酰-D-葡萄糖胺	−	+

35. 居泥杆菌属（*Pelobacter* Schink and Pfennig 1982）

细胞呈直杆或微弯杆状，大小为0.5～0.8μm×1.2～6.0μm，端圆或稍尖，单生、成对或呈短链。不形成内生孢子。有些种运动。最适生长温度为33～35℃。最适生长pH为5.3～7.2。可利用的底物范围窄，如邻苯三酚、2,3-丁二醇、乙二醇、聚乙烯醇、乙酰乙烯、3-羟基-2-丁酮、丙酮酸和乳酸。培养基中必须含有还原剂，海洋种培养时要求1% NaCl。该属被发现于缺氧的海水泥土或淡水泥土。

DNA的G+C含量（mol%）：47～59。

模式种：没食子酸居泥杆菌（*Pelobacter acidigallici*）；模式菌株的16S rRNA基因序列登录号：X77216；模式菌株保藏编号：ATCC 49970=DSM 2377。

该属目前包括4个种，常见种的鉴别特征见表7-16。

表7-16 居泥杆菌属（*Pelobacter*）常见种的鉴别特征

特征	没食子酸居泥杆菌（*P. acidigallici*）	丙酸居泥杆菌（*P. propionicus*）
细胞宽度/μm	0.5～0.8	0.5～0.7
细胞长度/μm	1.5～3.5	1.2～6.0
细胞两端形态	圆	圆
运动性	+	−
鞭毛	亚极生或周生	NR
利用的主要底物	没食子酸，焦没食子酚，间苯三酚	2,3-丁二醇，乙醇，3-羟基-2-丁酮，乳酸，丙酮酸
终产物	乙酸，CO_2	乙酸，丙酸，丙醇，丁酸，丁醇（因底物不同而异）
来源	海水或淡水泥土	淡水泥土，垃圾污泥

36. 卟啉单胞菌属（*Porphyromonas* Shah and Collins 1988）

细胞短杆状，大小为0.5～0.8μm×1.0～3.5μm。不形成内生孢子。不运动。由于血红素，通常在血琼脂上的细胞产生褐色至黑色素。不分解糖，生长几乎不受碳水化合物的影响，但蛋白水解物如蛋白胨或酵母粉明显刺激生长。主要的发酵产物是正丁酸和乙酸；次要产物有丙酸、异丁酸、异戊酸，有时有苯乙酸。无羟基化的细胞脂肪酸主要以iso-$C_{15:0}$形式存在。最适生长温度为37℃。分离自感染口腔和感染根系管道。

DNA的G+C含量（mol%）：46～54。

模式种：非解糖卟啉单胞菌（*Porphyromonas asaccharolytica*）；模式菌株的16S rRNA基因序列登录号：FJ792537；基因组序列登录号：GCA_000212375；模式菌株保藏编号：ATCC 25260=DSM 20707。

该属目前包括18个种，常见种的鉴别特征见表7-17。

37. 普雷沃氏菌属（*Prevotella* Shan and Collins 1990）

普雷沃氏菌属是由口腔拟杆菌的16个种转入组成的新属。多形态杆菌，不形成内生孢子。不运动。严格厌氧。化能有机营养生长，分解糖能力中等，在葡萄糖肉汤培养基中生长时易形成光滑或线状沉淀，最终pH可达4.5。葡萄糖的利用率为30%～39%。主

表 7-17　卟啉单胞菌属（*Porphyromonas*）常见种的鉴别特征

特征	洛夫氏卟啉单胞菌（*P. loveana*）	动物口腔卟啉单胞菌（*P. gulae*）	牙龈卟啉单胞菌（*P. gingivalis*）	牙髓卟啉单胞菌（*P. endodontalis*）	非解糖卟啉单胞菌（*P. asaccharolytica*）	索氏卟啉单胞菌（*P. somerae*）	犬嘴卟啉单胞菌（*P. canoris*）	犬牙龈卟啉单胞菌（*P. gingivicanis*）
色素	黑色	黑色	黑色	黑色	黑色	棕色[w]	棕色/黑色	棕色/黑色
荧光色素	无	无	无	红色	红色/黄色	d	红色	nd
过氧化氢酶	+	+	–	–	–	–	+	+
凝血	+	+	+	–	–	–	–	–
β-D-半乳糖苷	+	+	+	–	–	+	+	nd
N-乙酰-D-葡萄糖胺	+	+	+	–	–	+	+	–
α-D-葡萄糖苷酶	–	–	–	–	–	nd	–	nd
β-D-葡萄糖苷酶	–	–	–	–	–	nd	–	nd
α-L-岩藻糖苷酶	–	–	–	–	+	–	–	–
产生吲哚	+	+	+	+	–	–	+	+
谷氨酰谷氨酸芳胺酶	+	+	+	–	–	nd	+	nd
类胰蛋白酶	+	+	+	–	–	–	–	–
主要代谢产物	A，P，Ib，B，IV，s，（pa）	A，P，Ib，B，IV，s，（pa）	A，P，Ib，B，IV，s，（pa）	A，P，ib，B，IV，s	A，P，Ib，B，IV，s	A，P，Ib，B，IV，s	A，P，L，Ib，B，IV，s，（pa）	A，P，Ib，B，IV，s，（pa）

特征	犬口腔卟啉单胞菌（*P. crevioricanis*）	犬齿龈液卟啉单胞菌（*P. cangingivalis*）	卡托氏卟啉单胞菌（*P. catoniae*）	牙周卟啉单胞菌（*P. circumdentaria*）	上野氏卟啉单胞菌（*P. uenonis*）	辩野氏卟啉单胞菌（*P. bennonis*）	猕猴卟啉单胞菌（*P. macacae*）	利氏卟啉单胞菌（*P. levii*）
色素	棕色/黑色	棕色/黑色	无	棕色/黑色	黑色	棕色[w]	棕色	棕色
荧光色素	nd	无	nd	红色	红色	无	无	红色/黄色
过氧化氢酶	–	+	–	+	–	v	+	–
凝血	+	–	nd	–	nd	nd	–	–

续表

特征	犬口腔卟啉单胞菌（*P. crevioricanis*）	犬齿龈液卟啉单胞菌（*P. cangingivalis*）	卡托氏卟啉单胞菌（*P. catoniae*）	牙周卟啉单胞菌（*P. circumdentaria*）	上野氏卟啉单胞菌（*P. uenonis*）	辩野氏卟啉单胞菌（*P. bennonis*）	猕猴卟啉单胞菌（*P. macacae*）	利氏卟啉单胞菌（*P. levii*）
β-D-半乳糖苷	−	−	+	−	−	+	+	+
N-乙酰-D-葡萄糖胺	−	−	+	−	−	+	+	+
α-D-葡萄糖苷酶	−	−	+	−	−	+	−	−
β-D-葡萄糖苷酶	−	−	−	−	−	−	−	−
α-L-岩藻糖苷酶	−	−	+	−	−	−	−	−
产生吲哚	+	+	−	+	+	−	+	−
谷氨酰谷氨酸芳胺酶	+	+	nd	+	nd	nd	−	+
类胰蛋白酶	−	−	−	−	−	−	+	−
主要代谢产物	A，P，Ib，B，IV，s，（pa）	A，P，Ib，B，IV，s，（pa）	A，P，IV，L，s	A，P，Ib，B，IV，s，（pa）	A，P，Ib，B，IV，s	A，s	A，P，Ib，B，IV，s，（pa）	A，P，Ib，B，IV，s

注："棕色 w" 表示微弱的棕色；大写字母表示来自蛋白胨-酵母提取物（PYG）的主要代谢产物，小写字母表示次要产物。A 表示乙酸；P 表示丙酸；Ib（ib）表示异丁酸；B 表示丁酸；IV 表示异戊酸；L 表示乳酸；s 表示琥珀酸；pa 表示苯乙酸。（pa）表示仅存在于某些菌株中

要发酵产物是乙酸和琥珀酸及少量的异丁酸、异戊酸和乳酸。生长被 20%（*w/v*）胆汁酸抑制。最适生长温度为 37℃，但有些菌株在 25℃或 47℃也能生长。6.5% NaCl 可抑制多数菌株的生长。利用氨基酸的能力低，产生吲哚阴性，不还原硝酸盐，产生神经鞘脂。

DNA 的 G+C 含量（mol%）：40～52。

模式种：产黑普雷沃氏菌（*Prevotella melaninogenica*）；模式菌株的 16S rRNA 基因序列登录号：AB547693；基因组序列登录号：GCA_000144405；模式菌株保藏编号：ATCC 25845=DSM 7089。

该属目前包括 58 个种，常见种的鉴别特征见表 7-18。

表 7-18 普雷沃氏菌属（*Prevotella*）常见种的鉴别特征

特征	颜料普雷沃氏菌（*P. colorans*）	卑尔根普雷沃氏菌（*P. bergensis*）	食多糖普雷沃氏菌（*P. multisaccharivorax*）	产黑普雷沃氏菌（*P. melaninogenica*）
色素产生	+	−	−	+
发酵				
阿拉伯糖	−	+	v	−
纤维二糖	+	+	+	−
棉籽糖	+	−	+	+
水杨苷	−	+	v	−
蔗糖	+	−	+	+
木糖	−	+	+	−
mol% G+C	43.2	48.0	49.9	41.1

38. 生丙酸菌属（*Propionigenium* Schink and Pfennig 1982）

细胞短杆状，大小为 0.5～0.6μm×0.5～2.0μm，端圆，单生、成对或呈短链。不形成内生孢子。不运动。利用短链脂肪酸生长，丙酸是主要的终产物。生长至少需要 1% NaCl，生长温度为 15～40℃，最适生长温度为 33℃，生长 pH 为 7.1～7.7。分离自海水和淡水泥土及人的唾液。

DNA 的 G+C 含量（mol%）：33.9。

模式种（唯一种）：中度生丙酸菌（*Propionigenium modestum*）；模式菌株 16S rRNA 基因序列登录号：X54275；模式菌株保藏编号：ATCC 35614=DSM 2376。

39. 丙酸螺菌属（*Propionispira* Schink et al. 1982）

细胞呈弯杆或螺杆状，大小为 1.0μm×7.0μm，可能产生很长的螺旋状细胞丝。不形成内生孢子。以周生鞭毛运动。最适生长温度为 30～33℃。发酵碳水化合物的范围广，主要产生丙酸、乙酸和 CO_2。能利用 N_2 作为唯一氮源生长并将乙烯还原为乙炔。含细胞色素 b。分离自杨树的碱性“湿木”。

DNA 的 G+C 含量（mol%）：33.7。

模式种（唯一种）：栖树丙酸螺菌（*Propionispira arboris*）；模式菌株的 16S rRNA 基因序列登录号：Y18190；基因组序列登录号：GCA_900109225；模式菌株保藏编号：

ATCC 33732=DSM 2179。

40. 假丁酸弧菌（*Pseudobutyrivibrio* Gylswyk et al. 1996）

细胞杆状，大小为 0.3～0.5μm×1.0～3.0μm。不形成内生孢子。运动，一根极生或亚极生鞭毛。发酵各种碳水化合物，丁酸是主要的代谢产物，也产甲酸和乳酸。不分解木聚糖，也不分解蛋白质（不分解明胶）。细胞脂肪酸不包括 $C_{18:1}$。生长温度为 22～45℃，最适生长温度为 39℃。分离自牛瘤胃。

DNA 的 G+C 含量（mol%）：40.5～42.1。

模式种：瘤胃假丁酸弧菌（*Pseudobutyrivibrio ruminis*）；模式菌株的 16S rRNA 基因序列登录号：X95893；基因组序列登录号：GCA_900218035；模式菌株保藏编号：DSM 9787。

41. 文肯菌属（*Rikenella* Collins et al. 1985）

细胞呈小的杆状，端尖，大小通常为 0.15～0.30μm×0.30～1.50μm，但也可能长达 5.0μm。不形成内生孢子。不运动。发酵葡萄糖和少数其他的糖，主要产生丙酸和琥珀酸。有机酸的类型主要是异甲基分支酸形式。最适生长温度为 37℃。分离自牛、鸡和日本鹌鹑的粪或盲肠标本。

DNA 的 G+C 含量（mol%）：57。

模式种（唯一种）：小梭文肯菌（*Rikenella microfusus*）；模式菌株的 16S rRNA 基因序列登录号：L16498；基因组序列登录号：GCA_000427365；模式菌株保藏编号：ATCC 29728=DSM 15922。

42. 罗斯氏菌属（*Roseburia* Stanton and Savage 1983）

细胞呈微弯杆状，大小为 0.5μm×2.3～5.0μm。不形成内生孢子。运动活跃，在细胞凹面的近端处或一端生有一簇鞭毛。发酵几种碳水化合物，包括木糖、半乳糖、棉籽糖、葡萄糖、麦芽糖、纤维二糖、蔗糖、淀粉和糖原，主要产生或只产生丁酸。分离自鼠的盲肠。

DNA 的 G+C 含量（mol%）：42.3。

模式种（唯一种）：盲肠罗斯氏菌（*Roseburia cecicola*）；模式菌株的 16S rRNA 基因序列登录号：GU233441；模式菌株保藏编号：ATCC 33874。

43. 瘤胃杆菌属（*Ruminobacter* Stackebrandt and Hippe 1986）

细胞呈多形态的卵圆到短杆状，大小为 0.9μm×1.0～3.0μm，端圆或平端，并且有时膨大或具不规则形态。不形成内生孢子。不运动。最适生长温度为 37～39℃。代谢碳水化合物产生乙酸、甲酸和琥珀酸。含有神经鞘脂和甲基萘醌。细胞脂肪酸以直链饱和和不饱和脂肪酸为主。该属被发现于牛和羊的瘤胃中。

DNA 的 G+C 含量（mol%）：42.6。

模式种（唯一种）：嗜淀粉瘤胃杆菌（*Ruminobacter amylophilus*）；模式菌株的 16S rRNA 基因序列登录号：Y15992；基因组序列登录号：GCA_900115655；模式菌株保藏编

号：ATCC 29744=DSM 1361。

44. 施氏菌属（*Schwartzia* van Gylswyk et al. 1997）

细胞呈弯杆状，大小为 0.35～0.60μm×1.60～3.30μm，不形成内生孢子。侧生鞭毛运动。不分解糖，不发酵氨基酸和肽，但发酵琥珀酸产生丙酸。不分解蛋白，不产生脲酶，不还原硝酸盐。中温生长，最适生长温度为 39℃，低于 22℃或高于 45℃不生长。分离自牛的瘤胃。

DNA 的 G+C 含量（mol%）：46。

模式种（唯一种）：食琥珀酸施氏菌（*Schwartzia succinivorans*）；模式菌株的 16S rRNA 基因序列登录号：Y09434；基因组序列登录号：GCA_900129225；模式菌株保藏编号：DSM 10502。

45. 塞巴鲁德氏菌属（*Sebaldella* Collins and Shah 1986）

细胞杆状，大小为 0.3～0.5μm×2.0～12.0μm，中间膨大，单生、成对或呈丝状体。不形成内生孢子。不运动。发酵糖产生乙酸和乳酸并且有时还产生甲酸。含有甲基萘醌。细胞脂肪酸以直链饱和和不饱和脂肪酸为主。发现于白蚁的后肠内含物。

DNA 的 G+C 含量（mol%）：32～36。

模式种（唯一种）：白蚁塞巴鲁德氏菌（*Sebaldella termitidis*）；模式菌株的 16S rRNA 基因序列登录号：M58678；基因组序列登录号：GCA_000024405；模式菌株保藏编号：ATCC 33386=DSM 24458。

46. 月单胞菌属（*Selenomonas* Von Prowazek 1913）

细胞弯曲，通常是新月形杆状，大小为 0.9～1.1μm×3.0～6.0μm，平端，单生、成对或呈短链。不产生荚膜。不形成内生孢子。由于在细胞凹面的中央生有鞭毛束（多达 16 根）或短线状鞭毛，细胞呈翻滚式运动。具有发酵代谢类型。发酵葡萄糖主要产生乙酸和丙酸及 CO_2 和（或）乳酸。主要发现于人口腔龋齿、食草动物的瘤胃和猪及几种啮齿动物的盲肠；但该属的一个种分离自商业厌氧消化器，另一个种分离自啤酒酵母。

DNA 的 G+C 含量（mol%）：54～61。

模式种：生痰月单胞菌（*Selenomonas sputigena*）；模式菌株的 16S rRNA 基因序列登录号：AF373023；基因组序列登录号：GCA_000208405；模式菌株保藏编号：ATCC 35185=DSM 20758。

该属目前包括 12 个种，常见种的鉴别特征见表 7-19。

表 7-19　月单胞菌属（*Selenomonas*）常见种的鉴别特征

特征	产乳酸月单胞菌（*S. lacticifex*）	有害月单胞菌（*S. noxia*）	反刍月单胞菌（*S. ruminantium*）	生痰月单胞菌（*S. sputigena*）
主要生境	啤酒酵母	口腔	盲肠，瘤胃	口腔
分离自临床标本	NR	人	NR	人
生长于胆盐	NR	−	+	−

续表

特征	产乳酸月单胞菌（*S. lacticifex*）	有害月单胞菌（*S. noxia*）	反刍月单胞菌（*S. ruminantium*）	生痰月单胞菌（*S. sputigena*）
水解七叶苷	NR	−	+	−
产生 H_2S	NR	−	+	−
利用碳水化合物产酸				
阿拉伯糖	+	−	+	−
木糖	+	−	NR	−
卫矛醇	−	−	+	−
甘露醇	−	−	+	−
山梨糖醇	−	−	+	−
葡萄糖	+	−	+	+
甘露糖	+	−	+	−
纤维二糖	v	−	+	−
乳糖	−	−	+	+
蜜二糖	+	−	+	+
蔗糖	+	−	+	+
海藻糖	−	−	v	−
棉籽糖	NR	−	NR	+
水杨苷	v	−	+	−
PYG 的发酵产物	A，P，L	A，P	A，P，L，CO_2，s	A，P

注：在“PYG 的发酵产物”一行，大写字母表示来自蛋白胨酵母提取物葡萄糖（PYG）的主要代谢产物，小写字母表示次要产物。A 表示乙酸；P 表示丙酸；L 表示乳酸；s 表示琥珀酸

47. 解琥珀酸菌属（*Succiniclasticum* Gylswyk 1995）

细胞短杆状，大小为 0.3～0.5μm×1.8μm。不形成内生孢子。不运动。液体培养基中常出现细胞结块。不发酵碳水化合物、氨基酸或羧酸、二羧酸及三羧酸。不分解蛋白，不产生过氧化氢酶和脲酶，也不还原硝酸盐。琥珀酸是唯一能发酵的底物，并且只产生丙酸。生长温度为 22～45℃，最适生长温度为 39℃，低于 22℃或高于 45℃不生长。分离自瘤胃。

DNA 的 G+C 含量（mol%）：52。

模式种（唯一种）：瘤胃解琥珀酸菌（*Succiniclasticum ruminis*）；模式菌株的 16S rRNA 基因序列登录号：X81137；基因组序列登录号：GCA_900112895；模式菌株保藏编号：DSM 9236。

48. 琥珀酸单胞菌属（*Succinimonas* Bryant et al. 1958）

细胞短杆状，直，大小为 1.0～1.5μm×1.2～3.0μm，端圆。不形成内生孢子。以单鞭毛运动。最适生长温度为 30～37℃。化能有机营养生长，发酵葡萄糖、麦芽糖、糊精或淀粉，但不发酵其他碳水化合物；代谢产物是大量的琥珀酸和少量的乙酸。发现于以谷物干草为食的牛的瘤胃中。

DNA 的 G+C 含量（mol%）：43.7。

模式种（唯一种）：溶淀粉琥珀酸单胞菌（*Succinimonas amylolytica*）；模式菌株的 16S rRNA 基因序列登录号：Y17599；基因组序列登录号：GCA_000378405；模式菌株保藏编号：ATCC 19206=DSM 2873。

49. 琥珀酸弧菌属（*Succinivibrio* Bryant and Small 1956）

细胞呈弯杆或螺杆状，大小为 0.4～0.6μm×1.0～7.0μm，端尖。不形成内生孢子。以单极生鞭毛运动。发酵多种糖，主要的代谢终产物是乙酸和琥珀酸及少量的甲酸和乳酸。生长期间可能大量吸收纯的 CO_2。分离自牛和羊的瘤胃，很少见于人的感染组织中。

DNA 的 G+C 含量（mol%）：39.0。

模式种（唯一种）：溶糊精琥珀酸弧菌（*Succinivibrio dextrinosolvens*）；模式菌株的 16S rRNA 基因序列登录号：Y17600；基因组序列登录号：GCA_90016701；模式菌株保藏编号：ATCC 19716=DSM 3072。

50. 互营杆菌属（*Syntrophobacter* Boone and Bryant 1980）

细胞杆状或长丝状，大小为 0.6～1.2μm×1.0～35.0μm。不形成内生孢子。不运动。最适生长温度为 35℃。只在与脱硫弧菌的共培养物中生长，无耗 H_2 细菌时不能生长。只氧化丙酸，但不氧化其他脂肪酸，产生乙酸、H_2 和 CO_2。分离自厌氧污物消化器。

DNA 的 G+C 含量（mol%）：57.3～59.0。

模式种：沃氏互营杆菌（*Syntrophobacter wolinii*）；模式菌株的 16S rRNA 基因序列登录号：X70905；模式菌株保藏编号：DSM 2805。

该属目前包括 3 个种，常见种的鉴别特征见表 7-20。

表 7-20　互营杆菌属（*Syntrophobacter*）常见种的鉴别特征

特征	沃氏互营杆菌（*S. wolinii*）	芬氏互营杆菌（*S. pnnigii*）
细胞形态	杆状到长丝状	杆状到椭圆形
细胞宽度/μm	0.6～1.0	1.0～1.2
细胞长度/μm	1.0～35.0	2.2～30.0
老细胞出现空泡	−	+
最适生长温度/℃	35	37
发酵丙酮酸	+	−
在乳酸盐上纯培养	−	+
mol% G+C	NR	57.3

51. 互养菌属（*Synergistes* Allison et al. 1992）

细胞椭圆到杆状，大小为 0.6～0.8μm×1.1～1.8μm。革兰氏染色反应为阴性。不运动。不形成内生孢子。严格厌氧，化能有机营养生长。生长要求酵母粉和蛋白胨，发酵吡啶 2,3-二醇（2,3-二羟基化合物或 3,4-二羟基化合物）、精氨酸及组氨酸产氨，但不产吲哚，不还原硝酸盐，不发酵碳水化合物。细胞脂肪酸以直链、分支的饱和及不饱和奇数脂肪酸为主，包括十七碳和十九碳单一不饱和脂肪酸、二十碳环丙烷酸，以及直链、分支的三羟基十五碳脂肪酸。目前只在瘤胃中发现。

DNA 的 G+C 含量（mol%）：58（T_m）。

模式种（唯一种）：约氏互养菌（*Synergistes jonesii*）；模式菌株的 16S rRNA 基因序列登录号：L08066；基因组序列登录号：GCA_000712295；模式菌株保藏编号：ATCC 49833。

52. 共养单胞菌属（*Syntrophomonas* McInerney et al. 1981）

细胞呈轻微螺杆状，大小为 0.5～1.0μm×2.0～7.0μm。不形成内生孢子。运动，在细胞的凹面 2～8 根鞭毛呈线状排列。多数情况下细胞只缓慢运动。细胞内可能含有聚β-羟基丁酸盐颗粒。最适生长温度为 30～37℃。在与耗 H_2 生物如脱硫弧菌或亨氏甲烷螺菌的共培养物中，通过对脂肪酸的 β 氧化而获取能量。多数菌株可以巴豆酸作为碳源进行纯培养，生长缓慢。脂肪酸主要被降解为乙酸和 H_2，但因脂肪酸的种类不同也可能产生丙酸或异戊酸。利用巴豆酸产生乙酸和丁酸。分离自缺氧的泥土、污水消化器和牛瘤胃。

DNA 的 G+C 含量（mol%）：37.6～47.6。

模式种：沃氏共养单胞菌（*Syntrophomonas wolfei*）；模式菌株 16S rRNA 基因序列登录号：CP000448；模式菌株保藏编号：DSM 2245。

该属目前包括 7 个种。

53. 嗜热产氢菌属（*Thermohydrogenium* Zacharova et al. 1993）

细胞杆状，大小为 0.4～0.8μm×1.1～11.0μm，单生、成对或链。不运动。革兰氏染色反应为阴性，但无外壁。不形成内生孢子。严格厌氧，化能有机营养生长。最适生长温度为 65℃，生长温度为 45～75℃，最适生长 pH 为 7.0～7.4。可利用铵盐、尿素、一些氨基酸、酪素水解物、蛋白胨及酵母粉作为氮源。发酵葡萄糖、果糖、蔗糖、半乳糖、麦芽糖、甘露糖、木糖和淀粉，主要的发酵产物是乙醇、乙酸、H_2 和 CO_2，并产生少量的异戊醇、丁醇、丁酸和乳酸。H_2 不抑制生长，不还原 S^0 和硫酸盐。青霉素 G、四环素和链霉素抑制生长，但对多黏菌素和氯霉素不敏感，不产生过氧化氢酶、氧化酶和醌。发现于工业酵母的生物制品中。

DNA 的 G+C 含量（mol%）：33.2～34.0。

模式种（唯一种）：可利市嗜热产氢菌（*Thermohydrogenium kirishiense*）；模式菌株的 16S rRNA 基因序列登录号：FR749963；基因组序列登录号：GCA_004343465；模式菌株保藏编号：DSM 11055=VKM B-2147。

54. 栖热腔菌属（*Thermosipho* Huber et al. 1989）

细胞杆状，大小为 0.4～0.6μm×1.0～35.0μm，鞘状物质包被细胞，使多达 12 个细胞被包在同一个鞘内。不运动。嗜热，最适生长温度为 75.0℃；但当温度为 35℃时也能生长。不利用碳水化合物，生长要求复杂有机物如酵母粉、蛋白胨或胰蛋白胨。H_2 抑制生长，但加入 S^0 后随着 H_2S 的形成可解除抑制。可在高达 3.6% NaCl 中生长。分离自非洲吉布提（Djibouti）地热潮汐泉。

DNA 的 G+C 含量（mol%）：30.8～34.0。

模式种：非洲栖热腔菌（*Thermosipho africanus*）；模式菌株的 16S rRNA 基因序列登录号：DQ647057；基因组序列登录号：GCA_003351105；模式菌株保藏编号：DSM 24758。

该属目前包括 9 个种，常见种的鉴别特征见表 7-21。

表 7-21　栖热腔菌属（*Thermosipho*）常见种的鉴别特征

特征	非洲栖热腔菌（*T. africanus*）	美拉尼西亚栖热腔菌（*T. melanesiensis*）
在同一鞘中的细胞数/个	多达 12	11
细胞宽度/μm	0.5	0.4～0.6
细胞长度/μm	3.0～4.0	1～35
最适生长温度/℃	75	70
生长 NaCl 浓度/%	3.6	0.5～6.0

55. 热互养菌属（*Thermosyntropha* Svetlitshnyi et al. 1996）

细胞直杆状或微弯，大小为 0.3～0.4μm×2.0～3.5μm。革兰氏染色反应为阴性，但为革兰氏阳性细胞壁类型。严格厌氧，多营养型，分解脂肪。在高温和中度碱性条件下生长，生长温度为 52～70℃，最适生长温度为 60～66℃，生长 pH 为 7.15～9.50，最适生长 pH 为 8.1～8.9。对于热力学上难利用的底物，可通过与耗 H_2 微生物的共培养物而分解利用。根据 16S rRNA 基因序列同源性分析，该属的细菌属于互营单胞菌科。

DNA 的 G+C 含量（mol%）：40.3～44.0。

模式种：解脂热互养菌（*Thermosyntropha lipolytica*）；模式菌株的 16S rRNA 基因序列登录号：X99980；基因组序列登录号：GCA_900129805；模式菌株保藏编号：ATCC 700317=DSM 11003。

56. 热袍菌属（*Thermotoga* Huber et al. 1986）

细胞杆状，大小为 0.6μm×1.5～11.0μm，鞘状物质包被细胞以至在细胞的末端伸出气球状结构。不形成内生孢子。可能由极生、侧生、周生鞭毛运动或不运动。嗜热，最适生长温度为 70～80℃，甚至在温度高达 90℃时也能生长，55℃时不生长。代谢碳水化合物、胰蛋白胨或酵母粉；发酵产物主要是乳酸、乙酸、CO_2 和 H_2。H_2 抑制生长，但加入 S^0 后随着 H_2S 的形成可解除抑制。海洋菌株可在高达 3.75% NaCl 条件下生长。分离自地热海水沉积物或潮汐泉。

DNA 的 G+C 含量（mol%）：38.7～51.3。

模式种：海热袍菌（*Thermotoga maritima*）；模式菌株的 16S rRNA 基因序列登录号：M21774；基因组序列登录号：GCA_000978555；模式菌株保藏编号：ATCC 43589=DSM 3109。

该属目前包括 5 个种，常见种的鉴别特征见表 7-22。

表 7-22　热袍菌属（*Thermotoga*）常见种的鉴别特征

特征	莱廷格氏热袍菌（*T. lettingae*）	地下热袍菌（*T. subterranean*）	埃氏热袍菌（*T. elfii*）
分离源	厌氧生物反应器	巴黎油井	非洲油井
生长温度/℃	50～70	50～75	50～72
最适生长温度/℃	65	70	66
生长 pH	6.0～8.5	6.0～8.5	5.5～8.7
最适生长 pH	7.0	7.0	7.5
生长 NaCl 浓度/%	0～2.8	0～2.4	0～2.4
最适生长 NaCl 浓度/%	1.0	1.2	1.2
mol% G+C	39.2	40	39.6
还原 S^0	+	−	−
还原胱氨酸	−	+	NR
基质利用			
甲醇	+	NR	NR
丙酮酸	+	NR	NR
果胶	+	NR	NR
纤维二糖	+	NR	NR
木糖	+	NR	+
木聚糖	+	NR	NR
淀粉	+	NR	NR
甲胺	+	NR	NR
乙酸+硫代硫酸盐	+	NR	−
与产甲烷古菌共培养产乙酸盐	+	NR	NR

57. 泰氏菌属（*Tissierella* Collins and Shah 1986）

细胞杆状，大小为 0.6～0.9μm×2.0～22.0μm，菌体端圆或尖，有时形成丝状体。不形成内生孢子。以周生鞭毛运动。最适生长温度为 37℃，生长温度为 25～45℃。不发酵或弱发酵；在葡萄糖肉汤培养基中的终产物是乙酸、丁酸和异丁酸。不含有甲基萘醌；细胞脂肪酸以异甲基分支酸为主。含有苹果酸和谷氨酸脱氢酶。分离自婴儿和成人粪便，偶尔也分离自临床标本。

DNA 的 G+C 含量（mol%）：25.0～36.9。

模式种：极尖泰氏菌（*Tissierella praeacuta*）；模式菌株 16S rRNA 基因序列登录号：X80832；模式菌株保藏编号：ATCC 25539=NCTC 11158。

该属目前包括 5 个种。

58. 沃林氏菌属（*Wolinella* Tanner et al. 1981）

细胞呈螺旋状、弯曲或直，大小为 0.5～1.0μm×2.0～6.0μm，菌体端圆或端平。不形成内生孢子。以极生单鞭毛运动。尽管在《伯杰氏系统细菌学手册》中，沃林氏菌属的种被描述为厌氧菌，但实际上它们是需 H_2 或甲酸的微好氧菌，能够进行有氧呼吸。当其他最终电子受体如延胡索酸不存在时，它们则表现为利用低水平的 O_2 进行需氧生长，既不是厌氧生长也不是好氧生长。氧化酶阳性，过氧化氢酶阴性。含细胞色素。在厌氧条件下依赖 H_2 和延胡索酸或甲酸和延胡索酸生长，甲酸或 H_2 被氧化为 CO_2，而延胡索酸被还原为琥珀酸。不利用碳水化合物。分离自牛瘤胃、牙龈沟、牙根沟感染组织和其他临床标本。

DNA 的 G+C 含量（mol%）：42～49。

模式种（唯一种）：产琥珀酸沃林氏菌（*Wolinella succinogenes*）；模式菌株的 16S rRNA 基因序列登录号：Z25745；基因组序列登录号：GCA_000196135；模式菌株保藏编号：ATCC 29543=DSM 1740。

第八章　好氧革兰氏阳性细菌

根据对氧气的需求，本书将革兰氏阳性细菌划分为好氧、兼性厌氧和厌氧等三类。本章主要介绍 19 个常见的好氧革兰氏阳性细菌属（图 8-1），其中，11 个属归属于放线菌门（Actinobacteria）放线菌纲（Actinomycetia），5 个属归属于厚壁菌门（Firmicutes）芽孢杆菌纲（Bacilli），1 个属归属于放线菌门红色杆菌纲（Rubrobacteria），1 个属归属于绿弯菌门（Chloroflexi）热微菌纲（Thermomicrobia），1 个属归属于异常球菌-栖热菌门（*Deinococcus-Thermus*）异常球菌纲（Deinococci）。

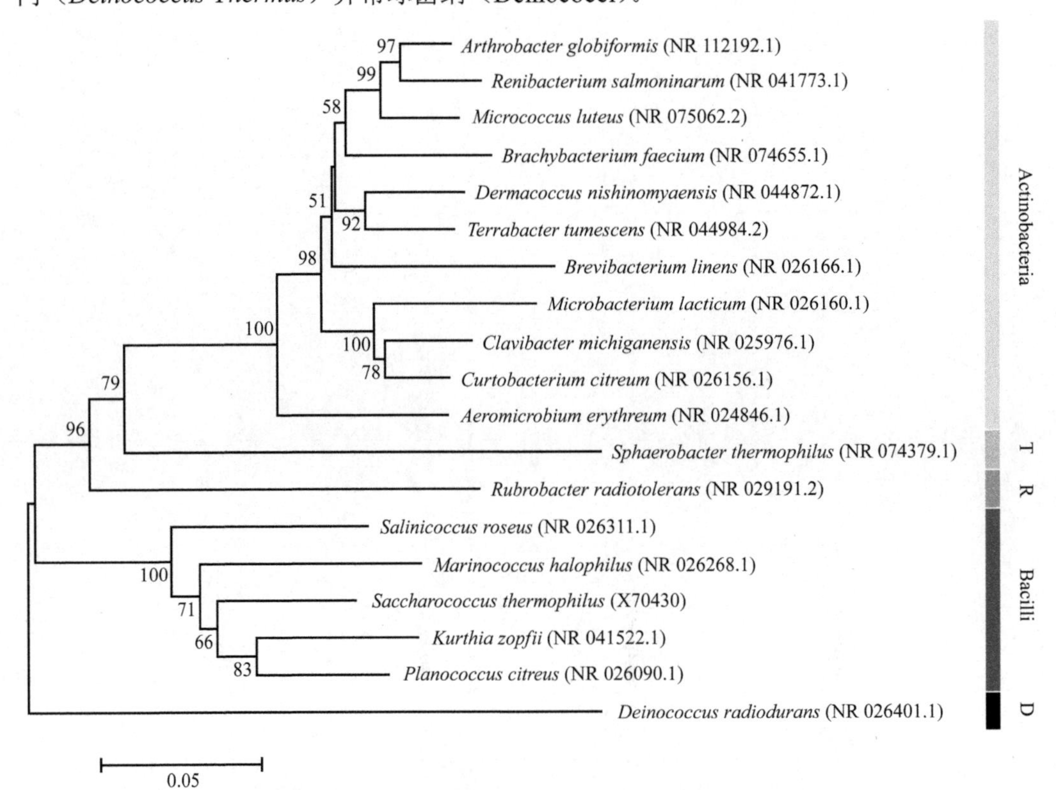

图 8-1　基于各属模式种模式菌株 16S rRNA 基因序列构建的系统发育树（邻接法）

显示大于 50% 的自举值，比例尺代表 5% 的序列差异。T 代表 Thermomicrobia，R 代表 Rubrobacteria，D 代表 Deinococci

1. 海球菌属（*Marinococcus* Hao, Kocur and Komagata 1985）

细胞球形，直径 1.0～1.2μm，单个、成对或偶见四联。革兰氏染色反应为阳性。以 1 或 2 根鞭毛运动。不形成内生孢子。好氧。化能异养生长。呼吸代谢。菌落光滑、凸起，橘色、黄橙色或奶白色。过氧化氢酶阳性。MR 试验阳性，V-P 试验阳性。最适生长温度为 28～37℃。中等嗜盐，5.0%～20.0% NaCl 中可以生长。主要脂肪酸为 anteiso-$C_{15:0}$ 和 anteiso-$C_{17:0}$。主要极性脂有心磷脂（DPG）、磷脂酰甘油（PG）、磷脂酰胆碱（PC）、磷脂酰肌醇甘露糖苷（PIM）、磷脂酰肌醇（PI）。主要的呼吸醌为 MK-7。细胞壁肽聚糖为 *meso*-二氨基庚二酸型。发现于海洋和含盐的土壤中。

DNA 的 G+C 含量（mol%）：46.4～48.9。

模式种：嗜盐海球菌（*Marinococcus halophilus*）；模式菌株的 16S rRNA 基因序列登录号：AB681751；基因组序列登录号：GCA_002265875；模式菌株保藏编号：DSM 20408=JCM 2479。

该属目前包含 5 个种，种间鉴别特征见表 8-1。

表 8-1　海球菌属（*Marinococcus*）种间鉴别特征

特征	塔里哈海球菌（*M. tarijensis*）	耐盐海球菌（*M. halotolerans*）	嗜盐海球菌（*M. halophilus*）	藤黄海球菌（*M. luteus*）	盐海球菌（*M. salis*）
生长 pH	7.0～8.3	6.5～9.0	5.0～9.0	6.0～9.0	7.0～9.5
生长 NaCl 浓度/(%，*w/v*)	3～20	0～25	0.5～20.0	0～25	0～19
生长温度					
50℃	+	−	−	−	−
10℃	+	−	−	+	+
硝酸盐还原	−	+	−	−	−
淀粉水解	−	+	−	−	−
产酸					
甘露醇	+	−	+	−	−
阿拉伯糖	+	−	−	+	−
甘油	+	−	−	+	−
碳源利用					
L-组氨酸	+	+	−	−	−
L-天冬酰胺	+	−	+	−	−
D-山梨糖醇	+	−	−	−	−
L-鼠李糖	+	−	+	+	−
主要脂肪酸/%					
anteiso-$C_{15:0}$	40.5	52.5	52.8	49.2	40.9
anteiso-$C_{17:0}$	32.8	17.7	18.2	25.2	27.5
iso-$C_{16:0}$	15.4	13.4	11.8	9.2	7.8
甲基萘醌	MK-7	MK-7，MK-6	MK-7	MK-7	MK-7
mol% G+C	48.6	48.5	46.4	48.7	48.9

2. 游动球菌属（*Planococcus* Migula 1894）

细胞球形，直径 1.0～1.2μm。单个、成对、三个、四联或有时杆状，杆状细胞大小为 1.0～1.2μm×1.0～20.0μm。革兰氏染色反应为阳性或可变。细胞运动或不运动，运动的细胞有 1 根、2 根或多根鞭毛。不形成内生孢子。菌落黄色至橙色。化能异养生长。

呼吸代谢。好氧。过氧化氢酶阳性，氧化酶阴性，脲酶阴性，不还原硝酸盐。水解七叶苷、淀粉，不水解吐温 80。耐盐。可在 1%～17% NaCl 中生长。嗜冷或中温。主要的甲基萘醌为MK-7和MK-8，主要的脂肪酸为带分支的脂肪酸。广泛分布于海水、海洋蛤、鱼、虾、冰川土、蓝藻垫、淡水池塘及硫磺泉等中。

DNA 的 G+C 含量（mol%）：39.0～51.2（T_m，Bd）。

模式种：柠檬色游动球菌（*Planococcus citreus*）；模式菌株的 16S rRNA 基因序列登录号：X62172；基因组序列登录号：GCA_003664125；模式菌株保藏编号：DSM 20549=JCM 2532。

该属目前包含 24 个种。

3. 盐水球菌属（*Salinicoccus* Ventosa et al. 1990）

细胞球形，直径 0.5～2.5μm，单个、成对、四联或成簇出现。革兰氏染色反应为阳性。不运动。不形成内生孢子。严格好氧。菌落粉红或橙色，不产生可溶性色素。化能异养生长。过氧化氢酶阳性，氧化酶阳性。中度耐盐，最适生长 NaCl 浓度为 4%～10%，可在 0～25% NaCl 中生长。最适生长温度为 30～37℃，可在 4～49℃生长。最适生长 pH 为 7～9.5，可在 pH 6～11.5 条件下生长。主要的甲基萘醌为 MK-6。细胞壁含 L-Lys-Gly_5 型胞壁质，与 A3α 型对应。

DNA 的 G+C 含量（mol%）：45.6～51.2。

模式种：玫瑰色盐水球菌（*Salinicoccus roseus*）；模式菌株的 16S rRNA 基因序列登录号：MT760101；基因组序列登录号：GCA_003814515；模式菌株保藏编号：DSM 5351=JCM 14630。

该属目前包含 18 个种。

4. 微球菌属（*Micrococcus* Cohn 1872）

细胞球形。不运动。不形成内生孢子。革兰氏染色反应为阳性。好氧。化能异养生长。严格呼吸代谢。过氧化氢酶阳性，氧化酶阳性。中温，不嗜盐。L-赖氨酸为肽聚糖特征性氨基酸。肽聚糖是肽桥含有一个干肽（stem peptide）的 A2 型或 A4α 型。主要的甲基萘醌为 MK-8 和 MK-8(H_2) 或 MK-8(H_2) 或 MK-7(H_2)。细胞色素为 aa3、b557、b567、d626，细胞色素 c550、c551、b563、b564 和 b567 可能也存在。极性脂为 PG、DPG、PI、一个未知糖脂和一个未知磷酸类脂。脂肪酸为 iso-和 anteiso-支链脂肪酸，主要为 anteiso-$C_{15:0}$ 和 iso-$C_{15:0}$。主要的脂肪烃（br-Δ-C）为 C_{27}～C_{29}。不存在分枝菌酸和磷壁酸。可能存在糖醛酸磷壁酸、甘露糖胺糖醛酸。利用 D-阿拉伯糖、*p*-熊果苷、D-纤维二糖、D-半乳糖、D-蜜二糖、D-核糖和水杨苷。最初在脊椎动物皮肤和土壤中发现，从食品、空气、植物根内、活性污泥等环境中也常常能分离到。

DNA 的 G+C 含量（mol%）：66～73。

模式种：藤黄微球菌（*Micrococcus luteus*）；模式菌株的 16S rRNA 基因序列登录号：AF542073；基因组序列登录号：GCA_006094415；模式菌株保藏编号：DSM 20030=JCM 1464。

该属目前包含 9 个种；常见种的鉴别特征见表 8-2。

表 8-2　微球菌属（*Micrococcus*）常见种的鉴别特征

特征	科恩氏微球菌（*M. cohnii*）	云南微球菌（*M. yunnanensis*）	藤黄微球菌（*M. luteus*）	土壤微球菌（*M. terreus*）	植物内生微球菌（*M. endophyticus*）	里拉微球菌（*M. lylae*）	黄色微球菌（*M. flavus*）	南极微球菌（*M. antarcticus*）
氧化酶	+	−	+	−	+	+	+	+
脲酶	+	−	+	−	−	−	−	−
硝酸盐还原	−	−	−	−	−	−	−	+
水解								
酪素	+	+	w	+	+	w	−	ND
淀粉	+	w	−	−	+	+	+	+
明胶	−	+	−	+	−	+	−	−
利用碳水化合物产酸								
L-阿拉伯糖	−	−	−	−	−	−	−	ND
L-岩藻糖	−	w	−	−	−	−	−	ND
甘油	−	w	−	−	−	−	−	−
D-葡萄糖	+	w	+	−	+	+	+	−
D-甘露糖	−	−	+	−	+	−	+	ND
麦芽糖	+	+	+	+	+	+	+	−
蜜二糖	−	−	−	−	−	−	−	ND
L-鼠李糖	−	−	−	−	−	−	−	ND
D-山梨糖醇	−	−	−	−	−	−	−	ND
蔗糖	+	+	+	+	+	+	+	−
mol% G+C	70.4	70.0	70.0	67.2	72.9	71.4	69.0	66.4
极性脂	DPG，PG，GL1～GL3，PL1，PL2	DPG，PG，PI，PL	DPG，PG，PI，GL，PL1，PL2	DPG，PG，PI，GL1～GL3，PL	DPG，PG，PI，PL	DPG，PG，PI，GL，PL1，PL2	ND	ND
呼吸醌	MK-7(H_2)，MK-8(H_2)	MK-7(H_2)，MK-8(H_2)	MK-8，MK-8(H_2)	MK-7，MK-7(H_2)，MK-8，MK-8(H_2)	MK-7(H_2)，MK-8(H_2)	MK-8(H_2)	MK-7(H_2)，MK-8(H_2)	MK-8，MK-8(H_2)

注：DPG 表示心磷脂；PG 表示磷脂酰甘油；PI 表示磷脂酰肌醇；PL 表示未知磷脂；GL 表示未知糖脂

5. 异常球菌属（*Deinococcus* Brooks and Murray 1981）

细胞球状，直径 0.5～3.5μm，或杆状，大小为 0.6～1.2μm×1.5～4.0μm，成对或四联，比其他球菌大。多数种革兰氏染色反应为阳性，少数革兰氏染色反应为阴性。不运动。不形成内生孢子。好氧。过氧化氢酶阳性。菌落通常粉色、红色或黄色。化能异养生长。呼吸代谢。中温或嗜热，最适生长温度为 25～35℃或 45～50℃。细胞壁组成较复杂，有几层结构。肽聚糖结构为 A3β 型，包含 L-鸟氨酸。主要呼吸醌为 MK-8。磷脂不含 PG、DPG 或其衍生物。脂肪酸为饱和的或单一不饱和的脂肪酸。在中温物种中，主要是 C_{15}、C_{16} 和 C_{17} 直链脂肪酸；在嗜热物种中，主要是 C_{16} 和 C_{17} 支链脂肪酸。可能水解蛋白。所有菌株耐电离辐射。中温种，广泛分布于环境中，嗜热种发现于热泉中。

DNA 的 G+C 含量（mol%）：62～70。

模式种：耐放射异常球菌（*Deinococcus radiodurans*）；模式菌株的 16S rRNA 基因序列登录号：Y11332；基因组序列登录号：GCA_001638825；模式菌株保藏编号：DSM 20539=NBRC 15346。

该属目前包含 84 个种。

6. 地杆菌属（*Terrabacter* Collins, Dorsch and Stackebrandt 1989）

在幼龄培养物中，细胞呈长的不规则杆状；在老龄培养物中，以类球状为主，有明显的杆-球周期变化。无气生菌丝体。幼龄和老龄培养物革兰氏染色反应都为阳性。通常不运动，但也有运动的菌株出现。不形成内生孢子。不抗酸。好氧。菌落有光泽，灰、白色或黄色。化能异养生长，营养简单。呼吸代谢，在蛋白胨培养基上不利用葡萄糖产酸。可利用的有机物范围广泛。过氧化氢酶阳性，氧化酶阴性。最适生长温度为 25～30℃。LL-2,6-二氨基庚二酸为细胞壁肽聚糖二氨基酸（A3γ 型），肽桥含有 3 个甘氨酸残基。不含分枝菌酸。主要脂肪酸为 iso-$C_{15:0}$、iso-$C_{14:0}$、anteiso-$C_{15:0}$，$C_{16:0}$ 含量次之，也可能含有 anteiso-$C_{17:0}$ 和 iso-$C_{16:1}$。主要的极性脂为 DPG、PG、PE 和 PI。主要的甲基萘醌为 MK-8(H_4)。发现于空气、石头和土壤中。

DNA 的 G+C 含量（mol%）：69.2～75.6。

模式种：肿胀地杆菌（*Terrabacter tumescens*）；模式菌株的 16S rRNA 基因序列登录号：MT760357；模式菌株保藏编号：DSM 20308=JCM 1365。

目前该属包含 10 个种，常见种的鉴别特征见表 8-3。

7. 短杆菌属［*Brevibacterium* (Breed 1953) Collins et al. 1980］

具有典型的球杆循环，幼龄培养物的细胞呈不规则的纤细杆状，一般直径 0.6～1.0μm，长度可变。单个、成对排列，常呈“V”形排列，可出现分支，但不形成菌丝体，老龄培养物变成球状。革兰氏染色反应为阳性，但老的细胞很易褪色。通常不运动，但是有些种运动。不形成内生孢子，不抗酸。严格好氧。菌落呈黄到橙色或紫色。化能异养生长，呼吸代谢。pH 中性条件下，在蛋白胨酵母提取物培养基上生长良好；在蛋白胨培养基上，利用葡萄糖或其他糖产生少量酸或不产酸。过氧化氢酶阳性。产生蛋白酶。最适生长温度为 20～37℃，因种和菌株不同而异。细胞壁肽聚糖二氨基酸为

表 8-3　地杆菌属（*Terrabacter*）常见种的鉴别特征

特征	嗜气地杆菌（*T. aeriphilus*）	气生地杆菌（*T. aerolatus*）	噬一氧化碳地杆菌（*T. carboxydivorans*）	转化人参皂苷地杆菌（*T. ginsenosidimutans*）	韩国地杆菌（*T. koreensis*）	小石地杆菌（*T. lapilli*）	地地杆菌（*T. terrae*）	地生地杆菌（*T. terrigena*）	肿胀地杆菌（*T. tumescens*）
细胞形态	杆状/球状	杆状/球状	杆状	NR	杆状	杆状	长杆状	杆状	杆状/球状
菌落颜色	白色	白色	白色	白色	灰白色	黄色	黄色	灰黄色	白色/灰色
运动性	–	+	–	ND	–	–	–	–	w
碳源利用									
N-乙酰-D-葡萄糖胺	+	+	+	+	–	+	–	+	+
己二酸	ND	w	+	–	–	–	–	w	w
L-阿拉伯糖	–	–	+	–	+	–	–	–	+
癸酸盐	ND	–	+	–	ND	–	–	–	w
柠檬酸盐	–	–	+	–	–	–	+	–	–
葡萄糖酸盐	+	+	+	+	+	+	–	+	+
苹果酸盐	ND	+	+	+	+	–	–	+	–
麦芽糖	+	+	+	+	+	+	–	+	+
D-甘露醇	+	+	+	+	+	–	+	+	+
D-甘露糖	+	+	+	+	+	–	–	+	+
乙酸苯酯		–	–	–	–	–	–	–	w
酶活性（API ZYM）									
碱性磷酸酶	–	–	+	+	–	–	–	–	–
丁酸酯酶	ND	+	+	ND	ND	–	+	ND	+
胱氨酸芳基酰胺酶	+	–	w	–	w	+	–	+	–
β-葡萄糖苷酶	–	w	+	+	–	–	–	–	–
α-甘露糖苷酶	–	w	–	–	–	–	–	–	–
豆蔻酸盐脂肪酶	ND	+	–	NR	ND	–	–	ND	–
萘酚-AS-BI-磷酸水解酶	+	+	+	+	w	–	+	–	+
缬氨酸芳基酰胺酶	+	+	w	–	–	+	–	–	–

续表

特征	嗜气地杆菌（*T. aeriphilus*）	气生地杆菌（*T. aerolatus*）	噬一氧化碳地杆菌（*T. carboxydivorans*）	转化人参皂苷地杆菌（*T. ginsenosidimutans*）	韩国地杆菌（*T. koreensis*）	小石地杆菌（*T. lapilli*）	地地杆菌（*T. terrae*）	地生地杆菌（*T. terrigena*）	肿胀地杆菌（*T. tumescens*）
水解									
DNA	−	−	+	ND	+	+	−	ND	+
淀粉	+	+	−	ND	+	−	+	−	−
吐温 80	+	+	+	ND	+	−	−	−	−
酪氨酸	+	+	+	ND	ND	+	−	−	−
尿素	−	−	−	−	−	−	+	−	−
生长									
10℃	+	+	−	+	−	+	−	+	+
40℃	−	−	+	+	−	+	+	−	−
pH 4	+	+	+	−	−	+	−	−	−
pH 10	−	−	+	+	−	+	−	−	+
pH 12	−	−	w	−	−	+	−	−	+
无 NaCl	+	+	+	+	+	+	−	+	+
3% NaCl	+	+	+	+	−	+	−	+	+
5% NaCl	+	+	+	+	−	−	+	−	+
7% NaCl	+	−	−	−	−	−	+	−	−
细胞壁糖	Glc，Man，Rib	Glc，Rib，Rha，Xyl，Gal	ND	Gal，Rib，Fuc，Rha	GLC，Rib	Glc，Rha，Rib，Xyl，Ara	Fuc，Gal	Glc，Man，Ara，Xyl	ND
极性脂	DPG，PE，PI，PG，PGL	DPG，PE，PI，PL	DP，PE，PG，PI，APGL	DPG，PG，PE，PI，PL	DPG，PG，PE，PI，APGL，PL，APL	DPG，PE，PG，PI，PL	DPG，PE，PI，PGL	DPG，PG，PE，PI，PL，L	DPG，PE，PI，APGL
mol% G+C	73.0	71.7	75.6	69.2	71.0	72.6	71.0	71.6	73.0

注：Ara 表示阿拉伯糖；Fuc 表示海藻糖；Gal 表示半乳糖；Glc 表示葡萄糖；Rha 表示鼠李糖；Rib 表示核糖；Man 表示甘露糖；Xyl 表示木糖；DPG 表示心磷脂；PE 表示磷脂酰乙醇胺；PG 表示磷脂酰甘油；PI 表示磷脂酰肌醇；PL 表示未知磷脂；PGL 表示未知磷酸糖脂；APGL 表示未知氨基磷酸糖脂；APL 表示未知氨基磷脂。下同

meso-二氨基庚二酸，为 A1γ 型肽聚糖结构。主要的甲基萘醌为 MK-8(H_2)。主要脂肪酸为带分支的脂肪酸 anteiso-$C_{15:0}$ 和 anteiso-$C_{17:0}$。分枝菌酸不存在。广泛分布于乳制品、家禽、海洋和大陆环境等各种环境，也发现于人类皮肤及临床样品中。

DNA 的 G+C 含量（mol%）：55～70。

模式种：扩展短杆菌（*Brevibacterium linens*）；模式菌株的 16S rRNA 基因序列登录号：AF426135；基因组序列登录号：GCA_900169165；模式菌株保藏编号：DSM 20425=NBRC 12142。

目前该属包含 35 个种，常见种的鉴别特征见表 8-4。

表 8-4 短杆菌属（*Brevibacterium*）常见种的鉴别特征

特征	扩展短杆菌（*B. linens*）	白色短杆菌（*B. album*）	解氨短杆菌（*B. ammoniilyticum*）	古老短杆菌（*B. antiquum*）	橙色短杆菌（*B. aurantiacum*）	鸟短杆菌（*B. avium*）	乳酪短杆菌（*B. casei*）	速生短杆菌（*B. celere*）	大邱短杆菌（*B. daeguense*）	表皮短杆菌（*B. epidermidis*）	咸海鲜短杆菌（*B. jeotgali*）	碘短杆菌（*B. iodinum*）	藤黄短杆菌（*B. luteolum*）	马赛短杆菌（*B. massiliense*）	海短杆菌（*B. marinum*）
生长温度															
10℃	−	−	−	+	+	−	−	−	+	−	+	−	−	−	+
37℃	w	+	+	−	−	+	+	+	+	+	+	+	+	+	−
42℃	−	+	+	−	−	nd	nd	nd	+	−	−	+	nd	+	−
耐盐/（%, *w*/*v*）	10	5	11	18	15	nd	15	15	5	15	14	12	10	10	10
酪蛋白酶	+	nd	+	+	+	+	+	−	nd	−	−	+	+	nd	+
脂酶	−	−	+	nd	nd	−	nd	nd	nd	nd	−	−	+	w	−
氧化酶	w	−	−	+	+	+	−	+	−	−	nd	+	nd	−	−
吡嗪酰胺酶	+	+	−	+	+	nd	+	−	nd	+	nd	+	+	w	−
α-葡萄糖苷酶	−	−	+	−	−	−	v	+	nd	−	−	−	−	−	+
硝酸盐还原	+	−	+	−	+	+	v	−	+	v	+	+	−	−	+
利用乙酸苯酯产酸	+	nd	nd	nd	nd	nd	+	nd	−	nd	nd	+	nd	nd	nd
碳源利用															
D-阿拉伯糖	−	nd	−	nd	−	−	+	−	nd	+	−	−	−	−	nd
葡萄糖酸盐	−	nd	nd	+	−	−	+	−	nd	+	+	−	−	nd	nd
甘露醇	−	+	+	+	+	+	−	−	−	+	−	−	−	−	+

特征	麦氏短杆菌（*B. mcbrellneri*）	大洋短杆菌（*B. oceani*）	耳炎短杆菌（*B. otitidis*）	寡食短杆菌（*B. paucivorans*）	彼尔姆短杆菌（*B. permense*）	图画短杆菌（*B. picturae*）	松异舟蛾短杆菌（*B. pityocampae*）	拉芬斯堡短杆菌（*B. ravenspurgense*）	耐盐短杆菌（*B. salitolerans*）	三洋短杆菌（*B. samyangense*）	橘红短杆菌（*B. sandarakinum*）	血液短杆菌（*B. sanguinis*）	沉积物短杆菌（*B. sediminis*）	西里古里短杆菌（*B. siliguriense*）	蓬田短杆菌（*B. yomogidense*）
生长温度															
10℃	−	+	−	−	+	−	−	nd	−	+	+	nd	+	−	+

续表

特征	麦氏短杆菌（*B. mcbrellneri*）	大洋短杆菌（*B. oceani*）	耳炎短杆菌（*B. otitidis*）	寡食短杆菌（*B. paucivorans*）	彼尔姆短杆菌（*B. permense*）	图画短杆菌（*B. picturae*）	松异舟蛾短杆菌（*B. pityocampae*）	拉芬斯堡短杆菌（*B. ravenspurgense*）	耐盐短杆菌（*B. salitolerans*）	三洋短杆菌（*B. samyangense*）	橘红短杆菌（*B. sandarakinum*）	血液短杆菌（*B. sanguinis*）	沉积物短杆菌（*B. sediminis*）	西里古里短杆菌（*B. siliguriense*）	蓬田短杆菌（*B. yomogidense*）
37℃	+	−	+	+	+	v	+	+	+	+	−	+	+	+	+
42℃	nd	−	nd	nd	nd	−	+	nd	+	+	−	nd	−	−	−
耐盐/（%，*w*/*v*）	nd	12	nd	nd	18	15	10	nd	18	9	10	10	20	15	17
酪蛋白酶	+	+	+	−	+	nd	nd	nd	nd	−	nd	+	nd	−	+
脂酶	nd	−	−	−	nd	−	nd	+	nd	−	nd	nd	+	−	+
氧化酶	nd	−	nd	nd	+	+	−	nd	−	−	nd	−	+	−	−
吡嗪酰胺酶	−	+	+	−	+	+	nd	+	+	+	nd	+	nd	+	+
α-葡萄糖苷酶	−	−	−	−	−	−	nd	−	−	+	nd	+	nd	−	−
硝酸盐还原	−	−	−	−	−	v	+	−	−	−	nd	v	+	+	+
利用乙酸苯酯产酸	+	+	−	−	nd	nd	nd	nd	nd	nd	nd	+	nd	+	nd
碳源利用															
D-阿拉伯糖	−	−	−	−	−	nd	nd	−	−	nd	nd	+	nd	−	+
葡萄糖酸盐	−	+	−	−	+	nd	nd	−	nd	nd	nd	+	nd	−	nd
甘露醇	−	−	−	−	+	nd	−	−	−	+	−	−	nd	nd	−

注：nd 表示不确定。下同

8. 库特氏菌属（*Kurthia* Trevisan 1885）

幼龄培养物（12～24h）为具圆端、规则的不分支杆状，大小为 0.6～1.2μm×2.0～5.0μm，常常有平行的长链出现，有时有 5～10μm 的丝状体；有些种的老龄培养物（3～7 天）通常由球状细胞组成。革兰氏染色反应为阳性。以周生鞭毛运动，也有不运动的菌株。不形成内生孢子。不抗酸。严格好氧。最适生长温度为 20～25℃或 25～30℃。在蛋白胨酵母粉营养琼脂培养基上的生长物呈根状菌落；在营养明胶斜面的培养物呈“鸟羽毛”状。化能异养生长，呼吸而不是发酵代谢，利用葡萄糖产酸弱。广泛分布于环境中，常见于动物粪便和肉类产品中。

DNA 的 G+C 含量（mol%）：36.0～42.6。

模式种：佐氏库特氏菌（*Kurthia zopfii*）；模式菌株的 16S rRNA 基因序列登录号：X70321；基因组序列登录号：GCA_900452285；模式菌株保藏编号：DSM 20580=NBRC 101529。

目前该属包含 7 个种，种间鉴别特征见表 8-5。

表 8-5　库特氏菌属（*Kurthia*）种间鉴别特征

特征	杨树库特氏菌（*K. populi*）	华葵库特氏菌（*K. huakuii*）	马赛库特氏菌（*K. massiliensis*）	佐氏库特氏菌（*K. zopfii*）	吉氏库特氏菌（*K. gibsonii*）	西伯利亚库特氏菌（*K. sibirica*）	塞内加尔库特氏菌（*K. senegalensi*）
细胞形态	短杆状	短杆状	球杆状	杆状	杆状	球状	球杆状
厌氧生长	+	+	−	−	−	−	−
碳源利用							
吐温 40	+	+	−	w	w	w	nd
吐温 80	+	−	−	−	−	−	nd
N-乙酰-D-葡萄糖胺	−	+	+	+	−	−	nd
N-乙酰-D-甘露糖胺	−	+	−	w	−	−	nd
L-阿拉伯糖	+	+	−	−	−	w	nd
D-果糖	−	+	−	−	−	+	nd
D-半乳糖醛酸	+	−	−	−	−	−	nd
D-甘露糖	−	+	−	−	−	+	nd
D-核糖	+	−	−	−	−	−	nd
D-塔格糖	+	−	−	−	−	−	nd
乙酸	+	+	−	+	+	+	nd
α-羟基丁酸	w	+	+	+	−	−	nd
乳酰胺	+	−	−	−	−	−	nd
L-苹果酸	−	+	−	−	w	−	nd
丙酸	+	+	+	−	−	−	nd
L-丙氨酸	−	+	+	+	w	−	nd
L-谷氨酸	−	+	+	w	−	+	nd
L-丝氨酸	−	+	−	−	w	−	nd
甘油	−	+	+	−	+	−	nd
肌酐	−	+	+	+	+	−	nd
果糖-6-磷酸	+	−	−	−	−	−	nd
酶活性（API ZYM）							
碱性磷酸酶	+	+	−	−	+	+	+
酯酶（C4）	w	+	+	−	+	−	+
类脂酯酶（C8）	w	+	+	w	+	w	+
亮氨酸芳基酰胺酶	+	w	−	−	−	−	+
缬氨酸芳基酰胺酶	+	+	w	+	−	−	−
半胱氨酸芳基酰胺酶	w	+	+	−	+	−	−
α-糜蛋白酶	+	+	w	+	−	−	+
酸性磷酸酶	+	w	−	−	−	−	+
萘酚-AS-BI-磷酸水解酶	+	+	−	+	−	+	−
α-葡萄糖苷酶	+	−	+	−	−	−	−
mol% G+C	42.1～42.6	41.0	39.3	36.0～38.0	36.0～38.0	37.0	38.2

9. 小短杆菌属（*Brachybacterium* Collins, Brown and Jones 1988）

幼龄培养物的细胞呈细长杆状，大小为 0.50～0.75μm×1.50～2.50μm。不规则形状，有的细胞呈“V”形排列。在老的稳定期培养物中，杆状细胞断裂成球状。革兰氏染色反应为阳性。不运动，不抗酸。好氧。菌落呈白色或浅黄色。化能异养生长，呼吸代谢。利用葡萄糖和一些其他糖产酸。过氧化氢酶阳性，氧化酶阴性。还原硝酸盐。最适生长温度为 20～35℃。从家禽垫草上分离到。

DNA 的 G+C 含量（mol%）：68～73。

模式种：粪小短杆菌（*Brachybacterium faecium*）；模式菌株的 16S rRNA 基因序列登录号：X83810；基因组序列登录号：GCA_000023405；模式菌株保藏编号：DSM 4810=NBRC 14762。

目前该属包含 22 个种。

10. 节杆菌属（*Arthrobacter* Conn and Dimmick 1947）

在复杂的培养基上，属内主要的种均具有明显的杆球周期变化。幼龄培养物的细胞呈不规则的杆状，常呈“V”形排列，末端圆，但没有丝状体，在生长过程中杆状断裂成小球状，直径 0.6～1.0μm；单个、成对排列，不规则的堆状，稳定期的培养物几乎全部是球状；有些种在整个生长周期内均为球形。革兰氏染色反应为阳性，但很易褪色。有的种的杆状细胞运动，不形成内生孢子，不抗酸。好氧。化能异养生长。氧化代谢，利用葡萄糖或其他糖产生少量酸或不产酸。过氧化氢酶阳性。最适生长温度为 20～35℃。主要的脂肪酸为 anteiso-$C_{15:0}$、iso-$C_{15:0}$、anteiso-$C_{17:0}$ 和 iso-$C_{16:0}$；有些种含有显著量的 $C_{16:0}$。主要的呼吸醌为单饱和的和不饱和的具有 8～10 个类异戊二烯单位的甲基萘醌。细胞壁肽聚糖的二氨基酸为赖氨酸，肽聚糖结构为 A3α 或 A4α 型。广泛分布于环境中，土壤、淡水、海水、污水、人类皮肤等中均有发现。

DNA 的 G+C 含量（mol%）：55～72。

模式种：球形节杆菌（*Arthrobacter globiformis*）；模式菌株的 16S rRNA 基因序列登录号：X80736；基因组序列登录号：GCA_000238915；模式菌株保藏编号：DSM 20124=NBRC 12137。

目前该属包含 53 个种。

11. 冷杆菌属（*Cryobacterium* Suzuki 1997）

细胞呈不规则杆状，具有多形性。运动或不运动。不形成内生孢子。革兰氏染色反应为阳性，有时可变。生长温度为 6～28℃。多数种嗜冷或耐冷。严格好氧。过氧化氢酶阳性，氧化酶阴性。水解淀粉、酪素、七叶苷、明胶及 DNA 可变，因菌种不同而异。可发酵一些糖产酸。L-2,4-二氨基庚二酸为细胞壁二氨基酸，其他的氨基酸为丙氨酸、甘氨酸和谷氨酸（北极冷杆菌、喜中温冷杆菌、嗜冷冷杆菌和耐冷冷杆菌）。鼠李糖和岩藻糖是嗜冷冷杆菌的细胞壁特征性糖，葡萄糖和核糖是耐冷冷杆菌和喜中温冷杆菌的细胞壁特征性糖。细胞壁酰基为乙酰基（嗜冷冷杆菌）。主要的脂肪酸为 iso-支链脂肪酸和 anteiso-支链脂肪酸，以 anteiso-$C_{15:0}$ 为主。主要的呼吸醌为 MK-10。极性脂包含 DPG、

PG 和一个未知的糖脂。主要栖息于冰川、北极和南极的土壤与冰中。

模式种：嗜冷冷杆菌（*Cryobacterium psychrophilum*）；模式菌株的 16S rRNA 基因序列登录号：D45058；基因组序列登录号：GCA_004365915；模式菌株保藏编号：DSM 4854=NBRC 15735。

目前该属包含 15 个种，常见种的鉴别特征见表 8-6。

表 8-6　冷杆菌属（*Cryobacterium*）常见种的鉴别特征

特征	嗜冷冷杆菌（*C. psychrophilum*）	浅珊瑚色冷杆菌（*C. levicorallinum*）	黄色冷杆菌（*C. flavum*）	藤黄冷杆菌（*C. luteum*）	路普康湖冷杆菌（*C. roopkundense*）	耐冷冷杆菌（*C. psychrotolerans*）	北极冷杆菌（*C. arcticum*）	喜中温冷杆菌（*C. mesophilum*）
菌落颜色	粉色	浅珊瑚色	橘黄色	柠檬黄	粉色	苍黄色	浅黄色	苍黄色
生长温度/℃	4～18	0～18	0～19	0～21	0～20	0～25	6～28	20～28
利用水化合物产酸								
阿拉伯糖	−	+	+	−	−	+	−	−
核糖	−	+	+	−	+	−	ND	ND
木糖	−	+	−	−	−	+	(+)	ND
葡萄糖	+	−	+	+	−	−	+	+
果糖	−	+	+	+	+	−	ND	+
甘露糖	−	−	+	+	−	+	ND	+
山梨糖醇	−	+	−	−	+	−	−	ND
蔗糖	+	+	−	−	−	−	+	−
半乳糖	+	−	+	−	−	−	+	+
麦芽糖	+	−	−	+	−	−	+	−
甘露醇	−	+	−	−	+	−	+	+
肌醇	−	−	−	−	−	−	−	+
鼠李糖	−	−	−	−	ND	−	−	+
碳源利用								
葡萄糖	ND	+	+	+	−	+	+	+
果糖	ND	+	+	+	−	+	+	−
乳糖	ND	−	−	−	−	+	+	+
麦芽糖	ND	+	−	+	−	+	+	−
甘露糖	ND	+	+	+	+	+	+	+
棉籽糖	ND	−	−	−	−	−	+	+
核糖	ND	+	+	+	−	+	+	−
丙酸盐	−	−	−	+	+	−	ND	ND
阿拉伯糖	−	+	+	−	−	+	ND	−
蔗糖	−	+	−	+	+	−	+	ND
甘露醇	+	+	−	+	+	−	ND	+
纤维二糖	−	+	+	+	+	−	+	ND

续表

特征	嗜冷冷杆菌（*C. psychrophilum*）	浅珊瑚色冷杆菌（*C. levicorallinum*）	黄色冷杆菌（*C. flavum*）	藤黄冷杆菌（*C. luteum*）	路普康湖冷杆菌（*C. roopkundense*）	耐冷冷杆菌（*C. psychrotolerans*）	北极冷杆菌（*C. arcticum*）	喜中温冷杆菌（*C. mesophilum*）
菊糖	−	+	−	−	−	+	ND	ND
苹果酸盐	+	+	+	+	−	−	ND	+

12. 球杆菌属（*Sphaerobacter* Demharter et al. 1989）

细胞呈不规则杆状，大小为0.4～1.2μm×1.5～5.0μm。形状可变，有卵圆、膨大和棒状；单个、成对排列，不分支，有时呈“V”形。革兰氏染色反应为阳性。不运动。不形成内生孢子。好氧。最适生长温度为55～60℃。在营养琼脂培养基上菌落圆形和不透明。化能异养生长，呼吸代谢。利用葡萄糖不产酸。过氧化氢酶阳性，氧化酶阳性。极性脂包括2-酰基烷基二醇-1-*o*-磷酸肌醇（diolPI）、2-酰基烷基二醇-1-*o*-磷酰甘露糖苷（diolP-acylMan）、2-酰基烷基二醇-1-*o*-磷酸肌醇酰基甘露糖苷（diolPI-acylMan）、2-酰基烷基二醇-1-*o*-磷酸肌醇甘露糖苷（diolPI-Man）；主要的脂肪酸为$C_{18:0}$ 12-methyl和$C_{18:0}$。分离自热的污泥。

DNA的G+C含量（mol%）：39～47。

模式种（唯一种）：嗜热球杆菌（*Sphaerobacter thermophilus*）；模式菌株的16S rRNA基因序列登录号：AJ420142；基因组序列登录号：GCA_000024985；模式菌株保藏编号：DSM 20745=KCCM 41009。

13. 红色杆菌属（*Rubrobacter* Suzuki et al. 1989）

细胞呈多形的短杆状。没有分支和气生菌丝体。革兰氏染色反应为阳性。运动或不运动。好氧。化能异养生长，呼吸代谢。过氧化氢酶阳性，氧化酶可变。还原硝酸盐。嗜中温，中等嗜热或嗜热。细胞壁二氨基酸主要为L-赖氨酸，肽聚糖结构为A3α′型。主要的呼吸醌为MK-8。极性脂包括DPG、PG、一个未知的磷酸糖脂和一个未知的磷脂；有些种还有一个未知的磷酸糖脂和一个未知的磷脂。有些种含有高比例的内部分支的脂肪酸；有些种含有中等到高比例的iso-和anteiso-脂肪酸及内部分支的iso-脂肪酸；有些种还含有未鉴定的脂类成分。有些种耐干燥。有些种耐γ射线和紫外线。分离自日本经历过辐射的温泉、热污染废水、海绵及墙壁生物膜等。

DNA的G+C含量（mol%）：64.9～68.5（HPLC，T_m）。

模式种：耐辐射红色杆菌（*Rubrobacter radiotolerans*）；模式菌株的16S rRNA基因序列登录号：X87134；基因组序列登录号：GCA_900175965；模式菌株保藏编号：DSM 5868=NBRC 14777。

目前该属包含11个种。

14. 短小杆菌属（*Curtobacterium* Yamada et al. 1972）

在幼龄培养物中细胞呈小、短及不规则的杆状，大小为0.3～0.6μm×0.5～3.0μm；

老龄培养物变成类球状；单个，有时成对排列，常呈“V”形，但没有分支。革兰氏染色反应为阳性，但老细胞易褪色。以周生鞭毛运动，有的种不运动。不形成内生孢子。不抗酸。菌落光滑、凸起，通常乳白色、黄色或橙色。化能异养生长，营养要求不严格。严格好氧，呼吸代谢。利用葡萄糖和一些其他糖产少量酸。利用乙酸、丙酮酸和乳酸。过氧化氢酶阳性，DNA 酶阳性，不产生脲酶。水解明胶、七叶苷。不还原硝酸盐。最适生长温度为 25～30℃。肽聚糖含有 D-鸟氨酸，为 B2β 型；肽聚糖酰基类型为乙酰基。不存在分枝菌酸。主要脂肪酸为非羟基的脂肪酸，特别是 anteiso-甲基支链脂肪酸；有些种存在 ω-环己基十一烷酸。主要的极性脂为 PG、DPG 和一些糖基二酰基甘油（glycosyldiacylglycerol）。主要的多胺为亚精胺和精胺；不存在腐胺和尸胺。主要的呼吸醌为 MK-9。出现于植物、土壤和油田等中；萎蔫短小杆菌（*Curtobacterium flaccumfaciens*）是植物致病菌。

DNA 的 G+C 含量（mol%）：65.8～75.2。

模式种：柠檬色短小杆菌（*Curtobacterium citreum*）；模式菌株的 16S rRNA 基因序列登录号：MN894064；基因组序列登录号：GCA_006715175；模式菌株保藏编号：DSM 20528=NBRC 12677。

目前该属包含 8 个种。

15. 棍状杆菌属（*Clavibacter* Davis 1984）

细胞呈直或弯的多形细长杆状，大小为 0.40～0.75μm×0.80～2.50μm；不规则，常呈楔状或棍状，以单个细胞为主，也常有成对、呈“V”形排列，有时栅状；老龄培养物不呈球状，没有典型的球杆周期循环。革兰氏染色反应为阳性。不运动。不形成内生孢子。不抗酸。严格好氧。生长需要生长素。化能异养生长，呼吸代谢。利用葡萄糖和其他糖产酸弱。最适生长温度为 25～29℃，35℃不生长。过氧化氢酶阳性，氧化酶阴性，脂酶、脲酶及酪氨酸酶阴性。不能还原硝酸盐为亚硝酸盐，不水解酪素。细胞壁肽聚糖含有 2,4-二氨基丁酸，为 B2γ 型。未发现分枝菌酸。主要脂肪酸为非羟基的脂肪酸，特别是 iso-甲基支链脂肪酸和 anteiso-甲基支链脂肪酸。主要的极性脂为 PG、DPG 和一些糖基二酰基甘油。主要的多胺为亚精胺和精胺，存在少量腐胺。主要的呼吸醌为 MK-9。寄生于各种植物并致病。

DNA 的 G+C 含量（mol%）：65～75。

模式种：密歇根棍状杆菌（*Clavibacter michiganensis*）；模式菌株的 16S rRNA 基因序列登录号：JN603277；基因组序列登录号：GCA_002240575；模式菌株保藏编号：DSM 46364=JCM 9665。

目前该属包含 6 个种，种间鉴别特征见表 8-7。

表 8-7　棍状杆菌属（*Clavibacter*）种间鉴别特征

特征	密歇根棍状杆菌（*C. michiganensis*）	诡谲棍状杆菌（*C. insidiosus*）	内布拉斯加棍状杆菌（*C. nebraskensis*）	坏腐棍状杆菌（*C. sepedonicus*）	标记棍状杆菌（*C. tessellarius*）	辣椒棍状杆菌（*C. capsici*）
主要寄主植物	番茄	苜蓿	玉米	马铃薯	小麦	柿子椒
菌落颜色	黄色*	黄色/蓝色	橘色/黄色	白色	橘色	橘色

续表

特征	密歇根棍状杆菌（*C. michiganensis*）	诡谲棍状杆菌（*C. insidiosus*）	内布拉斯加棍状杆菌（*C. nebraskensis*）	坏腐棍状杆菌（*C. sepedonicus*）	标记棍状杆菌（*C. tessellarius*）	辣椒棍状杆菌（*C. capsici*）
菌落特征	流体	流体	圆形，产黏液	流体	圆形，产黏液	产黏液
CNS 培养基生长	+	−	+	−	+	ND
TTC 培养基生长	+	+	−	−	+	+
明胶液化	+	−	−	−	−	ND
果聚糖的产生	−	−	+	−	+	+
利用碳水化合物产酸						
山梨糖醇	−	−	+	+	+	ND
甘露醇	−	−	−	+	+	ND
碳源利用						
蜜二糖	+	−	+	−	−	+
海藻糖	w	+	+	+	+	+
岩藻糖	+	−	−	−	−	−
乙酸盐	+	−	+	+	−	ND
甘油	+	+	+	−	+	ND
琥珀酸盐	+	−	+	+	−	ND
水解七叶苷	+	+	+	+	+	ND
酶活性						
碱性磷酸酶	+	−	+	(+)	+	+
α-甘露糖苷酶	−	+	−	−	−	w

注：* 也有其他各种颜色或者无色

16. 气微菌属（***Aeromicrobium*** **Miller, Woese and Brenner 1978**）

细胞呈不规则小的短杆状，罕见球状（直径 0.3～0.6μm）；单个，很少呈“V”形、菌丝体或伸长的杆状细胞；可观察到典型的杆-球循环。革兰氏染色反应为阳性。不运动或运动。产生荚膜，不形成内生孢子，不抗酸。菌落光滑、凸起，米色、黄色或琥珀-米黄色。化能有机营养生长，好氧，呼吸代谢。多数过氧化氢酶阳性，阴性反应偶尔发生。有些种还原硝酸盐。一般生长在含有蛋白胨、酵母粉等的有机培养基上，一些种能生长在添加维生素的简单培养基上。利用果糖和一些其他糖产弱酸。嗜中温，最适生长温度为 25～37℃，生长温度为 4～42℃。多数不嗜盐或轻度嗜盐，有些种的生长需要盐。生长于中性至微碱性条件。细胞壁肽聚糖含有 LL-二氨基庚二酸，以及丙氨酸、谷氨酸和甘氨酸。主要的呼吸醌为 MK-9(H_4)。主要的脂肪酸为 $C_{18:1}$ $\omega 9c$、$C_{16:0}$、$C_{18:0}$ 10-methyl 和 $C_{16:0}$ 2OH。不存在分枝菌酸。主要的极性脂为 PG、DPG 和 PE，或者是 PG、DPG 和 PI。栖息于陆地及水生环境，常常与人类、动物和植物有关，产生抗生素。

DNA 的 G+C 含量（mol%）：65.5～75.9。

模式种：红霉素气微菌（*Aeromicrobium erythreum*）；模式菌株的 16S rRNA 基因序列登录号：AF005021；基因组序列登录号：GCA_001509405；模式菌株保藏编号：DSM

8599=JCM 8359。

目前该属包含 19 个种。

17. 微杆菌属（*Microbacterium* Orla-Jensen 1919）

在幼龄培养物中细胞呈细长、不规则的杆状，大小为 0.4～0.6μm×1.0～2.0μm，有的种的细胞可达到 6.0μm；单个或成对，有的排列成直角到“V”形，可能形成初步的分支，不形成菌丝体，老龄培养物杆状缩短，可出现球状，但无明显的杆-球周期。在酵母膏蛋白胨葡萄糖琼脂培养基上菌落不透明，有光泽，黄色。革兰氏染色反应为阳性。有些种如浅黄微杆菌（*Microbacterium flavescens*）和需土微杆菌（*Microbacterium terregens*）需要特殊的营养物质才可旺盛生长。不形成内生孢子。不抗酸。不运动或运动。一般严格好氧。过氧化氢酶阳性。化能异养生长，以呼吸代谢为主，也可能弱发酵。利用葡萄糖和一些其他糖产酸。利用一些有机酸。最适生长温度为 25～30℃。细胞壁肽聚糖包含 L-赖氨酸或 D-鸟氨酸，以及甘氨酸、丙氨酸和 D-谷氨酸，D-谷氨酸可能被羟基谷氨酸替代；含有 D-鸟氨酸的种及一些含有 L-赖氨酸的种含有高丝氨酸。肽聚糖的胞壁酸以 *N*-羟乙酰基形式存在。细胞壁糖主要包含半乳糖和鼠李糖，有的种含有葡萄糖、甘露糖、岩藻糖、6-脱氧塔罗糖和/或木糖，这些糖的种类因种而异。主要的呼吸醌为不饱和的 MK-11、MK-12、MK-13 和/或 MK-14；在有些种中发现了少量 MK-10。极性脂为 PG、DPG 和一个或多个糖脂。细胞脂肪酸主要为 anteiso-$C_{15:0}$、anteiso-$C_{17:0}$ 和 iso-$C_{16:0}$。发现于乳制品、土壤、空气、蘑菇茎内、污水、河水、湖水和昆虫等中。

DNA 的 G+C 含量（mol%）：63～75（HPLC，T_m）。

模式种：乳微杆菌（*Microbacterium lacticum*）；模式菌株的 16S rRNA 基因序列登录号：MT760359；基因组序列登录号：GCA_006716815；模式菌株保藏编号：DSM 20429=JCM 1379。

目前该属包含 119 个种。

18. 肾杆菌属（*Renibacterium* Sanders and Fryer 1980）

细胞呈规则短杆或球杆状，大小为 0.3～1.0μm×1.0～1.5μm。成对，有时呈短链。革兰氏染色反应为阳性，没有荚膜，不运动，不形成内生孢子。好氧。生长缓慢。最适生长温度为 15～18℃，37℃不生长，生长需要半胱氨酸、血和血清（特别是胎牛血清），木炭可促进生长。化能异养生长。不利用糖产酸。过氧化氢酶阳性，氧化酶阴性。不液化明胶。细胞壁二氨基酸为赖氨酸，另外还含有 D-丙氨酸、D-谷氨酸及甘氨酸。细胞壁糖包含半乳糖、鼠李糖、*N*-乙酰-D-葡萄糖胺及 *N*-乙酰岩藻糖胺。不存在分枝菌酸。主要的脂肪酸是 $C_{15:0}$ 和 anteiso-$C_{17:0}$。主要的呼吸醌为不饱和的 MK-9。该属是鲑鱼的专性致病菌。

DNA 的 G+C 含量（mol%）：53（T_m）。

模式种（唯一种）：鲑肾杆菌（*Renibacterium salmoninarum*）；模式菌株的 16S rRNA 基因序列登录号：X51601；基因组序列登录号：GCA_000018885；模式菌株保藏编号：DSM 20767=JCM 11484。

19. 糖球菌属（*Saccharococcus* Nystrand 1984）

细胞球形，直径 1.0～2.0μm，成簇排列。不运动。不形成内生孢子。革兰氏染色反应为阳性。细胞可被 100μg/mL 蛋清溶菌酶溶解。好氧。化能异养生长。利用单糖和二糖产酸，不产气。碳水化合物降解的主要产物为 L(+)-乳酸，最终 pH 低于 4.6。过氧化氢酶阳性，氧化酶阳性。MR 试验阳性。嗜热，最适生长温度为 68～70℃，最高生长温度可达 75～78℃。细胞壁肽聚糖二氨基酸为 *meso*-二氨基庚二酸；不存在磷壁酸。发现于糖厂，自然生境未知。

DNA 的 G+C 含量（mol%）：48。

模式种（唯一种）：嗜热糖球菌（*Saccharococcus thermophilus*）；模式菌株的 16S rRNA 基因序列登录号：MT760102；模式菌株保藏编号：ATCC 43125=DSM 4749。

第九章　兼性厌氧革兰氏阳性细菌

本章主要介绍28个兼性厌氧的革兰氏阳性细菌属，其中17个属归属于厚壁菌门（Firmicutes）芽孢杆菌纲（Bacilli），10个属归属于放线菌门（Actinobacteria）放线菌纲（Actinomycetia），1个属归属于厚壁菌门丹毒丝菌纲（Erysipelotrichia）（图9-1）。

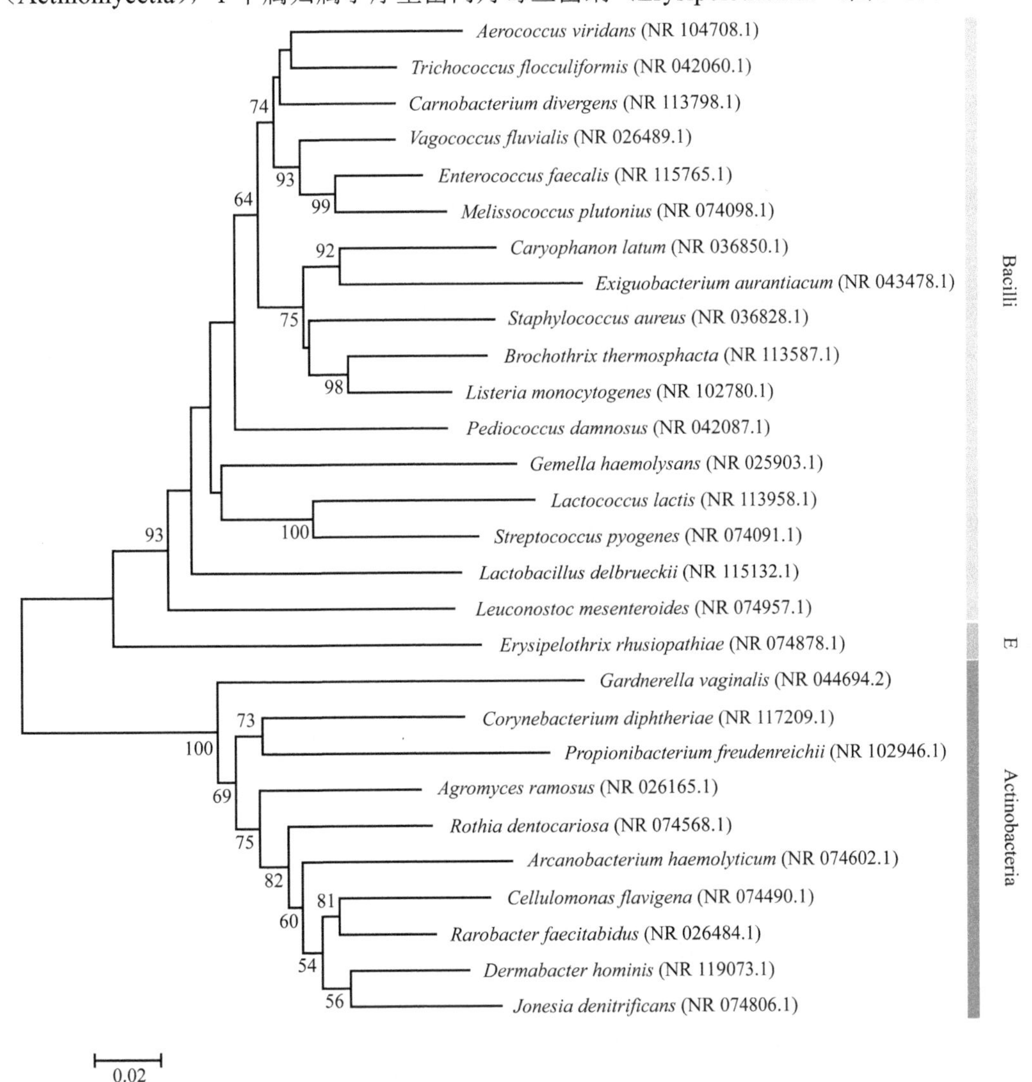

图9-1　基于各属模式菌株16S rRNA基因序列构建的系统发育树（邻接法）

显示大于50%的自举值，比例尺代表2%的序列差异。E代表Erysipelotrichia

本章不包括芽孢菌。关于芽孢菌常见属的描述及种间鉴别特征见本书第三章。

1. 蜜蜂球菌属（*Melissococcus* Bailey and Collins 1983）

细胞披针状卵圆形，大小为0.5～0.7μm×1.0μm，单个、成对或呈链状。多形性，有时杆状。革兰氏染色反应为阳性，但有时易褪色。苯胺黑染色为阴性。不运动。不形成内生孢子。不抗酸。过氧化氢酶阴性。厌氧到微好氧，在1%～5%（*v*/*v*）CO_2存在下生长最好。化能异养生长，需要在营养丰富的培养基中加入半胱氨酸或胱氨酸，产小菌落（直径约为1mm）。发酵葡萄糖或果糖，但罕见发酵其他糖，产酸弱（最终pH为5.3），主要产乳酸。需要Na∶K的比例为1∶1。最适生长温度为35℃，与兰氏（Lancefield）D群抗血清有反应。细胞壁肽聚糖包含赖氨酸，为Lys-Ala型。不含呼吸醌。该属是欧洲蜜蜂乳状病的病原菌。

DNA的G+C含量（mol%）：29～30（T_m）。

模式种（唯一种）：冥王星蜜蜂球菌（*Melissococcus plutonius*）；模式菌株的16S rRNA基因序列登录号：AB614100；基因组序列登录号：GCA_000270185；模式菌株保藏编号：ATCC 35311=CIP 104052。

2. 葡萄球菌属（*Staphylococcus* Rosenback 1884）

细胞球形，直径0.5～1.5μm，单个、成对、四联、短链（3或4个细胞），在多于一个平面分裂而呈不规则堆团。革兰氏染色反应为阳性。不运动。不形成内生孢子。通常不含荚膜，或形成有限的荚膜。兼性厌氧，除了金黄色葡萄球菌厌氧亚种（*Staphylococcus aureus* subsp. *anaerobius*）和解糖葡萄球菌（*S. saccharolyticus*），其余种均在好氧条件下生长更快。化能异养生长。既可呼吸亦可发酵，有些种以呼吸代谢为主，有些种以发酵为主。菌落不透明，白色至奶酪色，有时黄色至橙色。通常过氧化氢酶阳性，氧化酶阴性。可还原硝酸盐为亚硝酸盐。对溶葡萄球菌素敏感，但对溶菌酶不敏感。多数菌株可在10% NaCl及18～40℃生长。最适生长温度为30～37℃。细胞壁包含肽聚糖和磷壁酸。肽聚糖二氨基酸为L-赖氨酸，肽聚糖结构为A3型。呼吸醌为不饱和的甲基萘醌。电子传递链细胞色素为a和b（*S. fleuretti*、*S. lentus*、*S. sciuri*、*S. marinococcus*为c）。某些特殊的种可将乳糖或D-半乳糖通过塔格糖-6-磷酸途径或D-半乳糖降解途径（Leloir途径）代谢。以糖类和/或氨基酸为碳源和能源。好氧条件下，利用糖产酸。对于多数种，发酵条件下利用葡萄糖的主要产物为乳酸（L-乳酸和/或D-乳酸）；有氧条件下利用葡萄糖的主要产物为乙酸和CO_2。营养需求可变，多数种需要有机氮源，即某种氨基酸和B族维生素；个别种可以$(NH_4)_2SO_4$为唯一氮源生长。某些种在厌氧生长时需要尿嘧啶和/或可发酵的碳源。主要与温血动物皮肤和黏膜有关，常常分离自食品、尘埃和水。有的种是人和动物的条件致病菌，或产胞外毒素。

DNA的G+C含量（mol%）：27～41（T_m，Bd）。

模式种：金黄色葡萄球菌（*Staphylococcus aureus*）；模式菌株的16S rRNA基因序列登录号：MN652637；基因组序列登录号：GCA_001027105；模式菌株保藏编号：DSM 20231=JCM 20624。

目前该属包含52个种。

3. 片球菌属（*Pediococcus* Claussen 1903）

细胞球形，偶尔卵圆形，直径 0.5～1.0μm，单个、成对，可以交替以两个垂直方向分裂形成四联，不形成链状。革兰氏染色反应为阳性。不运动。不形成内生孢子。过氧化氢酶阴性（戊糖片球菌 *Pediococcus pentosaceus* 过氧化氢酶阳性或假阳性），氧化酶阴性。无细胞色素。兼性厌氧，有的菌株在有氧时会抑制生长。化能异养生长。同型发酵，发酵葡萄糖产生乳酸，不产 CO_2，主要产物是 DL-乳酸或 L(+)-乳酸。不还原硝酸盐。很少水解精氨酸。最适生长温度为 25～35℃。在 pH 5 下均可生长，pH 9 下不能生长（斯氏片球菌 *Pediococcus stilesii* 除外）。肽聚糖型为 Lys–D-Asp。出现于蔬菜和食品中；对植物或动物不致病。

DNA 的 G+C 含量（mol%）：35～44（T_m）。

模式种：有害片球菌（*Pediococcus damnosus*）；模式菌株的 16S rRNA 基因序列登录号：AF404721；基因组序列登录号：GCA_001437255；模式菌株保藏编号：DSM 20331=JCM 5886。

目前该属包含 12 个种。

4. 气球菌属（*Aerococcus* Williams, Hirch and Cowan 1953）

细胞卵圆形，直径 1.0～2.0μm，四联或成簇，单个和成对也可见。α-溶血。革兰氏染色反应为阳性。不运动。不形成内生孢子。兼性厌氧。化能异养生长。过氧化氢酶阴性，氧化酶阴性。在 6.5% NaCl 条件下可生长。MRS 液体培养基中不产气。利用各种碳水化合物产酸，不产气。产生或不产生亮氨酸氨肽酶和β-葡萄糖醛酸酶。不产生脲酶。V-P 试验阴性。对万古霉素敏感。不液化明胶。不还原硝酸盐。最适生长温度为 30℃，有些菌株在 10℃和 45℃可生长。无甲基萘醌。分布广泛，绿色气球菌常为医院的栖生菌，有些为人的致病菌，与龙虾病有关。

DNA 的 G+C 含量（mol%）：35～44（T_m）。

模式种：绿色气球菌（*Aerococcus viridans*）；模式菌株的 16S rRNA 基因序列登录号：AB680262；基因组序列登录号：GCA_001543285；模式菌株：DSM 2034=JCM 20461。

目前该属包含 8 个种。

5. 毛球菌属（*Trichococcus* Scheff et al. 1984）

细胞多形，球形到卵圆形，卵圆形细胞具有锥形末端，大小为 0.75～2.50μm×0.70～1.50μm，单个、成对或呈短或长的链状。革兰氏染色反应为阳性。一些种可运动。不形成内生孢子。耐氧。发酵代谢。过氧化氢酶阴性，氧化酶阴性。生长温度为−5～40℃，最适生长温度为 23～30℃；生长 pH 为 5.5～9.0。不产生吲哚。好氧条件下，代谢葡萄糖产生乳酸盐和乙酸盐；厌氧条件下，代谢葡萄糖产生甲酸盐、乙酸盐、乳酸盐和乙醇。肽聚糖型为 A4α 型，L-Lys–D-Asp。发现于活性污泥、沼泽、土壤、企鹅粪便等中。

DNA 的 G+C 含量（mol%）：45～49。

模式种：簇毛毛球菌（*Trichococcus flocculiformis*）；模式菌株的 16S rRNA 基因序列

登录号：AJ306611；基因组序列登录号：jgi.1055243；模式菌株保藏编号：ATCC 51221=DSM 2094。

目前该属包含 6 个种。

6. 明串珠菌属［*Leuconostoc* (van Teighem 1878) Hucker and Pederson 1930］

细胞球形或卵圆形，单个、成对或链状，经常伸长；在含葡萄糖培养基上生长时，细胞伸长，形态上与乳杆菌更接近，常常误以为杆状；在牛奶中培养，多数菌株呈球形。革兰氏染色反应为阳性。不运动。不形成内生孢子。不形成真正的荚膜。肠膜明串珠菌（*Leuconostoc mesenteroides*）的一些菌株产生胞外葡聚糖，形成致密的胞衣。化能异养生长。兼性厌氧。过氧化氢酶阴性，无细胞色素。不水解蛋白。不还原硝酸盐。不溶血。不产生吲哚。不水解精氨酸。不酸化和凝固牛奶。不嗜酸，一般初始生长 pH 为 6.5，尽管有时在 pH 4.5 下也生长。最适生长温度为 20～33℃，可在 5℃下生长。营养要求丰富，需要添加生长因子和氨基酸。所有种的生长需要烟酸、维生素 B_1、生物素和泛酸或其衍生物 4′-*O*-(α-吡喃葡萄糖基)-D-泛酸，不需要维生素 B_{12} 和 *p*-氨基苯甲酸。液体培养基中加入 0.05% 半胱氨酸可刺激生长。穿刺培养时，菌体集中于试管下 2/3 处。平板生长缓慢，培养 3～5 天菌落直径小于 1mm；当培养于混合气体（19.8% CO_2，11.4% H_2，其余为 N_2）中时，生长旺盛。菌落光滑，圆形，灰白。通过己糖单磷酸途径和磷酸转酮酶途径，发酵葡萄糖产生等摩尔数的 D(−)-乳酸、CO_2 和乙醇或乙酸盐。不含果糖 1,6-二磷酸醛缩酶；所有的种含有葡萄糖-6-磷酸脱氢酶（G-6-P-DH）；代谢葡萄糖可产生 D-核酮糖-5-磷酸和 CO_2；通过木酮糖 5-磷酸转酮酶发酵糖产生乙醇和 D(−)-乳酸；有些菌株在有氧条件下产生乙酸盐而不是乙醇；有些菌株将 L-苹果酸盐脱羧为 L(+)-乳酸盐，并且只有可发酵的碳水化合物才可以脱羧；不代谢多糖和醇类（除了甘露醇）。细胞壁短肽由丙氨酸、丝氨酸和赖氨酸组成。广泛分布于植物、乳制品和其他食品中。对人、动物及植物不致病。可发现人来源的柠檬明串珠菌（*L. citreum*）和假肠膜明串珠菌（*L. pseudomesenteroides*）菌株。

DNA 的 G+C 含量（mol%）：38～44（T_m，Bd）。

模式种：肠膜明串珠菌；模式菌株的 16S rRNA 基因序列登录号：AB596935；基因组序列登录号：GCA_000014445；模式菌株保藏编号：ATCC 8293=DSM 20343。

目前该属包含 15 个种。

7. 肠球菌属（*Enterococcus* Thiercelin and Jouhaud 1984）

细胞球形或卵圆形，单个、成对、短链，并且细胞常常在链的方向延长。不形成内生孢子。革兰氏染色反应为阳性。有时以稀疏的鞭毛运动。有些种是黄色的。耐干燥。溶血活性可变，因种而异。兼性厌氧，有些种嗜碳（CO_2 依赖）。营养需求复杂。化能异养生长；发酵代谢，同型乳酸发酵，发酵葡萄糖产生 L(+)-乳酸。过氧化氢酶阴性，但有些种培养在血平板上时，过氧化氢酶假阳性。最适生长温度为 35～37℃，有些种在 10～42℃甚至 45℃能生长。利用 D-阿拉伯糖、赤藓醇、D-海藻糖和 L-海藻糖、甲基 α-木糖苷和 L-木糖发酵产酸。广泛出现于环境中，特别是脊椎动物的粪便，多数种是动物肠道内生菌，也可发现于植物、发酵茶、奶酪等中，水中也可分离到。有时引起化脓感染。

DNA 的 G+C 含量（mol%）：35.1～44.9。

模式种：粪肠球菌（*Enterococcus faecalis*）；模式菌株的 16S rRNA 基因序列登录号：AB681179；基因组序列登录号：GCA_000392875；模式菌株保藏编号：DSM 20478=JCM 5803。

目前该属包含 51 个种。

8. 漫游球菌属（*Vagococcus* Collins et al. 1989）

细胞卵圆形，单个、成对或呈短链状，革兰氏染色反应为阳性。运动或不运动。不形成内生孢子。在 5%（*v/v*）羊血或马血平板上，产生 α-溶血反应。兼性厌氧，发酵代谢。过氧化氢酶阴性，氧化酶阴性。10℃生长，45℃不生长。MRS 液体培养基中不产气。D-葡萄糖和其他糖发酵产酸，以 L(+)-乳酸为主。不还原硝酸盐。产生吡咯烷基芳基酰胺酶和亮氨酸芳基酰胺酶。从碎牛肉、产酸发酵反应器、粪池、海豹、死亡海豚、水獭或鲑鱼等中分离到，也发现了人临床来源的菌株。有些菌株可能是潜在的致病菌。

DNA 的 G+C 含量（mol%）：34～40（T_m）。

模式种：河流漫游球菌（*Vagococcus fluvialis*）；模式菌株的 16S rRNA 基因序列登录号：X54258；基因组序列登录号：GCA_003987575；模式菌株保藏编号：ATCC 49515=DSM 5731。

目前该属包含 9 个种。

9. 乳球菌属（*Lactococcus* Schleifer et al. 1984）

细胞球形或卵圆形，单个、成对或呈链状，细胞经常在成链的方向延长。革兰氏染色反应为阳性。不形成内生孢子。不运动。不具有 β-溶血。兼性厌氧。过氧化氢酶阴性。化能异养生长，发酵代谢，葡萄糖发酵主要产生 L(+)-乳酸。营养要求复杂且多变。最适生长温度为 30℃，可在 10℃生长，在 45℃不生长；有些种在含 4% NaCl（*w/v*）的培养基中生长，有些不生长。肽聚糖为 A 型，短肽链第三位二氨基酸为赖氨酸。通常为兰氏（Lancefield）血清群 N。可能含有甲基萘醌。发现于发酵食物、乳制品、植物产品及蚂蚁肠道中。

DNA 的 G+C 含量（mol%）：34～43（T_m）。

模式种：乳酸乳球菌（*Lactococcus lactis*）；模式菌株的 16S rRNA 基因序列登录号：EU091395；基因组序列登录号：GCA_900099625；模式菌株保藏编号：ATCC 19435=DSM 20481。

目前该属包含 12 个种。

10. 链球菌属（*Streptococcus* Rosenbach 1884）

细胞球形或卵圆形，直径 0.5～2.0μm。在液体培养基中，以成对或链状出现。不运动。不形成内生孢子。革兰氏染色反应为阳性。有的种有荚膜。兼性厌氧，有些需要 CO_2 生长。化能异养生长，发酵代谢，主要产乳酸，但不产气。生长要求丰富。过氧化氢酶阴性。通常溶血。最适生长温度为 37℃，生长温度因种而异。无甲基萘醌。肽聚糖为 A 型，短肽链第三位二氨基酸为赖氨酸。细胞壁多糖构成了兰氏（Lancefield）血清群的基础。大多数链球菌的细胞壁中含鼠李糖，但在缓症链球菌群（mitis species group）

细胞壁中不含鼠李糖，而是含有大量核糖醇，这是该类群非常有价值的化学分类指征。多数种寄生于人和动物中，主要栖居在口腔和上呼吸道，有的种具有高致病性。

DNA 的 G+C 含量（mol%）：33～46。

模式种：酿脓链球菌（*Streptococcus pyogenes*）；模式菌株的 16S rRNA 基因序列登录号：AB002521；基因组序列登录号：GCA_002055535；模式菌株保藏编号：ATCC 12344=DSM 20565。

目前该属包含 95 个种。

11. 孪生球菌属（*Gemella* Berger 1960）

细胞卵圆形，细胞常常从两个互相垂直的平面分裂，常以成对排列（两个细胞相邻面扁平），或四联，成簇或形成短链。细胞可见多形性，可以观察到伸长及杆状的细胞。革兰氏染色反应为阳性，但某些菌株易脱色，导致革兰氏染色反应可变或为阴性，细胞直径 0.5～1.0μm，可以观察到“巨大”细胞。不运动。不形成内生孢子。兼性厌氧；有些菌株初分离时厌氧，但接种到合适的培养基时变为耐氧；提高 CO_2 浓度可能刺激生长；有些菌株需要厌氧。生长缓慢，在兔或马血平板上的菌落小，并常为 α 或 β 溶血。化能异养生长，生长需要含蛋白胨的丰富营养。发酵代谢，发酵葡萄糖和一些其他碳水化合物的主要产物是 L(+)-乳酸，但不产气。过氧化氢酶阴性，氧化酶阴性。最适生长温度为 35～37℃，10℃和 45℃都不生长；在 6.5% NaCl 中不生长。MRS 液体培养基中不产气。不水解七叶苷、明胶和马尿酸。多数菌株产生吡咯烷基芳基酰胺酶；产生或不产生亮氨酸芳基酰胺酶。不还原硝酸盐。对万古霉素敏感。是人口腔、肠道和呼吸道的专性寄生菌，有些是致病菌或条件致病菌，有些是健康人肠道菌群组成成分。易与奈瑟氏菌、韦荣氏菌和链球菌相混淆。

DNA 的 G+C 含量（mol%）：30～34。

模式种：溶血孪生球菌（*Gemella haemolysans*）；模式菌株的 16S rRNA 基因序列登录号：M58799；基因组序列登录号：GCA_008692995；模式菌株保藏编号：ATCC 10379=CCUG 37985。

目前该属包含 9 个种。

12. 棒杆菌属（*Corynebacterium* Lehmann and Neumann 1896）

细胞呈直或稍弯的细杆状，一般较短或中等长度，末端渐尖或棒状；有时椭圆或卵圆，*Corynebacterium matruchoti* 具鞭柄状，*C. sundsvallense* 呈中间膨大的细杆；细胞通常单个、成对、“V”形或几个平行细胞栅状排列。无气丝。革兰氏染色反应为阳性，有些细胞染色不均匀。细胞内常有异染粒或聚 β-羟基磷酸盐颗粒。不抗酸。不运动。不形成内生孢子。过氧化氢酶阳性。除牛棒杆菌（*C. bovis*）、金色黏液棒杆菌（*C. aurimucosum*）、斗山棒杆菌（*C. doosanense*）和海洋棒杆菌（*C. maris*）外，氧化酶均为阴性。有些种兼性厌氧，有些种好氧。化能异养生长。有些种嗜脂肪。多数菌株发酵葡萄糖和其他碳水化合物产酸，不产气。发酵代谢产物可能包括少量乙酸、琥珀酸和乳酸；某些种产生丙酸，为种特异性的性状。细胞壁肽聚糖二氨基酸为 *meso*-二氨基庚二酸（*meso*-DAP）。细胞壁肽聚糖含乙酰残基。主要的细胞壁糖为阿拉伯糖和半乳糖，偶尔也可检测到其他糖。有些种存在分枝菌酸。主要的脂肪酸为直链饱和及单不饱和脂肪酸（$C_{16:0}$、$C_{18:0}$、$C_{18:1}$ *ω9c*）；也可能含有少量或中等量的 $C_{18:0}$ 10-methyl 及其他脂肪酸；白喉棒杆菌（*C. diphtheriae*）、溃疡棒杆菌（*C. ulcerans*）、假结核棒杆菌（*C. pseudotuberculosis*）和居瘤胃棒杆菌（*C. vitaeruminis*）具有 $C_{16:1}$ *ω7c*；不含有或微量含有支链或羟基化的脂肪酸。呼吸醌主要为 MK-8(H_2) 或 MK-9(H_2)；在 *C. glaucum* 和 *C. lubricantis* 中检测到 MK-7(H_2)；在 *C. thomsseni* 中检测到少量 MK-10(H_2)。主要的极性脂为 PI、二甘露糖苷磷脂酰肌醇（phosphatidylinositol dimannoside）、磷脂酰甘油海藻糖二甲酸酯（phosphatidylglycerol trehalose dimycolate）和其他糖脂；除了 *C. bovis* 和 *C. urealyticum*，其他种不含 PE。有些种是人和动物的寄生菌和致病菌，有些种是植物致病菌，有些种栖息于土壤、水、空气、染菌的培养基及血液等中。

DNA 的 G+C 含量（mol%）：46～74。

模式种：白喉棒杆菌（*Corynebacterium diphtheriae*）；模式菌株的 16S rRNA 基因序列登录号：X82059；基因组序列登录号：GCA_001457455；模式菌株保藏编号：ATCC 27010=DSM 44123。

目前该属包含 100 个种。

13. 丙酸杆菌属（*Propionibacterium* Orla-Jensen 1909）

细胞呈多形态杆状，大小为 0.2～1.5μm×1.0～5.0μm，常为圆端或尖端的棒状；有的细胞为类球状、分叉或分枝，或丝状；细胞单个、成对或呈短链状，呈“V”或“Y”形出现或方形排列。有些菌株形成 5～20μm 肿胀的球状体。革兰氏染色反应为阳性。不运动，不形成内生孢子，不抗酸。厌氧、耐氧或微好氧，有些菌株可好氧生长。化能异养生长，发酵代谢，需要复杂营养，在标准的复合培养基（包括可发酵的糖类、多羟基的醇类、经其他细菌二级发酵产生的乳酸盐）上产生大量的丙酸和乙酸，这是该属的特征；也可产生异戊酸、甲酸、琥珀酸或乳酸和 CO_2。通常过氧化氢酶阳性。最适生长温度为 30～37℃。菌落光滑、凸起或粗糙，白色、灰色、粉色、红色、黄色或橘黄色。液体培养基中形成粒状或絮状团块。细胞壁二氨基酸为 *meso*-二氨基庚二酸或 LL-二氨基庚二酸。呼吸醌主要是 MK-9(H_4)。细胞脂肪酸主要是直链饱和脂肪酸、iso-和 anteiso-甲基支链脂肪酸（主要是 iso-$C_{15:0}$ 12/13-methyl 和 anteiso-$C_{15:0}$ 12/13-methyl），也存在少量单不饱和脂肪酸。主要发现于乳酪、乳制品和人的皮肤、感染的骨骼、大肠、泌尿生殖道、感染的眼睛、痤疮，以及牛肉芽肿病变、腐败的橙汁等中。

DNA 的 G+C 含量（mol%）：57～70。

模式种：费氏丙酸杆菌（*Propionibacterium freudenreichii*）；模式菌株的 16S rRNA 基因序列登录号：FJ859879；基因组序列登录号：GCA_000940845；模式菌株保藏编号：DSM 20271=NBRC 12424。

目前该属包含 6 个种，种间鉴别特征见表 9-1。

表 9-1　丙酸杆菌属（*Propionibacterium*）种间鉴别特征

特征	费氏丙酸杆菌（*P. freudenreichii*）	环己脂酸丙酸杆菌（*P. cyclohexanicum*）	痤疱丙酸杆菌（*P. acnes*）	产酸丙酸杆菌（*P. acidifaciens*）	澳大利亚丙酸杆菌（*P. australiense*）	南特丙酸杆菌（*P. namnetense*）
利用碳水化合物产酸						
核糖醇	d	−	d	nd	+	nd
苦杏仁苷	−	+	−	nd	−	nd
D-阿拉伯糖	+	−	−	nd	−	nd
纤维二糖	−	+	−	−	−	nd
卫矛醇	−	−	−	nd	nd	nd
赤藓醇	+	−	d	nd	−	nd
七叶苷	−	+	−	nd	−	nd
D-果糖	+	+	d	+	+	nd
半乳糖	+	+	d	nd	d	nd
D-葡萄糖	+	+	d	+	+	+
甘油	+	+	d	nd	nd	nd
糖原	−	−	−	nd	−	nd
肌醇	d	−	d	nd	+	nd
菊糖	−	−	−	nd	nd	nd
乳糖	d	+	−	+	d	−
麦芽糖	−	+	−	+	−	−
甘露醇	−	−	d	+	d	−
D-甘露糖	+	+	d	+	d	nd
松三糖	−	+	−	−	−	nd
蜜二糖	d	nd	−	+	nd	nd
D-棉籽糖	−	−	−	+	d	nd
鼠李糖	−	−	−	+	−	nd
核糖	d	−	d	+	d	+
水杨苷	−	+	−	−	d	nd
山梨糖醇	−	−	d	nd	−	nd
L-山梨糖	−	−	−	nd	nd	nd
淀粉	−	−	−	nd	−	nd
蔗糖	−	nd	−	+	−	−
海藻糖	−	+	−	nd	−	nd
D-木糖	−	−	−	nd	−	nd
水解七叶苷	+	+	−	−	+	nd
水解明胶	−	−	+	−	−	nd
水解淀粉	−	−	−	nd	−	nd

续表

特征	费氏丙酸杆菌（*P. freudenreichii*）	环己脂酸丙酸杆菌（*P. cyclohexanicum*）	痤疮丙酸杆菌（*P. acnes*）	产酸丙酸杆菌（*P. acidifaciens*）	澳大利亚丙酸杆菌（*P. australiense*）	南特丙酸杆菌（*P. namnetense*）
牛奶反应						
凝固	d	nd	d	nd	d	nd
消化	−	nd	d	nd	d	nd
产生吲哚	−	−	d	−	−	+
硝酸盐还原	−	−	d	−	+	+
过氧化氢酶	+	−	d	−	−	+
乙酰甲基甲醇	−	nd	−	nd	nd	nd
在 20% 胆汁中生长	+	nd	+	−	−	nd
mol% G+C	64～67	66.8	57～60	70	nd	59.7
二氨基酸同分异构体	*meso-*	*meso-*	LL-(*meso*)	nd	*meso-*	LL
肽聚糖中的氨基酸	Ala，Glu	Ala，Glu	Ala，Glu，（Gly）	nd	nd	nd
肽聚糖中的糖	Ga，M，Rh	Gl，Ga，M，Rh，Ri	Gl，M，（Ga）	nd	nd	nd

注：Ga 表示半乳糖；Gl 表示葡萄糖；M 表示甘露糖；Rh 表示鼠李糖；Ri 表示核糖。（Gly）和（Ga）表示仅存在于某些菌株中

14. 皮杆菌属（*Dermabacter* Jones and Collins 1989）

细胞呈短杆或球杆状。革兰氏染色反应为阳性。不运动。不形成内生孢子。不抗酸。兼性厌氧。化能异养生长。发酵代谢，利用葡萄糖和其他碳水化合物产酸。过氧化氢酶阳性，氧化酶阴性。不能还原硝酸盐为亚硝酸盐。能在 20～45℃生长。在 5% NaCl 中生长。细胞壁中含有 *meso*-二氨基庚二酸。主要的脂肪酸为 anteiso-支链脂肪酸、anteiso-甲基脂肪酸及 iso-支链脂肪酸。主要的极性脂为 PG、DPG、糖脂及氨基磷脂。呼吸醌为 MK-7、MK-8 和 MK-9。从人的皮肤、阴道分泌物及临床样品上分离到。

DNA 的 G+C 含量（mol%）：62.5～63.2（T_m）。

模式种：人皮杆菌（*Dermabacter hominis*）；模式菌株的 16S rRNA 基因序列登录号：X76728；基因组序列登录号：GCA_001570785；模式菌株保藏编号：ATCC 49369=DSM 7083。

目前该属包含 3 个种，种间鉴别特征见表 9-2。

表 9-2　皮杆菌属（*Dermabacter*）种间鉴别特征

特征	晋州皮杆菌（*D. jinjuensis*）	人皮杆菌（*D. hominis*）	阴道皮杆菌（*D. vaginalis*）
生长 pH	5～12	6～9	6～8
耐 NaCl 浓度/%	0～6	0～10	0～8
利用碳水化合物产酸			
D-半乳糖	−	+	+
D-甘露糖	−	+	+

续表

特征	晋州皮杆菌（*D. jinjuensis*）	人皮杆菌（*D. hominis*）	阴道皮杆菌（*D. vaginalis*）
D-核糖	−	+	+
N-乙酰-D-葡萄糖胺	+	w	−
苦杏仁苷	+	w	+
松三糖	−	w	+
龙胆二糖	+	−	+
甘油	−	−	+
酶活性			
碱性磷酸酶	+	+	−
胰蛋白酶	nd	−	+
α-半乳糖苷酶	+	−	w
焦谷氨酸芳基酰胺酶	+	+	+
吡嗪酰胺酶	nd	−	−
β-半乳糖苷酶	+	+	+
mol% G+C	62.6	63.2	62.5
呼吸醌	MK-8，MK-7，MK-9	MK-8，MK-9，MK-7	MK-8，MK-7，MK-9
极性脂	PC，PE，GL，UL	DPG，PG，GL，PL	DPG，PG，GL，AL

注：PE 表示磷脂酰乙醇胺；DPG 表示心磷脂；PG 表示磷脂酰甘油；PC 表示磷脂酰胆碱；PL 表示未知磷脂；GL 表示未知糖脂；AL 表示未知氨基脂；UL 表示未知的脂。下同

15. 显核菌属（*Caryophanon* Peshkoff 1939）

直或稍弯的多细胞杆菌（毛状体），大小为 1.0～3.5μm×4.0～20.0μm，圆端或渐尖的末端；一些毛状体可能形成短链，不分支。革兰氏染色反应为阳性。以周生鞭毛运动。不形成内生孢子。严格好氧。只有在含有牛粪的液体培养基上才可看到具典型形态的细胞。化能异养生长。乙酸和其他有机酸是可利用的碳源。需要生物素，硫胺素可刺激生长。过氧化氢酶阳性，氧化酶阴性。不产生吲哚。最适生长温度为 25～30℃。常分离自牛粪，致病性未知。

DNA 的 G+C 含量（mol%）：41～46（T_m）。

模式种：阔显核菌（*Caryophanon latum*）；模式菌株的 16S rRNA 基因序列登录号：X70314；基因组序列登录号：GCA_001700325；模式菌株保藏编号：ATCC 33407=DSM 14843。

目前该属包含 2 个种，种间鉴别特征见表 9-3。

表 9-3　显核菌属（*Caryophanon*）种间鉴别特征

特征	阔显核菌（*C. latum*）	细显核菌（*C. tenue*）
毛状体宽度/μm	2.3～3.5	1.0～2.0
毛状体长度/μm	6.0～20.0	4.0～10.0
每个毛状体的细胞数目/个	4～15	2～3
mol% G+C	44.0～45.6	41.2～41.6

续表

特征	阔显核菌（*C. latum*）	细显核菌（*C. tenue*）
基因组大小/（$\times10^6$Da）	1100～1200	900～1000
细胞壁	Lys-D-Glu	nd

16. 李斯特氏菌属（*Listeria* Pirie 1940）

细胞呈规则杆状，大小为0.4～0.5μm×0.5～2.0μm，具圆端，有的几乎是球状、单个出现或呈短链状；老细胞可呈6μm及以上的长丝。革兰氏染色反应为阳性。不形成内生孢子。不抗酸和无荚膜。培养于＜30℃时以周生鞭毛运动。好氧或兼性厌氧。在营养琼脂上培养24～48h，菌落直径0.5～1.5mm，呈低凸、半透明和全缘，中央呈水晶般透明；从平板琼脂表面挑起时具黏性，但易于乳化，挑取后在琼脂表面留下轻微印记；培养3～7天的老龄培养物中，菌落直径3～5mm，表面更加不透明，有时中间凹陷，形成凹凸不平的菌落。在含有0.25%（*w/v*）琼脂、8%（*w/v*）明胶和1.0%（*w/v*）葡萄糖的半固体培养基上，37℃生长24h，沿着穿刺线形成不规则、云雾状的扩展；在整个培养基内扩展很慢，最终形成3～5mm伞状条带。在正光照射下呈蓝灰色，在斜光照射下具特征性的蓝绿色调。需要有机生长因子。化能异养生长，葡萄糖发酵代谢，产生L(+)-乳酸、乙酸及其他终端产物。发酵其他糖产酸，不产气。过氧化氢酶阳性，氧化酶阴性。产生细胞色素。MR试验和V-P试验均为阳性。不利用柠檬酸盐。不产生吲哚。水解七叶苷和马尿酸钠。不水解明胶、酪素和牛奶。脲酶阴性。最适生长温度为30～37℃，可在＜0℃或45℃生长。60℃ 30min条件下细胞可被杀死。生长pH为6～9。可在含有10%（*w/v*）NaCl的营养肉汤中生长。分离自食物、奶酪、农场等，广泛分布于环境中，有的种对人和动物致病。

DNA的G+C含量（mol%）：36.0～42.5（T_m）。

模式种：单核细胞增生李斯特氏菌（*Listeria monocytogenes*）；模式菌株的16S rRNA基因序列登录号：AJ515512；基因组序列登录号：GCA_900187225；模式菌株保藏编号：ATCC 15313=DSM 20600。

目前该属包含17个种。

17. 索丝菌属（*Brochothrix* Sneath and Jones 1976）

细胞呈规则、不分枝的杆状，大小为0.6～0.7μm×1.0～2.0μm；单个、成链或长丝链，有时褶成有结的链；老龄培养物呈球状。革兰氏染色反应为阳性。无荚膜。不运动。不形成内生孢子。好氧及兼性厌氧。营养琼脂上生长24～48h，菌落直径0.75～1.00mm，不透明、凸起、边缘整齐；老龄培养物（超过2天）菌落边缘经常裂开，中心凸起，形成“荷包煎蛋”样菌落。需要有机生长因子。无色素。不溶血。在0～30℃皆能生长，最适生长温度为20～25℃。葡萄糖主要发酵产物是L(+)-乳酸及其他产物。过氧化氢酶阳性。含细胞色素。不还原硝酸盐。不水解精氨酸。不利用柠檬酸盐。脲酶阴性；不产生吲哚和H_2S。MR试验和V-P试验均为阳性。在pH 3.9及乙酸盐培养基上不生长。发酵许多碳水化合物产酸，但不产气。葡萄糖发酵的最终代谢产物主要为乙酸和乙酰甲基甲醇。三羧酸循环的酶几乎全部不存在。细胞壁二氨基酸为*meso*-二氨基庚二酸（*meso*-DAP）。不存在分枝菌酸。主要的脂肪酸为直链饱和脂肪酸，以及iso-和anteiso-甲基支链脂肪酸。呼吸醌为甲基萘醌。主要出现于肉产品中，广泛分布于环境中。

DNA的G+C含量（mol%）：36～38（T_m）。

模式种：热杀索丝菌（*Brochothrix thermosphacta*）；模式菌株的16S rRNA基因序列登录号：AB680248；基因组序列登录号：GCA_001715655；模式菌株保藏编号：ATCC 11509=DSM 20171。

目前该属包含2个种，种间鉴别特征见表9-4。

表9-4　索丝菌属（*Brochothrix*）种间鉴别特征

特征	乡间索丝菌（*B. campestris*）	热杀索丝菌（*B. thermosphacta*）
在8% NaCl中生长	−	+
在0.05%亚碲酸钾中生长并还原亚碲酸钾	−	+
水解马尿酸	+	−
利用鼠李糖产酸	+	−

18. 琼斯氏菌属（*Jonesia* Rocourt and Stackebrandt 1987）

细胞呈不规则的细长杆状，主要单个排列，有的种呈“Y”形和棒状；老龄培养物中，可能出现球状或丝状体。革兰氏染色反应为阳性，老龄细胞的革兰氏染色反应可变。反硝化琼斯氏菌（*Jonesia denitrificans*）在营养琼脂上菌落小、凸起、光滑、半透明到不透明、灰色，10～20天后菌落变黄色；青海琼斯氏菌（*J. quinghaiensis*）在海水琼脂上菌落呈假根状，微黄色。过氧化氢酶阳性，氧化酶阴性。运动或不运动。不形成内生孢子。不抗酸。兼性厌氧。最适生长温度为30℃。在5% NaCl中可生长，但在10% NaCl中不生长。化能异养菌。利用葡萄糖和一些碳水化合物产酸，不产气。肽聚糖类型为L-Lys–L-Ser–D-Glu（A4α型）；半乳糖为唯一的细胞壁糖。无分枝菌酸。主要极性脂为PG、PI、DPG和未知的磷酸糖脂及少量未知的磷脂。主要的呼吸醌为MK-9。主要的脂肪酸为anteiso-$C_{15:0}$和$C_{16:0}$，也可检测到iso-$C_{16:0}$。系统发育上与皮杆菌属（*Dermabacter*）和小短杆菌属（*Brachybacterium*）最近。分离自煮过的牛血或碱湖，其他生境尚不清楚。

DNA的G+C含量（mol%）：56～58。

模式种：反硝化琼斯氏菌；模式菌株的16S rRNA基因序列登录号：X83811；基因组序列登录号：GCA_000024065；模式菌株保藏编号：ATCC 14870=DSM 20603。

目前该属包含2个种，种间鉴别特征见表9-5。

表9-5　琼斯氏菌属（*Jonesia*）种间鉴别特征

特征	青海琼斯氏菌（*J. quinghaiensis*）	反硝化琼斯氏菌（*J. denitrificans*）
碳水化合物产酸（API 50CHE）		
苦杏仁苷	+	−
蜜二糖	+	−
D-来苏糖	+	−

续表

特征	青海琼斯氏菌（*J. quinghaiensis*）	反硝化琼斯氏菌（*J. denitrificans*）
葡萄糖酸盐	+	−
碳源利用（Biolog GP2）		
甘露聚糖	−	w
苦杏仁苷	+	−
D-纤维二糖	−	+
D-半乳糖	−	+
D-葡萄糖酸	+	−
β-甲基-D-半乳糖苷	−	w
3-*O*-甲基葡萄糖	−	+
异麦芽酮糖	−	w
D-山梨糖醇	−	+
D-塔格糖	−	w
松二糖	−	+
乙酸	−	+
甲基丙酮酸盐	+	−
丙酸	−	w
丙酮酸	−	w
N-乙酰-L-谷氨酸	−	w
2,3-丁二醇	−	w
肌苷	−	+
胸苷	−	+
脲苷	−	+
运动性	−	+
菌落颜色	微黄色	淡灰色，后期微黄色

19. 罗氏菌属（*Rothia* Geory and Brown 1967）

细胞呈不规则杆状，通常直径 1.0μm；通常是球状、杆状和丝状的混合体，也可能全部细胞是其中的一种。具有直径 5μm 的不规则膨大和锤状末端；革兰氏染色反应为阳性。不抗酸。不运动。没有荚膜。菌落常常白色或奶白色、光滑或粗糙，一般质地柔软，但也可能呈干燥易碎或黏液状。最适生长温度为 35～37℃。通常过氧化氢酶阳性［胶胨罗氏菌（*Rothia mucilaginosa*）为阴性］。化能异养生长，兼性厌氧，发酵代谢。利用葡萄糖主要产乳酸和少量乙酸，不产丙酸。细胞壁肽聚糖结构为 A3α 型，包含丙氨酸、谷氨酸和赖氨酸，不含二氨基庚二酸；细胞壁糖包括果糖、半乳糖和葡萄糖，不含 6-脱氧塔罗糖或阿拉伯糖。主要的呼吸醌为 MK-7。栖息于人的口腔和喉部，可能是条件致病菌，也分离自下水道污泥、猪舍排风系统、土壤及植物根内。

DNA 的 G+C 含量（mol%）：54～60（T_m）。

模式种：龋齿罗氏菌（*Rothia dentocariosa*）；模式菌株的 16S rRNA 基因序列登录号：M59055；基因组序列登录号：GCA_000164695；模式菌株保藏编号：ATCC 17931=DSM 46363。

目前该属包含 8 个种，种间鉴别特征见表 9-6。

表 9-6　罗氏菌属（*Rothia*）种间鉴别特征

特征	土壤罗氏菌（*R. terrae*）	空间罗氏菌（*R. aeria*）	污水沟罗氏菌（*R. amarae*）	龋齿罗氏菌（*R. dentocariosa*）	胶胨罗氏菌（*R. mucilaginosa*）	鼠鼻罗氏菌（*R. nasimurium*）	植物内生罗氏菌（*R. endophytica*）	气传罗氏菌（*R. aerolata*）
过氧化氢酶	+	+	+	+	−	+	+	+
胰蛋白酶	−	nd	−	−	−	+	+	−
缬氨酸芳基酰胺酶	−	nd	−	−	−	+	+	−
碱性磷酸酶	+	−	−	−	+	−	−	−
β-葡萄糖苷酶	+	+	−	+	+	−	+	−
V-P 试验	+	nd	+	+	+	−	+	−
产酸								
乳糖	+	−	−	−	−	+	−	−
核糖	−	−	+	+	−	−	−	−
碳源利用（Biolog GP2）								
3-*O*-甲基葡萄糖	+	+	−	−	+	+	−	nd
α-甲基-D-葡萄糖苷	−	+	+	−	−	−	−	nd
β-甲基-D-葡萄糖苷	−	+	+	−	+	+	−	nd
D-阿洛酮糖	+	+	(+)	−	−	+	−	nd
水杨苷	−	+	−	−	+	−	−	nd
L-苹果酸	−	−	−	+	−	−	−	nd
α-羟基丁酸	−	+	−	+	−	−	−	nd
丙酮酸	−	−	−	(+)	+	+	−	nd
琥珀酸	−	−	−	+	−	−	−	nd
L-乳酸	+	+	(+)	+	−	−	−	nd
甲基丙酮酸盐	+	−	−	+	+	−	−	nd
单甲基琥珀酸盐	−	−	−	(+)	−	−	−	nd
2,3-丁二醇	−	−	−	+	+	+	−	nd
甘油	+	+	+	+	−	+	+	nd
DL-α-磷酸甘油	−	−	−	−	+	−	+	nd
主要呼吸醌	MK-7	MK-7	MK-6(H_2)，MK-7	MK-7	MK-7	nd	MK-7	MK-8，MK-7
mol% G+C	56.1	57.8	54.5	nd	56～61	56	53.2	58.9

20. 纤维单胞菌属（*Cellulomonas* Bergey et al. 1923）

在幼龄培养物中细胞为细长的不规则杆状，大小为 0.3～0.7μm×1.0～4.0μm，直到稍弯，有的呈“V”形排列，偶见分支，有一个种具丝状体；老龄培养物的杆通常变短，有少数球状细胞出现。革兰氏染色反应为阳性，但易褪色。常以一根或少数鞭毛运动，或不运动。不形成内生孢子。不抗酸。好氧，多数菌株也可厌氧生长。最适生长温度为 30℃。在蛋白胨酵母膏琼脂培养基上的菌落通常凸起，淡黄色。化能异养菌，既可呼吸代谢也可发酵代谢。利用葡萄糖和其他碳水化合物在好氧与厌氧条件下都产酸。过氧化氢酶阳性。多数菌株可能分解纤维素，还原硝酸盐为亚硝酸盐。细胞壁肽聚糖包含鸟氨酸；二氨基酸为谷氨酸或天冬氨酸。主要的呼吸醌为 MK-9(H_4)。广泛分布于土壤和腐败的蔬菜中，临床样品中也有发现，但致病性未知。

DNA 的 G+C 含量（mol%）：68.5～76.0。

模式种：产黄纤维单胞菌（*Cellulomonas flavigena*）；模式菌株的 16S rRNA 基因序列登录号：X79463；基因组序列登录号：GCA_000092865；模式菌株保藏编号：ATCC 482=DSM 20109。

目前该属包含 24 个种，常见种的鉴别特征见表 9-7。

表 9-7　纤维单胞菌属（*Cellulomonas*）常见种的鉴别特征

特征	产黄纤维单胞菌（*C. flavigena*）	双氮纤维单胞菌（*C. biazotea*）	博戈里亚产黄纤维单胞菌（*C. bogoriensis*）	纤维纤维单胞菌（*C. cellasea*）	堆肥纤维单胞菌（*C. composti*）	丹佛纤维单胞菌（*C. denverensis*）	粪纤维单胞菌（*C. fimi*）
菌丝体	−	−	−	−	−	−	−
运动性	+	+	+	−	−	+	+
过氧化氢酶	+	+	+	+	−	+	+
硝酸盐还原	+	+	−	+	+	+	+
脲酶	−	−	−	−	−	−	−
碳源利用							
乙酸	+	+	nd	+	nd	nd	−
糊精	+	−	nd	−	nd	nd	w
葡萄糖酸钠	+	−	−	−	−	nd	−
乳糖	−	+	−	−	w	nd	+
乳酸盐	−	+	−	+	nd	nd	+
甘露醇	−	−	−	+	−	nd	−
甘露糖	nd	+	+	+	+	nd	+
棉籽糖	−	+	−	−	NR	−	−
鼠李糖	−	+	w	−	−	nd	+
核糖	+	−	−	−	w	nd	−
木糖	+	+	+	+	+	nd	+

续表

特征	产黄纤维单胞菌（*C. flavigena*）	双氮纤维单胞菌（*C. biazotea*）	博戈里亚产黄纤维单胞菌（*C. bogoriensis*）	纤维纤维单胞菌（*C. cellasea*）	堆肥纤维单胞菌（*C. composti*）	丹佛纤维单胞菌（*C. denverensis*）	粪纤维单胞菌（*C. fimi*）
水解							
酪素	nd	nd	+	nd	nd	−	nd
纤维素	+	+	+	+	+	nd	+
DNA	−	−	+	−	+	nd	−
七叶苷	+	+	+	+	+	+	+
明胶	+	+	+	−	w	−	+
淀粉	+	nd	+	nd	+	nd	nd
肽聚糖组成	L-Orn−Asp	L-Orn−D-Glu	L-Orn−D-Asp	L-Orn−D-Glu	L-Orn−D-Glu	nd	L-Orn−D-Glu
主要的脂肪酸	anteiso-$C_{15:0}$	anteiso-$C_{15:0}$，iso-$C_{15:0}$，$C_{16:0}$	anteiso-$C_{15:0}$，$C_{16:0}$	anteiso-$C_{15:0}$，$C_{16:0}$，anteiso-$C_{17:0}$	anteiso-$C_{15:0}$，$C_{16:0}$，$C_{14:0}$，$C_{18:0}$	$C_{15:0}$，anteiso-$C_{15:0}$，anteiso-$C_{17:0}$	$C_{16:0}$，anteiso-$C_{17:0}$
细胞壁糖	$GlcNH_2$，Rha，Man，Rib	$GlcNH_2$，Rha，Gal，6dTal	nd	Rha，Man，6dTal	Man，Glu	Man，Rha，Rib	$GlcNH_2$，Rha，Fuc，Glc
mol% G+C	72.7～74.8	71.5～75.6	71.5	75	73.7	68.5	71.0～72.0

特征	冷纤维单胞菌（*C. gelida*）	人纤维单胞菌（*C. hominis*）	土生纤维单胞菌（*C. humilata*）	伊朗纤维单胞菌（*C. iranensis*）	波斯纤维单胞菌（*C. persica*）	土地纤维单胞菌（*C. terrae*）	潮湿纤维单胞菌（*C. uda*）	解木聚糖纤维单胞菌（*C. xylanilytica*）
菌丝体	NR	−	+	−	−	−	−	−
运动性	+	+	−	+	+	−	−	−
过氧化氢酶	+	+	−	nd	nd	−	+	+
硝酸盐还原	−	+	−	+	+	+	+	+
脲酶	−	−	−	+	+	−	−	−
碳源利用								
乙酸	+	nd	−	+	+	−	+	−
糊精	−	+	+	+	+	nd	+	nd
葡萄糖酸钠	−	+	+	−	−	−	−	−
乳糖	d	+	+	−	−	+	+	+
乳酸盐	−	nd	−	−	−	−	−	−
甘露醇	nd	−	+	nd	nd	−	−	−
甘露糖	nd	nd	+	+	+	+	nd	+
棉籽糖	−	+	w	−	−	−	−	nd
鼠李糖	−	+	+	nd	nd	w	−	+
核糖	−	−	w	−	−	−	−	−
木糖	+	+	w	nd	nd	+	+	+

续表

特征	冷纤维单胞菌（*C. gelida*）	人纤维单胞菌（*C. hominis*）	土生纤维单胞菌（*C. humilata*）	伊朗纤维单胞菌（*C. iranensis*）	波斯纤维单胞菌（*C. persica*）	土地纤维单胞菌（*C. terrae*）	潮湿纤维单胞菌（*C. uda*）	解木聚糖纤维单胞菌（*C. xylanilytica*）
水解								
酪素	nd	nd	+	nd	nd	−	nd	−
纤维素	+	−	w	+	+	+	+	+
DNA	+	+	nd	+	+	+	+	nd
七叶苷	nd	+	+	nd	nd	+	+	
明胶	+	+	w	W	w	nd	+	w
淀粉	+	nd	+	+	+	+	+	+
肽聚糖组成	L-Orn−D-Glu	L-Orn−D-Glu	L-Orn−D-Glu	L-Orn−D-Asp	L-Orn−D-Asp	L-Orn−D-Glu	L-Orn−D-Glu	L-Orn−D-Glu
主要的脂肪酸	anteiso-$C_{15:0}$，$C_{15:0}$	anteiso-$C_{15:0}$，$C_{16:0}$，anteiso-$C_{17:0}$	anteiso-$C_{15:0}$，anteiso-$C_{17:0}$，$C_{16:0}$	nd	nd	anteiso-$C_{15:0}$，iso-$C_{15:0}$，$C_{16:0}$	nd	anteiso-$C_{15:0}$，iso-$C_{15:0}$，$C_{18:0}$
细胞壁糖	$GlcNH_2$，Glc	Man，Fuc，Rha	Rha，Fuc，Glc	$GlcNH_2$，Rha，(Man)	$GlcNH_2$，Rha，(Man)	Rha，Gal，Glc	$GlcNH_2$，Man	Rha，Man，Fuc
mol% G+C	72.4～74.4	76	73	nd	nd	73.9	72	73

注：Asp 表示天冬氨酸；Glu 表示谷氨酸；Orn 表示鸟氨酸；6dTal 表示 6-脱氧葡萄糖；Fuc 表示岩藻糖；Gal 表示半乳糖；Glc 表示葡萄糖；Man 表示甘露糖；Rha 表示鼠李糖；$GlcNH_2$ 表示氨基葡萄糖；Rib 表示核糖。(Man) 表示仅存在于某些菌株中

21. 稀有杆菌属（*Rarobacter* Yamamoto et al. 1988）

细胞呈小而不规则杆状，大小为 0.2～0.3μm×0.8～1.0μm，单生为主，也有“V”形排列，不分支。幼龄培养物的革兰氏染色反应为阳性，老龄培养物的革兰氏染色反应可变。以丛生鞭毛运动。不形成内生孢子。不抗酸。兼性厌氧。化能有机营养生长。嗜中温，最适生长温度为 30℃，最适生长 pH 为 6～8。好氧生长需要血红蛋白、高铁血红素；厌氧生长需要 CO_2；溶渣腐稀有杆菌（*Rarobacter faecitabidus*）好氧生长还需要维生素 B_1 和生物素。可利用铵盐为氮源，但不利用硝酸盐。发酵代谢。利用葡萄糖和一些碳水化合物产酸，不产气；溶渣腐稀有杆菌发酵纤维二糖不产酸；而 *R. incanus* 发酵纤维二糖产酸。不利用有机酸。水解酪素、淀粉和明胶，不水解纤维素。过氧化氢酶溶渣腐稀有杆菌阳性，*R. incanus* 阴性；氧化酶阳性。细胞壁二氨基酸为 L-鸟氨酸；细胞壁肽聚糖类型为 A4β，氨基酸组成为 D-丙氨酸、L-丙氨酸、D-谷氨酸、L-鸟氨酸和 D-丝氨酸；不存在分枝菌酸和磷壁酸。主要的脂肪酸为 iso-$C_{16:0}$ 和 anteiso-$C_{15:0}$。主要的呼吸醌为 MK-9(H_4)。分离自酿造厂的活性污泥，能吸附和溶解活酵母细胞（酵母属 *Saccharomyces*、念珠菌属 *Candida*、红酵母属 *Rhodotorula* 和汉逊酵母属 *Hansenula*）。

DNA 的 G+C 含量（mol%）：64.6～66.1。

模式种：溶渣腐稀有杆菌；模式菌株的 16S rRNA 基因序列登录号：Y17870；基因组序列登录号：GCA_006716265；模式菌株保藏编号：ATCC 49628=DSM 4813。

目前该属包含 2 个种。

22. 丹毒丝菌属（*Erysipelothrix* Rosenbach 1909）

细胞呈直到微弯的细杆状，大小为 0.2～0.4μm×0.8～2.5μm，或者直径 0.5μm，长 1.5～3.0μm，末端圆；有形成长丝的倾向，常有 60μm 以上的长丝。单个、成对、短链或“V”形，或者聚在一起无特殊排列。菌落小，通常透明，无色。革兰氏染色反应为阳性。不运动。无荚膜。不形成内生孢子。不抗酸。化能异养生长。兼性厌氧。血平板上具有 α 溶血反应，形成狭窄条带；无 β 溶血反应。最适生长温度为 30～37℃，5～42℃均可生长。60℃下 15min 细胞可被杀死。过氧化氢酶阴性，氧化酶阴性。发酵作用弱。利用葡萄糖和其他少数碳水化合物产酸，不产气。需要有机生长因子。细胞壁肽聚糖为 B 型，含有赖氨酸。无分枝菌酸。主要脂肪酸为 $C_{18:1}$ *cis*-9、$C_{16:0}$ 和 $C_{18:0}$。广泛分布于自然界，通常寄生于哺乳动物、鸟类和鱼中；有的种对哺乳动物和鸟类致病。

DNA 的 G+C 含量（mol%）：34.8～40.0（T_m，Bd）。

模式种：猪红斑丹毒丝菌（*Erysipelothrix rhusiopathiae*）；模式菌株的 16S rRNA 基因序列登录号：AB019247；基因组序列登录号：GCA_900637845；模式菌株保藏编号：ATCC 19414=DSM 5055。

目前该属包含 5 个种，常见种的鉴别特征见表 9-8。

表 9-8　丹毒丝菌属（*Erysipelothrix*）常见种的鉴别特征

特征	猪红斑丹毒丝菌（*E. rhusiopathiae*）	扁桃体丹毒丝菌（*E. tonsillarum*）	意外丹毒丝菌（*E. inopinata*）
生长温度（最适）/℃	20～40（37）	20～40（37）	20～40（30）
mol% G+C	35.9	36.2	34.8
水解明胶	+	+	−
水解七叶苷	−	−	+
碳源利用（Biolog GP2）			
糊精	+	w	+
龙胆二糖	+	w	w
α-D-葡萄糖	+	w	w
3-甲基-D-葡萄糖	+	w	+
异麦芽酮糖	−	+	+
松二糖	+	w	w
D-核糖	−	+	+
α-酮戊二酸	w	w	−
L-乳酸	−	−	+
α-乙酰-D-甘露糖苷	+	−	−
水苏糖	+	−	−
α-羟基丁酸	−	−	+
乳酰胺	−	−	+
D-乳酸甲酯	−	−	+

续表

特征	猪红斑丹毒丝菌（*E. rhusiopathiae*）	扁桃体丹毒丝菌（*E. tonsillarum*）	意外丹毒丝菌（*E. inopinata*）
L-苹果酸	−	−	−
丙酰胺	−	−	w
L-丝氨酸	−	−	−
甘油	−	−	w

23. 肉杆菌属（*Carnobacterium* Collins et al. 1987）

细胞呈直的细长杆状，有时弯曲，单个、成对、有时成链。革兰氏染色反应为阳性。运动或不运动。不形成内生孢子。化能异养生长。异型发酵，利用葡萄糖主要产 L(+)-乳酸；更新世肉杆菌（*Carnobacterium pleistocenium*）不产乳酸，而是产生乙醇、乙酸和 CO_2；发酵葡萄糖一般不产气（有时产气）。兼性厌氧。耐冷，多数种 0℃可生长，45℃不生长。在 8% NaCl 中不生长。在 pH 5.4 的乙酸固体或液体培养基上不生长，但在 pH 9.0 时生长良好。过氧化氢酶阴性，氧化酶阴性，有些种在亚铁血红素存在时过氧化氢酶阳性。不还原硝酸盐。肽聚糖二氨基酸为 *meso*-二氨基庚二酸。主要的脂肪酸为直链饱和和单不饱和脂肪酸；可能检测到带环丙烷衍生物的脂肪酸。出现于肉产品、鱼、奶酪、冻土、南极及北极等处，其中栖鱼肉杆菌（*C. piscicola*）[目前已经归入麦芽香肉杆菌（*C. maltaromaticum*）] 对鲑鱼致病。

DNA 的 G+C 含量（mol%）：33～42。

模式种：广布肉杆菌（*Carnobacterium divergens*）；模式菌株的 16S rRNA 基因序列登录号：GU460377；基因组序列登录号：GCA_000744255；模式菌株保藏编号：ATCC 35677=DSM 20623。

目前该属包含 11 个种，种间鉴别特征见表 9-9。

24. 隐秘杆菌属（*Arcanobacterium* Collins, Johns and Schofield 1983）

细胞呈细长、不规则杆状；幼龄细胞具棒状末端，有时排列成“V”形，但无丝状体；老龄培养物菌体断裂成短、不规则杆状和球状。革兰氏染色反应为阳性。不运动。不形成内生孢子。不抗酸。兼性厌氧，加入 CO_2 能促进生长。在营养琼脂培养基上生长缓慢；加入血及血清生长较好。最适生长温度为 37℃；60℃下 15min 可杀死细胞。化能异养生长，发酵代谢，利用葡萄糖和其他少数碳水化合物产酸，不产气，发酵产物包括乳酸和乙酸，有些种可能产生一定量的琥珀酸。通常过氧化氢酶阴性，有的菌株为弱阳性反应。通常不还原硝酸盐。细胞壁特征性氨基酸为 L-赖氨酸；鉴别性细胞壁糖为鼠李糖；无乙酰基的 *N*-乙酰胞壁酸残基。无分枝菌酸。该属是人和动物的专性寄生菌，能引起咽喉炎等或皮肤坏死。

DNA 的 G+C 含量（mol%）：50.0～63.8（T_m，HPLC）。

模式种：溶血隐秘杆菌（*Arcanobacterium haemolyticum*）；模式菌株的 16S rRNA 基因序列登录号：AJ234059；基因组序列登录号：GCA_006088775；模式菌株保藏编号：ATCC 9345=DSM 20595。

表 9-9　肉杆菌属（*Carnobacterium*）种间鉴别特征

特征	广布肉杆菌（*C. divergens*）	类湖底肉杆菌（*C. alterfunditum*）	湖底肉杆菌（*C. funditum*）	鸡肉杆菌（*C. gallinarum*）	抑长肉杆菌（*C. inhibens*）	麦芽香肉杆菌（*C. maltaromaticum*）	活动肉杆菌（*C. mobile*）	更新世肉杆菌（*C. pleistocenium*）	产绿色肉杆菌（*C. viridans*）	不活跃肉杆菌（*C. iners*）	咸海鲜肉杆菌（*C. jeotgali*）
0℃生长	+	+	+	+	+	d	+	+	（2℃+）	（4℃+）	（4℃+）
30℃生长	+	–	–	ND	+	+	+	–	+	–	+
40℃生长	+	–	–	ND	–	d	–	–	–	–	–
运动性	–	+	+	–	+	–	+	+	–	+	–
精氨酸双水解酶	+	+	–	+	+	–	+	ND	–	ND	–
V-P 试验	+	ND	ND	+	ND	+	–	ND	–	ND	ND
产酸											
苦杏仁苷	+	+	–	+	+	d	–	ND	–	–	ND
阿拉伯糖	–	–	–	–	–	–	–	+	–	–	ND
半乳糖	–	w	w	+	+	+	+	ND	+	–	ND
葡萄糖酸盐	+	–	–	+	–	+	–	ND	–	–	ND
菊糖	–	–	–	–	w	+	+	ND	–	–	ND
乳糖	–	–	–	+	w	–	–	+	+	–	ND
甘露醇	–	–	+	–	+	+	–	+	–	–	ND
松三糖	d	–	–	+	–	d	–	ND	–	–	ND
蜜二糖	–	–	–	–	–	+	–	ND	–	–	ND
甲基-D-葡萄糖苷	–	–	–	+	–	+	–	ND	–	ND	ND
核糖	+	+	+	+	+	+	+	+	–	–	ND
D-塔格糖	–	ND	ND	+	–	–	d	ND	+	–	ND
海藻糖	+	–	+	+	+	+	+	+	+	–	ND
D-松二糖	–	–	–	+	–	d	–	ND	–	–	ND
木糖	–	–	–	+	–	–	–	ND	–	–	ND
水解七叶苷	ND	+	–	+	+	+	+	–	ND	+	+
分离源	肉、鱼、乳制品	北极冰湖	北极冰湖	肉	乳制品	肉、鱼、乳制品	肉	更新世冻土	肉	南极水塘岸边	淡水虾发酵食物

目前该属包含 9 个种；种间鉴别特征见表 9-10。

表 9-10　隐秘杆菌属（*Arcanobacterium*）种间鉴别特征

特征	鳍足动物隐秘杆菌（*A. pinnipediorum*）	海豹隐秘杆菌（*A. phocae*）	类海豹隐秘杆菌（*A. phocisimile*）	犬隐秘杆菌（*A. canis*）	溶血隐秘杆菌（*A. haemolyticum*）	马阴道隐秘杆菌（*A. hippocoleae*）	动物隐秘杆菌（*A. pluranimalium*）
硝酸盐还原[a]	−	−	−	−	−	−	−
酶活性[a]							
吡嗪酰胺酶	+	−	+	−	+	−	+
焦谷氨酸芳基酰胺酶	+	−	−	−	−	−	+
碱性磷酸酶	+	+	(+)	+	+	+	−
β-葡萄糖醛酸酶	−	−	−	+	−	+	+
β-半乳糖苷酶	+	+	+	+	+	+	−
α-葡萄糖苷酶	+	+	+	+	+	+	−
N-乙酰-β-D-氨基葡萄糖苷酶	+	+	−	+	+	+	−
水解[a]							
七叶苷	−	−	−	−	−	(+)	+
尿素	−	−	−	−	−	−	−
明胶	−	−	−	−	−	−	+
产酸[a]							
D-葡萄糖	+	+	+	+	+	+	+
D-核糖	−	+	+	+	+	−	+
D-木糖	(+)	(+)	−	−	−	−	−
D-甘露醇	−	−	−	−	−	−	−
麦芽糖	+	+	+	+	+	+	(+)
乳糖	+	+	+	+	+	+	−
蔗糖	(+)	+	+	+	−	−	−
糖原	+	+	+	+	−	−	−
过氧化氢酶	+	+	+	−	−	−	+
酪蛋白酶	−	−	−	−	−	−	+
淀粉酶	(+)	+	+	+	−	+	+

注：a. 该结果来源于梅里埃棒状杆菌鉴定系统

25. 乳杆菌属（*Lactobacillus* Beijerinck 1901）

原来的乳杆菌属包括 261 种（截至 2020 年 3 月），在表型、生态和基因型水平上极为多样。基于核心基因组的系统发育、（保守的）成对平均氨基酸一致性（AAI）、进化分支的特异性特征基因、生理学标准及生态特征，目前该属被重新划分为 25 个属，分别为 *Lactobacillus*（即具有宿主适应性的德氏乳杆菌系统发育分支）、*Paralactobacillus*、

Holzapfelia、*Amylolactobacillus*、*Bombilactobacillus*、*Companilactobacillus*、*Lapidilactobacillus*、*Agrilactobacillus*、*Schleiferilactobacillus*、*Loigolactobacillus*、*Lacticaseibacillus*、*Latilactobacillus*、*Dellaglioa*、*Liquorilactobacillus*、*Ligilactobacillus*、*Lactiplantibacillus*、*Furfurilactobacillus*、*Paucilactobacillus*、*Limosilactobacillus*、*Fructilactobacillus*、*Acetilactobacillus*、*Apilactobacillus*、*Levilactobacillus*、*Secundilactobacillus* 和 *Lentilactobacillus*。常用作发酵剂和益生菌的物种，例如：*Lactobacillus paracasei*、*Lactobacillus casei*、*Lactobacillus rhamnosus* 归入新属 *Lacticaseibacillus*；*Lactobacillus plantarum* 归入 *Lactiplantibacillus*；*Lactobacillus brevis* 归入 *Levilactobacillus*；*Lactobacillus fermentum* 和 *Lactobacillus reuteri* 归入新属 *Limosilactobacillus*；*Lactobacillus amylophilus* 归入新属 *Amylolactobacillus*；*Lactobacillus salivarius* 归入新属 *Ligilactobacillus*；*Lactobacillus sakei* 和 *Lactobacillus curvatus* 归入新属 *Latilactobacillus* 等。

目前的乳杆菌属特性：细胞杆状，革兰氏染色反应为阳性，同型发酵，不形成内生孢子。大多数种不发酵戊糖。均不含编码戊糖磷酸途径和丙酮酸甲酸裂解酶的基因。具有宿主适应性，除了 *Lactobacillus melliventris* 进化分支（clade）适应群居蜜蜂，其他分支均适应脊椎动物宿主。发酵相对广泛的碳水化合物；具有菌株专一性的发酵胞外果聚糖、淀粉或糖原的能力。与 *Apilactobacillus* 和 *Bombilactobacillus* 内适应昆虫宿主的种相比，*Lactobacillus melliventris* 分支内的种能够发酵比较广泛的碳水化合物。在肠道环境中，通常与异型发酵的乳杆菌相关联，这是长期进化的结果，与共同栖息肠道的异型发酵乳杆菌在碳源上互相补充。许多种能够发酵甘露醇，这也反映了与异源发酵物种的共栖关系。由于德氏乳杆菌（*Lactobacillus delbrueckii*）可以发酵乳糖，因此其在酸奶和奶酪发酵中为优势类群，并且可以栖息在哺乳仔猪肠道中。目前，该属依然相对异源，*L. iners* 是与该属其他种最远源的物种，在乳杆菌科中，其基因组最小，这也与其严格栖息在人类阴道相适应。除了与肠道和阴道生态系统相关，该属物种经常出现在乳制品和谷物发酵食品中，广泛用作生产发酵乳制品的发酵剂。

模式种：德氏乳杆菌；模式菌株的 16S rRNA 基因序列登录号：EF468101；基因组序列登录号：GCA_001908495；模式菌株保藏编号：ATCC 9649=DSM 20074。

目前该属包含 54 个种。

26. 壤霉菌属（*Agromyces* Gledhill and Casida 1969）

幼龄培养物的细胞直径为 0.3～0.6μm 的细长丝状体，可产生短的分枝，老龄培养物断裂为球状和不规则的细胞；极少产生稀疏气丝。菌落一般为黄色及白色、圆、直径 1.2mm、不透明，经常嵌入培养基。革兰氏染色反应为阳性，老龄培养物的革兰氏染色反应为阴性。不运动。不形成内生孢子。不抗酸。对溶菌酶敏感。化能异养生长，呼吸代谢。好氧到微好氧，厌氧不生长，不需要 CO_2。过氧化氢酶和氧化酶反应因种而异。一般可利用广泛的有机物生长，但有些种营养要求苛刻。嗜中温，最适生长温度为 24～30℃；可在 7～40℃生长，有些种可在 1～5℃生长。最适生长 pH 为中性到碱性，可在初始 pH 12 的条件下生长。一般不嗜盐，有些种要求低的盐浓度。细胞壁肽聚糖结构为 B 型，二氨基酸为 2,4-二氨基丁酸（L-同分异构体为主）。呼吸醌主要为不饱和的 MK-12，其次为 MK-11 和 MK-13。主要的脂肪酸为 anteiso-$C_{15:0}$、anteiso-$C_{17:0}$ 和

iso-$C_{16:0}$。无分枝菌酸。主要的极性脂为 DPG、PG 和特征性的糖脂。广泛分布于土壤，也可栖息于水环境、植物、动物、人中；临床样品罕见分离到该属物种，但 *Agromyces mediolanus* 引起败血症。

DNA 的 G+C 含量（mol%）：65（T_m）～73（HPLC）。

模式种：分枝壤霉菌（*Agromyces ramosus*）；模式菌株的 16S rRNA 基因序列登录号：X77447；基因组序列登录号：GCA_004216665；模式菌株保藏编号：ATCC 25173=DSM 43045。

目前该属包含 40 个种，常见种和亚种的鉴别特征见表 9-11。

27. 加德纳氏菌属（*Gardnerella* Greenwood and Pickett 1980）

多形态杆菌，直径约 0.5μm，长度 1.5～2.5μm，无丝状体。无荚膜。不形成内生孢子。革兰氏染色反应为阴性或可变。不运动。兼性厌氧。营养要求苛刻。过氧化氢酶和氧化酶皆为阴性。化能异养生长，发酵代谢，利用葡萄糖和其他碳水化合物产酸，不产气，乙酸是主要的发酵产物。最适生长温度为 35～37℃。不还原硝酸盐。水解马尿酸。能溶于羊血，但不溶于人血。发现于人的尿殖道和生殖器，被认为是“非特异性阴道炎”的主要病原细菌。

DNA 的 G+C 含量（mol%）：42～44（Bd）。

模式种（唯一种）：阴道加德纳氏菌（*Gardnerella vaginalis*）；模式菌株的 16S rRNA 基因序列登录号：M58744；基因组序列登录号：GCA_001042655；模式菌株保藏编号：ATCC 14018=DSM 4944。

28. 微小杆菌属（*Exiguobacterium* Collins et al. 1984）

幼龄培养物细胞为杆状，老龄培养物细胞为球状，大小为 1.1～1.2μm×1.4～3.2μm。革兰氏染色反应为阳性。不形成内生孢子。不抗酸。以周生鞭毛运动。兼性厌氧。在营养琼脂上菌落平坦，淡橙色，色素不扩散。嗜碱，能在 pH 6.5～11.5 条件下生长。化能异养生长，发酵代谢。利用葡萄糖、蔗糖、半乳糖和一些其他糖产酸。主要产物是乳酸、乙酸和甲酸。过氧化氢酶阳性，氧化酶阴性。还原硝酸盐。水解明胶、淀粉和酪素。最适生长温度为 37℃。从土豆加工废水中分离到。

DNA 的 G+C 含量（mol%）：68～73。

模式种：金橙黄微小杆菌（*Exiguobacterium aurantiacum*）；模式菌株的 16S rRNA 基因序列登录号：AB680657；基因组序列登录号：GCA_000702585；模式菌株保藏编号：ATCC 35652=DSM 6208。

目前该属包含 16 个种。

表 9-11 壤霉菌属（*Agromyces*）常见种和亚种的鉴别特征

特征	分枝壤霉菌（*A. ramosus*）	白色壤霉菌（*A. albus*）	对叶葱衣壤霉菌（*A. allii*）	橙色壤霉菌（*A. aurantiacus*）	博尔扎诺壤霉菌（*A. bauzanensis*）	细枝壤霉菌（*A. bracchium*）	蜜黄壤霉菌蜜黄亚种（*A. cerinus* subsp. *cerinus*）	蜜黄壤霉菌解硝酸盐亚种（*A. cerinus* subsp. *nitratus*）	黄色壤霉菌（*A. flavus*）	岩藻糖壤霉菌（*A. fucosus*）	乌尿酸壤霉菌（*A. hippuratus*）	埋藏壤霉菌（*A. humatus*）	印度壤霉菌（*A. indicus*）	*A. iriomotensis*
主要甲基萘醌	12，13	12，11	11，12	12，（13，11）	12，11	12，13	12，13	12，13	12	12，13	12，13	13，12	12，11	12，13
细胞壁糖	Rha，Gal，Xyl，Man	Rha，Gal，Glu，Man	Rha，Gal，Rib，（Xyl）	Rha，（Gal，Glu，Man）	Gal，Glu Man，Rha，（Xyl）	Rha，（Glu，Man，Gal）	Rha，Tyv，Gal，（Man）	Gal，Glu，Rib，Man	Rha，Glu，Gal	Rha，Gal，（Glu，Fuc，Man）	Rha，Gal，（Man）	Glu，Gal，Rha，Man	Rha，Glu，Gal，Xyl	nr
mol% G+C	68.9	69	71.2	72.8	69.7	70	70.5	70.9	70.9	70.6	70.6	70.6	71.8	72.9
10℃生长	+	w	+	nd	+	−	w	+	+	+	+	−	+	−
37℃生长	+	+	−	+	w	−	−	w	+	+	w	+	+	+
4% NaCl 生长	w	v	−	nd	−	+	−	v	−	v	v	−	nr	nd
微好氧生长	+	−	nd	nd	−	nd	−	+	nr	+	nd	−	nr	+
过氧化氢酶	−	+	+	−	+	+	+	+	+	+	+	+	+	−
氧化酶	−	+	+	nd	−	nd	+	v	−	+	+	−	−	−
硝酸盐还原	v	−	+	−	−	−	−	+	+	v	+	v	−	−
产生 H_2S	+	+	−	−	−	nd	+	+	−	+	+	+	−	nr
水解														
酪素	−	+	+	nd	−	nd	−	+	+	+	nd	+	+	nr
明胶	−	+	+	−	−	+	−	−	+	+	−	+	+	−
次黄嘌呤	−	v	−	nd	nr	nd	w	+	nr	v	+	w	nr	nr

续表

特征	分枝壤霉菌（*A. ramosus*）	白色壤霉菌（*A. albus*）	对叶葱农壤霉菌（*A. allii*）	橙色壤霉菌（*A. aurantiacus*）	博尔扎诺壤霉菌（*A. bauzanensis*）	细枝壤霉菌（*A. bracchium*）	蜜黄壤霉菌蜜黄亚种（*A. cerinus* subsp. *cerinus*）	蜜黄壤霉菌解硝酸盐亚种（*A. cerinus* subsp. *nitratus*）	黄色壤霉菌（*A. flavus*）	岩藻糖壤霉菌（*A. fucosus*）	乌尿酸壤霉菌（*A. hippuratus*）	埋藏壤霉菌（*A. humatus*）	印度壤霉菌（*A. indicus*）	*A. iriomotensis*
酪氨酸	−	−	−	nd	nr	nd	+	+	nr	v	+	+	nr	nr
淀粉	+	+	−	+	+	+	+	+	+	+	+	+	+	nr
尿素	−	v	−	−	−	−	−	−	+	−	−	−	−	−
黄嘌呤	−	−	−	nd	nr	nd	−	−	nr	+	−	−	nr	nr
利用碳水化合物产酸（API 50CH）														
N-乙酰-D-葡萄糖胺	+	−	nd	nd	nr	−	−	+	+	+	nd	v	+	+
苦杏仁苷	+	−	nd	−	−	+	+	+	−	+	nd	−	w	−
D-阿拉伯糖	+	w	nd	−	−	−	+	−	+	+	+	−	+	−
L-阿拉伯糖	+	+	+	w	−	+	−	−	+	+	−	+	−	+
纤维二糖	−	−	+	+	w	+	+	+	−	+	v	v	nr	+
L-岩藻糖	+	−	nd	−	−	nd	w	+	−	+	nd	−	−	+
半乳糖	−	w	+	+	−	+	+	+	+	+	nd	+	nr	−
龙胆二糖	nd	nd	nd	−	nr	+	nd	−	−	−	nd	−	+	−
D-葡萄糖	−	w	+	+	−	+	+	+	nr	+	nd	+	nr	+
菊糖	+	v	nd	+	−	−	−	−	+	w	−	+	+	−
乳糖	w	+	−	+	−	+	−	−	v	−	nd	+	w	−
麦芽糖	−	w	+	+	w	+	+	+	+	+	nd	+	w	+
甘露醇	nd	nd	−	+	−	w	nd	nd	+	nd	nd	−	+	+

续表

特征	分枝壤霉菌（*A. ramosus*）	白色壤霉菌（*A. albus*）	对叶葱衣壤霉菌（*A. allii*）	橙色壤霉菌（*A. aurantiacus*）	博尔扎诺壤霉菌（*A. bauzanensis*）	细枝壤霉菌（*A. bracchium*）	蜜黄壤霉菌蜜黄亚种（*A. cerinus* subsp. *cerinus*）	蜜黄壤霉菌解硝酸盐亚种（*A. cerinus* subsp. *nitratus*）	黄色壤霉菌（*A. flavus*）	岩藻糖壤霉菌（*A. fucosus*）	马尿酸壤霉菌（*A. hippuratus*）	埋藏壤霉菌（*A. humatus*）	印度壤霉菌（*A. indicus*）	*A. iriomotensis*
甘露糖	−	w	+	+	−	+	−	−	+	−	nd	−	nr	+
松三糖	−	−	nd	nd	nr	−	−	−	+	+	nd	−	−	−
蜜二糖	+	w	−	+	nr	+	−	−	v	+	−	+	+	−
D-棉籽糖	−	w	+	−	nr	+	−	−	w	w	−	−	+	+
L-鼠李糖	−	−	+	−	−	+	+	+	+	+	−	−	nr	+
D-核糖	+	w	+	+	−	+	v	−	−	+	v	+	+	−
水杨苷	v	−	+	−	w	+	−	−	−	w	−	−	+	+
蔗糖	v	−	nd	w	nr	+	−	−	+	−	−	−	nr	+
海藻糖	−	w	+	−	nr	+	−	−	+	−	+	−	+	−
D-松二糖	v	−	w	+	−	−	−	−	+	−	−	−	−	−
D-木糖	−	w	+	−	w	+	−	−	+	−	+	−	+	+
酶活性（API ZYM）														
N-乙酰-β-D-氨基葡萄糖苷酶	−	+	nd	−	−	−	−	−	−	+	nd	−	−	+
碱性磷酸酶	+	nd	−	−	nr	−	+	+	+	+	nd	+	+	−
α-胰凝乳蛋白酶	−	−	+	nd	−	nd	−	−	+	−	nd	−	nr	+
α-半乳糖苷酶	−	−	−	nd	−	nd	+	+	+	−	nd	−	nr	+
β-半乳糖苷酶	−	+	+	w	−	−	+	+	+	+	nd	+	+	+
α-葡萄糖苷酶	−	+	+	+	+	nd	+	+	+	+	nd	+	+	+

续表

特征	分枝壤霉菌（*A. ramosus*）	白色壤霉菌（*A. albus*）	对叶葱农壤霉菌（*A. allii*）	橙色壤霉菌（*A. aurantiacus*）	博尔扎诺壤霉菌（*A. bauzanensis*）	细枝壤霉菌（*A. bracchium*）	蜜黄壤霉菌蜜黄亚种（*A. cerinus* subsp. *cerinus*）	蜜黄壤霉菌解硝酸盐亚种（*A. cerinus* subsp. *nitratus*）	黄色壤霉菌（*A. flavus*）	岩藻糖壤霉菌（*A. fucosus*）	乌尿酸壤霉菌（*A. hippuratus*）	埋藏壤霉菌（*A. humatus*）	印度壤霉菌（*A. indicus*）	*A. iriomotensis*
β-葡萄糖苷酶	+	nd	+	nd	nr	nd	+	+	+	+	nd	+	nr	+
β-葡萄糖醛酸酶	−	−	+	−	−	−	−	−	−	−	nd	+	nr	−
α-甘露糖苷酶	−	−	−	nd	−	nd	−	−	nr	−	nd	v	nr	−

特征	意大利壤霉菌（*A. italicus*）	石头壤霉菌（*A. lapidis*）	藤黄色壤霉菌（*A. luteolus*）	米兰壤霉菌（*A. mediolanus*）	新石器时代壤霉菌（*A. neolithicus*）	根际壤霉菌（*A. rhizospherae*）	萨伦蒂纳半岛壤霉菌（*A. salentinus*）	土壤壤霉菌（*A. soli*）	苏别蒂山壤霉菌（*A. subbeticus*）	亚热带壤霉菌（*A. subtropicus*）	土地壤霉菌（*A. terreus*）	热带壤霉菌（*A. tropicus*）	榆树壤霉菌（*A. ulmi*）
主要甲基萘醌	12，13	12，13	12，11	12，11，10	13，12	12，11	12，11，10	12，11	12，13	12，13	11，12，10	12，11	12，11，10
细胞壁糖	Gal，Rib，Glu，Man	Glu，Gal，Man，Rib	Rha，Fru，（Man，Glu）	Rha，Man，Gal	Glu，Gal，Man	Rha，（Man，Glu）	Rha，Glu，Gal，Ara，Rib	Rha，Gal，Xyl	Rha，Glu，Gal，Man	nr	Gal，Rib	Glu，Gal，Man，Rib	Rha，Fuc，Glu
mol% G+C	70.8	70.4	71.1	72.3	65.3	71.2	72.3	73.4	71.2	71.7	71.1	72.7	72
10℃生长	w	w	−	w	−	−	+	+	+	+	+	nr	−
37℃生长	+	+	−	nd	+	−	+	−	w	+	−	−	+
4% NaCl 生长	+	+	+	+	−	+	w	+	+	nr	+	+	nd
微好氧生长	+	+	nd	+	+	nd	w	+	+	+	nd	nr	nd

续表

特征	意大利壤霉菌（*A. italicus*）	石头壤霉菌（*A. lapidis*）	藤黄色壤霉菌（*A. luteolus*）	米兰壤霉菌（*A. mediolanus*）	新石器时代壤霉菌（*A. neolithicus*）	根际壤霉菌（*A. rhizospherae*）	萨伦蒂纳半岛壤霉菌（*A. salentinus*）	土壤壤霉菌（*A. soli*）	苏别蒂山壤霉菌（*A. subbeticus*）	亚热带壤霉菌（*A. subtropicus*）	土地壤霉菌（*A. terreus*）	热带壤霉菌（*A. tropicus*）	榆树壤霉菌（*A. ulmi*）
过氧化氢酶	+	+	+	+	+	+	+	+	+	+	+	−	−
氧化酶	+	v	nd	v	v	nd	v	−	v	−	+	−	−
硝酸盐还原	+	+	−	v	+	−	−	−	−	+	+	−	−
产生 H_2S	+	+	nd	nd	+	nd	+	−	+	nr	−	−	nd
水解													
酪素	+	+	nd	+	+	nd	+	−	+	nr	−	−	+
明胶	+	v	+	−	+	+	−	−	w	+	+	+	+
次黄嘌呤	+	−	nd	+	−	nd	−	nr	+	nr	+	nr	nd
酪氨酸	+	+	nd	+	+	nd	+	nr	+	nr	+	nr	nd
淀粉	+	+	+	d	+	+	+	−	+	nr	+	+	−
尿素	−	−	−	−	−	−	+	−	−	−	−	−	−
黄嘌呤	+	−	nd	+	−	nd	−	nr	+	nr	−	nr	nd
利用碳水化合物产酸（API）													
N-乙酰-D-葡萄糖胺	−	+	−	−	w	−	−	+	v	−	−	nr	+
苦杏仁苷	w	+	−	+	−	−	w	+	+	−	−	nr	+
D-阿拉伯糖	+	+	−	w	+	−	+	+	nd	−	+	−	nd

续表

特征	意大利壤霉菌（A. italicus）	石头壤霉菌（A. lapidis）	藤黄色壤霉菌（A. luteolus）	米兰壤霉菌（A. mediolanus）	新石器时代壤霉菌（A. neolithicus）	根际壤霉菌（A. rhizospherae）	萨伦蒂纳半岛壤霉菌（A. salentinus）	土壤壤霉菌（A. soli）	苏别蒂山壤霉菌（A. subbeticus）	亚热带壤霉菌（A. subtropicus）	土地壤霉菌（A. terreus）	热带壤霉菌（A. tropicus）	榆树壤霉菌（A. ulmi）
L-阿拉伯糖	+	−	−	−	+	−	+	+	+	+	+	+	nd
纤维二糖	+	+	−	+	+	+	+	+	+	+	nd	+	+
L-岩藻糖	+	+	nd	−	+	nd	+	+	+	−	−	−	nd
半乳糖	+	+	−	+	+	−	+	+	+	+	+	+	+
龙胆二糖	−	−	−	nd	−	w	w	+	−	+	−	nr	+
D-葡萄糖	+	+	+	+	+	+	+	+	+	+	nd	+	+
菊糖	−	+	−	−	−	−	+	−	+	−	+	−	+
乳糖	−	−	w	−	+	−	−	−	+	v	nd	+	−
麦芽糖	+	+	+	nd	+	+	+	+	+	+	+	−	+
甘露醇	−	−	−	nd	nd	−	nd	+	−	+	−	+	+
甘露糖	−	−	w	nd	+	−	−	+	−	−	nd	nr	+
松三糖	−	+	−	−	−	−	−	+	+	−	−	−	+
蜜二糖	−	w	−	−	+	−	w	−	+	+	w	+	+
D-棉籽糖	−	−	−	+	−	−	w	−	−	+	−	+	+
L-鼠李糖	+	+	−	w	−	+	+	+	+	+	w	+	+
D-核糖	−	+	w	+	v	−	+	+	+	v	+	+	+

续表

特征	意大利壤霉菌（*A. italicus*）	石头壤霉菌（*A. lapidis*）	藤黄色壤霉菌（*A. luteolus*）	米兰壤霉菌（*A. mediolanus*）	新石器时代壤霉菌（*A. neolithicus*）	根际壤霉菌（*A. rhizospherae*）	萨伦蒂纳半岛壤霉菌（*A. salentinus*）	土壤壤霉菌（*A. soli*）	苏别蒂山壤霉菌（*A. subbeticus*）	亚热带壤霉菌（*A. subtropicus*）	土地壤霉菌（*A. terreus*）	热带壤霉菌（*A. tropicus*）	榆树壤霉菌（*A. ulmi*）
水杨苷	−	−	+	+	−	−	+	+	−	−	−	+	+
蔗糖	−	−	−	w	−	−	+	+	−	−	−	+	nd
海藻糖	+	−	−	−	−	−	+	+	+	−	+	nr	+
D-松二糖	−	−	w	−	−	+	−	+	−	−	nd	+	nd
D-木糖	+	−	−	−	−	−	+	+	+	v	+	+	+
酶活性（API ZYM）													
N-乙酰-β-D-氨基葡萄糖苷酶	−	−	−	+	+	−	+	+	+	−	w	−	nd
碱性磷酸酶	+	+	−	nd	+	−	+	+	+	−	−	+	nd
α-胰凝乳蛋白酶	−	+	nd	−	+	nd	−	−	−	−	−	+	nd
α-半乳糖苷酶	−	−	nd	−	+	nd	−	−	−	−	−	+	nd
β-半乳糖苷酶	+	+	−	+	−	−	+	+	+	+	w	−	+
α-葡萄糖苷酶	+	+	nd	nd	nd	nd	nd	−	+	−	+	−	nd
β-葡萄糖苷酶	+	+	nd	nd	−	nd	+	+	+	+	nd	+	nd
β-葡萄糖醛酸酶	−	−	−	−	+	−	−	−	−	−	−	−	nd
α-甘露糖苷酶	−	−	nd	−	+	nd	−	−	−	−	nd	−	nd

注：“主要甲基萘醌”中“(13，11)”表示次要成分；“细胞壁糖”中的“(Xyl)”等表示仅在模式菌株中检测为主要成分；Tyv 代表泰威糖

第十章　厌氧革兰氏阳性细菌

本章主要介绍10个厌氧革兰氏阳性细菌属，其中，6个属归属于厚壁菌门（Firmicutes）梭状芽孢杆菌纲（Clostridia），2个属归属于放线菌门（Actinobacteria）红蝽菌纲（Coriobacteriia），2个属归属于放线菌门放线菌纲（Actinomycetia）（图10-1）。

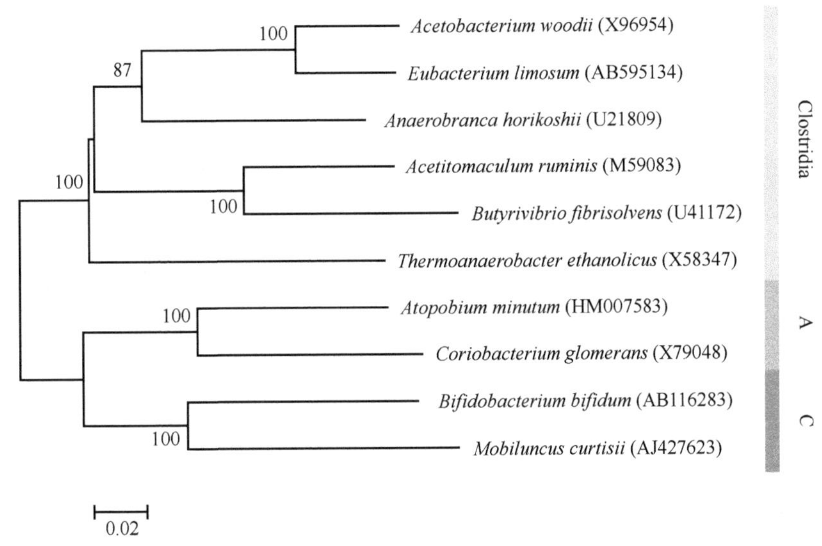

图10-1　基于各属模式菌株16S rRNA基因序列构建的系统发育树（邻接法）

显示大于50%的自举值，比例尺代表2%的序列差异。A代表Actinobacteria，C代表Coriobacteriia

1. 厌氧分枝菌属（*Anaerobranca* Engle et al. 1995）

细胞通常杆状，但有的细胞具无隔膜的分枝，大小为0.26～0.60μm×2.40～20.00μm。有的种革兰氏染色反应为阳性，有的种革兰氏染色反应为阴性，但具有革兰氏阳性菌的细胞壁结构。不形成内生孢子，但存在产芽孢的基因。运动或不运动。严格厌氧。混合营养型（蛋白质水解或糖酵解）。所有物种均可将Fe^{3+}还原为Fe^{2+}。有些种可还原延胡索酸为琥珀酸。蛋白质化合物为首选利用的底物，有的种只利用蛋白质化合物如大豆胨，有的种既可利用蛋白质化合物也可利用碳水化合物。硫的存在可刺激碳水化合物的缓慢利用。嗜热生长，生长温度为30～70℃（70℃不生长），最适生长温度为50～60℃（因种而异）。生长pH为6.0～10.5，最适生长pH为8.5～9.5（因种而异）。仅分离自地热环境。

DNA的G+C含量（mol%）：30～34。

模式种：霍氏厌氧分枝菌（*Anaerobranca horikoshii*）；模式菌株的16S rRNA基因序

列登录号：U21809；模式菌株保藏编号：ATCC 700319=DSM 9786。

目前该属包含 4 个种，种间鉴别特征见表 10-1。

表 10-1 厌氧分枝菌属（*Anaerobranca*）种间鉴别特征

特征	札氏厌氧分枝菌（*A. zavarzinii*）	霍氏厌氧分枝菌（*A. horikoshii*）	戈氏厌氧分枝菌（*A. gottschalkii*）	加利福尼亚厌氧分枝菌（*A. californiensis*）
细胞大小/μm	0.36～0.45×3.60～7.70	0.5～0.6×11.0～20.0	0.3～0.5×3.0～5.0	0.26～0.31×2.40～5.00
革兰氏染色反应	−	+	−	−
运动性	−	+	+	+
生长温度/℃	34～64	34～64	30～65	45～70
最适生长温度/℃	54～60	57	50～55	58
生长 pH	7.7～9.9	6.7～10.3	6.0～10.5	8.6～10.4
最适生长 pH	8.5～9.0	8.5	9.5	9.0～9.5
仅可利用的底物	大豆蛋白胨	胰蛋白胨	胰蛋白胨，糖，淀粉	胰蛋白胨，大豆蛋白胨，麦芽提取物，酪蛋白氨基酸
发酵产物	发酵酵母提取物：甲酸盐，乙酸盐，H_2（主要），丙酸盐（次要）	发酵酵母提取物：乙酸盐，H_2，CO_2	发酵葡萄糖或淀粉：乙酸盐，乙醇（痕量）	nr
倍增时间/min	28	35	48	40
mol% G+C	32.5	34	30.9	30
栖息地	堪察加半岛，俄罗斯	黄石国家公园，美国	柏哥利亚湖，肯基亚	莫诺湖，美国

2. 醋杆状菌属（*Acetobacterium* Balch et al. 1977）

细胞椭圆或短杆状，短杆状细胞大小为 0.7～1.0μm×2.0～4.0μm，单生、成对或偶尔呈短链状。菌落白色、稍黄或棕色。革兰氏染色反应为阳性。以亚极生单鞭毛或周生鞭毛运动。不形成内生孢子。严格厌氧。化能无机营养生长，通过厌氧乙酰 CoA 途径氧化 H_2、还原 CO_2 生成乙酸。也可营化能有机营养生长，发酵果糖和其他底物几乎只产生乙酸。乙酸是代谢的有机终产物，为同型乙酸发酵。不产生过氧化氢酶。未检测到细胞色素。中温物种的最适生长温度为 27～30℃，耐冷物种的最适生长温度为 20～30℃。最适生长 pH 为 7.0～8.0。广泛分布于水生的厌氧环境中，如海水及淡水的沉积物、污水污泥、沼泽的无氧沉积物等，也发现于冻土及地下砂岩中。

DNA 的 G+C 含量（mol%）：39.0～45.8。

模式种：伍氏醋杆状菌（*Acetobacterium woodii*）；模式菌株的 16S rRNA 基因序列登录号：X96954；基因组序列登录号：GCA_000247605；模式菌株保藏编号：ATCC 29683=DSM 1030。

目前该属包含 8 个种，常见种的鉴别特征见表 10-2。

表 10-2　醋杆状菌属（*Acetobacterium*）常见种的鉴别特征

特征	甲醇醋杆状菌（*A. carbinolicum*）	威氏醋杆状菌（*A. wieringae*）	伍氏醋杆状菌（*A. woodii*）	巴氏醋杆状菌（*A. bakii*）	粪醋杆状菌（*A. fimetarium*）	沼泽醋杆状菌（*A. paludosum*）
发酵						
葡萄糖	d	−	+	w	+	+
甘油酸	ND	−	+	ND	ND	ND
甘油	+	w	−	ND	ND	ND
果糖	d	+	+	+	+	+
乙醇	+	−	−	−	−	−
甲氧基乙醇	−	−	−	+	+	+
苹果酸	−	−	−	+	+	+
乙二醇	+	+	+	−	−	−

3. 醋香肠菌属（*Acetitomaculum* Greening and Leedle 1989）

细胞弯杆状，大小为 0.8～1.0μm×2.0～4.0μm，单生、成对或小的集聚体。可能生有鞭毛。革兰氏染色反应为阳性。不形成内生孢子。菌落凸起，圆形，直径 2～3mm，全缘，透明，黄褐色，表面光滑。最适生长温度为38℃，生长温度为34～43℃。严格厌氧，发酵甲酸、葡萄糖、纤维二糖、果糖和七叶苷产生乙酸；也可利用 H_2 和 CO_2 合成乙酸。过氧化氢酶阴性。能在加入 H_2 和 CO_2 的无机培养基和有机培养基中生长。细胞壁含有 L-丝氨酸，D-谷氨酸钠，D-丙氨酸，*meso*-二氨基庚二酸，D-鸟氨酸和 D-赖氨酸。分离自由青贮饲料喂养的公牛的瘤胃。

DNA 的 G+C 含量（mol%）：32～36（T_m）。

模式种（唯一种）：瘤胃醋香肠菌（*Acetitomaculum ruminis*）；模式菌株的 16S rRNA 基因序列登录号：M59083；基因组序列登录号：GCA_900112085；模式菌株保藏编号：ATCC 43876=DSM 5522。

4. 热厌氧杆状菌属（*Thermoanaerobacter* Wiegel and Ljungdahl 1982）

细胞杆状，排列方式多样，因种而异。对数生长后期或平台期细胞呈多形态，杆状细胞的链中有球状细胞，由非对称的细胞分裂形成，其他类型的多形杆状细胞可能是孢子形成过程中残余的溶菌酶类似物消解细胞壁形成的。革兰氏染色反应可变，但具有革兰氏阳性菌的细胞壁结构。严格厌氧。多数种以发育迟缓的 2～6 根周生鞭毛缓慢运动。嗜热生长，生长温度为 35～85℃，最适生长温度为 55～75℃，生长的温度跨度超过 35℃。生长 pH 为 4.0～9.9，最适生长 pH 为 5.8～8.5，一些物种的最适生长 pH 跨越 3 个 pH 单位，无生长峰值。有机异养生长，通过同型产乙酸途径、Wood-Ljungdahl 途径，或以无机物作为电子受体（如嗜硫热厌氧杆状菌 *Thermoanaerobacter sulfurophilus*，以 S^0 为电子受体，乳酸盐作为电子供体和碳源）发酵代谢；有些菌株可耦合 H_2 氧化，营化能无机异养生长；有些可兼性利用 H_2+CO_2（如凯伍热厌氧杆状菌 *Thermoanaerobacter kivui*）或 Fe^{3+}+H_2+CO_2（嗜铁热厌氧杆状菌 *Thermoanaerobacter siderophilus*）以化能无机自养生长。一般发酵己糖的主要产物是乙醇、乙酸盐、乳酸盐、H_2 和 CO_2。分离自各种地热热源，包括微酸或微碱的热泉、澳大利亚自流大盆地、高温油气藏；也可分离自中性环境，如形成孢子的热硫化氢热厌氧杆状菌（*Thermoanaerobacter thermohydrosulfuricus*）和 *Thermoanaerobacter thermosaccharolyticus* 可分离自各种类型的土壤和沉积物，甚至南极常年冻土和雪中。

DNA 的 G+C 含量（mol%）：30～39。

模式种：乙醇热厌氧杆状菌（*Thermoanaerobacter ethanolicus*）；模式菌株的 16S rRNA 基因序列登录号：X58347；基因组序列登录号：GCA_003722315；模式菌株保藏编号：ATCC 31550=DSM 2246。

目前该属包含 15 个种，种和亚种间鉴别特征见表 10-3。

表 10-3 热厌氧杆状菌属（*Thermoanaerobacter*）种和亚种间鉴别特征

特征	乙醇热厌氧杆状菌（*T. ethanolicus*）	乙酰乙基热厌氧杆状菌（*T. acetoethylicus*）	布氏热厌氧杆状菌布氏亚种（*T. brockii* subsp. *brockii*）	布氏热厌氧杆状菌芬氏亚种（*T. brockii* subsp. *finnii*）	布氏热厌氧杆状菌产乳酸产乙醇亚种（*T. brockii* subsp. *lactiethylicus*）	意大利热厌氧杆状菌（*T. italicus*）	凯伍热厌氧杆状菌（*T. kivui*）	迈氏热厌氧杆状菌迈氏亚种（*T. mathranii* subsp. *mathranii*）	迈氏热厌氧杆状菌食物亚种（*T. mathranii* subsp. *alimentarius*）
孢子产生	−	−	+	+	+	+	−	+	−
运动性	+	+	−	+	+	−	−	+	+
H_2 抑制生长	−	−	ND	ND	ND	ND	ND	−	ND
2% NaCl 抑制生长	ND	+	+	ND	−	ND	ND	−	ND
革兰氏染色反应	v	−	+	v	+	−	−	v	−
生长温度/℃	37～78	40～80	35～85	40～75	40～75	45～78	50～72	47～78	50～75
最适生长温度/℃	69	65	65～70	65	55～60	70	66	70～75	55～60
生长 pH	4.4～9.9	5.5～8.5	5.5～9.5	NR	5.6～8.8	NR	5.3～7.3	4.7～8.8	NR
最适生长 pH	5.8～8.5	NR	7.5	6.5～6.8	7.3	7.0	6.4	6.8～7.8	NR
mol% G+C	32	31	30～31	32	35	34.4	38	37	31.5
发酵产物									
乙酸	+	+	+	+	+	+	+	+	+
丁酸	−	+	−	−	−	−	−	−	−
CO_2	+	+	+	+	+	+	−	+	−
乙醇	+	+	+	+	+	+	−	+	+
H_2	+	+	+	+	+	+	−	+	−
异丁酸	−	+	−	−	−	−	−	−	−
乳酸	+	−	+	+	+	+	−	+	+
琥珀酸盐	−	−	−	−	−	+	−	−	−

续表

特征	乙醇热厌氧杆状菌（*T. ethanolicus*）	乙酰乙基热厌氧杆状菌（*T. acetoethylicus*）	布氏热厌氧杆状菌布氏亚种（*T. brockii* subsp. *brockii*）	布氏热厌氧杆状菌芬氏亚种（*T. brockii* subsp. *finnii*）	布氏热厌氧杆状菌产乳酸产乙醇亚种（*T. brockii* subsp. *lactiethylicus*）	意大利热厌氧杆状菌（*T. italicus*）	凯伍热厌氧杆状菌（*T. kivui*）	迈氏热厌氧杆状菌迈氏亚种（*T. mathranii* subsp. *mathranii*）	迈氏热厌氧杆状菌食物亚种（*T. mathranii* subsp. *alimentarius*）
甘露糖发酵	+	+	−	+	+	+	+	+	ND
果胶发酵	+	−	−	ND	ND	+	−	−	ND
戊糖发酵	+	−	ND	+	+	+	ND	+	+
木糖发酵	+	−	−	+	+	+	ND	+	ND
硫代硫酸盐还原到									
H_2S	+	+	+	+	+	+	ND	+	ND
S^0	−	ND	−	−	−	+	ND	−	ND

特征	假乙醇热厌氧杆状菌（*T. pseudethanolicus*）	嗜铁热厌氧杆状菌（*T. siderophilus*）	产硫热厌氧杆状菌（*T. sulfurigignens*）	嗜硫热厌氧杆状菌（*T. sulfurophilus*）	热堆肥热厌氧杆状菌（*T. thermocopriae*）	热硫化氢热厌氧杆状菌（*T. thermohydrosulfuricus*）	魏氏热厌氧杆状菌（*T. wiegelii*）	戊糖热厌氧杆状菌（*T. pentosaceus*）	乌宗热厌氧杆状菌（*T. uzonensis*）
孢子产生	+	+	+	−	+	+	+	+	+
运动性	+	+	+	+	+	+	+	−	+
H_2 抑制生长	ND	+	ND	ND	ND	+	ND	NR	NR
2% NaCl 抑制生长	ND	−	ND	ND	ND	ND	ND	−	NR
革兰氏染色反应	v	+	−	ND	−	v	−	−	−
生长温度/℃	30～80	39～78	34～74	44～75	47～74	37～76	38～78	50～80	32.5～69.0
最适生长温度/℃	65	69～71	63～65	55～60	60	67～69	65～68	70	61
生长 pH	NR	4.8～8.2	4.0～8.0	4.5～8.0	6.0～8.0	5.5～9.2	5.00～7.25	5.36～8.55	4.2～8.9
最适生长 pH	NR	6.3～6.5	5.8～6.5	6.8～7.2	6.5～7.3	6.9～7.5	6.8	7.0	7.1
mol% G+C	34	32	34.5	30.3	37.2	35～37	35.6	34.2	33.6
发酵产物									
乙酸	+	−	+	+	+	+	+	NR	NR
丁酸	−	−	−	−	+	+	−	NR	NR
CO_2	+	+	+	+	+	+	+	NR	NR
乙醇	+	+	+	+	+	+	+	NR	NR
H_2	+	+	+	+	+	+	+	NR	NR
异丁酸	−	−	−	−	−	−	−	NR	NR

续表

特征	假乙醇热厌氧杆状菌（*T. pseudethanolicus*）	嗜铁热厌氧杆状菌（*T. siderophilus*）	产硫热厌氧杆状菌（*T. sulfurigignens*）	嗜硫热厌氧杆状菌（*T. sulfurophilus*）	热堆肥热厌氧杆状菌（*T. thermocopriae*）	热硫化氢热厌氧杆状菌（*T. thermohydrosulfuricus*）	魏氏热厌氧杆状菌（*T. wiegelii*）	戊糖热厌氧杆状菌（*T. pentosaceus*）	乌宗热厌氧杆状菌（*T. uzonensis*）
乳酸	+	+	+	+	+	+	+	NR	NR
琥珀酸盐	−	−	−	−	−	−	−	NR	NR
甘露糖发酵	ND	ND	+	ND	+	+	+	NR	NR
果胶发酵	ND	ND	ND	+	−	+	+	NR	NR
戊糖发酵	+	+	+	+	ND	+	+	NR	NR
木糖发酵	+	+	+	+	ND	+	+	NR	NR
硫代硫酸盐还原到									
H_2S	ND	+	−	+	+	+	+	NR	NR
S^0	ND	−	+	−	−	−	−	NR	+

5. 陌生菌属（*Atopobium* Collins et al. 1992）

细胞短杆状，中间常膨大，或小的球形、椭圆形细胞，单生、成对或短链。革兰氏染色反应为阳性。不运动。不形成内生孢子。专性或兼性厌氧菌。利用葡萄糖的主要发酵产物是乳酸，其他尚有乙酸和甲酸，可能还有微量的琥珀酸，不产 H_2。过氧化氢酶阴性。吐温 80 可刺激生长。不液化明胶，不产吲哚，不还原硝酸盐。在 6.5% NaCl（*w/v*）条件下可能生长。分离自人和动物，为条件致病菌。

DNA 的 G+C 含量（mol%）：44.0～50.3（T_m）。

模式种：小陌生菌（*Atopobium minutum*）；模式菌株的 16S rRNA 基因序列登录号：HM007583；基因组序列登录号：GCA_900105895；模式菌株保藏编号：ATCC 33267=DSM 20586。

目前该属包含 6 个种，种间鉴别特征见表 10-4。

表 10-4　陌生菌属（*Atopobium*）种间鉴别特征

特征	三角洲陌生菌（*A. deltae*）	化石陌生菌（*A. fossor*）	小陌生菌（*A. minutum*）	极小陌生菌（*A. parvulum*）	龈裂陌生菌（*A. rimae*）	阴道陌生菌（*A. vaginae*）
mol% G+C	50.3	43～46	44	45.7	49.3	44
主要脂肪酸/%						
$C_{16:0}$	33.3	nd	/	0.8	1.1	34.8
$C_{18:1}\ \omega 9c$	27.7	nd	40.0	38.2	32.5	25.4
$C_{18:1}\ \omega 9c$ DMA	/	nd	24.7	24.1	30.1	/
$C_{18:0}$	11.9	nd	0.8	0.6	/	17.5
D-甘露糖产酸	+	+	+	+	+	−

续表

特征	三角洲陌生菌（*A. deltae*）	化石陌生菌（*A. fossor*）	小陌生菌（*A. minutum*）	极小陌生菌（*A. parvulum*）	龈裂陌生菌（*A. rimae*）	阴道陌生菌（*A. vaginae*）
酶活性						
丙氨酸芳基酰胺酶	+	nd	−	+	−	−
精氨酸双水解酶	+	nd	+	−	−	+
精氨酸芳基酰胺酶	+	nd	+	+	−	+
组氨酸芳基酰胺酶	+	nd	−	−	−	+
β-半乳糖苷酶	−	nd	−	+	−	−
亮氨酸芳基酰胺酶	+	nd	−	+	−	+
脯氨酸芳基酰胺酶	+	nd	+	−	−	+
焦谷氨酸芳基酰胺酶	−	nd	v	+	+	−
甘氨酸芳基酰胺酶	+	nd	−	+	−	+
丝氨酸芳基酰胺酶	+	nd	−	−	−	+
酪氨酸芳基酰胺酶	+	nd	−	+	−	−
苯丙氨酸芳基酰胺酶	+	nd	nd	nd	nd	w/−
水解七叶苷	−	nd	nd	+	nd	−

注：w/− 表示弱阳性或者阴性；/ 表示次要或者高度可变。下同

6. 红蝽菌属（科里氏杆菌属）（*Coriobacterium* Haas and Konig 1988）

细胞呈不规则杆状，大小为 0.4～1.2μm×0.5～2.0μm，以成链的梨状细胞为主。革兰氏染色反应为阳性。不运动。不形成内生孢子。严格厌氧。形成的菌落由环形的长链组成。化能有机营养生长，发酵代谢，由葡萄糖主要产乙酸、L(+)-乳酸、乙醇、CO_2 和 H_2。发酵一系列碳水化合物。最适生长温度为25～30℃。肽聚糖属于Lys−Asp（A4α）型。生活在无翅红蝽（*Pyrrhocoris apterus*）的肠道中，可能是内共生体。

DNA 的 G+C 含量（mol%）：60～61。

模式种（唯一种）：球团红蝽菌（*Coriobacterium glomerans*）；模式菌株的 16S rRNA 基因序列登录号：X79048；基因组序列登录号：GCA_000195315；模式菌株保藏编号：ATCC 49209=DSM 20642。

7. 双歧杆菌属（*Bifidobacterium* Orla-Jensen 1924）

形态很不一致的杆菌，常呈弯、棒状和分支状；呈“Y”形、“V”形、弯曲状、刮勺状等形态，其典型的特征是有分叉的杆菌。单生、成对、“V”形排列，有时成链；细胞平行呈栅栏状，或星状聚集；偶尔呈膨大的球杆状。菌落凸起，边缘整齐，乳色至白色，柔软。革兰氏染色反应为阳性，抗酸染色反应为阴性，美兰染色菌体着色不规则。不运动。不形成内生孢子。多数厌氧生长，有些种在 CO_2 存在的条件下可耐受 O_2，个别种可在好氧条件下生长。化能有机营养生长。发酵碳水化合物活跃，发酵产物主要是乙酸和乳酸，两者物质的量比是 3∶2；不产生 CO_2（降解葡萄糖酸盐时除外），产生少量的乙醇、甲酸和琥珀酸，不产生丁酸和丙酸。通过双歧杆菌特有的 bifid shunt 代谢途径代谢葡萄糖，关键酶为 6-磷酸果糖转酮酶。过氧化氢酶阴性（除了星状双歧杆菌 *Bifidobacterium asteroidese* 和印度双歧杆菌 *Bifidobacterium indicum*）。不还原硝酸盐。吲哚反应阴性，明胶液化阴性，联苯胺反应阴性。通常要求多种维生素。除了蒙古双歧杆菌（*Bifidobacterium mongoliense*）的最适生长温度为 30℃，一般最适生长温度为 37～41℃；最低生长温度为 25～28℃，但蒙古双歧杆菌和 *Bifidobacterium psychraerophilum* 可在 15℃和 8℃生长；最高生长温度为 43～45℃，但嗜热嗜酸双歧杆菌（*Bifidobacterium thermacidophilum*）的最高生长温度为 49.5℃。最适生长 pH 为 6.5～7.0；在 pH 4.5～5.0（嗜热嗜酸双歧杆菌除外，其可在 pH 4.5 生长）及 8.0～8.5 时不可生长。分离自温血脊椎动物的肠道、昆虫和垃圾；也可发现于污水、发酵乳产品及人的临床样品中。

DNA 的 G+C 含量（mol%）：47～67（Bd 或 T_m）。

模式种：两歧双歧杆菌（*Bifidobacterium bifidum*）；模式菌株的 16S rRNA 基因序列登录号：AB116283；基因组序列登录号：GCA_001025135；模式菌株保藏编号：ATCC 29521=DSM 20456。

目前该属包含 52 个种，常见种的鉴别特征见表 10-5。

8. 丁酸弧菌属（*Butyrivibrio* Bryant and Small 1956）

细胞呈直到弯曲的杆状，大小为 0.3～0.8μm×1.0～5.0μm，单生、成链或丝状体，甚至可能为螺旋状。革兰氏染色反应为阴性，但细胞壁结构属于革兰氏阳性类型。细胞以一根或几根极生或亚极生鞭毛运动，也可不运动。尽管培养物中仅少数细胞运动，但运动快并颤动。不形成内生孢子。严格厌氧生长。最适生长温度为 37℃，30℃以下生长慢，50℃时不生长。化能有机营养生长，发酵代谢，碳水化合物为主要底物；发酵葡萄糖或麦芽糖的主要产物是丁酸；在有些条件下，有些菌株可能产生大量乳酸和少量丁酸。无碳水化合物时生长很弱，但通常利用纤维素、淀粉和其他多聚糖。有些菌株可以利用氨；有些菌株可以利用尿素；不需要多肽，但是在含氨培养基上多肽可以刺激生长。过氧化氢酶阴性。可能还原硝酸盐。分离自反刍动物的瘤胃，偶尔见于哺乳动物人、兔子和马的粪便；不致病。

DNA 的 G+C 含量（mol%）：36～45（T_m 和 HPLC）。

模式种：溶纤维丁酸弧菌（*Butyrivibrio fibrisolvens*）；模式菌株的 16S rRNA 基因序列登录号：U41172；基因组序列登录号：GCA_900129945；模式菌株保藏编号：ATCC 19171=DSM 3071。

目前该属包含 4 个种，种间鉴别特征见表 10-6。

9. 真杆菌属（*Eubacterium* Prévot 1938）

细胞杆状，均一或多形。对数期细胞革兰氏染色反应为阳性，老龄细胞的革兰氏染色反应常为阴性。运动或不运动。不形成内生孢子。严格厌氧，对氧的敏感程度因种和菌株不同而异。化能有机营养生长，分解或不分解糖。通常利用碳水化合物或蛋白胨产生有机酸的混合物，包括大量丁酸、乙酸和甲酸。不产生：①丙酸为主要的酸产物；②乳酸为唯一主要的酸产物；③琥珀酸（CO_2 存在条件下）和乳酸及少量乙酸和甲酸；④乙

表 10-5　双歧杆菌属（*Bifidobacterium*）常见种的鉴别特征

特征	两歧双歧杆菌（*B. bifidum*）	青春双歧杆菌（*B. adolescentis*）	角双歧杆菌（*B. angulatum*）	动物双歧杆菌动物亚种（*B. animalis* subsp. *animalis*）	动物双歧杆菌乳亚种（*B. animalis* subsp. *lactis*）	星状双歧杆菌（*B. asteroidese*）	大黄蜂双歧杆菌（*B. bombi*）	牛双歧杆菌（*B. boum*）	短双歧杆菌（*B. breve*）	链状双歧杆菌（*B. catenulatum*）	小猪双歧杆菌（*B. choerinum*）	棒状双歧杆菌（*B. coryneforme*）
发酵产酸												
α-L-岩藻糖	−	−	−	−	nd	−	nd	−	+	−	−	−
糊精	d	+	+	d	nd	−	nd	+	d	−	+	−
直链淀粉	d	d	−	−	nd	−	nd	+	d	d	+	−
阿拉伯树胶	−	d	−	−	nd	−	nd	−	−	−	−	−
阿拉伯半乳聚糖	−	−	−	−	nd	−	nd	−	−	−	−	−
L-阿拉伯糖	−	+	+	+	+	−	−	−	−	+	−	−
纤维二糖	−	+	−	d	−	+	−	−	−	+	−	+
D-果糖	+	+	+	+	−	+	nd	+	+	+	−	+
D-半乳糖胺	−	−	d	+	nd	d	nd	+	d	d	+	+
D-半乳糖	+	+	+	+	−	d	−	+	+	+	+	nd
印度树胶	−	−	−	−	nd	−	nd	−	−	−	−	−
葡萄糖酸盐	−	+	d	−	−	+	nd	−	−	d	−	+
D-葡萄糖胺	d	−	d	d	nd	−	nd	+	d	d	−	+
D-葡萄糖醛酸酯	−	−	−	−	nd	−	nd	−	nd	−	−	−
瓜尔胶	−	−	−	−	nd	−	nd	−	−	−	d	−
胰岛素	−	d	+	−	−	−	−	+	d	d	−	nd

续表

特征	两歧双歧杆菌（*B. bifidum*）	青春双歧杆菌（*B. adolescentis*）	角双歧杆菌（*B. angulatum*）	动物双歧杆菌动物亚种（*B. animalis* subsp. *animalis*）	动物双歧杆菌乳亚种（*B. animalis* subsp. *lactis*）	星状双歧杆菌（*B. asteroidese*）	大黄蜂双歧杆菌（*B. bombi*）	牛双歧杆菌（*B. boum*）	短双歧杆菌（*B. breve*）	链状双歧杆菌（*B. catenulatum*）	小猪双歧杆菌（*B. choerinum*）	棒状双歧杆菌（*B. coryneforme*）
D-乳糖	+	+	+	+	+	−	−	d	+	+	+	−
槐豆胶	−	−	−	d	nd	−	nd	−	−	−	d	−
麦芽糖	−	+	+	+	+	d	−	+	+	+	+	+
D-甘露醇	−	d	−	−	−	−	−	−	d	d	−	−
D-甘露糖	−	d	−	d	−	−	+	−	+	−	−	−
松三糖	−	+	−	d	−	−	nd	−	−	−	−	−
蜜二糖	d	+	+	+	+	+	+	+	+	+	+	+
果胶	−	−	−	d	nd	−	nd	−	d	d	−	−
猪胃黏蛋白	+	−	−	−	nd	−	nd	−	−	−	−	−
棉籽糖	−	+	+	+	+	+	nd	+	+	+	+	+
D-核糖	−	+	+	+	+	+	+	−	+	+	−	+
水杨苷	−	+	+	+	−	+	+	−	+	+	−	+
D-山梨糖醇	−	d	d	−	−	−	−	−	d	+	−	−
淀粉	−	+	+	+	−	−	nd	+	−	−	+	−
蔗糖	d	+	+	+	+	+	nd	+	+	+	+	+
刺梧桐树胶	−	−	−	−	nd	−	nd	−	−	−	−	−
海藻糖	−	d	−	d	−	−	nd	−	d	d	−	−

续表

特征	两歧双歧杆菌（*B. bifidum*）	青春双歧杆菌（*B. adolescentis*）	角双歧杆菌（*B. angulatum*）	动物双歧杆菌动物亚种（*B. animalis* subsp. *animalis*）	动物双歧杆菌乳亚种（*B. animalis* subsp. *lactis*）	星状双歧杆菌（*B. asteroidese*）	大黄蜂双歧杆菌（*B. bombi*）	牛双歧杆菌（*B. boum*）	短双歧杆菌（*B. breve*）	链状双歧杆菌（*B. catenulatum*）	小猪双歧杆菌（*B. choerinum*）	棒状双歧杆菌（*B. coryneforme*）
木聚糖	–	–	–	–	nd	–	nd	–	–	d	–	–
D-木糖	–	+	+	+	+	+	nd	–	–	+	–	+
mol% G+C	61	59	59	61.3	61	59	47.3	59	58(Bd)	54.7	66.3	60%
胞壁质类型	L-Orn–D-Ser–D-Asp	L-Lys(L-Orn)–D-Asp	L-Lys–D-Asp	L-Lys(L-Orn)–L-Ser–(L-Ala)–L-Ala$_2$	L-Lys(L-Orn)–L-Ser–(L-Ala)–L-Ala$_2$	L-Lys–Gly	nd	L-Lys–D-Ser–D-Glu	L-Lys–Gly	L-Lys(L-Orn)–L-Ala$_2$–L-Ser	L-Lys(L-Orn)–L-Ser–(L-Ala)–L-Ala$_2$	L-Lys–D-Asp

特征	兔双歧杆菌（*B. cuniculi*）	齿双歧杆菌（*B. dentium*）	鸡胚双歧杆菌（*B. gallinarum*）	高卢双歧杆菌（*B. gallicum*）	印度双歧杆菌（*B. indicum*）	长双歧杆菌长亚种（*B. longum* subsp. *longum*）	长双歧杆菌婴儿亚种（*B. longum* subsp. *infantis*）	长双歧杆菌猪亚种（*B. longum* subsp. *suis*）	大双歧杆菌（*B. magnum*）	瘤胃双歧杆菌（*B. merycicum*）	最小双歧杆菌（*B. minimum*）	蒙古双歧杆菌（*B. mongoliense*）
发酵产酸												
α-L-岩藻糖	–	–	–	–	–	–	+	–	–	–	–	–
糊精	+	+	–	+	–	–	–	d	–	d	+	nd
直链淀粉	+	+	–	+	–	–	–	d	–	d	+	nd
阿拉伯树胶	–	–	–	–	–	d	–	–	–	–	–	nd
阿拉伯半乳聚糖	–	–	–	–	d	+	–	d	–	–	–	–

续表

特征	兔双歧杆菌 (*B. cuniculi*)	齿双歧杆菌 (*B. dentium*)	鸡胚双歧杆菌 (*B. gallinarum*)	高卢双歧杆菌 (*B. gallicum*)	印度双歧杆菌 (*B. indicum*)	长双歧杆菌长亚种 (*B. longum* subsp. *longum*)	长双歧杆菌婴儿亚种 (*B. longum* subsp. *infantis*)	长双歧杆菌猪亚种 (*B. longum* subsp. *suis*)	大双歧杆菌 (*B. magnum*)	瘤胃双歧杆菌 (*B. merycicum*)	最小双歧杆菌 (*B. minimum*)	蒙古双歧杆菌 (*B. mongoliense*)
L-阿拉伯糖	+	+	+	+	−	+	−	+	+	+	−	+
纤维二糖	−	+	d	−	+	−	d	−	−	d	−	+[b]
D-果糖	−	+	+	+	+	+	+	d	+	+	+	−
D-半乳糖胺	d	−	−	−	+	d	−	−	d	+	−	nd
D-半乳糖	+	+	+	+	d	+	+	+	+	+	−	+
印度树胶	−	−	−	−	−	d	−	−	−	−	−	nd
葡萄糖酸盐	−	+	nd	−	+	−	−	−	−	−	−	+
D-葡萄糖胺	+	d	−	+	+	d	d	−	+	−	−	−
D-葡萄糖醛酸酯	−	−	−	−	−	−	+	−	−	−	−	nd
瓜尔胶	−	+	−	−	−	−	−	−	−	−	−	nd
胰岛素	−	−	+	−	−	−	d	−	−	−	−	−
D-乳糖	−	+	+	−	−	+	+	+	+	+	−	+
槐豆胶	−	+	−	−	−	−	−	−	−	−	−	nd
麦芽糖	+	+	+	+	d	+	+	+	+	+	+	+
D-甘露醇	−	+	−	−	−	−	−	−	−	−	−	−
D-甘露糖	−	+	d	−	d	d	d	d	−	−	−	−
松三糖	−	+	d	−	−	+	d	−	−	−	−	−
蜜二糖	+	+	+	−	+	+	+	+	+	+	−	+

续表

特征	兔双歧杆菌（*B. cuniculi*）	齿双歧杆菌（*B. dentium*）	鸡胚双歧杆菌（*B. gallinarum*）	高卢双歧杆菌（*B. gallicum*）	印度双歧杆菌（*B. indicum*）	长双歧杆菌长亚种（*B. longum* subsp. *longum*）	长双歧杆菌婴儿亚种（*B. longum* subsp. *infantis*）	长双歧杆菌猪亚种（*B. longum* subsp. *suis*）	大双歧杆菌（*B. magnum*）	瘤胃双歧杆菌（*B. merycicum*）	最小双歧杆菌（*B. minimum*）	蒙古双歧杆菌（*B. mongoliense*）
果胶	–	d	–	–	d	–	–	–	–	–	–	nd
猪胃黏蛋白	–	–	–	–	–	–	–	–	–	–	–	nd
棉籽糖	–	+	+	–	+	+	+	+	+	+	–	+
D-核糖	–	+	+	+	+	+	+	–	+	+	–	+
水杨苷	–	+	+	+	+	–	–	–	–	+	–	+
D-山梨糖醇	–	–	–	–	–	–	–	–	–	–	–	–
淀粉	+	+	–	+	–	–	–	–	–	+	+	+
蔗糖	+	+	+	+	+	+	+	+	+	+	+	+
刺梧桐树胶	–	–	–	–	d	d	–	–	–	–	–	nd
海藻糖	–	+	+	–	–	–	–	–	–	–	–	–
木聚糖	–	d	–	–	–	–	–	–	–	–	–	nd
D-木糖	+	+	+	+	–	d	d	+	+	+	–	–
mol% G+C	64.1	61.2	65.7	61	60	61	60.5	62	60	59	61.5	61.1
胞壁质类型	L-Lys(L-Orn)–L-Ser–(L-Ala)–L-Ala_2	L-Lys(L-Orn)–D-Asp	L-Lys–D-Asp	L-Lys–L-Ala–L-Ser	L-Lys–D-Asp	L-Orn–L-Ser–L-Ala–L-Thr–L-Ala	L-Orn–L-Ser–L-Ala–L-Thr–L-Ala	L-Orn–L-Ser–L-Ala–L-Thr–L-Ala	L-Lys(L-Orn)–L-Ala_2–L-Ser	L-Lys(L-Orn)–D-Asp	L-Lys–L-Ser	L-Lys–D-Asp

续表

特征	假小链双歧杆菌 (*B. pseudocatenulatum*)	假长双歧杆菌假长亚种 (*B. pseudolongum* subsp. *pseudolongum*)	假长双歧杆菌球状亚种 (*B. pseudolongum* subsp. *globosum*)	小鸡双歧杆菌 (*B. pullorum*)	反刍动物双歧杆菌 (*B. ruminantium*)	世纪双歧杆菌 (*B. saeculare*)	斯氏双歧杆菌 (*B. scardodii*)	纤细双歧杆菌 (*B. subtile*)	嗜热嗜酸双歧杆菌好热嗜酸亚种 (*B. thermacidophilum* subsp. *thermacidophilum*)	嗜热双歧杆菌 (*B. thermophilum*)	鹤见双歧杆菌 (*B. tsurumiense*)
发酵产酸											
α-L-岩藻糖	d	–	–	–	–	–	nd	–	nd	–	nd
糊精	+	+	+	–	–	–	nd	+	nd	+	nd
直链淀粉	+	+	d	–	–	–	nd	+	nd	+	nd
阿拉伯树胶	–	–	–	–	–	–	nd	–	nd	–	nd
阿拉伯半乳聚糖	–	–	–	–	–	–	nd	–	nd	–	nd
L-阿拉伯糖	+	+	d	+	–	+	+	–	+	–	+
纤维二糖	d	d	–	–	–	–	nd	–	nd	d	+
D-果糖	+	+	+	+	+	+	nd	+	+	+	+
D-半乳糖胺	–	–	d	+	+	+	nd	+	nd	+	nd
D-半乳糖	+	+	+	+	+	+	nd	+	+	+	+
印度树胶	d	–	–	–	–	–	nd	–	nd	–	nd
葡萄糖酸盐	d	–	–	–	–	–	nd	+	–	–	+
D-葡萄糖胺	–	d	d	+	+	+	nd	+	nd	d	nd

续表

特征	假小链双歧杆菌（*B. pseudocatenulatum*）	假长双歧杆菌假长亚种（*B. pseudolongum* subsp. *pseudolongum*）	假长双歧杆菌球状亚种（*B. pseudolongum* subsp. *globosum*）	小鸡双歧杆菌（*B. pullorum*）	反刍动物双歧杆菌（*B. ruminantium*）	世纪双歧杆菌（*B. saeculare*）	斯氏双歧杆菌（*B. scardodii*）	纤细双歧杆菌（*B. subtile*）	嗜热嗜酸双歧杆菌好热嗜酸亚种（*B. thermacidophilum* subsp. *thermacidophilum*）	嗜热双歧杆菌（*B. thermophilum*）	鹤见双歧杆菌（*B. tsurumiense*）
D-葡萄糖醛酸酯	–	–	–	–	–	–	nd	–	nd	–	nd
瓜尔胶	–	–	–	–	–	–	nd	–	nd	–	nd
胰岛素	–	–	–	+	–	+	nd	d	–	d	–
D-乳糖	+	d	+	–	+	+	+	–	–/d	d	+
槐豆胶	–	–	–	–	–	–	nd	–	nd	–	nd
麦芽糖	+	+	+	+	+	+	+	+	nd	+	+
D-甘露醇	–	–	–	–	+	–	–	–	–	–	+
D-甘露糖	+	+	–	+	–	+	+	–	–	–[j]	+
松三糖	–	d	–	–	–	+	d	+	d	d	–
蜜二糖	+	+	+	+	+	+	+	+	+	+	+
果胶	–	–	–	–	–	–	nd	d	nd	d	nd
猪胃黏蛋白	–	–	–	–	–	–	nd	–	nd	–	nd
棉籽糖	+	+	+	+	+	+	+	+	+	+	+
D-核糖	+	+	+	+	+	+	+	+	+	–	+

续表

特征	假小链双歧杆菌（*B. pseudocatenulatum*）	假长双歧杆菌假长亚种（*B. pseudolongum* subsp. *pseudolongum*）	假长双歧杆菌球状亚种（*B. pseudolongum* subsp. *globosum*）	小鸡双歧杆菌（*B. pullorum*）	反刍动物双歧杆菌（*B. ruminantium*）	世纪双歧杆菌（*B. saeculare*）	斯氏双歧杆菌（*B. scardodii*）	纤细双歧杆菌（*B. subtile*）	嗜热嗜酸双歧杆菌好热嗜酸亚种（*B. thermacidophilum* subsp. *thermacidophilum*）	嗜热双歧杆菌（*B. thermophilum*）	鹤见双歧杆菌（*B. tsurumiense*）
水杨苷	+	−	−	+	+	d	nd	d	−	d	+
D-山梨糖醇	d	−	−	−	−	−	−	+	+	−	−
淀粉	+	+	+	−	+	−	nd	+	d	+	+
蔗糖	+	+	+	+	+	+	+	+	+	+	+
刺梧桐树胶	−	−	−	−	−	−	nd	−	nd	−	nd
海藻糖	d	−	−	+	−	+	+	d	−	d	+
木聚糖	d	−	−	+	−	+	nd	−	nd	d	nd
D-木糖	+	+	d	+	−	+	nd	−	−	−	+
mol% G+C	57.5	64.8	64.1	67.4	57	63	60(HPLC)	61.5	56.8	60	53
胞壁质类型	L-Lys(L-Orn)−L-Ala_2−L-Ser	L-Orn(L-Lys)−L-Ala_{2-3}	L-Orn(L-Lys)−L-Ala_{2-3}	L-Lys−D-Asp	L-Lys(L-Orn)−L-Ser−(L-Ala)−L-Ala_2	L-Lys(L-Orn)−D-Asp	L-Lys−L-Ser−L-Ala	L-Lys−D-Asp		L-Orn(L-Lys)−D-Glu	Glu−Lys−Asp−$(Ala)_2$

注：b 表示有些菌株不发酵这种糖，j 表示有些菌株可发酵这种糖

表 10-6 丁酸弧菌属（*Butyrivibrio*）种间鉴别特征

特征	溶纤维丁酸弧菌（*B. fibrisolvens*）	穗状丁酸弧菌（*B. crossotus*）	洪氏丁酸弧菌（*B. hungateic*）	解阮丁酸弧菌（*B. proteoclasticus*）
鞭毛	单生	丛生	单生	单生
利用葡萄糖或麦芽糖产 H_2	+	−	NR	+
发酵葡萄糖	+	w/−	+	+
发酵果糖	+	w/−	NR	NR
发酵蔗糖，纤维二糖和木糖	+	−	+	NR
mol% G+C	41～42	36～37	40～45	40.01

注：w/− 表示弱阳性或者阴性

酸和乳酸（乙酸＞乳酸）为主要的酸产物，并伴有或不伴有甲酸的产生。过氧化氢酶阴性（少数种可检测到微量过氧化氢酶）。不水解马尿酸钠；最适生长温度为 37℃，最适生长 pH 为 7.0；多数种吲哚阴性、不还原硝酸盐、不液化明胶。发现于动物的腔体、粪便、动物和植物产品和土壤中；有些种是脊椎动物的条件致病菌。

DNA 的 G+C 含量（mol%）：30～57。

模式种：黏液真杆菌（*Eubacterium limosum*）；模式菌株的 16S rRNA 基因序列登录号：AB595134；基因组序列登录号：GCA_000807675；模式菌株保藏编号：ATCC 8486=DSM 20543。

目前该属包含 35 个种；常见种的鉴别特征见表 10-7。

表 10-7 真杆菌属（*Eubacterium*）常见种的鉴别特征

特征	黏液真杆菌（*E. limosum*）	巴氏真杆菌（*E. barkeri*）	短真杆菌（*E. brachy*）	比氏真杆菌（*E. budayi*）	溶纤维真杆菌（*E. cellulosolvens*）	孔氏真杆菌（*E. combesii*）	扭曲真杆菌（*E. contortum*）	产粪甾醇真杆菌（*E. coprostanoligenes*）	长真杆菌（*E. dolichum*）	挑剔真杆菌（*E. eligens*）	断链真杆菌（*E. fissicatena*）	霍氏真杆菌（*E. hallii*）	娇弱真杆菌（*E. infirmum*）	细小真杆菌（*E. minutum*）
利用碳水化合物产酸														
苦杏仁苷	−	−	−	−	w	−	−w	+	−	−	−	−	−	−
阿拉伯糖	−A	−	−	−	−	−	Aw	w	−	−	−A	−	−	−
纤维二糖	−	−	−	wA	wA	−	A−	w	−	As	−	−	−	−
七叶苷	−	NR	−	−	w−	−	−A	NR	−	−	−	−	−	−
果糖	A	+	−	A	−	−	Aw	w	−	Aw	A	Aw	−	−
葡萄糖	A	+	−	A	A	−	A	w	−	A−	A	Aw	−	−
糖原	−	−	−	w−	−	−	−	−	−	−	−	−	−	−
乳糖	−	−	−	A−	d	−	A−	+	−	A−	−w	Aw	−	−
麦芽糖	−w	−	−	w	Aw	−	A	−	−	−s	Aw	As	−	−
甘露醇	A−	+	−	−	−	−	−	−	−	−	−	A−	−	−
甘露糖	−w	−	−	A	−	−	d	w	−	−w	w−	Aw	−	−
松三糖	−	−	−	−	−	−	−	NR	−	−	−	−	−	−

续表

特征	黏液真杆菌（*E. limosum*）	巴氏真杆菌（*E. barkeri*）	短真杆菌（*E. brachy*）	比氏真杆菌（*E. budayi*）	溶纤维真杆菌（*E. cellulosolvens*）	孔氏真杆菌（*E. combesii*）	扭曲真杆菌（*E. contortum*）	产粪甾醇真杆菌（*E. coprostanoligenes*）	长真杆菌（*E. dolichum*）	挑剔真杆菌（*E. eligens*）	断链真杆菌（*E. fissicatena*）	霍氏真杆菌（*E. hallii*）	娇弱真杆菌（*E. infirmum*）	细小真杆菌（*E. minutum*）
蜜二糖	–	–	–	–	–	–	A–	w	–	–	–	–	–	–
棉籽糖	–	–	–	–	w–	–	Aw	–	–	–	–	–	–	–
鼠李糖	–	–	–	–	–	–	A–	–	–	–	A	–	–	–
核糖	Aw	–	–	–	–	–	Aw	–	–	–	d	–	–	–
水杨苷	–	–	–	–w	–w	–	A	+	–	–A	–A	–	–	–
山梨糖醇	–	+	–	–	–	–	–	NR	–	–	–	As	–	–
淀粉	–	–	–	–w	–	–	–w	–	–	w–	–	–	–	–
蔗糖	–	–	–	–	Aw	–	A	–	–	–	A	–A	–	–
海藻糖	–	–	–	–	d	–	–w	NR	–	–	wA	–	–	–
木糖	d	–	–	–	–	–	A–	–	–	A–	d	–	–	–
水解七叶苷	+	+	–	+	+	–	+	+	–	–+	+	–	NR	–
水解淀粉	–+	–	–	–+	–	–	–	–	NR	–	–	–	NR	–
水解明胶	d	NR	–	–	w	+	–	–	–w	–w	–	–	NR	–
产生吲哚	–	–	–	–	–	–	–	–	NR	–	–	–	–	–
硝酸盐还原	–	–	–	+	–	–	–	–	–	–	–	–	NR	–
产 H_2	4	4	2，4	4	–	4	4	+	–	–	4	4	NR	NR
产生丁酸盐	–	+	–	+	+–	+	–	–	+	–	–	+	+	+

特征	多形真杆菌（*E. multiforme*）	产亚硝酸真杆菌（*E. nitritogenes*）	缠结真杆菌（*E. nodatum*）	氧化还原真杆菌（*E. oxidoreducens*）	食丙酮酸盐真杆菌（*E. pyruvativorans*）	细枝真杆菌（*E. ramulus*）	直肠真杆菌（*E. rectale*）	啮齿真杆菌（*E. ruminantium*）	隐藏真杆菌（*E. saphenum*）	惰性真杆菌（*E. siraeum*）	*E. sulci*	纤细真杆菌（*E. tenue*）	多曲真杆菌（*E. tortuosum*）	凸腹真杆菌（*E. ventriosum*）
利用碳水化合物产酸														
苦杏仁苷	–	–	–	–	NR	–	A–	–	–	–	–	–	–	–A
阿拉伯糖	–	–	–	–	–	–w	Aw	Aw	–	–	–	–	–	–
纤维二糖	w–	wA	–	–	–	A	Aw	A	–	wA	–	–	–w	–
七叶苷	–	–	–	–	NR	–	–	–	–	–	–	–	–	–A
果糖	Aw	Aw	–	–	NR	A	A	w–	–	–w	–	–w	–A	A
葡萄糖	Aw	A	–	–	–	A	A	A	–	–	–	w–	Aw	Aw
糖原	–	–	–	–	NR	–	d	–	–	–	–	–	–	–
乳糖	Aw	–w	–	–	–	A	A–	–	–	w–	–	–	–A	–A
麦芽糖	–	Aw	–	–	–	A–	A	A	–	w–	–	w–	–A	A
甘露醇	–	–	–	–	–	–A	–A	–	–	–	–	–	–	–

续表

特征	多形真杆菌（*E. multiforme*）	产亚硝酸真杆菌（*E. nitritogenes*）	缠结真杆菌（*E. nodatum*）	氧化还原真杆菌（*E. oxidoreducens*）	食丙酮酸盐真杆菌（*E. pyruvativorans*）	细枝真杆菌（*E. ramulus*）	直肠真杆菌（*E. rectale*）	啮齿真杆菌（*E. ruminantium*）	隐藏真杆菌（*E. saphenum*）	惰性真杆菌（*E. siraeum*）	*E. sulci*	纤细真杆菌（*E. tenue*）	多曲真杆菌（*E. tortuosum*）	凸腹真杆菌（*E. ventriosum*）
甘露糖	Aw	A	–	–	–	–w	–A	–	–	w–	–	–	–	A
松三糖	–	–	–	–	–	–	Aw	–	–	–	–	–	–	–
蜜二糖	–	–	–	–	NR	Aw	Aw	–	–	–	–	–	w–	–
棉籽糖	–	–	–	–	–	Aw	A	–	–	–	–	–	w–	–
鼠李糖	–	–	–	–	–	–	–	–	–	–	–	–	–	–
核糖	–	–A	–	–	NR	–	–	–	–	–	–	–	–	–A
水杨苷	–	d	–	–	–	d	Aw	–	–	–	–	–	w–	–
山梨糖醇	–	–	–	–	–	w–	Aw	–	–	–	–	–	–	–
淀粉	–	–w	–	–	NR	–	Aw	A	–	–w	–	–	–	d
蔗糖	–	d	–	–	–	–w	A	–	–	–w	–	–	Aw	d
海藻糖	–	–A	–	–	–	–	d	–	–	–	–	–	–	–
木糖	–	–	–	–	–	–	Aw	A–	–	–A	–	–	–	–
水解七叶苷	+	+	–	NR	–	+	+	w–	–	+–	–	–	+	+
水解淀粉	–	–	–	NR	NR	–	+	–	–	+–	–	–	–	–
水解明胶	–+	–w	–	–	–	–	–	w–	–	–	–	+	–	–
产生吲哚	–	–	–	NR	–	–	–	–	–	–	–	+	–	–
硝酸盐还原	+	+	–	–	NR	–	–	–+	–	–	–	–	d	–
产 H_2	4	4	–	+	NR	4	4	–	NR	4	1	4	2，4	–
产生丁酸盐	+	+	+	+	–	+	+	+	+	–	+	–	+	+

注：A 表示酸（pH 低于 5.5）；w 表示产酸弱反应（pH 5.5～5.9）；s 表示生长，但 pH 通常不降低；数字代表产 H_2 的程度，即从"–"到"4+"级；当出现两种结果时，经常得出的结果放前面

10. 动弯杆菌属（*Mobiluncus* Spiegel and Roberts 1984）

细胞纤细弯杆状，大小为 0.4～0.6μm×1.0～5.0μm，端尖，单生、成对似鸥翼状。革兰氏染色反应可变或为阴性，但细胞壁结构属于革兰氏阳性类型。运动，生有多根亚极生鞭毛。不形成内生孢子。严格厌氧，在 CO_2 存在时生长更好，有些菌株经过驯化可变为耐氧，能够在含有 5% O_2 的气体中生长。固体培养基上生长很慢，在含有蛋白胨、酵母粉、葡萄糖和羊血的培养基或添加人血的哥伦比亚琼脂上，37℃培养 3 天，菌落直径由针尖大到 1mm，5 天后，菌落直径 1～1.25mm，菌落灰白或稍黄。55℃处理 15min 可灭活细胞。化能有机营养生长，发酵代谢；pH 为 5.5～6.5 时，糖分解很弱；pH＜5.5 时，糖分解很强。生长在含蛋白胨、酵母粉和葡萄糖的培养基上，发酵产物包括乙酸、琥珀酸，有时有乳酸，不产生丙酸。最适生长温度为 35～37℃，20℃、43℃或 45℃不生长或生长很弱。马血清、兔血清或全血可促进生长。过氧化氢酶阴性，氧化酶阴性。不产生乙酰甲基甲醇。不利用 L-阿拉伯糖、D-阿拉伯糖醇、乳糖、甘露醇、甲基-β-D-半乳

糖苷或山梨糖醇产酸。以下酶活性阴性：碱性磷酸酶、α-阿拉伯糖苷酶、凝乳蛋白酶、6-磷酸-β-半乳糖苷酶、β-葡萄糖苷酶、胰蛋白酶、脲酶、半胱氨酸芳基酰胺酶、类脂酶（C_{14}）、α-甘露糖苷酶、β-甘露糖苷酶、*N*-乙酰-β-D-氨基葡萄糖苷酶、谷氨酰谷氨酸芳基酰胺酶、焦谷氨酸和缬氨酸芳基酰胺酶。苯丙氨酸芳基酰胺酶活性可变。不水解明胶。耐乙酰抗生素：黏菌素、环丝氨酸、萘啶酸、新霉素和美洛西林。分离自人的阴道，与人阴道菌群及阴道炎有关。

DNA 的 G+C 含量（mol%）：49～54（T_m）。

模式种：柯氏动弯杆菌（*Mobiluncus curtisii*）；模式菌株的 16S rRNA 基因序列登录号：AJ427623；基因组序列登录号：GCA_900453315；模式菌株保藏编号：ATCC 35241=DSM 23059。

该属常见种的鉴别特征见表 10-8。

表 10-8 动弯杆菌属（*Mobiluncus*）常见种的鉴别特征

特征	柯氏动弯杆菌（*M. curtisii*）	羞怯动弯杆菌（*M. mulieris*）
精氨酸双水解酶	+	−
β-半乳糖透明质酸酶	v	−
α-半乳糖苷酶	$+^-$	−
α-岩藻糖苷酶	−	v
吡嗪酰胺酶	v	−
酪氨酸芳基酰胺酶	−/w	+
丙氨酸芳基酰胺酶	−/w	+
α-葡萄糖苷酶	v	+
丝氨酸芳基酰胺酶	−	−/w
亮氨酸芳基酰胺酶	v	+
水解马尿酸	$+^-$	−
麦芽糖发酵	$-^+$	+
蔗糖发酵	−	$+^-$
核糖发酵	−	$+^-$
海藻糖发酵	−	+
硝酸盐还原	$-^+$	−
亮氨酰甘氨酸芳基酰胺酶	+	−/w

注：−/w 表示阴性或弱阳性；$+^-$ 表示主要是阳性，少数阴性；$-^+$ 表示主要是阴性，少数阳性

第十一章　古　　菌

古菌是一群具有独特的基因结构或系统发育生物大分子序列的单细胞原核微生物，20 世纪 70 年代 Carl Woese 将古菌确立为与真核生物和细菌并列的第三种生命形式。古菌多生活在地球上极端的生境或生命出现初期的自然环境中，具有独特的细胞结构和生化特性，其能量产生和新陈代谢方面与细菌相似，而 DNA 复制、转录和翻译等方面则更接近真核生物，被认为是后者简化且更古老的版本。

从生理和代谢特征上看，古菌可分为极端嗜热和超嗜热古菌（thermophilic and hyperthermophilic archaea）（包括极端嗜酸热古菌）、极端嗜盐古菌（extremely halophilic archaea）（包括极端嗜盐碱古菌）、硫酸盐还原古菌（sulfate-reducing archaea）、产甲烷古菌（methanogenic archaea）、氨氧化古菌（ammonia-oxidizing archaea，AOA）；基于 16S rRNA 基因的系统分类分析显示，目前可培养的古菌分布于 4 个门，即广古菌门（Euryarchaeota）、泉古菌门（Crenarchaeota）、奇古菌门（Thaumarchaeota）、纳米古菌门（Nanoarchaeota）（图 11-1）。

广古菌的英文名源自希腊语，意为“广泛存在的古老品种”（broad old quality）。它们是古菌域中具有丰富生理多样性的一大类群，包括分布在瘤胃、动物肠道、沼泽地、水稻田、海底热液口等环境中的产甲烷古菌（methanogens），在晒盐池、盐湖、腌制品等高盐环境中的嗜盐古菌（halobacteria），在热泉、热液口等高温环境中的极端嗜热的好氧和厌氧古菌。目前，该门获得纯培养的有 9 个纲，即盐古杆菌纲（Halobacteria）、甲烷杆菌纲（Methanobacteria）、甲烷球菌纲（Methanococci）、甲烷微菌纲（Methanomicrobia）、甲烷火菌纲（Methanopyri）、古生球菌纲（Archaeoglobi）、热原体纲（Thermoplasmata）、热球菌纲（Thermococci），以及最近分离获得的 Methanonatronarchaeum（Sorokin et al., 2017）的极端嗜盐且产甲烷的古菌。广古菌在 16S rRNA 基因的系统发育树上形成一个单系群。

泉古菌的英文名源自希腊语，意为“泉里的古老品种”（spring old quality）。它们主要生活于含硫和 H_2S 的地热土壤或水体中，如陆地上的含硫热泉、喷气孔等以及海底热液口。泉古菌门目前只有热变形菌纲（Thermoprotei）一个纲，包含酸叶菌目（Acidilobales）、脱硫古球菌目（Desulfurococcales）、硫化叶菌目（Sulfolobales）、热变形菌目（Thermoproteales）和高温球菌目（Fervidicoccales）5 个目。泉古菌主要为极端嗜热菌，有些种的最适生长温度超过 100℃。从系统发育树上看，泉古菌分支较短，接近古菌根部。

20 世纪 90 年代，在海洋中发现了类似泉古菌 rRNA 基因的序列，随后在淡水湖、土壤等其他中低温环境中也陆续发现了这样的序列。越来越多的证据表明，这

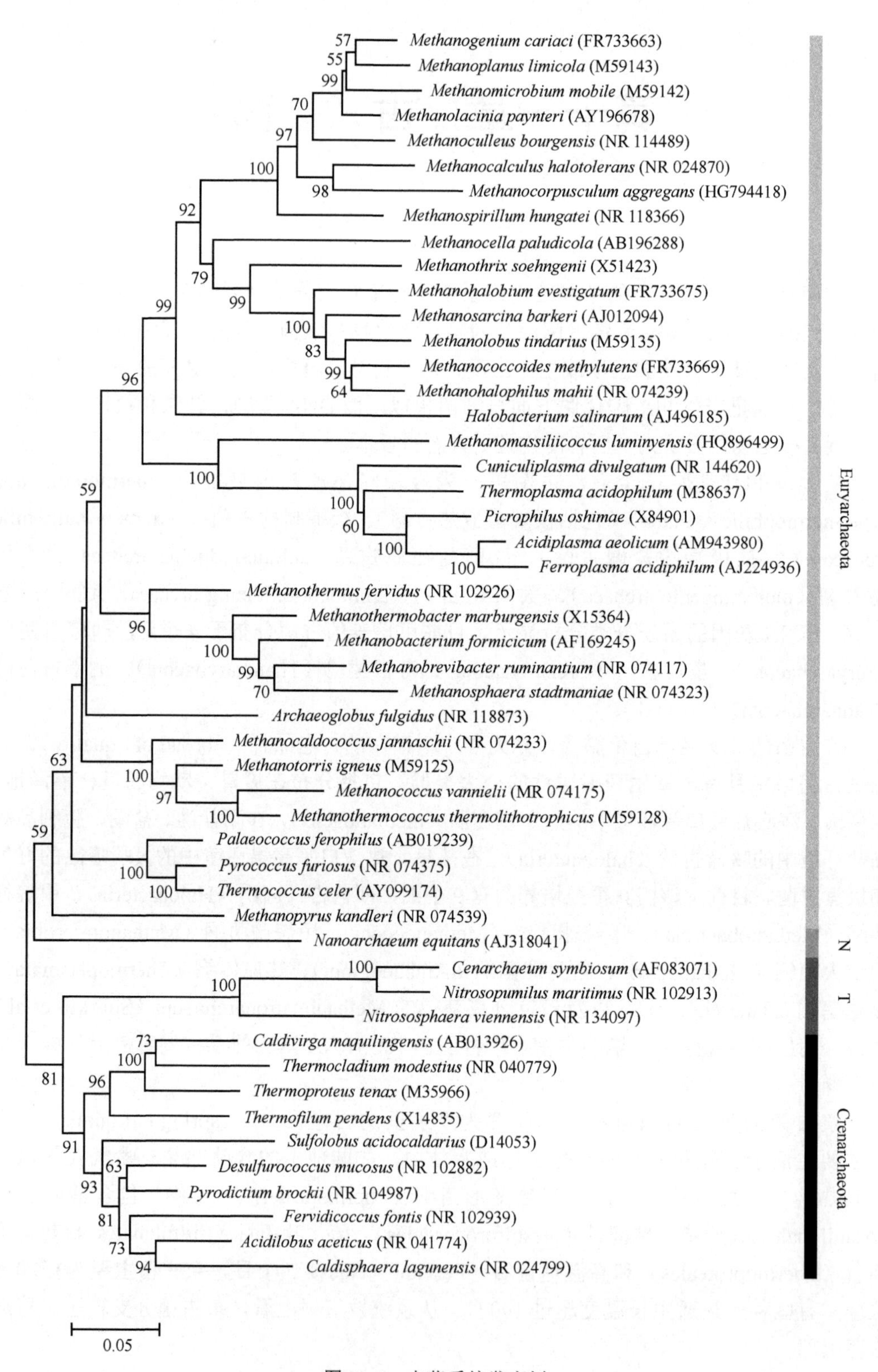

图 11-1　古菌系统发育树

显示大于 50% 的自举值，比例尺代表 5% 的序列差异。N 代表 Nanoarchaeota，T 代表 Thaumarchaeota

些中低温环境中的“泉古菌”具有诸多不同于嗜热泉古菌的特征，进而将它们归为新的古菌门——奇古菌门（Thaumarchaeota）。目前可培养的氨氧化古菌均属于奇古菌，它们可将环境中极低浓度的铵盐转化为亚硝酸盐，该门现包括亚硝化侏儒菌目（Nitrosopumilales）、亚硝化球状菌目（Nitrososphaeria）、居海绵古菌目（Cenarchaeales）、连接球菌目（Conexivisphaeria）及一些分类地位不明确的奇古菌。

纳古菌门（Nanoarchaeota）是古菌域中的一个门。纳古菌门中的前缀源于拉丁语“Nanus”，意思是“矮小的”。目前只有一个种获得纯培养，即寄生纳古菌（*N. equitans*），它寄生于极端嗜热泉古菌粒状火球古菌属（*Ignicoccus*）中，是报道的首个寄生古菌。

第一节 产甲烷古菌

产甲烷古菌又称甲烷古菌（methanogenic archaea），是一类极端严格厌氧、化能自养或化能异养的微生物，其主要代谢产物无一例外都是 CH_4。从系统发育来看，所有的产甲烷古菌均属于广古菌门（Euryarchaeota），分属甲烷杆菌目（Methanobacteriales）、甲烷球菌目（Methanococcales）、甲烷微菌目（Methanomicrobiales）、甲烷八叠球菌目（Methanosarcinales）、甲烷胞菌目（Methanocellales）、甲烷火菌目（Methanopyrales）、甲烷马赛球菌目（Methanomassiliicoccales）等。

甲烷杆菌目是广古菌门甲烷杆菌纲的唯一目。该目含甲烷杆菌科（Methanobacteriaceae）和甲烷栖热菌科（Methanothermaceae），前者包括 4 个属，即甲烷杆菌属（*Methanobacterium*）、甲烷短杆菌属（*Methanobrevibacter*）、甲烷球形菌属（*Methanosphaera*）、甲烷热杆菌属（*Methanothermobacter*），其细胞杆状、柳叶状或球状，温度低于 60℃时可生长；后者仅有甲烷嗜热菌属（*Methanothermus*），细胞为杆状，生活在含硫化合物的热的厌氧环境中，最适生长温度大于 80℃，温度低于 60℃时不生长。

甲烷球菌目是广古菌门甲烷球菌纲的唯一目。该目含甲烷球菌科（Methanococcaceae）和甲烷热球菌科（Methanocaldococcaceae），早期对两个科的划分标准主要是，前者最适生长温度≤70℃，后者最适生长温度＞70℃。但 2019 年定名的甲烷球菌科新属甲烷高温球菌属（*Methanofervidicoccus*），生长温度为 60～80℃，最适生长温度为 70℃。目前，甲烷球菌科共 3 个属，除前面所提的甲烷高温球菌属外，还包括甲烷球菌属（*Methanococcus*）和产甲烷热球菌属（*Methanothermococcus*）；甲烷热球菌科共 2 个属，即甲烷热球菌属（*Methanocaldococcus*）和甲烷火温菌属（*Methanotorris*）。

甲烷微菌目是甲烷微菌纲的 1 个目。该目含 5 个科 12 个属：甲烷微菌科（Methanomicrobiaceae）的甲烷微菌属（*Methanomicrobium*）、甲烷袋状菌属（*Methanoculleus*）、产甲烷袋菌属（*Methanofollis*）、产甲烷菌属（*Methanogenium*）、甲烷裂叶菌属（*Methanolacinia*）、甲烷盘菌属（*Methanoplanus*）；甲烷粒菌科（Methanocorpusculaceae）的甲烷粒菌属（*Methanocorpusculum*）；甲烷螺菌科（Methanospirillaceae）的甲烷螺菌属（*Methanospirillum*）；产甲烷卵石状菌科（Methanocalculaceae）的产甲烷卵石状菌属（*Methanocalculus*）和产甲烷薄板菌科（Methanoregulaceae）的产甲烷薄板菌属（*Methanoregula*）、甲烷线菌属（*Methanolinea*）、甲烷小球菌属（*Methanosphaerula*）。

甲烷八叠球菌目是甲烷微菌纲的1个目。该目含3个科10个属：甲烷八叠球菌科（Methanosarcinaceae，8个属）的甲烷八叠球菌属（*Methanosarcina*）、甲烷类球菌属（*Methanococcoides*）、甲烷盐菌属（*Methanohalobium*）、甲烷嗜盐菌属（*Methanohalophilus*）、甲烷叶菌属（*Methanolobus*）、甲烷咸菌属（*Methanosalsum*）、甲烷微球菌属（*Methanimicrococcus*）、食甲基甲烷菌属（*Methanomethylovorans*）；甲烷鬃毛状菌科（Methanosaetaceae）的甲烷鬃毛状菌属（*Methanosaeta*）；甲烷热微球菌科（Methermicoccaceae）的热甲烷微球菌属（*Methermicoccus*）。

甲烷火菌目是甲烷火菌纲的1个目，仅包括1个科1个属，即甲烷火菌科（Methanopyraceae）的甲烷火菌属（*Methanopyrus*）。

甲烷胞菌目是甲烷微菌纲的1个目，仅包括1个科1个属，即甲烷胞菌科（Methanocellaceae）的甲烷胞菌属（*Methanocella*）。

根据产甲烷古菌可利用的底物种类，产甲烷古菌主要分为3个营养类型：以H_2和CO_2为底物的氢营养型（hydrogenotrophic methanogens）（大部分产甲烷古菌属于这一类型）、以乙酸为底物的乙酸营养型（acetotrophic methanogens）和以甲基化合物为底物的甲基营养型（methylotrophic methanogens）。大部分产甲烷古菌属于氢营养型。产甲烷古菌广泛分布于湖泊和海洋沉积物、水稻田、泥炭沼泽、湿地、深海热液、污泥消化池、生物反应器、动物瘤胃和温血动物（包括人）的肠道等各种厌氧环境中，它们为专性厌氧菌，在生命起源与进化、全球气候变化、碳生物地球化学循环、反刍动物食物消化及有机废弃物资源化利用等过程中都发挥着关键作用，是与能源和环境密切相关的重要微生物类群。

1. 甲烷杆菌属（*Methanobacterium* Kluyver and Van Niel 1936）

细胞弯、扭曲或直杆、长丝，宽0.5～1.0μm。不形成内生孢子。革兰氏染色反应可变，以阳性为主；细胞壁含假肽聚糖。不运动。细胞有纤毛（fimbria）。极端严格厌氧。最适生长温度为37～45℃。能量代谢来源于还原CO_2为CH_4；电子供体只有H_2、甲酸盐、二元醇和CO；不能代谢甲胺和乙酸。氨可以作为唯一氮源，硫化物可作为硫源。不能固氮，S^0可被还原为硫化物。可在水田、沉积物或其他缺氧且除CO_2外无其他无机电子受体（如硝酸盐或硫酸盐）存在的环境中分离到。

DNA的G+C含量（mol%）：32～61。

模式种：甲酸甲烷杆菌（*Methanobacterium formicicum*）；模式菌株的16S rRNA基因序列登录号：AF169245；模式菌株保藏编号：ATCC 33274=DSM 1535=JCM 10132。

该属目前包括24个种，常见种的鉴别特征见表11-1。

表11-1 甲烷杆菌属（*Methanobacterium*）主要种的表型和生理学特征

特征	甲酸甲烷杆菌（*M. formicicum*）	嗜碱甲烷杆菌（*M. alcaliphilum*）	布氏甲烷杆菌（*M. bryantii*）	依斯帕诺拉甲烷杆菌（*M. espanolense*）	伊氏甲烷杆菌（*M. ivanovii*）	沼泽甲烷杆菌（*M. palustre*）	地下甲烷杆菌（*M. subterraneum*）	泥沼甲烷杆菌（*M. uliginosum*）
细胞形态								
长杆状	+	+	+	+	+	+	−	+

续表

特征	甲酸甲烷杆菌（*M. formicicum*）	嗜碱甲烷杆菌（*M. alcaliphilum*）	布氏甲烷杆菌（*M. bryantii*）	依斯帕诺拉甲烷杆菌（*M. espanolense*）	伊氏甲烷杆菌（*M. ivanovii*）	沼泽甲烷杆菌（*M. palustre*）	地下甲烷杆菌（*M. subterraneum*）	泥沼甲烷杆菌（*M. uliginosum*）
丝状	+	+	+	−	−	+	−	−
革兰氏染色反应	v	−	v	+	+	+	+	+
运动性	−	−	−	−	−	−	nd	−
菌毛	+	nd	+	nd	nd	nd	nd	nd
底物利用								
H_2/CO_2	+	+	+	+	+	+	+	+
甲酸	+	−	−	−	−	+	+	−
二元醇	−	nd	NG	NG	−	+	−	−
甲醇或甲胺	−	−	−	−	−	−	−	−
乙酸	−	−	−	−	−	−	−	−
生长要求								
化能自养	+	−	+	NT	+	+	+	+
乙酸促生长	+	−	+	nd	+	nd	−	+
促生长化合物	−	YE，P	Vit	Vit	−	nd	−	YE，P
最适生长条件								
30～45℃	+	+	+	+	+	+	+	+
pH 5.0～6.5	−	−	−	+	−	−	−	+
pH 6.5～7.0	−	−	+	−	−	+	−	+
pH 7.0～7.5	+	−	+	−	+	+	+	+
pH 8.0～9.0	−	+	−	−	−	−	+	−
mol% G+C	38～42	57	33～38	34	37	34	54.5	30～34

注：YE 表示酵母提取物；P 表示蛋白胨；Vit 表示维生素；nd 表示不确定；NG 表示可氧化乙醇，但不利用其生长。下同

2. 甲烷短杆菌属（*Methanobrevibacter* Balch and Wolfe 1981）

细胞椭圆形或球形到短杆，通常成对或链；宽 0.5～0.7μm，长 0.8～1.4μm。不形成内生孢子。革兰氏染色反应为阳性，细胞壁由假肽聚糖组成。不运动，极端严格厌氧。生长温度为 30～45℃，最适生长温度为 37～40℃。能量代谢来源于还原 CO_2 为 CH_4；电子供体只有 H_2、甲酸盐和 CO；乙酸、甲醇、甲胺或其他有机物不能作为甲烷形成的电子供体。氨作为细胞最主要的氮源，硫化物或 S^0 可作为硫源。生长要求一种或多种 B 族维生素，乙酸可作为细胞主要的碳源。可在胃肠道、厌氧消化器或其他缺氧且除 CO_2 外无其他无机电子受体（如硝酸盐或硫酸盐）存在的环境中分离到。

DNA 的 G+C 含量（mol%）：27.5～31.6。

模式种：瘤胃甲烷短杆菌（*Methanobrevibacter ruminantium*）；模式菌株的 16S rRNA 基因序列登录号：AY196666；基因组序列登录号：CP001719；模式菌株保藏编号：ATCC 35063=DSM 1093=JCM 13430。

该属目前有效发表 15 个种，常见种的鉴别特征见表 11-2。

表 11-2 甲烷短杆菌属（*Methanobrevibacter*）常见种的鉴别特征

特征	瘤胃甲烷短杆菌（*M. ruminantium*）	嗜树木甲烷短杆菌（*M. arboriphilus*）	弯曲甲烷短杆菌（*M. curvatus*）	表皮甲烷短杆菌（*M. cuticularis*）	线形甲烷短杆菌（*M. filifomis*）	口腔甲烷短杆菌（*M. oralis*）	史氏甲烷短杆菌（*M. smithii*）
细胞大小							
宽度约 0.6μm	+	+	−	−	−	+	+
长度＜1.5μm	+	−	−	+	−	+	+
长度 1～3μm	−	+	+	−	+	−	−
运动性	−	−	−	−	−	−	−
底物利用							
H_2/CO_2	+	+	+	+	+	+	+
甲酸	+	D	−	+（弱）	−	−	+（弱）
有机生长因子							
乙酸	+	−	−	−	−	−	+
B 族维生素	+	+	−	−	−	nd	+
辅酶 M	+	−	−	−	−	nd	−
2-甲基丁酸	+	−	−	−	−	nd	−
氨基酸	+	+	−	+	+	nd	−
最适生长 pH							
6.0～7.0	+	−	−	−	−	−	−
7.0～7.5	−	−	+	−	+	+	+
7.5～8.0	−	+	−	+	−	−	−
mol% G+C	30.6（Bd）	25.5～31.6（Bd，T_m）	nd	nd	nd	28（T_m）	30.0～31.0（T_m，Bd）

3. 甲烷球形菌属（*Methanosphaera* Miller and Wolin 1985）

细胞球状，成对、四联或成簇，直径约 1μm。是否产孢子未知。革兰氏染色反应为阳性。不运动。细胞壁由假肽聚糖组成。极端严格厌氧。最适生长温度约为 37℃，最适生长 pH 为 6.5～6.9。化能有机营养生长，要求乙酸、CO_2、异亮氨酸和硫胺素作为有机生长因子。能量代谢来源于以 H_2 作为电子供体还原甲醇为 CH_4。只要求 H_2 和甲醇作为生长底物，其他代谢底物不被利用。不产生可见的色素，含类咕啉类物质，氨或氨基酸可作为氮源，硫化物或 S^0 可作为硫源。可在胃肠道中分离到。

DNA 的 G+C 含量（mol%）：23～26（T_m）。

模式种：斯氏甲烷球形菌（*Methanosphaera stadtmaniae*）；模式菌株的 16S rRNA 基因序列登录号：M59139；基因组序列登录号：CP000102；模式菌株保藏编号：ATCC 43021=DSM 3091=JCM 11832。

目前该属只有斯氏甲烷球形菌和兔甲烷球形菌（*Methanosphaera cuniculi*）两个种，它们之间的 DNA 同源性不到 35%。

4. 甲烷热杆菌属（*Methanothermobacter* Wasserfallen et al. 2000）

细胞弯曲或微弯呈细长杆或细丝状，宽 0.3～0.5μm。细胞壁内层含假肽聚糖，外层为 S 层蛋白。不形成内生孢子。革兰氏染色反应为阳性。不运动，细胞产菌毛。极端严格厌氧。最适生长温度为 55～65℃。以 H_2 为电子供体，转化 CO_2 为 CH_4，一些细胞可利用甲酸作为电子供体；氨作为唯一氮源，硫化物作为硫源。

DNA 的 G+C 含量（mol%）：32～61。

模式种：热自养甲烷热杆菌（*Methanothermobacter thermautotrophicus*）；模式菌株的 16S rRNA 基因序列登录号：X68720；基因组序列登录号：AE000666；模式菌株保藏编号：ATCC 29096=DSM 3720=JCM 10044。

该属目前有效发表 8 个种，常见种的鉴别特征见表 11-3。

表 11-3　甲烷热杆菌属（*Methanothermobacter*）常见种的鉴别特征

特征	嗜热甲烷热杆菌（*M. thermophilus*）	污水甲烷热杆菌（*M. defluvii*）	马尔堡甲烷热杆菌（*M. marburgensis*）	热自养甲烷热杆菌（*M. thermautotrophicus*）	热弯曲甲烷热杆菌（*M. thermoflexus*）	沃尔夫甲烷热杆菌（*M. wolfei*）
表型						
杆状	+	+	+	+	+	+
丝状	+	−	+	+	+	+
革兰氏染色反应	−	−	+	+	+	+
底物利用						
H_2/CO_2	+	+	+	+	+	+
甲酸	−	+	−	d	+	−
自养生长	+	−	+	+	+	+
生长因子						
乙酸	NR	−	−	−	−	−
酵母提取物	NR	−	−	−	−	NR
辅酶 M	+	+	−	−	+	NR
蛋白胨	NR	−	−	−	−	NR
pH 7～8	+	+	+	+	+	+
mol% G+C	50 或 52（Bd）或 49	62.2（T_m）	47.6（T_m）	55（T_m）	44.7（T_m）	61（T_m）

5. 甲烷嗜热菌属（*Methanothermus* Stetter 1982）

细胞直杆到微弯，宽 0.3～0.4μm，长 1～3μm。单个或短链。细胞壁双层，内层含假肽聚糖，外层为 S 层蛋白。革兰氏染色反应为阳性。以两极生多丛鞭毛运动。极端严格厌氧。最适生长温度为 80～88℃，最高生长温度可达 97℃，最低生长温度为 55～60℃。化能自养生长，转化 H_2 和 CO_2 生成 CH_4；不利用乙酸、甲酸、甲胺和甲醇。在 S^0、H_2 和 CO_2 存在时，生成大量 H_2S，并可观察到结合在细胞上的硫颗粒。

DNA 的 G+C 含量（mol%）：33。

模式种：炽热甲烷嗜热菌（*Methanothermus fervidus*）；模式菌株的 16S rRNA 基因序列登录号：M59145；基因组序列登录号：CP002278；模式菌株保藏编号：ATCC 43054=DSM 2088=JCM 10308。

目前该属只有炽热甲烷嗜热菌和集结甲烷嗜热菌（*M. sociabilis*）2 个种，它们之间的主要差别在于前者细胞单个或短链排列，最适生长温度为 80～85℃；后者细胞成簇生长，最适生长温度为 88℃。

6. 甲烷球菌属（*Methanococcus* Kluyer and van Niel 1936）

细胞不规则球形，直径 1～2μm。革兰氏染色时细胞失去完整性。对去污剂裂解或高渗敏感。以单极束生鞭毛运动。极端严格厌氧。生长需要 NaCl，最适生长 NaCl 浓度为 0.5%～4.0%（*w*/*v*）。嗜中温，最适生长温度为 35～40℃；最适生长 pH 为 6～8。专性产 CH_4，H_2 和甲酸盐作为电子供体，利用 CO_2 产生 CH_4；不利用乙酸、甲胺、甲醇、乙醇和异丙醇产 CH_4。氨基酸和乙酸可刺激一些种的生长。氮源包括氨、N_2 或丙氨酸，细胞内可贮存糖原（glycogen）。可生活在盐沼泽、海洋及海湾沉积物中。

DNA 的 G+C 含量（mol%）：29～35。

模式种：万氏甲烷球菌（*Methanococcus vannielii*）；模式菌株的 16S rRNA 基因序列登录号：AY196675；模式菌株保藏编号：ATCC 35089=DSM 1224=JCM 13029。

该属目前包括 4 个种，种间鉴别特征见表 11-4。

表 11-4　甲烷球菌属（*Methanococcus*）种间鉴别特征

特征	万氏甲烷球菌（*M. vannielii*）	滨海沼泽甲烷球菌（*M. maripaludis*）	沃尔特甲烷球菌（*M. voltae*）	奥里安甲烷球菌（*M. aeolicus*）
细胞直径				
≤1.4μm	+	+	−	−
＞1.4μm	−	−	+	+
自养生长	−	−	+	−
N_2 为唯一氮源	−	+	−	+
mol% G+C	32.5	33～35	29～32	32

7. 产甲烷热球菌属（*Methanothermococcus* Whitman 2002）

细胞规则至不规则球形，直径 1.5μm。革兰氏染色反应为阴性，并在稀释的十二烷基硫酸钠（SDS）溶液中快速裂解。以单极束生鞭毛运动。极端严格厌氧。生长需要 NaCl，最适生长 NaCl 浓度为 2%～4%（*w*/*v*）。嗜热，最适生长温度为 60～65℃。最适生长 pH 为 5.1～7.5。专性产 CH_4，H_2 和甲酸盐作为电子供体，利用 CO_2 产生 CH_4；不利用乙酸、甲胺、甲醇、乙醇和异丙醇产 CH_4。化能无机自养生长。有机碳源不能刺激生长。氮源包括氨、N_2 或硝酸盐，硫源包括硫化物、S^0 和其他含硫化合物如硫代硫酸钠、亚硫酸盐和硫酸盐。可生活在浅滩、沙地、含地热的海洋沉积物（深海热液环境）中，以及海洋油水层。

DNA 的 G+C 含量（mol%）：31～34。

模式种：热自养产甲烷热球菌（*Methanothermococcus thermolithotrophicus*）；模式菌株的 16S rRNA 基因序列登录号：M59128；基因组序列登录号：AQXV00000000；模式菌株保藏编号：ATCC 35097=DSM 2095=JCM 10549。

该属仅有 2 个种：热自养产甲烷热球菌（同种异名：热自养甲烷球菌 *Methanococcus thermolithotrophicus*）和冲绳产甲烷热球菌（*M. okinawensis*）。两者 DNA-DNA 杂交同源性小于 15%，在氮源利用上，前者可利用硝酸盐和 N_2 生长，后者不能利用硝酸盐。

8. 甲烷高温球菌属（*Methanofervidicoccus* Sakai et al. 2019）

细胞规则到不规则球形，直径通常为 0.8～2.3μm。细胞在稀释的十二烷基硫酸钠溶液中溶解。有鞭毛。严格厌氧。嗜热。生长需要 NaCl。利用 H_2 和 CO_2 产生 CH_4。

DNA 的 G+C 含量（mol%）：35.3（基因组）和 35.9（HPLC）。

模式种（唯一种）：深渊甲烷高温球菌（*Methanofervidicoccus abyssi*）；模式菌株的 16S rRNA 基因序列登录号：BFAX01000003；基因组序列登录号：BFAX00000000；模式菌株保藏编号：DSM 105918=JCM 32161。

9. 甲烷热球菌属（*Methanocaldococcus* Whitman 2002）

细胞规则到不规则球形，直径 1.0～3.0μm。革兰氏染色反应为阴性，并在稀释的十二烷基硫酸钠溶液中快速裂解。以单极束生鞭毛运动。极端严格厌氧。生长需要 NaCl，最适生长 NaCl 浓度为 2.0%～4.0%（*w/v*）。极端嗜热，最适生长温度为 80～85℃。最适生长 pH 为 5.2～7.6。专性产 CH_4，H_2 作为电子供体，利用 CO_2 产生 CH_4；不利用甲酸、乙酸、甲胺、甲醇产 CH_4。化能无机自养生长。氮源包括氨、N_2 和硝酸盐，硫源包括硫化物和 S^0。分离自深海热液环境及其周边沉积物。

DNA 的 G+C 含量（mol%）：31～33。

模式种：詹氏甲烷热球菌（*Methanocaldococcus jannaschii*）；模式菌株的 16S rRNA 基因序列登录号：M59126；基因组序列登录号：L77118，L77119；模式菌株保藏编号：ATCC 43067=DSM 2661=JCM 10045。

该属目前包括 7 个种，常见种的鉴别特征见表 11-5。

表 11-5　甲烷热球菌属（*Methanocaldococcus*）常见种的鉴别特征

特征	詹氏甲烷热球菌（*M. jannaschii*）	沸腾甲烷热球菌（*M. fervens*）	低谷甲烷热球菌（*M. infernus*）	火神甲烷热球菌（*M. vulcanius*）
不规则球形	+	+	+	+
细胞直径/μm	1.5	1～2	1～3	1～3
鞭毛束的数量	2	nd	3	3
甲烷合成底物				
H_2/CO_2	+	+	+	+
甲酸	−	−	−	−
乙酸	−	−	−	−
甲胺	−	−	−	−

续表

特征	詹氏甲烷热球菌（*M. jannaschii*）	沸腾甲烷热球菌（*M. fervens*）	低谷甲烷热球菌（*M. infernus*）	火神甲烷热球菌（*M. vulcanius*）
自养生长	+	+	+	+
生长要求				
硒	+	+	+	+
钨	nd	+	+	+
酵母提取物促生长	−	+	+	+
硫源				
硫化物	+	+	+	+
S^0	+	+	+	+
硫代硫酸盐	nd	nd	−	−
硫酸盐	−	nd	−	−
氮源				
NH_3	+	+	+	+
硝酸盐	nd	nd	+	+
最适生长温度/℃	85	85	85	80
生长温度/℃	50～86	48～92	49～89	55～91
最适生长 pH	6.0	6.5	6.5	6.5
生长 pH	5.2～7.0	5.5～7.6	5.2～7.0	5.2～7.0
最适生长 NaCl 浓度/%	3.0	3.0	2.5	2.5
生长 NaCl 浓度/%	1.0～5.0	0.5～5.0	1.2～5.0	0.6～5.6
mol% G+C	31	33	33	31

注：nd 表示不确定

10. 甲烷火温菌属（*Methanotorris* Whitman 2002）

细胞规则到不规则球形，直径 1.3～1.8μm。不运动。极端严格厌氧。超高温嗜热菌，最适生长温度为 75～88℃。最适生长 pH 为 5.7～6.7。生长需要 NaCl，最适生长 NaCl 浓度为 1.8%（*w*/*v*）。专性产 CH_4，H_2 作为电子供体，利用 CO_2 产生 CH_4；不利用乙酸、甲胺、甲醇。化能无机自养生长。复杂碳源不促进生长。氨作为氮源，硫化物和 S^0 作为硫源。分离自深海或浅滩的热液环境。

DNA 的 G+C 含量（mol%）：31～34。

模式种：火甲烷火温菌（*Methanotorris igneus*）；模式菌株的 16S rRNA 基因序列登录号：M59125；模式菌株保藏编号：DSM 5666=JCM 11834。

该属目前仅有火甲烷火温菌和甲酸甲烷火温菌（*M. formicicus*）两个种，它们的主要差别在于火甲烷火温菌不能利用甲酸产 CH_4，而甲酸甲烷火温菌可以利用甲酸，两者 DNA-DNA 杂交同源性平均值只有 5.1%。

11. 甲烷微菌属（*Methanomicrobium* Balch and Wolfer 1981）

细胞短杆、直杆、弯杆或不规则杆状，宽 0.6～0.7μm，长 1.5～2.5μm。表型受培养基底物影响，在饥饿时细胞呈球状，直径 0.5～1.0μm。细胞单个或成对排列。不形成荚膜，不产内生孢子。革兰氏染色反应为阴性。以单极单丛生鞭毛运动或不运动。极端严格厌氧。能量代谢来源于以 H_2 或甲酸盐作为电子供体还原 CO_2 为 CH_4。生长需要乙酸，有些种的生长要求有机物。生长需要添加瘤胃液（包括其中的生长因子乙酸、异丁酸、异戊酸、2-甲基丁酸、色氨酸、吡哆醇、硫胺素、生物素和维生素 B_{12} 等）和热自养甲烷热杆菌（*Methanothermobacter thermautotrophicus*）的细胞抽提液，也可用 7-巯基庚酰苏氨酸磷酸酯（7-mercaptoheptanoylthreonine phosphate）替代。

DNA 的 G+C 含量（mol%）：37.6～48.8。

模式种（唯一种）：运动甲烷微菌（*Methanomicrobium mobile*）；模式菌株的 16S rRNA 基因序列登录号：M59142；基因组序列登录号：JOMF00000000；模式菌株保藏编号：ATCC 35094=DSM 1539=JCM 10551。

12. 甲烷袋状菌属（*Methanoculleus* Maestrojuan et al. 1990）

细胞为不规则球形，直径 0.5～2.0μm，单个或成对出现。革兰氏染色反应为阴性。不形成孢子。细胞壁为 S 层蛋白，可用表面活性剂裂解。嗜高温或嗜中温，最适生长 NaCl 浓度为 0.1～0.2mol/L。化能无机自养生长，严格厌氧，利用 H_2/CO_2 或甲酸盐生长。不运动，但可能具有鞭毛或菌毛。最适生长温度为 20～45℃。最适生长 pH 为 6.2～8.0。主要生活在厌氧环境中，如缺氧的湖泊沉积物或海洋沉积物。

DNA 的 G+C 含量（mol%）：49～61。

模式种：布雷斯甲烷袋状菌（*Methanoculleus bourgensis*）；模式菌株的 16S rRNA 基因序列登录号：AF095269；基因组序列登录号：HE964772；模式菌株保藏编号：ATCC 43281=DSM 3045。

该属目前有效发表 11 个种，常见种的鉴别特征见表 11-6。

表 11-6 甲烷袋状菌属（*Methanoculleus*）常见种的鉴别特征

特征	布雷斯甲烷袋状菌（*M. bourgensis*）	黑海甲烷袋状菌（*M. marisnigri*）	棕榈油甲烷袋状菌（*M. palmolei*）	嗜热甲烷袋状菌（*M. thermophilicus*）
纤毛（fimbria）	–	–	–	–
鞭毛（flagellum）	–	+	+	D
菌毛（pilus）	–	–	–	D
运动性	–	–	–	D
生长要求乙酸	+	–	+	–
利用甲酸生长	+	+	+	+
在 50℃生长	–	–	–	+
在 15℃生长	–	+	–	–
mol% G+C	59	61	59～60	59

13. 产甲烷袋菌属（*Methanofollis* Zellner et al. 1999）

细胞为不规则球形，单生，直径 1.5～3.0μm。由于其 S 层蛋白含糖蛋白亚基，因此 1%（*w/v*）十二烷基硫酸钠可裂解细胞。革兰氏染色反应为阴性。有些种运动，不产荚膜也不形成内生孢子。严格厌氧。嗜中温，生长温度为 20～45℃，最适生长温度为 37～40℃。生长 pH 为 5.6～8.8，最适生长 pH 约为 7.0。化能无机营养生长，利用 H_2/CO_2 或甲酸生长和产 CH_4。有些菌种可利用 2-丙醇/CO_2、2-丁醇/CO_2 和环戊醇/CO_2。不还原硫酸盐。需要乙酸作为有机碳源；一般不需要复杂营养或者只需少数几种营养物质（通常是酵母提取物）。有些菌种的生长需要 NaCl。需要 1～2μmol/L 钨酸盐促进菌体生长。生境为高度厌氧的废水生物反应器或硫质土壤。

DNA 的 G+C 含量（mol%）：54～60。

模式种：火山场产甲烷袋菌（*Methanofollis tationis*）；模式菌株的 16S rRNA 基因序列登录号：AF095272；模式菌株保藏编号：DSM 2702。

该属目前有效发表 6 个种，种间鉴别特征见表 11-7。

表 11-7 产甲烷袋菌属（*Methanofollis*）种间鉴别特征

特征	火山场产甲烷袋菌（*M. tationis*）	污泥产甲烷袋菌（*M. liminatans*）	海水产甲烷袋菌（*M. aquaemaris*）	丽岛产甲烷袋菌（*M. formosanus*）	乙醇产甲烷袋菌（*M. ethanolicus*）	泉水产甲烷袋菌（*M. fontis*）
细胞大小/μm	1.5～3.0	1.25～2.00	1.2～2.0	1.5～2.0	2.0～3.0	0.8～1.2
S 层蛋白分子量/Da	120 000	118 000	137 000	138 800	ND	116 400
鞭毛	+	+	−	−	−	+
甲烷合成底物	H，F	H，F，2B，2P	H，F	H，F	H，F，E，1B，1P	H，F
生长温度/℃	25～45	25～44	20～43	20～42	15～40	20～40
最适生长温度/℃	37～40	40	37	40	37	37
生长 NaCl 浓度/(mol/L)	0～1.2	0～0.6	0～1.02	0～1.03	0～0.428	0～0.85
最适生长 NaCl 浓度/(mol/L)	0.14～0.21	0	0.085	0.51	0	0.17
生长 pH	6.3～8.8	nd	6.3～8.0	5.6～7.3	6.5～7.5	5.9～8.2
最适生长 pH	7.0	7.0	6.5	6.6～7.0	7.0	6.7～7.0
mol% G+C	54.0（T_m），61.1（Gs）	59.3（T_m），61.0（Gs）	59.1（T_m）	58.4（T_m）	60.3（Gs）	59.5（Gs）

注：H 表示 H_2/CO_2；F 表示甲酸；2P 表示 2-丙醇/CO_2；2B 表示 2-丁醇/CO_2；E 表示乙醇/CO_2；1P 表示 1-丙醇/CO_2；1B 表示 1-丁醇/CO_2；T_m 表示热变性；Gs 表示基因组测序

14. 产甲烷菌属（*Methanogenium* Romesser et al. 1981）

细胞为不规则球形，单个或成对，直径 0.5～2.6μm。革兰氏染色反应为阴性。不形成孢子，尽管有些菌株有鞭毛，但没有观察到运动。严格厌氧。化学无机自养生长，可利用 H_2 或甲酸或者一元醇或二元醇作为电子供体，将 CO_2 还原为 CH_4。生长需要生长因子。通常需要 NaCl 来刺激生长。最适生长温度为 15～57℃。最适生长 pH 为 6.4～7.9。

DNA 的 G+C 含量（mol%）：47～52。

模式种：卡里亚萨产甲烷菌（*Methanogenium cariaci*）；模式菌株的 16S rRNA 基因序列登录号：M59130；基因组序列登录号：BBBG00000000；模式菌株保藏编号：ATCC 35093=DSM 1497=JCM 10550。

该属目前包括 4 个种，种间鉴别特征见表 11-8。

表 11-8 产甲烷菌属（*Methanogenium*）种间鉴别特征

特征	卡里亚萨产甲烷菌（*M. cariaci*）	低温产甲烷菌（*M. frigidum*）	嗜有机物产甲烷菌（*M. organophilum*）	海洋产甲烷菌（*M. marinum*）
生长需要乙酸	+	+	+	+
菌毛/纤毛	+	−	−	−
鞭毛	+	−	−	+
最适生长温度/℃	20～25	15	30～35	25
乙醇作为供氢体	−	+	−	−
mol% G+C	52	nd	46.7	nd

15. 甲烷裂叶菌属（*Methanolacinia* Zellner et al. 1990）

细胞小而呈不规则杆状，大小为 0.6μm×1.5～2.5μm，单生。菌落呈半透明米白色。不形成内生孢子。革兰氏染色反应为阴性。易被表面活性剂裂解。有鞭毛，但不运动。严格厌氧。Na^+浓度为 0.15mol/L 时生长速率最快，生长 NaCl 浓度为 0～0.8mol/L。生长 pH 为 6.6～7.3，最适生长 pH 为 7.0。嗜中温，最适生长温度为 40℃。以 H_2 或乙醇为电子供体，将 CO_2 还原为 CH_4。乙酸、甲胺、甲醇和甲醇/H_2 均不能产 CH_4。氨可作为唯一氮源，硫化物可作为硫源，乙酸为必需碳源。

DNA 的 G+C 含量（mol%）：38～47。

模式种：帕氏甲烷裂叶菌（*Methanolacinia paynteri*）；模式菌株的 16S rRNA 基因序列登录号：JQ346754；模式菌株保藏编号：ATCC 33997=DSM 2545。

该属目前仅有 2 个种，即帕氏甲烷裂叶菌和矿物油甲烷裂叶菌（*M. petrolearia*），后者可利用甲酸产 CH_4。

16. 甲烷盘菌属（*Methanoplanus* Wildgrube et al. 1984）

细胞棱角状、晶体板状或盘状，大小为 1.0～3.5μm×1.0～2.0μm，厚度 0.07～0.30μm，单生或成对，有时会产生没有隔膜的分支。革兰氏染色反应为阴性。有鞭毛或纤毛状结构。严格厌氧。利用 H_2 和 CO_2 或甲酸产 CH_4，化能无机营养生长。一个种可利用 CO_2 和 2-丙醇生长和产 CH_4。不能利用甲醇或甲胺生长。S^0 存在时，分子氢生成 CH_4 和 H_2S。嗜中温，在中性条件下，最适生长温度为 32～40℃。

DNA 的 G+C 含量（mol%）：38.7～42.0。

模式种：居泥甲烷盘菌（*Methanoplanus limicola*）；模式菌株的 16S rRNA 基因序列登录号：M59143；基因组序列登录号：AHKP00000000；模式菌株保藏编号：ATCC 35062=DSM 2279。

该属目前有效发表 2 个种，种间鉴别特征见表 11-9。

表 11-9　甲烷盘菌属（*Methanoplanus*）种间鉴别特征

特征	居泥甲烷盘菌（*M. limicola*）	内共生甲烷盘菌（*M. endosymbiosus*）
生长需要乙酸	+	−
生长需要钨（0.1μmol/L）	−	+
最适生长温度/℃	40	32
mol% G+C	42.0	38.7

17. 甲烷粒菌属（*Methanocorpusculum* Xun et al. 1989）

该属是古菌域广古菌门甲烷微菌纲甲烷微菌目甲烷粒菌科中的唯一属。多数菌株分离自污泥消化池、厌氧废水处理厂以及湖泊沉积物的无氧层。一般生活在低温淡水环境。细胞较小，呈不规则球状，直径小于 2μm。不形成内生孢子。革兰氏染色反应为阴性。不运动或微弱运动。严格厌氧。可利用 H_2/CO_2、甲酸和一些二元醇生长并产生 CH_4，不利用乙酸或甲胺。最适生长条件包括常温（30～40℃）和中性 pH，不需要盐，但可能耐盐。瘤胃液、钨酸盐可能刺激生长。

DNA 的 G+C 含量（mol%）：48.0～52.0。

模式种：聚集甲烷粒菌（*Methanocorpusculum aggregans*）；模式菌株的 16S rRNA 基因序列登录号：HG794418；模式菌株保藏编号：DSM 3027。

该属目前包括 4 个种，种间鉴别特征见表 11-10。

表 11-10　甲烷粒菌属（*Methanocorpusculum*）种间鉴别特征

特征	聚集甲烷粒菌（*M. aggregans*）	巴伐利亚甲烷粒菌（*M. bavaricum*）	拉布雷亚甲烷粒菌（*M. labreanum*）	中国甲烷粒菌（*M. sinense*）
鞭毛	+	+	−	+
运动性	+	+	−	+
二元醇/CO_2	+	+	nd	−
最适生长温度/℃				
30～35	−	−	−	+
35～40	−	+	+	−
mol% G+C	48.5	48.0	50.0	52.0

18. 甲烷螺菌属（*Methanospirillum* Ferry et al. 1974）

该属是甲烷螺菌科中唯一一个属。细胞为对称弯曲的杆状，大小为 0.4～0.5μm×7.4～10.0μm，通常形成 15μm 到几百微米的波浪状细丝。革兰氏染色反应为阴性。通过成簇的极生鞭毛运动。严格厌氧。最适生长温度为 30～37℃。能够固定 N_2。以甲酸盐或 H_2 为电子供体，将 CO_2 还原为 CH_4。能够自养生长，当存在外源有机物时可以利用其生长。

DNA 的 G+C 含量（mol%）：40.0～49.5。

模式种：亨氏甲烷螺菌（*Methanospirillum hungatei*）；模式菌株的 16S rRNA 基因序列登录号：AB517987；模式菌株保藏编号：ATCC 27890=DSM 864=JCM 10133。

该属目前包括 4 个种，种间鉴别特征见表 11-11。

表 11-11 甲烷螺菌属（*Methanospirillum*）种间鉴别特征

特征	亨氏甲烷螺菌（*M. hungatei*）	池塘甲烷螺菌（*M. lacunae*）	耐冷甲烷螺菌（*M. psychrodurum*）	施塔姆斯甲烷螺菌（*M. stamsii*）
产生甲烷				
甲酸	+	+	–	vw
乙酸	–	+	–	–
最适生长温度/℃	45	30	25	20～30
最适生长 pH	7.5～8.5	7.2	7.0	7.0～7.5
运动性	–	+	–	nd
mol% G+C	45.0～49.5（T_m）	45.4（HPLC）	44.4（HPLC）	40.0（T_m）

注：vw 表示非常弱

19. 产甲烷薄板菌属（*Methanoregula* Bräuer et al. 2011）

细胞通常二态性（dimorphic），以杆状为主，也形成不规则球形。中温。严格厌氧。利用 H_2/CO_2 产 CH_4。

DNA 的 G+C 含量（mol%）：54.5～56.2。

模式种：布恩产甲烷薄板菌（*Methanoregula boonei*）；模式菌株的 16S rRNA 基因序列登录号：DQ28224；基因组序列登录号：CP000780；模式菌株保藏编号：DSM 21154。

该属目前仅有 2 个种，种间鉴别特征见表 11-12。

表 11-12 产甲烷薄板菌属（*Methanoregula*）种间鉴别特征

特征	布恩产甲烷薄板菌（*M. boonei*）	甲酸产甲烷薄板菌（*M. formicica*）
细胞宽度/μm	0.2～0.3	0.5
细胞长度/μm	0.8～3.0	1.0～2.6
运动性	–	–
最适生长温度/℃	35～37	30～33
生长温度/℃	10～40	10～40
最适生长 pH	5.1	7.4
生长 pH	4.5～5.5	7.0～7.6
最适生长 NaCl 浓度/(g/L)	＜1	0
生长 NaCl 浓度/(g/L)	0～3	0～10
底物利用	–	+
H_2/CO_2	+	+
甲酸	–	+
二元醇	–	–

特征	布恩产甲烷薄板菌（*M. boonei*）	甲酸产甲烷薄板菌（*M. formicica*）
生长需要		
酵母提取物	+	+
乙酸	+	+
辅酶 M	+	–
mol% G+C	54.5	56.2

20. 甲烷线菌属（*Methanolinea* Imachi et al. 2008）

细胞钝端杆状，通常形成多细胞丝状。严格厌氧。利用 H_2/CO_2 或甲酸产 CH_4。

DNA 的 G+C 含量（mol%）：56.3～56.4。

模式种：缓慢甲烷线菌（*Methanolinea tarda*）；模式菌株的 16S rRNA 基因序列登录号：AB162774；基因组序列登录号：AGIY00000000；模式菌株保藏编号：DSM 16494= JCM 12467。

该属目前仅有 2 个种，种间鉴别特征见表 11-13。

表 11-13　甲烷线菌属（*Methanolinea*）种间鉴别特征

特征	缓慢甲烷线菌（*M. tarda*）	中温甲烷线菌（*M. mesophila*）
细胞宽度/μm	0.7～1.0	0.3
细胞长度/μm	2.0～8.0	2.0～6.5
运动性	–	–
最适生长温度/℃	50	37
生长温度/℃	35～55	20～40
最适生长 pH	7	7
生长 pH	6.7～8.0	6.5～7.4
最适生长 NaCl 浓度/(g/L)	0	0
生长 NaCl 浓度/(g/L)	0～15	0～25
底物利用		
H_2/CO_2	+	+
甲酸	+	+
二元醇	–	–
生长需要		
酵母提取物	+	–
乙酸	+	+
辅酶 M	–	–
mol% G+C	56.3	56.4

21. 产甲烷卵石状菌属（*Methanocalculus* Ollivier et al. 1998）

细胞呈不规则球状。周生鞭毛。不形成内生孢子。严格厌氧。嗜中温。在pH 7.0～8.4，盐浓度125g/L条件下生长。H_2和甲酸盐作为电子供体，还原CO_2为CH_4。

DNA的G+C含量（mol%）：50～55。

模式种：耐盐产甲烷卵石状菌（*Methanocalculus halotolerans*）；模式菌株的16S rRNA基因序列登录号：AF033762；模式菌株保藏编号：DSM 14092。

该属目前有效发表6个种，种间鉴别特征见表11-14。

表11-14 产甲烷卵石状菌属（*Methanocalculus*）种间鉴别特征

特征	耐盐产甲烷卵石状菌（*M. halotolerans*）	台湾产甲烷卵石状菌（*M. taiwanensis*）	细小产甲烷卵石状菌（*M. pumilus*）	中兴产甲烷卵石状菌（*M. chunghsingensis*）	喜碱产甲烷卵石状菌（*M. natronophilus*）	嗜碱产甲烷卵石状菌（*M. alkaliphilus*）
细胞直径/μm	0.8～1.0	0.8～1.4	0.8～1.0	1.0～1.6	0.2～1.2	1.5～2.5
运动性	+	−	−	−	+	+
生长依赖碳酸盐	−	−	−	−	+	nd
生长Na^+浓度（最适）/（mol/L）	0～2（0.85）	0～0.5（0.2）	0～1.2（0.2）	0～2（0.2）	0.94～3.30（1.4～1.9）	0.2～1.5（0.6）
生长温度（最适）/℃	25～45（38）	28～37（37）	24～45（35）	20～45（37）	15～45（35）	41（35）
生长NaCl浓度/%	0～12	0～3	0～7	0～12	0～10	nd
生长pH（最适）	7.0～8.4（7.6）	6.3～8.3（6.8）	6.5～7.5（ND）	5.8～7.7（7.2）	8.0～10.2（9.0～9.5）	8.0～10.2（9.5）
利用H_2/CO_2和甲酸	+	+	+	+	+	+
生长需要乙酸	+	+	+	+	+	+
酵母提取物刺激生长	+	+	+	+	−	−
mol% G+C	55	ND	51.9	50.8	50.2	51.1

22. 甲烷小球菌属（*Methanosphaerula* Cadillo-Quiroz et al. 2009）

细胞球状，通常成对出现。严格厌氧。中性或微嗜酸。利用H_2/CO_2或甲酸产CH_4。该属目前有效发表1个种，即沼泽甲烷小球菌（*Methanosphaerula palustris*），该菌直径0.5～0.8μm，革兰氏染色反应为阳性，细胞不溶于0.1% SDS。生长pH为4.8～6.4，最适生长pH为5.5；生长温度为14～35℃，最适生长温度约为30℃。菌种不利用乙醇、甲醇、2-丙醇、2-丁醇、乙酸、丙酸及丁酸产CH_4。当pH 5.5时，甲酸浓度大于50mmol/L抑制生长。生长需要维生素、辅酶M、乙酸（4mmol/L）及低浓度的Na_2S（<0.08mmol/L）。

模式种（唯一种）：沼泽甲烷小球菌；模式菌株的16S rRNA基因序列登录号：EU156000；基因组序列登录号：CP001338；模式菌株保藏编号：ATCC BAA-1565=DSM 19958。

23. 甲烷八叠球菌属（*Methanosarcina* Kluyver and van Niel 1936）

细胞呈不规则球状，直径 1～3μm，单生或形成细胞聚合体（聚合体直径可达 1000μm）。不形成内生孢子。革兰氏染色反应可变。不运动，可能含有囊泡。严格厌氧。嗜中温的菌种最适生长温度为 30～40℃，嗜热的菌种最适生长温度为 50～55℃。可利用乙酸、甲醇、甲胺、二甲胺、三甲胺、H_2/CO_2 和 CO 产 CH_4。有些菌株不能以 H_2/CO_2 作为唯一的能源。可在丙酮酸培养基上缓慢生长。可固氮。

DNA 的 G+C 含量（mol%）：36～43。

模式种：巴氏甲烷八叠球菌（*Methanosarcina barkeri*）；模式菌株的 16S rRNA 基因序列登录号：AB973360；基因组序列登录号：CP009528；模式菌株保藏编号：ATCC 43569=DSM 800=JCM 10043。

该属目前有效发表 14 个种，常见种的鉴别特征见表 11-15。

表 11-15　甲烷八叠球菌属（*Methanosarcina*）主要种的表型和生理学特征

特征	巴氏甲烷八叠球菌（*M. barkeri*）	噬乙醇甲烷八叠球菌（*M. acetivorans*）	马泽氏甲烷八叠球菌（*M. mazei*）	西西里甲烷八叠球菌（*M. siciliae*）	嗜热甲烷八叠球菌（*M. thermophila*）	空泡甲烷八叠球菌（*M. vacuolata*）
表型						
球状细胞或小聚合体	+	+	+	+	−	+
大聚合体	−	+	+	+	+	−
囊泡	−	+	+	−	−	−
周期生长	−	+	+	−	−	−
革兰氏染色反应	+	−	+	−	+	+
气泡	−	−	−	−	−	+
底物利用						
H_2/CO_2	+	+	d	−	−	+
乙酸	+	+	d	−	+	+
甲胺	+	+	+	+	+	+
甲醇	+	+	+	+	+	+
甲基硫化物	NR	NR	NR	+	+	NR
生长需求						
化能自养	+	+	+	+	−	+
激活生长的物质	维生素	AA，YE	P，YE	YE	PABA	P，YE
最适生长条件						
30～40℃	+	+	+	+	−	+
55～60℃	−	−	−	−	+	−
pH 5～6	+	−	−	−	−	+
pH 6～7	+	+	+	+	+	+
pH 7.5	+	+	+	−	+	−
0.0mol/L NaCl	+	+	+	−	+	+

续表

特征	巴氏甲烷八叠球菌（*M. barkeri*）	噬乙醇甲烷八叠球菌（*M. acetivorans*）	马泽氏甲烷八叠球菌（*M. mazei*）	西西里甲烷八叠球菌（*M. siciliae*）	嗜热甲烷八叠球菌（*M. thermophila*）	空泡甲烷八叠球菌（*M. vacuolata*）
0.3mol/L NaCl	+	+	+	+	+	+
0.5mol/L NaCl	+	+	+	+	+	−
mol% G+C	39～44	41	42	41～43	42	36

注：AA 表示氨基酸；YE 表示酵母提取物；P 表示蛋白胨；PABA 表示对氨基苯甲酸

24. 甲烷盐菌属（*Methanohalobium* Zhilina and Zavarzin 1988）

细胞呈扁平、多边形或不规则球形，呈小聚合体（5～10μm）或单个（0.2～2.0μm，平均 1μm）。革兰氏染色反应可变。不运动。严格厌氧。极端嗜盐，生长 NaCl 浓度为 2.6～5.1mol/L，最适生长 NaCl 浓度为 4.3mol/L。中度嗜热，最适生长温度为 40～55℃，最高生长温度为 60℃，最低生长温度为 35～37℃。生长 pH 为 6.0～8.3，最适生长 pH 为 7.0～7.5。严格甲基营养生长。利用三甲胺、二甲胺、甲胺生长和产 CH_4。不利用乙酸、甲酸和 H_2/CO_2。只能利用极低浓度的甲醇（<5mmol/L）。

DNA 的 G+C 含量（mol%）：37。

模式种（唯一种）：调查甲烷盐菌（*Methanohalobium evestigatum*）；模式菌株的 16S rRNA 基因序列登录号：U20149；模式菌株保藏编号：ATCC BAA-1072=DSM 3721。

25. 甲烷叶菌属（*Methanolobus* König and Stetter 1983）

细胞呈不规则球状，直径 0.80～1.25μm，有时形成松散的聚合体。细胞被一单层膜和一 S 层蛋白包围。鞭毛若有，则是单生。革兰氏染色反应为阴性。严格厌氧。最适生长温度为 37℃，最高生长温度为 40～45℃，最低生长温度为 10～15℃。在海洋盐环境下生长最快。可利用甲醇、甲胺，有时还利用甲基硫化物。除甲醇外，不利用 H_2/CO_2、甲酸盐、乙酸或乙醇生长。在 S^0 存在时，甲醇除生成 CH_4 和 CO_2 外，还生成 H_2S。生长需要添加钨酸盐。

DNA 的 G+C 含量（mol%）：39～46。

模式种：丁达尔角甲烷叶菌（*Methanolobus tindarius*）；模式菌株的 16S rRNA 基因序列登录号：M59135；模式菌株保藏编号：ATCC 35996=DSM 2278。

该属目前有 10 个种，常见种的鉴别特征见表 11-16。

表 11-16 甲烷叶菌属（*Methanolobus*）常见种的鉴别特征

特征	丁达尔角甲烷叶菌（*M. tindarius*）	孟买甲烷叶菌（*M. bombayensis*）	俄勒冈甲烷叶菌（*M. oregonensis*）	泰氏甲烷叶菌（*M. taylorii*）	瓦尔肯甲烷叶菌（*M. vulcani*）
表型					
球状细胞	+	+	+	+	+
松散聚合体	+	−	+	+	+
运动性	+	−	−	−	−

续表

特征	丁达尔角甲烷叶菌（*M. tindarius*）	孟买甲烷叶菌（*M. bombayensis*）	俄勒冈甲烷叶菌（*M. oregonensis*）	泰氏甲烷叶菌（*M. taylorii*）	瓦尔肯甲烷叶菌（*M. vulcani*）
底物利用					
甲基硫化物	−	+	+	+	−
生长需求					
无机培养基加代谢物	+	+	−	−	−
有机物激活生长		+	bi，th	bi	bi
最适生长条件					
30～40℃	+	+	+	+	+
pH 5	−	−	−	−	−
pH 6	+	−	−	−	+
pH 7	+	+	−	+	+
pH 8	+	+	+	+	+
pH 9	−	−	+	−	−
0mol/L NaCl	−	−	+	−	−
0.3～1.0mol/L NaCl	+	+	+	+	+
质粒	−	NR	NR	NR	mMP1
mol% G+C	46	39	41	41	39

注：bi 表示生物素（biotin）；th 表示硫胺素（thiamine）；mMP1 为一种质粒

26. 甲烷类球菌属（*Methanococcoides* Sowers and Ferry 1985）

细胞呈不规则球状，直径 0.8～1.8μm，单个或成对。不运动或以单生鞭毛运动。严格厌氧。生长温度为 1.7～35℃，最适生长温度为 23～35℃。轻微嗜盐，最适生长 NaCl 浓度约为 0.2mol/L。生长需要 Mg^{2+}，即大于 0.01mol/L $MgSO_4$ 或 $MgCl_2$。可利用三甲胺、二甲胺、甲胺、甲醇生长和产 CH_4，但不能利用乙酸、二甲基硫化物、甲酸和 H_2/CO_2。

DNA 的 G+C 含量（mol%）：40～44。

模式种：甲基甲烷类球菌（*Methanococcoides methylutens*）；模式菌株的 16S rRNA 基因序列登录号：M59127；模式菌株保藏编号：ATCC 33938=DSM 2657。

该属目前包括 4 个种，种间鉴别特征见表 11-17。

表 11-17　甲烷类球菌属（*Methanococcoides*）种间鉴别特征

特征	甲基甲烷类球菌（*M. methylutens*）	布氏甲烷类球菌（*M. burtonii*）	阿拉斯加甲烷类球菌（*M. alaskense*）	火神甲烷类球菌（*M. vulcani*）
胞外结构	−	鞭毛	菌毛	鞭毛
运动性	−	+	−	+
生长温度（最适）/℃	15～ND（30～35）	1.7～29.5（23.4）	−2.3～30.6（23.6）	ND～35（30）
生长 pH	6.0～8.0	5.5～8.0	6.0～8.0	6.0～7.8
生长 NaCl 浓度/(mol/L)	0.15～1.10	0.2～0.5	0.1～0.7	0.08～1.02

续表

特征	甲基甲烷类球菌（*M. methylutens*）	布氏甲烷类球菌（*M. burtonii*）	阿拉斯加甲烷类球菌（*M. alaskense*）	火神甲烷类球菌（*M. vulcani*）
代谢底物				
甲醇	+	+	−	+
N,N-二甲基乙醇胺	+	+	−	+
胆碱	−	−	−	+
甜菜碱	−	−	−	+
mol% G+C	42（T_m）	39.6（T_m）	39.5（T_m）	43.4（HPLC）

27. 甲烷嗜盐菌属（*Methanohalophilus* Paterek and Smith 1988）

细胞呈不规则球状，直径约 1μm，单个或呈小簇。不运动。不形成内生孢子。革兰氏染色反应为阴性。能被表面活性剂或低渗溶液裂解。菌落表面呈乳白色至淡黄色，圆形，边缘完整。可利用甲基类底物包括甲胺和甲醇生长并产生 CH_4 和 CO_2（以甲胺为底物时还能产氨）。高浓度甲醇（40mmol/L）对其有毒性。不能利用 H_2、甲酸、乙醇和乙酸。严格厌氧。中度嗜盐（1.0～2.5mol/L NaCl 生长最快）。最适生长温度为 35～40℃。最适生长 pH 为中性。一些菌株生长不需要有机物，但一些菌株需要维生素作为生长因子。生境为盐湖和蒸发池的缺氧沉积物。

DNA 的 G+C 含量（mol%）：43～49。

模式种：麦氏甲烷嗜盐菌（*Methanohalophilus mahii*）；模式菌株的 16S rRNA 基因序列登录号：M59133；基因组序列登录号：CP001994；模式菌株保藏编号：ATCC 35705=DSM 5219。

该属目前有 4 个种，种间鉴别特征见表 11-18。

表 11-18 甲烷嗜盐菌属（*Methanohalophilus*）种间鉴别特征

特征	喜盐甲烷嗜盐菌（*M. halophilus*）	麦氏甲烷嗜盐菌（*M. mahii*）	葡萄牙甲烷嗜盐菌（*M. portucalensis*）	微好盐甲烷嗜盐菌（*M. levihalophilus*）
细胞形状	不规则球状	不规则球状	不规则球状	球状
底物利用	MA，ME	MA，ME	MA，ME	MA
生长温度/℃	18～40	＞45	30～42	20～40
生长 pH	6.3～8.0	6.5～8.5	6.6～7.8	6.2～8.3
生长 NaCl 浓度/(mol/L)	0.3～2.6	0.5～3.5	1.0～3.0	0.2～1.3
最适生长 NaCl 浓度/(mol/L)	1.2～1.5	2.0	2.2	0.4
mol% G+C	44	49	43～44	44

注：MA 表示甲胺；ME 表示甲醇

28. 甲烷微球菌属（*Methanimicrococcus* corrig. Sprenger et al. 2000）

细胞呈不规则球状，平均直径 0.8μm，单个或成簇。对低渗溶液敏感，在革兰氏染色时同样敏感。严格厌氧。过氧化氢酶阳性，氧化酶阴性。利用 H_2 还原甲醇，但不单独利用 H_2/CO_2 或甲醇。生长需要大豆胰蛋白肉汤、酵母提取物和乙酸。

模式种（唯一种）：居蟑螂甲烷微球菌（*Methanimicrococcus blatticola*）；模式菌株的16S rRNA 基因序列登录号：AJ238002；模式菌株保藏编号：ATCC BAA-276=DSM 13328。

29. 甲烷咸菌属（*Methanosalsum* Boone and Baker 2002）

细胞呈不规则角球形，单独或偶尔成簇或四联体。革兰氏染色反应为阴性。细胞壁为S层蛋白。以1或2根鞭毛缓慢运动。严格厌氧。生长温度为20～50℃，最适生长温度为35～45℃。生长Na^+浓度为0.2～3.5mol/L，最适生长Na^+浓度为0.4～1.5mol/L。生长需要碳酸氢盐。利用甲胺、甲醇或二甲基硫化物产CH_4。不能利用乙酸、甲酸、H_2/CO_2、四甲胺、丙酮酸和除甲醇以外的醇类。

DNA 的 G+C 含量（mol%）：39.5～44.8。

模式种：日利纳氏甲烷咸菌（*Methanosalsum zhilinae*）；模式菌株的16S rRNA 基因序列登录号：AJ224366；基因组序列登录号：CP002101；模式菌株保藏编号：DSM 4017。

该属目前仅有2个种，种间鉴别特征见表11-19。

表 11-19　甲烷咸菌属（*Methanosalsum*）种间鉴别特征

特征	日利纳氏甲烷咸菌（*M. zhilinae*）	嗜碱甲烷咸菌（*M. natronophilum*）
运动性	+/–	–
生长Na^+浓度（最适）/(mol/L)	0.2～2.2（0.4～0.7）	0.5～3.5（1.5）
最高生长温度/℃	44～50	43
生长 pH（最适）	8.2～10.2（9.2）	8.2～10.2（9.5）
mol% G+C	39.5～40.1	44.8

30. 食甲基甲烷菌属（*Methanomethylovorans* Lomans et al. 2004）

细胞呈不规则球状，直径0.7～1.5μm。革兰氏染色反应为阴性。细胞通常由2～4个细胞聚集成簇。对0.1% SDS不敏感。可利用三甲胺、二甲胺、甲胺、甲醇、二甲基硫醚和甲硫醇作为底物，但不利用H_2/CO_2和乙酸。

DNA 的 G+C 含量（mol%）：34.4～39.2。

模式种：荷兰食甲基甲烷菌（*Methanomethylovorans hollandica*）；模式菌株的16S rRNA 基因序列登录号：AF120163；模式菌株保藏编号：DSM 15978。

该属目前包括3个种，种间鉴别特征见表11-20。

表 11-20　食甲基甲烷菌属（*Methanomethylovorans*）种间鉴别特征

特征	荷兰食甲基甲烷菌（*M. hollandica*）	嗜热食甲基甲烷菌（*M. thermophila*）	浦食甲基甲烷菌（*M. uponensis*）
细胞直径/μm	1.0～1.5	0.7～1.5	0.9～1.1
细胞	聚集	单个	聚集
SDS 敏感（%，*w/v*）	0.1，不裂解	0.1，裂解	0.1，不裂解
生长温度（最适）/℃	12～40（37）	42～58（50）	25～40（37）
生长 pH（最适）	6.0～8.0（6.5～7.0）	5.0～7.5（6.5）	5.5～7.5（6.0～6.5）
生长 NaCl 浓度/(mmol/L)	0～300	0～200	0～100

续表

特征	荷兰食甲基甲烷菌（*M. hollandica*）	嗜热食甲基甲烷菌（*M. thermophila*）	浦食甲基甲烷菌（*M. uponensis*）
最适生长 NaCl 浓度/(mmol/L)	0～40	0～100	0
底物利用			
二甲基硫化物	+	−	+
甲硫醇	+	−	+
mol% G+C	34.4	37.6	39.2

31. 甲烷鬃毛状菌属（*Methanosaeta* Patel and Sprott 1990）

细胞呈平头直杆状，单个细胞通常宽 0.8～1.3μm、长 2.0～7.0μm，被包裹在管状鞘结构内。在鞘内形成短（5～25μm）到长（平均长度大于 150μm）的柔性细胞链，类似于细丝。在嗜热菌株中一般能观察到囊泡，但在中温菌株中没有。专性厌氧菌。不运动。革兰氏染色反应为阴性。嗜中温菌株的生长温度为 10～45℃，最适生长温度为 35～40℃；嗜热菌株的生长温度为 30～70℃，最适生长温度为 55～60℃。生长 pH 为 5.5～9.0，最适生长 pH 为 6.5～7.6。乙酸是唯一用作能源的底物，按化学计量几乎全部转换成 CH_4 和 CO_2。乙酸和 CO_2 作为碳源。

DNA 的 G+C 含量（mol%）：49.0～55.7。

模式种：理事会甲烷鬃毛状菌（*Methanosaeta concilii*）；模式菌株的 16S rRNA 基因序列登录号：AB679168；基因组序列登录号：CP002565；模式菌株保藏编号：ATCC 35969=DSM 3671=JCM 10134。

该属目前包括 3 个种，种间鉴别特征见表 11-21。

表 11-21　甲烷鬃毛状菌属（*Methanosaeta*）种间鉴别特征

特征	理事会甲烷鬃毛状菌（*M. concilii*）	嗜热甲烷鬃毛状菌（*M. thermophila*）	芦草杆状甲烷鬃毛状菌（*M. harundinacea*）
细胞宽度/μm	0.8	0.8～1.3	0.8～1.0
细胞在 20mmol/L 乙酸中培养时的排列	鞘中长链（>100μm）	短链（10～100μm）	单个或成对
最适生长温度/℃	35～40	55～60	34～37
生长温度/℃	10～45	30～70	25～45
最适生长 pH	7.1～7.5	6.5～6.7	7.2～7.6
生长 pH	6.6～7.8	5.5～8.4	6.5～9.0
代时/h	65～70	24～36	28
气泡	NR	+	ND
甲酸裂解为 H_2/CO_2	+	−	−
0.1%（*w/v*）酵母提取物抑制生长	+	+/−	ND
生长因子	污泥液，维生素	维生素	酵母提取物，蛋白胨
mol% G+C	49.0（T_m）	52.7～54.2（HPLC）	55.7（T_m）

32. 热甲烷微球菌属（*Methermicoccus* Cheng et al. 2007）

细胞小球状，平均直径 0.7μm。嗜热，生长温度超过 70℃，低于 50℃时不生长。可利用甲醇、甲胺和三甲胺作为底物产 CH_4。生长需要 Mg^{2+}。

DNA 的 G+C 含量（mol%）：＞50。

模式种（唯一种）：胜利油田热甲烷微球菌（*Methermicoccus shengliensis*）；模式菌株的 16S rRNA 基因序列登录号：DQ787474；模式菌株保藏编号：CGMCC 1.5056=DSM 18856。

33. 甲烷胞菌属（*Methanocella* Sakai et al. 2008）

细胞杆状，不运动。革兰氏染色反应为阴性。嗜中温。可利用 H_2 和甲酸产 CH_4。

模式种：居烂泥甲烷胞菌（*Methanocella paludicola*）；模式菌株的 16S rRNA 基因序列登录号：AB196288；模式菌株保藏编号：DSM 17711=JCM 13418。

该属目前包括 3 个种，种间鉴别特征见表 11-22。

表 11-22　甲烷胞菌属（*Methanocella*）种间鉴别特征

特征	居烂泥甲烷胞菌（*M. paludicola*）	稻田甲烷胞菌（*M. arvoryzae*）	康拉德甲烷胞菌（*M. conradii*）
细胞形态	杆状，球状	杆状，球状	杆状
细胞宽度/μm	0.3～0.6	0.4～0.7	0.2～0.3
细胞长度/μm	1.8～2.4	1.3～2.8	1.4～2.8
鞭毛	−	+	+
生长温度（最适）/℃	25～40（35～37）	37～55（45）	37～60（55）
生长 pH（最适）	6.5～7.8（7.0）	6.0～7.8（7.0）	6.4～7.2（6.8）
生长 NaCl 浓度（最适）/(g/L)	0～1（0）	0～20（0～2）	0～5（0～1）
代时/h	100.8	8.0	6.5～7.8
底物利用			
H_2/CO_2	+	+	+
甲酸	+	+	−
抗生素抗性			
利福平	−	+	−
mol% G+C	54.9（56.6）	54.6（56.7）	52.7

34. 甲烷火菌属（*Methanopyrus* Kurr et al. 1992）

细胞杆状，单生或成串，直径约 0.5μm，长 2～14μm。细胞壁含假肽聚糖，核心脂质由 2,3-二-*O*-植烷酰-sn-甘油和独特的不饱和甘油醚酯 2,3-二-*O*-香叶酰香叶酰-sn-甘油构成。革兰氏染色反应为阳性。可运动。严格厌氧。极端嗜热，生长温度为 84～110℃，最适生长温度为98℃，温度低于 80℃时不生长。生长pH 为 5.5～7.0，最适生长 pH 为 6.5。化能自养生长。电子供体为 H_2，将 CO_2 还原为 CH_4。甲酸、乙酸、甲醇、甲胺、丙醇、

L(+)-乳酸和甘油均不能作为电子受体产 CH_4。在 420nm 处发荧光。细胞内含高浓度环 2,3-二磷酸甘油酸。可将硫还原为 H_2S 而导致细胞裂解。基于 16S rRNA 基因的系统树分析表明该属在广古菌门中代表很古老的分支，与其他产甲烷古菌的亲缘关系很远。

该属的模式种坎氏甲烷火菌（*Methanopyrus kandleri*）是目前分离到的生长温度最高的微生物，可在 122℃下生长。分离自东太平洋瓜伊马斯（Guaymas）海盆中、2000m 水深的热液口，之后在其他海域海底热液口也有发现。兼具超嗜热和产甲烷两种特征。

DNA 的 G+C 含量（mol%）：59～60。

模式种（唯一种）：坎氏甲烷火菌；模式菌株的 16S rRNA 基因序列登录号：M59932；基因组序列登录号：AE009439；模式菌株保藏编号：DSM 6324=JCM 9639。

35. 甲烷马赛球菌属（*Methanomassiliicoccus* Dridi et al. 2012）

该属是热原体纲（Thermoplasmata）甲烷马赛球菌目（Methanomassiliicoccales）甲烷马赛球菌科（Methanomassiliicoccaceae）的唯一属。

细胞呈规则球状，直径约 850nm。革兰氏染色反应为阳性。不运动。产甲烷古菌，严格厌氧。嗜中温（25～45℃），轻微嗜碱。生长 NaCl 浓度为 0.1%～1.0%（最适生长 NaCl 浓度为 1.0%）。利用 H_2 和甲醇产 CH_4。

DNA 的 G+C 含量（mol%）：59.93。

模式种（唯一种）：卢米尼甲烷马赛球菌（*Methanomassiliicoccus luminyensis*）；模式菌株的 16S rRNA 基因序列登录号：HQ896499；基因组序列登录号：CAJE01000000；模式菌株保藏编号：DSM 25720。

第二节　极端嗜盐古菌

极端嗜盐古菌（extremely halophilic archaea，haloarchaea）是指那些生长所需 NaCl 浓度不低于 1.5mol/L（约 9%）、最适生长 NaCl 浓度为 2～4mol/L（12%～23%）的古菌。几乎所有极端嗜盐古菌都能在具有饱和 NaCl（5.5mol/L，约 32%）浓度的培养基中生长，尽管一些极端嗜盐的属种在该盐浓度条件下生长极慢。极端嗜盐古菌广泛分布于各种盐浓度高的自然或人工环境中，如晒盐场、盐湖、盐矿、高盐食品（盐渍鱼和肉）等。有些极端嗜盐古菌还兼有嗜碱特性，被称为嗜盐嗜碱古菌，主要存在于盐碱湖等高盐高碱环境中。

极端嗜盐古菌细胞呈杆状、球状或多形态（三角形、四方形、多角形、盘形等）。极生鞭毛运动或不运动。由于存在 C50 类胡萝卜素，菌落显示出不同程度的红色。盐湖、晒盐场等高盐环境由于这些极端嗜盐古菌的大量繁殖可呈现红色、紫色或粉色。有些属种在缺氧和强光条件下可合成细菌视紫红质（bacteriorhodopsin）蛋白，利用光能合成 ATP 帮助其生长。最适生长温度为 35～50℃，化能有机营养型，利用氨基酸或碳水化合物作为碳源。多数严格好氧，有些菌株可在无氧条件下通过发酵或厌氧呼吸进行生长。有些属种含有气体囊泡。细胞含有甲基萘醌，极性脂为类异戊二烯甘油醚酯，细胞壁不含肽聚糖。嗜盐古菌的总 DNA 通常由两部分组成，主要 DNA（染色体 DNA）和次要

DNA（质粒DNA），其DNA的G+C含量摩尔分数分别为59%～71%和51%～59%（T_m）。

从基因组来看，嗜盐古菌在以下蛋白序列上具有与其他古菌不同的特征序列：DNA拓扑异构酶Ⅵ（Top 2），核苷酸糖脱氢酶，核糖体蛋白L10（RPL10），类RecJ核酸外切酶（RecJ4），核糖体蛋白S15（RPS15），腺嘌呤琥珀酸合酶（PurA），磷酸丙酮酸水合酶（ENO），RNA相关蛋白，苏氨酸合酶（ThrS），天冬氨酸氨基转移酶（AspC），precorrin-8x甲基变位酶（CbiC），原卟啉Ⅸ镁离子螯合酶（HmcA）和类牻牛儿基甘油磷酸合酶蛋白（PcrB）。

除极少数极端嗜盐产甲烷古菌以外，已发现的极端嗜盐古菌基本上都属于古菌域广古菌门中的盐杆菌纲（Halobacteria）。拉丁名之所以用Halobacteria，是因为第一个嗜盐古菌的发现早于定义古菌（Archaea）的生命三域学说的提出。该纲含3个目，即盐杆菌目（Halobacteriales）、富盐菌目（Haloferacales）和无色需碱菌目（Natrialbales）（图11-2）。

（1）盐杆菌目（Halobacteriales Grant and Larsen 1989）

细胞杆状、球状以及扁平圆盘、三角形和正方形等。不运动或丛生鞭毛运动。革兰氏染色反应为阴性或阳性［用2%（*w/v*）乙酸固定］。好氧或兼性厌氧生长，厌氧生长需要或不需要硝酸盐。有些属种可发酵精氨酸进行生长。生长需要浓度高于1.5mol/L的NaCl。大多数菌株最适生长NaCl浓度为3.5～4.5mol/L。大多数成员在中性pH条件下生长，有些成员在酸性或碱性pH条件下生长。最适生长温度为35～50℃。化能异养生长，可利用氨基酸或碳水化合物作为碳源。含有ABB′C型RNA聚合酶。普遍存在于盐浓度较高的自然界，包括盐湖沉积物、苏打湖、海盐、海水、晒盐场、富硫泉水等。细胞一般含有一个主要的和一个次要的DNA，次要成分占总DNA的10%～30%。许多菌株含有大质粒（＞100kb）。DNA的G+C含量摩尔分数为59%～71%（主要成分）和51%～59%（次要成分）。盐杆菌目包括3个科：盐杆菌科（Halobacteriaceae），目前有22个属；盐盒菌科（Haloarculaceae），目前有10个属；盐球菌科（Halococcaceae），目前仅1个属。

（2）富盐菌目（Haloferacales Gupta et al. 2015）

细胞形态多样，包括杆状、球状以及扁平方形等。一些成员可运动并含有气体囊泡。生长pH为中性。化能异养生长。存在于盐浓度较高的环境，尤其是海洋晒盐场和死海。DNA的G+C含量摩尔分数为55%～66%。富盐菌目包括两个科：富盐菌科（Haloferacaceae），10个属；盐红菌科（Halorubraceae），12个属。

（3）无色需碱菌目（Natrialbales Gupta et al. 2015）

细胞杆状、球状或具有多形性形态。大多数属种最适生长pH大于7.5（碱性），一些属种可运动。一般没有气体囊泡。化能有机营养生长。主要分布在碱性高盐环境中，如苏打湖、盐湖、盐渍皮等。基因组DNA的G+C含量摩尔分数为60%～70%。该目仅含1个科，即无色需碱菌科（Natrialbaceae），包括20个属。

1. 盐杆菌属（*Halobacterium* Elazari-Volcani 1957）

营养细胞杆状，在生长环境不利的条件下可呈多形态。菌落呈红色，光滑，圆形。

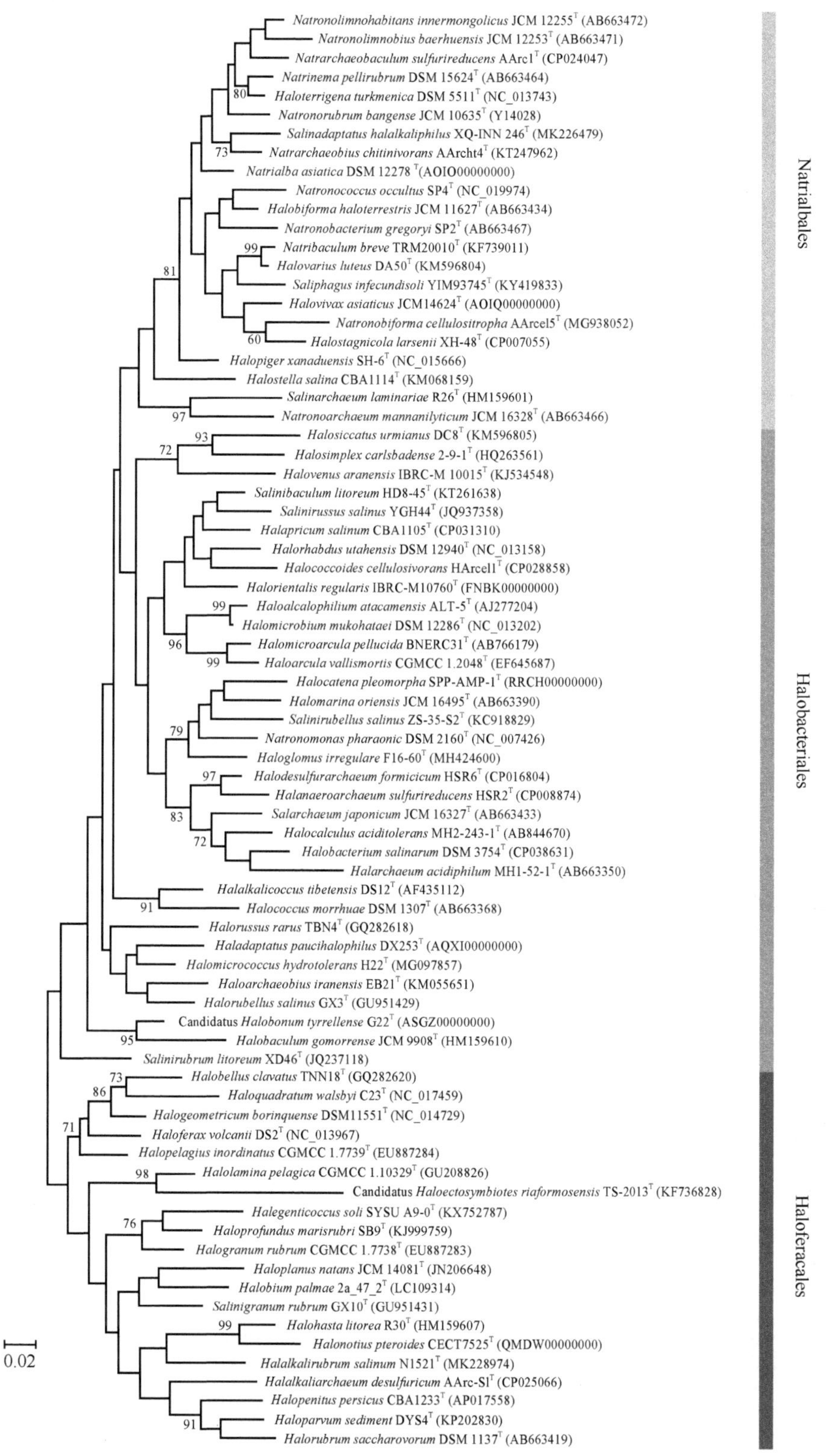

图 11-2 基于各属模式种模式菌株 16S rRNA 基因序列构建的系统发育树（最大似然法）

显示大于 70% 的自举值，比例尺表示 2% 的序列差异。括号内编号是序列在 NCBI 的登录号

革兰氏染色反应为阴性。可广泛利用糖、醇、有机酸等作为碳源和能源物质进行生长，可利用糖产酸，部分种可利用硝酸盐、二甲基亚砜（DMSO）或精氨酸在厌氧条件下进行生长。多生长在盐湖、盐池、盐矿、死海和发酵腌制食品等高盐环境中，防止细胞溶解的最小盐浓度为10%。

DNA的G+C含量（mol%）：42.7～69.2（T_m）。

模式种：盐沼盐杆菌（*Halobacterium salinarum*）；模式菌株的16S rRNA基因序列登录号：AJ496185；基因组序列登录号：CP038631；模式菌株保藏编号：ATCC 33171=CGMCC 1.1958=DSM 3754=JCM 8978。

盐杆菌属包括6个种，种间鉴别特征见表11-23。

表11-23　盐杆菌属（*Halobacterium*）种间鉴别特征

特征	博纳维尔盐杆菌（*H. bonnevillei*）	吉兰泰盐杆菌（*H. jilantaiense*）	海滨盐杆菌（*H. litoreum*）	诺里肯盐杆菌（*H. noricense*）	红色盐杆菌（*H. rubrum*）	盐沼盐杆菌（*H. salinarum*）
mol% G+C	66.75	64.2	66.7	54.3～54.5	69.2	ND
细胞形态	杆状	细长棒状	杆状	棒状	棒状	棒状
细胞大小/μm	ND	0.5～1.0×1.0～3.0	0.4～0.5×0.8～2.0	1.2～2.0	0.5～1.0×1.0～6.0	ND
运动性	+	+	−	+	+	ND
生长需要 Mg^{2+}	−	ND	ND	ND	ND	+
利用硝酸盐厌氧生长	ND	+	+	+	−	+
硝酸盐还原为亚硝酸盐	+	+	+	ND	−	+
利用硝酸盐产气	ND	+	+	ND	−	ND
利用精氨酸厌氧生长	ND	+	−	+	−	−
利用DMSO厌氧生长	ND	+	−	−	−	+
底物利用						
D-葡萄糖	+	+	−	−	−	+
D-甘露糖	+	+	−	ND	−	ND
D-半乳糖	−	+	−	−	−	ND
D-果糖	−	+	−	ND	−	ND
L-山梨糖	ND	+	−	ND	−	ND
D-核糖	−	+	−	ND	−	ND
D-木糖	−	+	−	−	−	+
麦芽糖	ND	+	−	−	−	+
蔗糖	−	+	+	−	+	−
乳糖	−	+	−	ND	−	ND
淀粉	ND	−	−	+	−	−
甘油	+	+	+	+	+	ND
D-甘露醇	−	+	−	ND	−	ND
D-山梨糖醇	ND	+	−	ND	+	ND

续表

特征	博纳维尔盐杆菌（*H. bonnevillei*）	吉兰泰盐杆菌（*H. jilantaiense*）	海滨盐杆菌（*H. litoreum*）	诺里肯盐杆菌（*H. noricense*）	红色盐杆菌（*H. rubrum*）	盐沼盐杆菌（*H. salinarum*）
DL-苹果酸	−	ND	−	ND	+	ND
琥珀酸	−	ND	−	ND	+	ND
L-苹果酸	−	ND	−	ND	+	ND
富马酸	−	ND	+	ND	−	ND
L-丙氨酸	+	ND	−	ND	−	ND
L-精氨酸	ND	+	−	ND	+	ND
利用糖产酸	ND	+	+	ND	ND	ND
过氧化氢酶	−	+	+	ND	+	ND
氧化酶	+	+	+	−	−	+
产生吲哚	+	+	+	ND	−	+
水解明胶	+	+	+	−	+	+
水解酪蛋白	ND	+	−	ND	−	+
极性脂是否含 PGS	−	+	−	+	+	+
糖脂	ND	TGD-1，S-TGD-1，S-TeGD	TGD-1，S-TGD-1，S-TeGD	TGD-1，S-TGD-1	TGD-1，S-TGD-1，S-TeGD	ND
呼吸醌	ND	ND	ND	MK-8，MK-8(H_2)，MK-7(H_2)，MK-6，MK-9	ND	ND

注：PGS 表示磷脂酰甘油硫酸酯（phosphatidyl glycerol sulphate），TGD-1 表示半乳糖苷甘露糖苷葡萄糖二醚（galactosyl mannosyl glucosyl diether），S-TGD-1 表示硫酸半乳糖苷甘露糖苷葡萄糖二醚（sulfated galactosyl mannosyl glucosyl diether），S-TeGD 表示硫酸半乳糖苷甘露糖苷呋喃半乳糖苷葡萄糖二醚（sulfated galactosyl mannosyl galactofuranosyl glucosyl diether）

2. 盐碱球菌属（*Halalkalicoccus* Xue et al. 2005）

营养细胞球状，单个、成对或不规则的簇状出现。单菌落呈红色、粉红色或橙色，光滑，圆形，凸起。革兰氏染色反应可变，前期培养以革兰氏阴性为主，部分细胞革兰氏反应为阳性。严格好氧，化能异养生长。可广泛利用糖、醇、有机酸等作为碳源和能源物质进行生长，部分种可利用糖产酸。在厌氧条件下，不能利用硝酸盐、二甲基亚砜或精氨酸进行生长。生长在盐湖、盐渍食品和盐渍土壤等中性至碱性的高盐条件下，防止细胞溶解的最小盐浓度为 10%。

DNA 的 G+C 含量（mol%）：54.0～63.2（T_m）。

模式种：西藏盐碱球菌（*Halalkalicoccus tibetensis*）；模式菌株的 16S rRNA 基因序列登录号：AB663349；模式菌株保藏编号：CGMCC 1.3240=JCM 11890。

盐碱球菌属包括 4 个种，种间鉴别特征见表 11-24。

表 11-24 盐碱球菌属（*Halalkalicoccus*）种间鉴别特征

特征	咸海鲜盐碱球菌（*H. jeotgali*）	嗜低盐盐碱球菌（*H. paucihalophilus*）	地下盐碱球菌（*H. subterraneus*）	西藏盐碱球菌（*H. tibetensis*）
mol% G+C	63.2	54.0	61.8	ND
细胞形态	球状，圆形	球状	球状	球状
细胞直径/μm	1.0～1.5	1.0～1.5	1.0～1.7	1.0～1.5
硝酸盐还原为亚硝酸盐	−	+	−	+
底物利用				
D-甘露糖	ND	+	+	−
D-半乳糖	ND	+	−	−
D-果糖	ND	+	−	+
D-核糖	ND	+	+	−
D-木糖	ND	−	+	−
麦芽糖	ND	+	−	+
蔗糖	+	−	+	−
乳糖	+	+	−	+
乙酸	+	+	−	+
琥珀酸	ND	+	−	+
利用糖产酸	ND	+	ND	−
过氧化氢酶	+	W	+	+
氧化酶	−	W	−	+
水解淀粉	ND	−	+	−
水解吐温 80	ND	+	−	−
产生 H_2S	ND	+	−	−
极性脂是否含 PGS	−	+	+	−
糖脂	−	S-DGD-1	S-DGD-1	−
呼吸醌	ND	ND	ND	MK-8

注：PGS 表示磷脂酰甘油硫酸酯（phosphatidyl glycerol sulphate），S-DGD-1 表示硫酸甘露糖苷葡萄糖二醚（sulfated mannosyl glucosyl diether）

3. 适盐菌属（*Haladaptatus* Savage et al. 2007）

细胞球状，单独或成对出现。单菌落呈粉红色，圆形，凸起。革兰氏染色反应为阴性。严格好氧，化能异养生长。可广泛利用糖、醇、有机酸等作为碳源和能源物质进行生长，可利用糖产酸。在厌氧条件下，不能利用硝酸盐、二甲基亚砜或精氨酸进行生长。生长在低盐、硫化物和硫含量较高的泉水、盐场和腌渍食品等高盐条件下，防止细胞溶解的最小盐浓度为 5%。

DNA 的 G+C 含量（mol%）：54.0～60.5（T_m）。

模式种：嗜低盐适盐菌（*Haladaptatus paucihalophilus*）；模式菌株的 16S rRNA 基因序列登录号：AB477986；模式菌株保藏编号：ATCC BAA-1313=DSM 18195=JCM 13897=KCTC 4006。

该属包括 4 个种，种间鉴别特征见表 11-25。

表 11-25 适盐菌属（*Haladaptatus*）种间鉴别特征

特征	淡粉色适盐菌（*H. pallidirubidus*）	海滨适盐菌（*H. litoreus*）	宜食适盐菌（*H. cibarius*）	嗜低盐适盐菌（*H. paucihalophilus*）
mol% G+C	56.0～57.4	54.0	56.5	60.5
细胞直径/μm	1.0～1.7	1.0～1.5	1.0	1.2
运动性	−	−	+	−
生长需要 Mg^{2+}	0	ND	≥0.005	≥0.005
硝酸盐还原为亚硝酸盐	−	+	−	−
利用硝酸盐产气	−	+	−	−
底物利用				
D-果糖	+	−	+	+
D-木糖	−	−	ND	+
麦芽糖	+	+	ND	−
乳糖	+	−	ND	−
D-甘露醇	+	+	−	+
DL-苹果酸	−	+	ND	ND
琥珀酸	+	−	ND	−
L-苹果酸	+	−	ND	+
柠檬酸	+	−	−	+
L-丙氨酸	−	+	ND	−
L-精氨酸	+	+	ND	−
L-赖氨酸	+	−	ND	ND
水解				
淀粉	+	+	−	+
酪蛋白	+	+	−	+
吐温 80	−	+	+	+
产生 H_2S	+	−	ND	ND
极性脂是否含 PGS	+	+	−	+
糖脂	S-DGD-1	S-DGD-1	+（未鉴定）	S-DGD-1
呼吸醌	ND	ND	ND	ND

4. 盐古菌属（*Halarchaeum* Minegishi et al. 2010）

细胞三角形或盘形。单菌落呈粉红色或橙红色，光滑，圆形。革兰氏染色反应为阴性。严格好氧，化能异养生长。可广泛利用糖、醇、有机酸等作为碳源和能源物质进行生长。在厌氧条件下，不能利用硝酸盐、二甲基亚砜或精氨酸进行生长。生长在盐湖、盐场和盐渍食品等中性至酸性的高盐条件下，防止细胞溶解的最小盐浓度为 9%。

DNA 的 G+C 含量（mol%）：59.3～66.4（T_m）。

模式种：嗜酸盐古菌（*Halarchaeum acidiphilum*）；模式菌株的 16S rRNA 基因序列登录号：AB663350；基因组序列登录号：BANO00000000；模式菌株保藏编号：DSM 22442=JCM 16109。

该属包括 6 个种，种间鉴别特征见表 11-26。

表 11-26　盐古菌属（*Halarchaeum*）种间鉴别特征

特征	嗜酸盐古菌（*H. acidiphilum*）	格兰特盐古菌（*H. grantii*）	硝酸盐还原盐古菌（*H. nitratireducens*）	红硬盐古菌（*H. rubridurum*）	盐盐古菌（*H. salinum*）	索利卡姆斯克盐古菌（*H. solikamskense*）
mol% G+C	61.4	65.2	61.1 或 61.2	63.2～63.7	59.3～61.0	65.1～66.4
细胞大小/μm	2.0	1.5×2.0	1.5～2.0	1.5～2.0	0.5～1.1	1.0～1.5×1.5～2.5
生长需要 Mg^{2+}	+	−	+	+	ND	ND
利用硝酸盐厌氧生长	−	−	−	−	ND	−
硝酸盐还原为亚硝酸盐	−	−	+	−	−	−
底物利用						
D-甘露糖	−	+	−	−	−	ND
D-核糖	−	+	ND	ND	−	ND
麦芽糖	−	+	−	−	−	ND
D-甘露醇	−	+	−	−	−	ND
D-山梨糖醇	−	+	−	−	−	ND
乙酸	ND	−	−	−	−	+
丙酮酸	ND	−	−	−	−	+
DL-苹果酸	ND	−	−	−	ND	+
琥珀酸	ND	+	+	−	+	+
柠檬酸	−	+	−	+/−	−	+
甘氨酸	ND	w	ND	−	ND	ND
L-丙氨酸	ND	+	−	ND	−	ND
L-精氨酸	ND	+	−	−	−	+
L-天冬酰胺	ND	+	−	+	ND	ND
L-谷氨酸	−	+	−	−	ND	+
L-赖氨酸	ND	+	−	−	−	ND
过氧化氢酶	−	−	ND	v	−	+
产生 H_2S	−	+	−	−	−	−
极性脂是否含 PGS	−	−	−	−	−	−
糖脂	+/ND	+/ND	+/ND	+/ND	+/ND	S-DGD-1

5. 嗜盐碱古菌属（*Natronoarchaeum* Shimane et al. 2010）

细胞呈多形态（杆状、球状）。单菌落呈粉红色、半透明、红色。革兰氏染色反应为阴性。严格好氧，嗜盐和微碱性，化能异养生长。可广泛利用糖、醇、有机酸等作为碳源和能源物质进行生长，不能利用硝酸盐、二甲基亚砜或精氨酸在厌氧条件下进行生长。

分离自盐湖、商品盐和盐场等中性至碱性的高盐条件，防止细胞溶解的最小盐浓度为8%。

DNA 的 G+C 含量（mol%）：63.0～66.7（T_m）。

模式种：解甘露聚糖嗜盐碱古菌（*Natronoarchaeum mannanilyticum*）；模式菌株的16S rRNA 基因序列登录号：AB501360；模式菌株保藏编号：JCM 16328。

该属包括 4 个种，种间鉴别特征见表 11-27。

表 11-27　嗜盐碱古菌属（*Natronoarchaeum*）种间鉴别特征

特征	解甘露聚糖嗜盐碱古菌（*N. mannanilyticum*）	波斯嗜盐碱古菌（*N. persicum*）	菲律宾嗜盐碱古菌（*N. philippinense*）	红色嗜盐碱古菌（*N. rubrum*）
mol% G+C	63.0	66.7	63.0	66.2
运动性	−	−	−	+
生长需要 Mg^{2+}	+	+	−	ND
利用硝酸盐产气	ND	−	−	−
底物利用				
D-半乳糖	ND	+	+	−
D-果糖	ND	ND	+	−
D-核糖	ND	−	+	−
D-木糖	ND	−	+	−
蔗糖	ND	+	−	+
乳糖	+	+	−	+
淀粉	+	+	−	+
甘油	ND	−	+	+
乙酸	ND	−	−	+
DL-苹果酸	ND	+	−	+
L-丙氨酸	ND	+	ND	−
L-精氨酸	ND	−	ND	−
L-天冬酰胺	ND	−	ND	−
L-谷氨酸	ND	−	−	+
过氧化氢酶	−	+	+	+
氧化酶	−	−	−	+
产生吲哚	+	−	−	−
产生 H_2S	ND	−	−	+
极性脂是否含 PGS	+	ND	ND	ND
糖脂	S_2-DGD	ND	ND	S_2-DGD
呼吸醌	ND	ND	ND	ND

注：S_2-DGD 表示二硫酸甘露糖苷葡萄糖二醚（disulfated mannosyl glucosyl diether）

6. 盐海菌属（*Halomarina* Inoue et al. 2011）

细胞呈不规则的球状或圆盘状，在最适生长条件下可呈多形态。单菌落呈粉红色，圆形，凸起。革兰氏染色反应为阴性。严格好氧。可广泛利用糖、醇、有机酸等作为碳源和能源物质进行生长，可利用糖产酸，部分种可利用硝酸盐、二甲基亚砜或精氨酸在厌氧条件下进行生长。分离自海水、盐场等中性至碱性的高盐条件，防止细胞溶解的最小盐浓度为 6%。

DNA 的 G+C 含量（mol%）：64.6～67.7（T_m）。

模式种：海研所盐海菌（*Halomarina oriensis*）；模式菌株的 16S rRNA 基因序列登录号：AB519798；模式菌株保藏编号：JCM 16495=KCTC 4074。

该属包括 3 个种，种间鉴别特征见表 11-28。

表 11-28　盐海菌属（*Halomarina*）种间鉴别特征

特征	海研所盐海菌（*H. oriensis*）	红色盐海菌（*H. rubra*）	盐盐海菌（*H. salina*）
mol% G+C	67.7	64.6	67.1
生长需要 Mg^{2+}	+	+	−
利用硝酸盐厌氧生长	−	−	+
利用精氨酸厌氧生长	−	−	+
利用 DMSO 厌氧生长	−	−	+
底物利用			
D-葡萄糖	+	−	−
D-甘露糖	+	−	NR
D-半乳糖	+	−	−
D-果糖	+	−	−
L-山梨糖	ND	−	−
D-核糖	+	−	−
D-木糖	+	−	−
麦芽糖	+	−	−
乳糖	+	−	−
淀粉	+	+	−
D-山梨糖醇	−	+	−
乙酸	−	+	+
DL-苹果酸	−	−	+
L-苹果酸	−	+	+
富马酸	−	+	+
柠檬酸	−	−	+
甘氨酸	−	−	+
L-精氨酸	−	−	+
L-谷氨酸	−	+	+
利用糖产酸	+	+	+
产生吲哚	−	+	+
水解			
淀粉	−	+	−

续表

特征	海研所盐海菌（*H. oriensis*）	红色盐海菌（*H. rubra*）	盐盐海菌（*H. salina*）
明胶	+	−	+
酪蛋白	−	+	+
极性脂是否含 PGS	−	+	+
糖脂	TGD-2	TGD-2	TGD-2

注：TGD-2 表示葡萄糖苷甘露糖苷葡萄糖二醚（glucosyl mannosyl glucosyl diether）

7. 需盐古菌属（*Salarchaeum* Shimane et al. 2011）

细胞呈可运动的短杆状。革兰氏染色反应为阴性。需氧。极端嗜盐，微嗜酸，化能异养生长。Mg^{2+}是维持细胞生长的必要条件，生长最大需求量为 200～300mmol/L Mg^{2+}。在厌氧条件下，不能利用硝酸盐、精氨酸或二甲基亚砜进行生长。不产吲哚，不产 H_2S，吐温 80 能够被水解，但明胶、淀粉和酪蛋白不能被水解。氧化酶和过氧化氢酶阳性。极性脂主要成分是磷脂酰甘油（PG），磷脂酰甘油磷酸甲基酯（PGP-Me），硫酸甘露糖苷葡萄糖二醚（S-DGD-1）和 5 种未鉴定的糖脂。分离自海水等中性的高盐环境，防止细胞溶解的最小盐浓度为 9%。

DNA 的 G+C 含量（mol%）：64.0。

模式种（唯一种）：日本需盐古菌（*Salarchaeum japonicum*）；模式菌株的 16S rRNA 基因序列登录号：AB454051；模式菌株保藏编号：JCM 16327。

8. 嗜盐古菌属（*Haloarchaeobius* Makhdoumi-Kakhki et al. 2012）

细胞呈多形态。单菌落呈橙红色，圆形，凸起。革兰氏染色反应为阴性。严格好氧，化能异养生长。可广泛利用糖、醇、有机酸等作为碳源和能源物质进行生长，可利用糖产酸，部分种可利用硝酸盐、二甲基亚砜或精氨酸在厌氧条件下进行生长。分离自盐湖等中性的高盐条件，防止细胞溶解的最小盐浓度为 5%。

DNA 的 G+C 含量（mol%）：63.7～67.7（T_m）。

模式种：伊朗嗜盐古菌（*Haloarchaeobius iranensis*）；模式菌株的 16S rRNA 基因序列登录号：MT760318；基因组序列登录号：FNIA00000000；模式菌株保藏编号：KCTC 4048。

该属包括 5 个种，种间鉴别特征见表 11-29。

表 11-29　嗜盐古菌属（*Haloarchaeobius*）种间鉴别特征

特征	解淀粉嗜盐古菌（*H. amylolyticus*）	巴厘岛嗜盐古菌（*H. baliensis*）	伊朗嗜盐古菌（*H. iranensis*）	海滨嗜盐古菌（*H. litoreus*）	盐嗜盐古菌（*H. salinus*）
mol% G+C	65.3	67.2	67.7	67.7	63.7
生长需要 Mg^{2+}	−	+	−	ND	ND
利用硝酸盐厌氧生长	+	−	−	−	+
硝酸盐还原为亚硝酸盐	+	+	+	+	+
利用硝酸盐产气	−	−	−	−	−
利用精氨酸厌氧生长	+	−	−	−	+

续表

特征	解淀粉嗜盐古菌（*H. amylolyticus*）	巴厘岛嗜盐古菌（*H. baliensis*）	伊朗嗜盐古菌（*H. iranensis*）	海滨嗜盐古菌（*H. litoreus*）	盐嗜盐古菌（*H. salinus*）
利用 DMSO 厌氧生长	+	−	−	+	+
底物利用					
D-甘露糖	+	−	NR	+	+
D-半乳糖	+	−	+	+	−
D-果糖	−	−	+	−	−
麦芽糖	−	+	+	−	−
蔗糖	+	+	−	+	+
乳糖	−	−	+	−	−
淀粉	+	+	ND	+	−
D-甘露醇	+	−	−	−	−
D-山梨糖醇	+	−	ND	−	+
乙酸	−	−	ND	−	+
丙酮酸	+	−	ND	+	+
DL-苹果酸	+	−	ND	−	+
琥珀酸	+	−	ND	−	+
L-苹果酸	+	−	ND	−	+
富马酸	+	−	ND	−	−
甘氨酸	−	−	+	−	−
L-丙氨酸	+	+	ND	+	−
L-精氨酸	+	−	−	−	+
L-天冬酰胺	−	ND	ND	−	+
L-谷氨酸	−	−	ND	+	+
L-鸟氨酸	−	−	ND	−	+
产生吲哚	+	ND	−	−	+
水解					
淀粉	+	+	−	+	−
明胶	+	−	+	+	+
酪蛋白	−	−	−	+	−
吐温 80	+	ND	−	+	+
产生 H_2S	+	ND	−	+	+
极性脂是否含 PGS	+	−	+	+	−
糖脂	S-TGD-1，S-DGD-1	+（未鉴定）	+（未鉴定）	S-DGD-1，S-TGD-1	S-DGD-1，S-TGD-1
呼吸醌	ND	MK-8，MK-8(H_2)	MK-8(H_2)	ND	MK-8(H_2)

9. 美丽喜盐菌属（*Halovenus* Makhdoumi-Kakhki et al. 2012）

细胞呈多形态（三角形、杆形、圆盘形）。单菌落呈红色或深红色，光滑，圆形，凸起。革兰氏染色反应为阴性。严格好氧，极度嗜盐，化能异养生长。可广泛利用糖、醇、有机酸等作为碳源和能源物质进行生长，可利用某些糖产酸，某些种不能利用硝酸盐、二甲基亚砜或精氨酸在厌氧条件下进行生长。生长环境包括盐湖、盐渍海带和盐场等中性至碱性的高盐条件，防止细胞溶解的最小盐浓度为 15%。

DNA 的 G+C 含量（mol%）：56.3～64.0（T_m）。

模式种：阿兰比德尔湖美丽喜盐菌（*Halovenus aranensis*）；模式菌株的 16S rRNA 基因序列登录号：KJ534549；基因组序列登录号：FNFC00000000；模式菌株保藏编号：CGMCC 1.11001。

该属包括 4 个种，种间鉴别特征见表 11-30。

表 11-30 美丽喜盐菌属（*Halovenus*）种间鉴别特征

特征	阿兰比德尔湖美丽喜盐菌（*H. aranensis*）	红色美丽喜盐菌（*H. rubra*）	盐美丽喜盐菌（*H. salina*）	食一氧化碳美丽喜盐菌（*H. carboxidivorans*）
mol% G+C	61.0	56.3	63.1	64.0
运动性	−	+	+	−
生长需要 Mg^{2+}	+	ND	ND	−
利用硝酸盐厌氧生长	−	−	−	+
硝酸盐还原为亚硝酸盐	−	−	+	+
底物利用				
D-葡萄糖	+	−	+	−
D-甘露糖	−	−	+	−
D-果糖	−	−	+	−
D-木糖	−	−	+	−
蔗糖	−	+	+	−
乳糖	−	−	+	−
淀粉	ND	−	+	ND
甘油	ND	+	+	−
D-甘露醇	−	+	+	+
乙酸	ND	+	−	+
DL-苹果酸	ND	+	−	+
琥珀酸	ND	+	−	ND
富马酸	ND	+	−	−
柠檬酸	ND	+	−	−
L-丙氨酸	ND	−	+	ND
L-赖氨酸	ND	−	+	ND
L-鸟氨酸	ND	−	+	ND
利用糖产酸	+	ND	+	ND
产生吲哚	−	−	+	−

续表

特征	阿兰比德尔湖美丽喜盐菌（*H. aranensis*）	红色美丽喜盐菌（*H. rubra*）	盐美丽喜盐菌（*H. salina*）	食一氧化碳美丽喜盐菌（*H. carboxidivorans*）
水解明胶	−	+	+	−
水解吐温 80	−	−	−	+
产生 H_2S	−	+	+	ND
极性脂是否含 PGS	ND	ND	+	+
糖脂	ND	DGD-1	S-DGD-1	ND
呼吸醌	MK-8(H_2)	MK-8，MK-8(H_2)	MK-8，MK-8(H_2)	ND

注：DGD-1 表示甘露糖苷葡萄糖二醚（mannosyl glucosyl diether）

10. 淡红盐菌属（*Halorubellus* Cui et al. 2014）

细胞呈多形性。单菌落呈红色，凸起，圆形。革兰氏染色反应为阴性。好氧，化能异养生长。可广泛利用糖、醇、有机酸等作为碳源和能源物质进行生长，可利用某些糖产酸。在厌氧条件下，不能利用硝酸盐、二甲基亚砜或精氨酸进行生长。分离自中性至碱性的高盐条件，防止细胞溶解的最小盐浓度为 8%。

DNA 的 G+C 含量（mol%）：67.2～67.3。

模式种：海滨淡红盐菌（*Halorubellus litoreus*）；模式菌株的 16S rRNA 基因登录号：AB771433；模式菌株保藏编号：CGMCC 1.10386=JCM 17117。

该属目前仅有 2 个种。

11. 红盐菌属（*Halorussus* Cui et al. 2014）

细胞呈多形性（球形、卵圆形、杆状）。单菌落呈红色或者浅红色，圆形，凸起。革兰氏染色反应为阴性。严格好氧，化能异养生长。可广泛利用糖、有机酸等作为碳源和能源物质进行生长，可利用碳水化合物产酸，部分种可利用硝酸盐、二甲基亚砜或精氨酸在厌氧条件下进行生长。生境包括盐湖、盐场和海带等中性至碱性的高盐环境，防止细胞溶解的最小盐浓度为 8%。

DNA 的 G+C 含量（mol%）：61.5～66.1（T_m）。

模式种：稀有红盐菌（*Halorussus rarus*）；模式菌株的 16S rRNA 基因序列登录号：AB663427；基因组序列登录号：QPMJ00000000；模式菌株保藏编号：CGMCC 1.10122=JCM 16429。

该属包括 6 个种，种间鉴别特征见表 11-31。

表 11-31　红盐菌属（*Halorussus*）种间鉴别特征

特征	解淀粉红盐菌（*H. amylolyticus*）	嗜盐红盐菌（*H. halophilus*）	海滨红盐菌（*H. litoreus*）	稀有红盐菌（*H. rarus*）	红色红盐菌（*H. ruber*）	盐红盐菌（*H. salinus*）
mol% G+C	64.6	61.5	65.9	66.1	63.3	64.9
利用硝酸盐厌氧生长	+	−	+	−	+	−
硝酸盐还原为亚硝酸盐	+	−	−	+	+	+
利用精氨酸厌氧生长	+	−	−	−	+	−
利用 DMSO 厌氧生长	+	−	+	−	+	−

续表

特征	解淀粉红盐菌（*H. amylolyticus*）	嗜盐红盐菌（*H. halophilus*）	海滨红盐菌（*H. litoreus*）	稀有红盐菌（*H. rarus*）	红色红盐菌（*H. ruber*）	盐红盐菌（*H. salinus*）
底物利用						
D-半乳糖	+	+	−	+	+	−
麦芽糖	−	−	−	+	−	−
蔗糖	+	+	+	+	+	+
乳糖	+	−	+	+	+	−
淀粉	+	+	−	+	−	+
甘油	+	+	+	+	−	+
D-甘露醇	−	−	+	+	+	+
D-山梨糖醇	+	−	+	−	+	−
乙酸	+	−	+	+	+	−
丙酮酸	+	+	+	+	−	+
DL-苹果酸	+	+	+	+	+	−
琥珀酸	−	+	+	+	−	−
富马酸	+	+	+	−	+	+
柠檬酸	+	+	+	+	+	−
甘氨酸	−	−	−	−	−	−
L-丙氨酸	+	−	−	+	−	−
L-精氨酸	+	−	+	−	−	−
L-天冬酰胺	−	−	+	+	−	+
L-鸟氨酸	+	+	+	+	+	−
氧化酶	+	+	−	+	+	+
产生吲哚	−	−	−	+	+	+
水解						
淀粉	+	+	−	+	−	+
明胶	+	+	+	+	−	+
酪蛋白	+	+	−	+	−	−
吐温 80	−	−	−	+	+	−
产生 H_2S	+	−	−	+	−	+
极性脂是否含 PGS	+	+	+	+	+	+
糖脂	S-TGD-1，S-DGD-1，TGD-1，DGD-1，DGD-2	DGD-1，DGD-2，S-DGD-1，S-TGD-1，TGD-1	DGD-1，DGD-2，S-DGD-1，S-TGD-1，TGD-1	S-TGD-1，S-DGD-1，TGD-1，DGD-1，DGD-2	S-TGD-1，S-DGD-1，TGD-1，DGD-1，DGD-2	DGD-1，DGD-2，S-DGD-1，S-TGD-1，TGD-1

注：DGD-2 表示二糖基二醚（diglycosyl diether）

12. 盐场红菌属（*Salinirubrum* Cui and Qiu 2014）

细胞在最适生长条件下呈多形态。可以运动。革兰氏染色反应为阴性。兼性厌氧，在厌氧条件下不能利用硝酸盐、二甲基亚砜或精氨酸进行生长。过氧化氢酶阳性，氧化酶阴性。不产吲哚，产 H_2S。能够水解吐温 80、明胶和酪蛋白，但不能水解淀粉。可利用糖产酸。碳水化合物、有机酸和氨基酸等可被用作生长的单一碳源和能源物质。极性脂成分为磷脂酰甘油（PG）、磷脂酰甘油磷酸甲基酯（PGP-Me），以及两种糖脂——硫酸甘露糖苷葡萄糖二醚（S-DGD-1）和甘露糖基葡萄糖基二醚（DGD）。生长在高盐条件下，防止细胞溶解的最小盐浓度为5%。

DNA 的 G+C 含量（mol%）：65.1。

模式种（唯一种）：海滨盐场红菌（*Salinirubrum litoreum*）；模式菌株的 16S rRNA 基因序列登录号：MT760321；基因组序列登录号：CP016804；模式菌株保藏编号：CGMCC 1.12237=JCM 18649。

13. 需盐卵形古菌属（*Halocalculus* Minegishi et al. 2015）

细胞呈多形性。不可运动。革兰氏染色反应为阴性。兼性厌氧，极端嗜盐、耐酸。过氧化氢酶阳性，氧化酶阴性。淀粉、明胶、吐温 80 不能被水解，不产吲哚，不产 H_2S。在厌氧条件下，可以利用硝酸盐、二甲基亚砜或精氨酸进行生长。利用阿拉伯糖、纤维二糖、D-果糖、D-半乳糖、D-葡萄糖、甘油、乳糖、麦芽糖、D-甘露醇、D-甘露糖、棉籽糖、α-L-鼠李糖、核糖、D-山梨糖醇、蔗糖、海藻糖、D-木糖、柠檬酸钠、丙酮酸钠、琥珀酸钠作为单一碳源进行生长。极性脂是磷脂酰甘油磷酸甲基酯（PGP-Me）。生长在高盐条件下，防止细胞溶解的最小盐浓度为10%。

DNA 的 G+C 含量（mol%）：62.3。

模式种（唯一种）：耐酸需盐卵形古菌（*Halocalculus aciditolerans*）；模式菌株的 16S rRNA 基因序列登录号：MT760321；基因组序列登录号：CP016804；模式菌株保藏编号：JCM 19596=KCTC 4149。

14. 厌氧嗜盐古菌属（*Halanaeroarchaeum* Sorokin et al. 2016）

细胞呈带棱角的、扁平的球状或木板形的杆状等多形态。不可运动。严格厌氧，极端嗜盐，嗜中性。细胞壁由一层薄的蛋白质层组成，没有红色色素。细胞大小为 0.5～1.5μm×1.0～2.0μm。革兰氏染色反应为阴性。极性脂主要成分是磷脂酰甘油磷酸甲基酯（PGP-Me），磷脂酰甘油硫酸酯（PGS），磷脂酰甘油（PG）和磷脂酰乙醇胺（PE）。核心膜脂由 $C_{20}C_{20}$ DGE（古醇类）和 $C_{20}C_{25}$ DGE（延伸古醇类）等比例组成。可以利用乙酸盐或丙酮酸作为电子供体/碳源，通过 S^0 呼吸进行厌氧生长。可以利用铵盐作为氮源。分离自盐湖的厌氧沉积物等中性的高盐环境，防止细胞溶解的最小盐浓度为5%。

DNA 的 G+C 含量（mol%）：62.8。

模式种（唯一种）：硫还原厌氧嗜盐古菌（*Halanaeroarchaeum sulfurireducens*）；模式菌株的 16S rRNA 基因序列登录号：MT760321；基因组序列登录号：CP011564；模式菌株保藏编号：JCM 30661。

15. 干盐菌属（*Halosiccatus* Mehrshad et al. 2016）

细胞呈杆状、三角形或圆盘形等多形态。不可运动。革兰氏染色反应为阴性。严格好氧，O_2 被用作最终电子受体。Mg^{2+} 是维持细胞生长的必要条件。氧化酶和过氧化氢酶阳性。七叶苷、明胶和吐温 60 能够被水解，但 DNA、酪蛋白、吐温 20、吐温 40、吐温 80 和淀粉不能被水解。在厌氧条件下，不能利用硝酸盐、精氨酸或二甲基亚砜进行生长。硝酸盐不能还原成亚硝酸盐，不能由硝酸盐产生气体。产吲哚，不产 H_2S，不产生脲酶、精氨酸双水解酶、赖氨酸脱羧酶、鸟氨酸脱羧酶。极性脂主要成分是磷脂酰甘油（PG），磷脂酰甘油磷酸甲基酯（PGP-Me），磷脂酰甘油硫酸酯（PGS）和磷脂酸（PA）。存在的唯一醌是 MK-8(H_2)。分离自盐湖等中性至碱性的高盐环境，防止细胞溶解的最小盐浓度为 3%。

DNA 的 G+C 含量（mol%）：68.1。

模式种（唯一种）：乌尔米湖干盐菌（*Halosiccatus urmianus*）；模式菌株的 16S rRNA 基因序列登录号：KM596805；模式菌株保藏编号：CECT 8793。

16. 盐星菌属（*Halostella* Song et al. 2016）

细胞球状或杆状。单菌落呈浅红色或红色。革兰氏染色反应为阴性。严格好氧，化能异养生长。可广泛利用糖、醇等作为碳源和能源物质进行生长，部分种可利用糖产酸，部分种可利用硝酸盐、二甲基亚砜或精氨酸在厌氧条件下进行生长。生境包括盐、褐藻和盐渍土壤等中性至碱性的高盐环境，防止细胞溶解的最小盐浓度为 8%。

DNA 的 G+C 含量（mol%）：63.1～68.5（T_m）。

模式种：盐盐星菌（*Halostella salina*）；模式菌株的 16S rRNA 基因序列登录号：KR053260；基因组序列登录号：RCIH00000000；模式菌株保藏编号：JCM 30111=KCTC 4206。

该属包括 4 个种，种间鉴别特征见表 11-32。

表 11-32　盐星菌属（*Halostella*）种间鉴别特征

特征	栖泥盐星菌（*H. limicola*）	海滨盐星菌（*H. litorea*）	海洋盐星菌（*H. pelagica*）	盐盐星菌（*H. salina*）
mol% G+C	67.2	68.5	63.1	68.1
细胞颜色	浅红色	红色	红色	红色
生长需要 Mg^{2+}	−	−	−	+
利用硝酸盐厌氧生长	+	−	−	−
利用硝酸盐产气	+	−	−	−
利用精氨酸厌氧生长	+	−	−	ND
利用 DMSO 厌氧生长	+	+	−	ND
底物利用				
D-半乳糖	+	−	ND	+
麦芽糖	+	−	−	+
乳糖	+	−	−	+
淀粉	−	−	−	+
D-甘露醇	−	+	+	+
D-山梨糖醇	+	+	+	−

续表

特征	栖泥盐星菌（*H. limicola*）	海滨盐星菌（*H. litorea*）	海洋盐星菌（*H. pelagica*）	盐盐星菌（*H. salina*）
乙酸	+	+	−	+
琥珀酸	−	+	+	+
L-苹果酸	−	+	+	+
富马酸	−	+	+	−
柠檬酸	−	+	+	−
甘氨酸	−	−	+	+
L-丙氨酸	−	+	+	−
L-精氨酸	−	+	+	−
L-天冬酰胺	−	+	+	−
L-谷氨酸	+	+	+	+
L-赖氨酸	−	+	+	−
L-鸟氨酸	+	+	+	−
氧化酶	+	+	+	−
产生吲哚	+	−	+	−
水解				
淀粉	−	−	−	+
酪蛋白	+	−	+	+
吐温 80	−	−	−	+
产生 H_2S	+	−	−	−
极性脂是否含 PGS	−	−	−	ND
呼吸醌	ND	MK-8，MK-8(H_2)	MK-8，MK-8(H_2)	ND

17. 硫还原盐古菌属（*Halodesulfurarchaeum* Sorokin et al. 2017）

在不同的生长条件下，细胞的形状和大小是不同的，呈棒状或球状。革兰氏染色反应为阴性。严格厌氧。细胞色素氧化酶呈阴性。极端嗜盐，微中性，细胞壁由一层薄薄的蛋白质层组成。以甲酸盐或 H_2 作为电子供体，可以通过 S^0、二甲基亚砜或硫代硫酸盐（某些菌株）呼吸作用进行生长，以甲酸盐（所有菌株）或 H_2（某些菌株）作为电子供体。硫可以被还原成硫化物，中间形成多硫化物和微量有机硫化物。一些菌株能够将硫代硫酸盐不完全还原为硫化物和亚硫酸盐，而二甲基亚砜被还原为二甲基硫。二甲基亚砜在浓度高于 10mmol/L 时对所有菌株都有毒性。酵母提取物可以作为碳源，但不能作为能源。铵被用作氮源。极性脂主要成分是磷脂酰甘油磷酸甲基酯（PGP-Me）、磷脂酰甘油（PG）、磷脂酰乙醇胺（PE）。核心膜脂为古醇类 $C_{20}C_{20}$ DGE，延伸古醇类 $C_{20}C_{25}$ DGE，痕量（共 1.2%）的单甘油醚（MGE）脂质（2-C_{20} MGE、1-C_{20} MGE 和 2-C_{25} MGE）。分离自盐湖、盐场等中性的缺氧高盐环境，防止细胞溶解的最小盐浓度为 12%。

DNA 的 G+C 含量（mol%）：62.3。

模式种（唯一种）：甲酸硫还原盐古菌（*Halodesulfurarchaeum formicicum*）；模式菌

株的 16S rRNA 基因序列登录号：MT760321；基因组序列登录号：CP016804；模式菌株保藏编号：CECT 8510。

18. 微红盐菌属（*Salinirubellus* Hou et al. 2018）

细胞在最适生长条件下呈多形性杆状，具有运动性。革兰氏染色反应为阴性。厌氧条件下不能利用硝酸盐、L-精氨酸进行生长，而二甲基亚砜实验中可以观察到微弱的生长。不产 H_2S，不产吲哚。淀粉、吐温 80、明胶和酪蛋白不能被水解。甘油、甘露醇、山梨糖醇、乙酸盐、丙酮酸盐、乳酸盐、琥珀酸盐、苹果酸盐、富马酸盐和柠檬酸盐被用作生长的唯一碳源和能源物质。天冬氨酸和鸟氨酸被用作生长的单一碳源、氮源或能量来源。极性脂主要成分为磷脂酰甘油（PG），磷脂酰甘油磷酸甲基酯（PGP-Me）。分离自高盐环境，防止细胞溶解的最小盐浓度为 10%。

DNA 的 G+C 含量（mol%）：67.0。

模式种（唯一种）：盐微红盐菌（*Salinirubellus salinus*）；模式菌株的 16S rRNA 基因序列登录号：MT760321；基因组序列登录号：CP104003，CP104004；模式菌株保藏编号：CGMCC 1.12551=JCM 30036。

19. 嗜盐微球菌属（*Halomicrococcus* Chen et al. 2020）

细胞在最适生长条件下呈球状，不可运动。革兰氏染色反应为阴性。在厌氧条件下，不能利用硝酸盐、二甲基亚砜或精氨酸进行生长。不产吲哚，不产 H_2S，不能将硝酸盐还原为亚硝酸盐。过氧化氢酶阳性，但氧化酶阴性。可水解淀粉和明胶。吐温 80 和酪蛋白不能被水解。D-葡萄糖、D-甘露糖、L-山梨糖、麦芽糖、乳糖、淀粉、甘油、甘露醇、山梨糖醇、乙酸钠、丙酮酸钠、乳酸钠、琥珀酸钠、L-精氨酸、L-谷氨酸和 L-鸟氨酸作为唯一的碳源和能源物质。可利用 D-葡萄糖、D-甘露糖、D-山梨糖和山梨糖醇产酸。极性脂主要是磷脂酰甘油（PG），磷脂酰甘油磷酸甲基酯（PGP-Me）和硫酸甘露糖苷葡萄糖二醚（S-DGD-1）。分离自高盐环境，防止细胞溶解的最小盐浓度为 10%。

DNA 的 G+C 含量（mol%）：62.9（T_m）。

模式种（唯一种）：耐水嗜盐微球菌（*Halomicrococcus hydrotolerans*）；模式菌株的 16S rRNA 基因序列登录号：MT760321；基因组序列登录号：QNGA00000000；模式菌株保藏编号：CGMCC 1.16291=NRRC 113231。

20. 盐场杆菌属（*Salinibaculum* Han and Cui 2020）

细胞杆状，运动。革兰氏染色反应为阴性。在水中溶解。产菌红素，在平板上为红色菌落。极端嗜盐，生长盐度为 0.9～4.8mol/L NaCl，最适生长 NaCl 浓度为 3.1mol/L。最适生长 Mg^{2+}浓度为 0.03mol/L。嗜中性，最适生长 pH 为 7.5。通过有氧呼吸生长，在厌氧条件下可利用硝酸盐或 L-精氨酸作为电子受体，不能利用二甲基亚砜。糖、糖醇、有机酸和氨基酸可作为唯一的碳源和能源。主要的极性脂为甘油二醚衍生物磷脂酰甘油、磷脂酰甘油磷酸甲基酯、两种主要的糖脂和两种次要的糖脂。模式菌株分离自盐渍海带。

DNA 的 G+C 含量（mol%）：61.9（基因组）。

模式种（唯一种）：海滨盐场杆菌（*Salinibaculum litoreum*）；模式菌株的 16S rRNA

基因序列登录号：KT261638，KT261640；基因组序列登录号：CP046866，CP046867，CP046868；模式菌株保藏编号：CGMCC 1.15328=JCM 31107。

21. 盐链菌属（*Halocatena* Verma et al. 2020）

营养细胞具有多形性，具有运动性。革兰氏染色反应为阴性。严格好氧。氧化酶和过氧化物酶阴性。没有 Mg^{2+} 也能正常生长。发酵糖产酸。不能还原硝酸盐和亚硝酸盐，不能产生吲哚。在厌氧条件下，不能利用二甲基亚砜和硝酸盐，不能水解吐温 20、吐温 60、吐温 80 和酪氨酸，能够水解淀粉、明胶和吐温 40。利用麦芽糖和棉籽糖作为碳源。主要的极性脂是磷脂酰甘油（$C_{20}C_{20}$ 和 $C_{25}C_{20}$）和磷脂酰甘油磷酸甲基酯（$C_{25}C_{20}$）的二乙基衍生物、硫酸甘露糖苷葡萄糖二醚、两种糖基-甘露糖基-葡萄糖基二醚脂和一种糖脂。

DNA 的 G+C 含量（mol%）：57.1。

模式种（唯一种）：多形盐链菌（*Halocatena pleomorpha*）；模式菌株的 16S rRNA 基因序列登录号：LT009694；基因组序列登录号：RRCH00000000；模式菌株保藏编号：JCM 31368=KCTC 4276。

22. 盐碱单胞菌属（*Natronomonas* Kamekura et al. 1997）

营养细胞呈杆状、球状、四边形等多形态。单菌落呈红色、橙红色或粉红色，圆形，凸起。革兰氏染色反应为阴性。好氧，微嗜热。仅能利用少部分糖、醇、有机酸等作为碳源和能源进行生长。分离自盐湖、盐场等中性至碱性的高盐环境，所有种都需要 10% 以上的盐浓度。

DNA 的 G+C 含量（mol%）：61.8～64.3（T_m）。

模式种：法老盐碱单胞菌（*Natronomonas pharaonis*）；模式菌株的 16S rRNA 基因序列登录号：D87971；模式菌株保藏编号：ATCC 35678=DSM 2160=JCM 8858。

该属目前包括 6 个种，部分种的鉴别特征见表 11-33。

表 11-33　盐碱单胞菌属（*Natronomonas*）部分种的鉴别特征

特征	天日盐碱单胞菌（*N. gomsonensis*）	穆拉普盐碱单胞菌（*N. moolapensis*）	法老盐碱单胞菌（*N. pharaonis*）	盐水盐碱单胞菌（*N. salsuginis*）
mol% G+C	61.8	63.4	64.3	63.2
运动性	+	+	+	−
硝酸盐还原为亚硝酸盐	−	+	−	ND
利用硝酸盐产气	−	+	−	ND
底物利用				
D-葡萄糖	+	ND	ND	−
麦芽糖	+	ND	ND	−
蔗糖	+	−	ND	−
乳糖	+	−	ND	−
甘油	+	+	ND	−
D-甘露醇	ND	ND	ND	−

续表

特征	天日盐碱单胞菌（*N. gomsonensis*）	穆拉普盐碱单胞菌（*N. moolapensis*）	法老盐碱单胞菌（*N. pharaonis*）	盐水盐碱单胞菌（*N. salsuginis*）
D-山梨糖醇	ND	ND	ND	−
乙酸	+	+	−	ND
丙酮酸	+	+	−	−
富马酸	+	−	−	ND
甘氨酸	+	−	ND	ND
利用糖产酸	+	−	−	+
过氧化氢酶	+	−	+	−
氧化酶	+	−	+	−
产生吲哚	−	−	+	−
极性脂是否含 PGS	ND	ND	ND	+

23. 盐盒菌属（*Haloarcula* Torreblanca et al. 1986）

营养细胞一般为扁平杆状、三角形、菱形或其他不规则的形态，具有运动性。单菌落呈深橙色或红色，光滑，圆形，具有光泽。革兰氏染色反应为阴性。好氧，化能异养生长。可广泛利用葡萄糖、甘露糖、半乳糖、甘露醇、山梨糖醇等糖、醇作为碳源和能源物质进行生长，可利用糖产酸。可利用硝酸盐、二甲基亚砜在厌氧条件下进行生长。生境包括盐湖、盐滩、晒盐场或高盐食品等中性至碱性的高盐环境，所有种都需要 10% 以上的盐浓度。

DNA 的 G+C 含量（mol%）：60.1～68.0（T_m）。

模式种：死谷盐盒菌（*Haloarcula vallismortis*）；模式菌株的 16S rRNA 基因序列登录号：AB663358；基因组序列登录号：AOLQ00000000；模式菌株保藏编号：ATCC 29715。

该属包括 11 个种，种间鉴别特征见表 11-34。

24. 盐杆状菌属（*Halorhabdus* Wainø et al. 2000）

营养细胞杆状，在生长环境不利的条件下可呈多形态。单菌落呈透明色或红色，光滑，圆形，凸起。革兰氏染色反应为阴性。好氧，化能异养生长。可以发酵葡萄糖，硫可以促进发酵。氧化酶和过氧化氢酶阳性，能够产生 H_2S。可利用葡萄糖、半乳糖、甘露糖、甘油、甘露醇、山梨糖醇、丙酮酸、乳酸、富马酸和苹果酸等糖、醇、有机酸作为碳源和能源物质进行生长。可利用糖产酸。能够将硝酸盐还原为亚硝酸盐，但不产生气体。难以利用或微弱利用硝酸盐、二甲基亚砜或精氨酸在厌氧条件下进行生长。分离自海洋、盐矿和盐湖等中性至碱性的高盐环境，所有种都需要 5% 以上的盐浓度。

DNA 的 G+C 含量（mol%）：61.2～64.0（T_m）。

模式种：犹他盐杆状菌（*Halorhabdus utahensis*）；模式菌株的 16S rRNA 基因序列登录号：AF071880；模式菌株保藏编号：DSM 12940。

该属包括 3 个种，种间鉴别特征见表 11-35。

表 11-34　盐盒菌属（*Haloarcula*）种间鉴别特征

特征	解淀粉盐盒菌（*H. amylolytica*）	阿根廷盐盒菌（*H. argentinensis*）	西班牙盐盒菌（*H. hispanica*）	日本盐盒菌（*H. japonica*）	死海盐盒菌（*H. marismortui*）	溶甘露聚糖盐盒菌（*H. mannanilytica*）	方形盐盒菌（*H. quadrata*）	盐盐盒菌（*H. salaria*）	盐沼盐盒菌（*H. sebkhae*）	达叻盐盒菌（*H. tradensis*）	死谷盐盒菌（*H. vallismortis*）
mol% G+C	62.4	62.0	62.7	63.3	62.0	62.1	60.1	61.6	61.1	62.2	68.0
运动性	+	+	+	+	NR	+	+	–	–	–	+
生长需要 Mg^{2+}	ND	+	+	+	ND	+	+	ND	–	ND	ND
利用硝酸盐厌氧生长	+	ND	ND	ND	+	+	+	–	+	–	ND
硝酸盐还原为亚硝酸盐	+	ND	+	+	+	+	+	–	+	–	+
利用硝酸盐产气	+	ND	–	+	+	ND	+	ND	+	ND	–
利用 DMSO 厌氧生长	–	ND	ND	ND	ND	ND	ND	ND	+	ND	ND
底物利用											
D-甘露糖	+	+	ND	–	+	+	–	ND	–	ND	ND
D-半乳糖	+	+	+	+	ND	+	+	–	+	–	ND
D-果糖	–	+	+	+	+	+	–	ND	+	ND	ND
D-核糖	–	+	ND	ND	+	ND	+	ND	+	ND	ND
D-木糖	–	ND	+	+	+	+	+	ND	+	ND	+
麦芽糖	+	+	+	+	+	+	–	ND	ND	ND	ND
淀粉	+	ND	+	–	–	–	+	+	+	+	ND
甘油	ND	+	+	+	+	ND	+	+	+	+	+
D-甘露醇	+	–	+	+	+	+	–	ND	ND	ND	+
D-山梨糖醇	+	ND	+	+	+	+	+	–	+	–	ND

续表

特征	解淀粉盐盒菌（*H. amylolytica*）	阿根廷盐盒菌（*H. argentinensis*）	西班牙盐盒菌（*H. hispanica*）	日本盐盒菌（*H. japonica*）	死海盐盒菌（*H. marismortui*）	溶甘露聚糖盐盒菌（*H. mannanilytica*）	方形盐盒菌（*H. quadrata*）	盐盐盒菌（*H. salaria*）	盐沼盐盒菌（*H. sebkhae*）	达叻盐盒菌（*H. tradensis*）	死谷盐盒菌（*H. vallismortis*）
乙酸	ND	ND	+	ND	+	+	−	ND	ND	ND	ND
DL-苹果酸	−	ND	+	ND	ND	−	ND	ND	ND	ND	ND
琥珀酸	ND	ND	+	ND	+	−	+	ND	ND	ND	ND
L-苹果酸	ND	ND	+	ND	+	+	−	ND	ND	ND	ND
柠檬酸	ND	ND	+	+	ND	+	−	ND	ND	ND	ND
L-精氨酸	−	ND	+	ND	ND	−	−	ND	−	ND	ND
L-赖氨酸	ND	ND	+	ND	ND	−	ND	−	+	+	+
氧化酶	+	+	+	+	+	−	+	+	+	+	+
产生吲哚	+	ND	+	+	−	−	−	−	−	−	ND
水解											
淀粉	+	ND	+	−	−	−	+	+	+	W	−
明胶	+	ND	+	−	ND	−	−	−	+	−	−
吐温 80	+	+	+	−	−	−	−	+	+	+	−
产生 H_2S	+	ND	ND	+	ND	−	ND	ND	ND	ND	+
极性脂是否含 PGS	ND	+	−	+	ND	ND	+	+	ND	+	+
糖脂	ND	TGD-2，DGD-2	ND	ND	ND	TGD-2	TGD-1，S-TGD-1	ND	ND	ND	ND
呼吸醌	ND	ND	ND	ND	ND	ND	ND	MK-8，MK-8(H_2)	MK-8	MK-8，MK-8(H_2)	MK-8

表 11-35 盐杆状菌属（*Halorhabdus*）种间鉴别特征

特征	盐神盐杆状菌（*H. tiamatea*）	犹他盐杆状菌（*H. utahensis*）	鲁德尼卡盐杆状菌（*H. rudnickae*）
mol% G+C	61.7	64.0	61.2
运动性	−	+	+
生长需要 Mg^{2+}	ND	0.002	ND
底物利用			
D-葡萄糖	w	+	−
D-果糖	w	+	−
D-木糖	w	+	−
麦芽糖	+	−	−
淀粉	w	−	+
甘油	−	+	ND
利用糖产酸	+	−	+
过氧化氢酶	−	+	+
氧化酶	−	+	+
水解明胶	+	−	−
极性脂是否含 PGS	+	−	−
糖脂	S-TGD，TGD	S-TGD	S-DGD
呼吸醌	MK-8	ND	MK-8

25. 盐微菌属（*Halomicrobium* Oren et al. 2002）

营养细胞一般为扁平杆状、三角形、菱形或其他不规则的形态。单菌落呈橙色或红色，光滑，半透明。革兰氏染色反应为阴性。化能异养生长。可在硝酸盐存在的条件下好氧或兼性厌氧生长。氧化酶和过氧化氢酶阳性。可利用葡萄糖、半乳糖、果糖、麦芽糖、淀粉、甘露醇、山梨糖醇、乙酸盐和丙酮酸等糖、醇、有机酸等作为碳源和能源物质进行生长。可利用糖产酸。可以降解硝酸盐。生长在盐湖、盐滩、晒盐场等高盐条件下，所有种都需要 10% 以上的盐浓度。

DNA 的 G+C 含量（mol%）：52.4～69.1（T_m）。

模式种：向烟氏盐微菌（*Halomicrobium mukohataei*）；模式菌株的 16S rRNA 基因序列登录号：EF645691；模式菌株保藏编号：DSM 12286=JCM 9738。

该属包括 3 个种，种间鉴别特征见表 11-36。

表 11-36 盐微菌属（*Halomicrobium*）种间鉴别特征

特征	凯茨氏盐微菌（*H. katesii*）	向烟氏盐微菌（*H. mukohataei*）	周培瑾氏盐微菌（*H. zhouii*）
mol% G+C	52.4	65.0	69.1
运动性	−	+	+
生长需要 Mg^{2+}	−	+	ND
利用硝酸盐厌氧生长	−	+	−
利用硝酸盐产气	ND	+	−

续表

特征	凯茨氏盐微菌（*H. katesii*）	向烟氏盐微菌（*H. mukohataei*）	周培瑾氏盐微菌（*H. zhouii*）
底物利用			
D-甘露糖	−	+	+
D-果糖	+	+	−
麦芽糖	+	+	−
蔗糖	−	+	+
乳糖	−	+	+
淀粉	+	+	−
甘油	−	+	+
D-甘露醇	+	ND	−
D-山梨糖醇	+	ND	−
乙酸	+	−	+
L-谷氨酸	−	−	+
水解			
淀粉	+	w	−
明胶	+	−	−
酪蛋白	ND	−	−
吐温 80	+	−	−
极性脂是否含 PGS	−	−	+
糖脂	ND	ND	DGD-1，S-DGD-1
呼吸醌	ND	ND	MK-8，MK-8(H_2)

26. 唯盐菌属（*Halosimplex* Vreeland et al. 2003）

营养细胞杆状，在生长环境不利的条件下可呈多形态。单菌落呈红色或粉红色，光滑，圆形。革兰氏染色反应为阴性。好氧，化能异养生长。除卡尔斯巴德唯盐菌（*Halosimplex carlsbadense*）外，均可广泛利用糖、醇、有机酸等作为碳源和能源物质进行生长，卡尔斯巴德唯盐菌仅可利用丙酮酸盐作为碳源。可利用糖产酸。难以利用或微弱利用硝酸盐、二甲基亚砜或精氨酸在厌氧条件下进行生长。生长在深海、晒盐场等高盐条件下，所有种都需要 5% 以上的盐浓度。

DNA 的 G+C 含量（mol%）：62.5～64.4（T_m）。

模式种：卡尔斯巴德唯盐菌；模式菌株的 16S rRNA 基因序列登录号：AF320479；基因组序列登录号：AOIU00000000；模式菌株保藏编号：ATCC BAA-75=JCM 11222。

该属包括 4 个种，种间鉴别特征见表 11-37。

表 11-37 唯盐菌属（*Halosimplex*）种间鉴别特征

特征	卡尔斯巴德唯盐菌（*H. carlsbadense*）	海滨唯盐菌（*H. litoreum*）	海洋唯盐菌（*H. pelagicum*）	红色唯盐菌（*H. rubrum*）
mol% G+C	64.4	64.0	62.5	64.0

续表

特征	卡尔斯巴德唯盐菌（*H. carlsbadense*）	海滨唯盐菌（*H. litoreum*）	海洋唯盐菌（*H. pelagicum*）	红色唯盐菌（*H. rubrum*）
生长需要 Mg^{2+}	+	ND	+	−
利用硝酸盐厌氧生长	−	+	−	−
硝酸盐还原为亚硝酸盐	ND	+	−	−
利用精氨酸厌氧生长	−	+	−	−
利用 DMSO 厌氧生长	ND	+	−	−
底物利用				
D-葡萄糖	−	+	+	+
D-甘露糖	−	+	+	+
麦芽糖	ND	+	−	−
核糖	−	+	+	+
乳糖	−	+	+	−
D-甘露醇	ND	−	+	+
D-山梨糖醇	−	+	+	+
乙酸	−	−	+	−
琥珀酸	ND	−	+	−
L-苹果酸	ND	−	+	−
富马酸	ND	−	+	+
柠檬酸	ND	−	+	−
甘氨酸	ND	+	−	−
L-丙氨酸	ND	−	+	−
L-精氨酸	−	+	+	−
L-天冬酰胺	ND	−	+	+
L-谷氨酸	−	−	−	+
L-鸟氨酸	ND	−	+	+
产生 H_2S	ND	+	−	+
极性脂是否含 PGS	+	ND	ND	ND
糖脂	S-TeGD，S_2-DGD	ND	S_2-DGD，S-DGD-1	S_2-DGD，S-DGD-1

27. 东方盐菌属（*Halorientalis* Cui et al. 2011）

营养细胞杆状或球状，在生长环境不利的条件下可呈多形态。单菌落呈粉红色或米白色，光滑，圆形，凸起。革兰氏染色反应为阴性。好氧，化能异养生长。可广泛利用糖、醇、有机酸等作为碳源和能源物质进行生长。可利用某些糖产酸。部分具有硝酸盐的还原性，难以利用硝酸盐在厌氧条件下进行生长，部分种可利用二甲基亚砜或精氨酸在厌氧环境下生长。分离自盐湖与盐田等高盐环境，所有种都需要 8% 以上的盐浓度。

DNA 的 G+C 含量（mol%）：61.3～65.7（T_m）。

模式种：规则东方盐菌（*Halorientalis regularis*）；模式菌株的 16S rRNA 基因序列

登录号：AB663401；基因组序列登录号：FNBK00000000；模式菌株保藏编号：CGMCC 1.10123=JCM 16425。

该属包括 4 个种，种间鉴别特征见表 11-38。

表 11-38 东方盐菌属（*Halorientalis*）种间鉴别特征

特征	灰白东方盐菌（*H. pallida*）	短东方盐菌（*H. brevis*）	波斯东方盐菌（*H. persicus*）	规则东方盐菌（*H. regularis*）
mol% G+C	65.7	61.3	62.8	61.9
运动性	−	+	+	+
利用精氨酸厌氧生长	+	+	−	−
利用 DMSO 厌氧生长	−	+	−	−
底物利用				
D-半乳糖	ND	+	−	+
D-果糖	ND	−	+	−
麦芽糖	ND	−	+	−
乳糖	ND	−	+	+
甘油	ND	+	−	+
D-甘露醇	ND	+	−	+
柠檬酸	ND	−	ND	+
L-丙氨酸	ND	+	ND	−
L-赖氨酸	ND	+	−	+
L-鸟氨酸	ND	+	−	+
产生吲哚	ND	−	−	+
水解吐温 80	+	−	+	+
产生 H_2S	ND	+	−	+
极性脂是否含 PGS	+	ND	ND	+
糖脂	S-DGD-1	PA，PG，PGP-Me，S-DGD-1	ND	S-DGD-1
呼吸醌	ND	ND	MK-8(H_2)	ND

28. 小盒盐菌属（*Halomicroarcula* Echigo et al. 2013）

营养细胞球形或杆状。单菌落呈橙红色或红色或无色，透明。革兰氏染色反应为阴性。好氧，化能异养生长。不产生吲哚。可利用蔗糖、甘油、D-甘露醇、D-山梨糖醇、乙酸盐、丙酮酸盐、DL-乳酸、苹果酸等糖、醇、有机酸作为碳源和能源物质进行生长。可利用硝酸盐、精氨酸和二甲基亚砜在厌氧条件下进行生长。可以将硝酸盐还原为亚硝酸盐并产气。分离自晒盐场，栖泥小盒盐菌（*Halomicroarcula limicola*）与盐小盒盐菌（*Halomicroarcula salina*）可在 5% 以上的盐浓度下生长，透明小盒盐菌（*Halomicroarcula pellucida*）至少需要 20% 的盐浓度才可以生长。

DNA 的 G+C 含量（mol%）：62.0～64.5（T_m）。

模式种：透明小盒盐菌；模式菌株的 16S rRNA 基因序列登录号：AB766180；基因

组序列登录号：BMOU01000000；模式菌株保藏编号：JCM 17820。

该属包括 4 个种，种间鉴别特征见表 11-39。

表 11-39 小盒盐菌属（*Halomicroarcula*）种间鉴别特征

特征	解淀粉小盒盐菌（*H. amylolytica*）	栖泥小盒盐菌（*H. limicola*）	透明小盒盐菌（*H. pellucida*）	盐小盒盐菌（*H. salina*）
mol% G+C	62.0	64.0	64.1	64.5
利用硝酸盐产气	−	−	+	+
利用精氨酸厌氧生长	−	+	−	+
利用 DMSO 厌氧生长	−	+	−	+
底物利用				
D-葡萄糖	+	−	−	−
D-甘露糖	+	−	−	+
D-半乳糖	+	−	+	+
D-果糖	+	−	+	−
D-核糖	+	−	−	−
D-木糖	−	−	+	−
麦芽糖	−	−	+	−
蔗糖	+	+	−	+
淀粉	+	−	−	−
D-甘露醇	+	+	−	+
D-山梨糖醇	+	+	+	+
乙酸	+	+	ND	−
琥珀酸	+	−	ND	+
富马酸	+	−	ND	+
柠檬酸	+	−	ND	+
甘氨酸	+	−	ND	−
L-丙氨酸	+	−	ND	−
L-精氨酸	+	−	−	+
L-天冬酰胺	+	−	ND	−
L-谷氨酸	+	−	−	−
L-鸟氨酸	+	−	ND	+
过氧化氢酶	+	+	−	+
氧化酶	−	+	−	+
水解淀粉	+	−	−	−
水解明胶	−	−	+	−
产生 H_2S	−	−	−	+
极性脂是否含 PGS	ND	+	ND	+
糖脂	ND	S-DGD-1，DGD-1，TGD-2，DGD-2	DGD，S-DGD	ND

29. 喜光盐菌属（*Halapricum* Song et al. 2014）

营养细胞球形或卵球形。革兰氏染色反应为阴性。好氧，化能异养菌。嗜中温、嗜中性和嗜盐。生长需要2.6～5.3mol/L NaCl。氧化酶阳性，过氧化氢酶阴性。吐温80能够被水解，但明胶、淀粉和酪蛋白不能被水解。不产生吲哚。D-葡萄糖、D-甘露糖、麦芽糖、蔗糖和谷氨酸可作为细胞生长的碳源和能源物质。不能利用硝酸盐、二甲基亚砜在厌氧条件下进行生长。不能还原硝酸盐产生亚硝酸盐。极性脂的主要成分是磷脂酰甘油（PG）和磷脂酰甘油磷酸甲基酯（PGP-Me）。

DNA的G+C含量（mol%）：66.0。

模式种（唯一种）：盐喜光盐菌（*Halapricum salinum*）；模式菌株的16S rRNA基因登录号：KJ184544；基因组序列登录号：CP031310；模式菌株保藏编号：JCM 19729=KCTC 4202。

30. 红色盐菌属（*Salinirussus* Cui et al. 2017）

营养细胞呈可运动的杆状。革兰氏染色反应为阴性。好氧。嗜中温、嗜中性和嗜盐。生长至少需要1.7mol/L NaCl。氧化酶和过氧化氢酶阳性。淀粉、明胶能够被水解，但吐温80和酪蛋白不能被水解。产生吲哚和H_2S。D-葡萄糖、半乳糖、蔗糖、淀粉、甘露醇、山梨糖醇、乙酸盐、丙酮酸盐、琥珀酸盐、苹果酸盐、富马酸盐、L-丙氨酸和乳酸盐可作为细胞生长的碳源、氮源和能源物质。可降解硝酸盐产生亚硝酸盐。极性脂的主要成分是磷脂酰甘油（PG）和磷脂酰甘油磷酸甲基酯（PGP-Me）。

DNA的G+C含量（mol%）：69。

模式种（唯一种）：盐红色盐菌（*Salinirussus salinus*）；模式菌株的16S rRNA基因序列登录号：JQ937358；基因组序列登录号：WOWO00000000；模式菌株保藏编号：CGMCC 1.12234=JCM 18646。

31. 嗜盐球状菌属（*Halococcoides* Sorokin et al. 2019）

营养细胞球形。具有运动性。革兰氏染色反应为阴性。好氧，化能异养菌。嗜中温、嗜中性和嗜盐。生长需要3.5～4.0mol/L NaCl，生长pH为6.5～8.0。氧化酶阳性，过氧化氢酶弱阳性。不可水解明胶和酪蛋白。不产生吲哚。不能利用糖、醇、有机酸等作为碳源和能源物质进行生长，仅利用纤维素作为生长底物。不可利用硝酸盐、二甲基亚砜在厌氧条件下进行生长。极性脂的主要成分是磷脂酰甘油磷酸甲基酯（PGP-Me）、磷脂酰甘油（PG）、磷脂酰甘油磷酸酯（PGP）和磷脂酰甘油硫酸酯（PGS）。分离自盐湖沉积物。

DNA的G+C含量（mol%）：65.7。

模式种（唯一种）：噬纤维素嗜盐球状菌（*Halococcoides cellulosivorans*）；模式菌株的基因组序列登录号：CP028858；模式菌株保藏编号：JCM 31941。

32. 盐球形菌属（*Haloglomus* Durán-Viseras et al. 2020）

营养细胞呈弯曲至不规则多形态。不可运动。革兰氏染色反应为阴性。严格好氧。

嗜中性、极端嗜盐。生长至少需要3.4mol/L NaCl，Mg^{2+}不是维持细胞生长的必要条件。过氧化氢酶阳性，但氧化酶阴性。明胶水解呈弱阳性，吐温80和DNA不能被水解。不产H_2S和吲哚。D-葡萄糖、D-蜜二糖、D-棉籽糖、L-丙氨酸、L-半胱氨酸和丙酮酸可作为细胞生长的碳源和能量。可降解硝酸盐产生亚硝酸盐。极性脂的主要成分是磷脂酰甘油（PG）、磷脂酰甘油磷酸甲基酯（PGP-Me）、磷脂酰甘油硫酸酯（PGS）和一种在色谱上与硫酸甘露糖苷葡萄糖二醚（S-DGD-1）相同的糖脂。

DNA的G+C含量（mol%）：68。

模式种（唯一种）：不规则盐球形菌（*Haloglomus irregulare*）；模式菌株的16S rRNA基因序列登录号：MH424600；基因组序列登录号：QMDX00000000；模式菌株保藏编号：CECT 9635=JCM 33318。

33. 盐球菌属（*Halococcus* Schoop 1935）

细胞球状，不运动，常成对或四联或不规则成簇。革兰氏染色反应为阴性。在水中不裂解。产C50类胡萝卜素，在平板上为红色或粉红色小菌落。极端嗜盐，生长需要2.0～2.5mol/L NaCl，接近中性pH条件下大部分菌株最适生长NaCl浓度为3.0～4.5mol/L。生长温度为15～50℃，生长pH为4.0～10.0。严格好氧。主要的极性脂为磷脂酰甘油（PG）、磷脂酰甘油磷酸甲基酯（PGP-Me）和硫酸甘露糖苷葡萄糖二醚（S-DGD-1）的$C_{20}C_{20}$和$C_{20}C_{25}$甘油二醚衍生物。

DNA的G+C含量（mol%）：59.5～66.5。

模式种：鳕盐球菌（*Halococcus morrhuae*）；模式菌株的16S rRNA基因序列登录号：D11106（AB663368）；基因组序列登录号：AOMC00000000.1；模式菌株保藏编号：ATCC 17082=DSM 1307=JCM 8876。

该属目前包括10个种，种间鉴别特征见表11-40。

34. 需盐球菌属（*Halegenticoccus* Liu et al. 2019）

革兰氏染色反应为阴性。不运动。严格好氧。过氧化氢酶、氧化酶和硝酸盐还原酶呈阳性。生长NaCl浓度为10%～35%。极性脂为磷脂酰甘油（PG），磷脂酰甘油磷酸甲基酯（PGP-Me），硫酸甘露糖苷葡萄糖二醚（S-DGD-1），甘露糖苷葡萄糖二醚（DGD-1）。

DNA的G+C含量（mol%）：66.9（基因组）。

模式种（唯一种）：土需盐球菌（*Halegenticoccus soli*）；模式菌株的16S rRNA基因序列登录号：KX752787；基因组序列登录号：PEND00000000；模式菌株保藏编号：CGMCC 1.15765=KCTC 4241。

35. 美丽盐菌属（*Halobellus* Cui et al. 2011）

最适生长条件下细胞呈杆状到多形态。革兰氏染色反应为阴性。细胞呈红色，在水中裂解。极端嗜盐，生长盐度为0.9～5.1mol/L NaCl；大多数菌株最适生长盐度为2.6～3.9mol/L NaCl。最适生长Mg^{2+}浓度为0.05～0.10mol/L。嗜中性，最适生长pH为6.5～8.0。通过好氧呼吸生长；厌氧条件下有些菌株可以利用硝酸盐、精氨酸或二甲基亚砜作为电子受体。很多碳水化合物、有机酸和氨基酸可以作为唯一的碳源和能源。利

表 11-40 盐球菌属（*Halococcus*）种间鉴别特征

特征	鳕盐球菌（*H. morrhuae*）	解琼脂盐球菌（*H. agarilyticus*）	多氏盐球菌（*H. dombrowskii*）	哈梅林浦盐球菌（*H. hamelinensis*）	青岛盐球菌（*H. qingdaonensis*）	解糖盐球菌（*H. saccharolyticus*）	盐矿盐球菌（*H. salifodinae*）	居沉积物盐球菌（*H. sediminicola*）	泰国盐球菌（*H. thailandensis*）	喜盐盐球菌（*H. salsus*）
氧化酶反应	+	+	+/w	−	+	+	+	+	+	−
硝酸盐还原为亚硝酸盐	+	+	+	−	+	+	w	−	+	−
利用精氨酸厌氧生长	ND	−	ND	ND	−	ND	ND	−	+	−
唯一碳源和能源的利用										
D-果糖	+	−	−	+	−	−	+	−	+	−
D-半乳糖	+	−	+	−	−	−	−	+	+	+
D-葡萄糖	+	+	−	−	+	+	+	+	+	+
甘油	+	−	+	+	−	−	+	+	+	+
乳糖	−	−	−	+	−	+	+	−	−	+
麦芽糖	−	−	−	−	+	+	+	−	−	+/−
D-甘露醇	−	−	−	+	−	+	−	+	−	+/−
D-甘露糖	−	−	−	+	−	−	+	+	−	+
D-山梨糖醇	+	−	+	−	−	+	−	+	+	−
蔗糖	−	+	−	+	+	−	−	+	+	+
D-木糖	+	−	+	+	−	−	−	−	+	−
柠檬酸	−	−	−	−	−	+	−	+	−	+/−
延胡索酸	+	−	+	−	+	+	+	+	−	+
DL-乳酸	−	−	−	−	−	−	−	+	−	+
L-苹果酸	−	−	−	−	+	+	+	+	−	−

续表

特征	鳕盐球菌（*H. morrhuae*）	解琼脂盐球菌（*H. agarilyticus*）	多氏盐球菌（*H. dombrowskii*）	哈梅林浦盐球菌（*H. hamelinensis*）	青岛盐球菌（*H. qingdaonensis*）	解糖盐球菌（*H. saccharolyticus*）	盐矿盐球菌（*H. salifodinae*）	居沉积物盐球菌（*H. sediminicola*）	泰国盐球菌（*H. thailandensis*）	喜盐盐球菌（*H. salsus*）
丙酮酸	−	−	−	+	−	+	+	+	−	+
琥珀酸	−	+	+	+	−	+	+	+	−	−
水解淀粉	−	−	ND	+	+	−	ND	−	−	+
水解明胶	+	+	+	−	−	+	+	+	−	+
水解吐温 80	+	−	ND	ND	−	−	ND	+	−	+
产生吲哚	w	w	w	−	−	+	+	−	w	−
呼吸醌	MK-8(H_2)（主要），MK-8 和 MK-7(H_2)（微量）	ND	MK-8(H_2)（主要），MK-8 和 MK-7(H_2)（微量）	ND	ND	ND	MK-8(H_2)（主要），MK-8 和 MK-7(H_2)（微量）	ND	MK-8(H_2)（主要）	ND
主要极性脂	PG，PGP-Me 和 S-DGD-1（$C_{20}C_{20}$ 和 $C_{20}C_{25}$）	PG，PGP-Me，S-DGD-1 和 S_2-DGD（$C_{20}C_{20}$ 和 $C_{20}C_{25}$）	PG，PGP-Me 和 S-DGD-1（$C_{20}C_{20}$ 和 $C_{20}C_{25}$）	PG，PGP-Me 和 S-DGD-1	PG，PGP-Me 和 S-DGD-1（$C_{20}C_{20}$ 和 $C_{20}C_{25}$）	PG，PGP-Me 和 S-DGD-1（$C_{20}C_{20}$ 和 $C_{20}C_{25}$）	PG，PGP-Me 和 S-DGD-1（$C_{20}C_{20}$ 和 $C_{20}C_{25}$）	PG，PGP-Me，S-DGD-1	PG，PGP-Me 和 S-DGD-1（$C_{20}C_{20}$ 和 $C_{20}C_{25}$）	PG，PGP-Me 和 S-DGD-1
mol% G+C	61～66（T_m），61.9（基因组）	62.7～63.0（HPLC）	61.3（HPLC）	60.0～60.5（T_m），65.4～66.1（基因组）	61.2（T_m）	59.5（T_m），63.9（基因组）	62（HPLC），62.6（基因组）	66.0（HPLC），62.3（基因组）	60.0～61.8（HPLC），59.7（基因组）	65.2～66.5（T_m）

用糖产酸。主要的极性脂为磷脂酰甘油（PG）、磷脂酰甘油磷酸甲基酯（PGP-Me）、磷脂酰甘油硫酸酯（PGS）、硫酸甘露糖苷葡萄糖二醚（S-DGD-1）和甘露糖苷葡萄糖二醚（DGD-1）的 $C_{20}C_{20}$ 甘油二醚衍生物，可能存在一些未知的糖脂。

DNA 的 G+C 含量（mol%）：61.4～67.0。

模式种：棒状美丽盐菌（*Halobellus clavatus*）；模式菌株的 16S rRNA 基因序列登录号：GQ282620；基因组序列登录号：FNPB00000000；模式菌株保藏编号：CGMCC 1.10118=JCM 16424。

该属目前包括 9 个种，种间鉴别特征见表 11-41。

36. 富盐菌属（*Haloferax* Torreblanca et al. 1986）

细胞具有高度多形态，最适生长条件下最为常见的是扁平圆盘状或杯状。革兰氏染色反应为阴性。运动或不运动，运动性常常难以观察。产菌红素，黏液型红色、紫色或粉红色菌落。有些菌株具有囊泡。在水中裂解。严格好氧。过氧化氢酶阳性，大部分菌株氧化酶阳性。极端嗜盐，生长盐度为 1.0～5.1mol/L NaCl，大部分菌株最适生长 NaCl 浓度为 2.5mol/L。最适生长 Mg^{2+}浓度为 0.001～1.2mol/L。生长温度为 10～55℃，生长 pH 为 5.0～9.0。化能有机营养生长，生长不需要氨基酸。通过有氧呼吸生长，一些菌株在厌氧条件下可以利用硝酸盐作为电子受体。大部分菌株还原硝酸盐为亚硝酸盐。可利用糖产酸。能够利用多种底物作为碳源和能源。在一定条件下胞内积累聚羟基烷酸酯（PHA）。极性脂为磷脂酰甘油（PG）、磷脂酰甘油磷酸甲基酯（PGP-Me）、硫酸甘露糖苷葡萄糖二醚（S-DGD-1）和甘露糖苷葡萄糖二醚（DGD-1）的甘油二醚衍生物，不存在磷脂酰甘油硫酸酯（PGS）。

DNA 的 G+C 含量（mol%）：59.5～65.0。

模式种：沃氏富盐菌（*Haloferax volcanii*）；模式菌株的 16S rRNA 基因序列登录号：AB663383；基因组序列登录号：AOHU00000000；模式菌株保藏编号：ATCC 29605=DSM 3757=JCM 8879。

该属目前有 16 个种，种间鉴别特征见表 11-42。

37. 盐几何形菌属（*Halogeometricum* Montalvo-Rodríguez et al. 1998）

细胞呈多形态，包括短杆、长杆、正方形、三角形、椭圆形和不规则球形。菌落浅粉色至红色。革兰氏染色反应为阴性。运动或不运动。氧化酶和过氧化氢酶阳性。好氧，化能有机营养生长。很多底物可以用作碳源。可以利用糖产酸。极端嗜盐，生长盐度为 1.4～5.1mol/L NaCl，最适生长 NaCl 浓度为 3.1～4.3mol/L。生长温度为 20～55℃，生长 pH 为 5.0～8.5。极性脂为甘油二醚衍生物磷脂酰甘油（PG），磷脂酰甘油磷酸甲基酯（PGP-Me）和一种主要糖脂硫酸甘露糖苷葡萄糖二醚（S-DGD-1）。可能存在甘露糖苷葡萄糖二醚（DGD-1）和二硫酸甘露糖苷葡萄糖二醚（S_2-DGD），不存在磷脂酰甘油硫酸酯（PGS）。

DNA 的 G+C 含量（mol%）：59.1～65.4。

模式种：波多黎各盐几何形菌（*Halogeometricum borinquense*）；模式菌株的 16S rRNA 基因序列登录号：AF002984；基因组序列登录号：CP001690；模式菌株保藏编号：

表 11-41　美丽盐菌属（*Halobellus*）种间鉴别特征

特征	棒状美丽盐菌（*H. clavatus*）	不规则美丽盐菌（*H. inordinatus*）	淤泥美丽盐菌（*H. limi*）	海滩美丽盐菌（*H. litoreus*）	拉莫斯氏美丽盐菌（*H. ramosii*）	稀有美丽盐菌（*H. rarus*）	红色美丽盐菌（*H. rufus*）	盐美丽盐菌（*H. salinus*）	*H. captivus*
防止细胞裂解的最低 NaCl 浓度/%	10	10	8	5	ND	12	ND	12	ND
生长需要 Mg^{2+}	−	+	−	−	−	−	−	+	+
利用硝酸盐厌氧生长	−	w	−	+	+	+	−	−	−
硝酸盐还原为亚硝酸盐	d	+	+	−	+	+	−	−	−
利用硝酸盐产气	−	+	−	−	+	+	ND	−	−
利用精氨酸厌氧生长	−	−	−	−	−	−	−	−	−
利用 DMSO 厌氧生长	−	w	−	−	ND	−	−	−	−
唯一碳源和能源的利用									
D-葡萄糖	+	−	+	+	−	−	−	+	+
D-甘露糖	+	−	+	+	−	−	+	−	+
D-半乳糖	+	−	+	+	−	−	+	−	+
麦芽糖	+	−	+	+	−	−	−	−	+
蔗糖	+	−	+	+	−	−	−	+	+
乳糖	+	−	+	+	−	−	−	−	+
淀粉	−	−	−	+	ND	−	−	−	+
甘油	+	+	+	+	+	+	−	+	+
D-甘露醇	−	−	+	+	−	−	−	−	+
D-山梨糖醇	−	d	+	+	−	−	−	+	+
乙酸	−	+	−	−	ND	−	−	−	+

续表

特征	棒状美丽盐菌（*H. clavatus*）	不规则美丽盐菌（*H. inordinatus*）	淤泥美丽盐菌（*H. limi*）	海滩美丽盐菌（*H. litoreus*）	拉莫斯氏美丽盐菌（*H. ramosii*）	稀有美丽盐菌（*H. rarus*）	红色美丽盐菌（*H. rufus*）	盐美丽盐菌（*H. salinus*）	*H. captivus*
DL-乳酸	+	+	+	+	ND	−	−	+	+
琥珀酸	+	+	−	−	+	−	−	−	+
L-苹果酸	+	+	−	−	−	+	+	+	+
富马酸	+	+	−	−	ND	−	−	−	+
柠檬酸	−	d	−	−	ND	−	−	+	+
甘氨酸	−	−	+	+	−	−	+	−	+
L-丙氨酸	−	+	+	+	−	−	−	−	+
L-精氨酸	−	−	−	−	ND	−	−	−	+
L-天冬氨酸	−	d	−	−	−	−	−	−	+
L-谷氨酸	−	+	+	+	ND	−	+	−	+
L-赖氨酸	−	−	−	−	−	−	+	−	+
氧化酶	+	+	+	+	+	+	+	+	−
产生吲哚	+	−	−	−	−	−	−	−	−
水解淀粉	−	−	−	+	−	−	−	−	−
水解吐温 80	−	−	−	−	−	+	−	−	−
产生 H_2S	+	d	+	+	−	−	ND	−	−
糖脂	S-DGD-1，DGD-1，2UG 或 3UG	S-DGD-1，DGD-1，2UG	S-DGD-1，DGD-1，3UG	S-DGD-1，DGD-1，2UG	S-DGD-1	S-DGD-1，DGD-1，2UG	S-DGD-1，DGD-1，3UG	S-DGD-1，DGD-1，1UG	S-DGD-1，7UG
mol% G+C	64.1（基因组）	65.4～65.8（T_m）	65.9（基因组）	66.8（T_m）	61.4（T_m）	66.1（T_m）	64.1（基因组）	67.0（T_m）	63.0（基因组）

注：1UG、2UG、3UG、7UG 分别表示 1 个、2 个、3 个、7 个未知糖脂

表 11-42　富盐菌属（*Haloferax*）种间鉴别特征

特征	沃氏富盐菌（*H. volcanii*）	亚历山大富盐菌（*H. alexandrinus*）	丘吉诺夫氏富盐菌（*H. chudinovii*）	反硝化富盐菌（*H. denitrificans*）	延长富盐菌（*H. elongans*）	吉氏富盐菌（*H. gibbonsii*）	拉氏富盐菌（*H. larsenii*）	阿利坎特港富盐菌（*H. lucentense*）
细胞形态	多形性，通常是扁平盘状或杯状	多形性（不规则球形、短杆和长杆状、方形、三角形和卵圆形）	多形性，卵圆形或盘状	多形性，盘状	多形性，在稳定期常见不规则短杆状和多形性	短，多形杆状	多形性	多形杆状
细胞大小/μm	1.0～2.0×2.0～3.0	1.1～1.5×1.6～2.0/杆状，1.1～1.5×3.5～4.0	0.8～1.0×1.5～2.5	0.8～1.5×2.0～3.0	最长可达 12.0	0.4×0.5～2.5	0.8～1.5	0.6×2.5
运动性	–	–	–	–	+	+	+	+
生长 pH（最适）	ND（7.0）	5.5～7.5（7.2）	5.5～8.0（6.8～7.0）	6.0～8.0（6.0～7.0）	7.0～9.0（7.4）	5.0～8.0（6.5～7.0）	6.0～8.5（6.5～7.0）	5.0～9.0（7.5）
生长温度（最适）/℃	ND（40）	20～55（37）	23～51（40～45）	30～55（50）	30～55（53）	25～55（35～40）	25～55（42～45）	10～45（37）
生长 NaCl 浓度（最适）/(mol/L)	1.0～4.5（1.7～2.5）	1.7～5.4（4.3）	1.2～4.6（2.5～3.0）	1.5～4.5（2.0～3.0）	1.7～5.1（2.6～3.4）	1.7～5.4（2.5～4.3）	1.0～4.8（2.2～3.4）	1.7～5.1（4.3）
生长 Mg^{2+}浓度（最适）/(mol/L)	ND	高至 4.60（0.40）	0.20～1.60	ND	＞0.20（0.40）	0.01～0.02	＞0.05（0.20～0.50）	ND
产生吲哚	+	+	ND	–	+	+	+	+
硝酸盐还原	+	+	–	+	–	v	+	–
利用硝酸盐产气	–	–	–	+	–	–	+	ND
水解								
酪蛋白	–	–	–	–	+	+	–	–
明胶	–	+	–	+	+	+	+	–
淀粉	–	–	+	–	+	–	+	–
吐温 80	–	+	+	–	+	+	+	+
利用糖产酸								
D-果糖	+	+	+	+	ND	+	–	+

续表

特征	沃氏富盐菌（*H. volcanii*）	亚历山大富盐菌（*H. alexandrinus*）	丘吉诺夫氏富盐菌（*H. chudinovii*）	反硝化富盐菌（*H. denitrificans*）	延长富盐菌（*H. elongans*）	吉氏富盐菌（*H. gibbonsii*）	拉氏富盐菌（*H. larsenii*）	阿利坎特港富盐菌（*H. lucentense*）
半乳糖	+	−	ND	+	−	+	−	−
D-葡萄糖	+	+	ND	+	+	+	−	+
D-乳糖	+	−	+	−	−	−	ND	−
D-麦芽糖	+	+	ND	+	+	+	+	+
分离地	死海	埃及亚历山大晒盐场	俄罗斯索里卡姆斯克钾石盐岩	美国加利福尼亚州旧金山盐场	澳大利亚鲨鱼湾哈美林池	西班牙阿利坎特海水晒盐场	中国浙江晒盐场	西班牙阿利坎特海水晒盐场
极性脂	S-DGD，DGD-1	PGP-Me，PG，S-DGD-1，DGD-1	PG，PGP-Me，S-DGD-1	PG，PGP-Me，S-DGD-1	PG，PGP-Me，S-DGD-1，DGD-1	S-DGD-1	PG，PGP-Me，S-DGD-1，DGD-1	PG，PGP-Me，S-DGD-1，DGD-1
mol% G+C	63.4（T_m）	59.5（HPLC）	64.0～65.0（T_m）	64.2（T_m）	61.4（HPLC）	61.8（T_m）	62.2（T_m）	64.5（T_m）

特征	地中海富盐菌（*H. mediterranei*）	黏着富盐菌（*H. mucosum*）	海洋女神富盐菌（*H. namakaokahaiae*）	普拉霍瓦富盐菌（*H. prahovense*）	硫泉富盐菌（*H. sulfurifontis*）	马赛富盐菌（*H. massiliensis*）	深海富盐菌（*H. profundi*）	红海富盐菌（*H. marisrubri*）
细胞形态	多形杆状	多形态	多形杆状	杆状	高度多形态和不规则形状	多形态（不规则球形、短杆和长杆状、三角形和卵圆形）	多形态（不规则多面体、卵球形和杆状）	多形态（不规则多面体、卵球形和杆状）
细胞大小/μm	0.5～2.0	ND	ND	0.8～1.0×1.5～3.0	1.0～1.7×0.5～0.6	1.0～4.0	0.3～0.6×1.0～6.8	0.4～0.7×1.0～5.3
运动性	+	−	−	−	−	−	+	+
生长 pH（最适）	ND（6.5）	6.0～10.0（7.4）	ND（6.0～8.0）	6.0～8.5（7.0～7.5）	4.5～9.0（6.4～6.8）	6.5～8.0（7.0）	5.5～9.0（7.0～7.5）	6.5～9.0（7.5～8.0）
生长温度（最适）/℃	25～45（35～37）	23～55（42～53）	20～55（30）	23～51（38～48）	18～50（32～37）	25～45（37）	15～45（33）	20～50（37）
生长 NaCl 浓度（最适）/(mol/L)	1.0～5.2（3.4）	1.7～5.1（2.6～3.4）	0.5～5.4（1.7）	2.5～5.2（3.5）	1.0～5.2（2.1～2.6）	1.7～4.3（2.6）	1.0～5.5（3.5～4.5）	1.5～5.8（4.5～5.0）

续表

特征	地中海富盐菌（*H. mediterranei*）	黏着富盐菌（*H. mucosum*）	海洋女神富盐菌（*H. namakaokahaiae*）	普拉霍瓦富盐菌（*H. prahovense*）	硫泉富盐菌（*H. sulfurifontis*）	马赛富盐菌（*H. massiliensis*）	深海富盐菌（*H. profundi*）	红海富盐菌（*H. marisrubri*）
生长 Mg^{2+}浓度（最适）/(mol/L)	0.02～0.04	0.20	＞0.01（0.03）	＜1（0.40）	＞0.01（0.30）	ND	0.05～0.70（0.20）	0.05～1.00（0.35）
产生吲哚	+	+	−	+	+	−	+	−
硝酸盐还原	+	−	−	−	+	ND	−	−
利用硝酸盐产气	+	−	−	−	ND	ND	−	−
水解								
酪蛋白	+	+	ND	−	−	+	+	−
明胶	+	+	ND	−	+	−	+	+
淀粉	+	−	ND	+	−	−	+	+
吐温 80	+	−	ND	+	+	+	−	−
利用糖产酸								
D-果糖	+	ND	ND	+	+	+	−	−
半乳糖	ND	ND	ND	−	+	ND	−	−
D-葡萄糖	+	+	ND	−	+	−	+	+
D-乳糖	+	−	ND	+	−	−	−	−
D-麦芽糖	+	+	ND	+	+	−	+	+
分离地	西班牙海水晒盐场	澳大利亚鲨鱼湾哈美林池	美国夏威夷岛火山岩悬崖顶部海水飞溅区的盐渣	罗马尼亚普拉霍瓦县特莱加盐湖	美国俄克拉何马州西南部佐德通泉	人肠道	红海卤-海水界面	红海卤-海水界面
极性脂	PG，PGP-Me，S-DGD-1，DGD-1	PG，PGP-Me，S-DGD-1，DGD-1	PGP-Me，GL，PGL	PG，PGP-Me，S-DGD-1	PG，PGP-Me，S-DGD-1	PG，PGP-Me，S-DGD-1	PG，PGP-Me，S-DGD-1，DGD-1，2UPL，1UGL	PG，PGP-Me，S-DGD-1，DGD-1，2UPL，1UGL
mol% G+C	60.00（T_m）	60.80（HPLC）	61.50（HPLC）	63.70（HPLC）	60.50（T_m）	65.36（基因组）	60.75（基因组）	65.64（基因组）

注：GL 代表糖脂；PGL 代表磷糖脂；UPL 代表未知磷脂；2UPL 代表 2 个未知磷脂；UGL 代表未知糖脂；1UGL 代表 1 个未知糖脂

ATCC 700274=DSM 11551=JCM 10706。

该属目前包括 4 个种，种间鉴别特征见表 11-43。

表 11-43 盐几何形菌属（*Halogeometricum*）种间鉴别特征

特征	波多黎各盐几何形菌（*H. borinquense*）	栖泥盐几何形菌（*H. limi*）	苍白盐几何形菌（*H. pallidum*）	红色盐几何形菌（*H. rufum*）
运动性	+	+	−	+
利用硝酸盐厌氧生长	+	−	−	−
硝酸盐还原	+	+	+/−	−
水解明胶	+	−	−	−
水解酪蛋白	+	−	−	−
产生吲哚	+	−	+	+
极性脂	PG，PGP-Me，主要糖脂 DGD-1	PG，PGP-Me，主要糖脂 S-DGD-1 和 S_2-DGD	PG，PGP-Me，两种糖脂 S-DGD-1 和 DGD-1	PG，PGP-Me，两种糖脂 S-DGD-1 和 DGD-1
mol% G+C	59.1（HPLC），59.7～59.9（基因组）	61.2（HPLC）	65.4（HPLC），65.28（基因组）	64.9（HPLC）

38. 盐颗粒形菌属（*Halogranum* Cui et al. 2010）

最适生长条件下细胞呈多形态。革兰氏染色反应为阴性。一些菌株能运动。菌落呈红色，在水中裂解。极端嗜盐，生长 NaCl 浓度为 1.4～5.1mol/L；大多数菌株最适生长 NaCl 浓度为 2.6～3.9mol/L。最适生长 Mg^{2+}浓度为 0.05～0.30mol/L。嗜中性，最适生长 pH 为 6.5～7.5。通过有氧呼吸生长，不能利用硝酸盐、精氨酸或二甲基亚砜作为电子供体进行厌氧生长。多种碳水化合物、有机酸和氨基酸可用作唯一的碳源和能源。可利用糖产酸。主要的极性脂为甘油二醚衍生物磷脂酰甘油（PG）、磷脂酰甘油磷酸甲基酯（PGP-Me）、硫酸甘露糖苷葡萄糖二醚（S-DGD-1）和甘露糖苷葡萄糖二醚（DGD-1），可能存在微量的磷脂酰甘油硫酸酯（PGS）。分离自海水晒盐场或海岸蒸发盐晶体。

DNA 的 G+C 含量（mol%）：55.7～64.4。

模式种：红色盐颗粒形菌（*Halogranum rubrum*）；模式菌株的 16S rRNA 基因序列登录号：EU887283；基因组序列登录号：FOTC00000000；模式菌株保藏编号：CGMCC 1.7738=JCM 15772。

该属目前有 4 个种，种间鉴别特征见表 11-44。

表 11-44 盐颗粒形菌属（*Halogranum*）种间鉴别特征

特征	红色盐颗粒形菌（*H. rubrum*）	解淀粉盐颗粒形菌（*H. amylolyticum*）	解明胶盐颗粒形菌（*H. gelatinilyticum*）	盐盐颗粒形菌（*H. salarium*）
运动性	+	−	+	+
细胞不裂解的最低盐浓度/%	12	8	10	3
生长需要 Mg^{2+}	+	−	−	−
硝酸盐还原为亚硝酸盐	+	+	−	−

续表

特征	红色盐颗粒形菌（*H. rubrum*）	解淀粉盐颗粒形菌（*H. amylolyticum*）	解明胶盐颗粒形菌（*H. gelatinilyticum*）	盐盐颗粒形菌（*H. salarium*）
唯一碳源和能源的利用				
D-果糖	−	−	−	+
L-山梨糖	−	−	−	+
D-核糖	−	−	−	+
D-木糖	−	−	−	+
麦芽糖	+	+	−	+
乳糖	+	+	+	−
D-甘露醇	−	+	−	+
琥珀酸	+	+	−	−
L-苹果酸	+	+	−	−
富马酸	+	+	−	−
甘氨酸	−	+	−	−
L-谷氨酸	+	+	+	−
产生吲哚	−	+	+	−
水解				
淀粉	w	+	w	−
明胶	+	−	+	+
吐温 80	+	−	−	+
产生 H_2S	+	−	−	+
极性脂是否含 PGS	−	+	+	−
糖脂	S-DGD-1，DGD-1，1UG	S-DGD-1，DGD-1，2UG	S-DGD-1，DGD-1，3UG	S-DGD-1，DGD-1，1UG
mol% G+C	55.7	62.0	64.0	63.7～64.4

39. 海盐菌属（*Halopelagius* Cui et al. 2010）

细胞呈杆状，球状或多形态。革兰氏染色反应为阴性。一些菌株具有运动性。细胞为红色、粉红色或灰白色，在水中裂解。极端嗜盐，生长 NaCl 浓度为 1.7～5.2mol/L；大多数菌株最适生长 NaCl 浓度为 3.0～4.3mol/L。生长需要 0.02～0.20mol/L Mg^{2+}。嗜中性，最适生长 pH 为 6.5～7.3。通过有氧呼吸生长，不能利用硝酸盐、精氨酸或二甲基亚砜作为电子受体进行厌氧生长。多种碳水化合物和有机酸可用作唯一的碳源和能源。利用糖产酸。主要的极性脂为 $C_{20}C_{20}$ 甘油二醚衍生物磷脂酰甘油（PG），磷脂酰甘油磷酸甲基酯（PGP-Me），硫酸甘露糖苷葡萄糖二醚（S-DGD-1）和甘露糖苷葡萄糖二醚（DGD-1）。分离自盐湖和盐矿。

DNA 的 G+C 含量（mol%）：61.0～66.3。

模式种：不规则海盐菌（*Halopelagius inordinatus*）；模式菌株的 16S rRNA 基因序列登录号：EU887284；基因组序列登录号：FOOQ00000000；模式菌株保藏编号：CGMCC

1.17739=JCM 15773。

该属目前包括 3 个种，种间鉴别特征见表 11-45。

表 11-45　海盐菌属（*Halopelagius*）种间鉴别特征

特征	不规则海盐菌（*H. inordinatus*）	产褐色海盐菌（*H. fulvigenes*）	长海盐菌（*H. longus*）
细胞形态	多形态	球状	杆状
运动性	+	−	+
细胞不裂解的最低盐浓度/%	12	10	8
生长需要 Mg^{2+}	+	+	+
唯一碳源和能源的利用			
D-核糖	−	ND	+
D-木糖	−	+	+
淀粉	−	+	−
D-甘露醇	−	+	+
富马酸	+	+	−
柠檬酸	−	+	+
L-丙氨酸	+	−	−
L-精氨酸	−	+	−
L-赖氨酸	−	−	+
L-鸟氨酸	+	−	+
产生吲哚	+	+	−
水解淀粉	−	w	−
极性脂是否含 PGS	−	−	−
糖脂	S-DGD-1，DGD-1	S-DGD-1，DGD-1	S-DGD-1，DGD-1，2UG
mol% G+C	61.0	64.6～66.3	64.0

40. 盐扁平菌属（*Haloplanus* Bardavid et al. 2007）

细胞多形态，扁平。革兰氏染色反应为阴性。大多数物种会产生气体囊泡，有些能够运动。好氧，异养生长。氧化酶和过氧化氢酶阳性。极端嗜盐，生长 NaCl 浓度为 0.9～5.1mol/L，大多数菌株最适生长 NaCl 浓度为 2.1～3.1mol/L。细胞在水中裂解。生长温度为 20～52℃，生长 pH 为 5.5～9.5。可代谢糖，在某些情况下会产酸。极性脂为二醚衍生物磷脂酸（PA）、磷脂酰甘油（PG）、磷脂酰甘油磷酸甲基酯（PGP-Me）、磷脂酰甘油硫酸酯（PGS）和一种主要糖脂硫酸甘露糖苷葡萄糖二醚（S-DGD-1），可能存在甘露糖苷葡萄糖二醚（DGD-1）。分离自海水晒盐场、水产养殖场及充满海水的实验生态系。

DNA 的 G+C 含量（mol%）：62.1～67.2。

模式种：浮游盐扁平菌（*Haloplanus natans*）；模式菌株的 16S rRNA 基因序列登录号：DQ417339（JN206648）；基因组序列登录号：ATYM00000000；模式菌株保藏编号：DSM 17983=JCM 14081。

该属包括 9 个种，种间鉴别特征见表 11-46。

表 11-46　盐扁平菌属（*Haloplanus*）种间鉴别特征

特征	浮游盐扁平菌（*H. natans*）	产气盐扁平菌（*H. aerogenes*）	海滩盐扁平菌（*H. litoreus*）	红色盐扁平菌（*H. ruber*）	盐场盐扁平菌（*H. salinus*）	瘦弱盐扁平菌（*H. vescus*）	稀薄盐扁平菌（*H. rallus*）	红盐扁平菌（*H. rubicundus*）	盐沼盐扁平菌（*H. salinarum*）
气囊	+	+	+	+	ND	+	+	ND	–
运动性	–	+	+	+	+	+	+	+	+
利用硝酸盐厌氧生长	–	+	–	–	+	–	–	–	–
硝酸盐还原为亚硝酸盐	+	+	–	–	+	+	–	+	–
利用硝酸盐产气	–	+	–	–	+	–	–	–	–
利用精氨酸厌氧生长	–	–	–	+	–	–	–	–	–
利用 DMSO 厌氧生长	–	–	–	–	+	–	–	+/–	–
利用碳水化合物产酸	–	–	ND	ND	ND	–	+	–	–
产生吲哚	d	+	–	–	–	+	–	–	–
硫代硫酸盐产生 H_2S	+	–	+	–	+	–	–	ND	–
极性脂	PG，PGP-Me，PGS，S-DGD-1	PG，PGP-Me，PGS，S-DGD-1	PG，PGP-Me，PGS，S-DGD-1，DGD-1	PG，PGP-Me，PGS，S-DGD-1，DGD-1	PG，PGP-Me，PGS，S-DGD-1，DGD-1	PG，PGP-Me，PGS，S-DGD-1	PG，PGP-Me，PGS，S-DGD-1	PG，PGP-Me，PGS，S-DGD-1	PG，PGP-Me，PGS，S-DGD-1
mol% G+C	66.1～66.4（HPLC）	64.1（HPLC）	65.8（T_m）	66.0（T_m）	67.2（T_m）	62.1（HPLC）	66.5（HPLC）	66.0（基因组）	66.2（基因组）

41. 深海盐菌属（*Haloprofundus* Zhang et al. 2017）

细胞呈多形态，球状（直径 0.6～1.8μm）或类杆状不规则多面体（0.5～0.8μm×1.0～3.8μm）。革兰氏染色反应为阴性。运动。不能利用硝酸盐、精氨酸或二甲基亚砜作为电子受体进行厌氧生长。不能利用 $Na_2S_2O_3$ 形成 H_2S。过氧化氢酶和细胞色素氧化酶阳性。主要的呼吸醌是甲萘醌 MK-8 和 MK-8(H_2)。中温菌，最适生长温度为 33～35℃。生长 pH 为 5.5～9.5，最适生长 pH 近中性（7.0～7.5）。极端嗜盐，最适生长 NaCl 浓度为 3.5～4.3mol/L。化能有机异养生长。主要的极性脂是磷脂酰甘油磷酸甲基酯（PGP-Me），硫酸甘露糖苷葡萄糖二醚（S-DGD-1），甘露糖苷葡萄糖二醚（DGD-1）。

DNA 的 G+C 含量（mol%）：62.5～65.3。

模式种：红海深海盐菌（*Haloprofundus marisrubri*）；模式菌株的 16S rRNA 基因序列登录号：KJ999759；基因组序列登录号：LOPU00000000；模式菌株保藏编号：CGMCC 1.14959=JCM 19565。

该属目前仅有 2 个种：红海深海盐菌，嗜盐深海盐菌（*H. halophilus*）。

42. 嗜盐方形菌属（*Haloquadratum* Burns et al. 2007）

细胞呈扁平、方形，通常含有气泡和聚羟基烷酸酯颗粒。革兰氏染色反应为阴性。需氧异养型。氧化酶和过氧化氢酶反应呈阴性。主要的极性脂是磷脂酰甘油（PG）和硫酸甘露糖苷葡萄糖二醚（S-DGD-1）。存在于盐湖和盐场结晶池塘中。

DNA 的 G+C 含量（mol%）：46.9（HPLC），47.9（基因组）。

模式种（唯一种）：瓦尔斯氏嗜盐方形菌（*Haloquadratum walsbyi*）；模式菌株的 16S rRNA 基因序列登录号：AB663398；基因组序列登录号：NC_017459、NC_017457、NC_017460、NC_017458（基因组和质粒 PL100、PL6A、PL6B）；模式菌株保藏编号：DSM 16854=JCM 12705。

43. 喜盐碱红菌属（*Halalkalirubrum* Zuo et al. 2021）

细胞呈多形态。革兰氏染色反应为阴性。防止细胞裂解的最小 NaCl 浓度为 2%。过氧化氢酶和氧化酶反应呈阳性。生长温度为 4～42℃。主要的极性脂为磷脂酰甘油（PG），磷脂酰甘油磷酸甲基酯（PGP-Me），磷脂酰甘油硫酸酯（PGS）。

DNA 的 G+C 含量（mol%）：58.37。

模式种（唯一种）：盐喜盐碱红菌（*Halalkalirubrum salinum*）；模式菌株的 16S rRNA 基因序列登录号：MK228974；基因组序列登录号：SRSG00000000；模式菌株保藏编号：CGMCC 1.16693=JCM 33785。

44. 嗜盐碱古菌属（*Halalkaliarchaeum* Sorokin et al. 2019）

细胞具有多形性，扁平杆状，宽 0.6～1.0μm，长 1.0～4.0μm。不运动。有氧条件下平板上形成红橙色菌落。极端嗜盐和嗜碱，生长需要 2.5～5.0mol/L Na^+，最适生长 Na^+浓度为 4mol/L，需要高浓度 Cl^-。防止细胞裂解的最低 NaCl 浓度为 2mol/L。生长 pH 为 7.8～9.5，最适生长 pH 为 8.8～9.0。最适生长温度为 43℃，最高可达 50℃。嗜盐碱古菌属唯一描述的种是兼性厌氧化能营养型，能够在含丙酮酸盐和蛋白胨酵母提取物的培养基上进行有机异养有氧生长，也能够在酵母提取物作为碳源的情况下以 S^0 作为电子受体，以 H_2 或甲酸盐作为电子供体进行无机异养厌氧生长。不能代谢糖。铵盐可以用作氮源。氧化酶弱阳性，过氧化氢酶阳性。呼吸醌为 MK-8(H_2)。主要的极性脂为 $C_{20}C_{20}$ 和 $C_{25}C_{20}$ 二烷基甘油二醚的衍生物，磷脂酰甘油磷酸甲基酯（PGP-Me），磷脂酰甘油（PG）及少量磷脂酰甘油磷酸（PGP）。

DNA 的 G+C 含量（mol%）：63.1。

模式种（唯一种）：还原硫嗜盐碱古菌（*Halalkaliarchaeum desulfuricum*）；模式菌株的 16S rRNA 基因序列登录号：KY612370；基因组序列登录号：CP025066；模式菌株保藏编号：JCM 30664。

45. 盐棒杆菌属（*Halobaculum* Oren et al. 1995）

最适生长条件下细胞呈多形杆状，大小为 0.2～1.0μm×0.3～10.0μm。革兰氏染色反应为阴性。运动性可变。产菌红素，菌落呈红色或粉红色。氧化酶和过氧化氢酶反应因物种而异。极端嗜盐，生长 NaCl 浓度为 1.0～5.1mol/L；大多数菌株最适生长 NaCl 浓度为 1.5～2.6mol/L，细胞在水中裂解。有些菌株耐受甚至需要非常高的 Mg^{2+} 浓度。生长温度为 20～55℃，生长 pH 为 5.5～9.5。化能有机营养生长。能够利用一些糖和有机酸。可以利用某些糖产酸。通过有氧呼吸生长；不能利用硝酸盐、二甲基亚砜或精氨酸作为电子受体进行厌氧生长。主要的极性脂为磷脂酰甘油（PG）、磷脂酰甘油磷酸甲基酯（PGP-Me）和硫酸甘露糖苷葡萄糖二醚（S-DGD-1），不存在磷脂酰甘油硫酸酯（PGS）。

DNA 的 G+C 含量（mol%）：65.9～70.0。

模式种：各玛瑞盐棒杆菌（*Halobaculum gomorrense*）；模式菌株的 16S rRNA 基因序列登录号：AB477982（*rrnA*），AB477983（*rrnB*）；基因组序列登录号：FQWV00000000；模式菌株保藏编号：ATCC 700876=DSM 9297=JCM 9908。

该属目前有 7 个种，常见种的鉴别特征见表 11-47。

表 11-47　盐棒杆菌属（*Halobaculum*）常见种的鉴别特征

特征	各玛瑞盐棒杆菌（*H. gomorrense*）	嗜镁盐棒杆菌（*H. magnesiiphilum*）	粉红盐棒杆菌（*H. roseum*）
运动性	+/w	−	−
过氧化氢酶	+	−	+
氧化酶	+	−	−
生长需要 Mg^{2+}	+	+	−
水解淀粉	+	−	−
水解吐温 80	抑制生长	−	−
产生吲哚	−	+	−
硫代硫酸盐产生 H_2S	ND	−	−
极性脂	PG，PGP-Me，S-DGD-1	PG，PGP-Me，S-DGD-1	PG，PGP-Me，S-DGD-1
mol% G+C	70.0	67.0～67.4	65.9～67.6

46. 嗜盐菌属（*Halobium* Mori et al. 2016）

在最适生长条件下细胞呈多形态。菌落呈橙红色。革兰氏染色反应为阴性。运动性可变。过氧化氢酶和氧化酶阳性。不产生吲哚和 H_2S。在水中裂解结果因物种而异。严格好氧和化能有机异养型。不能利用硝酸盐、二甲基亚砜或 L-精氨酸作为电子供体进行厌氧生长。极端嗜盐，生长需要至少 1.4mol/L NaCl。生长温度为 20～50℃，生长 pH 为 5.5～9.5。主要的极性脂为磷脂酰甘油（PG）、磷脂酰甘油磷酸甲基酯（PGP-Me）、硫酸甘露糖苷葡萄糖二醚（S-DGD-1），也存在少量的甘露糖苷葡萄糖二醚（DGD-1）。

DNA 的 G+C 含量（mol%）：67.0～68.9。

模式种：棕榈树嗜盐菌（*Halobium palmae*）；模式菌株的 16S rRNA 基因序列登录号：LC109314（*rrnA*），LC109315（*rrnB*）；模式菌株保藏编号：NBRC 111368。

该属目前仅有 2 个种，分别是棕榈树嗜盐菌和盐嗜盐菌（*H. salinum*）。

47. 盐薄片形菌属（*Halolamina* Cui et al. 2011）

在最适生长条件下细胞呈多形态（杆状、卵球形或薄片状）。革兰氏染色反应为阴性。有些物种能运动。细胞在水中裂解。产生类胡萝卜素，菌落呈红色或粉红色。极端嗜盐，生长 NaCl 浓度为 1.4～5.4mol/L；大多数菌株最适生长 NaCl 浓度为 3.4～4.3mol/L。最适生长 Mg^{2+} 浓度为 0.01～1.0mol/L。嗜中性，最适生长 pH 为 6.5～8.0。通过有氧呼吸生长。多种碳水化合物、有机酸和氨基酸可作为唯一的碳源和能源。利用糖产酸。主要的极性脂为甘油二醚衍生物磷脂酰甘油（PG），磷脂酰甘油磷酸甲基酯（PGP-Me），磷脂酰甘油硫酸酯（PGS）。分离自海水晒盐场、盐矿或粗海盐。

DNA 的 G+C 含量（mol%）：61.5～69.1。

模式种：海盐薄片形菌（*Halolamina pelagica*）；模式菌株的 16S rRNA 基因序列登录号：GU208826；基因组序列登录号：FOXI00000000；模式菌株保藏编号：CGMCC 1.10329=JCM 16809。

该属目前有 6 个种，种间鉴别特征见表 11-48。

表 11-48　盐薄片形菌属（*Halolamina*）种间鉴别特征

特征	海盐薄片形菌（*H. pelagica*）	红色盐薄片形菌（*H. rubra*）	盐矿盐薄片形菌（*H. salifodinae*）	盐沼盐薄片形菌（*H. salina*）	沉积物盐薄片形菌（*H. sediminis*）	海滨盐薄片形菌（*H. litorea*）
运动性	−	+	−	−	+	+
防止细胞裂解的最低盐浓度/%	8～10	12	9	8	10	10
生长需要 Mg^{2+}	−	−	−	−	+	+
利用硝酸盐厌氧生长	−	−	−	−	−	+
硝酸盐还原为亚硝酸盐	+/−	−	−	−	−	+
利用精氨酸厌氧生长	−	−	−	−	−	+
利用 DSMO 厌氧生长	−	−	−	−	−	+

续表

特征	海盐薄片形菌（*H. pelagica*）	红色盐薄片形菌（*H. rubra*）	盐矿盐薄片形菌（*H. salifodinae*）	盐沼盐薄片形菌（*H. salina*）	沉积物盐薄片形菌（*H. sediminis*）	海滨盐薄片形菌（*H. litorea*）
唯一碳源和能源的利用						
D-甘露糖	+	+	−	−	+	+
D-半乳糖	+	+	−	+	−	−
D-果糖	−	−	−	−	−	+
D-核糖	−	−	+	+	ND	−
麦芽糖	−	−	−	−	+	+
蔗糖	−	−	+	+	+	+
乳糖	−	−	−	−	−	+
淀粉	w	−	+	+	−	ND
甘油	−	−	−	−	+	+
D-山梨糖醇	−	−	−	−	+	−
乙酸	+	−	+	+	+	+
丙酮酸	+	+	+	+	−	+
DL-乳酸	+	−	+	−	+	−
L-苹果酸	−	−	+	−	+	−
延胡索酸	−	−	−	−	+	+
柠檬酸	−	−	−	−	+	−
甘氨酸	−	+/−	−	−	+	−
L-丙氨酸	+	−	+	−	−	−
L-精氨酸	+	+/−	+	+	+	+
L-天冬氨酸	−	−	−	−	+	−
L-赖氨酸	−	+	−	−	+	−
L-鸟氨酸	+	−	+	−	ND	+
利用糖产酸	+	+	+	−	+	+
产生吲哚	−	−	−	−	−	+
水解淀粉	w	−	−	−	+	−
产生 H_2S	+	−	−	−	−	+
极性脂是否含有 PGS	+	+	+	+	+	+
糖脂	S_2-DGD-1，S-DGD-1，DGD-1，TGD-1，4UG	S-DGD-1，DGD-1，3UG	S_2-DGD-1，S-DGD-1，7UG	S_2-DGD-1，S-DGD-1，5UG	2UG	S-DGD-1，TGD-1，DGD-1，4UG
mol% G+C	62.7～64.8	69.1（基因组），64.3～65.1（T_m）	65.4（HPLC）	66.2（HPLC）	67.9（基因组），68.0（T_m）	61.4（T_m）

注：4UG 表示 4 个未知糖脂，5UG 表示 5 个未知糖脂

48. 居盐杆菌属（*Halohasta* Mou et al. 2013）

细胞杆状。运动。革兰氏染色反应为阴性。需氧异养菌。过氧化氢酶阳性，氧化酶试验结果因物种而异。极端嗜盐，生长 NaCl 浓度为 2.0～4.8mol/L，大多数菌株最适生长 NaCl 浓度为 2.6～3.1mol/L。细胞在水中裂解。最适生长 Mg^{2+}浓度为 0.5～0.9mol/L。生长温度为 25～45℃，生长 pH 为 6.0～8.5。可代谢糖，在某些情况下会产酸。极性脂为甘油二醚衍生物磷脂酸（PA），磷脂酰甘油（PG），磷脂酰甘油磷酸甲基酯（PGP-Me），磷脂酰甘油硫酸酯（PGS）和一种主要糖脂——硫酸甘露糖苷葡萄糖二醚（S-DGD-1）。分离自海水晒盐场和南极洲的高盐湖。

DNA 的 G+C 含量（mol%）：62.4～62.9。

模式种：海滨居盐杆菌（*Halohasta litorea*）；模式菌株的 16S rRNA 基因序列登录号：HM159607；模式菌株保藏编号：CGMCC 1.10593=JCM 17270。

该属目前仅有 2 个种：海滨居盐杆菌和利奇菲尔德居盐杆菌（*H. litchfieldiae*）。

49. 南方盐菌属（*Halonotius* Burns et al. 2010）

细胞扁平杆状，末端常为圆形。革兰氏染色反应为阴性。可能存在极生鞭毛。专性好氧，极端嗜盐异养菌，在水中裂解。可在合成培养基中生长，可利用几种底物。分离自盐湖和晒盐场结晶池。

DNA 的 G+C 含量（mol%）：58.4～62.7。

模式种：翅形南方盐菌（*Halonotius pteroides*）；模式菌株的 16S rRNA 基因序列登录号：AY498641；基因组序列登录号：QMDW00000000；模式菌株保藏编号：CECT 7525=DSM 18729。

该属包括 3 个种，种间鉴别特征见表 11-49。

表 11-49　南方盐菌属（*Halonotius*）种间鉴别特征

特征	翅形南方盐菌（*H. pteroides*）	土壤南方盐菌（*H. terrestris*）	粉红南方盐菌（*H. roseus*）
细胞形状	扁平杆状，通常有圆形末端	短棒，有时多形性	多形性
运动性	弱，有极生鞭毛	+	−
过氧化氢酶	−	+	+
氧化酶	−	+	+
硝酸盐还原为亚硝酸盐或气体	−	+（NO_2^-）/−（气体）	+（NO_2^-）/−（气体）
利用碳水化合物产酸	−	+	+
极性脂	PG，PGP-Me，DGD-1	PG，PGP-Me，PGS，S-DGD-1	PG，PGP-Me，PGS，S-DGD-1
mol% G+C	58.4～58.7（HPLC）	61.9（基因组）	62.7（基因组）

50. 喜盐微菌属（*Haloparvum* Chen et al. 2016）

在最适生长条件下细胞呈多形态杆状，大小为 0.3～0.6μm×0.5～1.2μm。不运动。菌落呈红色或粉红色。革兰氏染色反应为阴性。氧化酶反应为阳性，而过氧化氢酶反应因物种而异。极端嗜盐，生长NaCl浓度为1.7～5.1mol/L。好氧菌，在水中裂解。部分菌株在NaCl浓度大于1%（*w/v*）时能够保持细胞形态。生长温度为20～55℃，生长pH为6.5～9.5。化能有机营养型。可以利用某些糖产酸。通过有氧呼吸生长；不能利用硝酸盐、二甲基亚砜或L-精氨酸作为电子供体进行厌氧生长。主要的极性脂为磷脂酰甘油（PG）、磷脂酰甘油磷酸甲基酯（PGP-Me）、磷脂酰甘油硫酸酯（PGS）和一种主要糖脂——硫酸甘露糖苷葡萄糖二醚（S-DGD-1）。

DNA的G+C含量（mol%）：68.2（T_m）或69.5～70.1（HPLC）。

模式种：沉积物喜盐微菌（*Haloparvum sedimenti*）；模式菌株的16S rRNA基因序列登录号：KP202830（*rrnA*），KP202831（*rrnB*）；基因组序列登录号：LKIR00000000；模式菌株保藏编号：CGMCC 1.14998=JCM 30891。

该属目前仅有2个种。

51. 内陆盐古菌属（*Halopenitus* Amoozegar et al. 2012）

细胞运动或不运动，多形态，从杆状到三角形或盘状。革兰氏染色反应为阴性。菌落呈淡粉色至红色。严格好氧。极端嗜盐，生长NaCl浓度为0.9～5.0mol/L。生长至少需要0.02mol/L $MgCl_2$。生长pH为6.0～9.5（最适生长pH为7.0～7.5），生长温度为20～50℃（最适生长温度为35～40℃）。极性脂为磷脂酰甘油（PG），磷脂酰甘油磷酸甲基酯（PGP-Me），未知糖脂和次要磷脂。呼吸醌是MK-8(H_2)。

DNA的G+C含量（mol%）：63.8～66.0。

模式种：波斯内陆盐古菌（*Halopenitus persicus*）；模式菌株的16S rRNA基因序列登录号：JF979130；基因组序列登录号：FNPC00000000；模式菌株保藏编号：KCTC 4046。

该属包括3个种，种间鉴别特征见表11-50。

表11-50 内陆盐古菌属（*Halopenitus*）种间鉴别特征

特征	波斯内陆盐古菌（*H. persicus*）	马勒克扎德氏内陆盐古菌（*H. malekzadehii*）	盐内陆盐古菌（*H. salinus*）
细胞形状	多形性	多形性	短杆
细胞在水中裂解	+	+	+
利用硝酸盐或DSMO厌氧生长	−	+	−
硝酸盐还原为亚硝酸盐（有气体形成）	−	+	−
水解吐温80	−	−	+
利用碳水化合物产酸			
D-葡萄糖	+	−	+
D-半乳糖	−	−	+
蔗糖	−	−	+
唯一碳源和能源的利用			
D-葡萄糖	+	+	+
D-半乳糖	+	−	+

续表

特征	波斯内陆盐古菌（*H. persicus*）	马勒克扎德氏内陆盐古菌（*H. malekzadehii*）	盐内陆盐古菌（*H. salinus*）
D-果糖	+	+	−
D-核糖	−	−	−
D-麦芽糖	+	+	−
蔗糖	−	+	+
淀粉	−	−	−
D-甘露醇	−	−	−
极性脂	PG，PGP-Me，GL，3PL	PG，PGP-Me，GL，2PL	PG，PGP-Me，PGS，2GL
呼吸醌	MK-8(H_2)	MK-8(H_2)	MK-8，MK-8(H_2)
mol% G+C	66.0（HPLC）	63.8（HPLC）	65.0（T_m）

注：PL 表示磷脂，2PL、3PL 分别表示 2 个、3 个磷脂；GL 表示糖脂，2GL 表示 2 个糖脂

52. 盐场粒状古菌属（*Salinigranum* Cui and Zhang 2014）

在最适生长条件下细胞呈多形态。运动。革兰氏染色反应为阴性。细胞在蒸馏水中裂解。产菌红素，菌落是红色的。极端嗜盐，生长 NaCl 浓度为 0.9～4.8mol/L，最适生长 NaCl 浓度为 2.6～3.4mol/L。最适生长 Mg^{2+}浓度为 0.05mol/L。嗜中性，最适生长 pH 为 7.0。通过有氧呼吸生长，能利用 L-精氨酸作为电子供体进行厌氧生长。很多碳水化合物、有机酸和氨基酸可以用作唯一的碳源和能源。可以利用糖产酸。主要的极性脂为甘油二醚衍生物磷脂酰甘油（PG），磷脂酰甘油磷酸甲基酯（PGP-Me）和两种主要糖脂——硫酸甘露糖苷葡萄糖二醚（S-DGD-1）、甘露糖苷葡萄糖二醚（DGD-1）。

DNA 的 G+C 含量（mol%）：62.9～66.1。

模式种：红色盐场粒状古菌（*Salinigranum rubrum*）；模式菌株的 16S rRNA 基因序列登录号：GU951431；基因组序列登录号：CP026309～CP026314；模式菌株保藏编号：CGMCC 1.10385=JCM 17116。

该属包括 3 个种，种间鉴别特征见表 11-51。

表 11-51 盐场粒状古菌属（*Salinigranum*）种间鉴别特征

特征	红色盐场粒状古菌（*S. rubrum*）	盐盐场粒状古菌（*S. salinum*）	嗜盐盐场粒状古菌（*S. halophilum*）
运动性	+	+	−
防止细胞裂解的最低盐浓度/(mol/L)	1.4	0.9	0.9
利用硝酸盐厌氧生长	−	+	+
硝酸盐还原为亚硝酸盐	+	+	+
利用硝酸盐产气	−	−	−
利用 DMSO 厌氧生长	−	+	+
极性脂是否含 PGS	−	−	−
糖脂	S-DGD-1，DGD-1，7UG	S-DGD-1，DGD-1，5UG	S-DGD-1，DGD-1
mol% G+C	62.9	65.2（T_m）	65.7～66.1（基因组）

53. 盐红菌属（*Halorubrum* McGenity and Grant 1996）

在最适生长条件下细胞杆状或呈多形态，大小为 0.3～1.2μm×0.6～12.0μm。革兰氏染色反应一般为阴性。有些物种能运动。菌落通常呈橘红色，但有些物种几乎无色。有些菌株产气囊。细胞在水中裂解。过氧化氢酶阳性，大多数物种氧化酶阳性。极端嗜盐，生长 NaCl 浓度为 0.9～5.2mol/L。最适生长 Mg^{2+}浓度为 0.005～0.6mol/L。嗜中性或嗜碱。需氧化能有机营养型；一些物种能够利用硝酸盐或精氨酸作为电子受体进行厌氧生长。许多物种能够依靠单一碳源生长。许多物种利用糖产酸。主要的极性脂为 $C_{20}C_{20}$（有时是 $C_{20}C_{25}$）甘油二醚衍生物磷脂酰甘油（PG），磷脂酰甘油磷酸甲基酯（PGP-Me），磷脂酰甘油硫酸酯（PGS）（存在于大多数物种中）和硫酸葡萄糖基甘露糖基二醚（S-DGD-3）。嗜碱物种（最适生长 pH 为 8.5～9.0 或更高）缺乏 PGS 和糖脂。

DNA 的 G+C 含量（mol%）：60.2～71.2。

模式种：噬糖盐红菌（*Halorubrum saccharovorum*）；模式菌株的 16S rRNA 基因序列登录号：U17364（AB663419）；基因组序列登录号：AOJE00000000；模式菌株保藏编号：ATCC 29252=DSM 1137=JCM 8865。

该属包括 42 个种，常见种的种间鉴别特征见表 11-52。

54. 无色需碱属（*Natrialba* Kamekura and Dyall-Smith 1996）

营养细胞杆状或球状。单菌落呈红色、粉红色或无色，光滑，圆形，凸起。革兰氏染色反应为阴性。严格好氧，化能异养生长。可广泛利用糖、醇、有机酸等作为碳源和能源物质进行生长，可利用糖产酸，部分种可利用硝酸盐、二甲基亚砜或精氨酸在厌氧条件下进行生长。生长需要 10% 以上的盐浓度。

DNA 的 G+C 含量（mol%）：60.3～63.1（T_m）。

模式种：中亚无色需碱菌（*Natrialba asiatica*）；模式菌株的 16S rRNA 基因序列登录号：D14123；基因组序列登录号：AOIO00000000；模式菌株保藏编号：DSM 12278=JCM 9576。

该属目前包括 7 个种，种间鉴别特征见表 11-53。

55. 嗜盐碱杆菌属（*Natronobacterium* Tindall et al. 1984）

营养细胞杆状或球状。具有运动性。单菌落呈红色。革兰氏染色反应为阴性。严格好氧，化能异养生长。嗜盐、嗜碱，生长需要 $NaCO_3$。可将酪蛋白、谷氨酸作为氮源，酪蛋白和其他碳水化合物作为碳源进行生长。氧化酶阳性，过氧化氢酶阳性或阴性。呼吸醌类型为 MK-8 和 MK-8(H_2)。生长需要 10% 以上的盐浓度。

DNA 的 G+C 含量（mol%）：62.5～65.9。

模式种：格氏嗜盐碱杆菌（*Natronobacterium gregoryi*）；模式菌株的 16S rRNA 基因序列登录号：D87970；基因组序列登录号：CP003377；模式菌株保藏编号：ATCC 43098=DSM 3393=JCM 8860。

该属目前仅有 2 个种。

表 11-52 盐红菌属（*Halorubrum*）种间鉴别特征

特征	埃塞俄比亚盐红菌（*H. aethiopicum*）	艾丁湖盐红菌（*H. aidingense*）	太空盐红菌（*H. chaoviator*）	食物盐红菌（*H. cibi*）	盐湖盐红菌（*H. ejinorense*）	伊兹梅尔盐红菌（*H. ezzemoulense*）	考氏盐红菌（*H. kocurii*）	海带盐红菌（*H. laminariae*）	海滨盐红菌（*H. litoreum*）
运动性	ND	+	+	+	ND	+	−	+	+
氧化酶	−	+	+	+	+	+	+	+	+
利用硝酸盐厌氧生长	−	−	−	−	−	−	−	−	−
硝酸盐还原为亚硝酸盐	+	+	v	−	+	+	+	−	+
利用精氨酸厌氧生长	−	−	−	ND	−	−	−	−	−
生长 NaCl 浓度（最适）/（mol/L）	2.6～5.1（3.4～4.1）	1.7～4.3（2.6）	2.0～5.0（4.3）	2.6～5.1（3.9～4.3）	2.5～5.0（3.0～4.0）	2.6～4.3（2.2）	2.5～5.1（3.4）	1.7～4.8（2.6～3.1）	2.0～5.1（3.4）
生长需要 Mg^{2+}	−	−	v	+	−	+	−	v	+
利用碳水化合物产酸	ND	+	+	ND	ND	+	−	+	ND
水解淀粉	−	−	v	−	−	−	−	−	−
产生吲哚	−	+	ND	−	−	−	−	−	ND
产生 H_2S	−	−	ND	−	−	ND	−	+	+
极性脂	PG，PGP-Me，2UGL，2UPL，3UL	$C_{20}C_{20}$-PG，PGP-Me，PGS	$C_{20}C_{20}$-PG，PGP-Me，PGS，S-DGD	PG，PGP-Me，S-DGD	PG，PGP-Me	$C_{20}C_{20}$-PG，PGP-Me，PGS	PG，PGP-Me，S-DGD	PG，PGP-Me，PGS，S-DGD-3	PG，PGP-Me，PGS，S-DGD
mol% G+C	68.0（基因组）	64.2（T_m）	65.5～66.5（T_m）	61.7（T_m）	64.0（T_m）	61.9（T_m）	69.4（T_m），66.9（基因组）	63.0（T_m）	64.9（T_m），68.9（基因组）

特征	橙色盐红菌（*H. luteum*）	苍白盐红菌（*H. pallidum*）	红褐盐红菌（*H. rutilum*）	噬糖盐红菌（*H. saccharovorum*）	土地盐红菌（*H. terrestre*）	西藏盐红菌（*H. tibetense*）	楚氏盐红菌（*H. trueperi*）	云南盐红菌（*H. yunnanense*）	盐水盐红菌（*H. salsamenti*）	解淀粉盐红菌（*H. amylolyticum*）
运动性	+	−	+	+	+	−	−	+	−	−
氧化酶	+	+	+	+	+	+	−	+	−	−

续表

特征	橙色盐红菌（*H. luteum*）	苍白盐红菌（*H. pallidum*）	红褐盐红菌（*H. rutilum*）	噬糖盐红菌（*H. saccharovorum*）	土地盐红菌（*H. terrestre*）	西藏盐红菌（*H. tibetense*）	楚氏盐红菌（*H. trueperi*）	云南盐红菌（*H. yunnanense*）	盐水盐红菌（*H. salsamenti*）	解淀粉盐红菌（*H. amylolyticum*）
利用硝酸盐厌氧生长	−	−	+	−	−	−	−	+	−	−
硝酸盐还原为亚硝酸盐	+	−	+	+	−	+	−	+	−	−
利用精氨酸厌氧生长	−	−	+	ND	ND	ND	−	−	+	+
生长 NaCl 浓度（最适）/（mol/L）	2.5～5.2（4.0～4.3）	2.6～5.1（3.4）	0.9～4.8（2.6）	1.5～5.2（3.5～4.5）	2.5～5.2（4.3）	1.7～5.2（3.0～4.3）	2.6～5.1（3.4）	1.7～5.1（3.4）	2.6～5.1（3.4）	2.1～5.1（3.1）
生长需要 Mg^{2+}	−	+	+	+	ND	−	+	+	+	+
利用碳水化合物产酸	−	ND	ND	+	−（仅甘油+）	−	+	+	+	+
水解淀粉	−	−	−	−	−	−	−	−	+	+
产生吲哚	+	−	+	−	−	−	−	−	+	−
产生 H_2S	+（来自硫代硫酸盐）	+	+	w 或 −	−	+	+（来自半胱氨酸）	+（来自半胱氨酸）	+	+
极性脂	PG，PGP-Me	PG，PGP-Me，PGS，S-DGD	PG，PGP-Me，PGS，S-DGD-3，PA	$C_{20}C_{20}$-PG，PGP-Me，PGS，S-DGD	$C_{20}C_{20}$-PG，PGP-Me，S-DGD	$C_{20}C_{20}$ 和 $C_{20}C_{25}$-PG，PGP-Me 和 5 种次要磷脂	PG，PGP-Me，PGS，S-DGD-1	PG，PGP-Me，PGS，S-DGD	PG，PGP-Me，PGS，S-DGD-3	PG，PGP-Me，PGS，S-DGD-1
mol% G+C	60.2（T_m）	65.1（T_m）	66.2（T_m）	71.2（B_d），66.9（基因组）	64.2～64.9（T_m），68.0（基因组）	63.3（T_m）	61.9（T_m）	66.3（T_m）	65.1（T_m）	66.3（基因组）

表 11-53 无色需碱属（*Natrialba*）种间鉴别特征

特征	埃及无色需碱菌（*N. aegyptia*）	中亚无色需碱菌（*N. asiatica*）	台湾无色需碱菌（*N. taiwanensis*）	察汗淖尔湖无色需碱菌（*N. chahannaoensis*）	呼伦贝尔湖无色需碱菌（*N. hulunbeirensis*）	马加迪湖无色需碱菌（*N. magadii*）	斯瓦鲁普氏无色需碱菌（*N. swarupiae*）
细胞颜色	几乎无色	无色	无色	红色	红色	橙红色	红色、粉红色
运动性	+	+	+	−	−	+	−
生长 NaCl 浓度/(mol/L)	≥1.6	≥2	≥2	≥1.7	≥2.0	ND	≥3.4
利用硝酸盐厌氧生长	ND	ND	ND	+	+	−	+
底物利用							
D-葡萄糖	+	+	+	+	−	−	+
D-甘露糖	ND	ND	ND	ND	ND	−	+
D-果糖	ND	ND	ND	+	+	−	ND
D-核糖	ND	ND	ND	ND	ND	−	+
D-木糖	+	+	+	ND	ND	−	ND
麦芽糖	+	+	+	+	+	−	ND
蔗糖	+	+	+	−	−	−	ND
乳糖	+	−	−	−	−	−	ND
淀粉	+	−	+	+	−	−	−
D-甘露醇	ND	ND	ND	−	−	ND	+
乙酸	ND	ND	ND	+	−	ND	ND
L-赖氨酸	ND	ND	ND	+	−	ND	ND
水解							
淀粉	+	+	−	+	−	−	−
明胶	+	+	−	+	+	ND	ND
酪蛋白	+	+	−	+	−	ND	−
吐温 80	+	+	+	−	−	ND	+

56. 嗜盐碱球菌属（*Natronococcus* Tindall et al. 1984）

营养细胞杆状或球状。单菌落呈橙红色、橘红色或粉红色，光滑，圆形，凸起。革兰氏染色反应有的为阴性，有些则不定。严格好氧，化能异养生长。可利用糖、有机酸等作为碳源和能源物质进行生长，可将硝酸盐还原为亚硝酸盐，不能利用硝酸盐在厌氧条件下进行生长。生长需要 8% 以上的盐浓度。

DNA 的 G+C 含量（mol%）：55.7～64.0（T_m）。

模式种：隐藏嗜盐碱球菌（*Natronococcus occultus*）；模式菌株的 16S rRNA 基因序列登录号：AB477981；模式菌株保藏编号：JCM 8859。

该属目前包括 4 个种。

57. 碱线菌属（*Natrinema* McGenity et al. 1998）

营养细胞杆状，在生长环境不利的条件下呈多形态。单菌落呈浅橙红色或淡橙色，光滑，圆形，凸起。革兰氏染色反应为阴性。严格好氧，化能异养生长。可广泛利用糖、醇、有机酸等作为碳源和能源物质进行生长，可利用某些糖产酸，某些种可利用硝酸盐、二甲基亚砜或精氨酸在厌氧条件下进行生长。生长需要 10% 以上的盐浓度。

DNA 的 G+C 含量（mol%）：61.5～65.6（T_m）。

模式种：红皮碱线菌（*Natrinema pellirubrum*）；模式菌株的 16S rRNA 基因序列登录号：AB477231；基因组序列登录号：NC_019962；模式菌株保藏编号：DSM 3751=JCM 8980。

该属包括 8 个种，种间鉴别特征见表 11-54。

58. 盐土生古菌属（*Haloterrigena* Ventosa et al. 1999）

营养细胞球形或卵圆形。单菌落呈橙色至红色。革兰氏染色反应为阴性。严格好氧。可广泛利用糖、有机酸等作为碳源和能源物质进行生长，可利用糖产酸，部分种可利用硝酸盐、二甲基亚砜或精氨酸在厌氧条件下进行生长。生长需要 10% 以上的盐浓度。

DNA 的 G+C 含量（mol%）：59.2～66.6（T_m）。

模式种：土库曼盐土生古菌（*Haloterrigena turkmenica*）；模式菌株的 16S rRNA 基因序列登录号：AB004878；基因组序列登录号：CP001860；模式菌株保藏编号：ATCC 51198。

该属包括 11 个种，种间鉴别特征见表 11-55。

59. 盐碱红菌属（*Natronorubrum* Xu et al. 1999）

营养细胞呈扁平状多边形（三角形、正方形、圆盘形或其他多边形）。单菌落多呈红色，光滑，圆形，凸起。革兰氏染色反应为阴性。严格好氧，化能异养生长。可广泛利用糖、醇、有机酸等作为碳源和能源物质进行生长，可利用糖产酸，部分种可利用硝酸盐在厌氧条件下进行生长。生长需要 12% 以上的盐浓度。

DNA 的 G+C 含量（mol%）：59.9～62.5（T_m）。

模式种：班戈湖盐碱红菌（*Natronorubrum bangense*）；模式菌株的 16S rRNA 基因序

表 11-54　碱线菌属（*Natrinema*）种间鉴别特征

特征	阿尔通山碱线菌（*N. altunense*）	额济纳湖碱线菌（*N. ejinorense*）	鱼酱碱线菌（*N. gari*）	苍白碱线菌（*N. pallidum*）	红皮碱线菌（*N. pellirubrum*）	萨拉西亚碱线菌（*N. salaciae*）	土碱线菌（*N. soli*）	多形碱线菌（*N. versiforme*）
运动性	+	−	+	ND	ND	−	−	−
利用硝酸盐厌氧生长	w	−	−	−	−	+	−	+
硝酸盐还原为亚硝酸盐	+	+	−	−	−	+	−	+
利用硝酸盐产气	+	+	−	−	−	ND	ND	+
利用 DMSO 厌氧生长	−	ND	+	ND	ND	−	−	−
底物利用								
D-葡萄糖	+	+	+	+	+	−	+	+
D-甘露糖	w	−	−	ND	ND	−	−	+
D-半乳糖	−	−	ND	ND	ND	−	+	+
D-果糖	−	+	ND	+	+	−	ND	+
D-核糖	−	−	−	−	+	−	−	+
D-木糖	−	−	−	ND	ND	−	−	+
麦芽糖	+	+	−	ND	ND	−	+	+
蔗糖	−	+	−	ND	ND	−	−	+
乳糖	−	−	−	+	+	−	−	−
甘油	+	+	+	ND	ND	−	ND	+
琥珀酸	+	−	ND	ND	ND	+	ND	ND
L-苹果酸	+	−	ND	ND	ND	−	ND	ND
L-丙氨酸	+	ND	ND	ND	ND	+	−	ND
L-精氨酸	+	−	ND	ND	ND	+	−	ND

续表

特征	阿尔通山碱线菌（*N. altunense*）	额济纳湖碱线菌（*N. ejinorense*）	鱼酱碱线菌（*N. gari*）	苍白碱线菌（*N. pallidum*）	红皮碱线菌（*N. pellirubrum*）	萨拉西亚碱线菌（*N. salaciae*）	土碱线菌（*N. soli*）	多形碱线菌（*N. versiforme*）
L-谷氨酸	+	–	ND	ND	ND	+	–	ND
L-赖氨酸	+	+	ND	ND	ND	+	–	ND
L-鸟氨酸	+	–	ND	ND	ND	+	–	ND
利用糖产酸	+	–	+	ND	ND	+	–	+
氧化酶	+	+	+	ND	ND	+	–	+
产生吲哚	–	–	–	–	–	ND	–	+
水解								
淀粉	–	+	–	–	–	+	–	–
明胶	+	+	+	+	+	+	–	–
酪蛋白	–	–	–	ND	ND	+	–	ND
吐温 80	+	+	–	ND	ND	ND	+	w
产生 H_2S	+	–	ND	–	–	ND	–	+
极性脂是否含 PGS	+	–	+	+	+	+	–	+
糖脂	+/ND	S_2-DGD	+/ND	+/ND	+/ND	ND	S_2-DGD	+/ND
呼吸醌	ND	ND	MK-8	MK-8，MK-8(H_2)	ND	MK-8，MK-8(H_2)	MK-8	ND

表 11-55 盐土生古菌属（*Haloterrigena*）种间鉴别特征

特征	大庆盐土生古菌（*H. daqingensis*）	西班牙盐土生古菌（*H. hispanica*）	咸海鲜盐土生古菌（*H. jeotgali*）	栖污泥盐土生古菌（*H. limicola*）	长盐土生古菌（*H. longa*）	马氏盐土生古菌（*H. mahii*）	厌糖盐土生古菌（*H. saccharevitans*）	盐矿盐土生古菌（*H. salifodinae*）	盐水盐土生古菌（*H. salina*）	耐热盐土生古菌（*H. thermotolerans*）	土库曼斯坦盐土生古菌（*H. turkmenica*）
运动性	–	ND	–	–	+	–	+	–	–	–	–
生长需要 Mg^{2+}	ND	–	–	+	–	ND	–	–	–	+	ND

续表

特征	大庆盐土生古菌（*H. daqingensis*）	西班牙盐土生古菌（*H. hispanica*）	咸海鲜盐土生古菌（*H. jeotgali*）	栖污泥盐土生古菌（*H. limicola*）	长盐土生古菌（*H. longa*）	马氏盐土生古菌（*H. mahii*）	厌糖盐土生古菌（*H. saccharevitans*）	盐矿盐土生古菌（*H. salifodinae*）	盐水盐土生古菌（*H. salina*）	耐热盐土生古菌（*H. thermotolerans*）	土库曼斯坦盐土生古菌（*H. turkmenica*）
利用硝酸盐厌氧生长	−	ND	+	−	−	ND	w	−	−	−	ND
硝酸盐还原为亚硝酸盐	−	ND	−	+	−	−	ND	−	+	+	ND
利用硝酸盐产气	ND	ND	+	ND	ND	−	−	−	−	−	ND
底物利用											
D-果糖	ND	ND	ND	ND	ND	ND	ND	−	+	ND	+
D-木糖	−	ND	ND	ND	ND	ND	−	−	ND	ND	+
麦芽糖	−	−	ND	−	+	ND	−	−	−	+	ND
蔗糖	−	−	−	−	+	−	−	+	−	−	+
乳糖	−	−	+	−	+	ND	−	+	+	ND	ND
淀粉	−	ND	ND	ND	ND	ND	−	+	+	ND	ND
甘油	+	+	ND	ND	ND	ND	+	+	+	−	ND
丙酮酸	+	ND	ND	−	+	ND	+	+	ND	ND	ND
琥珀酸	+	ND	ND	ND	ND	ND	+	+	−	ND	ND
富马酸	−	ND	ND	ND	ND	ND	+	+	ND	ND	ND
柠檬酸	−	+	−	ND	ND	+	−	−	−	ND	ND
过氧化氢酶	+	+	+	+	+	+	+	−	+	+	ND
氧化酶	−	+	−	+	+	−	+	−	+	+	ND
产生吲哚	−	+	+	−	+	+	−	−	−	−	ND
水解吐温 80	ND	+	ND	ND	ND	ND	+	−	ND	ND	ND
产生 H_2S	+	ND	ND	+	+	+	+	−	ND	ND	ND
糖脂	S_2-DGD	ND	S_2-DGD，S-DGD	ND	ND	ND	ND	ND	ND	S_2-DGD-1	S-DGD-1

列登录号：Y14028；基因组序列登录号：CP031305；模式菌株保藏编号：CGMCC 1.1984=JCM 10635。

该属目前有 7 个种，种间鉴别特征见表 11-56。

表 11-56 盐碱红菌属（*Natronorubrum*）种间鉴别特征

特征	艾比湖盐碱红菌（*N. aibiense*）	班戈湖盐碱红菌（*N. bangense*）	西藏盐碱红菌（*N. tibetense*）	嗜盐盐碱红菌（*N. halophilum*）	沉积物盐碱红菌（*N. sediminis*）	产硫化物盐碱红菌（*N. sulfidifaciens*）	特克斯科科盐碱红菌（*N. texcoconense*）
运动性	ND	−	−	ND	−	+	−
底物利用							
D-甘露糖	−	ND	ND	ND	+	−	+
D-半乳糖	+	ND	ND	ND	−	−	ND
D-果糖	−	+	+	ND	+	−	ND
D-木糖	−	ND	ND	ND	+	−	ND
麦芽糖	+	ND	ND	ND	−	+	−
蔗糖	+	+	+	ND	ND	+	+
乳糖	−	ND	ND	ND	−	−	+
淀粉	−	−	−	ND	−	−	+
甘油	ND	ND	ND	ND	−	+	ND
乙酸	ND	+	+	ND	−	+	ND
琥珀酸	ND	ND	ND	ND	−	+	ND
L-苹果酸	ND	ND	ND	ND	−	+	ND
富马酸	ND	ND	ND	ND	−	+	ND
L-谷氨酸	ND	ND	ND	ND	−	+	ND
产生吲哚	+	+	+	ND	−	+	−
水解明胶	−	−	+	ND	−	−	−
水解吐温 80	−	−	−	ND	+	−	−
产生 H_2S	−	−	−	ND	−	+	ND
糖脂	TGD-1，S_2-DGD	ND	−	S_2-DGD	−	−	ND

60. 盐二形菌属（*Halobiforma* Hezayen et al. 2002）

营养细胞在液体中呈杆状，在固体中呈球状，细胞呈多形态。单菌落呈红色，圆形，凸起，直径约 1.0mm，有光泽。革兰氏染色反应为阴性。具有运动性。严格好氧。氧化酶、过氧化氢酶阳性。可广泛利用糖、有机酸、蛋白胨、酵母粉等作为碳源和能源物质进行生长，可利用糖产酸，不可利用硝酸盐、二甲基亚砜或精氨酸在厌氧条件下进行生长。生长需要 12% 以上的盐浓度。

DNA 的 G+C 含量（mol%）：63.8～66.9（T_m）。

模式种：盐渍土盐二形菌（*Halobiforma haloterrestris*）；模式菌株的 16S rRNA 基因序列登录号：AF333760；基因组序列登录号：FOKW00000000；模式菌株保藏编号：DSM 13078=JCM 11627。

该属目前包括 3 个种，种间鉴别特征见表 11-57。

表 11-57 盐二形菌属（*Halobiforma*）种间鉴别特征

特征	盐渍土盐二形菌（*H. haloterrestris*）	盐湖盐二形菌（*H. lacisalsi*）	硝酸盐还原盐二形菌（*H. nitratireducens*）
生长 NaCl 浓度/(mol/L)	≥2.2	≥1.7	≥2
利用硝酸盐厌氧生长	−	+	+
硝酸盐还原为亚硝酸盐	−	−	+
利用硝酸盐产气	ND	+	−
利用精氨酸厌氧生长	+	ND	−
利用 DMSO 厌氧生长	ND	−	+
底物利用			
麦芽糖	+	+	−
蔗糖	+	−	−
乳糖	+	−	−
甘油	w	+	−
柠檬酸	+	−	ND
甘氨酸	+	−	−
产生吲哚	+	−	−
水解淀粉	−	+	+
水解酪蛋白	+	−	−
极性脂是否含 PGS	−	ND	ND
呼吸醌	MK-8，MK-8(H_2)	ND	ND

61. 嗜盐碱淤泥菌属（*Natronolimnobius* Itoh et al. 2005）

营养细胞呈可运动的杆状。单菌落呈半透明，圆形，凸起，细胞直径 0.3～0.5mm。革兰氏染色反应为阴性。严格好氧，化能异养生长。可在 pH 7～10 条件下生长，最适生长 pH 为 9；NaCl 浓度在 15% 以上可生长。可由硫代硫酸盐形成硫化物，但不形成硫；可产生吲哚，水解吐温 80，但不能水解淀粉、酪蛋白或明胶。可利用阿拉伯糖、果糖、半乳糖、葡萄糖、甘油、乳糖、麦芽糖、甘露糖、鼠李糖、棉籽糖、木糖、乙酸盐、富马酸盐和丙酮酸盐。不含糖脂，可能存在未知的磷脂。

DNA 的 G+C 含量（mol%）：59.2。

模式种（唯一种）：巴尔虎湖嗜盐碱淤泥菌（*Natronolimnobius baerhuensis*）；模式菌株的 16S rRNA 基因序列登录号：AB125106；基因组序列登录号：MWPH00000000；模式菌株保藏编号：CGMCC 1.3597=JCM 12253。

62. 栖盐湖菌属（*Halostagnicola* Castillo et al. 2006）

营养细胞呈球形到杆状多形态。单菌落呈白色、粉红色或浅红色，光滑，圆形，凸起。多数细胞革兰氏染色反应为阴性，极少为阳性。好氧。可广泛利用糖、醇、有机酸等作为碳源和能源物质进行生长，不可利用精氨酸在厌氧条件下进行生长，某些种可利用硝酸盐在厌氧条件下进行生长。生长需要 10% 以上的盐浓度。

DNA 的 G+C 含量（mol%）：60.1～64.5（T_m）。

模式种：拉森氏栖盐湖菌（*Halostagnicola larsenii*）；模式菌株的 16S rRNA 基因序列登录号：AB301489；基因组序列登录号：CP007055；模式菌株保藏编号：CGMCC 1.5338=DSM 17691=JCM 13463。

栖盐湖菌属包括 4 个种，种间鉴别特征见表 11-58。

表 11-58 栖盐湖菌属（*Halostagnicola*）种间鉴别特征

特征	嗜碱栖盐湖菌（*H. alkaliphila*）	班戈湖栖盐湖菌（*H. bangensis*）	龟仓氏栖盐湖菌（*H. kamekurae*）	拉森氏栖盐湖菌（*H. larsenii*）
运动性	+	+	−	−
利用硝酸盐厌氧生长	+	−	−	−
硝酸盐还原为亚硝酸盐	+	+	−	+
底物利用				
D-半乳糖	+	−	+	ND
D-果糖	+	−	−	ND
D-木糖	+	ND	−	ND
麦芽糖	+	+	−	+
乳糖	−	+	+	+
淀粉	−	ND	+	+
D-甘露醇	−	+	ND	ND
乙酸	−	+	+	+
琥珀酸	−	+	+	−
L-苹果酸	−	ND	+	ND
富马酸	+	ND	+	−
柠檬酸	−	−	+	ND
甘氨酸	ND	+	−	ND
L-谷氨酸	−	ND	+	ND
L-赖氨酸	−	ND	+	ND
过氧化氢酶	−	+	−	+
氧化酶	+	+	−	+
水解淀粉	−	−	−	+
产生 H_2S	−	ND	−	+
呼吸醌	ND	ND	MK-8	MK-8，MK-8(H_2)

63. 长生嗜盐菌属（*Halovivax* Castillo et al. 2006）

营养细胞呈多形态，但大多数为杆状。单菌落呈米色、浅粉色或红色，呈光滑凸起的圆形。革兰氏染色反应为阴性。严格好氧。可广泛利用糖、醇、有机酸等作为碳源和能源物质进行生长，可利用某些糖产酸，某些种可利用硝酸盐、二甲基亚砜或精氨酸在厌氧条件下进行生长。生长需要15%以上的盐浓度。极性脂成分均为磷脂酰甘油（PG）和磷脂酰甘油磷酸甲基酯（PGP-Me）。

DNA的G+C含量（mol%）：60.3～65.0（T_m）。

模式种：亚洲长生嗜盐菌（*Halovivax asiaticus*）；模式菌株的16S rRNA基因序列登录号：AB477227；基因组序列登录号：AOIQ00000000；模式菌株保藏编号：CGMCC 1.4248=JCM 14624。

该属目前包含4个种，种间鉴别特征见表11-59。

表11-59　长生嗜盐菌属（*Halovivax*）种间鉴别特征

特征	亚洲长生嗜盐菌（*H. asiaticus*）	蜡色长生嗜盐菌（*H. cerinus*）	盐泥长生嗜盐菌（*H. limisalsi*）	红色长生嗜盐菌（*H. ruber*）
mol% G+C	60.3	63.2	62.6	65.0
生长需要 Mg^{2+}	−	−	−	+
利用硝酸盐厌氧生长	−	+	−	−
硝酸盐还原为亚硝酸盐	−	+	−	−
利用精氨酸厌氧生长	−	+	−	−
利用DMSO厌氧生长	ND	+	−	ND
底物利用				
D-葡萄糖	−	+	+	−
D-果糖	−	+	+	−
D-核糖	−	−	−	+
蔗糖	−	+	+	ND
淀粉	−	+	+	+
D-甘露醇	−	+	+	−
富马酸	−	ND	ND	+
L-谷氨酸	+	ND	ND	+
利用糖产酸	+	+	+	−
氧化酶	+	−	+	+
产生吲哚	−	+	+	−
水解明胶	+	−	+	+
水解酪蛋白	+	−	ND	+
水解吐温80	+	−	+	+
产生 H_2S	+	−	−	+

64. 盐缓长菌属（*Halopiger* Gutiérrez et al. 2007）

营养细胞杆状或球状。不具有运动性。单菌落呈红色，光滑，有黏性。革兰氏染色反应为阴性。严格好氧。可广泛利用糖、有机酸等作为碳源和能源物质进行生长，可利用糖产酸，部分种可利用硝酸盐、二甲基亚砜或精氨酸在厌氧条件下进行生长。生长需要 15% 以上的盐浓度。

DNA 的 G+C 含量（mol%）：62.5～67.1（T_m）。

模式种：华夏盐缓长菌（*Halopiger xanaduensis*）；模式菌株的 16S rRNA 基因序列登录号：AB477974；基因组序列登录号：CP002839；模式菌株保藏编号：CGMCC 1.6379=JCM 14033。

该属包括 6 个种，种间鉴别特征见表 11-60。

表 11-60　盐缓长菌属（*Halopiger*）种间鉴别特征

特征	阿斯旺盐缓长菌（*H. aswanensis*）	杰勒法马赛盐缓长菌（*H. djelfamassiliensis*）	埃尔果累阿马赛盐缓长菌（*H. goleamassiliensis*）	盐矿盐缓长菌（*H. salifodinae*）	耐热盐缓长菌（*H. thermotolerans*）	华夏盐缓长菌（*H. xanaduensis*）
利用硝酸盐厌氧生长	ND	ND	ND	−	+	−
硝酸盐还原为亚硝酸盐	+	ND	ND	−	+	−
利用精氨酸厌氧生长	−	ND	−	ND	+	−
利用 DMSO 厌氧生长	ND	ND	ND	−	+	ND
底物利用						
D-半乳糖	ND	+	ND	−	+	+
D-果糖	ND	ND	ND	−	+	−
D-核糖	ND	+	+	−	ND	−
D-木糖	ND	+	−	ND	+	+
麦芽糖	+	ND	+	−	+	−
蔗糖	+	+	−	ND	+	−
乳糖	−	−	+	−	ND	−
甘油	−	ND	ND	−	+	−
D-甘露醇	ND	ND	ND	−	+	−
D-山梨糖醇	ND	ND	ND	+	−	−
琥珀酸	ND	ND	ND	+	−	+
L-苹果酸	ND	ND	ND	−	+	ND
富马酸	ND	ND	ND	+	+	−
柠檬酸	ND	+	−	+	−	ND
L-赖氨酸	ND	ND	ND	+	ND	−
产生吲哚	+	−	−	−	−	−
水解						
淀粉	+	−	−	−	−	−
明胶	−	+	+	−	−	+
酪蛋白	−	+	−	−	−	−
吐温 80	w	+	+	−	−	+
产生 H_2S	+	−	−	+	−	−
糖脂	S_2-DGD-1	ND	ND	S_2-DGD-1	S_2-DGD-1	S_2-DGD-1
呼吸醌	MK-8, MK-8(H_2)	ND	ND	ND	ND	ND

65. 盐场古菌属（*Salinarchaeum* Cui et al. 2014）

营养细胞在最适生长条件下呈多形杆状。单菌落呈红色。革兰氏染色反应为阴性。兼性厌氧。可广泛利用碳水化合物、有机酸、氨基酸等作为碳源和能源物质进行生长，可利用糖产酸，不能利用硝酸盐、二甲基亚砜或精氨酸在厌氧条件下进行生长。生长需要 8% 以上的盐浓度。

DNA 的 G+C 含量（mol%）：65.8～68.2。

模式种：海带盐场古菌（*Salinarchaeum laminariae*）；模式菌株的 16S rRNA 基因序列登录号：AB771437；模式菌株保藏编号：CGMCC 1.10590=JCM 17267。

该属目前仅有 2 个种。

66. 碱杆菌属（*Natribaculum* Liu et al. 2015）

营养细胞在最适生长环境条件下呈多形杆状。具有运动性。单菌落呈红色或浅红色，圆形，凸起。革兰氏染色反应为阴性。好氧，异养生长。可广泛利用糖、有机酸等作为碳源和能源物质进行生长，可利用某些糖产酸，某些种可利用硝酸盐在厌氧条件下进行生长，但无法利用二甲基亚砜或精氨酸进行厌氧生长。生长需要 5% 以上的盐浓度。

DNA 的 G+C 含量（mol%）：63.8～63.9。

模式种：短碱杆菌（*Natribaculum breve*）；模式菌株的 16S rRNA 基因登录号：KF739011；模式菌株保藏编号：CCTCC AB2013112。

该属目前仅有 2 个种。

67. 嗜盐变形菌属（*Halovarius* Mehrshad et al. 2015）

营养细胞呈杆状、三角形或圆盘形等多形态。具有运动性。革兰氏染色反应为阴性。严格好氧。嗜中温、嗜中性和嗜盐。生长至少需要 2.5mol/L NaCl，生长 pH 为 6.5～8.0。氧化酶和过氧化氢酶阳性。明胶能够被水解，但吐温 80、淀粉和酪蛋白不能被水解。不产 H_2S，但会产生吲哚。D-阿拉伯糖、D-果糖、D-半乳糖、D-葡萄糖、D-甘油、麦芽糖、D-甘露醇、D-甘露糖和蔗糖可作为细胞生长的碳源和能源物质。还原硝酸盐产生亚硝酸盐。极性脂的主要成分是磷脂酰甘油（PG）和磷脂酰甘油磷酸甲基酯（PGP-Me）。主要呼吸醌是 MK-8(H_2)。

DNA 的 G+C 含量（mol%）：62.3。

模式种（唯一种）：藤黄嗜盐变形菌（*Halovarius luteus*）；模式菌株的 16S rRNA 基因序列登录号：MT760321；模式菌株保藏编号：CECT 8510。

68. 喜盐菌属（*Saliphagus* Yin et al. 2017）

营养细胞杆状，在生长环境不利的条件下可呈多形态。革兰氏染色反应为阴性。严格好氧，化能有机营养型。嗜中温、嗜中性和嗜盐，Mg^{2+}是维持细胞生长的必要条件。氧化酶和过氧化氢酶阳性。不产吲哚，但会产生 H_2S。可还原硝酸盐，无法利用二甲基亚砜或精氨酸在厌氧条件下进行生长。可以水解明胶、酪蛋白和淀粉，但不能水解吐温 80。可利用蔗糖和 D-葡萄糖产酸。极性脂的主要成分是磷脂酰甘油（PG）、磷脂酰甘油磷酸甲基酯（PGP-Me）、磷脂酰甘油硫酸酯（PGS）和硫酸甘露糖苷葡萄糖二醚（S-DGD-1）。

DNA 的 G+C 含量（mol%）：64.6。

模式种（唯一种）：贫瘠土喜盐菌（*Saliphagus infecundisoli*）；模式菌株的 16S rRNA 基因序列登录号：KY419833；模式菌株保藏编号：CGMCC 1.15824=KCTC 4228。

69. 嗜盐碱双形菌属（*Natronobiforma* Sorokin et al. 2019）

营养细胞呈可运动的扁平杆状、球状等形态，细胞大小为 0.4～0.6μm×1.2～1.6μm。单菌落呈粉红色。革兰氏染色反应为阴性。严格好氧。可利用不溶性纤维素、纤维二糖、二甲苯、几丁质、葡聚糖和甘露聚糖等作为碳源和能源物质进行生长，可利用麦芽糖产酸，不能还原硝酸盐。专性嗜碱菌株，可在 pH 7.5～9.9 条件下生长，最适生长 pH 为 8.5～9.0；生长 NaCl 浓度为 2.5～4.8mol/L，最适生长 NaCl 浓度为 4.0mol/L。极性脂的主要成分为 PG，PGP-Me，单糖基磷脂酰甘油（GL-PG），二糖基磷脂酰甘油（2GL-PG）和磷脂酰甘油磷酸（PGP）。其主要核心脂由几乎等比例的 $C_{20}C_{20}$ 二烷基甘油醚（DGE）和 $C_{20}C_{25}$ DGE 组成。

DNA 的 G+C 含量（mol%）：65.4～65.5。

模式种（唯一种）：食纤维素嗜盐碱双形菌（*Natronobiforma cellulositropha*）；模式菌株的 16S rRNA 基因序列登录号：KT247980；模式菌株保藏编号：JCM 31939。

70. 需碱古菌属（*Natrarchaeobaculum* Sorokin et al. 2020）

营养细胞呈多形态，但大多数为杆状。单菌落呈黄白色或橙红色，卵圆形。革兰氏染色反应为阴性。专性好氧或厌氧，有机异养生长，氧化酶和过氧化氢酶为阳性。可广泛利用糖、醇、有机酸等作为碳源和能源物质进行生长，不能利用某些糖产酸，某些种可利用二甲基亚砜在厌氧条件下进行生长，某些种可还原硝酸盐为亚硝酸盐。生长需要 15% 以上的盐浓度。

DNA 的 G+C 含量（mol%）：62.8～64.1。

模式种：还原硫需碱古菌（*Natrarchaeobaculum sulfurireducens*）；模式菌株的 16S rRNA 基因登录号：KY612364；基因组序列登录号：CP024047；模式菌株保藏编号：JCM 30663。

该属目前仅包括 2 个种。

71. 嗜碱古菌属（*Natrarchaeobius* Sorokin et al. 2020）

营养细胞球状或杆状。单菌落呈橙色或橙红色。革兰氏染色反应为阴性。专性好氧，化能有机营养生长。可利用少数糖、醇作为碳源和能源物质进行生长，也可利用几丁质作为碳源进行生长。无法在厌氧条件下进行生长。嗜碱古菌属生长在盐碱湖等中性至碱性的高盐条件下，所有种都需要 17% 以上的盐浓度。

DNA 的 G+C 含量（mol%）：61.1～61.9。

模式种：噬几丁质嗜碱古菌（*Natrarchaeobius chitinivorans*）；模式菌株的 16S rRNA

基因登录号：KT247962；基因组序列登录号：REGA00000000；模式菌株保藏编号：JCM 32476。

该属目前仅有 2 个种。

72. 居碱湖菌属（*Natronolimnohabitans* Sorokin et al. 2020）

营养细胞呈多形态扁平状或球状，不运动。单菌落呈浅红色，半透明，圆形，凸起，细胞直径 0.6μm×3.6μm。革兰氏染色反应为阴性。严格好氧，化能异养生长。可在 pH 7.5～10 条件下生长，最适生长 pH 为 9.5；生长 NaCl 浓度要求在 10% 以上，最适生长 NaCl 浓度为 15%～20%；生长温度为 19～54℃，最适生长温度为 45℃。菌株可由硫形成硫化物，但不形成硫代硫酸盐；可将硝酸盐还原为亚硝酸盐，可产生吲哚、水解明胶，但不能水解淀粉、酪蛋白或吐温 80。可利用阿拉伯糖、半乳糖、葡萄糖、甘油、棉籽糖、山梨糖醇、乙酸盐、柠檬酸盐、富马酸盐、乳酸盐、苹果酸盐、丙酸盐和丙酮酸盐等作为碳源或能源。

DNA 的 G+C 含量（mol%）：63.1。

模式种（唯一种）：内蒙古居碱湖菌（*Natronolimnohabitans innermongolicus*）；模式菌株的 16S rRNA 基因序列登录号：AB125108；基因组序列登录号：AOHZ00000000；模式菌株保藏编号：CGMCC 1.2124=JCM 12255。

73. 适盐古菌属（*Salinadaptatus* Xue et al. 2021）

营养细胞杆状，粉红色，具有强运动性。革兰氏染色反应为阴性。严格好氧。嗜中温、嗜碱和嗜盐。防止细胞溶解的最小 NaCl 浓度为 0.85mol/L。氧化酶和过氧化氢酶阳性。可以由半胱氨酸产生 H_2S，但不能由硫代硫酸盐产生。可以由色氨酸产生吲哚。不能利用硝酸盐、精氨酸或二甲基亚砜进行厌氧生长。可以水解明胶和吐温 20、吐温 40、吐温 60、吐温 80，但不能水解淀粉和酪蛋白。可利用甘油、D-葡萄糖、D-半乳糖、蔗糖、乳糖、D-山梨糖醇、乙酸盐、琥珀酸盐、L-苹果酸盐、富马酸盐、L-谷氨酸盐、柠檬酸盐和 L-天冬氨酸作为唯一碳源和能源物质进行生长。未检测到糖脂，极性脂的主要成分是磷脂酰甘油（PG）和磷脂酰甘油磷酸甲基酯（PGP-Me）。主要呼吸醌类型为 MK-8 和 MK-6。

DNA 的 G+C 含量（mol%）：62.06。

模式种（唯一种）：嗜盐碱适盐古菌（*Salinadaptatus halalkaliphilus*）；模式菌株的 16S rRNA 基因序列登录号：MK226479；基因组序列登录号：RBZW00000000；模式菌株保藏编号：CGMCC 1.16692=JCM 33751。

第三节　无细胞壁古菌

绝大多数古菌都有细胞壁，这些细胞壁通常由高度糖基化的蛋白质组成，并形成一个 S 层（S-layer），有些古菌细胞壁由多糖构成，但古菌不含细菌细胞壁所特有的肽聚糖，因此，古菌对溶菌酶、青霉素等不敏感。

广古菌门（Euryarchaeota）热原体纲（Thermoplasmata）热原体目（Thermoplasmatales）是包括了古菌中唯一没有细胞壁的微生物类群，它含4科6属：热原体科（Thermoplasmataceae Reysenbach 2002）热原体属（*Thermoplasma*）、嗜酸古菌科（Picrophilaceae Schleper et al. 1996）嗜酸古菌属（*Picrophilus*）、亚铁原体科（Ferroplasmaceae Golyshina et al. 2000）亚铁原体属（*Ferroplasma*）和酸原体属（*Acidiplasma*）、矿井原体科（Cuniculiplasmataceae Golyshina et al. 2016）矿井原体属（*Cuniculiplasma*），以及尚未定科的热无胞壁单胞菌属（*Thermogymnomonas* Itoh et al. 2007），目前共报道了10个种。除嗜酸古菌科嗜酸古菌属的2个种含S层细胞壁外，其他属种的微生物均没有细胞壁，因而被称为无细胞壁古菌（cell wall-less archaea）。这一类群的微生物均极端嗜酸，最适生长pH小于2，嗜酸古菌属的细胞最适生长pH为0.7，它们甚至可在pH为0的极酸环境中生长；大部分的属种为极端嗜热菌，也有个别属种为中温微生物。

1. 热原体属（*Thermoplasma* Darland et al. 1970）

广古菌门热原体纲热原体目热原体科的唯一属。细胞呈多形态，从球形（直径0.1～5.0μm）到丝状，细胞缺乏真正的细胞壁，由一层厚5.0～10.0nm、单一的三层膜包裹，膜中含40碳支链双甘油四醚类脂。革兰氏染色反应为阴性。细胞可以通过单极单丛生鞭毛运动。兼性好氧。S^0通过呼吸作用被还原成H_2S，从而促进厌氧生长。严格嗜酸热菌。最适生长温度为55～59℃，pH为1～2。细胞裂解液接近中性。在pH 2的琼脂培养基上，菌落深棕色，直径约0.3mm，一些菌落呈现典型的“煎蛋”形，周围区域半透明。专性异养，生长不需要胆固醇。专性异养菌，可在酵母、肉汤、细菌或古细菌的提取物上生长。可在热煤矸石堆和酸性硫质环境中自由生活。

DNA的G+C含量（mol%）：46。

模式种：嗜酸热原体（*Thermoplasma acidophilum*）；模式菌株的16S rRNA基因序列登录号：M38637；基因组序列登录号：AL139299；模式菌株保藏编号：ATCC 25905=DSM 1728=JCM 9062。

该属目前仅有2个种，即嗜酸热原体和火山热原体（*T. volcanium*）。

2. 嗜酸古菌属（*Picrophilus* Schleper et al. 1996）

广古菌门热原体纲热原体目嗜酸古菌科的唯一属。嗜热、嗜酸、专性需氧的不规则球菌，直径约1μm。不运动。可在0.1%～0.5%酵母提取物存在的条件下异养生长，而没有酵母提取物时无法异养生长。生长温度为47～60℃，生长pH为0～3.5。

DNA的G+C含量（mol%）：36。

模式种：星名氏嗜酸古菌（*Picrophilus oshimae*）；模式菌株的16S rRNA基因序列登录号：X84901；基因组序列登录号：FWYE00000000；模式菌株保藏编号：ATCC 700036=DSM 9789=JCM 10054。

该属目前有2个种，即星名氏嗜酸古菌和干热嗜酸古菌（*P. torridus*），前者细胞内含质粒而后者没有，它们16S rRNA基因序列之间的差异大于3%。

3. 亚铁原体属（*Ferroplasma* Golyshina et al. 2000）

广古菌门热原体纲热原体目亚铁原体科中的 2 个属之一。细胞形态不规则，球状、丝状或为宽 0.3～1.0μm、长 1～3μm 的多种形状。细胞不运动。无细胞壁。嗜酸，嗜温，严格好氧。化能无机营养生长，同化 CO_2。分布在全球范围内的矿石堆积区、矿区和酸性矿山排水中和含 H_2S 的环境。

DNA 的 G+C 含量（mol%）：36～37（HPLC）。

模式种（唯一种）：嗜酸亚铁原体（*Ferroplasma acidiphilum*）；模式菌株的 16S rRNA 基因序列登录号：AJ224936；基因组序列登录号：CP015363；模式菌株保藏编号：DSM 12658=JCM 10970。

4. 酸原体属（*Acidiplasma* Golyshina et al. 2009）

广古菌门热原体纲热原体目亚铁原体科中的 2 个属之一。细胞为不规则球形，球形至丝状。不运动。无细胞壁。嗜酸且中度嗜热。能氧化 Fe^{2+}、还原 Fe^{3+}。兼性厌氧。主要的呼吸醌是萘醌衍生物。主要的膜脂是含五元环的二环植烷基四醚（dibiphytanyl tetraether）。二环植烷基甘油磷脂（dibiphytanyl phosphoglycerol lipid）主要的糖类组分是β-半乳糖。分布在含硫化物的矿石堆积区和火山环境。

DNA 的 G+C 含量（mol%）：34～36（HPLC）。

模式种：伊奥利亚酸原体（*Acidiplasma aeolicum*）；模式菌株的 16S rRNA 基因序列登录号：AM943980；基因组序列登录号：LJCQ00000000；模式菌株保藏编号：DSM 18409=JCM 14615。

该属目前有 2 个，它们与同科的嗜酸亚铁原体（*Ferroplasma acidiphilum*）的鉴别特征见表 11-61。

表 11-61 亚铁原体科（Ferroplasmaceae）各个种的生理学特征

特征	嗜酸亚铁原体（*Ferroplasma acidiphilum*）	聚铜酸原体（*Acidiplasma cupricumulans*）	伊奥利亚酸原体（*Acidiplasma aeolicum*）
厌氧生长	−	+	+
氧化 Fe^{2+}	+	+	+
化能异养生长	−	−	+
生长温度/℃	15～45	22～63	15～65
最适生长温度/℃	35	53.6	45
生长 pH	1.3～2.2	0.4～1.8	0～4
最适生长 pH	1.7	1.0～1.2	1.4～1.6
mol% G+C	37	34	36

5. 矿井原体属（*Cuniculiplasma* Golyshina et al. 2016）

广古菌门热原体纲热原体目矿井原体科的唯一属。细胞呈多形态，无细胞壁，倾向于形成环状和“Y”形。兼性厌氧。化能异养生长。不同于热原体目其他专性化能异养的热原体属、嗜酸古菌属和热无胞壁单胞菌属（*Thermogymnomonas*），该属嗜中温，其模式种的生长温度为10～48℃，最适生长温度为37～40℃。嗜酸。栖息于酸性水流中。

DNA的G+C含量（mol%）：37。

模式种（唯一种）：广布矿井原体（*Cuniculiplasma divulgatum*）；模式菌株的16S rRNA基因序列登录号：KT005321；模式菌株保藏编号：JCM 30642 。

6. 热无胞壁单胞菌属（*Thermogymnomonas* Itoh et al. 2007）

广古菌门热原体纲热原体目中的一个属。细胞呈多形态，直径1.0～3.0μm。细胞缺乏细胞壁，被一层约10nm薄膜包裹。子细胞有时以出芽形式与母细胞联系。有菌毛，不运动。在固体培养基上形成“煎蛋”状菌落。严格好氧。嗜酸，中度嗜热。异养生长，培养基需要酵母提取物。脂类含四醚；MK-7是主要的呼吸醌。栖息于陆地地热环境中。

DNA的G+C含量（mol%）：56。

模式种（唯一种）：栖酸热无胞壁单胞菌（*Thermogymnomonas acidicola*）；模式菌株的16S rRNA基因序列登录号：AB169873；基因组序列登录号：BBCP00000000；模式菌株保藏编号：DSM 18835=JCM 13583。

第四节　极端嗜热和超嗜热代谢元素硫的古菌

硫代谢包括还原性无机含硫化合物（包括H_2S、S^0、亚硫酸盐、硫代硫酸盐和连多硫酸盐）及硫化矿物的氧化，以及硫酸盐、亚硫酸盐、硫代硫酸盐和S^0的还原。

嗜热和超嗜热代谢S^0的古菌主要分布在泉古菌门热变形菌纲（Thermoprotei）4个目[热变形菌纲总共5个目，仅高温球菌目的唯一属种喷泉高温球菌（*Fervidicoccus fontis*）没有检测到硫及其化合物对菌体生长的影响]，以及广古菌门热球菌纲（Thermococci）和古生球菌纲（Archaeoglobi）中。这些古菌生长温度为45～110℃，最适生长温度在70℃以上。多数能以某种方式代谢硫，在好氧条件下，氧化S^0或H_2S生成H_2SO_4；在厌氧条件下，还原S^0生成H_2S。

硫酸盐还原古菌（sulfate-reducing archaea）为硫酸盐还原菌中的古菌类群，是一类通过氧化H_2或有机物获取能量，同时将硫酸盐还原为H_2S的微生物，广泛分布于含硫酸盐且由于微生物的分解作用而缺氧的陆地或水体环境中，在海洋沉积物中尤为丰富。已分离的硫酸盐还原菌超过60个属，其中大部分为细菌，硫酸盐还原古菌目前只有广古菌门古生球菌科（Archaeoglobaceae）古生球菌属（*Archaeoglobus*）、铁古球菌属（*Ferroglobus*）及泉古菌门热变形菌科（Thermoproteaceae）热枝菌属（*Thermocladium*）、高温分枝菌属（*Caldivirga*）4个属，它们都是极端嗜热菌，分离自海底热液口、油田和热泉等极端高温厌氧环境。其中，闪烁古生球菌（*A. fulgidus*）是第一株被分离的硫酸盐还原古菌，分离自海底热液环境，同时也是第一株完成基因组测序的硫酸盐还原古菌。该菌具有异化型硫酸盐、亚硫酸盐和硫代硫酸盐还原途径；基因组序列分析显示它与产甲烷古菌（methanogens）在系统学上关系极其密切。混毒古生球菌（*A. veneficus*）不能以硫酸盐作为电子受体；铁古球菌属不能利用硫酸盐作为电子受体，但利用H_2时硫代硫酸盐可作为电子受体，产生 H_2S。泉古菌门热变形菌科的硫酸盐还原菌在化能无机自养生长时以 CO_2 作为唯一碳源，以 H_2 作为电子供体还原 S^0 产生 H_2S，也可以 S^0、硫代硫酸盐或硫酸盐等作为电子受体，利用多种有机物进行异养生长，但不能以亚硫酸盐作为电子受体。

1. 酸两面菌属（*Acidianus* Segerer et al. 1986）

细胞呈不规则裂片球形，直径 0.5～2.0μm。单个存在，无鞭毛，不运动。革兰氏染色反应为阴性。兼性厌氧。化能无机或化能有机营养生长。无机好氧生长时，氧化 S^0 生成 H_2SO_4；无机厌氧生长时，H_2 作为电子供体，还原 S^0 生成 H_2S。极端嗜热，生长温度为 45～96℃；专性嗜酸，生长 pH 为 1～6，最适生长 pH 为 0.8～2.5。生长 NaCl 浓度为 0.1%～4.0%。生活在陆地地热区的硫质喷气环境和海底热液系统。

DNA 的 G+C 含量（mol%）：31.0～32.7。

模式种：下层酸两面菌（*Acidianus infernus*）；模式菌株的 16S rRNA 基因序列登录号：X89852；基因组序列登录号：WFIY00000000；模式菌株保藏编号：DSM 3191=JCM 8955。

该属目前有 4 个种，种间鉴别特征见表 11-62。

表 11-62　酸两面菌属（*Acidianus*）种间鉴别特征

特征	下层酸两面菌（*A. infernus*）	布氏酸两面菌（*A. brierleyi*）	双能酸两面菌（*A. ambivalens*）	食硫化物酸两面菌（*A. sulfidivorans*）
生长温度/℃	65～96	45～75	70～87	45～83
最适生长温度/℃	90	70	80	74
生长 pH	1.0～5.5	1.0～6.0	1.0～3.5	0.35～3.00
最适生长 pH	2.0	1.5～2.0	2.5	0.8～1.4
电子供体	H_2，S^0	H_2，S^0，Fe^{2+}，有机物	H_2，S^0	H_2S，S^0，Fe^{2+}，FeS_2，矿物硫化物
电子受体	S^0，O_2	S^0，O_2	S^0，O_2	Fe^{3+}，S^0，O_2
自养生长	严格	兼性	严格	兼性
mol% G+C	32.7	31.5	31.0	31.1

2. 生金球菌属（*Metallosphaera* Huber et al. 1989）

细胞呈规则或略不规则的球形，直径 1.0μm，有类似纤毛的结构或鞭毛。革兰氏染色反应为阴性。严格好氧。兼性化能无机营养生长。无机营养生长时，生长在 S^0 和矿物硫化物上，如黄铁矿、闪锌矿和黄铜矿等，能从矿物硫化物中提取金属并产生硫酸。还能利用 H_2 生长。有机营养生长时，利用酵母提取物、蛋白胨等。极端嗜热，生长温度为 50～80℃，最适生长温度为 65～75℃；专性嗜酸，生长 pH 为 1.0～6.5。主要分离自硫质喷气环境和矿山或矿石。

DNA 的 G+C 含量（mol%）：38.4～45.0。

模式种：勤奋生金球菌（*Metallosphaera sedula*）；模式菌株的 16S rRNA 基因序列登录号：X90481；基因组序列登录号：CP000682；模式菌株保藏编号：ATCC 51363=DSM

5348=JCM 9185=NBRC 15509。

该属目前包括 5 个种，种间鉴别特征见表 11-63。

表 11-63 生金球菌属（*Metallosphaera*）种间鉴别特征

特征	勤奋生金球菌（*M. sedula*）	燃煤生金球菌（*M. prunae*）	箱根中间生金球菌（*M. hakonensis*）	铜生金球菌（*M. cuprina*）	腾冲生金球菌（*M. tengchongensis*）
细胞形态	不规则球状	圆裂状	圆裂状	不规则球状	不规则球状
细胞直径/μm	1.0	1.0	0.9～1.1	0.9～1.0	1.0～1.2
鞭毛	NA	+	−	+	−
运动性	+	+	−	+	−
生长温度/℃	50～80	55～80	50～80	55～75	55～75
最适生长温度/℃	75	75	70	65	70
生长 pH	1.0～4.5	1.0～4.5	1.0～4.0	2.5～5.5	1.5～6.5
最适生长 pH	2.5	NA	3.0	3.5	3.5
底物利用					
无机底物					
S^0	+	+	+	+	++
$K_2S_4O_6$	+	−	+	+	+
H_2S	NA	NA	+	−	−
黄铁矿（FeS_2）	+	+	++	+	++
糖类					
L-阿拉伯糖	−	−	−	+	−
D-木糖	−	−	−	+	−
D-葡萄糖	−	−	−	+	−
山梨糖	−	−	±	−	−
麦芽糖	−	−	±	−	−
蔗糖	−	−	±	±	−
棉籽糖	−	−	−	±	−
氨基酸					
L-半胱氨酸	+	−	−	−	±
L-天冬氨酸	±	+	−	±	−
L-谷氨酸	±	+	−	±	±
L-色氨酸	+	±	±	+	−
L-丙氨酸	+	+	−	±	±
L-酪氨酸	−	−	−	−	±
复杂有机物					
酵母提取物	+	+	++	+	+
牛肉提取物	+	+	+	+	+
蛋白胨	+	+	+	++	+

续表

特征	勤奋生金球菌（*M. sedula*）	燃煤生金球菌（*M. prunae*）	箱根中间生金球菌（*M. hakonensis*）	铜生金球菌（*M. cuprina*）	腾冲生金球菌（*M. tengchongensis*）
胰蛋白胨	+	+	+	+	+
酸水解酪蛋白	+	−	+	++	+
mol% G+C	45.0	45.0	38.4	40.2	41.8

注：− 表示 R=1；± 表示 1＜R≤2；+ 表示 2＜R≤10；++ 表示 R＞10；NA 表示无数据。R 表示培养 6 天后 OD_{520nm} 与培养前 OD_{520nm} 的比值

3. 硫化叶菌属（*Sulfolobus* Brock et al. 1972）

细胞呈不规则裂片状，直径 0.7～2.0μm。通常单个存在，没有鞭毛，不运动或者通过 1 根或多根鞭毛运动。革兰氏染色反应为阴性。严格好氧。兼性化能无机营养生长。无机营养生长时，氧化 S^0、硫化物或连四硫酸盐产硫酸。有些菌株能氧化 H_2。有机营养生长时，氧化有机物，如酵母提取物、蛋白胨、糖或氨基酸。极端嗜热，生长温度为 65～85℃；专性嗜酸，生长 pH 为 1～5.5。主要分离自陆地地热区的硫质喷气环境。

DNA 的 G+C 含量（mol%）：34～42。

模式种：嗜酸热硫化叶菌（*Sulfolobus acidocaldarius*）；模式菌株的 16S rRNA 基因序列登录号：D14053；基因组序列登录号：GCA_000012285；模式菌株保藏编号：ATCC 33909=DSM 639=JCM 8929=NBRC 15157。

该属目前只有 2 个种。嗜酸热硫化叶菌最适生长温度为 70～75℃，最高生长温度为 85℃。可利用葡萄糖、蔗糖、甘露糖、色氨酸、谷氨酸生长，不能利用半乳糖和乳糖。体外依赖 DNA 的 RNA 聚合酶在 75℃时稳定。阳明硫化叶菌（*S. yangmingensis*）最适生长温度为 80℃，最高生长温度为 95℃。兼性化能自养，可利用糖和氨基酸作为唯一碳源生长。

4. 栖冥河菌属（*Stygiolobus* Segerer et al. 1991）

细胞球形，高度不规则，直径 0.5～2.0μm。通过鞭毛运动。革兰氏染色反应为阴性。严格厌氧。化能无机营养生长。H_2 作为电子供体，还原 S^0 生成 H_2S。生长温度为 57～89℃，最适生长温度约为 80℃；生长 pH 为 1.0～5.5。

DNA 的 G+C 含量（mol%）：38。

模式种（唯一种）：亚速尔栖冥河菌（*Stygiolobus azoricus*）；模式菌株的 16S rRNA 基因序列登录号：X90480；基因组序列登录号：CP045483；模式菌株保藏编号：DSM 6296=JCM 9021。

5. 硫还原球菌属（*Sulfurisphaera* Kurosawa et al. 1998）

细胞呈不规则球形，直径为 0.9～1.3μm。无鞭毛和纤毛。革兰氏染色反应为阴性。兼性厌氧。兼性化能无机营养生长。无机营养生长时，可氧化 S^0、黄铁矿、连四硫酸盐和 H_2。当 $FeCl_3$ 存在时，以酵母提取物为营养进行厌氧生长。生长温度为 60～96℃，最适生长温度为 80～85℃；生长 pH 为 1.5～6.0。

DNA 的 G+C 含量（mol%）：30.6～32.9。

模式种：大涌硫还原球菌（*Sulfurisphaera ohwakuensis*）；模式菌株的 16S rRNA 基因序列登录号：D85507；基因组序列登录号：CP045484；模式菌株保藏编号：DSM 12421=JCM 9065=NBRC 15161。

该属目前有效发表 3 个种，它们的种间鉴别特征见表 11-64。

表 11-64　硫还原球菌属（*Sulfurisphaera*）种间鉴别特征

特征	大涌硫还原球菌（*S. ohwakuensis*）	东京理工学院硫还原球菌（*S. tokodaii*）	爪哇硫还原球菌（*S. javensis*）
细胞形态	不规则球状	不规则球状	不规则球状
细胞直径/μm	0.9～1.3	1.0～1.3	0.9～1.3
生长温度/℃	60～91	60～96	60～90
最适生长温度/℃	84	80	80～85
生长 pH	1.5～6.0	1.5～6.0	2.5～6.0
最适生长 pH	2	2.5～3.0	3.5～4.0
厌氧生长			
发酵（N_2 顶空）	−	−	−
S^0+H_2（H_2/CO_2 顶空）	+	−	+
S^0+H_2（N_2 顶空）	−	−	−
Fe^{3+}+酵母提取物（N_2 顶空）	+	+	+
底物利用			
硫源			
S^0，黄铁矿或 FeS，连四硫酸盐	+	+	+
硫代硫酸钠	−	−	+
硫酸亚铁（$FeSO_4$）	−	−	−
糖类			
D-葡萄糖，D-半乳糖，D-果糖	−	+	−
D-木糖	−	−	−
乳糖，麦芽糖，蔗糖	−	+	−
L-阿拉伯糖	−	−	−
山梨糖	−	+	−
棉籽糖	−	+	−
氨基酸			
L-丙氨酸，L-谷氨酸	−	+	−
谷氨酰胺，L-天冬氨酸	−	+	−
mol% G+C	32.9（T_m）	32.8（T_m）	30.6（T_m）

6. 硫化球菌属（*Sulfurococcus* Golovacheva et al. 1995）

细胞球形，单个或成对，直径 0.8～2.5μm。二分分裂或出芽生殖。有菌毛和荚膜。

革兰氏染色反应为阴性。好氧。兼性化能无机营养生长。无机营养或混养生长时，可氧化 S^0 为硫酸。可氧化有机物（酵母提取物、蛋白胨、糖、氨基酸）进行异养生长。嗜酸热。生长温度为 40～85℃；生长 pH 为 1.0～5.8。

DNA 的 G+C 含量（mol%）：43～46。

模式种：神奇硫化球菌（*Sulfurococcus mirabilis*）。

该属目前有效发表 2 个种，即神奇硫化球菌和黄石硫化球菌（*S. yellowstonensis*）。前者生长温度为 50～86℃，最适生长温度为 70～75℃；后者生长温度为 40～80℃，最适生长温度为 60℃。

7. 恶硫球菌属（*Sulfodiicoccus* Sakai and Kurosawa 2017）

细胞呈规则到不规则球状。无鞭毛。好氧异养生长。在 S^0、黄铁矿、连四硫酸钾、硫代硫酸钠或硫酸亚铁培养基上无法进行化能自养生长，但可通过氧化 H_2 进行微弱生长。在 MBSY 培养基上菌落呈圆形，直径 0.5～1.5mm，凸起。最适生长温度为 65～70℃，最适生长 pH 为 3.0～3.5。分离自陆地酸性热泉。

DNA 的 G+C 含量（mol%）：52。

模式种（唯一种）：嗜酸恶硫球菌（*Sulfodiicoccus acidiphilus*）；模式菌株的 16S rRNA 基因序列登录号：LC061281；基因组序列登录号：AP018553；模式菌株保藏编号：JCM 31740。

8. 解糖叶菌属（*Saccharolobus* Sakai and Kurosawa 2018）

细胞呈不规则球形，超嗜热（50～93℃），嗜酸（pH 1.5～6.0）。兼性厌氧（电子受体：$FeCl_3$；电子供体：酵母提取物）。最适生长温度为 80～85℃，最适生长 pH 为 3.0～4.5。可利用各种复杂底物如酵母提取物和各种糖类（淀粉、蔗糖、乳糖、麦芽糖、棉籽糖、D-葡萄糖、D-半乳糖、D-甘露糖和 D-阿拉伯糖）进行化能异养生长，也可在黄铁矿或氧化 H_2 中进行化能自养生长。生长能力在不同种之间存在差别。不能利用 S^0 和连四硫酸钾作为电子供体。主要的核心脂为甘油热醇（头基）热古菌醇（calditolglycerocaldarchaeol，CGTE）和热古菌醇（caldarchaeol，DGTE）。

DNA 的 G+C 含量（mol%）：31.7～35.8。

模式种：硫磺矿解糖叶菌（*Saccharolobus solfataricus*）；模式菌株的 16S rRNA 基因序列登录号：X90478；基因组序列登录号：LT545890；模式菌株保藏编号：ATCC 35091=DSM 1616=JCM 8930。

该属目前包括 3 个种。

9. 产硫酸菌属（*Sulfuracidifex* Itoh et al. 2020）

细胞呈不规则球形，生长温度为 45～75℃（最适生长温度约为 65℃），生长 pH 为 0.4～5.5（最适生长 pH 为 2.0～3.5）。严格好氧。可在含有 S^0、还原性含硫化合物或矿石的培养基上生长。自养或混养生长。细胞主要核心脂为 DGTE 和 CGTE。该属成员主要分离自含硫环境。

DNA 的 G+C 含量（mol%）：38～42。

模式种：微热产硫酸菌（*Sulfuracidifex tepidarius*）；模式菌株的 16S rRNA 基因序列登录号：LC382014；基因组序列登录号：AP018929；模式菌株保藏编号：DSM 104736=JCM 16833。

该属目前仅有 2 个种，种间鉴别特征见表 11-65。

表 11-65 产硫酸菌属（*Sulfuracidifex*）种间鉴别特征

特征	微热产硫酸菌（*S. tepidarius*）	金属产硫酸菌（*S. metallicus*）
生长温度/℃	45～69	50～75
最适生长温度/℃	65	65
生长 pH	0.5～5.5	1.0～4.5
最适生长 pH	3.5	2～3
耐受 NaCl 浓度/%	0.7	3.0
还原 Fe^{3+}	–	–
mol% G+C	42.4（T_m）	37.7（T_m）

10. 热变形菌属（*Thermoproteus* Zillig and Stetter 1982）

细胞杆状，大小为 0.4μm×1.0～100.0μm，一般长 3.0～5.0μm，无隔膜，细胞单个、成对或成链、成堆，无芽孢或休眠期，末端有球状突起物。革兰氏染色反应为阴性。无鞭毛，不运动。存在侧生和/或端生菌毛。严格厌氧。化能自养或化能异养生长，异养生长通过 S^0 呼吸代谢利用有机物，形成 CO_2、H_2S。自养生长以 CO_2 为碳源，利用 H_2 和 S^0 代谢，产生 H_2S。生长温度为 70～97℃，最适生长温度为 88℃。生长初始 pH 为 2.5～6.0，最适生长 pH 为 5.0。栖息于硫磺热泉和泥浆洞。

DNA 的 G+C 含量（mol%）：55.5～62.0。

模式种：顽固热变形菌（*Thermoproteus tenax*）；模式菌株的 16S rRNA 基因序列登录号：M35966；基因组序列登录号：FN869859；模式菌株保藏编号：ATCC 35583=DSM 2078=JCM 9277。

该属目前有 3 个种，种间鉴别特征见表 11-66。

表 11-66 热变形菌属（*Thermoproteus*）种间鉴别特征

特征	嗜热热变形菌（*T. thermophilus*）	乌宗热变形菌（*T. uzoniensis*）	顽固热变形菌（*T. tenax*）
运动性	+	–	–
生长温度/℃	75～90	74～102	≤96
最适生长温度/℃	85	90	90
生长 pH	4.0～6.0	4.6～6.8	2.5～6.0
最适生长 pH	5.0	5.6	5.0
碳源利用			
甲酸	+	–	–
葡萄糖	–	–	+
电子受体			
苹果酸盐	–	–	+

续表

特征	嗜热热变形菌（*T. thermophilus*）	乌宗热变形菌（*T. uzoniensis*）	顽固热变形菌（*T. tenax*）
硫酸盐	+	–	–
硫代硫酸钠	+	–	+
mol% G+C	62.0（T_m）	56.5（T_m）	55.5（T_m）

11. 热棒菌属（*Pyrobaculum* Huber 1987）

细胞杆状，直角末端，大小为0.5～0.6μm×1.5～8.0μm，细胞以单个、“V”形、“X”形和并排方式存在，末端球状突起物出现在指数生长期。革兰氏染色反应为阴性。通过双极生或周生鞭毛运动。兼性或严格厌氧。兼性化能自养或严格化能异养生长。异养生长通过S^0呼吸代谢利用有机物；谷胱甘肽、硫代硫酸钠、亚硫酸盐可取代S^0作为电子受体。自养生长以CO_2为碳源，利用H_2和S^0代谢，S^0对于自养生长是必需的。生长温度为70～104℃，最适生长温度为100℃。生长初始pH为4.0～9.0。生长NaCl浓度为0～3.6%。栖息于中性或碱性硫磺热泉和浅海热液系统。

DNA的G+C含量（mol%）：44.0～59.9。

模式种：冰岛热棒菌（*Pyrobaculum islandicum*）；模式菌株的16S rRNA基因序列登录号：L07511；基因组序列登录号：CP000054；模式菌株保藏编号：DSM 4184=JCM 9189。

该属有9个种，种间鉴别特征见表11-67。

12. 火山热泉杆菌属（*Vulcanisaeta* Itoh et al. 2002）

细胞呈直或微弯杆状，大小为0.6μm×3.0～7.0μm，偶尔折弯、分枝或在细胞末端存在球形突起（高尔夫杆状）。细胞末端或侧面有纤毛。不运动。在高温（85～90℃）微酸性（pH 3.0～6.0）条件下生长。厌氧生长。耐氯霉素、卡那霉素、竹桃霉素、链霉素和万古霉素。对红霉素、新霉素和利福平敏感。具有环状和非环状四醚核心脂。栖息于火山酸性热泉。

DNA的G+C含量（mol%）：43.1～45.4。

模式种：散步火山热泉杆菌（*Vulcanisaeta distributa*）；模式菌株的16S rRNA基因序列登录号：AB063630；模式菌株保藏编号：DSM 14429=JCM 11212。

该属目前有3个种，种间鉴别特征见表11-68。

13. 热枝菌属（*Thermocladium* Itoh et al. 1998）

细胞呈直或微弯杆状，大小为0.5μm×5.0～20.0μm，细胞末端可能存在球形突起（直径1.0～3.0μm）。不运动。通过分枝和出芽繁殖，也可以通过收缩分裂。革兰氏染色反应为阴性。厌氧或微需氧异养嗜热菌，生长温度为60～80℃，最适生长温度为75℃；生长pH为3.0～5.9，最适生长pH为4.2。

DNA的G+C含量（mol%）：52。

模式种（唯一种）：适度热枝菌（*Thermocladium modestius*）；模式菌株的16S rRNA

表 11-67　热棒菌属（*Pyrobaculum*）种间鉴别特征

特征	火山泥热棒菌（*P. igneiluti*）	嗜中性热棒菌（*P. neutrophilum*）	冰岛热棒菌（*P. islandicum*）	嗜有机物热棒菌（*P. organotrophum*）	需氧热棒菌（*P. aerophilum*）	砷酸热棒菌（*P. arsenaticum*）	小园町热棒菌（*P. oguniense*）	热泉热棒菌（*P. calidifontis*）	铁还原热棒菌（*P. ferrireducens*）
细胞形态	杆状	杆状	杆状	杆状	杆状	杆状	杆状	杆状	杆状
最适生长温度/℃	90	85	100	102	100	ND	90～94	90～95	90～95
生长温度/℃	70～95	ND	74～102	78～102	75～104	68～100	70～97	75～100	75～98
最适生长 pH	5.5～7.3	6.5	6.0	6.0	7.0	ND	6.3～7.0	7.0	6.0～7.0
生长 pH	4.0～8.0	ND	5.0～7.0	5.0～7.0	5.8～9.0	ND	5.4～7.4	5.5～8.0	5.5～7.5
氧需求	严格厌氧	严格厌氧	严格厌氧	严格厌氧	兼性微氧	严格厌氧	兼性好氧	兼性好氧	严格厌氧
自养生长	+	+	+	−	+	+	−	−	−
支持生长的有机碳源	胰蛋白胨，酪蛋白水解物，蛋白胨，明胶	无（严格自养）	酵母提取物，蛋白胨，肉汤，细胞匀浆	酵母提取物，蛋白胨，肉汤，细胞匀浆	酵母提取物，胰蛋白胨，蛋白胨，酪蛋白水解物，丙酸，乙酸	酵母提取物，肉汤，蛋白胨，脑心浸液	酵母提取物，胰蛋白酶水解酪蛋白，蛋白胨	酵母提取物，胰蛋白胨，蛋白胨，酪蛋白水解物	酵母提取物，蛋白胨，胰蛋白胨
电子受体									
Fe^{3+}	+	ND	+	ND	+	+	ND	+	+
硝酸盐	−	ND	ND	ND	+	−	−	+	+
S^0	−	+	+	+	−	+	+	−	−
硫代硫酸钠	+	ND	+	−	+	+	+	−	+
亚硫酸盐	−	ND	+	−	ND	ND	ND	−	−
硫酸盐	−	ND	−	−	ND	ND	ND	−	−
L-半胱氨酸	−	ND	+	+	ND	ND	+	ND	ND
谷胱甘肽	−	ND	+	+	ND	ND	+	ND	ND
mol% G+C	ND	59.9	47	48	52	58.3	48	51	ND

表 11-68 火山热泉杆菌属（*Vulcanisaeta*）种间鉴别特征

特征	嗜热火山热泉杆菌（*V. thermophila*）	散步火山热泉杆菌（*V. distributa*）	松赞火山热泉杆菌（*V. souniana*）
生长温度/℃	75～90	70～99	68～89
最适生长温度/℃	85	90	85
生长 pH	4.0～6.0	3.1～5.6	3.5～5.0
最适生长 pH	5.0	4.5	4.5
生长 NaCl 浓度/(%，*w/v*)	≤1.0	≤1.0	≤1.25
碳源利用			
延胡索酸	+	−	−
D-半乳糖	+	+	−
乳糖	+	−	−
L-苹果酸盐	−	+	+
蛋白胨	−	+	+
淀粉	−	+	+
电子受体			
延胡索酸盐	+	−	−
氧化态谷胱甘肽	+	+	−
mol% G+C	43.1（T_m）	45.4（T_m）	44.9（T_m）

基因序列登录号：AB005296；基因组序列登录号：BBBF00000000；模式菌株保藏编号：JCM 10088。

14. 高温分枝菌属（*Caldivirga* Itoh et al. 1999）

细胞呈直或稍弯杆状，偶尔弯曲或分枝，单个或成片。大多数细胞大小为0.4～0.7μm×3.0～20.0μm。细胞通过分枝或出芽繁殖，也通过收缩分裂。菌毛附着在细胞的末端或侧面。不运动。厌氧或微需氧生长。在高温（85℃）和弱酸性条件（pH 3.7～4.2）下生长最佳。

DNA 的 G+C 含量（mol%）：43。

模式种（唯一种）：马基灵山高温分枝菌（*Caldivirga maquilingensis*）；模式菌株的16S rRNA 基因序列登录号：AB013916；基因组序列登录号：CP000852；模式菌株保藏编号：ATCC 700844=DSM 13496=JCM 10307。

15. 热丝菌属（*Thermofilum* Zillig and Gierl 1983）

细胞杆状，大小为0.15～0.35μm×1.00～100.00μm，一般长5.0～10.0μm，无隔膜，细胞单个，无芽孢或休眠期，末端有球状突起物。存在端生菌毛。革兰氏染色反应为阴性。不运动。严格厌氧。化能异养生长，通过 S^0 呼吸代谢利用酵母膏和多肽，其中依赖热丝菌（*T. pendens*）的纯培养需要热变形菌提取物。生长温度为50～95℃，最适生长温度为80～90℃。生长 pH 为4.0～8.5，最适生长 pH 为5.0～6.5。主要栖息于硫磺热泉环境。

DNA 的 G+C 含量（mol%）：46.5～57.6。

模式种：依赖热丝菌（*Thermofilum pendens*）；模式菌株的 16S rRNA 基因序列登录号：X14835；模式菌株保藏编号：DSM 2475。

该属目前有 3 个种，种间鉴别特征见表 11-69。

表 11-69　热丝菌属（*Thermofilum*）种间鉴别特征

特征	装饰热丝菌（*T. adornatum*）	依赖热丝菌（*T. pendens*）	乌宗热丝菌（*T. uzonense*）
生长温度/℃	50～95	NR	70～90
最适生长温度/℃	80	85～90	85
生长 pH	5.3～8.5	4.0～6.5	5.5～7.0
最适生长 pH	5.5～6.0	5.0～6.0	6.0～6.5
生长因子	脱硫球菌、热棒菌或高温球菌的培养液滤液和酵母提取物	少量顽固热变形菌的极性脂和酵母提取物	脱硫球菌或热棒菌的培养液滤液和酵母提取物
依赖 S^0	–	+	–
底物利用			
无定形纤维素	+	(+)	–
结晶纤维素	+	ND	–
α-纤维素	–	ND	ND
羧甲基纤维素	–	ND	–
滤纸	–	ND	–
β-葡聚糖	+	ND	ND
淀粉	+	ND	+
甘露聚糖	–	ND	–
葡甘聚糖	–	ND	+
纤维二糖	+	ND	–
葡萄糖	+	ND	+
蔗糖	–	+	ND
麦芽糖	–	ND	–
乳糖	+	ND	ND
甘露糖	+	ND	–
丙酮酸钠	+	ND	ND
基因组/Mb	1.75	1.78	1.61
mol% G+C	46.5	57.6	47.9

16. 脱硫古球菌属（*Desulfurococcus* Zillig and Stetter 1983）

细胞呈规则球状，直径 0.5～1.0μm。革兰氏染色反应为阴性。单极丛生鞭毛或无鞭毛。严格厌氧。化能异养生长，通过 S^0 呼吸代谢或发酵利用蛋白质、肽或碳水化合物。生长温度为 70～95℃，最适生长温度为 85～92℃。生长初始 pH 为 4.0～7.0，最适生长 pH 为 6.0。栖息于硫磺热泉。

DNA 的 G+C 含量（mol%）：41.2～51.3。

模式种：黏脱硫古球菌（*Desulfurococcus mucosus*）；模式菌株的 16S rRNA 基因序列登录号：NR102882；基因组序列登录号：CP002363；模式菌株保藏编号：ATCC 35584=DSM 2162=JCM 9187。

该属目前仅有 2 个种，种间鉴别特征见表 11-70。

表 11-70 脱硫古球菌属（*Desulfurococcus*）种间鉴别特征

特征	黏脱硫古球菌（*D. mucosus*）	解淀粉脱硫古球菌（*D. amylolyticus*）
最适生长温度/℃	85	90～92
最适生长 pH	6.0	NR
糖利用	−	−
mol% G+C	51.3（T_m）	41.2（T_m）

17. 气火菌属（*Aeropyrum* Sako 1996）

细胞呈不规则球状，直径 1.0～3.0μm。革兰氏染色反应为阴性。运动。细胞常被菌毛样附件包裹。严格好氧。化能异养生长。极端嗜热，生长温度为 70～100℃，最适生长温度为 85～95℃。生长初始 pH 为 5.0～9.0，最适生长 pH 为 7.0～8.0。

DNA 的 G+C 含量（mol%）：54.4～56.3。

模式种：敏捷气火菌（*Aeropyrum pernix*）；模式菌株的 16S rRNA 基因序列登录号：D83259；基因组序列登录号：BA000002；模式菌株保藏编号：ATCC 700893=DSM 11879=JCM 9820。

该属目前仅有 2 个种，种间鉴别特征见表 11-71。

表 11-71 气火菌属（*Aeropyrum*）种间鉴别特征

特征	水热液口气火菌（*A. camini*）	敏捷气火菌（*A. pernix*）
细胞直径/μm	1.2～2.1	0.8～1.0
生长被 S^0 抑制	+	−
生长温度/℃	70～97	70～100
最适生长温度/℃	85	90～95
生长 pH	6.5～8.8	5.0～9.0
最适生长 pH	8.0	7.0
生长 NaCl 浓度/(%，*w/v*)	2.2～5.3	1.8～7.0
最适生长 NaCl 浓度/(%，*w/v*)	3.5	3.5
mol% G+C	54.4（T_m）	56.3（T_m）

18. 粒状火球古菌属（*Ignicoccus* Huber et al. 2000）

细胞呈不规则球状，直径 1.0～6.0μm。革兰氏染色反应为阴性。单极丛生鞭毛。细胞单个或成对。严格厌氧。在 H_2 和 CO_2 存在条件下可以硫作为电子受体进行化能自养生长。不能利用硫酸盐、亚硫酸盐、硫代硫酸盐、四硫氰酸盐、硝酸盐和 O_2 作为电子受体。生长过程中形成 H_2S。生长温度为 70～98℃，最适生长 pH 为 5.5～6.0，最适生长 NaCl 浓度为 1.4%～2.0%。抗氨苄青霉素、利福平和万古霉素。添加肉类提取物或胰蛋白胨（0.1%，*w/v*）可刺激生长。

DNA 的 G+C 含量（mol%）：41～56。

模式种：岛屿粒状火球古菌（*Ignicoccus islandicus*）；模式菌株的 16S rRNA 基因序列登录号：X99562；模式菌株保藏编号：ATCC 700957=DSM 13165。

该属目前有 3 个种，种间鉴别特征见表 11-72。

表 11-72　粒状火球古菌属（*Ignicoccus*）种间鉴别特征

特征	岛屿粒状火球古菌（*I. islandicus*）	太平洋粒状火球古菌（*I. pacificus*）	适宜粒状火球古菌（*I. hospitalis*）
细胞直径/μm	1.2～3.0	1.0～2.0	1.0～6.0
生长温度/℃	70～98	75～98	73～98
最适生长温度/℃	90	90	90
生长 pH	3.8～6.5	4.5～7.0	4.5～7.0
最适生长 pH	5.8	6.0	5.5
生长 NaCl 浓度/（%，*w/v*）	0.3～5.5	1.0～5.0	0.5～5.5
最适生长 NaCl 浓度/（%，*w/v*）	2.0	2.0	1.4
mol% G+C	41（T_m）	45（T_m）	56（T_m）

19. 葡萄嗜热菌属（*Staphylothermus* Fiala et al. 1986）

细胞呈轻微不规则球状，直径 0.5～1.3μm，无蛋白胨时形成巨大细胞。细胞单个、成对、成链或多达 100 个细胞的聚合体。革兰氏染色反应为阴性。无鞭毛，不运动。严格厌氧。通过 S^0 呼吸代谢利用蛋白胨、酵母提取物、牛肉膏、细菌和古菌提取物进行化能异养生长，代谢产物为 CO_2、H_2S、乙酸盐和异戊酸盐。极端嗜热，生长温度为 65～98℃，最适生长温度为 85～92℃。栖息于海底沉积物或深海热液（“黑烟囱”）。

DNA 的 G+C 含量（mol%）：35～38。

模式种：海洋葡萄嗜热菌（*Staphylothermus marinus*）；模式菌株的 16S rRNA 基因序列登录号：X99560；基因组序列登录号：CP000575；模式菌株保藏编号：ATCC 43588=DSM 3639=JCM 9404。

该属目前仅有 2 个种，种间鉴别特征见表 11-73。

表 11-73　葡萄嗜热菌属（*Staphylothermus*）种间鉴别特征

特征	海洋葡萄嗜热菌（*S. marinus*）	希腊葡萄嗜热菌（*S. hellenicus*）
细胞形态	球状	不规则球状
细胞直径/μm	0.5～1.0	0.8～1.3
鞭毛	–	–
生长温度/℃	65～98	70～90
最适生长温度/℃	92	85
代时/h	4.5	2.9

续表

特征	海洋葡萄嗜热菌（*S. marinus*）	希腊葡萄嗜热菌（*S. hellenicus*）
生长 pH	4.5～8.5	4.5～7.0
最适生长 pH	6.5	6.0
mol% G+C	35（T_m）	38（T_m）

20. 斯梯特氏菌属（*Stetteria* Jochimsen 1998）

细胞呈不规则盘状球形，直径 0.5～1.5μm，胞质突起长达 2μm。革兰氏染色反应为阴性。单根鞭毛，运动。严格厌氧。化能异养生长，需要 S^0 作为电子受体，并且绝对需要 H_2。S^0 可被 $S_2O_3^-$取代，产生 H_2S、CO_2、乙酸盐和乙醇。生长温度为 68～102℃，最适生长温度为 95℃。生长 pH 为 1.0～5.8，最适生长 pH 为 6.0。生长 NaCl 浓度为 0.5%～6.0%，最适生长 NaCl 浓度为 2.0%～3.5%。栖息于海洋热液系统的沉积物中。

DNA 的 G+C 含量（mol%）：65 左右。

模式种（唯一种）：嗜氢斯梯特氏菌（*Stetteria hydrogenophila*）；模式菌株的 16S rRNA 基因序列登录号：Y07784；模式菌株保藏编号：DSM 11227=JCM 10135。

21. 恐硫球菌属（*Sulfophobococcus* Reinhard and Hensel 1997）

细胞呈规则或轻微不规则球状，直径 3.0～5.0μm，细胞多个堆聚，有簇生细丝。革兰氏染色反应为阴性。严格厌氧。发酵生长，非自养，S^0 抑制生长。不能利用蛋白胨、淀粉、葡萄糖、乙醇、乙酸盐、木聚糖或纤维素等，硫代硫酸钠、连二硫酸钠不影响生长速度，SO_4^{2-}刺激生长。生长温度为 70～95℃，最适生长温度为 85℃。生长初始 pH 中性到微碱性，最适生长 pH 为 7.5。栖息于热碱泉。

DNA 的 G+C 含量（mol%）：54～56。

模式种（唯一种）：兹氏恐硫球菌（*Sulfophobococcus zilligii*）；模式菌株的 16S rRNA 基因序列登录号：X98064；模式菌株保藏编号：DSM 11193=JCM 10309。

22. 热盘菌属（*Thermodiscus* Stetter and Zillig 1986）

细胞呈高度不规则盘状，直径 0.3～3.0μm，厚 0.1～0.2μm。革兰氏染色反应为阴性。不运动。无鞭毛，存在菌毛状结构，直径 0.01μm，长度可达 15μm。严格厌氧。化能异养生长，可将 S^0 还原为 H_2S。生长温度为 75～98℃，最适生长温度为 90℃。生长初始 pH 为 5.0～7.0，最适生长 pH 为 5.5。生长 NaCl 浓度为 1%～4%，最适生长 NaCl 浓度为 2%。栖息于海洋热硫磺泉。

DNA 的 G+C 含量（mol%）：49。

模式种（唯一种）：海洋热盘菌（*Thermodiscus maritimus*）；模式菌株的 16S rRNA 基因序列登录号：X99554；模式菌株保藏编号：DSM 15173=JCM 11597。

23. 耐热球形古菌属（*Thermosphaera* Huber 1998）

细胞呈规则球状，直径 0.2～0.8μm，细胞单个、成对、呈链，几百个细胞聚集为直径超过 10μm 的葡萄状。革兰氏染色反应为阴性。有鞭毛。严格厌氧。可利用酵母提取物、蛋白胨、明胶、氨基酸、热处理的木聚糖和葡萄糖进行化能异养生长，发酵产物为 H_2、CO_2、异戊酸盐和乙酸盐等，S^0 或 H_2 抑制生长。极端嗜热，生长温度为 67～90℃，最适生长温度为 85℃。最适生长 pH 为 6.5～7.2。栖息于陆地热硫磺泉。

DNA 的 G+C 含量（mol%）：46。

模式种（唯一种）：聚集耐热球形古菌（*Thermosphaera aggregans*）；模式菌株的 16S rRNA 基因序列登录号：X99556；基因组序列登录号：CP001939；模式菌株保藏编号：DSM 11486。

24. 热剑菌属（*Thermogladius* Kochetkova et al. 2016）

细胞呈规则到轻微不规则球状，偶尔有直的薄的突出物。细胞质膜外包有一层 S 层蛋白。严格厌氧。可发酵一系列复杂有机物，包括纤维素和角蛋白进行化能异养生长。可还原 S^0。细胞可在高温和较广泛的 pH 范围内生长。目前只有一个种，即火山口热剑菌（*Thermogladius calderae*）。该菌直径 0.5～0.9μm，有一长鞭毛。生长温度为 80～95℃，最适生长温度为 84℃。生长 pH 为 6.5～8.2，最适生长 pH 为 7.1。

DNA 的 G+C 含量（mol%）：55.6。

模式种（唯一种）：火山口热剑菌；基因组序列登录号：CP003531；模式菌株保藏编号：DSM 22663。

25. 火球形菌属（*Ignisphaera* Niederberger et al. 2006）

细胞呈规则到不规则球状，单个、成对或堆聚。极端嗜热。厌氧。中等嗜酸。化能异养生长。不需要电子受体。S^0 和 NaCl 抑制生长。目前只有一个种，即团聚火球形菌（*Ignisphaera aggregans*）。该菌直径 1.0～1.5μm。生长温度为 85～98℃，最适生长温度为 92～95℃。生长 pH 为 5.4～7.0，最适生长 pH 为 6.4。

DNA 的 G+C 含量（mol%）：52.9。

模式种（唯一种）：团聚火球形菌；模式菌株的 16S rRNA 基因序列登录号：DQ060321；基因组序列登录号：CP002098；模式菌株保藏编号：DSM 17230=JCM 13409。

26. 热网菌属（*Pyrodictium* Stetter 1984）

细胞盘状或球状，直径变化大（0.3～2.5μm），厚 0.1～0.2μm，形成中空套管状结构，厚约 0.025μm，将细胞联成网络。革兰氏染色反应为阴性。不运动。严格厌氧，对 O_2 敏感。严格或兼性化能自养生长，利用 H_2 和 S^0 代谢形成 H_2S。生长温度为 80～110℃，最适生长温度为 90～105℃。生长初始 pH 为 4.5～9.0，最适生长 pH 为 5.0～5.5。最适生长 NaCl 浓度为 1.5%。主要栖息于海底热液。

DNA 的 G+C 含量（mol%）：53.9～62.0。

模式种：隐蔽热网菌（*Pyrodictium occultum*）；模式菌株的 16S rRNA 基因序列登录号：M21087；基因组序列登录号：LNTB00000000；模式菌株保藏编号：DSM 2709=JCM 9393。

该属目前有4个种，种间鉴别特征见表11-74。

表11-74 热网菌属（*Pyrodictium*）种间鉴别特征

特征	德莱尼热网菌（*P. delaneyi*）	隐蔽热网菌（*P. occultum*）	布氏热网菌（*P. brockii*）	深渊热网菌（*P. abyssi*）
细胞形态	球状	盘状，有纤维网	盘状，有纤维网	盘状，通常有扁平状突出
鞭毛	丛生鞭毛	−	−	−
生长温度/℃	82～97	80～110	80～110	80～110
最适生长温度/℃	90～92	105	105	97
生长pH	5.0～9.0	4.5～7.2	4.5～7.2	4.7～7.1
最适生长pH	5.0	5.5	5.5	5.5
生长NaCl浓度/(%，*w*/*v*)	0.9～3.6	0.2～12.0	0.2～12.0	0.7～4.2
最适生长NaCl浓度/(%，*w*/*v*)	1.9	1.5	1.5	约2.0
严格自养生长	+	+	+	−
电子受体	Fe^{3+}氧化物，硝酸盐	S^0，硫代硫酸盐	S^0，硫代硫酸盐	S^0，硫代硫酸盐（发酵）
终产物	赤铁矿，N_2	H_2S	H_2S	H_2S，CO_2，异戊酸，异丁酸，丁酸
mol% G+C	53.9（T_m）	62.0（T_m）	62.0（T_m）	60.0（T_m）

27. 栖高温古菌属（*Hyperthermus* Zillig et al. 1991）

细胞呈直径约1.5μm的不规则球状。细胞表面有类似菌毛的突起。革兰氏染色反应为阴性。严格厌氧异养生长。极端嗜热，生长温度为72～108℃，在pH 7.0和1.7% NaCl条件下，最适生长温度为95～106℃。

DNA的G+C含量（mol%）：55.6。

模式种（唯一种）：丁醇栖高温古菌（*Hyperthermus butylicus*）；模式菌株的16S rRNA基因序列登录号：X99553；基因组序列登录号：CP000493；模式菌株保藏编号：ATCC 700455=DSM 5456=JCM 9403。

28. 火叶菌属（*Pyrolobus* Blochl 1999）

细胞呈不规则球状，直径0.7～2.5μm。革兰氏染色反应为阴性。不运动。兼性好氧。严格化能自养生长，通过氧化H_2获得能源；NO_3^-、$S_2O_3^-$、低浓度O_2作为电子受体，产生NH_4^+、H_2S、H_2O。生长被乙酸盐、丙酮酸盐、葡萄糖、淀粉或S^0抑制。生长温度为90～113℃，最适生长温度为106℃。生长初始pH为4.0～6.5，最适生长pH为5.5。生长NaCl浓度为1.0%～4.0%，最适生长NaCl浓度为1.7%。栖息于深海热液黑烟囱壁上。

DNA的G+C含量（mol%）：53。

模式种（唯一种）：烟栖火叶菌（*Pyrolobus fumarii*）；模式菌株的16S rRNA基因序列登录号：X99555；基因组序列登录号：CP002838；模式菌株保藏编号：DSM 11204=JCM 17356。

29. 酸叶菌属（*Acidilobus* Prokofeva et al. 2000）

细胞呈规则到不规则的球状，直径 1.0～2.0μm。严格厌氧。细胞膜由 S 层蛋白组成。超嗜热，生长温度为 60～92℃，最适生长温度为 80～85℃。嗜酸，生长 pH 为 2.0～6.0，最适生长 pH 为 3.5～4.0。严格厌氧。化能有机营养生长，可利用肽、多糖和单糖作为碳源和能源，发酵产生乙酸、乙醇和乳酸。S^0 可刺激菌体生长并被还原为 H_2S。

DNA 的 G+C 含量（mol%）：53.8～54.5。

模式种：产乙酸酸叶菌（*Acidilobus aceticus*）；模式菌株的 16S rRNA 基因序列登录号：AF191225；模式菌株保藏编号：ATCC BAA-268=DSM 11585=JCM 11320。

目前该属仅有 2 个种，种间鉴别特征见表 11-75。

表 11-75 酸叶菌属（*Acidilobus*）种间鉴别特征

特征	产乙酸酸叶菌（*A. aceticus*）	嗜糖酸叶菌（*A. saccharovorans*）
运动性	−	+
生长温度/℃	60～92	60～90
最适生长温度/℃	85	80～85
生长 pH	2.0～6.0	2.5～5.8
最适生长 pH	3.8	3.5～4.0
mol% G+C	53.8（T_m）	54.5（T_m）

30. 暖球形菌属（*Caldisphaera* Itoh et al. 2003）

细胞多为规则球状，直径 0.8～1.1μm，单个或成对。可能存在菌毛。不运动。极端嗜热、嗜酸，最适生长温度为 70～78℃，最适生长 pH 为 3.5～4.5。厌氧。具有环状和非环状四醚核心脂。

DNA 的 G+C 含量（mol%）：31。

模式种（唯一种）：拉古纳暖球形菌（*Caldisphaera lagunensis*）；模式菌株的 16S rRNA 基因序列登录号：AB087499；基因组序列登录号：CP003378；模式菌株保藏编号：DSM 15908=JCM 11604。

31. 火球菌属（*Pyrococcus* Fiala and Stetter 1986）

细胞呈不规则球状，直径 0.8～2.5μm，单个或成对。革兰氏染色反应为阴性。单极丛生鞭毛。严格厌氧。化能异养生长，通过发酵或 S^0 呼吸代谢进行异养生长，可利用蛋白胨、酵母膏、牛肉膏、细菌和古菌的抽提物、酪蛋白等；发酵时形成 CO_2 和 H_2；在 S^0 存在时，H_2 转化为 H_2S。生长温度为 67～112℃，最适生长温度为 95～105℃。生长初始 pH 为 2.5～9.5，最适生长 pH 为 6.8～8.0。生长 NaCl 浓度为 0.5%～7.0%，最适生长 NaCl 浓度为 2.0%～3.5%。栖息于海洋热液沉积物中。

DNA 的 G+C 含量（mol%）：38～55。

模式种：激烈火球菌（*Pyrococcus furiosus*）；模式菌株的 16S rRNA 基因序列登录号：AB603518；基因组序列登录号：AE009950；模式菌株保藏编号：ATCC 43587=DSM

3638=JCM 8422。

该属目前有6个种，种间鉴别特征见表11-76。

表11-76 火球菌属（*Pyrococcus*）种间鉴别特征

特征	库库尔坎火球菌（*P. kukulkanii*）	亚扬诺斯火球菌（*P. yayanosii*）	食葡萄糖火球菌（*P. glycovorans*）	深渊火球菌（*P. abyssi*）	掘越氏火球菌（*P. horikoshii*）	激烈火球菌（*P. furiosus*）
细胞形态	不规则球状	球状	球状	球状	不规则球状	不规则球状
运动性	+	+	+	+	NR	+
细胞直径/μm	1.03±0.17	0.6～1.4	0.5～1.5	0.8～2.0	0.8～2.0	0.8～2.5
生长温度/℃	70～112	70～108	75～104	67～102	80～102	70～103
最适生长温度/℃	105	98	95	96	98	100
生长 pH	3.5～8.5	6.0～9.5	2.5～9.5	4.0～8.5	5.0～8.0	5.0～9.0
最适生长 pH	7.0	7.5～8.0	7.5	6.8	7.0	7.0
生长 NaCl 浓度/（%，*w/v*）	1.5～7.0	2.5～5.5	1.7～5.2	0.7～5.0	1.0～5.0	0.5～5.0
最适生长 NaCl 浓度/（%，*w/v*）	2.5～3.0	3.5	2.6	3.0	2.4	2.0
碳源利用						
酵母提取物	+	+	+	+	+	+
蛋白胨	+	+	+	+	+	+
胰蛋白胨	+	+	ND	+	+	+
酪蛋白水解物	−	+	−	+	+	+
20种氨基酸	−	ND	+	+	ND	ND
几丁质	−	+	+	−	ND	−
麦芽糖	−	−	+	+	−	+
葡萄糖	−	w	+	−	−	−
蔗糖	−	+	+	+	−	−
半乳糖	−	−	ND	−	ND	ND
淀粉	+	+	+	+	−	+
糖原	+	−	ND	+	NR	ND
纤维二糖	−	+	+	−	+	−
乙酸	−	+	ND	ND	−	−
丙酮酸	−	+	−	+	−	−
甲酸	−	−	ND	−	ND	ND
乙醇	−	−	−	−	ND	ND
甘油	−	+	ND	ND	−	−
S^0 对生长的作用	需要	增强	增强	增强	增强	增强
mol% G+C	44.6	51.6	47.0	44.7	41.9	40.8

32. 古球菌属（*Palaeococcus* Takai et al. 2000）

细胞呈不规则球状。通过鞭毛运动。微氧或厌氧。嗜压，超嗜热，嗜中性。异养生长。生长需要海盐。当S^0或Fe^{2+}作为生长因子时，可利用多种蛋白类底物，如酵母提取物、蛋白胨、胰蛋白胨、酪蛋白水解物。主要核心脂为C_{40}四醚脂和C_{20}二醚脂。

DNA 的 G+C 含量（mol%）：42～54。

模式种：嗜铁古球菌（*Palaeococcus ferrophilus*）；模式菌株的 16S rRNA 基因序列登录号：AB019239；基因组序列登录号：LANF00000000；模式菌株保藏编号：ATCC BAA-128=DSM 13482=JCM 10417。

该属目前包括 3 个种，种间鉴别特征见表 11-77。

表 11-77　古球菌属（*Palaeococcus*）种间鉴别特征

特征	太平洋古球菌（*P. pacificus*）	嗜铁古球菌（*P. ferrophilus*）	赫氏古球菌（*P. helgesonii*）
细胞直径/μm	0.8～1.5	0.5～2.0	0.6～1.5
鞭毛	单极生鞭毛	多生鞭毛	多生鞭毛
生长温度/℃	50～90	60～88	45～85
最适生长温度/℃	80	83	80
生长 pH	5～8	4～8	5～8
最适生长 pH	7	6	6.5
生长 NaCl 浓度/(%，*w/v*)	1～4	1.6～5.7	0.5～6.0
最适生长 NaCl 浓度/(%，*w/v*)	3	3.4	2.8
生长压力/MPa	0.1～80.0	0.1～60.0	ND
最适生长压力/MPa	30	30	ND
代时/min	66	30	50
好氧/厌氧	厌氧	厌氧	微氧/厌氧
生长需要 S^0	不需要，但可促进生长	生长需要 S^0 或 Fe^{2+}	不需要，但可促进生长
生长底物			
蛋白胨	+	+	+
淀粉	+	–	–
麦芽糖	–	–	–
丙酮酸	+	–	–
电子受体			
S^0	+	+	+
硫代硫酸盐	–	–	ND
亚硫酸盐	–	–	ND
硫酸盐	+	+	ND
mol% G+C	43.6（T_m）	53.5（T_m）	42.5（T_m）

33. 热球菌属（*Thermococcus* Zillig et al. 1983）

细胞呈规则或不规则球状，直径 0.3～3.0μm，单个或成对。无鞭毛不运动或单极丛生鞭毛运动。严格厌氧。严格异养生长，主要利用肽，一些物种也利用碳水化合物。S^0 显著促进生长并产生 H_2S。一些物种的生长需要 S^0。极端嗜热，生长温度为 48～103℃，最适生长温度为 75～88℃；生长 pH 为 3.0～10.5，最适生长 pH 为 5.5～9.0；生长 NaCl 浓度为 0.06%～8.0%，最适生长 NaCl 浓度为 0.29%～4.0%。

DNA 的 G+C 含量（mol%）：38～60。

模式种：速生热球菌（*Thermococcus celer*）；模式菌株的 16S rRNA 基因序列登录号：AB603519；基因组序列登录号：CP014854；模式菌株保藏编号：ATCC 35543=DSM 2476=JCM 8558。

目前该属包括 33 个种，常见种的鉴别特征见表 11-78。

34. 古生球菌属（*Archaeoglobus* Stetter 1988）

细胞球形，规则到高度不规则，直径 0.4～2.2μm，单个或成对。革兰氏染色反应为阴性。单极丛生鞭毛。在 420nm 波长处产蓝绿色荧光。严格厌氧。化能自养、化能异养或化能混合营养生长。亚硫酸盐和硫代硫酸盐可作为电子受体，在 H_2/CO_2 存在时化能自养生长，可利用甲酸盐、甲酰胺、D(−)-乳酸盐和 L(+)-乳酸盐、葡萄糖、淀粉、氨基酸、蛋白胨、明胶、酪蛋白、肉汤提取物、酵母提取物、细菌和古菌细胞提取物进行化能异养生长。S^0 不能作为电子受体，且抑制生长。生长温度为 60～95℃，生长 pH 为 5.5～8.0。主要分布于浅海、深海海底热液系统和深部储油层。

DNA 的 G+C 含量（mol%）：41～46。

模式种：闪烁古生球菌（*Archaeoglobus fulgidus*）；模式菌株的 16S rRNA 基因序列登录号：X05567；基因组序列登录号：AE000782；模式菌株保藏编号：ATCC 49558=DSM 4304=JCM 9628。

该属目前有 5 个种，种间鉴别特征见表 11-79。

35. 铁古球菌属（*Ferroglobus* Hafenbradl et al. 1997）

细胞呈不规则球形，直径 0.7～1.3μm。以单极生鞭毛运动。在 420nm 波长处产微弱的蓝绿色荧光。严格厌氧。兼性化能自养生长，可氧化 Fe^{2+}、S^{2-} 和 H_2，电子受体为硝酸盐，在 H_2 存在时，也可以硫代硫酸盐作为电子受体。最适生长温度约为 85℃，最适生长 pH 为 7.0，最适生长 NaCl 浓度为 2%。

DNA 的 G+C 含量（mol%）：43。

模式种（唯一种）：和平铁古球菌（*Ferroglobus placidus*）；模式菌株的 16S rRNA 基因序列登录号：AF220166；基因组序列登录号：CP001899；模式菌株保藏编号：DSM 10642。

36. 土球菌属（*Geoglobus* Kashefi et al. 2002）

细胞呈规则到不规则叶形球状，直径 0.3～0.5μm，单个或成对。以单极生鞭毛运动。

表 11-78 热球菌属（*Thermococcus*）种间鉴别特征

特征	速生热球菌（*T. celer*）	团聚热球菌（*T. aggregans*）	嗜碱热球菌（*T. alcaliphilus*）	嗜压热球菌（*T. barophilus*）	噬几丁质热球菌（*T. chitonophagus*）	烟生热球菌（*T. fumicolans*）	蛇发女怪热球菌（*T. gorgonarius*）	圭亚那盆地热球菌（*T. guaymasensis*）	热水管热球菌（*T. hydrothermalis*）	太平洋热球菌（*T. pacificus*）	嗜胨热球菌（*T. peptonophilus*）	深海热球菌（*T. profundus*）	斯氏热球菌（*T. stetteri*）	齐氏热球菌（*T. zilligii*）	岸边热球菌（*T. litoralis*）
细胞直径/μm	1.0	1.0～1.5	0.8～1.3	0.8～2.0	1.2～2.5	0.8～2.0	0.3～1.2	1.0～3.0	0.8～2.0	0.7～1.0	0.7～2.0	1.0～2.0	1.0～2.0	0.5～2.0	0.5～3.0
鞭毛	+	不运动	+	+	+	+	+	不运动	+	+	+	+	不运动	+	−
生长温度/℃															
最高	93	94	90	95	93	103	95	90	100	95	100	90	85	85	95
最适	88	88	85	85	85	85	80～88	88	80～90	80～88	85	80	75	75～80	88
最低	NR	60	56	48	60	73	68	56	55	70	60	50	60	55	65
生长 pH															
最高	NR	7.9	10.5	9.5	9.0	9.5	8.5	8.1	9.5	8.0	8.0	8.5	7.2	9.2	8.5
最适	5.8	7.0	9.0	7.0	6.7	8.0	6.5～7.2	7.2	5.5～6.5	6.5	6.0	7.5	6.5	7.4	7.2
最低	NR	5.6	6.5	4.5	3.5	4.5	5.8	5.6	3.5	6.0	4.0	4.5	5.7	5.4	6.2
生长 NaCl 浓度/(g/L)															
最大	NR	30	60	40	80	40	50	50	52	60	50	60	40	11.7	65
最适	40	25	20～30	20～30	20	13～26	20～35	30	20～26	20～35	30	20	25	2.9	25
最小	低于 35 时细胞裂解	10	10	10	8	6	10	10	13	10	10	10	10	0.6	18
硫的影响	S	S	S	S	S	S	R	S	S	R	S	R	R	R	S
生长底物															
蛋白胨	+	+	+	+	+	+	+	+	+	+	+	+	+	+	+

续表

特征	速生热球菌（*T. celer*）	团聚热球菌（*T. aggregans*）	嗜碱热球菌（*T. alcaliphilus*）	嗜压热球菌（*T. barophilus*）	噬几丁质热球菌（*T. chitonophagus*）	烟生热球菌（*T. fumicolans*）	蛇发女怪热球菌（*T. gorgonarius*）	圭亚那盆地热球菌（*T. guaymasensis*）	热水管热球菌（*T. hydrothermalis*）	太平洋热球菌（*T. pacificus*）	嗜胨热球菌（*T. peptonophilus*）	深海热球菌（*T. profundus*）	斯氏热球菌（*T. stetteri*）	齐氏热球菌（*T. zilligii*）	岸边热球菌（*T. litoralis*）
酪蛋白水解物	+	+	+	+	NR	+	NR	+	+	NR	+	+	NR	+	+
氨基酸	NR	−	−	+	NR	+	−	−	+	−	−	NR	−	−	−
淀粉	NR	+	−	−	NR	−	−	+	−	+	NR	+	+	−	−
果胶	NR	NR	NR	NR	−	NR	NR	NR	NR	NR	NR	NR	+	NR	NR
几丁质	NR	−	NR	NR	+	−	NR	−	NR	NR	NR	NR	NR	NR	NR
麦芽糖	NR	+	−	−	−	+	−	+	+	−	−	+	−	−	−
丙酮酸	NR	NR	NR	弱	NR	+	弱	NR	+	−	−	+	NR	NR	+
mol% G+C	56.6	42	42	37.1	46.5	54～55	50.6	46	58	53.3	52	52.5	50.2	46.2	38

注：关于硫的影响，S 表示促进，R 表示必需

表 11-79　古生球菌属（*Archaeoglobus*）种间鉴别特征

特征	硫酸盐古生球菌（*A. sulfaticallidus*）	不完全古生球菌（*A. infectus*）	混毒古生球菌（*A. veneficus*）	闪烁古生球菌（*A. fulgidus*）	深处古生球菌（*A. profundus*）
细胞直径/μm	0.4～2.2	0.5～1.0	0.5～1.2	0.4～1.0	1.3
紫外光下发荧光	+	+	+	+	+
化能自养生长	$H_2/CO_2+SO_4^{2-}$ $H_2/CO_2+S_2O_3^{2-}$ $H_2/CO_2+SO_3^{2-}$	−	$H_2/CO_2+S_2O_3^{2-}$ $H_2/CO_2+SO_3^{2-}$	$H_2/CO_2+S_2O_3^{2-}$	−
特殊的生长要求	−	H_2，乙酸，辅酶 M	−	−	H_2，有机碳源
生长条件					
生长温度/℃	60～80	60～75	65～85	60～95	65～90
最适生长温度/℃	75	70	80	83	82
生长 pH	6.3～7.6	6.5～7.0	6.5～8.0	5.5～7.5	4.5～7.5
最适生长 pH	7.0	6.5	7.0	ND	6.0
生长 NaCl 浓度/(g/L)	0.5～3.5	1.0～4.0	0.5～4.0	ND	0.9～3.6
最适生长 NaCl 浓度/(g/L)	2.0	3.0	2.0	ND	1.8
电子受体					
硫酸盐	+	−	−	+	+
亚硫酸盐	+	+	+	+	+
硫代硫酸盐	+	+	+	+	+
硝酸盐	−	−	−	−	−
Fe^{3+}	−	−	−	−	−
电子供体					
甲酸	−	−	+	+	ND
丙酮酸	+	−	+	+	−
乳酸	+	−	−	+	−
乙酸	−	−	+	−	−
酵母提取物	−	−	+	+	−
mol% G+C	42（T_m）	45.9（T_m）	45（T_m）	46（T_m）	41（T_m）

严格厌氧。通过氧化乙酸、丙酮酸、棕榈酸和硬脂酸，还原 Fe^{3+} 进行化能异养生长，也可以 H_2 为电子供体、以微量结晶 Fe^{3+} 氧化物为电子受体进行化能自养生长。

DNA 的 G+C 含量（mol%）：58.7。

模式种：铁匠土球菌（*Geoglobus ahangari*）；模式菌株的 16S rRNA 基因序列登录号：AF220165；基因组序列登录号：CP011267；模式菌株保藏编号：ATCC BAA-425=DSM 27542。

该属目前有 2 个种，种间鉴别特征见表 11-80。

表 11-80 土球菌属（*Geoglobus*）种间鉴别特征

特征	铁匠土球菌（*G. ahangari*）	耗醋土球菌（*G. acetivorans*）
细胞直径/μm	0.3～0.5	0.3～0.5
生长温度/℃	65～90	50～85
最适生长温度/℃	88	81
生长 pH	NR	5.0～7.5
最适生长 pH	6.8～7.0	6.8
生长 NaCl 浓度/(%，*w/v*)	0.9～3.8	1.0～6.0
最适生长 NaCl 浓度/(%，*w/v*)	1.9	2.5
mol% G+C	NR	58.7（T_m）

第五节 氨氧化古菌

氨氧化古菌（ammonia-oxidizing archaea，AOA）是指可将氨氧化为亚硝酸盐的古菌。氨被氧化为亚硝酸盐，然后再进一步被氧化为硝酸盐是自然界氮循环的一个重要环节，称为硝化作用（nitrification），其中，氨的氧化被认为是硝化作用的限速步骤。长期以来，人们一直认为只有细菌中的β-变形菌门（如亚硝化单胞菌属 *Nitrosomonas*、亚硝化螺菌属 *Nitrosospira*、亚硝化叶菌属 *Nitrosolobus*、亚硝化弧菌属 *Nitrosovibrio*）和γ-变形菌门（亚硝化球菌属 *Nitrosococcus*）类群参与该过程，直到 2004 年在未获培养的中温泉古菌（后改称奇古菌）的基因组中发现氨氧化关键酶——氨单加氧酶（ammonia monooxygenase，AMO）的编码基因，进而于 2005 年分离获得第一株氨氧化古菌海洋亚硝化侏儒菌（*Nitrosopumilus maritimus*）SCM1 后，才证实了氨氧化古菌的存在。氨氧化古菌广泛分布于海洋、淡水、表层沉积物、土壤、热泉等各类自然生境，其数量甚至大于同生境中的氨氧化细菌（ammonia-oxidizing bacteria，AOB）；此外，在废水生物反应器、活性污泥处理器中也发现了氨氧化古菌，因此，氨氧化古菌被认为是全球氮循环中的重要功能菌。

目前研究只获得了极少数氨氧化古菌的纯培养或富集培养物，它们均属于奇古菌门（Thaumarchaeota）。1992 年，DeLong 和 Fuhrman 等通过分子生物学分析，在海洋中发现了与热泉中极端嗜热泉古菌具有亲缘关系的新的古菌类群。这个类群被认为代表了“类型 1 泉古菌门”或“中温泉古菌门”。根据对一株与海绵共生的未培养菌株（即共生餐古菌 Candidatus *Cenarchaeum symbiosum*）的基因组分析，认为这些中温泉古菌代表了一个独特的古菌分支，命名为奇古菌门。该分支在泉古菌门（Crenarchaeota）和广古菌门（Euryarchaeota）分化之前，已经从原始的古菌谱系中分化出来。该古菌类群广泛存在于各种自然环境，并形成了若干系统发育学分支。

奇古菌目前共有 4 个目，即亚硝化侏儒菌目（Nitrosopumilales）、亚硝化球状菌目（Nitrososphaeria）、餐古菌目（Cenarchaeales）、连接球菌目（Conexivisphaerales），另外还有一些分类地位不明确的奇古菌，这些微生物由于没有纯培养的代表菌株，其能量代谢特性未知。目前发现的氨氧化古菌主要分布在亚硝化侏儒菌目和亚硝化球状菌目中，它们细胞较小（＜1μm），生长温度和 pH 范围较宽（22～72℃，pH 4.0～7.5），均为好氧微生物，营化能自养代谢，固定 CO_2，有些菌株的生长依赖于其他微生物或有机物。

奇古菌门的餐古菌目只有餐古菌科（Cenarchaeaceae）餐古菌属（*Cenarchaeum* DeLong & Preston 1996），该属的微生物被认为与海绵共生而被定名为共生餐古菌（*Cenarchaeum symbiosum*），但该分类单元至今未获生效。

奇古菌门连接球菌纲（Conexivisphaeria）连接球菌目是最近发现和命名的，只有连接球菌科（Conexivisphaeraceae）连接球菌属（*Conexivisphaera* Kato et al. 2020）的高温连接球菌（*C. calida*）一个种。该菌分离自日本酸性热泉，细胞为不规则球菌，直径 0.5～0.8μm，单个、成对或多个细胞聚集。没有观察到鞭毛或运动。厌氧化能异养生长。中度嗜热（生长温度为 60～70℃）和嗜酸（生长 pH 为 4.5～5.5）。生长需要硫、硫代硫酸盐或 Fe^{3+} 作为电子受体，因而被认为既有奇古菌又有泉古菌的特性而命名为连接球菌，即连接了氨氧化奇古菌和高温泉古菌，但未见其具有氨氧化功能的报道。

1. 亚硝化侏儒菌属（*Nitrosopumilus* Qin et al. 2017）

基于 16S rRNA 基因和氨单加氧酶 *amoA* 序列的系统发育分析显示亚硝化侏儒菌属（*Nitrosopumilus*）与群 1.1a 奇古菌门（Thaumarchaeota）形成单一谱系，与之相邻的分支为亚硝化古菌属（*Nitrosarchaeum*）。

该属是亚硝化侏儒菌目亚硝化侏儒菌科（Nitrososphaeraceae Stieglmeier et al. 2014）的 2 个属之一。细胞笔直或微弯棒状，宽 0.15～0.27μm，长 0.49～2.00μm，单个。不运动或以极生鞭毛或亚极生鞭毛运动。细胞表面由一个六边形排列的单 S 层蛋白和一个含 0～5 个环烷基的甘油二烷基甘油四醚化合物（GDGT）组成的单层膜脂包裹。呼吸醌为含 6 个类异戊二烯单位的饱和及单不饱和甲基萘醌。严格好氧氨氧化古菌。以 CO_2 为碳源，氧化氨为亚硝酸盐进行化能自养生长，尽管生长可能需要一些有机酸，一些种也使用尿素作为能源和氮源。它们的氧吸收和氨氧化的表观半饱和常数（K_m）分别为 1.17～3.91μmol/L 和 0.13～0.61μmol/L 总氨氮（NH_3+NH_4^+）。细胞可耐受高达 20mmol/L 的氨。嗜中温菌，最适生长温度为 25～32℃。嗜中性，最适生长 pH 为 6.8～7.3。轻度至中度嗜盐，最适生长盐度为 25‰～37‰。细胞对光敏感。能合成维生素 B_1、B_2、B_6 和 B_{12}。自由生活在各种海洋系统中，包括大洋表层、深渊、海洋水族馆、微咸水、海洋和河口沉积物、盐沼和盐水-海水交界等环境。

DNA 的 G+C 含量（mol%）：33.0～34.2。

模式种：海洋亚硝化侏儒菌（*Nitrosopumilus maritimus*）；模式菌株的 16S rRNA 基因序列登录号：JQ346765；模式菌株保藏编号：ATCC TSD-97=NCIMB 15022。

该属许多种尚未获得纯培养，目前已分离获得纯培养并有效发表的有 6 个种，种间鉴别特征见表 11-81。

2. 亚硝化古菌属（*Nitrosarchaeum* Jung et al. 2018）

细胞直杆状，嗜中温，中性 pH。严格好氧自养生长。氨氧化古菌，主要栖息于低盐的非海洋环境。生长所需 NaCl 浓度为 0.10%～0.45%，α-酮酸可促进生长。主要膜脂是甘油二烷基甘油四醚化合物（GDGT）和泉古菌醇（crenarchaeol），主要的完整极性脂

表 11-81 亚硝化侏儒菌属（*Nitrosopumilus*）种间鉴别特征

特征	亚得里亚海亚硝化侏儒菌（*N. adriaticus*）	皮兰亚硝化侏儒菌（*N. piranensis*）	海洋亚硝化侏儒菌（*N. maritimus*）	产钴胺素亚硝化侏儒菌（*N. cobalaminigenes*）	氧跃层亚硝化侏儒菌（*N. oxyclinae*）	喜尿素亚硝化侏儒菌（*N. ureiphilus*）
鞭毛	+	–	–	–	–	+[§]
生长温度/℃	15～34	15～37	15～35	10～30	4～30	10～30
最适生长温度/℃	30～32	32	32	25	25	26
生长 pH	6.8～8.0	6.8～8.0	6.8～8.1	6.8～8.1	6.4～7.8	5.9～8.1
最适生长 pH	7.1	7.1～7.3	7.3	7.3	7.3	6.8
生长 NaCl 浓度/‰	10～55	15～65	16～35	15～40	10～40	15～40
最适生长 NaCl 浓度/‰	34	37	32～37	32	25～32	25
最大氨氧化速率/[fmol/(cell·d)]	9.6	10.9	12.7	6.0	5.8	2.9
平均氨氧化速率/[fmol/(cell·d)]	6.5±3.2	7.2±3.7	ND	ND	ND	ND
平均固氮速率/[fmol/(cell·d)]	0.69±0.29	0.64±0.37	ND	ND	ND	ND
最小代时/h	34	27	19	30	33	54
氨耐受浓度/(mmol/L)	25[†]	30	10	10	1	20
NO_2^-耐受浓度/(mmol/L)	15[‡]	10[‡]	2	ND	ND	ND
尿素利用	–	+	–	–	–	+
mol% G+C	33.4	33.8	34.2	33	33.1	33.4

注：† 表示 1 个月氧化约 900μmol/L NH_4^+；‡ 表示 2 个月氧化约 800μmol/L NH_4^+；§ 表示根据基因组信息

（intact polar lipid，IPL）是己糖-磷酸己糖完整极性脂和双己糖完整极性脂。

DNA 的 G+C 含量（mol%）：32.7。

模式种（唯一种）：韩国亚硝化古菌（*Nitrosarchaeum koreense*）；模式菌株的 16S rRNA 基因序列登录号：HQ331116；基因组序列登录号：AFPU00000000；模式菌株保藏编号：JCM 31640=KCTC 4249。

3. 亚硝化球状菌属（*Nitrososphaera* Stieglmeier et al. 2014）

该属是亚硝化球菌目亚硝化球菌科（Nitrososphaeraceae Stieglmeier et al. 2014）的唯一属。细胞呈不规则球形。中温至中度嗜热，嗜酸至中性 pH，好氧，自养或混合生长，氨氧化古菌。主要脂质为泉古菌醇及其异构体。

DNA 的 G+C 含量（mol%）：52.7。

模式种（唯一种）：维也纳亚硝化球状菌（*Nitrososphaera viennensis*）；模式菌株的 16S rRNA 基因序列登录号：FR773157；基因组序列登录号：CP007536；模式菌株保藏编号：DSM 26422=JCM 19564。

第六节　纳米古菌

Karl Stetter 的研究小组于 2002 年描述了一株从冰岛以北科贝恩塞（Kolbeinsey）海脊热液口样品中培养获得的微小古菌，其细胞球形，直径只有 300～400nm，与极端嗜热泉古菌适宜粒状火球古菌（*Ignicoccus hospitalis*）严格共生，生长需要与宿主菌体共培养（宿主匀浆液也无法支持该菌独立生长）。该菌 16S rRNA 基因在基因序列和二级结构上都存在诸多不同于已知古菌保守区域的位点，被认为代表一类新的古菌门，定名为纳古菌门（Nanoarchaeota）寄生纳古菌（*Nanoarchaeum equitans* Huber et al. 2002）。

纳古菌门属于古菌域。Nanoarchaeota 中的前缀源于拉丁语“Nanus”，意思是“矮小的”。16S rRNA 基因序列分析显示，纳古菌广泛存在于陆生和海洋的地热环境。2016 年，从美国黄石国家公园的酸性热泉中获得了第二株纳古菌及其共生菌的共培养物，该纳古菌被命名为酸叶小纳古菌（Candidatus *Nanopusillus acidilobi* Wurch et al. 2016），其共生菌为酸叶菌属（*Acidilobus*）的一未定种名的泉古菌 *Acidilobus* sp. 7A。2019 年，第三个纳古菌及其宿主的共培养物从新西兰热泉中分离获得，该纳古菌被命名为小贼纳古菌（Candidatus *Nanoclepta minutus* St John et al. 2019），其宿主为泉古菌门脱硫古球菌科一未获有效发表的新属种提基特热球状菌（*Zestosphaera tikiterensis* St John et al. 2019）NZ3。

酸叶小纳古菌与寄生纳古菌和小贼纳古菌在 16S rRNA 基因序列上较相似，但相似性分别只有～80% 和～88%，因此它们可能分属纳古菌门中不同的科。这些纳米古菌（nano-sized archaeota）是已知最小的细胞生物，寄生纳古菌、酸叶小纳古菌细胞的直径分别为 300～400nm、100～300nm。它们严格厌氧，极端嗜热，最适生长温度在 80℃以上，最适生长 pH 为 3.6 或 6.0。其基因组非常小，寄生纳古菌、酸叶小纳古菌和小贼纳古菌的基因组大小分别为 480kb、600kb 和 576kb。纳古菌几乎没有合成氨基酸、核苷酸、辅因子、脂质等的能力，需要其共生菌提供这些物质；但它们能够编码 DNA 复制、修复、转录、翻译等遗传过程所需的酶。其在古菌域中的系统发育学位置尚待确定，有观点认为，它们不像是一个新的、早期分支的古菌门成员，而可能代表了快速进化的一个广古菌分支，与热球菌目有亲缘关系。

除了与广古菌共生或寄生的纳米古菌，近年另外3个与广古菌共生或寄生的纳米古菌共培养物也被报道，它们分别是 Candidatus *Mancarchaeum acidiphilum* Golyshina et al. 2017 与 *Cuniculiplasma divulgatum* PM4，Candidatus *Nanohaloarchaeum antarcticus* Hamm et al. 2019 与 *Halorubrum lacusprofundi*，Candidatus *Nanohalobium constans* La Cono et al. 2020 与 *Halomicrobium* sp. LC1Hm 的共培养。

随着不依赖于分离培养的宏基因组和单细胞基因组数据的增加，人们发现纳古菌门实际上在系统类群上属于古菌“DPANN”超门，该超门由 Diapherotrites、Parvarchaeota、Aenigmarchaeota、Nanoarchaeota 和 Nanohaloarchaeota 组成（这些古菌门的首字母组成 DPANN），大部分成员未获得培养而只是通过宏基因组数据拼装获得其基因组信息，它们的基因组普遍很小，结合已培养的纳米古菌细胞很小的特性，研究认为“DPANN”超门的微生物是生长需要与其他古菌共生或寄生的一类古菌。

第二篇

细菌和古菌常用鉴定方法

第十二章　基本方法

微生物实验室常用的培养皿、三角瓶、吸管、试管、过滤器必须彻底灭菌，否则会影响实验结果。

一、实验用品的灭菌

（一）高压蒸汽灭菌

在高压蒸汽灭菌器中进行，利用提高蒸汽压力使温度增高的作用，达到灭菌效果。通常在饱和蒸汽压力下，121℃灭菌20～30min即可。高压蒸汽灭菌后，玻璃器皿上常常带有水珠，可再用烘箱烘干。

（二）干热灭菌

干热灭菌采用烘箱，通常150～160℃灭菌2h。温度不可过高，超过180℃时棉塞和纸张易烤焦起火。器皿放入烘箱之前必须是干燥的，以免引起玻璃的破碎。器皿在烘箱内不宜过满，应留有一定的空隙。温度应从室温逐渐升至所需温度。结束后也应逐步降温直至低于60℃时才可开门取出灭菌的器皿，否则玻璃可能因突然遇冷而破碎。

二、培养基的制备和灭菌

尽管目前在细菌分类和鉴定中引入了分子生物学方法，但我们认识细菌仍主要依靠细菌的培养，如在一定的培养基中可观察细菌的细胞特征、菌落特征、生理作用、生化反应等。由此可见培养基的制备在细菌鉴定中是非常重要的。

（一）一般培养基的制备

培养基的组成因细菌的种类不同而异，但主要包括以下几种成分。①水分；②氮源，细菌可利用的氮源有无机氮（如氨态氮或硝态氮）、有机氮（如氨基酸或蛋白质）和游离氮（气态氮）；③碳源，异养细菌的主要碳源是含碳的有机化合物、碳氢化合物等。

制备培养基时应根据所培养的细菌特性加入适当的氮源和碳源。除氮源、碳源外，培养基中还需要有一定种类和一定量的微量元素，如铜、钾、镁、硫、磷、氯等以无机盐的形式加入培养基中，也可随有机物加入培养基中。有些细菌合成能力强，在以上几种成分中便可正常地生长和繁殖；而有些细菌除了上述成分还需要添加“生长因子”，它们通常是维生素类（如B族维生素）、某些氨基酸或核酸等。

为了保证细菌的正常生长，培养基还应维持适当的 pH。一般细菌在中性微碱的培养基中生长良好，但也有的在酸性或碱性培养基中生长更好。由于有些培养基经高压灭菌后 pH 会发生变化（常降低），在灭菌前应对 pH 作一定的调整。可用 1mol/L 的 NaOH 或 HCl 调整培养基的 pH，或在培养基中加入适量的 K_2HPO_4 和 NaH_2PO_4 作为缓冲剂以稳定 pH。

为了观察培养过程中培养基的 pH 变化，常在培养基中加入适宜的指示剂。表 12-1 列出了常用的指示剂及其特点。

表 12-1 常用指示剂的配制及酸碱（感应界限）指示范围

指示剂	色调变更（酸→碱）	pH 感应界限	稀释 0.1g 指示剂所需 0.1mol/L NaOH 的量/mL	加蒸馏水定容至下列量/mL	指示剂浓度/%	10mL 培养基所需指示剂的量/mL
溴酚蓝	黄→蓝	3.0～4.6	1.49	250	0.04	0.5
溴甲酚紫	黄→紫	5.2～6.8	1.85	250	0.04	0.5
溴百里酚蓝	黄→蓝	6.0～7.6	1.60	250	0.04	0.5
甲基红	红→黄	4.4～6.0		500	0.02	0.2
酚红	红→黄	6.8～8.4	2.82	500	0.02	0.5
麝香草酚蓝（碱）	黄→蓝	8.0～9.6	2.15	250	0.04	0.252

根据表 12-1，如果要观察培养基在 pH 7.0 左右的变化，应选择溴百里酚蓝为宜。取 0.1g 溴百里酚蓝，滴加 1.6mL 0.1mol/L NaOH 并研磨使之溶解，然后加水到 250mL。每 10mL 培养基中加入该指示剂 0.5mL。

根据实验要求，培养基需配制成固体、半固体或液体状。配制固体培养基时即在相同成分的液体培养基中加入 1.5%～2.0% 琼脂；半固体培养基则只需加入 0.3%～0.6% 琼脂。琼脂是一种半乳糖聚合物的硫酸酯，除少数细菌外，一般细菌不能分解琼脂。为了防止琼脂中含有杂质干扰结果，在进行精细实验时，应先用水和乙醇将琼脂中夹杂的可能被细菌所利用的微量杂质洗去。

培养基配制后，应根据实验要求分装。分装培养基不宜超过容器量的 1/3 或 2/3。一般的斜面是将适量的固体培养基分装在试管中，灭菌后在未凝固前将试管斜放在一定高度的支撑物上，使其冷却制成斜面。穿刺接种的培养基应在灭菌后直立冷却。制平板的培养基是将固体培养基分装在大试管（15～20mL）或三角瓶中，灭菌后在未凝固前将培养基在无菌室中倒入无菌培养皿中，冷却凝固后即制成平板。装有培养基的三角瓶应用纸将棉塞及瓶口包好。

由已知化学成分的化合物配制的培养基，无论是无机物还是有机物都称为合成培养基，如用各种无机盐和葡萄糖配制的培养基。由化学成分不十分明确的物质配制的培养基称为非合成培养基，如用胨、牛肉汁、酵母粉等配制的培养基。鉴定细菌时，为了观察细菌对某一物质的生理生化反应所使用的培养基称为鉴定培养基。配制鉴定培养基时应注意：①培养基所含营养能保证所鉴定的细菌正常生长；②培养基中含有足够数量的参与反应的物质；③细菌在培养基中的代谢产物不干扰观察结果。现以葡萄糖产酸为例说明：观察肠杆菌科的细菌产酸可用 1% 胨作为氮源，以约 1% 葡萄糖作为碳源，可加入少量无机盐，再加入适当指示剂即可；如果观察假单胞菌科的细菌产酸则不能用上述培养基，因为这类细菌分解胨的能力较强，利用葡萄糖产酸的能力弱，在上述培养基中产的酸常常会因胨分解所产生的 NH_3 中和而观察不到，因此应减少胨的用量或用无机氮代替；如果观察乙酸菌或乳酸菌产酸也不能用上述培养基，因为这类细菌需要B族维生素才能生长，故需要用酵母粉作为氮和维生素的来源；这类细菌的产酸量大，消耗糖较多，因此应在培养基中适当多加一些糖。

（二）肉汁胨培养基的制备

肉汁胨培养基是培养一般异养细菌最常用的一种培养基，制备如下。

蛋白胨 10g

NaCl 5g

牛肉汁 1000mL

（或用牛肉膏3g和1000mL蒸馏水代替牛肉汁）

如果制备固体培养基，则加入15～20g琼脂。加热溶解后加入上述成分，用1mol/L NaOH调pH至7.4～7.6。121℃高压蒸汽灭菌30min，灭菌后pH应为7.2～7.4。

牛肉汁的制备方法如下：取新鲜瘦牛肉，除去脂肪及筋腱等，用绞肉机制成肉末。每1000g牛肉加入2500mL清水浸泡，在冰箱中或冷凉处过夜。次日加热煮沸2h，滤去肉渣，用蒸馏水补足蒸发的水分。调pH至7.0～7.2，分装于适宜的容器中灭菌备用。

（三）厌氧培养基的制备

厌氧培养基的成分除所培养的厌氧菌要求的基本营养外，还需加入一定量的还原剂以保持培养基在物理除氧后的还原状态。常用的还原剂有半胱氨酸和 Na_2S，葡萄糖也是一种还原剂，只是还原能力较前两者差。为了判断培养基是否达到所期待的还原状态，培养基中常常加入少量的氧化还原指示剂。常用的指示剂是刃天青（resazurin），刃天青的氧化还原指示电位是−42mV，它在氧化态时呈紫绛色，在完全还原时为无色。首先刃天青不可逆地还原为桃红色的试卤灵（resorufin），然后再可逆地还原为无色的二氢试卤灵。如果培养基呈现桃红色，说明培养基已被氧化。刃天青的使用量较低，一般在100mL培养基中含0.1%刃天青溶液1mL。

液体或固体培养基通常装在带螺口的厌氧玻璃管中，管口用丁基橡胶塞和螺口帽密封。培养基在分装前需通过物理除氧从而达到预还原的目的。通常的做法如下。

1. 煮沸法

将配制好的培养基煮沸15～20min以去除溶解氧，然后在 N_2 的保护下用大容量的注射器分装于由氮气冲洗的厌氧管中，并迅速盖好橡胶塞。

2. 抽真空

将配制好的培养基分装于厌氧管中并盖好橡胶塞，然后连接于一个特制的可逆性真空泵和充气装置，进行反复抽真空和充 N_2 便可达到除氧的目的，该方法尤其适用于利用 H_2/CO_2 的产甲烷古菌。

对于中度厌氧菌如乳杆菌和链球菌，培养基不需预还原，并且可装入平皿中，只是在培养过程中要保持无氧或低氧浓度。

（四）培养基的灭菌

培养基的灭菌可采用湿热灭菌或过滤灭菌。湿热灭菌有高压蒸汽灭菌和常压蒸汽灭菌两种。

1. 高压蒸汽灭菌

高压蒸汽灭菌在高压蒸汽灭菌器中进行，利用提高蒸汽压力使温度增高的作用，从而提高了蒸汽灭菌效力。饱和蒸汽压力与温度的关系见表 12-2。

表 12-2　饱和蒸汽压力与温度关系表

温度/℃	压力表读数/(kg/cm^2)
100.0	0.00
105.0	0.20
108.4	0.40
110.0	0.50
112.6	0.59
115.2	0.73
117.0	0.80
117.6	0.88
121.0	1.00

表 12-2 所列的温度是饱和蒸汽压力下的温度。如果高压蒸汽灭菌器中的空气没有排净，那么实际温度就达不到应有的温度。例如，完全不排出灭菌器中的空气，当表压为 1.00kg/cm^2 时，实际温度仅为 100℃；如果排出灭菌器中 1/2 的空气，当表压为 1.00kg/cm^2 时，实际温度仅为 112℃。因此，使用高压蒸汽灭菌时务必将其中的空气全部排出，才能达到预期效果。一般培养基灭菌时大多使用 1.00kg/cm^2，15～20min。如果灭菌器中装填较满、培养基装量较大（1L 以上）或培养基污染杂菌较多（如麸皮），可适当延长灭菌时间达 30min。个别情况下可用 1.00kg/cm^2 以上的蒸汽压力灭菌。培养基中如含有高温时易分解破坏的物质（如某些含糖培养基），可采用较低的压力，如 0.60～0.80kg/cm^2。配制这种培养基时应尽量减少杂菌污染。所用的试管或三角瓶及其棉塞应先行灭菌。培养基中其他的耐热成分也可先行高压灭菌。加入不太耐热组分，分装后再用较低压力灭菌。

2. 常压蒸汽灭菌

常压蒸汽灭菌也称为间歇蒸汽灭菌，用于在 100℃以上易于破坏的培养基的灭菌，如牛奶、明胶等。常压蒸汽灭菌也就是采用蒸汽灭菌。当灭菌器中温度升到 100℃时，在不加压力的情况下使水保持沸腾，即保持 100℃ 30min。取出灭菌的培养基，放于室温下或保温箱中。第 2 天、第 3 天连续如上法于 100℃各灭菌 30min 即可。细菌的营养体可在 100℃ 30min 被杀死，但芽孢仍可存活。在室温中放置过夜，芽孢可萌发成营养体，则可在第 2 天 100℃ 30min 杀死。第 3 天再将少数残留的细菌杀死，这样可达到完全灭菌的目的。

3. 过滤灭菌

过滤灭菌用于不能用湿热灭菌的培养基，如某些易破坏或易挥发的物质。常用的除去细菌的过滤器有赛氏过滤器、微孔膜过滤器。这两种过滤器的形式大致相同，只是过滤板不同。过滤细菌用的赛氏过滤器的规格为 EK，微孔膜的规格为 0.22～0.45μm。使用前，将过滤器连同吸滤瓶等按无菌操作的要求装好，用纱布包好，高压蒸汽灭菌。使用时用真空泵抽气吸滤，不可将漏斗中的液体抽干。使用过的滤板需弃去。有的微量物质，如指示剂颜色等可能被滤板吸附，从培养基中损失掉。赛氏过滤板尤其易吸附微量物质，使用时应注意。

第十三章　形态特征观察

一、菌落形态观察

1. 平板制作

将15～20mL融化的营养琼脂培养基冷却至50℃左右，按无菌操作倒入直径9cm的培养皿内。如果有冷凝水，则倒置于30～37℃温箱内使之干燥，便于单菌落的出现。

2. 单菌落平板（划线法）

取一点菌苔或一环细菌悬液，在上述无冷凝水的平板一侧边缘处反复涂抹在直径约为1cm大小的面积上；烧灼接种环，冷却后，从上述涂菌处划出7或8条直线，前3或4条线从涂菌处划出，后3或4条直线可不通过涂菌处，划线时接种环与平板表面成30°～40°角，轻轻接触，不要使接种环划破表面；将上述烧灼、划线操作再重复数次，以划满整个平板为宜；倒置平板，于最适温度下培养1～2天，出现单菌落。

3. 菌落形态观察

观察菌落形状和大小、边缘、表面、隆起形状、透明度、菌落及培养基的颜色等。

二、革兰氏染色

（一）染剂（Hucker修改法）

1. 结晶紫的混合液

甲液：结晶紫	2.0g	乙醇（95%）	20mL
乙液：草酸铵	0.8g	蒸馏水	80mL

将甲液与乙液混匀，静置48h后过滤使用。该染液较稳定，在密封的棕色瓶中可储藏数月。

2. 碘液

碘	1.0g
碘化钾	2.0g
蒸馏水	300mL

先用少量（3～5mL）蒸馏水溶解碘化钾，再投入碘片，待碘全部溶解后，加入蒸馏水稀释至 300mL。

3. 脱色液

1）95% 乙醇。

2）丙酮乙醇溶液：95% 乙醇 70mL，丙酮 30mL。

4. 复染液

2.5% 番红 O（safranine O）乙醇溶液	20mL
蒸馏水	80mL

将 2.5% 番红 O 乙醇溶液作为母液储存于密封的暗色试剂瓶中，使用时再稀释。

（二）染色步骤

1）用接种针挑取少许菌苔，涂布在干净玻片上的一滴无菌水或蒸馏水中，风干固定。

2）用结晶紫的混合液染 1min，水洗。

3）加碘液作用 1min，水洗，吸干。

4）用 95% 乙醇或丙酮乙醇溶液脱色，流滴至脱色液为无色（约 30s）。

5）用复染液染 2～3min，水洗，风干。

（三）结果观察

深紫色为革兰氏染色阳性细菌，红色为革兰氏染色阴性细菌。

（四）注意事项

1）所观察的细胞一般为 24h 的培养物。

2）当染色结果可疑时，以金黄色葡萄球菌（*Staphylococcus aureus*）为阳性对照菌，以大肠埃希氏菌（*Escherichia coli*）为阴性对照菌。

三、鞭毛染色

（一）染剂

1. 甲液

单宁酸	5.0g
$FeCl_3$	1.5g
甲醛溶液（15%）	2.0mL
NaOH（1%）	1.0mL
蒸馏水	100mL

2. 乙液

$AgNO_3$	2.0g
蒸馏水	100mL

待 $AgNO_3$ 完全溶解后，取出 10mL 备用，向余下的 90mL $AgNO_3$ 液中滴加浓 NH_4OH，则形成很多沉淀，连续滴加 NH_4OH 直到刚溶解沉淀成为澄清溶液为止，再将取出的 $AgNO_3$ 液慢慢滴入，出现薄雾，经轻摇后薄雾消失，继续滴入 $AgNO_3$ 液，直到摇动后仍呈现轻微而稳定的薄雾状沉淀为止。

（二）玻片准备

选择光滑无痕纹玻片，先用十二烷基硫酸钠（SDS）溶液煮沸，为了充分接触，将玻片置于特制玻片架上，煮沸 30min，然后冷却，再放入洗液，浸泡过夜，用水冲去残留的洗液，最后用蒸馏水冲洗，沥干水，再放入 95% 乙醇脱水，取出玻片，以火焰去除乙醇，立即使用。

（三）菌种准备

需用新的培养物，一般用新制备斜面，以接种后 16～24h 为宜。如果长期未移种，最好先连续移种活化 2 或 3 次。

（四）染色步骤

1）涂片：在载玻片的一端滴一滴蒸馏水，用接种环挑取斜面上少许菌苔（注意不要挑上培养基），在载玻片的水滴中轻蘸几下，将玻片倾斜，使菌液缓慢流到另一端，然后平放在空气中干燥。

2）涂片干燥后，滴加甲液染 10min，用蒸馏水冲洗，干燥或将残水沥干或用乙液冲去残水后，加入乙液染 30～60s，加热，使其稍冒蒸气而染液不干，冷却后用蒸馏水冲洗。

（五）结果观察

镜检时多观察几个视野，菌体为深褐色，鞭毛为褐色。

（六）注意事项

1）染液最好当日配制，次日使用效果差，染出的鞭毛色浅，一般第 3 天不能再使用此液。该方法适于菌株较多的情况。

2）一定要充分洗净甲液后再加入乙液，否则背景污浊。

四、运动性观察

（一）半固体琼脂穿刺法

根据有鞭毛的细菌可以在半固体培养基中游动却又不能任意游走的现象，观察细菌生长情况，判定试验菌是否有运动性。可使用试验菌能良好生长的培养基，在其中加入0.3%～0.6% 的琼脂（所用的琼脂量可因牌号不同而异），一般半固体培养基应以放倒试管不流动，而在手上轻轻敲打时琼脂即破裂为宜。对于一般常见细菌，可结合葡萄糖氧化发酵试验观察其运动性。

用直针穿刺接种试验菌于半固体培养基内，适温培养。细菌的运动性可在透射光下目测。如果生长物只生长在穿刺线上，边缘十分清晰，则表示试验菌无运动性；如果生长物由穿刺线向四周呈云雾状扩散，其边缘呈云雾状，则表示试验菌株有运动性。对于生长快的细菌应培养 1 天后观察。如第 1 天不能判定，可在第 2～3 天再观察。如 2～3 天时仍不能判定是否有运动性，可延迟 5～6 天再观察一次。这是因为游动力弱的细菌，第 1～2 天在半固体培养基中尚不能从穿刺线游开，故需多培养几天再观察。如果试验菌在半固体培养基中产气，气泡会将穿刺线上的生长物扩散，不可误将不运动的细菌判定为有运动性。如果试验菌是好氧细菌，穿刺线上的生长物很少，可检查从培养基表面向下渗入的生长物的情况。

（二）镜检法

用显微镜检查细菌细胞是否能游动，可使用普通显微镜或相差显微镜。用普通显微镜时光线不宜太强，要适当减弱。检查时应注意以下几点。

1）细菌细胞间有明显位移者，才能被判定为有运动性。由于细菌细胞太小，在悬液中有布朗运动，即每个细胞均在原地颤动，彼此的位置关系却没有改变，切不可将这种现象判为有运动性。由于载玻片与盖玻片之间悬液过多，在使用油浸物镜调焦时，悬液在盖玻片下流动。这时可看到大批细菌细胞都以同一速度向同一方向运动，这也不是真正的运动性。真正的运动性应是细菌细胞彼此的位置关系明显改变。细菌的运动性因种或菌株不同而异，有的运动迅速，有的运动缓慢。能运动的菌株也不一定每个细胞都同时运动，常常是大多数细胞不运动、少数细胞明显运动。

2）有些细胞不以鞭毛运动，而是滑动，镜检时应注意与游动区分开。一般，游动快，滑动则迟缓。游动只能在悬液中进行，滑动则须附在固体表面。

3）当室温太低时，载物台温度太低。有的细菌会因温度太低而不能运动，此时应设法提高载物台或载玻片的温度，达到试验菌能运动的温度（如在室温较高的试验室镜检，或将载玻片置于保温箱中一会儿再观察）。

4）镜检好氧菌时，可能因盖玻片下供氧不足而使试验菌不能表现出运动性，遇到这种情况则应使盖玻片下残留一两个小气泡，镜检气泡四周或盖玻片边缘处的细菌运动性。

5）使用油镜镜检时，盖玻片的厚度以不超过 0.17mm 为宜。若采用过厚的盖玻片，则调焦有困难。用相差油镜观察时载玻片的厚度以约 1.2mm 为宜。

五、芽孢染色

芽孢通常可在革兰氏染色反应中看到，当不易清晰观察时，可用特殊的芽孢染色法，使芽孢与菌体分别呈现不同颜色，便于观察。

（一）孔雀绿染色法

1）将生有芽孢的斜面菌苔按革兰氏染色法涂片后，用饱和的孔雀绿（malachite-green）水溶液（约为 7.6%）染 10min。

2）用自来水冲洗。

3）用 0.5% 番红液复染 30s。

4）水洗，吸干。

5）镜检：芽孢呈绿色，菌体和芽孢囊呈微红色，但应注意当菌体中有异染粒时，也可呈现绿色。

（二）石炭酸复红染色法

1. 染剂

（1）石炭酸复红液

碱性复红（basicfuchsine，一品红）乙醇饱和液（约 10%）	10mL
石炭酸水溶液（5%）	100mL

两液相混，摇匀备用。

（2）酸性乙醇

乙醇（95%）	100mL
浓盐酸	3mL

（3）吕氏亚甲蓝染液

美蓝（次甲基蓝、亚甲蓝、甲烯蓝）乙醇饱和液（约 2%）	30mL
KOH 水溶液（0.01%）	100mL

将两液混合后备用，该液陈旧者效果更好。

2. 染色步骤

1）按常规涂片。

2）滴加石炭酸复红于涂片上，并于玻片下缓缓加热，使染液冒蒸气但不沸腾，继续滴加染液，使涂片上染液不蒸干，这样保持 5min。

3）涂片冷却后，倾去染液，用酸性乙醇脱色至无红色染剂为止。

4）彻底水洗。

5）用吕氏亚甲蓝染液复染 2～3min。

6）水洗、吸干、镜检。

3. 观察结果

镜检时，菌体及孢囊呈蓝色，芽孢呈红色。

六、荚膜染色

（一）方法一

1. 染色剂

绘图用墨汁，0.5% 番红液，纯甲醇。

2. 染色步骤

在载玻片一端滴一滴无菌水，取少许菌苔在水滴中制成悬液。取一滴墨汁（绘图用墨汁）与菌悬液混合，并用另一载玻片的一端将此水滴在载玻片上刮成薄膜，风干。用纯甲醇固定 1min。滴加 0.5% 番红液数滴于涂片上，冲去残余甲醇，并染 30s，然后倾去染液，立即吸干，以备镜检。

3. 镜检

背景黑色，荚膜无色，细胞红色。

（二）方法二

1. 染色剂

刚果红（Congo red）	2% 水溶液
明胶	0.01%～0.10% 水溶液
HCl	1%
吕氏亚甲蓝染液	配制方法见“五、芽孢染色”

2. 染色步骤

将刚果红水溶液和明胶水溶液各一滴滴于干净的载玻片上；用接种环蘸取细菌培养物或悬浮液在载玻片上，与上述两滴溶液混匀并风干；滴加 1% HCl 冲洗，使载玻片呈蓝色；用蒸馏水漂洗，除去 HCl；用吕氏亚甲蓝染液复染 1min，风干后镜检。

3. 镜检

1）有荚膜的菌，菌体蓝色，荚膜不着色，背景蓝紫色。

2）无荚膜的菌，菌体蓝色，背景蓝紫色。由于干燥菌体收缩，菌体四周也可能有一圈狭窄的不着色环，但这不是荚膜。荚膜的不着色部分宽。

4. 注意事项

1）荚膜的产生与培养基有关，所以应选用合适的培养基。在报告结果时应注明所采用的培养基。

2）有些动物致病菌仅在动物体内生长时形成荚膜，而在培养基中培养时不形成荚膜。

3）不同的种，产生荚膜的时间不尽相同，必要时可在不同时间进行观察。

4）有时菌体着色差。

七、细胞壁染色

（一）单宁酸结晶紫法

1. 试剂

5.0% 单宁酸，0.2% 结晶紫。

2. 染色步骤

常规方法制片，用 5.0% 单宁酸染 5min；水洗；用 0.2% 结晶紫染 3～5min；水洗、吸干、镜检。

3. 镜检

细胞壁呈紫色，细胞质呈淡紫色。

（二）磷钼酸法

以磷钼酸为媒染剂，其作用有两个：磷钼酸使细胞壁形成可着色的复合物，同时磷钼酸使蛋白改变成为不被甲基绿着色的物质，以此区分，但如果媒染时间太短，往往使整个细胞深深着色，细胞壁不易分辨。

1. 试剂

1% 磷钼酸水溶液，1% 甲基绿水溶液。

2. 染色步骤

1）使用培养 24h 斜面培养物涂厚一些的涂片。

2）未干时，浸入 1% 磷钼酸水溶液 3～5min。

3）用 1% 甲基绿水溶液染色，时间与 2）相同。

4）水洗，吸干，镜检。

3. 镜检

细胞壁为深绿色，细胞质无色。

八、异染粒染色

（一）染剂

甲液：

甲苯胺蓝（toluidine blue）	0.15g
孔雀绿	0.20g
冰醋酸	1mL
95% 乙醇	2mL
蒸馏水	100mL

乙液：

碘	2g
碘化钾	3g
蒸馏水	300mL

（二）染色步骤

1）按常规方法涂片。

2）用甲液染 5min。

3）倾去甲液，用乙液冲去甲液，染 1min。

4）水洗，吸干。

（三）镜检

异染粒呈黑色，其他部分呈暗绿色或浅绿色。

九、类脂粒（聚 β-羟基丁酸颗粒）染色

（一）染剂

1. 0.3% 苏丹黑

苏丹黑 B（Sudan black B）	0.3g
乙醇（70%）	100mL

混合后用力振荡，放置过夜备用。

2. 脱色剂

二甲苯。

3. 复染剂

0.5% 番红水溶液。

（二）染色步骤

1）按常规方法制成涂片。
2）用苏丹黑染 10min。
3）用水冲去染剂，用滤纸将水吸干。
4）用二甲苯冲洗涂片至无色素洗脱。
5）用 0.5% 番红水溶液复染 1～2min。
6）水洗，吸干，镜检。

（三）观察结果

类脂粒呈蓝黑色，菌体其他部分呈红色。

十、伴孢晶体染色

（一）染剂

稀释石炭酸复红液，即将石炭酸复红液按 1∶10 稀释为 1/10 浓度的稀释石炭酸复红液（石炭酸复红液的配制，详见“五、芽孢染色”）。

复红乙醇饱和液	10mL
石炭酸水溶液（5%）	100mL

上述两液混匀后作为原液，以此原液稀释成 1/10 石炭酸复红液。

（二）染色步骤

1）按常规方法制成涂片。
2）滴染液染 1min。
3）风干或吸干，镜检。

（三）观察结果

伴孢晶体呈红色菱形，游离的芽孢为红色圈状。

十一、抗酸染色

（一）染剂

1. 石炭酸复红液

碱性复红（basic fuchsine，一品红）乙醇饱和液（约 10%）	10mL
石炭酸水溶液（5%）	100mL

两液相混摇匀备用。

2. 酸性乙醇

乙醇（95%）	100mL
浓盐酸	3mL

3. 吕氏亚甲蓝染液

美蓝（次甲基蓝、亚甲蓝、甲烯蓝）乙醇饱和液（约 2%） 30mL

KOH 水溶液（0.01%，1% KOH 1mL 加水 99mL 即为 0.01% KOH） 100mL

将两液混合后备用，该液陈旧者效果更好。

（二）染色步骤

1）按常规方法制成涂片。

2）滴加石炭酸复红液于玻片上，并于玻片下缓缓加热，使染液冒蒸气但不沸腾，继续滴加染液，使涂片上染液不蒸干，这样保持 5min。

3）涂片冷却后，倾去染液，用酸性乙醇脱色到无红色染剂洗脱为止。

4）彻底水洗。

5）用吕氏亚甲蓝复染 2～3min。

6）水洗，吸干，镜检。

（三）观察结果

镜检时抗酸性细菌菌体呈红色，即抗酸染色阳性；非抗酸性细菌菌体呈蓝色。

十二、透射电子显微镜观察法

1. 材料

透射电子显微镜，载样铜网膜，火棉胶。

2. 方法

（1）火棉胶液的制备

2g 火棉胶溶于 100mL 乙酸异戊酯中。

（2）载样铜网膜的制备

先把铜网膜用浓硫酸浸漂 2min，再用水洗数次，最后将洗净的铜网膜铺在有滤纸的培养皿中。轻轻注入无菌水，取配好的火棉胶液滴一滴在水面上，由于火棉胶液在水表面张力的作用下形成一薄膜，将第一次、第二次的膜去掉，薄膜形成后迅速用吸管在培养皿的边缘处吸去水分，直至吸干，使膜紧紧贴在铜网上为止，室温干燥备用。

（3）点样

用生长丰茂的菌株配制成菌悬液，用毛细管吸取菌悬液并滴在铜网上。也可以采用贴印法，即用制好的铜网在有气生菌丝体的菌块上轻轻印一下，然后在光学显微镜下先检查网是否完整、菌是否贴上或分布均匀。然后喷碳或投影（通常用于细菌鞭毛的观察），便可在透射电子显微镜下观察或摄影。

十三、扫描电子显微镜观察法

扫描电子显微镜（扫描电镜）可以观察到菌体表面的立体形象，它通过三维形象逼真地反映出样品表面结构的凹凸不平，如细菌的形态、鞭毛结构、放线菌孢子的表面装饰物等都以立体状态反映出来。

1. 材料

扫描电镜，临界点干燥器，白金粉，2.5% 戊二醛，乙醇。

2. 方法

将菌株培养于适宜生长的平板培养基上→待生长好后用小刀切成 0.5～0.7cm 的方块→用小刀削薄→置于瓷染色盆中→立即加入 2.5% 戊二醛固定 1.5h →吸去戊二醛→分别加入 30%、50%、70%、90%、100% 乙醇各脱水 15min →取出放于圆形容器中→临界点干燥 1h →取出贴于圆形铜片上→白金粉溅射喷镀，厚度 2～5mm →置于扫描电镜下观察及摄影。

十四、超薄切片观察法

超薄切片是观察菌体细胞内部超微结构的方法，现已广泛应用于观察细菌细胞结构、鞭毛结构等。

1. 材料

透射电子显微镜，戊二醛，锇酸，环氧树脂，铜网，火棉胶，乙醇，乙酸铀，玻璃刀，LKB 超薄切片机。

2. 方法

取生长在适宜的平板培养基上的菌落，用玻璃刀切成小块→固定（5% 戊二醛：混合磷酸缓冲液=1：1，冰浴 2h）→用蔗糖磷酸缓冲液（0.2mol/L）冲洗 2 次→打块→锇酸冰浴 2h（2% 锇酸+等体积磷酸缓冲液）→磷酸缓冲液冲洗 2 次→ 50%、70%、85%、95% 乙醇各脱水 20min → 100% 乙醇脱水 2 次（20min）→丙酮脱水 2 次（15～20min）→置于胶囊中处理（树脂+材料），30℃ 12h → 45℃过夜→ 65℃过夜→切片→打捞于涂膜的网→染色（乙酸铀 1%～2%，染 20～30min）→透射电子显微镜观察。

3. 注意事项

1）锇酸为剧毒品，对呼吸道黏膜及眼角膜有固定作用，要小心操作。
2）脱水应彻底，在转入包埋剂之前必须保证不使包埋剂比例发生变化。
3）切片多呈现为黄色、紫色、绿色，因此切片厚度在 900Å 左右。

第十四章　生理特征和生化特征测定

一、生长温度和耐热性

最高、最适、最低和耐受温度能力的特征常常是某些细菌与古菌鉴定的特征之一，常用的测定温度有4℃、20℃、30℃、37℃、41℃、45℃、65℃。

将液体培养物（24h培养物）一小环转入澄清营养肉汁或合适的液体培养基，置于不同温度下培养。37℃以上的测定应水浴，需3次移种生长者才能确认。

耐热性意味着细胞经受高温还能存活，主要用于链球菌的鉴定。在1mL合适的肉汤或脱脂牛奶中接种一滴24h培养物，于60℃水浴30min，然后于35～37℃培养48h，生长者则表明存活，粪肠球菌（*Enterococcus faecalis*）为该测定的阳性对照。

二、氧和二氧化碳的需要

氧和二氧化碳的需要，常以对氧要求的不同程度来区别细菌，如好氧菌、微好氧菌和厌氧菌及兼性厌氧菌。测定方法有以下两种。

1. 需氧性测定

将接种的培养物培养于不同条件，包括空气、含5% CO_2 和10% O_2 厌氧罐中，分别测定需氧性。

2. 芽孢菌厌氧性测定

（1）厌氧培养基

酪素水解物	20g	甲醛次硫酸钠	1g
NaCl	5g	琼脂	15g
巯基乙酸钠	2g	蒸馏水	1000mL

（2）接种与观察

用一小环（外径1.5mm的接种环）营养肉汤培养物穿刺于上述培养基，培养于30℃。3天和7天分别进行观察，仅在表面生长者为好氧菌，如沿穿刺线生长或下部生长者为兼性厌氧菌或厌氧菌。

三、碳源利用

细菌与古菌能否利用某些含碳化合物作为唯一碳源，可作为分类鉴定的特征，基础培养基由下列成分组成：

$(NH_4)_2SO_4$	2.0g	$MgSO_4\cdot 7H_2O$	0.2g
$NaH_2PO_4\cdot H_2O$	0.5g	$CaCl_2\cdot 2H_2O$	0.1g
K_2HPO_4	0.5g	蒸馏水	1000mL

被测底物包括糖醇类、脂肪酸类、双羧酸类、羟基酸类、有机酸类、氨基酸类等。一般，底物需要过滤灭菌，终浓度除糖醇类为 0.5%～1.0% 之外，一般为 0.1%～0.2%。以菌悬液接种，连续 3 代移种，生长者为阳性，即可利用含碳化合物。

四、氮源利用

利用不同无机氮（硝态氮或铵盐）可作为细菌鉴别特征之一。

1. 基础培养基

KH_2PO_4	1.36g	$CaCl_2$	5.00mL
Na_2HPO_4	2.13g	葡萄糖	10.00g
$MgSO_4\cdot 7H_2O$	0.2g	蒸馏水	1000mL
$FeSO_4\cdot 7H_2O$	0.50mL		

将需要测定的铵态氮［如 $(NH_4)_2HPO_4$］或硝态氮（如 KNO_3）加入上述基础培养基中，浓度为 0.05%～0.10%。如果测定菌不能以葡萄糖为碳源，可用其他碳源代替，如柠檬酸盐、乙酸盐或甘露醇等，浓度为 0.2%～0.5%。另外做一份不加氮源的空白对照。调 pH 至 7.0～7.2。分装试管，每管 4～5cm 高，112℃灭菌 20～30min。制备好的培养基要求无沉淀。

2. 接种与观察

用接种环或直针接种生长 18～24h 的菌液至上述培养基中，适温培养 3 天和 7 天，与接种的对照管比较混浊度，比对照管混浊者为阳性反应，如果难以判断，可用无机氮培养基连续移种 3 次，如仍明显生长则肯定为阳性。

五、荧光色素

1. 金氏 B（King B）培养基

蛋白胨	2.00g	琼脂	1.50g
甘油	1.00g	蒸馏水	100mL
K_2HPO_4	0.15g	pH	7.2
$MgSO_4\cdot 7H_2O$	0.15g		

121℃灭菌 20min，摆成斜面。

2. 接种与结果观察

将 24h 菌龄的培养物接种于上述斜面，置于 30℃下培养 1 天、3 天、5 天，在紫外灯下观察有无荧光。

六、胺青素的产生

1. 培养基

蛋白胨	20.00g	$MgSO_4 \cdot 7H_2O$	20.00g
甘油	10.00g	$FeSO_4 \cdot 7H_2O$	0.01g
K_2HPO_4	0.4g	自来水	1000mL

调 pH 至 7.0～7.2。分装试管，每管 4mL，121℃灭菌 15～20min。

2. 检测方法

将幼龄菌接种于上述培养基中，37℃培养，2～3 天测定一次。如果为阴性，则 4～5 天再测定一次，必要时 7 天再测定一次。在约 4mL 培养液内加入 2mL $CHCl_3$，猛烈摇动约 2min，静置后除去上清液，在 $CHCl_3$ 内加入 0.5mL 蒸馏水和 2 滴 0.5mol/L H_2SO_4，再次摇动试管，如果有胺青素，则上层溶液呈红色。

七、抗生素敏感性

不同菌群的测定方法和浓度各不相同。

1. 纸片法

该方法较为通用，采用划线或平板涂布法将菌混匀，密布于生长培养基平板，同时以无菌镊子取含抗生素的纸片（可自制，也可购买商品）于含菌平板上，置于 30℃下培养 24～48h，取出观察抑菌圈大小。常用的抗生素种类见表 14-1。

表 14-1　常用的抗生素

抗生素	浓度
氨苄青霉素	10μg
金霉素	30μg
氯霉素	10μg，30μg
双氢链霉素	2.5μg，10μg
红霉素	15μg，30μg
庆大霉素	10μg
卡那霉素	15μg

续表

抗生素	浓度
头孢他啶	30μg
新霉素	10μg
硝基呋喃酮	50μg
新生霉素	5μg，30μg
竹桃霉素	10μg
青霉素 G	10U
多黏菌素 B	10U，30U
链霉素	10μg，25μg
土霉素	2.5μg，30μg
四环素	10μg，30μg

2. 平板法

1）试验菌：枯草芽孢杆菌（*Bacillus subtilis*），金黄色葡萄球菌（*Staphylococcus aureus*），大肠埃希氏菌（*Escherichia coli*）。取以上菌种的菌液倒双层培养基（下层为水琼脂）。

2）取生长好的检测菌（平板需用打孔器打下琼脂块）接种于含抗生素的培养基上，28℃下培养 1～3 天，取出并观察抑菌圈大小（直径）。

3. 结果观察

抑菌圈直径：0～5mm 表示无作用；6～15mm 表示弱作用；＞15mm 表示强抑制作用。

八、O/129（弧菌抑制剂）敏感性

分别取含 10μg/纸片、150μg/纸片的 2,4-二氨基-6,7-二异丙基蝶啶（O/129）磷酸盐的无菌纸片置于已均匀接种的平板上，于 30℃培养 24～48h。观察有无抑菌圈。

九、KCN 生长

1. 基础培养基

蛋白胨	3.0g	K_2HPO_4	5.64g
NaCl	5.0g	KH_2PO_4	0.22g
蒸馏水	1000mL		

调 pH 至 7.6。115℃灭菌 20min，冷却至 4℃，加入 15mL 0.5% KCN 溶液，无菌分装 1mL/管，可保存两周，同时有一份不加 KCN 的空白对照培养基。有时为了便于观察，在未分装时，加入 1mL 1% TCC（2,3,5-三苯基四唑盐酸盐）。

2. 接种与观察

采用幼龄菌种接种，适温培养 4 天后观察。

培养基呈红色者为生长阳性（弗氏柠檬酸杆菌 *Citrobacter freundii*）；培养基保持清晰和无色者为阴性（大肠埃希氏菌 *Escherichia coli*）。

十、丙二酸利用

1. 培养基成分

酵母膏	1.0g	NaCl	2.0g
$(NH_4)_2SO_4$	2.0g	丙二酸钠	3.0g
K_2HPO_4	0.6g	溴百里酚蓝	0.025g
KH_2PO_4	0.4g	蒸馏水	1000mL

调 pH 至 7.0～7.4。分装试管，121℃灭菌 15min。同时有不加入丙二酸的空白对照。

2. 接种和观察

采用幼龄菌种接种，适温培养 1～2 天，培养基由绿变蓝者为阳性，培养基不变色者为阴性。

十一、柠檬酸盐利用

1. 培养基

（1）西蒙斯氏（Simmons）柠檬酸盐培养基

NaCl	5.0g	柠檬酸钠	2.0g
$MgSO_4 \cdot 7H_2O$	0.2g	1% 溴百里酚蓝水溶液	10mL
$(NH_4)H_2PO_4$	1.0g	水洗琼脂	12.0g
$K_2HPO_4 \cdot 3H_2O$	1.0g	蒸馏水	990mL

将以上成分（除指示剂外）加热溶解，调 pH 至 7.0 并加入指示剂。分装试管，培养基的量以能摆高低柱斜面为宜。121℃蒸汽灭菌 15min，并摆成高低柱斜面。

（2）适用于芽孢菌的培养基

NaCl	1.0g	柠檬酸钠	2.0g
$MgSO_4 \cdot 7H_2O$	0.2g	蒸馏水	1000mL
$NH_4H_2PO_4$	0.5g	0.04% 酚红溶液	20mL

2. 接种及观察

在斜面上划线接种，适温培养 3～7 天。培养基为碱性（指示剂蓝色或桃红色）者为阳性，否则为阴性。

十二、耐盐性和需盐性

1. 培养基

按不同的菌选择其适宜生长的液体培养基。依鉴定需要加入不同浓度 NaCl（2%、5%、7%、10%），培养基要十分澄清。

2. 接种与观察

取幼龄菌种液接种培养，培养 3 天和 7 天，与未接种的对照管对比，目测生长情况。

十三、酒石酸盐利用

1. 培养基

蛋白胨	10g	溴百里酚蓝（0.2%）	12.5mL
NaCl	5g	酒石酸钾	10g
蒸馏水	1000mL		

调 pH 至 7.4。分装试管，115℃灭菌 20min。

2. 试剂

将乙酸铅溶于蒸馏水中，得到中性的饱和溶液。

3. 操作步骤

1）取上述新鲜培养基（如时间超过 14 天，则需水溶煮沸 10min）接种。
2）每天观察颜色变化。
3）接种后 14 天，加入等体积乙酸铅试剂，同时有不接种的对照。

4. 结果解释

阳性：绿黄色，有少量乙酸铅沉淀（爪哇沙门氏菌 *Salmonella zava*）。阴性：蓝色或绿色，大量的乙酸铅沉淀（乙型副伤寒沙门氏菌 *Salmonella paratyphi* B）。

十四、氧 化 酶

1. 试剂

1% 盐酸二甲基对苯撑二胺（或四甲基对苯撑二胺）水溶液置于茶色瓶中，在冰箱中贮存（或直接购买 API 公司氧化酶测定试剂盒；生产商 BioMérieux）。

2. 操作

在干净培养皿里放一张滤纸，滴上盐酸二甲基对苯撑二胺的 1% 水溶液，仅使滤纸湿润即可，不可过湿。用白金丝接种环（不可用镍铬丝）取培养 18～24h 的菌苔，涂抹在湿润的滤纸上，在 10s 内涂抹的菌苔呈红色者为阳性，10～60s 呈红色者为延迟反应，60s 以上呈红色者不计，按阴性处理。

3. 氧化酶试纸制作及测定法

将质地较好的滤纸（如新华一号滤纸）用 1% 盐酸二甲基对苯撑二胺浸湿，在室内悬挂风干。然后剪裁成适当大小的纸条，放在有橡皮塞的试管中密封保存，在 4℃冰箱中可存数月，使用前用白金丝接种环将菌苔抹在纸条上，于 10s 内出现红色为氧化酶阳性。纸条储存过久，颜色不明显，则不宜使用。

4. 操作注意事项

1）二甲基对苯撑二胺溶液易于氧化，一般可于冰箱中贮存两周。如果溶液颜色转红褐色，则不宜使用。

2）铁、镍等金属可催化二甲基对苯撑二胺呈红色，故不宜用电炉丝或铁丝等取菌苔。如无白金丝，可用玻棒或灭菌牙签取菌苔涂抹。

3）在滤纸上滴加试液以刚刚湿润为宜。如果滤纸过湿，妨碍空气与菌苔接触，则延长显色时间，造成假阴性。

十五、过氧化氢酶

1. 试剂

3%～10% H_2O_2。

2. 接种与结果观察

取培养 24h 的斜面菌种，以铂丝接种环取一小环涂抹于已滴有 3% H_2O_2 的玻片上，如有气泡产生则为阳性，无气泡为阴性。

十六、葡萄糖氧化发酵

1. 培养基

（1）休-利夫森二氏（Hugh-Leifson）培养基

蛋白胨	2g	葡萄糖	10.0g
NaCl	5g	琼脂	6.0g
K_2HPO_4	0.2g	蒸馏水	1000mL

1% 溴百里酚蓝水溶液 3mL（先用少量 95% 乙醇溶解，再加水配成 1% 水溶液）。

调 pH 至 7.0～7.2。分装试管，培养基高度约 4.5cm，115℃灭菌 20min。

（2）博德和霍尔丁二氏（Board-Holding）培养基

$NH_4H_2PO_4$	0.5g	葡萄糖	10.0g
K_2HPO_4	0.5g	琼脂	5～6g
酵母膏	0.5g	蒸馏水	1000mL

1% 溴百里酚蓝水溶液 3mL（先用少量 95% 乙醇溶解，再加水配成 1% 水溶液）。

调 pH 至 7.0～7.2。分装试管，115℃灭菌 20min。

2. 接种

1）以 18～24h 幼龄菌种作为种子，穿刺接种，每株 4 支。

2）其中 2 支用灭菌的凡士林石蜡油（熔化的 2/3 凡士林中加入 1/3 液体石蜡，高压灭菌）封盖，0.5～1.0cm 厚，以隔绝空气为闭管。另 2 支不封油，为开管，同时还要有不接种的闭管和开管作为对照。

3）适温培养 1 天、2 天、3 天、7 天、14 天，观察结果。

3. 结果检查

1）只有开管产酸变黄者为氧化型；开管和闭管均产酸变黄者为发酵型。

2）本试验可同时观察细菌的运动性，观察运动性时琼脂软硬必须合适，我们所用的琼脂（海燕牌琼脂条）以 0.5%～0.6% 为宜，其他牌号的琼脂则须经试验决定使用浓度。琼脂的浓度以放倒试管不流动、轻轻敲打则琼脂柱破碎为宜。

3）培养基制好后，在温度较低的地方存放，使用前应在沸水中融化，并用冷水速凝后立即使用。否则溶于培养基中的空气会干扰观察发酵产酸的结果。

十七、糖醇类发酵

1. 培养基

（1）一般细菌常以休-利夫森二氏培养基为基础培养基，以待测糖、醇（终浓度为 1%）代替其中的葡萄糖。

（2）芽孢菌培养基

$(NH_4)_2HPO_4$	1.0g	琼脂	5.0～6.0g
KCl	0.2g	糖或醇类	10.0g
$MgSO_4$	0.2g	蒸馏水	1000mL
酵母膏	0.2g	溴甲酚紫（0.04%）	15mL

调 pH 至 7.0～7.2。分装试管，培养基高 4～5cm，112℃蒸汽灭菌 30min。

（3）乳酸菌培养基

蛋白胨	5.0g	糖或醇类	10.0g
牛肉膏	5.0g	琼脂	5.0～6.0g
酵母膏	5.0g	吐温 80	0.5mL
蒸馏水（自来水）	1000mL		

加入 1.6% 溴甲酚紫溶液约 1.4mL，调 pH 至 6.8～7.0。分装试管，112℃蒸汽灭菌 30min。

2. 接种与观察

以幼龄斜面培养物穿刺接种于上述培养基中，适温培养 1 天、3 天、5 天后观察，如果指示剂变黄，表示产酸，为阳性；不变或变蓝（紫）则为阴性。

十八、甲基红（MR）试验

1. 培养基

蛋白胨	5g	葡萄糖	5g
K_2HPO_4（或 NaCl）	5g	蒸馏水	1000mL

调 pH 至 7.0～7.2。每管分装 4～5mL，115℃灭菌 30min。

2. 试剂

甲基红 0.1g，95% 乙醇 300mL，蒸馏水 200mL。

3. 接种

将试验菌接种于上述培养液中，每次两个重复，置于适温下培养 2 天、6 天（如为阴性，可适当延长培养时间）。肠杆菌科的菌株要求在 37℃培养 4 天后检测。

4. 观察结果

在培养液中加入一滴甲基红试剂，红色为甲基红试验阳性反应，黄色为阴性反应。

5. 注意事项

若测试的是芽孢杆菌细胞，则以 5g NaCl 代替 K_2HPO_4，因其有缓冲作用。

十九、乙酰甲基甲醇（V-P）试验

1. 培养基

同“甲基红（MR）试验”。

2. 试剂

0.3% 肌酸，40% NaOH。

3. 培养接种

同“甲基红（MR）试验”。

4. 操作与结果观察

取培养液和 40% NaOH 等量相混。加少许 0.3% 肌酸，10min 后如培养液出现红色，即为试验阳性反应，有时需要放置更长时间才出现红色反应。

二十、水解邻硝基苯-β-D-吡喃半乳糖苷

1. 培养基

（1）试剂

邻硝基苯-β-D-吡喃半乳糖苷（ONPG）0.6g，0.01mol/L 磷酸缓冲液（pH 7.5）100mL，1% 蛋白胨（pH 7.5）300mL。

将 0.6g ONPG 溶解于 100mL 磷酸缓冲液中，过滤灭菌后与 300mL 蛋白胨水混合，无菌分装小试管，于冰箱内保存，备用，一年内使用有效。

（2）试剂纸片

高压灭菌小纸片，每片浸一滴下述底物溶液。

邻硝基苯-β-D-吡喃半乳糖苷	0.06g
$Na_2HPO_4 \cdot 2H_2O$	0.017g
蒸馏水	10mL

在 37℃下干燥 24h，然后在室温下贮存于带螺帽的试管中。

2. 接种

1）挑取幼龄培养物斜面一环于上述培养基内，适温培养 24h。

2）制备浓的菌悬液（置于含 0.5mL 生理盐水的细管中），向其中加入 ONPG 纸片，35～37℃下培养 24h，观察结果。

3. 结果

黄色为阳性（大肠埃希氏菌 *Escherichia coli*），无色为阴性（乙型副伤寒沙门氏菌 *Salmonella paratyphi* B）。

二十一、水解淀粉

1. 培养基

在肉汁胨中加入 0.2% 可溶性淀粉，分装于三角瓶中，121℃灭菌 20min，倒平板备用。

2. 试剂

鲁氏（Lugol）碘液（与革兰氏染色中的碘液相同）。

3. 接种

取新鲜斜面培养物点种于上述平板，适温培养。

4. 观察

培养 2～5 天形成明显菌落后，在平板上滴加碘液，平板呈蓝黑色，菌落周围如有不变色透明圈，表示淀粉水解阳性；若仍是蓝黑色则为阴性。

二十二、糊精结晶试验

1. 培养基成分及配制法

1）将 50g 米粉加入 200mL 水中搅拌成糊状，加入 $CaCO_3$ 20g，然后加入沸水 750mL，随加随搅，煮沸 10min 后形成糊状，混匀后装入大试管中，每管约装 15mL。121℃灭菌 30min。

2）在大试管（200mm×22mm）中，装入压碎的小麦或燕麦 0.5g、$CaCO_3$ 0.2g 和蒸馏水 10mL，121℃高压灭菌 30min。

2. 接种与培养

将幼龄菌株接种在上述培养基中，30℃下培养 5 天和 10 天后进行测定。

3. 测定方法

在每管培养液中加入 3% 淀粉溶液 1mL，于 40℃作用 15min，从中取 3 滴上清液，加入一滴鲁氏碘液混合，取少许置于载玻片上，令其自然风干后在显微镜下观察，应多注意观察涂片的边缘，如看见六角形的蓝色结晶即表示糊精结晶的形成。

二十三、水解纤维素

1. 培养基

（1）无机盐基础培养基

NH_4NO_3	1.0g	$CaCl_2$	0.1g
K_2HPO_4	0.5g	$FeCl_3$	0.02g
KH_2PO_4	0.5g	酵母膏	0.05g
$MgSO_4 \cdot 7H_2O$	0.5g	NaCl	1.0g
蒸馏水	1000mL		

调 pH 至 7.0～7.2。分装试管，121℃蒸汽灭菌 20min。

（2）蛋白胨水基础培养基

蛋白胨	5g	NaCl	5g
自来水	1000mL		

调 pH 至 7.0～7.2。分装试管，121℃蒸汽灭菌 20min。

2. 接种

测定水解纤维素有两种方法。

一种方法是将基础培养基分装试管，在培养基中浸泡一条优质滤纸，如新华一号滤纸。纸条宽度以易于放入试管为宜。纸条长度 5～7cm。测定好氧菌时，应有部分纸条露于培养基液面外；测定厌氧菌时，纸条应全浸泡于培养基中。接种培养基应有不接种的空白对照。

另一种方法是在基础培养基中加入 0.8% 纤维素粉和 1.5% 琼脂。在培养皿（直径 9cm）中先加入 15mL 2% 水琼脂，凝固后加入 5mL 混有纤维素粉的琼脂培养基，凝固后点种。以接种不含纤维素的培养基作为对照。

3. 观察

适温培养 1～4 周进行观察。

（1）试管法

能将滤纸条分解成一团纤维或将滤纸条折断或变薄者为阳性，滤纸条无变化者为阴性。

（2）平板法

菌落四周有较澄清的晕环者为阳性，无晕环者为阴性。

二十四、固氮酶活性（乙炔还原法）

1. 培养基（Nfb 培养基）

蔗糖	10g	$FeCl_3$	0.01g
苹果酸	5g	$Na_2MoO_4 \cdot H_2O$	0.002g
$K_2HPO_4 \cdot H_2O$	0.1g	蛋白胨	0.2g
$KH_2PO_4 \cdot H_2O$	0.4g	琼脂	12g
$MgSO_4 \cdot 7H_2O$	0.2g	$CaCl_2 \cdot 2H_2O$	0.02g
NaCl	0.1g	蒸馏水	1000mL

调 pH 至 7.2。

2. 操作步骤

1）以幼龄培养物接种，30℃下培养 24h。

2）将棉塞换成橡皮塞进行密封，抽取 1.8mL 空气，注入 1.6mL C_2H_2，继续培养 24～36h。

3）取 100μL 气样在气相色谱仪上测定乙烯峰值，标准气 C_2H_4 的浓度为 138mg/mL。

4）气相色谱仪工作条件：检测室温度 100℃，柱温 60℃，进样口温度 60℃，柱长 1m，载气压力氮气为 0.95kg/cm^2，氢气为 0.8kg/cm^2，空气为 0.65kg/cm^2，乙炔还原活性（ARA）的计算方法为

$$\text{ARA}=\frac{\text{实际 } C_2H_4 \text{ 峰字} \times \text{标准气含量} \times \text{试管容积}}{\text{标准气峰字} \times \text{进样量} \times \text{培养时间} \times \text{样品量}} \tag{14-1}$$

二十五、水解果胶

1. 培养基

酵母膏	5g	蒸馏水	1000mL
$CaCl_2 \cdot 2H_2O$	0.5g	NaOH（1mol/L）	9mL
琼脂	8g	0.2% 溴百里酚蓝水溶液	12.5mL
多聚果胶酸钠	10g		

为了湿润果胶酸盐，应充分搅拌，在沸水中加热，尽可能溶解各成分。每个三角瓶分装 100mL，121℃高压灭菌不超过 5min，倒平板。

2. 操作步骤

每个平板点种 8 个培养物，培养 3 天。

3. 结果观察

在生长物周围的培养基有下凹者为阳性，如胡萝卜软腐欧文氏菌（*Erwinia*

carotovora)；不下凹者为阴性，如草生欧文氏菌（*Erwinia herbicola*）。

二十六、水解七叶苷

1. 培养基

在普通肉汁胨琼脂培养基中添加0.1%七叶苷和0.05%柠檬酸铁。分装试管，摆斜面，121℃蒸汽灭菌20min。

2. 接种和观察

取新鲜菌种接种后，适温培养3天、7天、14天观察。产黑褐色色素者为阳性，不产黑褐色素者为阴性。

二十七、葡聚糖和果聚糖的产生

1. 培养基

酪朊水解物	15g	蛋白胨	5g
1%锥虫蓝（trypan blue）水溶液	7.5mL	蔗糖	50g
K_2HPO_4	4g	结晶紫1%水溶液	0.1mL
琼脂	10g	蒸馏水	1000mL

调pH至7.0。115℃灭菌20min，冷却至50℃，加入1mL 1%亚碲酸钾水溶液（过滤灭菌），倒平板。

2. 操作步骤

划线得到分离良好的菌落，于37℃下培养24h，然后在室温中继续放置24h。

3. 结果观察

产生葡聚糖者为小、暗蓝的菌落，凹陷在琼脂中并粘在表面（血链球菌 *Streptococcus sanguinis*）；产生果聚糖者为黏的或粉色的生长物（唾液链球菌 *Streptococcus salivarius*）；产生浅或暗蓝、小而易乳化的菌落为阴性结果（缓症链球菌 *Streptococcus mitis*）。

二十八、3-酮基乳糖测定

1. 培养基

乳糖	10g	酵母膏	1g
琼脂	20g	蒸馏水	1000mL

调pH至7.0～7.2。分装大试管或三角瓶，115℃蒸汽灭菌20～30min，灭菌后倒平板。

2. 接种及培养

将幼龄斜面培养物点种在平板上，适温培养 2 天后生长成明显菌落。

3. 检查

（1）本内迪克特（Benedict）试剂

$CuSO_4 \cdot 5H_2O$	17.3g	Na_2CO_3（无水）	100g
柠檬酸钠	173g	蒸馏水	1000mL

将 Na_2CO_3 和柠檬酸钠溶于 600mL 蒸馏水中，过滤并加足到 850mL。将 $CuSO_4$ 溶于 100mL 蒸馏水中，并加足到 150mL，然后将 $CuSO_4$ 溶液缓缓加入到前一溶液中，并不断搅拌。

（2）结果测定

在平板上注入本内迪克特试剂，室温放置 0.5h 以上，如菌落四周出现褐色沉淀，则为 3-酮基乳糖阳性，无变化者为阴性。

二十九、硝酸盐还原

1. 培养基

肉汁胨培养基	1000mL	KNO_3	1g

调 pH 至 7.0～7.6。每管分装 4～5mL，121℃蒸汽灭菌 15～20min。

2. 试剂

（1）格里斯（Griess）试剂

A 液：对氨基苯磺酸 0.5g，稀醋酸（10% 左右）150mL。

B 液：α-萘胺 0.1g，蒸馏水 20mL，稀醋酸（10% 左右）150mL。

（2）二苯胺试剂

二苯胺 0.5g 溶于 100mL 浓硫酸中，用 20mL 蒸馏水稀释。

3. 接种

将测定菌接种于硝酸盐液体培养基中，适温培养 1 天、3 天、5 天。每株菌作两个重复，另留两管不接种作为对照。

4. 操作

取两支干净的空试管或在比色瓷盘凹井中倒入少许培养 1 天、3 天、5 天的培养液，再各加一滴 A 液及 B 液，在对照管中同样加入 A 液、B 液各一滴。

5. 结果观察

当培养液中滴入A液、B液后，溶液变为粉红色、玫瑰红色、橙色、棕色等表示亚硝酸盐的存在，为硝酸盐还原阳性。如果无红色出现，则可加一二滴二苯胺试剂，此时如呈蓝色，则表示培养液中仍有硝酸盐，但无亚硝酸盐反应，表示无硝酸盐还原作用；如不呈蓝色反应，表示硝酸盐和形成的亚硝酸盐都已还原成其他物质，故仍应按硝酸盐还原阳性处理。

6. 注意事项

1）还原硝酸盐反应是在厌氧条件下进行的，虽然不必用矿油封液面，但分装试管时液层不宜太薄，对生长缓慢的细菌尤其应注意。

2）对不同种的细菌来说，亚硝酸盐可以是硝酸盐还原的最终产物，也可以是整个还原过程中间产生的。另外，有的种还原极为迅速，有的种还原缓慢，因而第一次检查该项目时要及时（18～24h），并且对阴性反应的菌株应连续进行观察。另外，对于未呈现亚硝酸盐反应的测定应检查是否仍有硝酸盐（二苯胺测定），然后才能判断有无硝酸盐还原反应。

三十、亚硝酸盐还原

1. 培养基

牛肉膏	10g	蛋白胨	5g
$NaNO_2$	1g	蒸馏水	1000mL

调pH至7.3～7.4。分装试管，121℃灭菌15min。

2. 试剂

同“硝酸盐还原”。

3. 接种

30℃下培养1天、3天、7天后测定。

4. 结果观察

加入试剂A液、B液各一滴，如红色消失而产氨，则为阳性（气味产碱菌 *Alcaligenes odorans*）；加试剂为红色说明不分解亚硝酸盐，为阴性（乙酸钙不动杆菌 *Acinetobacter calcoaceticus*）。

三十一、反　硝　化

1. 培养基

普通肉汁胨培养液	100mL
KNO_3	1g

调 pH 至 7.2～7.4。分装试管，每管培养基高度约 5cm，121℃灭菌 30min。

2. 接种

用肉汁胨斜面菌苔作为菌种，接种环接种后用凡士林油封管，同时要以凡士林油封管不含硝酸钾的培养基作为对照。

3. 结果观察

培养 1～7 天，观察含有 KNO_3 的培养基中有无生长和是否产生气泡，如产生气泡表示有反硝化作用，产生氮气，是阳性反应；但如不含 KNO_3 的对照培养基也产生气泡则只能按可疑或阴性处理。不产气泡则为阴性。

三十二、产氨试验

1. 培养基

蛋白胨	5g	蒸馏水	1000mL

调 pH 至 7.2。分装试管，121℃灭菌 15～20min。

2. 奈氏（Nessler）试剂

KI	5g	蒸馏水	5mL

将 5g KI 加入冷的饱和 $HgCl_2$ 溶液中，直至摇振后仍保留少许为止，再加入 40mL 9mol/L NaOH，最后加入蒸馏水至 100mL。

3. 接种

以幼龄菌种接种，置于适温下培养 1 天、3 天、5 天。

4. 结果观察

取培养液少许，加入试剂数滴，出现黄褐色沉淀为阳性。

三十三、脲　　酶

1. 方法一

（1）培养基

蛋白胨	1g	KH_2PO_4	2g
NaCl	5g	酚红（0.2% 酚红水溶液）	6mL
葡萄糖	1g	琼脂	20g
蒸馏水	1000mL		

调 pH 至 6.8～6.9，使培养基呈橘黄色或微带粉红色为宜。分装试管，分装量以适于摆斜面为度，115℃蒸汽灭菌 30min。

将 20% 尿素溶液过滤灭菌，待基础培养基冷却到 50～55℃时，将灭菌的尿素溶液加入培养基中，终浓度为 2%，然后摆成较大的斜面。

（2）结果观察

接种后适温培养，分别于 2h、4h 过夜观察。阴性结果要观察 4 天，培养基呈桃红色者为阳性，培养基颜色不变者为阴性。

（3）注意事项

该试验应设置不加尿素的空白对照（尤其是测定假单胞菌），并设置已知的阳性菌对照。

2. 方法二

将测定菌接种在营养琼脂斜面上，在第 3 天和第 7 天进行脲酶的测定。方法：在空试管中，将斜面菌苔制成 2mL 浓菌悬液，加入一滴酚红指示剂，调 pH 至 7.0，即酚红刚刚转黄呈橙红色，再将此菌悬液分作两份，在其中的一管中加入少许结晶的尿素（0.05～0.10g），另一管中不加尿素作为对照。如果加入尿素的试管几分钟酚红指示剂变红，则表示测定菌为脲酶阳性。不变者，则为阴性。

三十四、吲　　哚

1. 培养基

1% 胰蛋白胨水溶液，调 pH 至 7.2～7.6。分装 1/4～1/3 试管，115℃蒸汽灭菌 30min。

2. 接种

将新鲜的菌种接种于上述培养基中，适温下培养。

3. 试剂

对二甲氨基苯甲醛	8g	乙醇（95%）	760mL
浓 HCl	160mL		

4. 测定

对于培养 1 天、2 天、4 天、7 天的培养液，沿管壁缓缓加入 3～5mm 高的试剂于培养液表面，在液层界面为红色，即为阳性反应。若颜色不明显，可加 4～5 滴乙醚至培养液中，摇动，使乙醚分散于液体中，将培养液静置片刻，待乙醚浮至液面后再加入吲哚试剂。当培养液中有吲哚时，吲哚可被提取至乙醚层中，浓缩的吲哚和试剂反应，则颜色明显。

三十五、苯丙氨酸脱氨酶

1. 培养基

酵母膏	3g	NaCl	5g
Na_2HPO_4	1g	琼脂	12g
DL-苯丙氨酸	2g（或 L-苯丙氨酸 1g）		
蒸馏水	1000mL		

调 pH 至 7.0。分装试管，121℃蒸汽灭菌 10min，摆成长斜面。

2. 试剂

10%（*w*/*v*）的 $FeCl_3$ 溶液。

3. 接种与培养

以适当的浓度接种，37℃下培养 4h，18～24h 后测定。

4. 结果观察

将 4～5 滴试剂滴到生长菌的斜面，当斜面和冷凝水中为绿色时为阳性反应，即表明已形成了苯丙酮酸，不变则为阴性。

三十六、色氨酸脱氨酶

1. 方法一

该法可同时测定色氨酸脱氨酶、脲酶和吲哚。

（1）培养基

L-色氨酸	3g	NaCl	5g

KH_2PO_4	1g	95% 乙醇	10mL
K_2HPO_4	1g	蒸馏水	900mL

加入酚红 25～30mg 至微橙黄色，pH 为 6.8～6.9，分装于三角瓶中，121℃蒸汽灭菌 20min。另外将 20g 尿素溶于 100mL 水中，过滤灭菌，采用无菌操作与上述湿热灭菌的培养基相混，并分装于无菌试管内，每管液层高 3～4cm。

（2）接种与测定

将试验菌株的幼龄培养物接种于上述培养液中，适温培养 24h，取 2～4 滴培养液，与一滴 $FeCl_3$ 溶液（约 33%）相混。如呈红褐色，则为色氨酸脱氨酶阳性反应；如无颜色变化则为阴性反应。可用变形菌作为阳性对照。

（3）结果观察

如培养后的培养液由黄色转为红色，则表示有脲酶的存在。如用对二甲氨基苯甲醛试剂进行测定，可检查有无吲哚形成。如果不测定脲酶，配制培养基时可不加酚红和尿素。

2. 方法二

（1）试液

0.2%～0.5% L-色氨酸溶液，生理盐水或 pH 6.8 的缓冲液。

A 液：KH_2PO_4，0.2mol/L（27.2g/L），50mL；B 液：Na_2CO_3，0.2mol/L（8.0g/L），23.6mL。A 液与 B 液相混即为 pH 6.8 的缓冲液。

33% $FeCl_3$ 溶液。

（2）接种与培养

将试验菌接种于肉汁胨培养基斜面，适温培养 24h。

（3）测定方法

取干净的试管两支，每管中加入 4 滴 L-色氨酸溶液和 4 滴生理盐水（或 4 滴 pH 6.8 的缓冲液 A 和 B），然后将测定菌的菌苔混到上述溶液的两支试管中，制成浓菌液。另外两支试管中不加菌苔作为对照。置室温 15～20min 后，每管中加入一滴 33% $FeCl_3$ 溶液，立即呈现红褐色，表示阳性反应，不变色者表示阴性反应。可用变形菌作为阳性对照。

三十七、鸟氨酸脱羧酶、赖氨酸脱羧酶和精氨酸脱羧酶

1. 培养基

蛋白胨	5g	溴甲酚紫（1.6%）	0.625mL
牛肉膏	5g	甲酚红（0.2%）	2.5mL
D-葡萄糖	0.5g	琼脂（半固体）	3～6g
维生素 B_6（吡哆醛）	5mg	蒸馏水	1000mL

将以上成分加热溶解，调 pH 至 6.0，再加入指示剂。将上述基础培养基分为四等份，其中 3 份分别加入 L-鸟氨酸、L-赖氨酸、L-精氨酸的盐酸盐，使浓度达 1%。如用 DL-氨基酸，则浓度应达 2%。再调 pH 至 6.0～6.3，将未加氨基酸的一份基础培养基作为空白对照。分装小试管，每管 3～4mL，121℃灭菌 10min。鸟氨酸的培养基中可能有少量絮状沉淀，但不影响使用。

2. 接种

用幼龄培养物作为种菌，直针接种。接种后油封。对照管与测定管同时接种。

3. 结果观察

对于肠杆菌科的细菌，一般于 37℃下培养 4 天，每天观察。但对于非临床来源的细菌，可于 30℃培养，连续观察 7 天。指示剂呈紫色或带红色调的紫色者为阳性，呈黄色者为阴性。一般肠杆菌科的细菌于 1～2 天呈阳性反应，但也有迟缓阳性者，即培养 3～4 天才出现阳性反应，对照管应呈黄色。

三十八、精氨酸双水解酶

1. 索恩利（Thornley）培养基

蛋白胨	1g	酚红	0.01g
NaCl	5g	L-精氨酸盐	10g
K_2HPO_4	0.3g	琼脂	6g
蒸馏水	1000mL		

调 pH 至 7.0～7.2。分装试管，培养基高度 4～5cm，121℃灭菌 15min。

2. 接种与培养

用幼龄菌种穿刺接种，并用灭菌凡士林油封管，适温培养 3 天、7 天、14 天后观察。

3. 结果观察

培养基转为红色者为阳性，应设不含精氨酸的培养基作为空白对照。

三十九、乙　酰　胺

1. 测定液

（1）乙酰胺液

乙酰胺	2g	蒸馏水	20mL

无需灭菌。

（2）缓冲液

K_2HPO_4	0.4g	KH_2PO_4	0.1g
KCl	8g	蒸馏水	1000mL

115℃高压灭菌 20min。

（3）测定液

由 1 份乙酰胺液+99 份缓冲液组成测定溶液。

2. 奈氏（Nessler）试剂

KI	5g	蒸馏水	5mL

加入冷的饱和 $HgCl_2$ 溶液，直至摇振后仍保留少许为止，再加入 40mL 9mol/L NaOH，最后加入蒸馏水至 100mL。

3. 步骤

1）悬浮一环培养物于上述测定液中。
2）适温培养 24h。
3）加一滴奈氏试剂，立即记录结果。

4. 结果观察

阳性：产棕红或棕色沉淀，如食酸丛毛单胞菌（*Comamonas acidovorans*）；阴性：黄色，如施氏假单胞菌（*Pseudomonas stutzeri*）。

四十、水解马尿酸

1. 杨和汤普逊（Yong & Thompson）法

适用于链球菌（*Streptococcus* sp.）、弯曲杆菌（*Campylobacter* sp.）和阴道加德纳氏菌（*Gardnerella vaginalis*）。

（1）底物溶液及试剂

马尿酸钠 0.25g，蒸馏水 25mL，过滤灭菌。茚三酮 3.5g，丙酮-丁醇（1∶1）100mL。

（2）操作

①接种，滴适当浓度的菌悬液 2 滴于底物溶液；② 35～37℃培养 1h；③加 2 滴试剂，再培养 15min。

（3）结果观察

阳性：在 15min 内出现紫色，如空肠弯曲杆菌（*C. jejuni*）、阴道加德纳氏菌、无乳链球菌（*S. agalactiae*）。阴性：15min 内未出现颜色，如大肠弯曲杆菌（*C. coli*）、酿脓链球菌（*S. pyogenes*）。

（4）注意事项

①接种浓度要适当；②加试剂前后的培养时间必须严格；③试剂需避光存放。

2. 拜尔德 · 帕克（Baird Parker）法（适用于芽孢菌）

（1）培养基

胰蛋白胨	10g	NaH_2PO_4	5g
牛肉膏	3g	马尿酸钠	10g
酵母膏	1g	葡萄糖	1g
蒸馏水	1000mL		

分装试管，121℃灭菌 30min。

（2）试剂

浓硫酸 50mL，蒸馏水 50mL（浓硫酸必须缓慢倒入蒸馏水）。

（3）操作步骤

1）将幼龄培养物接种于培养基上，适温培养 4～6 周。

2）取 1mL 培养物与 1.5mL 试剂混合。如有结晶出现表示由马尿酸盐生成了苯甲酸，则为阳性；无结晶者为阴性。

四十一、DNA 酶

1. 培养基

酪蛋白水解物	15g	甲苯胺蓝	0.1g
大豆蛋白胨	5g（可配成溶液，按量加入）		
NaCl	5g	琼脂	15g
DNA	2g	蒸馏水	1000mL

除 DNA 和甲苯胺蓝之外的成分，加热熔化后调 pH 至 7.2。加入 DNA 和甲苯胺蓝，混匀后分装，121℃灭菌 30min。

2. 步骤

将培养基倒平板，点接幼龄种菌于培养皿上，适温培养 2 天。

3. 观察结果

在接种部位周围出现粉红色晕圈为阳性。沙雷氏菌可作为阳性对照。

四十二、磷　酸　酶

1. 培养基

将灭菌的牛肉汁营养琼脂冷却至 50℃，加入过滤灭菌的 1% 酚酞二磷酸盐（phenolphthalein diphosphate），并倒成平板。

2. 操作步骤

1）将幼龄培养物点种于平板，培养 2 天。

2）取 0.1mL 浓氨水平铺平板，20～30s 后观察结果。

3. 结果观察

菌落呈粉红色为阳性，如金黄色葡萄球菌（*Staphylococcus aureus*）；无颜色反应为阴性，如科氏葡萄球菌（*S. cohnii*）。

四十三、明胶液化

1. 培养基

蛋白胨	5g	明胶	100～150g
水	1000mL		

调 pH 至 7.2～7.4。分装试管，培养基高度 4～5cm，间歇灭菌或 115℃蒸汽灭菌 20min。

2. 接种

取 18～24h 的斜面培养物穿刺接种，并有两支未接种的培养基作为空白对照。

3. 结果观察

在 20℃温箱中培养 2 天、7 天、10 天、14 天和 30 天，观察菌的生长情况和明胶是否液化。如果菌已生长，明胶表面无凹陷且为稳定的凝块，则为明胶水解阴性。如果明胶凝块部分或全部在 20℃以下变为可流动的液体，则为明胶水解阳性。如果菌已生长，明胶未液化，但明胶表面菌苔下出现凹陷小窝（必须与未接种的对照管比较，因培养过久的明胶因水分失散也会凹陷），也是轻度水解，按阳性记录。若细菌未生长，则是由于不在明胶培养基上生长，或基础培养基不适宜。

4. 注意事项

1）如果有的菌在 20℃不生长，则在 30℃培养生长后，观察时应放冰箱或冷水中降温，待对照管凝固后再记录。

2）灭菌过高或过低易影响结果，一般用 115℃蒸汽灭菌 15min 较为合适。

3）明胶质量不一，在培养基中所用数量也难以统一，以在 20℃时凝固成稳定的凝块为宜。为了便于比较，在同一实验室内，最好用同一品牌同一浓度的明胶。

四十四、酯酶（吐温 80）

1. 培养基

蛋白胨	10g	NaCl	5g
$CaCl_2 \cdot 7H_2O$	0.1g	琼脂	9g
蒸馏水	1000mL		

调 pH 至 7.4，121℃灭菌 20min。

2. 底物

吐温 80，121℃灭菌 20min。

3. 测定培养基

冷却基础培养基至 40～50℃，加吐温 80 至终浓度为 1%，倒平板。

4. 步骤

划线接种培养物于平板上，培养至第 7 天，每天观察。

5. 结果观察

在菌落生长的周围有模糊的晕圈者为阳性（铜绿假单胞菌 *Pseudomonas aeruginosa*）；没有晕圈者为阴性（支气管炎博德特氏菌 *Bordetella bronchiseptica*）。

四十五、脂酶（玉米油）

1. 培养基

蛋白胨	10g	酵母膏	3g
NaCl	3g	琼脂	20g
维多利亚蓝（1∶5000 水溶液）		100mL	
玉米油	50mL	蒸馏水	900mL

将玉米油以外的各成分置蒸馏水中溶解后，加入玉米油，用电磁搅拌，使其混合均匀，调 pH 至 7.8。分装试管，115℃灭菌 30min，趁热摆斜面，培养基呈淡红色。

2. 方法

在琼脂培养基上接种，适温培养 24h 后观察。

3. 结果观察

培养基变蓝色者为阳性；不变者为阴性。

四十六、卵磷脂酶

1. 培养基

在无菌条件下取卵黄加等量的生理盐水，摇匀后，取 10mL 上述悬液加入融化的 50～55℃的 200mL 肉汁胨琼脂中，混合均匀后倒入培养皿内。制成的卵黄平板过夜后即可使用。

2. 操作步骤

取 18～24h 的斜面或培养液中的菌体点种在上述平板上，点种直径为 2～3mm。每个平板可分散点 5～7 株菌，以不影响观察结果为宜。如为厌氧菌，至少需要在上面加盖无菌的盖玻片。适温培养 18～24h 后观察。某些菌则需要在 48h 后观察，如蕈状芽孢杆菌。如果菌落四周和下面有不透明的区域出现，表示卵磷脂分解生成脂肪，说明有卵磷脂酶。

3. 注意事项

将卵黄生理盐水悬液加入融化的肉汁胨培养基时，后者的温度必须掌握好，不宜过高，否则卵黄凝固，导致制备的平板不能使用。

四十七、硫　化　氢

1. 方法一（纸条法）

（1）培养基

蛋白胨	10g	NaCl	5g
牛肉膏	10g	半胱氨酸	0.5g
蒸馏水	1000mL		

调 pH 至 7.0～7.4。分装试管，每管液层高度 4～5cm，112℃灭菌 20～30min。另外，将普通滤纸剪成宽 0.5～1cm 的纸条，长度根据试管与培养基高度而定。用 5%～10% 乙酸铅将纸条浸透，然后用烘箱烘干，放于培养皿中灭菌备用。

（2）接种与观察

用新鲜斜面培养物接种培养基。接种后，用无菌镊子夹取一条乙酸铅纸条用棉塞塞紧，使其悬挂于管中，下端接近培养基表面，不接触液面，适温培养。于接种后 3 天、7 天、14 天观察。纸条变黑色者为阳性，不变者为阴性。

（3）注意事项

①该方法比较灵敏，本培养基不适用于肠杆菌科。②纸条高度应放置适当，离液面太远会影响灵敏度，太近容易溅湿。另外，移动试管架时也要平稳。③除空白对照外，应设置阴性对照。

2. 方法二（肠杆菌）

（1）培养基

牛肉膏	7.5g	蛋白胨	10g
NaCl	5g	明胶	100～120g（或琼脂 15g）
10% $FeCl_2$（培养基灭菌后无菌加入）			5mL
蒸馏水	1000mL		

调 pH 至 7.0，112℃灭菌 20min。在明胶培养基尚未凝固时，加入新制备的过滤灭菌的 $FeCl_2$，用无菌试管分装，培养基高度为 4～5cm，立即置冷水中冷却凝固。

（2）接种与观察

用穿刺法接种，30℃培养，1 天、3 天、7 天时观察，变黑者为阳性，不变者为阴性。

（3）注意事项

①该方法适用于肠杆菌科细菌的鉴定。②在实验室用硫酸亚铁代替氯化亚铁。③可同时测定明胶液化，20℃培养。

四十八、牛奶分解

1. 培养基

（1）脱脂牛奶的制备

新鲜牛奶用离心机分离，除去上层奶油，取下层脱脂牛奶。若无新鲜牛奶可用脱脂奶粉代替，将 100g 脱脂奶粉溶于 1000mL 水中，或将鲜奶煮沸，在冷凉处静置 24h，用虹吸法取出底层牛奶。

（2）石蕊液的制备

石蕊	2.5g	蒸馏水	100mL

将石蕊浸泡在蒸馏水中过夜或更长时间，使石蕊变软而易于溶解，溶解后过滤，即可用作配制石蕊牛奶。

（3）石蕊牛奶的配制

2.5% 石蕊水溶液	4mL	脱脂牛奶	100mL

混合后的颜色以丁香花紫色为适度，分装试管，牛奶高度约为 4cm。间歇灭菌或 112℃蒸汽灭菌 20～30min。

2. 接种与培养

将新鲜菌种移至上述石蕊牛奶试管中适温培养。

3. 结果观察

1天、3天、5天、7天、14天和30天观察酸碱反应、酸凝、酶凝、胨化、还原等。产酸：石蕊变红；产碱：变蓝；酸凝：变红和凝固；酶凝：不变色或蓝色，牛奶结块、凝固；胨化：牛奶变清；还原：石蕊褪色变白。

四十九、葡萄糖酸盐氧化

1. 试剂

（1）1/15mol/L 磷酸盐缓冲液（pH 7.2）配制法

1/15mol/L KH_2PO_4（KH_2PO_4 9.078g/L），1/15mol/L $Na_2HPO_4 \cdot 12H_2O$（$Na_2HPO_4 \cdot 12H_2O$，23.876g/L），按 1/15mol/L KH_2PO_4 3mL 和 1/15mol/L Na_2HPO_4 7mL 的比例混合即配成 pH 约为 7.2 的磷酸盐缓冲液。

（2）费林试剂配制法

A 液：结晶硫酸铜 34.64g，蒸馏水加至 500mL。
B 液：酒石酸钾钠 173g，KOH 125g，蒸馏水加至 500mL。
使用时，A 液和 B 液等量混合，当日使用。

2. 操作

用 pH 7.2 的磷酸盐缓冲液配制含有 1% 葡萄糖酸盐的溶液。分装试管，每管 2mL，灭菌（112℃ /30min）。取适温培养 18～24h 的斜面培养物，刮取菌苔，在 2mL 葡萄糖溶液中制成浓厚的均匀菌悬液。置于 30℃下过夜。然后每管加入 0.5mL 费林试剂，放在沸水中煮沸 10min。

3. 结果观察

试管中蓝色液体变为黄绿、绿橙色，或出现红色沉淀，为阳性反应。若不变色仍为蓝色，则为阴性反应。

4. 注意事项

用葡萄糖酸钙作为葡萄糖酸盐，葡萄糖酸钙溶解后与磷酸根形成沉淀，但不影响测定。

五十、乙醇氧化

1. 培养基

（1）乙酸菌用

酵母膏	10g	自来水	1000mL
溴酚蓝 0.04% 水溶液	20mL		

调 pH 至 6.8～7.0。分装试管，每管分装高度约 4cm，121℃蒸汽灭菌 20min。

使用前，每管加入乙醇，使其终浓度为 2%～10%。如果是一般定性测定，可用 2% 乙醇；如果测定氧化能力，则可用较高浓度的乙醇。乙醇氧化是需氧过程，试管液层不宜太高。

（2）一般细菌用

在氧化发酵培养基中以醇代糖，使乙醇终浓度为 1%，可不加琼脂（见葡萄糖氧化发酵测定）。

2. 结果

培养 1 天、3 天、7 天和 14 天后观察产酸变黄者为阳性，不变黄者为阴性。

3. 其他方法

在上述培养基中加入碳酸钙（1%）和琼脂，乙醇浓度为 2%，不加指示剂，可用于乙酸细菌的分离和鉴定。在平板培养条件下于第 3 天、第 7 天和第 14 天观察菌落四周有透明圈者为阳性，否则为阴性。有的细菌，如乙酸细菌，培养初期产酸溶解碳酸钙，形成透明圈，但所形成的乙酸钙又进一步被氧化分解，转化成碳酸钙，使菌落四周呈现不透明的乳白色，并有彩色光泽。这一现象表明乙酸的氧化。

五十一、乙酸氧化

1. 培养基

酵母膏	10g	乙酸钙	10g
琼脂	20g	自来水	1000mL

调 pH 至 7.0～7.2。分装于三角瓶或大试管中以备倒平板，或分装摆成斜面。

2. 接种与观察

用幼龄菌种接种平板或斜面，培养 3～5 天后，观察菌苔四周是否出现乳白色晕圈。出现乳白色晕圈者为阳性反应，即可溶性乙酸钙中的乙酸氧化分解，将钙游离出来重新成为不溶性的碳酸钙。如未出现乳白色晕圈为阴性，即未分解乙酸。

五十二、有机酸测定

1. 挥发性有机酸

（1）标准溶液配制（国产分析纯）

乙酸	5.78mL	丙酸	7.5mL
异丁酸	9.37mL	丁酸	9.28mL
异戊酸	11.15mL	戊酸	10.97mL
己酸	12.12mL		

将上述溶液分别置于 100mL 容量瓶中，加水至刻度，为 1mol/L 标准母液，取母液稀释 100 倍为 10mmol/L。

（2）样品预处理（酸化）

取 1mL 幼龄（培养 24h）蛋白胨酵母葡萄糖（PYG）培养液，以 50% H_2SO_4 调 pH 至 2.0，混匀，8000r/min 离心 1min，另有标准样品混合物和空白 PYG 培养液同时酸化。

（3）气相色谱测定

用 10μL 微量注射器取上述离心的上清液 2μL 进行气相色谱分析。

仪器型号：日本岛津公司 GC-TAG 型气相色谱仪 C-R3A 型自动积分记录仪。

检测器：氢火焰离子化检测器（FID）。色谱柱：3mm×1m 不锈钢柱。色谱柱填料：GDX-401（60～80 目）。载气及流速：高纯氮 50mL/min。氢气压力：0.6kg/cm^2。空气压力：0.5kg/cm^2。色谱柱温度：220℃。检测器温度：300℃。记录纸速：3mm/min。

（4）结果判断

将待检菌株的测定结果与标准溶液结果比较，根据各组分峰的保留时间决定各峰的组分，并根据各组分峰的积分面积计算其浓度，参阅美国弗吉尼亚理工学院暨州立大学（Virginia Polytechnic Institute and State University，VPI）厌氧菌实验室手册分析标准菌株图谱并进一步识别。

2. 非挥发性有机酸

（1）标准溶液配制

琥珀酸	1.1789g	丙二酸	1.04g
草酸	1.234g	反丁烯二酸	0.582g

将上述溶液移入同一个 100mL 容量瓶中，加少许蒸馏水溶解后，再吸取丙酮酸 0.72mL、乳酸 1.35mL 置于上述容量瓶中，最后加蒸馏水至刻度。乳酸、草酸、丙二酸、丙酮酸、琥珀酸的浓度均为 0.1mol/L，反丁烯二酸的浓度为 0.05mol/L。在进行气相色谱分析时要像培养物一样进行甲酯化。

（2）样品甲酯化

①吸取 1mL 培养液于 5mL 比色管中；②加入 0.4mL 50% H_2SO_4 和 2mL 无水甲醇，盖塞混匀，置于 60℃水浴 30min 或室温过夜；③测定前加入 1mL 蒸馏水和 0.5mL 氯仿，混匀，3000r/min 离心 5min。

（3）气相色谱测定

用 10μL 微量注射器取管底氯仿层 2μL 进样分析。

仪器型号：日本岛津公司 GC-TAG 型气相色谱仪 C-R3A 型自动积分记录仪。

检测器：氢火焰离子化检测器（FID）。色谱柱：3mm×2m 不锈钢柱。色谱柱填料：GDX-401（60～80 目）。载气及流速：高纯氮 30mL/min。氢气压力：0.6kg/cm^2。空气压力：0.5kg/cm^2。色谱柱温度：150℃。检测器温度：250℃。

（4）结果判断

同“挥发性有机酸”。

附：如果不满足气相色谱仪的条件，测定是否产生乳酸可采用纸层析法，乳酸测定方法如下。

1）培养基：本试验可结合测定乳酸细菌利用葡萄糖产酸产气试验进行。使用的培养基同前（见“糖醇类发酵”）。将被测定的菌接种于液体培养基中，30℃培养 3～5 天，如果产酸，再进行纸层析。

2）纸层析法：①展开剂：水∶苯甲醇∶正丁醇以 1∶5∶5 的量相混合，然后加入 1% 甲酸。②显色剂：0.04% 溴酚蓝乙醇溶液，用 0.1mol/L NaOH 调 pH 至 6.7。

采用新华一号滤纸或沃特曼（Whatman）一号滤纸，依据样品量，选择一张大小合适的滤纸，在纸张下方距边缘约 3cm 处划一条横线，每隔 2.5～3cm 划一点作为点样位置，并注明点样编号。在点样的同时需要用 2% 乳酸和不接种培养液两个样品作为对照。

将纸放入层析缸，先用展开剂饱和已点样的滤纸过夜，然后加入展开剂进行层析。一般上行 25cm 即可。取出晾干后喷显色剂，观察样品上行是否出现黄色斑点，并与对照比较其产生黄点的位置，以确定是否产生乳酸。

五十三、吲哚丙酮酸（IPA）测定

1. 培养基

肉膏	3g	蛋白胨	30g
硫代硫酸钠	0.05g	胱氨酸盐酸盐	0.2g
柠檬酸铁铵	0.5g	琼脂	4g
蒸馏水	1000mL		

将上述成分加热溶解，调 pH 至 7.4，分装小试管，121℃灭菌 15min。

2. 科氏（Kovac's）试剂

对二甲氨基苯甲醛	8g	乙醇	760mL
浓 HCl	160mL		

3. 接种

幼龄培养物穿刺于上述硫化氢吲哚动力培养基（SIM 培养基）中，30℃培养，24h 后观察结果。

4. 结果观察

在培养基表层部分呈褐色，表示 IPA 阳性；不变为阴性。

五十四、Biolog 细菌自动鉴定系统介绍

Biolog 公司根据细菌代谢的氧化还原过程，于 1989 年推出了适用于环境、临床细菌鉴定的 Biolog MicroStation 自动鉴定系统。Biolog 自动微生物分析系统主要根据细菌对糖、醇、酸、酯、胺、抗生素、大分子聚合物等 95 种化合物的利用、生长情况进行鉴定。细菌利用碳、氮源进行呼吸时，会将四唑类氧化还原染色剂（TV）从无色还原成紫色，从而在鉴定微孔板上形成该菌株特征性的反应模式或"指纹图谱"，通过 Biolog MicroStation 读数仪来检测颜色变化，由计算机通过最大概率模拟法，将该反应模式或"指纹图谱"与数据库相比较，将目标菌株与数据库相关菌株的特征数据进行比对，获得最大限度的匹配，可以很快得到鉴定结果，确定所分析的菌株的属名或种名。

1. 样品准备

将待鉴定细菌在通用培养基上划线培养 12～18h。通用培养基是适用于绝大多数细菌生长的培养基，包括好氧菌培养基（Biolog Universal Growth，BUG）、厌氧菌培养基（Biolog Universal Anaersal，BUA）。

准备菌悬液：用无菌棉签涂抹几个单菌落转入生理盐水中，制备成菌悬液，并用浊度计调整至适当浓度范围（3×10^8～6×10^8/mL）。

2. 鉴定微孔板

（1）微孔板

Biolog 系统所采用的鉴定微孔板有 96 孔，横排编号为 1～12，纵排编号为 A～H。96 孔中均含有四唑类氧化还原染色剂和胶质，其中 A1 孔为阴性对照、A10 孔为阳性对照、其他 95 孔中添加有 71 种不同的碳源物质和 23 种化合物。用于细菌鉴定的有 GENⅢ鉴定微孔板和厌氧菌鉴定微孔板（AN 板）。GENⅢ鉴定微孔板各种底物组分详见图 14-1。

A1 Negative Control 阴性对照	A2 Dextrin 糊精	A3 D-Maltose D-麦芽糖	A4 D-Trehalose D-海藻糖	A5 Cellobiose D-纤维二糖	A6 Gentiobiose 龙胆二糖	A7 Sucrose 蔗糖	A8 Turanose 松二糖	A9 Stachyose 水苏糖	A10 Positive Control 阳性对照	A11 pH 6	A12 pH 5
B1 D-Raffinose D-棉籽糖	B2 α-D-Lactose α-D-乳糖	B3 D-Melibiose D-蜜二糖	B4 β-Methyl-D-Glucoside β-甲基-D-半乳糖苷	B5 Salicin 水杨苷	B6 *N*-Acetyl-D-Glucosamine *N*-乙酰-D-葡萄糖胺	B7 *N*-Acetyl-β-D-Mannosamine *N*-乙酰-β-D-甘露糖胺	B8 *N*-Acetyl-D-Galactosamine *N*-乙酰-D-半乳糖胺	B9 *N*-Acetylneuraminic Acid *N*-乙酰神经氨酸	B10 1% NaCl 1%氯化钠	B11 4% NaCl 4%氯化钠	B12 8% NaCl 8%氯化钠
C1 α-D-Glucose α-D-葡萄糖	C2 D-Mannose D-甘露糖	C3 D-Fructose D-果糖	C4 D-Galactose D-半乳糖	C5 3-Methyl-D-Glucose 3-甲基-D-葡萄糖	C6 L-Fucose L-岩藻糖	C7 D-Fucose D-岩藻糖	C8 L-Rhamnose L-鼠李糖	C9 Inosine 次黄苷/肌苷	C10 1% Sodium Lactate 1%乳酸钠溶液	C11 Fusidic Acid 夫西地酸	C12 D-Serine D-丝氨酸
D1 D-Sorbitol D-山梨糖醇	D2 D-Mannitol D-甘露醇	D3 D-Arabitol D-阿拉伯糖醇	D4 Myo-inositol 肌醇	D5 Glycerol 甘油	D6 D-Glucose-6-Phosphate D-葡萄糖-6-磷酸	D7 D-Fructose-6-Phosphate D-果糖-6-磷酸	D8 D-Aspartic Acid D-天冬氨酸	D9 D-Serine D-丝氨酸	D10 Troleandomycin 醋竹桃霉素	D11 Rifamycin SV 利福霉素SV	D12 Minocycline 二甲胺四环素
E1 Gelatin 明胶	E2 Glycyl-L-Proline 甘氨酰-L-脯氨酸	E3 D-Alanine D-丙氨酸	E4 L-Arginine L-精氨酸	E5 L-Aspartic Acid L-天冬氨酸	E6 L-Glutamic Acid L-谷氨酸	E7 L-Histidine L-组氨酸	E8 L-Pyroglutamic Acid L-焦谷氨酸	E9 L-Serine L-丝氨酸	E10 Lincomycin 林可霉素	E11 Guanidine HCl 盐酸胍	E12 Niaproof 4 十四烷基磺酸钠
F1 Pectin 果胶	F2 Galacturonic acid 半乳糖醛酸	F3 D-Galactonic Acid Lactone D-半乳糖酸内酯	F4 D-Gluconic Acid 葡萄糖酸	F5 D-Glucuronic Acid D-葡萄糖醛酸	F6 Glucuronamide 葡糖醛酰胺	F7 Mucic Acid 黏酸	F8 Quinic acid 奎宁酸	F9 D-Saccharic Acid D-葡萄糖二酸	F10 Vancomycin 万古霉素	F11 Tetrazolium Violet 四唑紫	F12 Tetrazolium Blue 四唑蓝
G1 *p*-Hydroxy-phenylacetic Acid *p*-羟基苯乙酸	G2 Methyl pyruvate 丙酮酸甲酯	G3 D-Lactic Acid Methyl Ester D-乳酸甲酯	G4 L-Lactic Acid L-乳酸	G5 Citric Acid 柠檬酸	G6 α-Keto-Glutaric Acid α-酮戊二酸	G7 D-Malic Acid D-苹果酸	G8 L-Malic Acid L-苹果酸	G9 Bromosuccinic Acid 溴代丁二酸	G10 Nalidixic acid 萘啶酸	G11 Lithium Chloride 氯化锂	G12 Potassium Tellurite 亚碲酸钾
H1 Tween-40 吐温40	H2 γ-Amino-Butyric Acid γ-氨基丁酸	H3 α-Hydroxy-Butyric Acid α-羟丁酸	H4 β-Hydroxy-DL-Butyric Acid β-羟基-DL-丁酸	H5 α-Keto-Butyric Acid α-丁酮酸	H6 Acetoacetic Acid 乙酰乙酸	H7 Propionic Acid 丙酸	H8 Acetic Acid 乙酸	H9 Formic Acid 甲酸	H10 Aztreonam 氨曲南	H11 Sodium Butyrate 丁酸钠	H12 Sodium Bromate 溴酸钠

图 14-1　GENⅢ鉴定微孔板的各种底物组分

（2）微孔板反应

细菌利用微孔板中的化合物进行新陈代谢时，会发生一系列的氧化还原反应，产生电子，显色物质在吸收电子后，会由无色的氧化态转变为紫色或红色的还原态。鉴定细菌时全部基于显色反应，结果分为阴性值、阳性值和边缘值。

（3）接种

用 8 道移液器将菌悬液分别加入鉴定板的各孔中，每孔 150μL。

3. 培养

盖上鉴定板盖，标注菌号，置培养箱内培养。一般临床样品 35℃培养，环境样品 30℃培养。培养 4h 或 16～24h。

4. 读取结果

取出培养的鉴定微孔板，置于读数仪上读取结果，自动检索数据库得到鉴定结果。

（1）微孔板读数时间

AN 微孔板培养 20～24h 后读取结果，其他种类的微孔板分别在 4～6h 和 16～24h 各读取结果 1 次 。

（2）读取微孔板的程序

①打开“MicroLog”应用程序；②点击“SET UP”，启动阅读程序，选择阅读器模

式（Reader Mode）后点击“initialize reader”，进行初始化设置，等到界面上红色的“NO”键变成绿色的“YES”时，进入“DATE”界面，如采用人工读数，则进入手动模式（Manual Mode）；③选择培养时间和微孔板类型，输入样品编号，在“Strain type”下拉菜单中选择细菌类型；④将微孔板取下上盖，放入读数仪托架上，关闭读数仪盖子，准备读数；⑤按“Read Next”键开始读取结果。

（3）保存及读取鉴定结果

①在“SET UP”界面点击“output date filename”，输入保存文件名和地址；②返回“DATE”界面点击“SAVE”，结果保存于指定路径中；③在“SET UP”界面上选择“File”模式，点击“in-put date file name”，找到需要读取的文件；④打印结果。

5. 结果分析

Biolog 系统将读取的 96 孔反应结果按照与数据库的匹配程度列出 10 个结果，如果鉴定结果与数据库匹配良好，结果栏为绿色；如果鉴定结果不可靠，结果栏为黄色，显示“NOID”，但仍列出最可能的 10 个结果。每个结果均显示 3 种重要参数，即可能性 probability（PROB）、相似性 similarity（SIM）和位距 distance（DIS）。DIS 和 SIM 是最重要的 2 个值，DIS 值表示测试结果与数据库相应数据的位距，SIM 值表示测试结果与数据库相应数据的相似程度。Biolog 系统规定：细菌培养 4～6h，其 SIM 值≥0.75；培养 16～24h，SIM 值≥0.50；系统自动给出的鉴定结果为种名，SIM 值越接近 1.00，鉴定结果的可靠性越高，当 SIM 值小于 0.5，但鉴定结果中属名相同的结果的 SIM 值之和大于 0.5 时，自动给出的鉴定结果为属名。

五十五、法国生物梅里埃公司 API 系列生化鉴定系统介绍

1. API 鉴定原理

API 微生物鉴定系统以微生物生化理论为基础，借助微生物信息编码技术，为微生物检验提供了简易、方便、快捷、科学的鉴定程序。

2. 生理生化鉴定

根据未知菌株对各种生理条件（温度、pH、O_2、渗透压）、生化指标（唯一碳源和氮源、抗生素、酶、盐碱性）的代谢反应结果，并将结果转化成软件可以识别的数据，进行聚类分析，通过与已知的参比菌株数据库进行比较，对未知菌株进行鉴定。

3. API 系统

API 系统包括 API 标准化、小型化的生物化学测试鉴定条，鉴定条由特别选择的生化反应小管组成。该系统有多个种类的鉴定条，适用于不同类群细菌的鉴定，具有各自对应的数据库。例如，API 10S 用于革兰氏阴性杆菌鉴定，API 20E 用于革兰氏阴性肠杆菌科和部分弧菌的鉴定，API 20NE 用于革兰氏阴性非肠杆菌（非发酵菌和部分弧菌）的

鉴定，API Staph 用于葡萄球菌属、库克菌属、微球菌属等的鉴定，API Strep 用于链球菌属的鉴定，API Listeria 用于李斯特氏菌属的鉴定，API Campy 用于弯曲杆菌属的鉴定，API Coryne 用于棒状杆菌属的鉴定，API 50CHB 用于芽孢杆菌属的鉴定，API 50CHL 用于乳杆菌属的鉴定，API 20A 用于厌氧菌的鉴定，以及 API ZYM 研究酶系。

第十五章　化学分类方法

一、醌类测定

醌是原核微生物原生质膜上的组分，在电子传递和氧化磷酸化中起重要作用。在微生物中，醌主要有两种类型：一类为泛醌（ubiquinone，辅酶 Q，图 15-1），另一类为甲基萘醌（menaquinone，图 15-2）。醌的异戊烯基侧链长度和氢的饱和度不同，可以用作细菌属的分类依据。

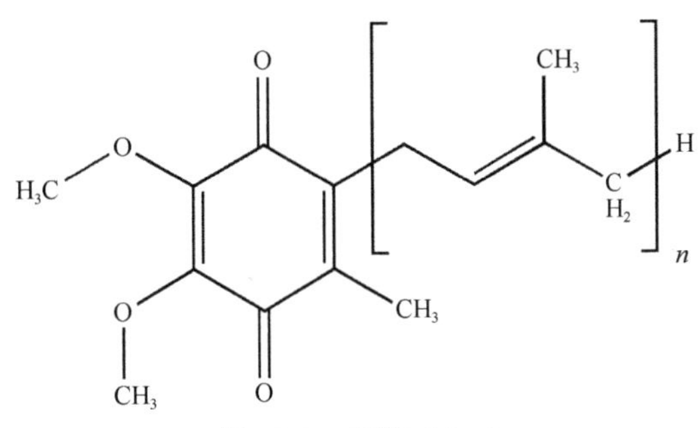

图 15-1　泛醌（Q-*n*）

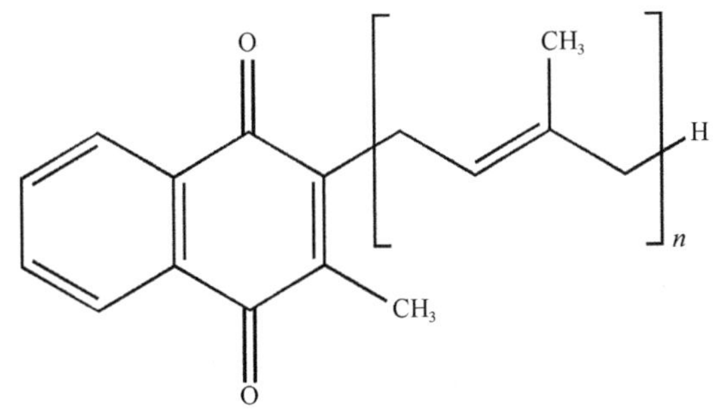

图 15-2　甲基萘醌（MK-*n*）

醌类测定方法如下。

1）菌体的培养和收集。

2）收集冻干菌体约 150mg，加入氯仿：甲醇＝2∶1（*v*/*v*）的溶液 20mL。

3）在黑暗处振荡 10h 左右。用滤纸过滤收集滤液。

4）采用减压旋转蒸发仪 40～45℃减压蒸馏至干燥，弃馏液。

5）加入丙酮 1～2mL 重新溶解干燥物，长条状点样于 60F254 硅胶板（20cm×20cm，Merck Art No. 1.05554）上。

6）以石油醚∶乙醚＝85∶15（*v*/*v*）作为展层剂展层约20min，取出风干。在波长254nm紫外灯下观察，在绿色荧光背景下呈暗褐色的带即为甲基萘醌的位置（Rf=0.7～0.8）；棕色条带为泛醌的位置（Rf=0.3～0.4）。示意图见图15-3。

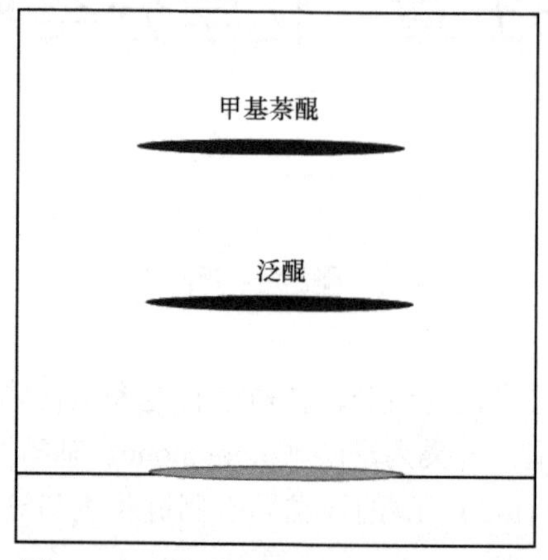

图15-3　醌的薄层层析（TLC）示意图

7）刮下黑褐色带的硅胶，置于2mL离心管中，用1mL丙酮溶解，然后用细菌滤器抽滤除去硅胶，收集滤液，即得甲基萘醌或泛醌的丙酮溶液。将其置于4℃黑暗处保存。

8）醌组分的测定采用反相高效液相色谱分析法，反相高效液相柱为十八烷基硅烷（150mm×4.6mm，5mm），流动相为甲醇（色谱纯）∶异丙醚（色谱纯）＝3∶1（*v*/*v*）溶液，流速为1mL/min，柱温为30℃，270nm处紫外检测甲基萘醌，275nm处紫外检测泛醌；通常用已知的醌型作为参比标准，对未知的峰需要进一步通过液相色谱-质谱联用色谱仪进行鉴定（测定异戊烯单位数目及氢饱和度）。示意图见图15-4。

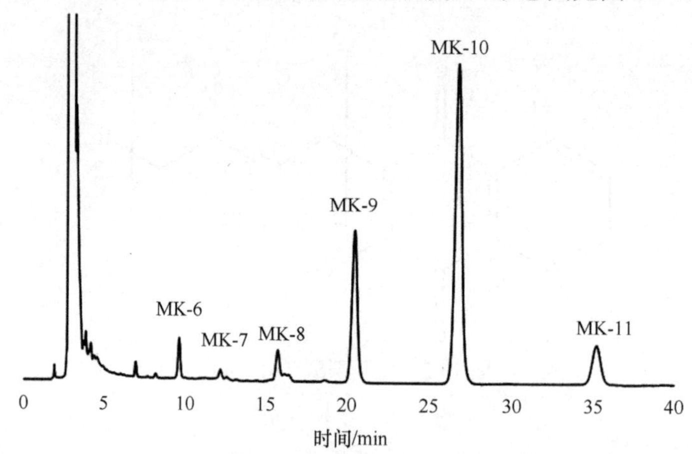

图15-4　甲基萘醌的高效液相色谱仪（HPLC）检测示意图

二、细胞极性脂组分分析

采用氯仿-甲醇抽提法抽提总脂成分，参考Minnikin等（1977）使用双相薄层层析方法鉴定极性脂成分。

1. 细胞极性脂提取方法

1）将培养好的200mL菌液（OD_{600}为0.8以上）在台式高速冷冻离心机上离心（4℃，8000r/min，10min），收获菌体。

2）用灭菌的20% NaCl溶液悬洗菌体、离心，共3次。用少量灭菌的20% NaCl溶液悬浮、分散菌体。

3）在离心管中加入20mL无菌去离子水悬浮菌体细胞，采用超声波细胞破碎仪破碎细胞，输出功率为200W，选择超声3s、间隔5s的模式，在冰水浴中进行20min超声破碎。将细胞裂解液转入250mL三角瓶。

4）在上述三角瓶中加入20mL氯仿和40mL甲醇，用聚乙烯薄膜封口，在摇床上200r/min振荡4～5h。

5）上述混合液经滤纸过滤到另一个250mL三角瓶，在滤液中加入20mL无菌去离子水和20mL氯仿，混合均匀，转入分液漏斗，于4℃冰箱静置、分层。

6）小心分取下层氯仿相至干净的旋转蒸发仪专用烧瓶中，在旋转蒸发仪上减压旋转蒸发除去氯仿（水浴温度不超过40℃）。若样品中有少量水，则滴入少量苯再减压旋转蒸发，获得干燥的总脂样品。

7）用0.5mL氯仿溶解总脂样品，转入1.5mL离心管中，离心（4℃，12 000r/min，10min）后取上清液，4℃冰箱保存备用。

2. 极性脂的薄层层析（TLC）检测

（1）*TLC薄板*

采用10cm×10cm的硅胶板（Merck Art，No.1.05554）。

（2）*点样和展层*

用10μL移液器吸取2μL总脂样品点于TLC板上，重复点样3次。

采用两个密闭层析缸，首先将TLC板置于第一个层析缸内展层，第一向展层剂为氯仿∶甲醇∶水（65∶25∶4，*v/v*），溶媒展至顶部后取出薄板吹干。再将薄板放入第二个层析缸，第二向展层剂为氯仿∶甲醇∶乙酸∶水（80∶12∶15∶4，*v/v*），按照与第一向垂直的方向上行，溶媒展至顶部，取出薄板吹干备用。

（3）*薄板显色*

1）检测全脂：将磷钼酸显色剂喷洒至TLC板上，100℃加热5～8min，待清晰斑点显出，立即在扫描仪上扫描TLC板，记录结果。

2）检测磷脂：先用茚三酮显色剂均匀喷涂TLC板，100℃加热15min，氨基磷脂会显示紫红色斑点，立即在扫描仪上扫描TLC板，记录结果。然后用磷酸盐显色剂（phosphate stain）或钼蓝显色剂（Sigma co. M1942）再次均匀喷涂TLC板，深蓝色的磷脂斑点在白色的背景中显出，立即在扫描仪上扫描TLC板，记录结果。

3）检测糖脂：用α-萘酚显色剂（α-naphthol stain）均匀喷洒TLC板至完全湿润，风干，再喷洒少许浓硫酸-乙醇（1∶1，*v/v*）溶液，120℃烘烤5～10min至全部显色。糖脂斑点为蓝紫色，其他脂为黄色。立即在扫描仪上扫描 TLC 板，记录结果，示例见图 15-5。

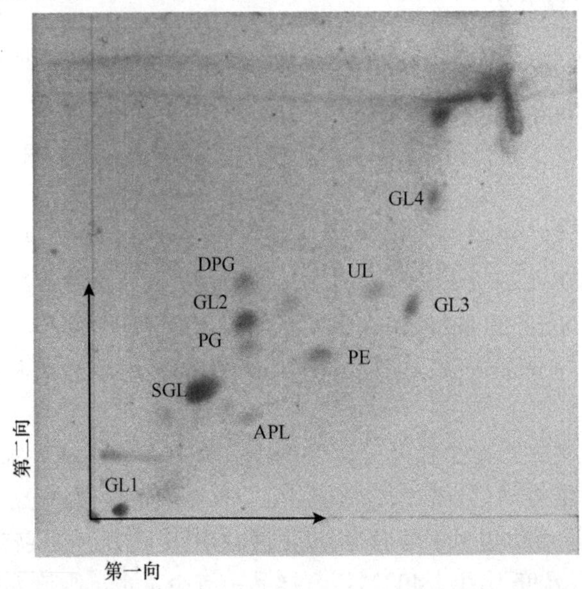

图 15-5　橘黄嗜冷鞘氨醇单胞菌（*Sphingomonas psychrolutea*）菌株 CGMCC 1.10106 极性脂双向层析图谱

（4）极性脂显色剂的配制（所有操作必须在通风柜内进行）

1）磷钼酸显色剂：10g 磷钼酸溶于 100mL 乙醇中。

2）磷酸盐显色剂：溶液 a——称取 1.6g 钼酸铵溶于 12mL 水中。溶液 b——在 4mL 浓 HCl 中加入 1mL 液体汞和 8mL 溶液 a，混匀，摇动 30min，过滤除去残渣。显色剂贮存液：在剩余的溶液 a 中加入 20mL 浓 H_2SO_4 和全部的溶液 b，冷却，保存（此贮存液为亮绿色，稳定性不明）。使用前，将贮存液：蒸馏水按照 1∶3（*v*/*v*）进行稀释，配成的喷显剂呈琥珀色。如果需剧烈染色，可在 100mL 喷显剂中加入 2.5mL 浓 H_2SO_4。

3）茚三酮显色剂：0.4g 茚三酮溶于 100mL 水饱和正丁醇中（或者 0.1g 茚三酮溶于 100mL 丙酮中）。

4）α-萘酚显色剂：称取 1.5g α-萘酚溶于 50mL 乙醇中，现用现配，再加入 4mL 蒸馏水和 6.5mL H_2SO_4。

三、细胞脂肪酸组分分析方法

使用美国 MIDI（Microbial Identification）公司 Sherlock 全自动细菌鉴定系统对实验菌株进行菌体脂肪酸成分分析。

1. 试剂的配制

溶液Ⅰ：45g NaOH 溶于 150mL 甲醇及 150mL 蒸馏水中。

溶液Ⅱ：190mL 浓 HCl，275mL 甲醇溶于 135mL 蒸馏水中。

溶液Ⅲ：200mL 正己烷与 200mL 甲基叔丁醚混合均匀。

溶液Ⅳ：10.8g NaOH 溶于 900mL 蒸馏水中。

溶液Ⅴ：饱和 NaCl 溶液。

2. 提取方法

用接种环从培养基表面刮取适量细菌培养物，置于 8mL 螺口玻璃管中，加入 1mL 溶液Ⅰ，拧紧螺盖，沸水浴 5min，取出振荡 5～10s，再度拧紧螺盖，继续沸水浴 25min。

待样品管冷却后，加入 2mL 溶液Ⅱ，拧紧螺盖振荡，随后精确控制（80±1）℃水浴 10min，冰浴冷却；该步骤需严格控制温度和时间，以免羟基酸和环式脂肪酸受到破坏。

在冷却的样品管中加入 1.25mL 溶液Ⅲ，快速振荡 10min，弃去下层水相。在剩余有机相中加入 3mL 溶液Ⅳ和几滴溶液Ⅴ，快速振荡 5min，取 2/3 上层有机相置于气相色谱样品瓶中备用。

3. 气相色谱分析

采用 HP6890 气相色谱仪，配备分流/不分流进样口，氢火焰离子化检测器（FID）及 HP 气相色谱化学工作站（HP CHEMSTATION ver A 5.01）；色谱柱为 Ultra-2 柱，长 25m，内径 0.2mm，液膜厚度 0.33μm；炉温为二阶程序升温，起始温度 170℃，以 5℃/min 升至 260℃，随后以 40℃ /min 升至 310℃，维持 1.5min；进样口温度 250℃，载气为氢气，流速 0.5mL/min，分流进样模式，分流比 100∶1，进样量 2μL；检测器温度 300℃，氢气流速 30mL/min，空气流速 216mL/min，补充气（氮气）流速 30mL/min。

原始色谱图见图 15-6。

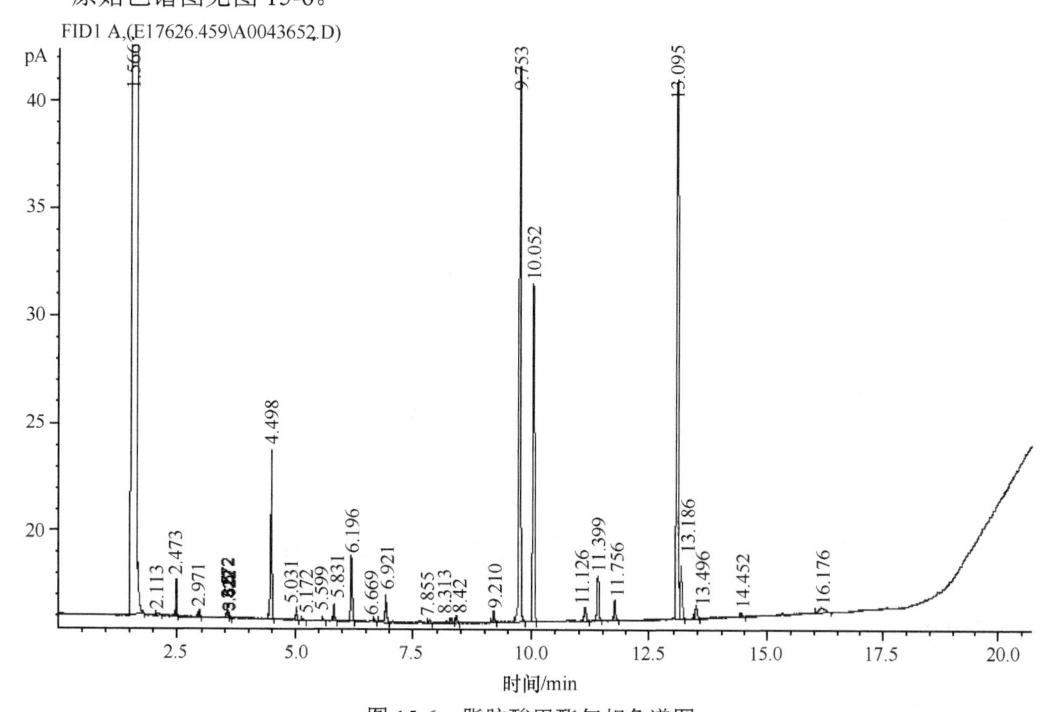

图 15-6　脂肪酸甲酯气相色谱图

四、二氨基庚二酸分析

1. DAP 的制备

全细胞水解液可用于分析细胞壁中的二氨基庚二酸（DAP）。

1）菌种培养：将待测菌株接种于适宜的琼脂培养基，选择合适的条件培养至对数生长末期。

2）制备全细胞水解液：用无菌接种环从斜面上刮取约两环量的菌体，放入内装 1mL 无水乙醇的耐热硬质安瓿中，脱水过夜。每株菌需制备两管。

倒出乙醇并晾干后，向安瓿中加入约 0.1mL 6mol/L HCl。

用喷灯封口后置于烘箱，120℃水解 15min。用于 DAP 分析的水解液以黑褐色为宜。

2. DAP 的检测

（1）层析板

微晶纤维素薄层色谱板（Merck 公司，1.05730，TLC Cellulose 10cm×20cm 50 Glass plates）。

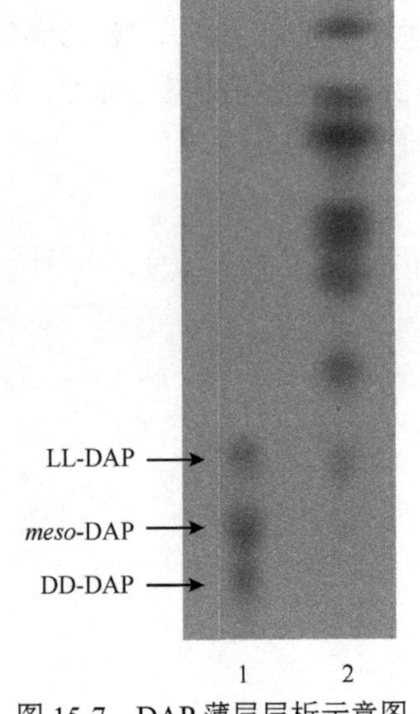

图 15-7　DAP 薄层层析示意图

1. 标准品；2. *Nocardioides psychrotolerans* CGMCC 1.11156[T]

（2）点样

取上述全细胞水解液约 0.4μL；0.01mol/L DAP 标准液（含有 LL-DAP、*meso*-DAP 和 DD-DAP 三种异构体）约 0.2μL，分别点在距薄板下缘 1cm 处。点样间隔以 1.5cm 为宜，点样斑应尽量小。用毛细玻璃管多次取样，在吹风机的热风吹拂下点样。

（3）层析与显色

展层所用的溶媒系统为甲醇∶吡啶∶冰醋酸∶水＝5∶0.5∶0.125∶2.5（*v/v*），上行推展约 18cm（视层析时室温高低可推展 1 或 2 次），取出风干后，喷洒 0.4% 茚三酮水饱和正丁醇溶液，70℃左右烘烤 5min 显色，立即在扫描仪上扫描记录结果。根据标准品的 Rf 值、颜色分析确定样品中的 DAP 构型，示例见图 15-7。

五、细胞壁氨基酸和糖组分分析

1. 纯细胞壁的制备

1）取湿菌体 1.5g 或冻干菌体 0.3g。

2）将菌体悬浮在 10～20mL 纯水中，加入 1g 玻璃珠（直径 0.11～0.12mm），冰水浴中 180W 超声波破碎细胞 30min。

3）5000r/min 离心 30min，去掉未裂解细胞，取上清液。

4）上清液 18 000r/min 离心 30min，取下层沉淀。

5）将沉淀悬浮在 15mL 4% SDS 溶液中，100℃沸水中处理 40min，冷却到室温。

6）在室温下，将悬浮液 18 000r/min 离心 30min，取下层沉淀，悬浮在 15mL 100℃蒸馏水中，在沸水中处理 20min，冷却至室温，18 000r/min 离心 30min。

7）重复步骤 6）两次，将沉淀进行冷冻干燥，即为菌体的纯细胞壁。

2. 细胞壁氨基酸组分检测

1）取 2～5mg 上述制备的纯细胞壁，放入硬质玻璃安瓿中，加入 0.2mL 6mol/L HCl；用喷灯封口后将安瓿放置于沙杯中，置于 120℃烘箱，加热水解 1～2h。

2）取出安瓿，冷却至室温，用 0.02mol/L HCl 将水解液补足至 0.5mL。

3）采用日本日立 L-8900 氨基酸分析仪检测水解液中的氨基酸组分。

注：通过检测细胞壁水解液中是否存在亮氨酸、异亮氨酸和苯丙氨酸可以判定所制备细胞壁的纯度。

3. 细胞壁糖组分检测

层析板：微晶纤维素薄层色谱板（Merck，No. 1.05730，TLC Cellulose 10cm×20cm 50 Glass plates）。

苯胺邻苯二甲酸显色剂的配制：将 3.25g 邻苯二甲酸溶解于 100mL 水饱和正丁醇中，加入 2mL 苯胺。

糖组分的检测步骤如下。

1）取 2～5mg 上述制备的纯细胞壁，放入硬质玻璃安瓿中，加入 0.1mL 0.5mol/L HCl，封口后置于烘箱，120℃水解 30min。

2）点样：取细胞壁水解液约 0.8μL；1% 标准糖溶液（半乳糖、甘露糖、木糖、鼠李糖、葡萄糖、阿拉伯糖、核糖、马杜拉糖）约 0.2μL，分别点在距薄板下缘 1cm 处。点样间隔以 1.5cm 为宜，点样斑应尽量小。用毛细玻璃管多次取样，在吹风机的热风吹拂下点样。

3）层析与显色：展层所用的溶媒系统为正丁醇∶水∶吡啶∶甲苯=10∶6∶6∶1（*v/v*），上行推展约 18cm（视层析时室温高低可推展 1 或 2 次），取出层析板风干后，喷洒苯胺邻苯二甲酸试剂，70～80℃烘烤 5min 显色。根据标准品的 Rf 值、颜色分析确定样品中各种单糖的组分，立即在扫描仪上扫描记录结果，示意图见图 15-8。

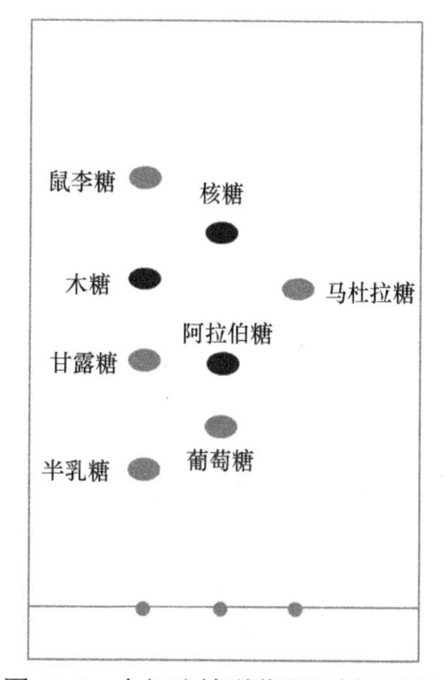

图 15-8　全细胞糖型薄层层析示意图

第十六章　核酸特征测定

一、16S rRNA 基因序列分析步骤

用于 16S rRNA 基因序列分析的常规程序如下：利用 16S rRNA 基因两端的保守序列作为 PCR 的引物，通过 PCR 扩增染色体 DNA 上的 16S rRNA 基因，PCR 产物纯化后，采用桑格（Sanger）双脱氧末端终止法进行测序。整个流程如下。

1. 基因组 DNA 提取和纯化

采用商品化的 DNA 提取试剂盒，或使用 Chelex 树脂溶液快速提取，步骤如下。

1）用无菌接种环或竹签挑取 1 个菌落，加入 50μL 5% Chelex 树脂溶液，充分振荡混匀。

2）沸水浴 10～15min。

3）6000r/min 离心 1min，上清液即为提取的基因组 DNA 溶液。

2. PCR 扩增 16S rRNA 基因

1）以染色体 DNA 作为 PCR 扩增的模板，反应体系中染色体 DNA 的终浓度约为 1nmol/100μL。

2）通用正向引物和通用反向引物（表 16-1）分别对应大肠埃希氏菌（*Escherichia coli*）16S rRNA 基因的 8～37nt 和 1479～1506nt，其序列如下。

表 16-1　细菌 16S rRNA 基因全长扩增通用引物

引物名称	引物序列（5′→3′）	参考文献
8F	AGAGTTTGATCCTGGCTCAG	Turner et al.，1999
27F	AGAGTTTGATCMTGGCTCAG	Lane，1991
1492R	GGTTACCTTGTTACGACTT	Turner et al.，1999
1492R	TACGGYTACCTTGTTACGACTT	Lane，1991

3）PCR 扩增体系：50μL 反应总体系如下。

2×*Taq* Mix　　25μL

引物（10μmol/L）

　正向引物　　2.0μL

　反向引物　　2.0μL

DNA 模板（100ng/μL）　　2.0μL

ddH_2O　　19μL

4）PCR 扩增参数。预变性：94℃，4min；94℃变性，1min；55℃复性，1min；72℃延伸，1.5min，共 30 个循环；72℃延伸 10min。

5）PCR 产物检测：0.8% 琼脂糖凝胶电泳，PCR 产物的上样量为 4μL，电泳缓冲液使用 1×TAE，100V 电压电泳 30min，经过溴化乙锭（EB）（0.5μg/mL）染色后在紫外灯下观察结果，PCR 产物为 1.5kb 大小的条带。

3. 16S rRNA 基因序列测定

将 16S rRNA 基因扩增产物送至测序公司测序。

4. 16S rRNA 基因序列比对分析

得到 16S rRNA 基因序列后，可直接与数据库中序列进行比对，得到序列最相似的物种信息，从而达到物种鉴定的目的。细菌鉴定过程中常用的基因序列数据库见表 16-2。

表 16-2　16S rRNA 基因序列常用数据库

名称	网址
EzBioCloud	http://www.ezbiocloud.net/identify
GenBank 16S rRNA	ftp://ftp.ncbi.nih.gov/blast/db/

（1）EzBioCloud

EzBioCloud 是韩国 Jong-sik Chun 研究团队开发的针对细菌、古菌全基因组及 16S rRNA 基因分析的数据库，该数据库最大的优点是整合了目前几乎所有可培养的细菌、古菌模式菌株 16S rRNA 基因序列，且更新较快，现已成为细菌鉴定中最常使用的数据库。用户需注册账号后才能使用该数据库的 16S rRNA 基因比对功能。登录后，点击“Identify single sequence”，复制待比对的序列，粘贴到相应输入框内，依次点击“Next”“Submit”，运行完成后，即可得到与该序列最相似的物种、分类学地位及相似性值等信息。用户可将比对结果中相似性排名靠前的序列直接下载后用于系统发育分析，构建系统发育树。

（2）GenBank 16S rRNA

GenBank 16S rRNA 是由美国国家生物技术信息中心（National Center for Biotechnology Information，NCBI）建立的 16S rRNA 基因序列数据库，可通过其在线 BLAST 工具（https://blast.ncbi.nlm.nih.gov/Blast.cgi）进行比对。打开 BLAST 网页后，粘贴待比对序列至相应输入框内，Database 选项处选择“rRNA/ITS database”中的“16S ribosomal RNA sequences（Bacteria and Archaea）”，点击“BLAST”，运行完成后得到与待分析序列最接近的模式菌株相似性等信息，也可从其 ftp 站点下载该数据库，利用 BLAST 或 BLAST+软件本地运行，得到比对结果。

二、DNA 的 G+C 含量摩尔分数测定

DNA 的 G+C 含量摩尔分数测定可使用熔解温度（T_m）法和 HPLC 法。目前，随着原核生物全基因组序列二代测序成本的降低，可直接利用基因组序列计算 DNA 的 G+C 含量摩尔分数。采用熔解温度（T_m）法和 HPLC 法测定 G+C 含量摩尔分数时，需要 DNA 纯度达到以下要求：OD 值 OD_{260}∶OD_{280}∶OD_{230}≥ 1∶0.515∶0.454。DNA 纯品的 OD_{260}/OD_{280} 值大约为 1.8，若比值较高说明含有 RNA 污染，比值较低说明有残余蛋白质。

（一）基于全基因组的 G+C 含量摩尔分数计算

根据拼接的全基因组序列，可计算基因组 G+C 含量摩尔分数等基本信息，代替传统的 G+C mol% 测定方法。可使用 Bioperl、Python、BBMap 等多种工具计算。

（二）熔解温度（T_m）法

1. T_m 测定

仪器：Perkin-Elmer 公司的 Lambda 35 紫外可见分光光度计。

1）将 DNA 样品用 0.1×柠檬酸钠（SSC）缓冲液稀释至 OD_{260} = 0.3～0.5（用 0.1× SSC 缓冲液校零）。

2）打开温度控制器，选择进行 T_m 值测定。从 25℃开始，每分钟升高 5℃，每 5℃记录一次 OD_{260}；从 60℃起控制每分钟升温 1℃，每升高 1℃记录一次 OD_{260}；终止温度 95℃，直至光吸收值不再变化。

3）以温度为横坐标，以相对光密度为纵坐标，绘制热变性曲线。热变性曲线中点相对应的温度即为熔解温度（T_m 值），可利用计算机自带软件计算出 DNA 熔解温度 T_m 值。

2. DNA 的 G+C 含量摩尔分数计算

0.1×SSC 缓冲液：$\text{mol\% G+C}=2.44T_m-69.3$　（16-1）

1×SSC 缓冲液：$\text{mol\% G+C}=2.08T_m-106.4$　（16-2）

注意事项：必须以大肠埃希氏菌（*Escherichia coli*）K12 菌株为参比对照，以校核实验误差。

（三）HPLC 法

1. 样品 DNA 的酶消化处理

25μL（10μg）样品 DNA 和 λDNA 分别在 100℃水浴中加热 5min，快速置于冰浴中，加入 1μL S1 核酸酶和 3μL 缓冲液，37℃处理 5h；再加入 1μL 碱性磷酸酶、4μL 缓冲液和 6μL 双蒸水，37℃水浴处理 15～20h；10 000r/min 离心 2min，用 0.2μm 水相膜过滤，可直接上样进行 HPLC 分析或−20℃保存。

2. HPLC 法测定 G+C 含量

DNA 的 G+C 含量的测定采用反相高效液相色谱分析法。高效液相色谱仪为伊力特高效液相色谱，反相高效液相色谱柱为十八烷基硅烷（250mm×4.6mm，5mm），流动相为三乙胺（色谱纯）∶甲醇（色谱纯）=8.8∶1.2（*v*/*v*）溶液或 0.2mol/L $(NH_3)H_2PO_4$ ∶乙腈=20∶0.8（*v*/*v*）或 0.5mol/L $(NH_3)H_2PO_4$ ∶乙腈=25∶1（*v*/*v*），流速为 1mL/min，柱温为 35℃，进样量 20μL，270nm 处紫外检测，进样后记录数据，出峰顺序依次为 C、G、T、A（图 16-1）。通常柱压应为 180bar（1bar=10^5Pa），若柱压较高，应适当减小流速。

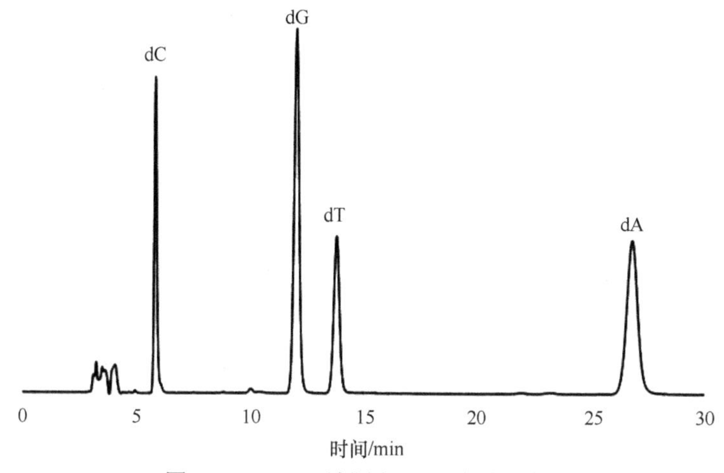

图 16-1　HPLC 法测定 G+C 含量示意图

注意事项：选用不同流速，不会影响实验结果；如果样品 DNA 的酶消化不完全，则严重影响实验结果，消化后样品中若含盐（如 SSC）也会影响结果；DNA 样品中含少量 RNA 对测定结果影响较小。

3. DNA 的 G+C 含量摩尔分数计算

根据参比 λDNA 中各碱基组分含量，标定和换算测定 DNA 样品中 G+C 含量摩尔分数（标准 λDNA 的 G+C 含量摩尔分数=49.858mol%）。

三、DNA-DNA 杂交测定 DNA 同源性

1. 复性速率方法

1）DNA 样品的剪切。将待测 DNA 样品用 0.1×SSC 缓冲液调整浓度到 OD_{260} 为 2.00 左右，对 2mL DNA 样品使用超声波细胞破碎仪进行剪切。输出功率 40W，选择超声 3s、间隔 3s 的模式，剪切处理 DNA 样品 24min，剪切处理应在冰水浴中进行。用 1% 琼脂糖凝胶电泳检测剪切后的 DNA 样品，DNA 片段大小应集中在 300～800bp。

2）将剪切后的样品用 10×SSC 缓冲液调节为 2×SSC 缓冲液体系。杂交前，先用 2×SSC 缓冲液调零，自身复性实验取 0.4mL DNA 样品，杂交实验时各取 0.2mL DNA 样品充分混合，放入比色杯中，用温度控制仪控制温度。设置程序将 DNA 样品 100℃变性

15min，根据实验菌株的 G+C mol% 计算最适复性温度（optimal renaturation temperature，TOR），复性温度的计算公式为

$$\text{TOR}=47.0+0.51\times\text{G+C mol\%} \tag{16-3}$$

当样品温度降到最适复性温度时，保持恒定温度，反应 30min，计算机开始记录 260nm 处吸光值随时间变化的复性反应曲线（图 16-2），该曲线的斜率即为 DNA 样品的复性速率（V），复性速率可由相关的计算机数据处理软件求得：

$$V=\frac{0\text{min 的吸光值}-30\text{min 的吸光值}}{30\text{min 的吸光值}} \tag{16-4}$$

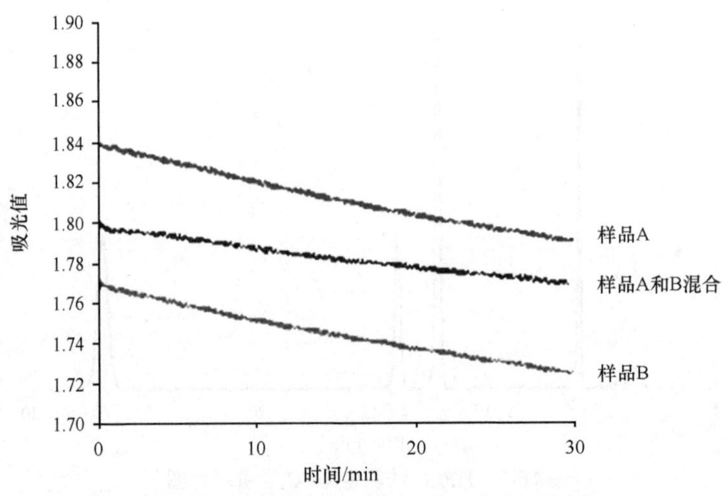

图 16-2　复性速率法 DNA-DNA 杂交示意图

DNA 同源性的计算：DNA 同源性（H）根据 De Ley（1970）的公式计算。

$$H=4V_{\text{m}}-\frac{\left(V_{\text{A}}+V_{\text{B}}\right)}{2\sqrt{V_{\text{A}}V_{\text{B}}}}\times 100\% \tag{16-5}$$

式中，V_{m} 表示样品 A 和 B 等量混合后的复性速率；V_{A} 表示样品 A 的自身复性速率；V_{B} 表示样品 B 的自身复性速率。

2. 微孔板杂交方法

（1）DNA 固定至 96 孔板

1）将 DNA 样品用 0.1×SSC 缓冲液调整至 OD_{260}=2.00。

2）将调整后的 DNA 样品在 100℃水浴中变性 10min，快速置于冰浴 5min。

3）3000r/min 离心 5min，用 1×PBS-$MgCl_2$ 缓冲液稀释至 OD_{260}=0.20。

4）在 96 孔板中加入 100μL 上述 DNA 作为底物。

5）用保鲜膜密封 96 孔板，30℃保温 4h。

6）移去 96 孔板中剩余 DNA 样品后，用 300μL 1×PBS 缓冲液漂洗一次。

7）将 96 孔板用锡箔纸包裹，放入 45℃杂交炉中，干燥过夜。

（2）标记探针

1）将 10μL DNA 样品（OD_{260}=10）加入 10μL 光敏生物素（避光，−20℃保藏）中。

2）将样品置于冰浴中，打开 EP 管盖，用 12V/100W 的溴钨灯在距离 12～15cm 处垂直照射 30min。

3）加入 0.1mol/L Tris-HCl-1mmol/L EDTA 缓冲液，轻弹混匀。

4）加入 Tris-HCl 饱和正丁醇抽提，重复两次，至下层无可见红色。

5）利用超声波细胞破碎仪剪切标记好的 DNA 样品，剪切后的 DNA 片段大小应集中在 300～700bp，电泳检测。

6）将剪切后的探针 DNA 变性后，用锡箔纸包裹，避光保存备用。

（3）杂交

1）根据测试菌株平均 G+C mol% 计算杂交温度：

$$杂交温度=0.51\times平均\ G+C\ mol\%+16 \tag{16-6}$$

预杂交：在 96 孔板中加入预杂交液，用保鲜膜密封，在杂交温度下放置 1～3h。

2）将杂交液（1mL 杂交液=50μL 已变性探针 DNA+950μL 预杂交液）在杂交温度下预热 20min。

3）取出 96 孔板，倒掉预杂交液，去除剩余液体。

4）向各孔中加入对应的杂交液 100μL，用锡箔纸密封。

5）置于杂交炉中，在杂交温度下反应 9～12h。

6）彻底去除杂交液后，用 300μL 1×SSC 缓冲液漂洗 3 次（每次用锡箔纸密封，在杂交温度下放置 15min，倒掉 SSC 缓冲液）。

7）室温下再漂洗 3 次，每次放置 5min。

（4）显色

1）每孔加入 1∶1000 稀释的链亲和素标记的碱性磷酸酶缓冲液 100μL。

2）用保鲜膜密封，37℃保温 1h。

3）用碱性磷酸酶洗液漂洗 3 次，每次在室温下放置 5min。

4）分别在每孔中加入 100μL 1mmol/L 4-甲基伞形酮磷酸酯。

5）保鲜膜密封后，37℃保温 1h。

6）酶标仪设置激发光 360nm，发射光 460nm，读数。

（5）杂交值的计算

测试菌株应分别进行正反向相互杂交，并设置至少 3 个重复，取平均值。

$$菌株\ A\ 为探针，同源性\ 1=(I_{AB}-I_{blank})/(I_{AA}-I_{blank}) \tag{16-7}$$

$$菌株\ B\ 为探针，同源性\ 2=(I_{BA}-I_{blank})/(I_{BB}-I_{blank}) \tag{16-8}$$

$$菌株\ A\ 和菌株\ B\ 的\ DNA\ 同源性=(同源性\ 1+同源性\ 2)/2 \tag{16-9}$$

式中，I_{AB} 为菌株 A 与 B 杂交的杂交值；I_{AA} 为菌株 A 与 A 杂交的杂交值；I_{BA} 为菌株 B 与 A 杂交的杂交值；I_{BB} 为菌株 B 与 B 杂交的杂交值；I_{blank} 为对照的杂交值。

四、基于全基因组的 ANI 和 dDDH 分析

全基因组的平均核苷酸相似性（average nucleotide identity，ANI）是基于两两基因组之间所有直系同源蛋白编码基因序列比较的平均值，该值可反映基因组之间的进化距离关系。基因组之间的 ANI 值与 16S rRNA 基因序列相似性分析及 DNA-DNA 杂交结果相一致，因此，ANI 分析方法已经可以代替烦琐的 DNA-DNA 杂交技术。当两菌株基因组 ANI 值为 95%～96% 时，相当于 DNA-DNA 杂交值为 70%，相当于 16s rRNA 基因相似性为 98.65%。因此，当两菌株基因组 ANI 值大于 96% 时，为同一个物种；小于 95% 时，为不同物种。

全基因组 DNA-DNA 杂交值（DDH）70% 为原核生物物种划分的金标准。传统的液相复性速率法和固相杂交等方法，实验操作烦琐，人为误差大，不能用于构建可扩展及比较的数据库。德国微生物菌种保藏中心（DSMZ）研究人员开发的基于全基因组序列计算的 dDDH 值（digitally DNA-DNA hybridization）与 16S rRNA 基因序列同源性具有高度相关性，且优于实验室 DDH 数据。dDDH 可通过在线工具 GGDC（Genome-to-Genome Distance Calculator）计算（http://ggdc.dsmz.de）。

全基因组 ANI 值和 dDDH 值分析过程如下。

1. 染色体 DNA 提取和纯化

采用商品化的 DNA 提取试剂盒。

2. 全基因组序列测定

将合格的染色体 DNA 样品送至测序公司进行全基因组序列测定。

3. 全基因组序列拼接

利用 SOAPdenove、SPAdes 等软件对基因组测序结果进行组装拼接。

4. ANI 值计算

用于 ANI 值计算的参比基因组也可以从 EzBioCloud 和 NCBI 等公共数据库下载获得。目前已经有多个工具可直接对全基因组进行 ANI 值的计算分析，不同工具各有其优缺点。表 16-3 列出了常用的 ANI 值计算工具。

表 16-3　ANI 值计算常用工具

名称	软件网页
JSpeciesWS	http://jspecies.ribohost.com/jspeciesws/#Home
ANI Calculator	http://www.ezbiocloud.net/tools/ani
ANI calculator	http://enve-omics.ce.gatech.edu/ani/
pyani	https://github.com/widdowquinn/pyani
Auto ANI	http://gall-id.cgrb.oregonstate.edu/wgs-ani.html
FastANI	https://github.com/ParBLiSS/FastANI

（1）在线分析工具

JSpeciesWS 和 ANI Calculator 是在线工具，针对两基因组比较分析，不需要安装任何软件，直接在其网页中上传待计算的基因组序列文件，运行完成后，可得到 ANI 值。

（2）Auto ANI

Auto ANI 是基于 Perl 开发的计算方法。使用方法：打开命令窗口后，输入命令 autoANI.pl input[1].fasta input[2].fasta input[n]fasta。其中，input[1].fasta、input[2].fasta、input[n].fasta 为待计算菌株的基因组序列文件。

（3）FastANI

目前，FastANI 是速度最快、使用最简便的 ANI 计算工具，需在 Linux 系统中运行。

两个基因组（如 query.fasta 和 ref.fasta）之间 ANI 的计算：打开 shell 窗口后，输入命令 fastANI -q query.fasta -r ref.fasta -o ANI.out。

多个基因组数据两两之间 ANI 的计算：首先需准备两个文本文件，将待比对序列文件名称保存至 query.list 文件，参比序列文件名称保存至 ref.list，其中每一个基因组文件占用一行，用作软件的输入文件。打开 shell 窗口后，输入命令 fastANI --ql query.list --rl ref.list -o ANI.out。

结果保存在 ANI.out 文件中。

5. dDDH 值的计算

将待计算的两基因组上传至 GGDC 主页（http://ggdc.dsmz.de），输入邮箱地址，提交，结果将发送至预留邮箱，结果中共显示 3 种方法所得 dDDH 值，如果不是基于基因组完成图的数据，只能使用 formula 2 结果。

第十七章　系统发育分析方法

系统发育（phylogeny）是指生物种族的进化历史，它建立在物种间的进化关系上，而不是普遍相似性。系统发育是细菌分类、鉴定和命名的基础。20 世纪 70 年代，研究人员开始对细菌的系统发育学进行研究，该领域得到了飞速的发展。1977 年，Woese 首次利用 rRNA 同源性分析方法对生物种类进行系统发育分析。细菌小亚基核糖体 RNA（SSU rRNA）即 16S rRNA 功能保守，进化缓慢，既有保守序列又有可变序列，其变化速度可覆盖整个进化历史，且分子大小适中，既能提供足够的统计学信息又适宜进行研究操作，因此，Woese（1987）的研究认为 16S rRNA 基因序列是原核生物系统进化及分类研究最适宜的分子指标。

一、多位点序列分析方法

目前，用于细菌系统发育研究的分子指标主要是 16S rRNA 基因，但由于 16S rRNA 基因过于保守，在某些类群中分辨率较低，无法用于种或种以下水平的分析，且在许多物种中存在多拷贝现象，而单拷贝持家基因进化速率相对于 16S rRNA 基因快，可弥补 16S rRNA 基因的缺陷。但由于原核生物基因组存在较高频率的水平基因转移和同源重组等现象，单个蛋白编码基因系统树往往与物种树的拓扑结构不一致，因此，基于多个单拷贝持家基因串联分析的多位点序列分析（multilocus sequence analysis，MLSA）方法被用于细菌分类鉴定和系统进化学研究。研究表明利用 5～7 个持家基因片段（400～800nt）构建的系统发育树与基于全基因组构建的物种树一致性较高，分辨率可达到菌株水平。

用于多位点序列分析的持家基因在不同类群中尚没有统一性，常用的基因包括编码转录延伸因子的基因（*fusA*）、编码 DNA 重组酶 A 的基因（*recA*）、RNA 聚合酶 β 亚基基因（*rpoB*）、编码热分子伴侣 HSP 60 的基因（*dnaK*）、DNA 促旋酶 β 亚基基因（*gyrB*）、ATP 合成酶相关基因（*atpA*、*atpD*）、苯丙氨酰-tRNA 合成酶 α 亚基基因（*pheS*）和翻译延伸因子（EF-Tu）基因等。表 17-1～表 17-3 列举了一些常见类群鉴定所用持家基因及其引物和扩增条件。

表 17-1　放线菌亚纲（Actinobacteridae）持家基因扩增和测序引物（Adekambi et al.，2011）

基因	引物名称	引物序列（5′→3′）	片段长度/bp	退火温度/℃
rpoB	rpoB2473F	GGHAAGGTSACSCCNAAGGG	754	60
	rpoB3303R	GAANCGCTGDCCRCCGAACTG		
secY	secY238F	GGBRTBATGCCSTACATYAC	787	52
	secY1109R	AANCCRCCRWACTKCTTCAT		

续表

基因	引物名称	引物序列（5′→3′）	片段长度/bp	退火温度/℃
ychF	ychF208F	TTYGTBGAYATCGCVGG	703	52
	ychF983R	ACGAYYTCVGCYTTGATGAA		

表 17-2　节杆菌属（*Arthrobacter*）、假节杆菌属（*Pseudarthrobacter*）、类节杆菌属（*Paenarthrobacter*）、谷氨酸杆菌属（*Glutamicibacter*）和类谷氨酸杆菌属（*Paeniglutamicibacter*）等属持家基因扩增和测序引物（Liu et al.，2018）

基因	引物名称	引物序列（5′→3′）	片段长度/bp	退火温度/℃
rpoB	rpoB2269f	GAAATCACYCGYGAYATCCC	850	58
	rpoB3119r	CCRCCGAACTGTNCCTTACC		
secY	secY232f	GGMATCATGCCSTACATYAC	826	54
	secY1058r	AABCCRCCGTAYTKCTTCAT		
recA	recA373f	CARGCDYTGGARATCATGG	517	56
	recA890r	TCDCCRTCRTASGTGAACC		
atpD	atpD568f	AACGACCTCTGGGTHGAAATG	668	56
	atpD1236r	CTTNGCVGTRTAGGTGTTCT		
tuf	tuf374f	CCCGCCAGGTTGGYGTYC	756	60
	tuf1130r	AAGCCGAGGCCYTCTTCC		
fusA	fusA391f	CCBCGYATCTGCTTCGTC	902	59
	fusA1293r	SAGCTTYTCCTGGTCRCCCT		

表 17-3　大肠埃希氏菌持家基因扩增和测序引物（退火温度为 55℃）

基因	引物序列（5′→3′）
dinB	dinBoF：GTTTTCCCAGTCACGACGTTGTATGAGAGGTGAGCAATGCGTA
	dinB2oR：TTGTGAGCGGATAACAATTTCCGTAGCCCCATCGCTTCCAG
icdA	icd2oF：GTTTTCCCAGTCACGACGTTGTAATTCGCTTCCCGGAACATTG
	icdoR：TTGTGAGCGGATAACAATTTCATGATCGCGTCACCAAAYTC
pabB	pabB2oF：GTTTTCCCAGTCACGACGTTGTAAATCCAATATGACCCGCGAG
	pabBoR：TTGTGAGCGGATAACAATTTCGGTTCCAGTTCGTCGATAAT
polB	polB2oF：GTTTTCCCAGTCACGACGTTGTAGGCGGCTATGTGATGGATTC
	polBoR：TTGTGAGCGGATAACAATTTCGGTTGGCATCAGAAAACGGC
putP	putP2oF：GTTTTCCCAGTCACGACGTTGTACTGTTTAACCCGTGGATTGC
	putPoR：TTGTGAGCGGATAACAATTTCGCATCGGCCTCGGCAAAGCG
trpA	trpAoF：GTTTTCCCAGTCACGACGTTGTAGCTACGAATCTCTGTTTGCC
	trpAoR：TTGTGAGCGGATAACAATTTCGCTTTCATCGGTTGTACAAA
trpB	trpB2oF：GTTTTCCCAGTCACGACGTTGTACACTATATGCTGGGCACCGC
	trpBoR：TTGTGAGCGGATAACAATTTCCCTCGTGCTTTCAAAATATC
uidA	uidAoF：GTTTTCCCAGTCACGACGTTGTACATTACGGCAAAGTGTGGGTCAAT
	uidAoR：TTGTGAGCGGATAACAATTTCCCATCAGCACGTTATCGAATCCTT

续表

基因	引物序列（5′ → 3′）
	oF：GTTTTCCCAGTCACGACGTTGTA（正向测序引物）
	oR：TTGTGAGCGGATAACAATTTC（反向测序引物）

注：引自 http://bigsdb.pasteur.fr/index.html

用于系统发育分析的工具众多，目前能够检索到的有 392 个软件包和 54 个免费在线服务工具。表 17-4 列出了较常见的分析工具。系统发育分析方法大体可分为两大类，即基于独立元素的方法（character method）和基于距离数据的方法（distance method）。其中，基于独立元素的方法包括最大简约法（maximum parsimony，MP）、最大似然法（maximum likelihood，ML）和贝叶斯法（Bayesian method）等；基于距离数据的方法包括最小进化法（minimum evolution，ME）、邻接法（neighbor joining，NJ）和非加权组平均法（unweighted pair-group method with arithmetic mean，UPGMA）等。

表 17-4　系统发育分析常用工具

工具	网站	主要功能
Muscle v5	http://www.drive5.com/muscle/	多序列比对
MAFFT	http://mafft.cbrc.jp/alignment/software/	多序列比对
ClustalW	http://www.clustal.org/	多序列比对
MrModeltest2	https://github.com/nylander/MrModeltest2	模型检验
jModelTest	http://www.softpedia.com/get/Science-CAD/jModelTest.shtml	模型检验
IQ-TREE	http://www.iqtree.org/	模型检验/系统树构建
PHYLIP	http://evolution.gs.washington.edu/phylip.html	系统树构建
MEGA	http://www.megasoftware.net/	系统树构建
PhyML	http://www.atgc-montpellier.fr/phyml/binaries.php	ML 树构建
RAxML	http://sco.h-its.org/exelixis/software.html	ML 树构建
FastML	http://fastml.tau.ac.il/source.php	ML 树构建
PAUP	http://paup.phylosolutions.com/	系统树构建
MrBayes	http://mrbayes.sourceforge.net/	贝叶斯树构建
UBCG	https://www.ezbiocloud.net/tools/ubcg	基因组系统树构建
FigTree	http://tree.bio.ed.ac.uk/software/figtree/	系统树编辑
Treeview	http://code.google.com/p/treeviewx	系统树编辑
iTOL	http://itol.embl.de/	系统树编辑

二、系统发育树构建的主要流程

1. 输入序列文件的准备

用于分析核酸和蛋白质序列信息的数据库与分子生物学软件有多种，因此出现了多种序列的记录格式。系统发育分析的首要步骤是输入序列文件的准备，最常用的序列文件格式有 FASTA、PHYLIP 和 NEXUS 等，其中又以 FASTA 格式使用最为广泛。不同序列格式可通过软件相互转换，以 FASTA 为例简要介绍序列的输入格式：FASTA 文件格式首先是以“＞”开头的序列注释行，一般为序列的名称等信息，第二行为基因或蛋白质序列，序列中允许换行，序列结束后换行，同样以“＞”起始第二条序列信息，以此类推，如下所示。

＞seq1
GGCTCAGGATGAACGCTAGCGGCAGGCCTAATACATGCAAGTCGAGGGGCA
＞seq2
GGCTCAGGATGAACGCTAGCGGCAGGCCTAATACATGCAAGTCGAGGGGCA
＞seq3
GGCTCAGGATGAACGCTAGCGGCAGGCCTAATACATGCAAGTCGAGGGGCA

用于细菌 16S rRNA 基因系统发育分析的序列可从 EzBioCloud、GenBank 16S rRNA 基因数据库或 LPSN（https://lpsn.dsmz.de/）等公共数据库下载获得。

2. 多序列比对

多序列比对是一种衡量核酸或蛋白质序列之间相关性的度量方法，将多条序列分别排在不同的行，使尽可能多的相同字符出现在同一列中，将不同序列每一位点逐一比对。

最常用的多序列比对工具有 Muscle、MAFFT 和 ClustalW，不同工具的运算速度和准确性不同。MEGA 软件整合了 ClustalW 和 Muscle 工具，在打开序列文件后，点击 Alignment → Align by ClustalW 或 Muscle →弹出 Confirm 窗口，Select all? 选择 OK →参数选择窗口→ OK →开始运行。

Muscle 和 MAFFT 软件为命令行工具，相比使用图形界面 MEGA 中的 ClustalW 工具，操作更为简便，运行速度更快，准确性更高。

3. 模型检验和选择

基于距离的算法和最大似然法构建系统树是用参数模型描述序列间突变的过程，贝叶斯法依赖于分子进化模型计算参数的后验概率，因此在构建系统发育树过程中，进化模型的选择非常重要。常用的模型检验工具有 Modeltest、MrModeltest2 和 jModelTest 等，不同工具中的模型数量不同。Modeltest 和 MrModeltest2 需结合 PAUP 使用，首先将序列文件和 Modelblock 文件在 PAUP 中运行，PAUP 输出文件为 Modeltest 或 MrModeltest2 的输入文件。基于 JAVA 开发的 jModelTest 可独立运行，模型数量较前两者更多，可多线程运行。根据模型检验结果，选择待分析序列数据的最优模型。如利用最大简约法构建系统树，则可略去该步。另外，近年出现的 IQ-TREE 软件，模型检测速度较快，操作简便，检测后可直接进行 ML 树的构建。

4. 系统树的构建

系统树构建常用的方法有邻接法（NJ）、最大似然法（ML）、最大简约法（MP）和贝叶斯法。用于系统树构建的工具非常多，可用于距离算法的有 80 种，最大似然法有 97 种，最大简约法有 47 种，贝叶斯法有 28 种，最常使用的工具有 MEGA、RAxML、PhyML、PHYLIP 和 MrBayes 等，其中又以图形界面的 MEGA 软件操作最为直观简单和最为流行，目前较新的几个版本中包含了ML、NJ、MP、ME和UPGMA 5种方法，但MEGA软件中模型较少，因此，MEGA多用于NJ和MP方法构建系统树，ML树的构建多使用RAxML、PhyML、FastML、IQ-TREE等工具。

5. 系统树的评估

对系统树的评估主要采用自举法（Bootstrapping）。一般自举值（Bootstrap）大于70，说明构建的系统树较可靠。如果自举值过低，系统树的拓扑结构可能有错误，说明系统树不可靠。

第十八章　菌种保藏方法

菌种保藏是微生物学工作者的重要研究手段之一，其目的是把菌株的原始性状和优良性状保存下来，防止死亡、退化或杂菌污染。菌种保藏方法很多，现简单介绍以下几种。

1. 低温保藏法

固体斜面孢子，液体孢子，以及麸皮、大米、小米或玉米粉等材料制备的孢子等，都可用4℃左右低温冰箱保存，时间在30～60天（根据菌种稳定性而定），也可在棉塞上浸蜡，一般可达3～4个月至半年之久。

2. 低温定期移植保存法

这是一种经典的简易保存法，即菌种接种于所要求的斜面培养基上，在最适温度下培养，至所需要的发育阶段后，置于低温干燥处保存，每隔3～6个月移植培养一次（具体视菌种特性而定）。

除了斜面定期移植，还有穿刺培养定期移植法，对大肠埃希氏菌、芽孢杆菌的效果良好，穿刺培养基的琼脂含量比常用量少1/2（0.6%～0.8%）。

3. 液体石蜡法

选用优质纯净的液体石蜡，经121℃高压灭菌2h，然后170℃干热处理1～2h，以除去水分，冷却后加到斜面上，覆盖量以超过斜面为宜。菌种用的试管塞为橡皮塞，并用蜡封上，置于室温阴凉处即可。

4. 砂土保藏法

（1）砂土载体准备

将黄砂用自来水浸泡洗涤数次，使pH为中性，然后滤出烤干，用60目钢丝筛除去粗粒备用。同时深挖1m以下的贫瘠土，自来水浸泡洗涤数次，使pH为中性，待沉淀后弃去上清液，烤干后碾末，120目过筛。将上述砂和土以1∶1混合，装入1.2cm×10cm安瓿中，装量为试管的1/7左右，塞好棉塞，120℃灭菌1h，间歇灭菌5或6次，烤干备用。

（2）菌种准备

取生长良好、孢子丰富的新鲜斜面，加入灭菌蒸馏水2～2.5mL，轻轻刮下孢子，吸0.2～0.3mL到灭菌备用的沙土中，真空干燥4～6h，4℃低温保存。适用于产芽孢的细菌、放线菌和真菌等，可保藏5～7年。

5. 冷冻干燥法

这是菌种保藏比较理想的一种方法，适用于多种细菌和放线菌。在多数情况下，也适用于真菌、酵母、病毒、噬菌体、立克次氏体等。该方法具有变异少，保藏时间长，贮存输送方便等优点。

（1）材料

安瓿（内径 8mm，长度不小于 100mm）。保护剂：脱脂牛奶。

（2）方法

接种斜面→用生长好的斜面菌种制备菌悬液（浓度以 10^8～10^9CFU/mL 为宜）→即刻用灭过菌的长毛细滴管滴入安瓿底部，每管分装 0.1～0.2mL →预冻（−40～−30℃，2～3h）→真空干燥→抽真空封管→测定真空度→保藏（4℃）→进行质量检查（若未达到要求则重新培养）。详细操作流程如图 18-1 所示。

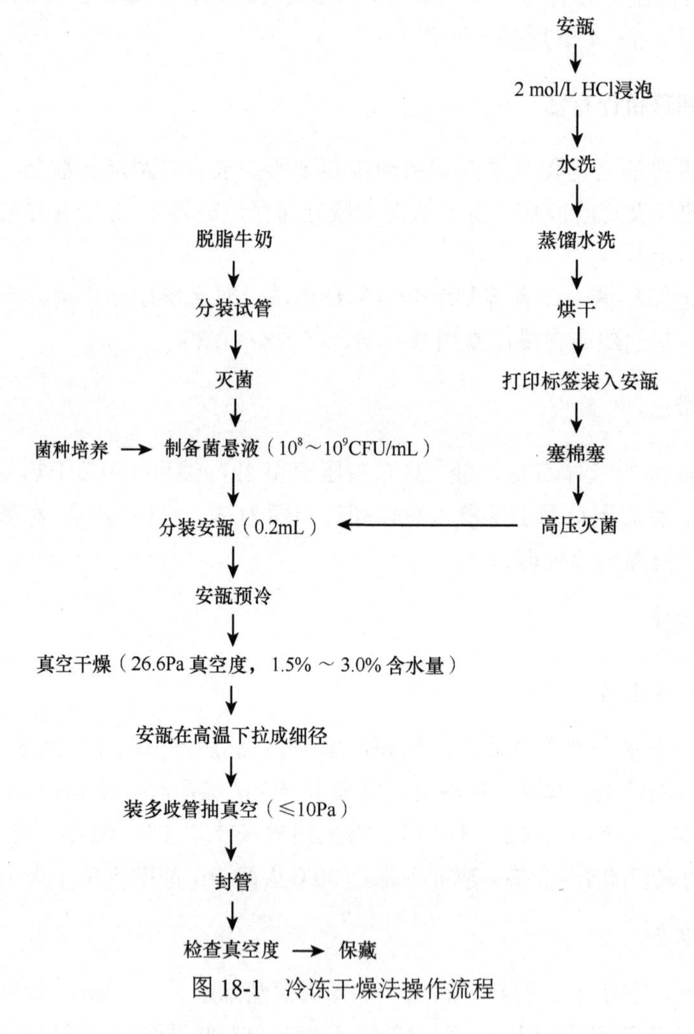

图 18-1　冷冻干燥法操作流程

6. 液氮超低温保藏法

（1）材料

液氮冰箱，优质塑料安瓿（规格 1.5～1.8mL），液氮。

（2）方法

将欲保藏的菌种悬液或菌块（常用保护剂为 10%～20% 甘油或 5%～10% 二甲基亚砜）分装于安瓿内，可直接放入液氮冰箱中（−196～−150℃），或根据需要，先经控制降温速度的预冻后，再放入液氮冰箱中保存，保存期间需注意及时补充液氮。需要恢复培养时，取出安瓿迅速放入 35～40℃温水浴中，使其迅速融化，吸取融化的菌悬液或取出菌块，接种于适宜的培养基，置于适宜的培养条件下培养。

主要参考文献

东秀珠, 蔡妙英, 等. 2001. 常见细菌系统鉴定手册. 北京: 科学出版社.

杨瑞馥, 陶天申, 方呈祥, 等. 2011. 细菌名称双解及分类词典. 北京: 化学工业出版社.

Adekambi T, Butler RW, Hanrahan F, et al. 2011. Core gene set as the basis of multilocus sequence analysis of the subclass Actinobacteridae. PLOS ONE, 6(3): e14792.

Auernik KS, Kelly RM. 2008. Identification of components of electron transport chains in the extremely thermoacidophilic crenarchaeon *Metallosphaera sedula* through iron and sulfur compound oxidation transcriptomes. Appl Environ Microbiol, 74(24): 7723-7732.

Baker BJ, Banfield JF. 2003. Microbial communities in acid mine drainage. FEMS Microbiology Ecology, 44(2): 139-152.

Barton LL, Fauque GD. 2009. Biochemistry, physiology and biotechnology of sulfate-reducing bacteria. Advances in Applied Microbiology, 68(9): 41-98.

Bathe S, Norris PR. 2007. Ferrous iron- and sulfur-induced genes in *Sulfolobus metallicus*. Appl Environ Microbiol, 73(8): 2491-2497.

Biebl H, Pfennig N. 1977. Growth of sulfate-reducing bacteria with sulfur as electron acceptor. Archives of Microbiology, 112(1): 115-117.

Billing E. 1970. *Pseudomonas viridiflava* (Burkholder 1930; Clara 1934). Journal of Bacteriology, 33: 492-500.

Boone DR, Castenholz RW, Garrity GM. 2001. Bergey's Manual of Systematic Bacteriology. Second Edition. Volume One: The Archaea and the Deeply Branching and Phototrophic Bacteria. New York: Springer.

Bos P, Huber TF, Luyben KCAM, et al. 1988. Feasibility of a dutch process for microbial desulphurization of coal. Resources, Conservation and Recycling, 1(3-4): 279-291.

Bosecker K. 1997. Bioleaching: metal solubilization by microorganisms. FEMS Microbiology Reviews, 20(3-4): 591-604.

Brenner DJ, Krieg NR, Staley JT. 2005. Bergey's Manual of Systematic Bacteriology. Second Edition. Volume Two: The Proteobacteria (Part C). New York: Springer.

Brenner DJ, Krieg NR, Staley JT, et al. 2005. Bergey's Manual of Systematic Bacteriology. Second Edition. Volume Two: The Proteobacteria, Part A: Introductory Essays. New York: Springer.

Brenner DJ, Krieg NR, Staley JT, et al. 2005. Bergey's Manual of Systematic Bacteriology. Second Edition. Volume Two: The Proteobacteria, Part B: The Gammaproteobacteria. New York: Springer.

Caldwell DE, Caldwell SJ, Laycock JP. 1976. *Thermothrix thioparus* gen. et sp. nov. a facultatively anaerobic facultative chemolithotroph living at neutral pH and high temperature. Canadian Journal of Microbiology, 22(10): 1509-1517.

Cypionka H. 2000. Oxygen respiration by *Desulfovibrio* species. Annual Review of Microbiology, 54: 827-848.

De Ley J, Cattoir H, Reynaerts A. 1970. The quantitative measurement of DNA hybridization from renaturation rates. European Journal of Biochemistry, 12(1): 133-142.

Dubinina GA, Grabovich MY. 1984. Isolation, cultivation and characteristics of *Macromonas bipunctata*. Mikrobiologiia, 53(5): 748-755.

Edwards KJ, Bach W, McCollom TM, et al. 2004. Neutrophilic iron-oxidizing bacteria in the Ocean: their habitats, diversity, and roles in mineral deposition, rock alteration, and biomass production in the Deep-Sea. Geomicrobiology Journal, 21(6): 393-404.

Edwards KJ, Philip LB, Thomas MG, et al. 2000. An archaeal iron-oxidizing extreme acidophile important in acid mine drainage. Science, 287(5459): 1796.

Ehrenreich A, Widdel F. 1994. Anaerobic oxidation of ferrous iron by purple bacteria, a new type of phototrophic metabolism. Appl Environ Microbiol, 60(12): 4517-4526.

Ehrich S, Behrens D, Lebedeva E, et al. 1995. A new obligately chemolithoautotrophic, nitrite-oxidizing bacterium, *Nitrospira moscoviensis* sp. nov. and its phylogenetic relationship. Archives of Microbiology, 164: 16-23.

Emerson D, Fleming EJ, McBeth JM. 2010. Iron-oxidizing bacteria: an environmental and genomic perspective. Annual Review of Microbiology, 64(1): 561-583.

Emerson D, Weiss JV. 2004. Bacterial iron oxidation in circumneutral freshwater habitats: findings from the field and the laboratory. Geomicrobiology Journal, 21(6): 405-414.

Fowler TA, Crundwell FK. 1999. Leaching of zinc sulfide by *Thiobacillus ferrooxidans*: bacterial oxidation of the sulfur product layer increases the rate of zinc sulfide dissolution at high concentrations of ferrous ions. Appl Environ Microbiol, 65(12): 5285-5292.

Friedrich CG, Mitrenga G. 1981. Oxidation of thiosulfate by *Paracoccus denitrificans* and other hydrogen bacteria. FEMS Microbiology Letters, 10(2): 209-212.

Ghosh W, Dam B. 2009. Biochemistry and molecular biology of lithotrophic sulfur oxidation by taxonomically and ecologically diverse bacteria and archaea. FEMS Microbiology Reviews, 33(6): 999-1043.

Goodfellow M, Kämpfer P, Busse HJ, et al. 2012. Bergey's Manual of Systematic Bacteriology. Second Edition. Volume Five: The Actinobacteria. New York: Springer.

Harms G, Zengler K, Rabus R, et al. 1999. Anaerobic oxidation of *o*-xylene, *m*-xylene, and homologous alkylbenzenes by new types of sulfate-reducing bacteria. Appl Environ Microbiol, 65(3): 999-1004.

Janssen PH, Schuhmann A, Bak F, et al. 1996. Disproportionation of inorganic sulfur compounds by the sulfate-reducing bacterium *Desulfocapsa thiozymogenes* gen. nov., sp. nov. Archives of Microbiology, 166(3): 184-192.

Jiao YQ, Newman DK. 2007. The *pio* operon is essential for phototrophic Fe(Ⅱ) oxidation in *Rhodopseudomonas palustris* TIE-1. Journal of Bacteriology, 189(5): 1765-1773.

Jonkers HM, Maarel MJEC, Gemerden H, et al. 1996. Dimethylsulfoxide reduction by marine sulfate-reducing bacteria. FEMS Microbiology Letters, 136(3): 283-287.

Jørgensen BB. 1982. Mineralization of organic matter in the sea bed: the role of sulphate reduction. Nature, 296(5858): 643-645.

Jørgensen BB, Postgate JR. 1982. Ecology of the bacteria of the sulfur cycle with special reference to anoxic oxic interface environments. Philosophical Transactions of the Royal Society of London Series B: Biological Sciences, 298(1093): 543-561.

Kozubal MA, Dlakić M, Macur RE, et al. 2011. Terminal oxidase diversity and function in *Metallosphaera yellowstonensis*: gene expression and protein modeling suggest mechanisms of Fe(Ⅱ) oxidation in the sulfolobales. Appl Environ Microbiol, 77(5): 1844-1853.

Krieg NR, Staley JT, Brenner DJ, et al. 2010. Bergey's Manual of Systematic Bacteriology. Second Edition. Volume Four: The Bacteroidetes, Spirochaetes, Tenericutes (Mollicutes), Acidobacteria, Fibrobacteres, Fusobacteria, Dictyoglomi, Gemmatimonadetes, Lentisphaerae, Verrucomicrobia, Chlamydiae, and Planctomycetes. New York: Springer.

Lane DJ. 1991. 16S/23S rRNA sequencing // Stackebrandt E, Goodfellow M. Nucleic Acid Techniques in Bacterial Systematics. New York: John Wiley and Sons: 115-175.

Liu Q, Xin YH, Zhou YG, et al. 2018. Multilocus sequence analysis of homologous recombination and diversity in *Arthrobacter sensu lato* named species and glacier-inhabiting strains. Systematic and Applied Microbiology, 41: 23-29.

Lovley DR, Phillips EJP. 1994. Reduction of chromate by *Desulfovibrio vulgaris* and its c_3 cytochrome. Appl Environ Microbiol, 60(2): 726-728.

Lovley DR, Roden EE, Phillips EJP, et al. 1993. Enzymatic iron and uranium reduction by sulfate-reducing bacteria. Marine Geology, 113: 41-53.

Minnikin DE, Patel PV, Alshamaony L, et al. 1977. Polar lipid composition in the classification of Nocardia and related bacteria. Int J Syst Bacteriol, 27: 104-117.

Moura I, Bursakov S, Costa C, et al. 1997. Nitrate and nitrite utilization in sulfate-reducing bacteria. Anaerobe, 3(5): 279-290.

Muyzer G, Stams AJM. 2008. The ecology and biotechnology of sulphate-reducing bacteria. Nat Rev Microbiol, 6(6): 441-454.

Nuñez H, Moya-Beltrán A, Covarrubias PC, et al. 2017. Molecular systematics of the genus *Acidithiobacillus*: insights into the phylogenetic structure and diversification of the taxon. Frontiers in Microbiology, 8: 30.

Olson GJ, Brierley JA, Brierley CL. 2003. Bioleaching review part B: progress in bioleaching: applications of microbial processes by the minerals industries. Appl Microbiol Biotechnol, 63: 249-257.

Rohwerder T, Gehrke T, Kinzler K, et al. 2003. Bioleaching review part A: progress in bioleaching: fundamentals and mechanisms of bacterial metal sulfide oxidation. Appl Microbiol Biotechnol, 63: 239-248.

Rueter P, Rabus R, Wilkest H, et al. 1994. Anaerobic oxidation of hydrocarbons in crude oil by new types of sulphate-reducing bacteria. Nature, 372(6505): 455-458.

Sands DC, Rovira AD. 1970. Isolation of fluorescent pseudomonads with a selective medium. Applied Microbiology, 20(3): 513-514.

Schrenk MO, Edwards KJ, Goodman RM, et al. 1998. Distribution of *Thiobacillus ferrooxidans* and *Leptospirillum ferrooxidans*: implications for generation of acid mine drainage. Science, 279(5356): 1519-1522.

Sorokin DY, Makarova KS, Abbas B, et al. 2017. Discovery of extremely halophilic, methyl-reducing euryarchaea provides insights into the evolutionary origin of methanogenesis. Nature Microbiology, 2: 17081.

Spring S, Kampfer P, Ludwig W, et al. 1996. Polyphasic characterization of the genus *Leptothrix*: new descriptions of *Leptothrix mobilis* sp. nov. and *Leptothrix discophora* sp. nov. nom. rev. and emended description of *Leptothrix cholodnii* emend. Systematic and Applied Microbiology, 19(4): 634-643.

Straub KL, Schönhuber WA, Buchholz-Cleven BEE, et al. 2004. Diversity of ferrous iron-oxidizing, nitrate-reducing bacteria and their involvement in oxygen-independent iron cycling. Geomicrobiology Journal, 21(6): 371-378.

Tebo BM, Obraztsova AY. 1998. Sulfate-reducing bacterium grows with Cr(Ⅵ), U(Ⅵ), Mn(Ⅳ), and Fe(Ⅲ) as electron acceptors. FEMS Microbiology Letters, 162(1): 193-199.

Turner S, Pryer KM, Miao VPW, et al. 1999. Investigating deep phylogenetic relationships among cyanobacteria and plastids by small subunit rRNA sequence analysis. Journal of Eukaryotic Microbiology, 46(4): 327-338.

van Veen WL, Mulder EG, Deinema MH. 1978. The Sphaerotilus-Leptothrix group of bacteria. Microbiol Rev, 42(2): 329-356.

Vos P, Garrity GM, Jones D, et al. 2009. Bergey's Manual of Systematic Bacteriology. Second Edition. Volume Three: The Firmicutes. New York: Springer.

Whitman WB. 2015. Bergey's Manual of Systematics of Archaea and Bacteria. New York: John Wiley & Sons, Inc.

Woese CR. 1987. Bacterial evolution. Microbiol Rev, 51(2): 221-271.

Zeigler DR. 2003. Gene sequences useful for predicting relatedness of whole genome in bacteria. International Journal of Systematic and Evolutionary Microbiology, 53: 1893-1900.

拉丁名索引

A

D

E

F

G

H

N

T

中译名索引

D

E

F

G

H

J

K

L

M

R

S

T

W

X

Y

Z